海洋声学与信息感知丛书

水下声源定位理论与技术

杨坤德　段　睿　李　辉　马远良　著

電子工業出版社
Publishing House of Electronics Industry
北京 · BEIJING

内 容 简 介

本书系统地介绍了水下声源定位理论与技术。全书共 10 章，包括绪论、基本知识介绍、浅海窄带声源定位方法、浅海宽带声源定位方法、基于深海近海面阵列的声源定位方法、深海可靠声路径下基于单阵元的声源定位方法、深海可靠声路径下基于双阵元的声源定位方法、深海可靠声路径下基于垂直线阵列的声源定位方法、深海可靠声路径下的干涉条纹特征及其应用、阵列流形失配条件下的水平线阵列测向方法。本书融入了作者团队 10 余年来在水下声源定位方面的理论与技术科研成果，纳入了作者团队在国内外重要期刊上发表的 40 余篇论文，同时也参考了少量国内外相关的研究工作文献。

本书对水下声源定位问题叙述详尽，理论、方法与技术的分析力求系统、深入，阐述深入浅出，便于自学。本书可供水声工程、海洋工程、水中兵器、海洋监测、海洋开发等领域的科研工作者、教学人员、研究生和本科生参考。

图书在版编目（CIP）数据

水下声源定位理论与技术 / 杨坤德等著. —北京：电子工业出版社，2019.12

（海洋声学与信息感知丛书）

ISBN 978-7-121-36472-3

Ⅰ. ①水…　Ⅱ. ①杨…　Ⅲ. ①水下声源－定位　Ⅳ. ①TB561

中国版本图书馆 CIP 数据核字（2019）第 089461 号

责任编辑：郭穗娟
印　　刷：天津千鹤文化传播有限公司
装　　订：天津千鹤文化传播有限公司
出版发行：电子工业出版社
　　　　　北京市海淀区万寿路 173 信箱　　邮编：100036
开　　本：787×1 092　1/16　印张：20.75　　字数：531 千字
版　　次：2019 年 12 月第 1 版
印　　次：2021 年 12 月第 3 次印刷
定　　价：98.00 元

凡所购买电子工业出版社图书有缺损问题，请向购买书店调换。若书店售缺，请与本社发行部联系，联系及邮购电话：(010)88254888，88258888。

质量投诉请发邮件至 zlts@phei.com.cn，盗版侵权举报请发邮件至 dbqq@phei.com.cn。

本书咨询联系方式：(010)88254502，guosj@phei.com.cn。

前　　言

随着我国建设海洋强国步伐的加快，对水下声源定位理论与技术的需求日益旺盛。水下声源定位在海洋科学研究、海洋环境监测、水下目标探测与侦察、水下通信与对抗、导航制导等领域具有十分重要的科学研究价值，也具有特别重要的实际应用意义。本书是一本系统阐述水下声源定位理论与技术的专著，涉及海洋工程、水声工程、电子与信息工程、电子对抗等技术领域。本书是根据作者团队 10 余年来在水下声源定位理论与技术的科研成果总结提炼写成的，纳入了作者团队在国内外重要期刊上发表的基础研究论文。此外，书中也少量涉及国内外同行近年来取得的研究进展。

水下声波传播的海洋环境主要包括海面、海底及中间的水体层。海底声学参数的未知和不确性、水体环境参数的时空变化特性，导致水下声波的传播规律与特性十分复杂。如何在复杂的水下环境中对感兴趣的声源实施准确的定位，具有相当的难度，这也成为国内外科技工作者长期以来的研究热点。融入水声传播模型的水下声源定位理论与技术，尽力使之具有环境变化的宽容性，成为国内外研究者们长期执着而方兴未艾的方向，涌现出了大量的理论方法与实验验证结果。针对浅海和深海不同的海洋环境，面向不同的应用需求和不同的水下传感器阵列，所需要的水下声源定位理论与技术不同，其稳健性、快速性等处理的方法也有所区别。作者团队在长期的水下声源定位研究中，针对不同的环境条件和应用场景，开展了由浅海到深海环境的理论研究和实验验证，取得了一些研究成果。本书以一部专著的形式，系统地介绍作者团队在水下声源定位理论与技术的成果，希望同行参考借鉴并共同推动更加深入而系统的研究及应用。

全书共 10 章，主要内容如下：

第 1 章概述了水下声源定位研究的背景、意义、历史和现状。

第 2 章介绍了声场传播模型、全球水声环境主要参数分布、典型声传播模式、水下信号定位方法等基本知识。

第 3 章阐述了浅海窄带声源定位方法，涉及水平线阵列声场定位原理、匹配场定位性能分析、时反聚焦定位性能分析、匹配场定位的虚拟时反实现方法。

第 4 章阐述了浅海宽带声源定位方法，包括基于自相关函数的定位方法、基于多途到达结构的近距离声源定位方法、基于简正波模态消频散变换的定位方法、基于集合卡尔曼滤波的声源跟踪方法。

第 5 章阐述了基于深海近海面阵列的声源定位方法，涉及基于海底反射信号多途到达结构的定位方法、基于几何关系近似的声源定位方法。

第 6 章在分析深海可靠声路径声场特性分析的基础上，介绍了深海可靠声路径下基于单阵元的声源定位方法，包括基于延时互相关函数的定位方法、基于直达波-海面反射波相

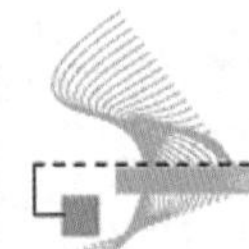

对时延与卡尔曼滤波的运动声源定位方法。

第 7 章介绍了深海可靠声路径下基于双阵元的声源定位方法，包括基于双阵元多途时延差和双水听器互相关函数的匹配定位方法。

第 8 章阐述了深海可靠声路径下基于垂直线阵列的声源定位方法，包括基于多途到达结构的定位方法、声场空频域联合定位方法。

第 9 章分析了深海可靠声路径下劳埃德镜中明暗波束形成的物理机理及其轨迹的计算方法，给出了可靠声路径声场干涉条纹的形成过程，最后阐述了基于干涉条纹的声源深度估计方法。

第 10 章介绍了基于稀疏性的被动合成孔径定位与子阵处理方法、海底水平线阵列测向误差分析及误差修正方法。

本书编写分工如下：杨坤德编写第 1、3、7 章，段睿编写第 2、5、8、9 章，李辉编写第 4、6、10 章，马远良对稿件进行了仔细修改。书中纳入了作者团队在国内外重要期刊上发表的学术论文，也涉及了作者团队所指导的多名研究生的少量成果，这些研究生包括张同伟、郭晓乐、雷志雄、杨秋龙、卢艳阳等。同时，本书所反映的研究结果，得到了多项国家级科研项目的支持，是在课题组长期科研工作基础上提炼而成的。在此期间，西北工业大学航海学院的相关老师为此做出了重要贡献，这些老师包括孙超、何正耀、雷波、段顺利等。在此，对国家与作者所在学校有关部门、有关老师和研究生深表感谢！

希望本书的出版对水下探测、水下侦察、水下对抗、水下通信、水中兵器、海洋科学、海洋工程、海洋监测、海洋开发等领域的科研工作者、教学人员、研究生和本科生有所帮助。

由于作者学识水平所限，书中难免存在不妥之处，恳请读者和相关专业同仁提出宝贵的意见和建议。

作　者

2019 年 9 月

目　　录

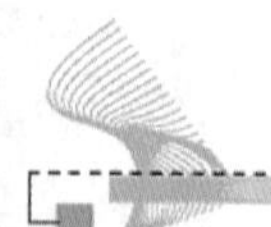

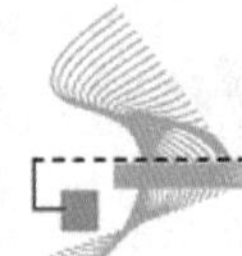

第1章　绪　　论

1.1　研究意义

海洋声学的基本任务是研究声波在海洋环境下的基本传播规律、海洋环境对声波传播的影响及基于以上基础研究的应用研究。海洋对声波是透明的，对电磁波则不然。因此，勘测海底、探测鱼群、船舶和潜艇之间的通信，以及使用主动和被动声呐发现舰船等无不强调声学方法的应用。由于海洋军事的需求，水声学于第二次世界大战初期开始迅速发展，包含的子领域有海洋声测量学（温度、盐度、海流等）、地质声学（海底地貌和底质特性等）、生物声学（海洋生物探测、识别和跟踪等）、海洋声学（声传播特性，目标探测、识别和定位等），以及海洋结构声学和水动力声学等。在研究海洋声学问题时，一般需要明确研究的对象是浅海还是深海。虽然深、浅海的波动方程相同，但由于垂直尺度、边界条件、声速剖面、介质不均性等因素的显著差异，导致深、浅海的声传播特性差别较大，所适用的目标探测、识别和定位方法也不同。深、浅海声学条件的差别主要有以下4点：

（1）垂直尺度。浅海一般认为是从海岸至大陆架坡折或至大陆架陡坡500m深度的海域。深海海域的海深一般在1000m以上，存在典型的温跃层（极地区域除外）。考虑几十赫兹至几百赫兹的声频率，浅海海深一般相当于几个至几十个声波波长。此时，声场的射线模型不适用，一般使用简正波模型解释声传播特性。而在深海海域，一般使用射线模型解释观测到的多途信号到达结构。此外，由于深海垂直尺度较大，可以观测到4种声传播模式：表面波导、深海声道、可靠声路径和海底反射。浅海环境有时也存在表面波导，但由于海底反射信号的影响，很难观测到表面波导声传播特性。

（2）边界条件。由于海底分层现象的存在及海底的不平整性，海底边界比海面边界更复杂，建模更困难。在平整海面条件下，海面边界是简单的压力释放边界，但在风浪较大时，粗糙海面的声散射也须在建模中予以考虑。在浅海环境中，须考虑声传播与边界（海面和海底）的相互作用。例如，浅海环境下的声速剖面多呈现向下折射的特性，海底边界几乎是无法避免的。在深海环境中，有些声传播可以避免与边界或其中一个边界相互作用，处理起来较为简单。例如，在深海声道中的声传播过程，靠近声道轴的低阶模态与边界均不发生相互作用，其传播特性比较简单。类似的声传播还有表面波导传播和可靠声路径传播等。

（3）三维声场效应。在浅海环境中，沿海流锋面、非线性内波、大陆架斜坡、大陆架坡折海域等会产生明显的三维声场效应，如水平折射效应。在深海环境中，海山、海岛、锋面和涡旋等会引起三维声场效应，但这些因素出现的海域相对于整个深海海域，比例较小。因此，深海声传播的研究更倾向于二维声场。

（4）混响与衰减。在浅海中，由于海深较浅，声波与边界频繁接触，混响和衰减相对于深海更加明显。

从 20 世纪 80 年代至今，海洋声学的理论和实验研究偏重于浅海。浅海实验包括中国学者在 80 年代末组织的黄海实验、1992 年的巴伦支海极地锋面实验、1995 年的 SWARM 实验、1996—1997 年的大陆架坡折 PRIMER 实验、2000—2001 年的 ASIAEX 实验，以及 2006 年的 SW06 实验等。浅海声学迅速发展，一是因为浅海声传播的复杂性，二是因为地缘因素。大陆架延伸海域一般为浅海，所以浅海声学的研究是国家防御战略的需求。深海声学的理论和实验研究相对偏少，典型的实验有 1986—1992 年的太平洋回声（Pacific Echo）实验、1987 年的 TAGET 87 实验、2004 年的 LOAPEX 实验和 2009—2011 年的菲律宾海（PhilSea 09 和 PhilSea 10）实验。随着深海声学设备的逐渐成熟及各个国家走向深远海的战略需求，深海声学的研究逐渐成为国际研究的热点，尤其是菲律宾海实验中全深度阵列的使用可以更深入研究以下课题：

（1）锋面、涡旋、内潮对声场的影响。

（2）利用数据同化方法预测海洋声场环境的可靠性。

（3）海洋微结构对声场的影响。

（4）全深度的噪声特性，包括其时变特性。

（5）全深度声场传播特性，包括到达结构等。

国内水声学术界长期以来重点在第一岛链以内开展工作，研究的环境主要是大陆架浅海环境，对深海环境特性、水声传播特征和声呐性能评估的研究缺乏长期、系统和广泛的积累，在这些方面还有十分广阔的研究空间。

然而，在深海、远海的海洋声学方面，我国目前的研究基础还不够充分，尤其是在海洋声学理论（如深海声传播物理机理和目标检测与定位方法等）、深远海水声综合考察（如深远海声传播及海洋物理现象同步观测、深远海海洋环境噪声和海洋声层析等）、水声装备的深远海对抗技术等方面，缺乏长期和深入系统的研究。由于深海与浅海声传播特性的差异性，基于浅海环境的声呐系统若直接应用于深海，则声呐性能将大幅度降低，甚至失效。此外，潜艇降噪和吸波技术得到了巨大的发展，安静型潜艇在低速航行时，100Hz 处的线谱声源级已经降低至 115 dB，在 1kHz 处的线谱声源级为 95dB，并且先进潜艇较强的线谱成分也已经几乎不复存在。因此，在研究近浅海的同时，加强深远海的研究，提出适用的声源定位方法符合我国国防建设的需求。

水下声源定位分为主动和被动两种工作方式。被动工作方式具有隐蔽性高的优点，是各类水下声源定位的重要手段。水声信号处理发展历程可以分为两个阶段[1]。第一阶段为传统水声信号处理方法，假设声波为平面波、声场各向同性，在此基础上发展了丰富的阵列信号处理方法，并且使用匹配滤波技术提高处理增益。然而，在实际海洋环境中，由于海水的非均匀性，以及海面和海底边界的影响，实际声场明显偏离平面波假设，传统定位方法难以对水下目标实现准确定位。第二阶段是将水声物理纳入水声信号处理体系中，人们逐渐重视海洋波导环境的复杂性对水声信号处理的影响。这一阶段海洋声学和水声传播

理论成为研究热点。传统水声信号处理和水声物理场相结合的新的信号处理方法层出不穷，匹配场处理（Matched Field Processing, MFP）是第二阶段最具代表性的处理方法[2,3]。与传统水声信号处理方法相比，这些新的信号处理方法结合了海洋波导特性，因而获得了更好的定位效果。历史上，通过水声装备探测能力的多次重大突破，人们开始认识到水声传播特性的重大作用：基于深海汇聚区的探测模式已经成为声呐探测远距离目标的最重要方式；若声呐深度较浅，近距离的目标探测范围仅有 2～3km，而变深拖曳声呐的使用可以扩大探测范围；海底反射声波的研究促进了声呐海底反射模式的发展，在一定条件下可以探测几千米至二三十千米的目标。目前，水声传播特性的研究热点包括表征声场相干性/干涉性不变特征的参量（如波导不变量）、稳定的海洋信道（如深海可靠声路径）、深海信号多途到达时延及到达角等。今后，基于水声传播特性的定位技术将是推动水声装备进一步创新发展的重要因素。只有那些能够与海洋环境良好匹配的新型声呐才有可能达到最优的技术性能。从这个角度来说，声呐技术取得跨越式发展的重要途径之一，在于水声传播特性研究。基于上述分析，本书主要介绍各种环境适应性强的水下声源定位方法。

1.2 研究历史和现状

1.2.1 海洋声学主要工作

无论深海和浅海，海洋声学领域研究人员都十分关注声起伏、环境噪声、底质反演和三维声传播建模等方面，但深海海洋声学在这些方面有其显著特点：

（1）深海声起伏。深海的锋面、涡旋、内波等均可引起声起伏。由于线性内波在深海频发，其统计规律可由 Garrett-Munk 谱[4]表示，因此针对线性内波引起的声起伏统计规律的研究一直是热点。代表性的工作为 Dozier 和 Tappert[5,6]提出的基于模态耦合方程的模态幅度统计量传递方程方法，之后 Creamer[7]扩展了该方法。Colosi 等[8-10]在 Creamer 工作的基础上使用了一种高效的内波模型，简化了传递方程的计算，得到内波条件下，模态幅度高阶统计量随距离的变化规律。Virovlyanskii 等[11,12]考虑在高频近似条件下，模态耦合方程的简单解析解，得到了模态幅度统计量的近似解析解。在深海条件下，一般满足高频近似条件。因此，Virovlyanskii 等的方法在深海条件下比较实用。

（2）深海环境噪声。当频率小于 300Hz 时，绝大多数海域的环境噪声主要来源于航船，中高频环境噪声则来源于风雨噪声。因此，随着航船数量和吨位的不断增加，低频海洋环境噪声也不断增加。深海环境噪声实验测量结果的报告从 20 世纪中叶开始就连续不断[13-19]，结果表明，在 1980 年之前，低频噪声级增长速度约为 0.55dB/年，而在这之后，噪声级增长速度降低至 0.2dB/年。深海环境噪声的垂直方向性也是实验测量的重要内容[20-26]，结果表明，噪声主要集中在水平方向，但在中频范围内 0° 方向上可能会出现凹槽。

（3）深海海底底质反演。深海声传播与海底底质有关，对于声传播损失等的估计需要可靠的海底底质参数。描述声波与海底相互作用的传统方法是采用海底反射损失（Rayleigh Reflection）这个参数。该参数定义为随频率和入射角变化的反射和入射声能的比值，用 dB 表示。这种方法由于假设了海底为类似镜面反射（或半空间），即只存在一条海底反射声线，因此在描述声波与海底作用时非常简单。但实际海底并非半空间，而是分层结构，甚至是水平变化的，这种复杂性对低频传播的影响非常明显，因而海底底质的分层结构反演一直是研究的重点[27-36]。研究主要集中在海底分层模型的建立及利用海底反射损失反演分层结构的声学参数，这些方法在深海和浅海同样适用[37-41]。

（4）深海三维声传播建模。由于深海中存在内波[42-45]、锋面、涡旋等海洋中尺度现象[46-50]，以及海底存在海沟海山等不平整地形[51-53]，二维声传播模型计算结果误差较大，需要使用三维声传播模型。例如 Stephen 等[54]研究了 500～2000km 的远距离声传播，发现由于二维传播平面外海山的存在，声波可以通过海山绕射-海面反射的路径传播至接收器，是典型的三维声传播效应。

除了上述 4 种深海、浅海共同的研究热点，深海海洋声学最大的特点是其独有的海洋分层现象及其产生的 5 种声传播模式，这些声传播模式与声呐的工作原理密切相关。以下内容将分析声传播模式及其在声呐中的利用，指出在现有声呐系统中尚未利用或未完全开发的声传播模式。

图 1-1 为低纬度地区（南、北纬度 30° 之间的区域）一个典型深海声速剖面下声传播路径示意。由于海洋表面的风力作用，热量、淡水交换（强迫场）等作用在紧邻海面之下会形成性质几乎相同的水体，称为混合层。混合层中温度几乎不变，但由于压力的原因，声速随深度增加而增加，形成梯度约为 0.017m/s 的表面声道。混合层的下一层称为温跃层，在这一区域，水温随着深度的增加而急剧降低，因而具有负的声速梯度。低纬度区域的温跃层梯度的绝对值较大，即声速变化剧烈。温跃层和海底之间称为深海等温层，声速以约 0.017m/s 的梯度呈线性增加。在温跃层和深海等温层之间存在一个声速最小值，对应的深度称为深海声道轴。在含有声道轴的剖面中，把声道轴下面的某个深度定义为临界深度。在该深度上，声速等于近海面的声速最大值，通常为表面声道底部的声速值。临界深度也称为表面声道深度的共轭深度。临界深度至海底的水体厚度称为深度余量。声线由表面波导底部出射，出射角度为 0°～5°，传播路径如图 1-1 所示。在深海声道轴以上，声速梯度为负，射线向下折射；在深海声道轴以下，声速梯度为正，射线向上折射。此时，若声线出射角度足够小或深度余量足够大，则射线将在与海底接触前反转，传播至近海面附近形成汇聚区，传播损失较小。折射声线不能直达的区域称为声影区，但海底反射声线可以到达该区域，如图 1-1 中的红色虚线所示。

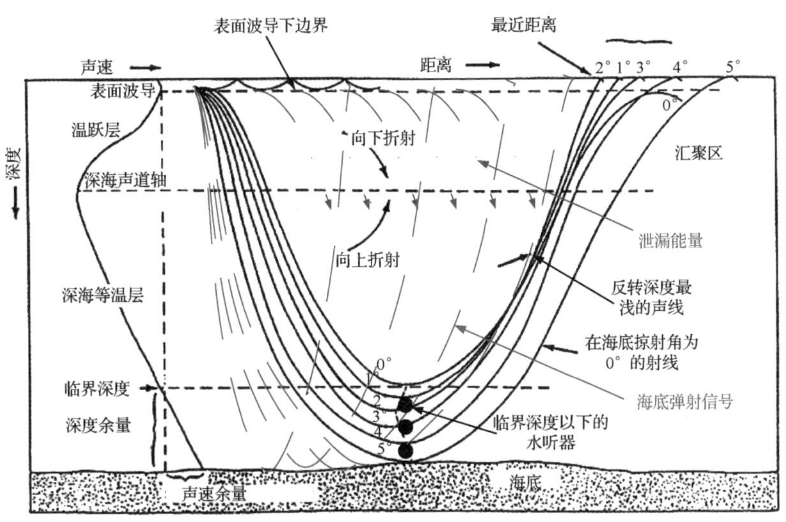

图 1-1 低纬度地区典型深海声速剖面下声传播路径示意

声呐在深海中工作时，需根据不同的海洋环境和目的，利用不同的声传播模式探测目标：

（1）表面波导模式。表面波导可实现水声的远距离传播，但其存在强烈的时空变异性，是不稳定的信道[55]。当声呐系统在近海面工作时，其性能将受本地表面波导特性的影响。因此，表面波导特性及声传播受到了广泛关注[56-58]。Baker[59] 和 Schulkin[60]基于实验数据给出了表面波导中近距离声传播损失的经验公式；通过改变表面波导的特征参数（梯度、深度、表面声速等），Porter[56]研究了表面波导的海洋和声学特性。但关于表面波导，仍有很多声传播的细节未被分析和利用，例如，声呐在表面波导中主动发射和被动接收时的最优深度，以及表面波导中声波的波达角。本书第 2 章和第 3 章将就这些问题展开研究。

（2）汇聚区模式。汇聚区是深海海洋中的一种远程声传播现象。从海面附近声源发出的声波在深海中折射并发生反转，从几十千米外传播至海面，形成环带状高声强区域，即汇聚区。第一个汇聚区的宽度为 4km 左右，随着距离增加，汇聚区宽度逐渐增加。汇聚区内的传播损失显著低于球面扩展损失，适用于水声通信、目标探测等，因此汇聚区强度、距离等特征随海洋水声环境参数的变化[61-67]，以及汇聚区内信号相关性、信号到达结构、声传播等[68-72]受到了广泛关注。声呐系统探测的汇聚区模式基于汇聚区声传播损失小的特点，可以探测汇聚区内的水下目标。但由于汇聚区是周期性的出现，这种模式虽然探测距离远，但是探测盲区大，并且存在汇聚区模糊现象（无法区分是第几汇聚区的目标）。由于汇聚区模式已广泛应用于深海声呐系统，对其特性的认识比较全面，本节不再研究该传播模式。

（3）海底反射模式。汇聚区之间直达波的传播损失显著高于球面扩展损失，称为几何声影区。由于表面波导、内波、锋面、粗糙海面等环境因素，一部分声能通过散射和绕射效应可进入声影区[73-77]，提高声影区能量。但声影区的传播损失仍然较高，并且在近海面处，声影区的范围远远大于汇聚区，导致声呐在深海中的探测存在盲区。这促使了海底反射声呐的出现，该声呐将声能打向海底，传播至声影区，从而探测声影区中的目标[78]。这种模式的优点是可以通过控制声波的出射角，探测几何影区任意位置的目标。海底特性对海底反射信号的影响已经被广泛研究，海底越“软”，海底反射损失越大，海底反射信号的能量越弱。但声呐海底反射模式的探测距离不仅与海底特性有关，也与海深有密切关系，将在第 2 章中讨论该问题。此外，海底反射声能量和表面波导泄漏能量均能“照亮”盲区，但两者传播损失的对比分析并没有得到关注。本书也将在第 2 章详细对比两种声传播模式，给出各自的适用条件。

舰载反潜声呐 AN/SQS-53（外壳见图 1-2）被用来探测、分类和追踪水下目标，有主动和被动两种工作方式。以主动声呐方式工作时，工作频率为 3.5kHz，可利用上述 3 种声传播模式工作，但利用表面波导模式时，由于海面混响和近海面噪声的干扰，有效探测距离约为 18km。AN/SQR-19 TACTAS 是船载拖曳被动低频声呐，最大拖曳深度可以达到 365m，阵列孔径为 242m。由于其覆盖频率较宽，可以充分利用低频信号，并且本舰噪声干扰较小，因而该声呐拖曳在较深的深度时可以探测多个汇聚区内的目标。AN/SQR-501 CANTASS 也是船载拖曳被动低频声呐，其低频覆盖范围从 50Hz 到 5kHz，处理带宽可以为 220Hz，为远距离（超过第二汇聚区）被动定位提供保障。AN/BQQ-5E 声呐的潜艇拖曳阵也是为了利用低频声传播的优势，实现远距离目标探测。

图 1-2　AN/SQS-26 声呐的弓形外壳（该外壳与 AN/SQS-53 声呐外壳相似）

除了上述三种传播模式，深海环境中还存在两种典型的声传播模式，其特点并未被广泛研究，也未见有声呐系统基于这两种声传播模式的工作模式。这两种声传播模式如下：

（1）表面波导泄漏模式。如图 1-1 的中蓝色点画线，当声能在表面波导中传播时，会有一部分能量从表面声道中泄漏，从而照亮“影区”。在低频条件下，能量泄漏强烈。当潜艇位于表面波导以下并探测水面舰艇时，由于表面声道能量的泄漏，有可能在“影区内”接收到水面舰艇的辐射噪声。同时，根据互易性原理，潜艇的辐射声能会通过绕射进入表

面声道而被水面舰艇发现。当表面声道不存在时，这两种可能的探测方式是无法实现的。因而，表面波导声能量泄漏为声呐探测提供一种新的模式，具有重要的研究意义。Labianca[79]和 Murphy[80]分别利用简正波理论和射线理论刻画了表面波导中的声能量泄漏现象，Porter[81]从仿真和实验数据分析两个方面说明了声能量泄漏的重要性。

（2）可靠声路径传播模式。如图 1-1 所示，黑色实圆点所示的水听器布放在临界深度以下，目标与水听器之间存在的直达波传播路径被称为可靠声路径。可靠声路径是深海声传播的重要声道之一，声速起伏和界面散射对其声传播影响较小，并且该声道下的噪声级较低。为深入认识可靠声路径的物理特性，本书在第 6～9 章中对其声特性进行了详细的讨论。可靠声路径被广泛关注始于美国建立的深海海啸灾害监测系统（Deep-ocean Assessment and Reporting of Tsunamis，DART）。该系统将监测仪布置在近海底位置，接收近距离海啸波产生的声波，为美国国家海洋和大气管理局提供了远程监测海啸的方法。2004 年 12 月 26 日发生的印度洋海啸（造成超过 30 万人死亡）促使 DART 系统升级为 DART II 系统，系统组成如图 1-3（a）所示。当海底声压传感器（Bottom Pressure Recorder）接收到超过阈值的尖峰信号时，海底声压传感器通过声学调制解调器向浮标发送报告，然后浮标通过卫星通信系统将报告发送至海啸预警中心。该中心将结合其他信息对该报告进行评估。DART II 系统在 2008 年 3 月完成，其节点的分布位置如图 1-3（b）所示。

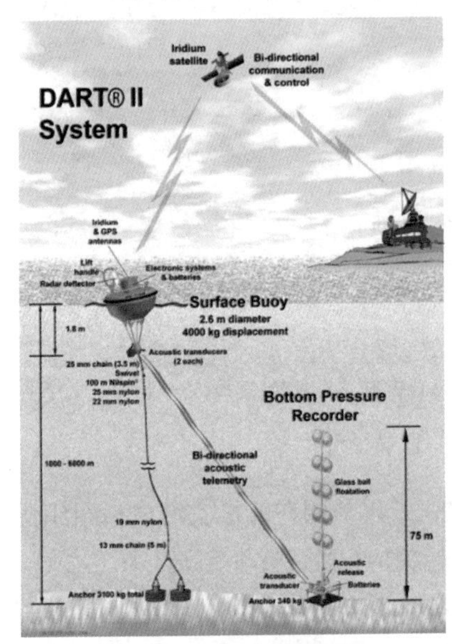

（a）DART II 系统的组成

（摘自文献[82]的图 1）

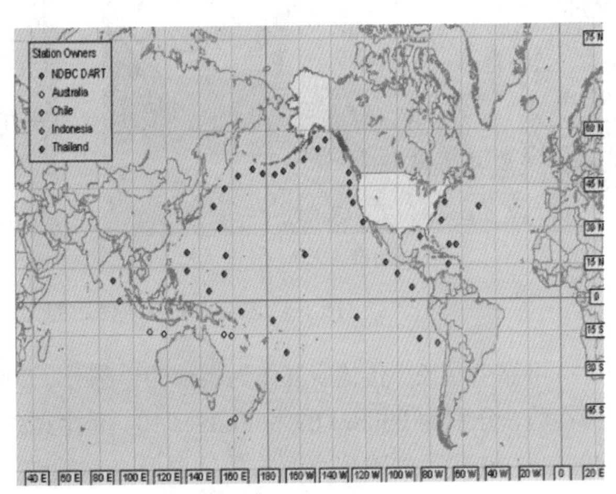

（b）DART II 节点的分布位置

（摘自文献[82]的图 2）

图 1-3 DART II 系统介绍

从 DART II 系统中认识到可靠声路径低传播损失、低噪声级的特点，美国国防部先进研究项目局（Defense Advanced Research Projects Agency，DARPA）启动了分布式潜艇猎捕系统（Distributed Agile Submarine Hunting，DASH）。安静型潜艇对海上平台造成了极大的不对等的威胁。同时，这些潜艇在声源级和摧毁力方面也不断进步。因此，为了改变这种不对等关系，美国发展了 DASH 系统。深海声呐节点放置在公海区深度极深的位置上，实现垂直方向上大范围海域内的潜艇探测。每一个深海节点相当于探测水面平台的卫星（satellite），被称为“subullite”，本书译为“海底卫星”。这样水面平台和潜艇分别用“satellite”和“subullite”探测，实现了“对等”关系。基于大深度“subullite”节点的探测范围广，噪声级低的优点，DASH 系统允许多个节点协同工作，实现更大范围的潜艇探测和跟踪。DASH 系统在第二阶段开发了两种原型系统：第一种为可变形的可靠声路径系统（Transformational Reliable Acoustic Path System，TRAPS），该系统为固定的被动声呐系统，其优点为可扩展、小尺寸、低重量、低功耗，可实现与静态海面节点通过无线声学调制解调器通信；第二种为 SHARK（Submarine Hold at RisK）系统，如图 1-4 所示，该系统是一个无人自主航行器（Unmanned Underwater Vehicle，UUV）平台，即移动的主动声呐系统平台，用于跟踪已被探测到的潜艇。SHARK UUV 在 2013 年 2 月成功进行了深潜实验。TRAPS 和 SHARK 可以相互补充，实现更可靠的探测和跟踪。

（a）平台准备入水

（b）装备了主动声呐系统的平台

图 1-4　SHARK 系统使用的无人自主航行器平台

将可靠声路径声传播研究作为实验的一部分，2009—2011 年美国在菲律宾海先后组织了两次实验，分别为 PhilSea 09 和 PhilSea 10。菲律宾海实验相关信息如图 1-5 所示，图 1-5（a）为 PhilSea 10 实验的阵列声源布放位置及走航轨迹。T1～T6 为声层析阵列，结合卫星和其他本地传感器测量结果及其海洋模型，可用于反演 T1～T5 所围区域的 4 维声速场结构和变化。在 T6 附近布放了全深度分布式垂直线阵列（Distributed Vertical Line Array，DVLA），该阵列的深度跨度如图 1-5（b）所示。该阵列共包括 5 个长度为 1000m 的子阵，每个子阵通过其顶部的 D-STAR（DVLA- Simple Tomographic Acoustic Receiver）控制器，实现阵列采集同步，如图 1-5（c）所示。1～5 个子阵包括 D-STAR 在内，水听器模块个数分别为 41、49、17、17 和 26，第 5 个子阵最深的水听器深度为 5381m，远远超过该区域的临界

深度（2 月为 4450m，6 月为 5026m）。DVLA 接收 T1～T6 层析阵列上深度为 1050m 的扫频声源发射的信号，接收实验船拖曳声源发射的信号。目前已有一些可靠声路径的实验研究成果[24,83-89]，但并未被大量报道。Kathleen 等[24]分析了这次实验的环境噪声随深度变化的全年平均值，结果如图 1-6（a）所示。频率在 100Hz 以下时，从 4200m 开始，噪声级显著降低；频率为 50Hz 时，最深处的水听器比声道轴处的水听器测量的噪声级低 10dB；频率为 20Hz 时，当深度小于 2000m 时，噪声级显著增加是由于线缆的扰动。全年临界深度的平均值约为 4700m，可以看出在临界深度以下，低频噪声级相对于近海面和深海声道轴附近的噪声级要低 10dB 左右，Worcester 等[90]给出了 DVLA 环境噪声随深度变化的全年平均值的另一组结果，如图 1-6（b）所示。这一组数据显示，在临界深度以下，环境噪声级降低的速度更快，最深处水听器测得的环境噪声级比声道轴处的值低 15dB 左右。这种低环境噪声级的特性是可靠声路径被广泛关注的重要原因之一。第 2 章将通过仿真说明可靠声路径声传播的可靠性。

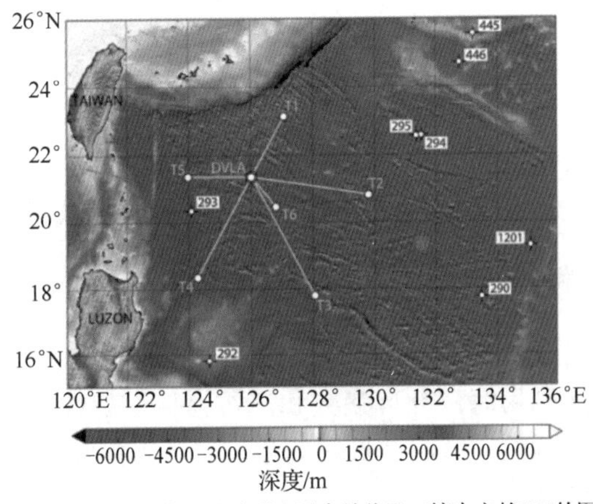

（a）PhilSea 10实验的阵列声源布放位置（摘自文献[90]的图4）

（b）DVLA阵列的阵元深度（摘自文献[24]的图2）

（c）PhilSea 09实验DVLA布放

图 1-5 菲律宾海实验相关信息

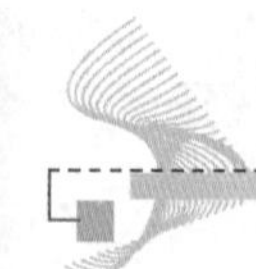

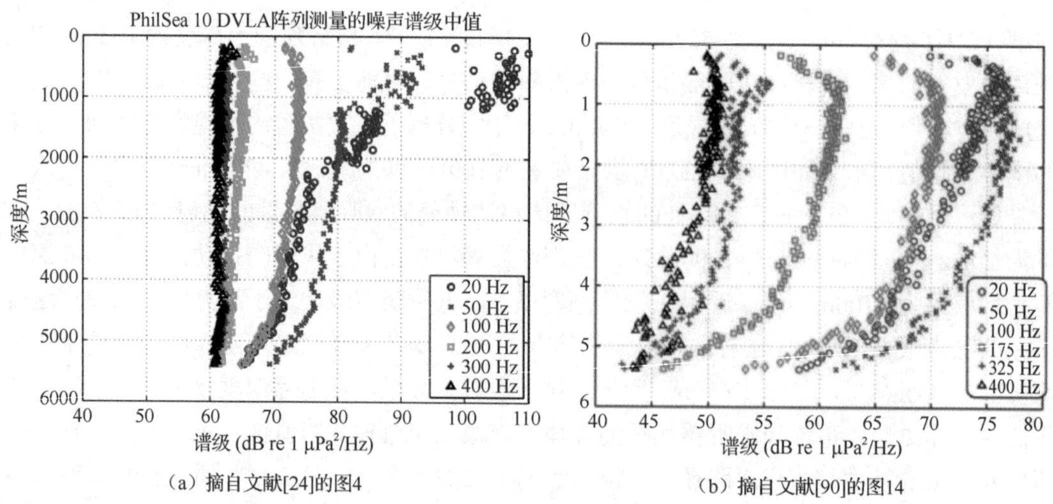

（a）摘自文献[24]的图4　　（b）摘自文献[90]的图14

图 1-6　PhilSea10 实验 DVLA 测量的环境噪声随深度变化的两组结果

1.2.2　声源被动定位方法

声呐系统中广泛使用的被动定位方法包括三子阵时延定位和目标运动分析等。近二十年来，国际水声界又提出了多种被动定位方法，主要分为以下几类。

1. 匹配场定位技术

1）前向匹配定位技术

前向匹配场处理是利用海洋环境参数和声传播信道特性，通过水下声场建模计算得到接收基阵的声场幅度和相位，形成拷贝场向量，与基阵接收数据进行“匹配”，从而实现水下目标的被动定位和海洋环境参数的精确估计。前向匹配场处理技术在处理接收到的水声信号时最大限度地利用了水声信道模型、基阵设计，以及窄带和宽带相关处理技术的综合优势，因而与传统的淡化信道的信号处理技术相比取得了重大的进展。自适应匹配场技术利用较大孔径的阵列，可以区分表面和水下目标。如果环境信息准确，该技术可以自适应地去除表面目标的干扰。但在实际应用中，由于环境的不确定性，目标和干扰的运动和阵列流形向量的失配会引起匹配场输出平面的模糊，无法确定目标和干扰位置。为了减小匹配场处理中的环境失配问题的影响，研究人员提出了多种稳健的方法。杨坤德等[91-95]提出基于扇区特征向量约束或基于环境扰动的稳健匹配场处理器，Schmidt 等[96]提出了邻域位置约束算法，其原理：认为环境参数的扰动（失配），对应声源位置在一定邻域范围内变化，将声源位置附近的点作为约束条件，在环境无失配时，其主瓣近似于 Bartlett 处理器，而旁瓣接近 MVDR。正如文献[97]表明，尽管在等声速波导中海深误差常常对应声源位置变化，但其他类型的环境失配如声速剖面与地声参数失配则无此对应关系。因此，该方法在失配的环境下通常会失效。环境扰动约束匹配场处理[98]具有更稳健的定位性能，该方法提取了一定范围内不确定环境参数扰动的一阶和二阶统计特性，并以此构造拷贝场。Krolik[99]

和 Richardson[100]则直接将环境不确定性的二阶统计量代入匹配场中处理，从而降低环境不确定性的影响。此外，也可以首先利用校准声源或随机声源，如商船、反演地声参数，然后利用前向匹配场技术定位目标。

2）虚拟时反定位技术

前向匹配场处理时，计算各搜索网格对应的拷贝场向量需要耗费大量的时间，严重阻碍了其工程应用。时间反转处理是利用海洋自身来构造拷贝场的匹配场。当时间反转处理技术应用于目标定位时，称为虚拟时反处理[101-103]。在虚拟时反处理中，信号不需要像时间反转处理那样在声源和接收器之间来回传输。相反，假设水声信道在时间上是稳定的，时间反转信号的“重新发射”是在计算机内完成的。虚拟时反处理是一个后向传输过程，它利用了介质的互易性和叠加性，在各水听器位置放置虚拟声源，每个虚拟声源在搜索区域产生一个模糊平面，对各个模糊平面进行相应加权求和，即可得到最终的定位模糊平面。该方法的基本原理与前向匹配场定位技术相同。

由于匹配场技术利用了声场的全部信息，因而需要充分的采样声场，来获得模糊度较小的目标位置，这就要求使用与海深可比拟的大孔径同步阵列[104]。在深海环境中，这种阵列的工程实现非常困难。此外，当利用海底反射信号实现目标定位时，近海面阵列在中等距离，接收到的目标信号主要为海底反射信号，但由于海底反射损失较大，接收信号的信噪比较低。另外，受海底散射的影响，接收信号的波形会发生畸变。这些因素都会造成实际声场与拷贝声场失配。第 5 章仿真分析了利用海底反射信号的匹配场定位技术的性能，证明了该方法的不适用性。

2. 基于简正波模型的方法

（1）模态匹配定位。Yang[105,106]基于匹配场处理方法，提出了模态匹配定位方法。该方法基于简正波理论，从接收信号中提取不同模态的声信号，该信号中包含了声源的深度和距离。通过选取部分模态进行匹配定位，可以抑制干扰源、减少环境不确定性的影响及提高信噪比[107]。

（2）模态反传定位方法。当目标发射宽带时间有限信号时，可以通过模态反传的方法定位目标。该方法基于模态的色散现象，即基于不同模态的群速度不同现象实现目标定位[108]。该方法首先通过模态滤波器获得不同模态的到达波形，然后将这些模态按照其群速度反传。在实际声源位置处，这些模态的信号将同时到达并叠加。

（3）模态到达结构定位

在浅海环境低频声源的条件下，声场可以用较少阶数的模态描述。若发射信号为脉冲信号，由于模态的群速度随模态阶数和信号频率变化，在接收器处将形成模态色散现象。基于不同模态的时延和幅度比，可以实现声源距离估计[109]、地声参数反演[110]和模态函数估计[111]。在深海环境中，声场描述需要高阶模态。中等距离接收的每个多途信号是由一组模态的相干叠加形成的。利用不同组模态的群速度差，即多途到达时延，可以实现目标距离的估计。对于深海环境的超远距离传播，如果知道模态群速度的分布，那么声源距离也

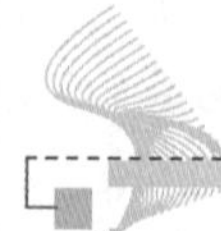

可以通过脉冲信号的色散现象获得[112,113]。

简正波模型将声场表示为模态的水平传播和叠加，因此利用上述三种方法的基本条件是可以将模态分离，这一般要求模态数较少。而在深海环境中，声频率为几百赫兹时，模态数可以达到几百阶甚至上千阶，模态难于区分。此外，与匹配场定位技术相同，模态分离同样要求阵列孔径与海深相比拟，这在深海环境中难以满足。本书的研究将不涉及该方法。需要指出的是，在深海环境中，当声源距离非常远时（几千千米），如果模态群速度的范围已知，就可以通过脉冲信号色散的时延信息（最快传播模态和最慢传播模态的时延差）估计声源距离[112,113]。

3. 基于多途到达结构定位

在深海环境下，利用小孔径阵列便可以获得明显的多途到达结构。因此，基于多途到达角和到达时延的定位方法被广泛研究和应用，尤其是在海洋生物跟踪方面[114-116]。在深海环境中，多途信号的时延大，采用匹配滤波、自相关函数[117]等时延估计方法，可以估计得到多途信号的时延。通过水听器阵，可以估计出不同多途信号的到达角，然后采用射线反传或直接与模型计算结果匹配的方法，可以定位目标。

在深海环境中，一次海底反射多途的时延和波达角受海底底质的影响较小。同时，这种多途在声源处的出射角一般较大，受水体中声速剖面起伏的影响较弱。因此，一次海底反射多途的时延和波达角是较为稳定的。此外，不同观测量对声源距离和深度的敏感程度不同：多途波达角对距离敏感，而多途时延对深度敏感[118]。基于上述分析，针对海底反射信号，在第 5 章中提出一种深海环境下的窄带目标被动定位方法。该方法将目标的距离和深度分别估计，在每个参量的估计过程中均使用对该参量敏感的多途信息作为观测量，从而实现稳健的目标定位。其中，针对目标距离的估计，提出了加权子空间（Weighted Subspace Fitting，WSF）匹配场定位方法（WSF-MF），这是一种间接利用多途到达角信息的定位方法。

第 6 章分析了可靠声路径传播中多途到达结构随声源位置的变化规律，结果表明，基于多途到达角的声源定位方法适用于该环境中的窄带声源定位。现有方法由于复杂和不精确的多途到达角估计，定位可靠性较差。第 8 章中将 WSF-MF 方法应用于可靠声路径环境，从而避免了多途到达角估计。

若目标是运动的，则通过分析多途信号时延随时间的变化轨迹，可以实现单水听器目标定位[115,116,119]。在自相关函数和宽带信号的匹配滤波输出随声源距离变化的伪彩图中，每一条亮线代表了多途的相对时延或绝对时延[116,119]。在深海环境中，多途的相对时延较长，通过上述伪彩图可以得到较可靠的时延信息，从而估计声源位置。Tiemann[115]等利用单水听器在阿拉斯加湾东部获得了抹香鲸的运动轨迹。但从实验数据的分析发现，在可靠声路径中，由于海底反射损失大，与海底反射信号相关的多途时延轨迹难以分辨。基于该实际问题，第 5 章中提出了一种仅利用直达波和海面反射波时延变化轨迹的定位方法，可以估计目标的深度、距离和速度。

4. 基于干涉条纹的定位方法

接收信号的某种特征随距离的变化与海洋信道的声传播特性相关，往往反映了声源的几何特征，可用于水声工程中声源位置的估计。

（1）波导不变量定位。在浅海环境中，连续宽带信号的能谱随距离变化的伪彩图呈现明暗相间的条纹。这些条纹的斜率随波导环境的变化基本保持不变，并且可以用波导不变量来刻画。在浅海环境中，大部分模态都是海底作用模态，因此波导不变量约为 1。波导不变量理论被广泛应用于各个领域，例如时反、基于匹配场处理旁瓣的声源定位[120]、地声参数反演[121]和距离估计[122-123]。但是，在深海环境中波导不变量随信号中心频率、模态和声源-接收器的相对位置变化[124]。因此，关于波导不变量在深海环境下的应用研究较少。

（2）深海可靠声路径强度干涉条纹定位。在深海声道轴以下，声速等于海面声速的深度被称为临界深度。当接收器位于临界深度以下，近表面声源与接收器的直达波路径被称为可靠声路径。可靠声路径具有高信噪比的有益性质[125-127]。McCargar 和 Zurk[128]研究了在深海可靠声路径条件，由于目标运动产生的明暗相间的条纹：当声源水平运动时，阵列的波束扫描输出随时间的变化将在直达波到达角的变化曲线上，呈现明暗相间的条纹。这种条纹随声源深度会以不同的频率起伏，所以根据条纹的起伏频率可以估计目标的深度。

本书作者研究发现，当位于临界深度以下的水听器接收中等距离声源发出的宽带信号时，将接收信号的频谱随声源距离的变化画成伪彩图，可以观察到明暗相间的条纹，本书作者称之为 RAP 条纹（可靠声路径条纹）。该条纹对声源深度非常敏感。第 9 章重点研究了 RAP 条纹形成的物理机理，对其进行建模，提出了两种声源定深方法。

5. 其他定位方法

（1）引导声源。在不确定海洋环境下，可以通过引入引导声源来提高目标的定位性能。引导声源可以是人为布放的校准声源，也可以是航船之类的机会声源。利用这些声源可以获得在引导声源处海洋信道的响应。但在其他声源位置处，信道响应仍然是未知的。Zurk[104]通过对接收的引导声源信号的处理，实现了非引导声源处信道响应的估计。

（2）贝叶斯理论。基于贝叶斯理论的定位方法将海洋环境的不确定性代入模型，得到后验概率分布，从而估计目标位置并且同时给出了目标位置的不确定性。但该方法计算量大，且海洋环境的不确定性参数之间耦合明显，使定位结果模糊。

1.3 本书的结构

本书作者在处理和分析浅海与深海实验数据的过程中，不仅观察到一些值得研究的水声传播现象，而且也发现了传统定位方法的不适用性。因此，本书从基本的声传播现象出发，经过理论推导、仿真验证、实验数据检验等步骤，详尽地阐明了一些声传播现象的物理机理。从这些现象出发，文章提出了稳健的被动定位方法，经过仿真或实验数据验证，该方法在工程实践中具有广大的应用前景。除绪论外，各章主要内容介绍如下。

第 2 章作为全文的理论基础，主要内容包括声场传播数学模型及三种数值计算方法和声传播模式的特性分析。从传播损失角度初步分析了深海和浅海水声环境对声传播模式的影响，形成水声传播模式对声呐性能影响的基本认识。这种影响是多方面的，包括目标检测、定位、跟踪和识别等，涵盖内容广泛。本章还介绍了关于信号方位估计的一些基本知识。

第 3 章研究了浅海窄带声源定位方法，主要内容包括匹配场定位性能和时反聚焦性能的对比分析，以及虚拟时反定位方法。重点研究了水平线阵列深度对匹配场定位性能和时反聚焦性能的影响；然后研究了基于虚拟时反的水下目标定位方法，阐明了虚拟时反处理方法的优越性，并利用地中海浅海实验数据验证了虚拟时反定位方法的快速性能。

第 4 章研究了浅海宽带声源定位方法，主要利用信号多途到达结构特性和模态结构特性，介绍了基于自相关函数时延提取、多途到达角和时延联合定位方法、简正波模态消频散变换等多种稳健目标定位方法。利用了本书作者在南海获得的实验数据验证了方法的有效性。

第 5 章研究了深海近海面阵列用于近海面中近距离目标的定位方法，主要利用信号多途到达结构特性。首先介绍了第 4 章中提出的联合定位方法在该环境下的应用，然后提出了一种基于几何关系近似的高效声源定位方法，不需要声场计算模型，而且在保证定位精度的同时，提高定位的速度。

第 6～9 章研究了可靠声路径（Reliable Acoustic Path，RAP）中声传播特性和在该声道中的多种稳健目标定位方法，由于所采用的系统配置不同，所使用的定位方法也不同。需要指出的是，适用于简单系统配置（如单水听器等）的定位方法一般也适用于更复杂的系统配置（如垂直线阵列等）。

第 6 章介绍了 RAP 单水听器在低信噪比条件下的定位方法，均只适用于运动的目标。首先基于直达波和海面反射波的时延随时间变化的曲线，结合扩展卡尔曼滤波，提出了一种目标运动初始状态迭代求解的定位方法。然后，基于运动目标不同时刻接收信号的互相关函数，提出了运动声源测速和定深的方法。

第 7 章介绍了 RAP 双水听器定位方法，主要基于双水听器多途时延差的匹配。首先介绍了一种获取多途时延后的直接匹配算法，然后介绍了一种基于互相关函数直接匹配进行定位的方法。由于实际信号带宽有限，互相关函数中距离较近的两个峰值结构将会叠加，导致定位性能降低。利用互相关函数峰值结构的相似性构造基矩阵，对互相关函数进行 K-稀疏重构（K=4），获得较高分辨率的互相关函数峰值结构，降低定位旁瓣，从而提高了定位精确度。

第 8 章介绍了 RAP 垂直线阵列定位方法。首先，将第 4 章提出的多途到达角匹配定位方法应用于该环境中，并且研究了阵列孔径、信噪比等因素对该方法的影响。然后，介绍了一种多途时延信息的频域表述方式，利用这种特性估计目标深度，与基于直达波到达角的距离估计方法相结合，构成了与第 4 章具有相同架构的联合估计方法。

第 9 章分析了在可靠声路径中，声源距离-频率平面上的干涉条纹现象，发现其与目标深度密切相关。利用简正波的射线解释理论分析了这种干涉条纹形成的物理机理，提出了一种精确计算条纹位置的算法。同时，书中还给出了基于这种干涉条纹的目标定深方法。利用西太平洋的数据验证了这种干涉条纹现象及目标定深方法的可行性。

第 10 章介绍了阵列流形失配条件下的水平线阵列测向方法。声源测向虽然无法直接给出声源位置，但是也提供了声源重要的信息，并且可以结合其他方法（如第 4 章的联合定位方法和目标运动分析等）实现声源定位。本章主要介绍基于稀疏性的被动合成孔径定位与子阵处理方法和海底水平线阵列测向误差分析及误差修正方法研究两方面的内容。

第 2 章　基本知识介绍

2.1　概　　述

本章作为全文的基础理论部分，主要内容包括声场传播数学模型及 3 种数值计算方法和典型声传播模式的特性分析。主要从传播损失角度初步分析了水声环境对声传播模式的影响，以及形成水声传播模式对声呐性能影响的基本认识。此外，受到水声传播特性和海洋环境的影响，声呐接收到的信号具有特殊性，这使得声呐信号处理方法将有别于常规的阵列信号处理方法。本章将回顾典型的声呐信号处理方法，为后续研究提供理论基础。

2.2　声场传播模型

2.2.1　理想流体介质中的波动方程

声波在水介质中的传播过程是一种波动过程，求解波动方程及其初始条件和边界条件，可以得到波动方程的唯一确定解。假定海水为理想流体，声波为小振幅波，理想流体介质中的波动方程可以从质量守恒方程、欧拉方程（牛顿第二定律）和绝热状态方程导出。仅保留流体动力学方程的一阶项，并且假设密度不随空间变化，得到的线性波动方程为

$$\nabla^2 p - \frac{1}{c^2}\frac{\partial^2 p}{\partial t^2} = 0 \tag{2-1}$$

式中，∇^2 为拉普拉斯算子，c 为介质声速，t 为时间，p 为声压。定义速度势 ϕ 和位移势 ψ 分别为

$$\boldsymbol{v} = \nabla\phi \tag{2-2}$$

$$\boldsymbol{u} = \nabla\psi \tag{2-3}$$

式中，$\boldsymbol{v}$ 和 $\boldsymbol{u}$ 分别为速度向量和位移向量。则速度势和位移势满足如下波动方程：

$$\nabla^2\phi - \frac{1}{c^2}\frac{\partial^2\phi}{\partial t^2} = 0 \tag{2-4}$$

$$\nabla^2\psi - \frac{1}{c^2}\frac{\partial^2\psi}{\partial t^2} = 0 \tag{2-5}$$

位移势 ψ 与声压 p 的关系为

$$p = -\rho\frac{\partial^2\psi}{\partial t^2} \tag{2-6}$$

式中，ρ 为水的密度。

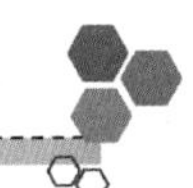

考虑位置r_0处存在声源激励$f(r_0,t)$，则式（2-5）给出的波动方程可以写为

$$\nabla^2\psi-\frac{1}{c^2}\frac{\partial^2\psi}{\partial t^2}=f(r_0,t) \tag{2-7}$$

由于方程中的两个微分算子系数均与时间无关，所以波动方程的维数可以利用傅里叶变换减少到三维，得到相应的Helmholtz方程：

$$\left[\nabla^2+k^2(r)\right]\psi(r,\omega)=f(r_0,\omega) \tag{2-8}$$

式中，ω表示声源角频率，$k(r)=\omega/c(r)$为波数。齐次Helmholtz方程为

$$\left[\nabla^2+k^2(r)\right]\psi(r,\omega)=0 \tag{2-9}$$

虽然求解Helmholtz方程比求解全波动方程简单一些，但是这种简化是以必须求解逆傅里叶变换为代价的。

波动方程的定解条件包括边界条件和初始条件。对于简谐过程，不需要初始条件。在声场问题中，边界条件反映了边界（用Σ表示）对波动影响的物理过程，规定了波函数在边界上满足的已知的关系式。一些常见的边界条件如下：

（1）绝对软边界，又称为声压释放边界，此时的界面不能承压。对平静的海面，可以使用此边界条件。在边界面上的声压为

$$p\,|_{\Sigma}=0 \tag{2-10}$$

称为第一类齐次边界条件。

（2）绝对硬边界，此时边界上的质点法向振速为0。对平坦的岩石海底，可以近似使用此边界条件。在边界面上的质点法向振速为

$$\boldsymbol{v}_n\,|_{\Sigma}=0 \tag{2-11}$$

称为第二类齐次边界条件。

（3）阻抗边界，此时声压与质点法向振速互为约束，满足线性关系。对于淤泥质海底可以使用此边界条件：

$$ap\,|_{\Sigma}+b\boldsymbol{v}_n\,|_{\Sigma}=0 \tag{2-12}$$

（4）声场连续边界，即介质分布有跃变的界面（ρ和c的有限间断），在界面两侧都存在声场，要求声场保持连续，即

$$p\,|_{\Sigma^-}-p\,|_{\Sigma^+}=0 \tag{2-13}$$

$$\boldsymbol{v}_n\,|_{\Sigma^-}-\boldsymbol{v}_n\,|_{\Sigma^+}=0 \tag{2-14}$$

其中，式（2-13）代表压力连续，否则就会出现质点加速度$\to\infty$；式（2-14）代表法向振速连续，否则就会出现介质的“断裂”。这两种物理现象都是不允许的。

（5）辐射条件。如果声场的问题中包括有无穷远点在内时，若在无穷远点没有附加条件，那么解也是不唯一的。在水声中的场问题经常是属于包括无穷远点的。例如，半空间海底之下的无穷远处，应具有发散波的行为，或者当介质有耗散时，在无穷远处声场应熄灭，相应于这种要求而提出的定解条件称为辐射条件或熄灭条件。

波动方程是一个二阶偏微分方程，仅在某些特定的边界条件下有解析形式的解。海洋介质连同它的海面与海底边界构成了一个非常复杂多变的水声信道，一般情况下寻找波动方程的解析解非常困难，因而常常需要引入合理的近似处理，求解波动方程的数值解。根

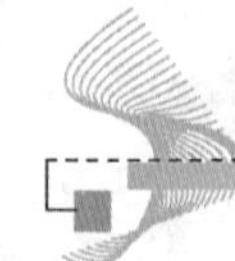

据使用的特定几何假设及解的表达形式的不同，波动方程有着多种类型的数值解。常用的有以下 5 种：波数积分的“快速场程序”（FFP）模型、射线模型、简正波（NM）模型、抛物方程（PE）模型和全波动方程的直接有限差分（FD）解或有限元（FE）解。不同的理论模型适用于不同的应用场合，对应不同的信道模型。若一个模型允许海洋环境的水平变化，如倾斜海底，则称为“距离有关”模型。

根据假设的解的不同表达形式，代入波动方程中，再引入一定的近似处理，便得到了不同的模型。Etter[129]总结了 5 种传播模型的表达形式，如图 2-1 所示。一般来说，不同的声场模型适用于不用的水声环境和研究对象。射线模型适用于分析解算高频条件下的声传播问题，计算速度快，可分析声线传播路径、多途到达时延和到达角等声线到达结构信息，物理意义明确；波数积分模型常用于处理弹性边界问题，而且通常作为精确解，但计算速度慢；简正波模型可以较好地应用于计算低频远场条件下的声传播问题，特别是在浅海环境中，模态较少，观察到的物理现象可以用简正波模型解释，计算速度快，但若在水平剧烈变化的水声环境中，需要利用计算量非常大的耦合简正波模型，效率较低；抛物方程理论可以较好地处理水声环境与距离有关的中低频问题，计算速度快，精度高，是目前应用最广的模型，但其物理意义不够明确。

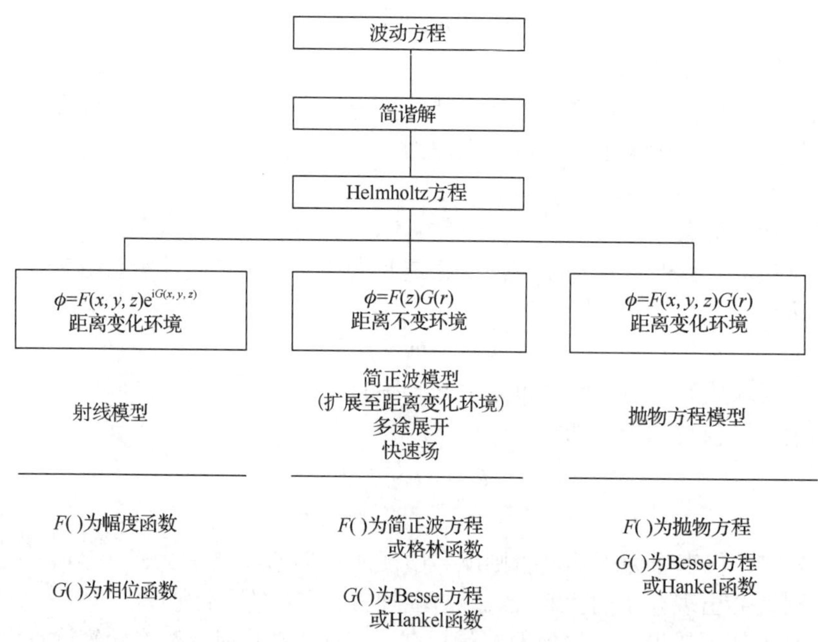

图 2-1　不同信道模型的表达形式

下面分别对本书使用的 3 类主要的建模理论进行简要的回顾和数学推导。

2.2.2　射线模型

射线模型非常直观地描述声能量在介质中的传播，很早就被应用于水声学研究领域。

该模型从式(2-9)的 Helmholtz 方程出发，假设波动方程的解 ψ 为一个幅度函数 $A=A(x,y,z)$ 和一个相位函数 $P=P(x,y,z)$ 的乘积，即 $\psi=Ae^{iP}$。P 一般称为程函方程。代入式（2-9）并分离实部和虚部，得到

$$\frac{1}{A}\nabla^2 A-[\nabla P]^2+k^2=0 \tag{2-15}$$

$$2[\nabla A\cdot\nabla P]+A\nabla^2 P=0 \tag{2-16}$$

式（2-15）为分离的实部，确定了射线的几何路径。式（2-16）为分离的虚部，称为迁移方程，确定了射线的幅度。上述的分离是基于幅度随位置的变化速度远低于相位随位置的变化（几何声学近似），或者表述为在一个波长范围内声波振幅（等价于声速）不能有大的变化，即假设

$$\frac{1}{A}\nabla^2 A\ll k^2 \tag{2-17}$$

因此，式（2-15）简化为

$$[\nabla P]^2=k^2 \tag{2-18}$$

一般称式（2-18）为程函方程。相同相位（P 相同）的面称为波阵面，与其垂直的射线即声线。程函代表了声学路径长度，是路径两个端点的函数。当两个端点分别为声源和接收器时，称为特征声线。

值得指出的是，对于低频声源，其波长较长，声波在一个波长范围内的变化量也就加大。因此，射线模型适用于较高频率的声波，对于高频范围的定义没有一个明确的公式，只有一个指导公式，即

$$f>10\frac{c}{H} \tag{2-19}$$

式中，f 为声源频率，H 为海水深度，c 为声速。

假设密度恒定，利用式（2-16）可以计算声压幅度，得到一条射线管内的能量守恒原理为

$$A_2=\left[\frac{c_2\mathrm{d}\sigma_1}{c_1\mathrm{d}\sigma_2}\right]^{1/2}A_1 \tag{2-20}$$

式中，$A_i=A(x_i,y_i,z_i),\ i=1,2$，$c_1$ 和 c_2 为两个位置处的声速，$\mathrm{d}\sigma_1$ 和 $\mathrm{d}\sigma_2$ 为两位置处射线管的横截面积。若 $\mathrm{d}\sigma_2$ 趋近于 0（焦散点），则 A_2 趋近于无穷大。因此，基本的射线模型在焦散线（焦散点连成的线）上是无效的。但焦散问题仍然具有重要意义，因为高强度不仅出现在焦散线上，也出现在其周围。此外，声线通过焦散点时，会发生相位变化。若忽略相位变化，则会在以后的距离上引起误差，并且产生误差的地方离焦散点的距离可能是任意的[58]。射线理论的另一个问题是声场计算结果可能会有绝对的声影区，即当某一区域没有声线通过时，声压场恒等于零。在实际中，声波会通过绕射等方式进入该区域，声压幅度要远大于射线模型计算结果。

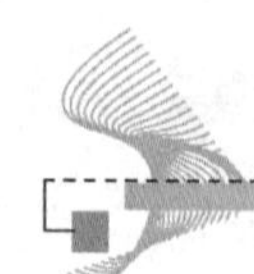

2.2.3 简正波模型

简正波方法在水声学中已使用多年，早期被广泛引用的一篇文献出自 Pekeris[130]，他提出了简单的两层海洋模型的理论。随着数值计算技术的迅速发展，简正波模型现在能够处理任意层数的液体层和黏弹性层的问题。因此，简正波模型在水声学中的应用越来越广泛。简正波模型需要求解与深度有关的特征方程，得到一组振动模式，这些模式大致上类似于振动弦的模式。振动的“频率”给出与模式传播相联系的水平波数。于是，将加权的每个模式的贡献叠加就构成了总的声场，权值为声源深度处相应模式的幅值。

简正波模型假设水声环境为圆柱对称的分层介质，即环境仅随深度变化。则在柱面坐标系下，假设波动方程的解 ψ 为一个深度函数 $F(z)$ 和距离函数 $S(r)$ 的乘积，即

$$\psi=F(z)\cdot S(r) \tag{2-21}$$

将该式代入式（2-9），利用分离常数 ξ^2 分离 F 和 S，得到如下两个方程：

$$\frac{\mathrm{d}^2F}{\mathrm{d}z^2}+(k^2-\xi^2)F=0 \tag{2-22}$$

$$\frac{\mathrm{d}^2S}{\mathrm{d}r^2}+\frac{1}{r}\frac{\mathrm{d}S}{\mathrm{d}r}+\xi^2S=0 \tag{2-23}$$

式（2-22）为深度方程，称为简正波方程，描述了波动方程解的驻波部分；式（2-23）为距离方程，描述了波动方程解的行波部分。因而，每个模态可以认为在距离方向上为行波，而在深度方向上为驻波。

简正波方程（2-22）形成了本征值问题，它的解是 Green 函数。距离方程（2-23）是零阶 Bessel 方程，它的解可写成零阶 Hankel 函数。简正波理论将波动方程的解表示成简正波展开和叠加的形式，并通过求解满足一定边界条件的简正波方程获取其本征值和本征函数。在柱坐标系下，由非齐次 Helmholtz 方程得到声压的简正波解表达式为[58]

$$p(r,z)=\frac{\mathrm{i}}{\rho(z_\mathrm{s})\sqrt{8\pi r}}\mathrm{e}^{-\mathrm{i}\pi/4}\sum_{m=1}^{M}u_m(z_\mathrm{s})u_m(z)\frac{\mathrm{e}^{\mathrm{i}k_{rm}r}}{\sqrt{k_{rm}}} \tag{2-24}$$

式中，$\rho(z_\mathrm{s})$ 为声源处的介质密度，k_{rm} 和 $u_m(z)$ 分别为简正波的第 m 阶模态的本征值和本征函数。M 为波导中有效传播的简正波模态数。

简正波模态函数满足完备性和正交性，即

$$\sum_{m=1}^{M}\frac{u_m(z)u_m(z_\mathrm{s})}{\rho(z_\mathrm{s})}\approx\delta(z-z_\mathrm{s}) \tag{2-25}$$

$$\int_0^D\frac{u_m(z)u_n(z)}{\rho(z)}\mathrm{d}z=\delta(m-n) \tag{2-26}$$

式中，D 表示波导深度。

一般来说，计算远场声场时，所需计算的模态的水平波数为实数，且 $k_{rm}>\omega/c_{\mathrm{bot}}$，其中 c_{bot} 为海底声速。将水平波数的实部小于 ω/c_{bot} 的模态称为泄漏模态，此时水平波数存在虚部，该模态的声能将泄漏并进入海底，无法实现远距离传播。在浅海环境中，近场一般

在几百米以内，因而可以忽略泄漏模态对声场的影响。但在深海环境中，大出射角的模态虽然为泄漏模态，但是由于海深较深，泄漏模态的能量可传播至 10km 甚至 20km。因此，在深海环境中，尤其是考虑可靠声路径和海底反射信号时，必须考虑泄漏模态的影响。

对于一定频率的声信号，仅有有限阶次的简正波可以在信道中有效传播。信号频率越低（或海深越浅），在信道中可以传播的简正波的阶次也越低，相应的计算量也会减少。因此，简正波模型在求解浅海低频声场时，具有精度高、运算量小的优点。事实上，在利用简正波模型求解声场时，频率也不能无限低。对于海底和海面都是压力释放界面的波导，第 m 阶模态的截止频率为

$$f_{0m} = \frac{mc}{2D} \tag{2-27}$$

2.2.4　抛物方程模型

抛物方程方法可以追溯到 20 世纪 40 年代，被首先应用于对流层无线电波长距离传播的计算，之后被推广到微波波导环境、激光波束传播、等离子体物理和地震波传播。Hardin 和 Tappert[131]首先将抛物方程方法引入水下声传播。抛物方程模型在处理水平变化的环境问题时，计算精度和效率均较高。在深海环境中，若考虑水平变化水声环境下的低频传播问题，则抛物方程模型非常适用。若利用耦合简正波模型，则由于模态数较多，计算量将会非常大；而射线模型基于高频假设，无法计算声绕射（如表面波导的能量泄漏问题）等一些声传播现象。抛物方程模型的基本理论如下：

齐次 Helmholtz 方程即（2-9），可以变形为

$$\left[\nabla^2 + k_0 n^2(r)\right]\psi(r,\omega) = 0 \tag{2-28}$$

式中，$k_0=\omega / c_0$ 为参考波数，$n(\boldsymbol{r}) = c_0 / c(\boldsymbol{r})$ 为折射率，$c(\boldsymbol{r})$ 为位置 $\boldsymbol{r}$ 处的声速。将式（2-28）的拉普拉斯算子在柱坐标系下展开，得到柱坐标系下的 Helmholtz 方程：

$$\frac{\partial^2\psi}{\partial r^2} + \frac{1}{r}\frac{\partial\psi}{\partial r} + \frac{\partial^2\psi}{\partial z} + k_0^2 n^2 \psi = 0 \tag{2-29}$$

寻求具有下列形式的解：

$$\psi(r,z) = u(r,z)S(r) \tag{2-30}$$

式中，$S(r)$ 强依赖 r，$u(r,z)$ 则弱依赖 r，将其代入式（2-29），并将 k_0^2 作为分离常数，可得到两个方程如下：

$$\frac{\partial^2 S}{\partial r^2} + \frac{1}{r}\frac{\partial S}{\partial r} + k_0^2 S = 0 \tag{2-31}$$

$$\frac{\partial^2 u}{\partial r^2} + \frac{\partial^2 u}{\partial z^2} + \left(\frac{1}{r} + \frac{2}{S}\frac{\partial S}{\partial r}\right)\frac{\partial u}{\partial r} + (k_0^2 n^2 - 1)u = 0 \tag{2-32}$$

式（2-31）为零阶贝塞尔方程，将其外向传播波的远场近似解代入式（2-32）后，得到

$$\frac{\partial^2 u}{\partial r^2} + \frac{\partial^2 u}{\partial z^2} + 2\mathrm{i}k_0\frac{\partial u}{\partial r} + k_0^2(n^2 - 1)u = 0 \tag{2-33}$$

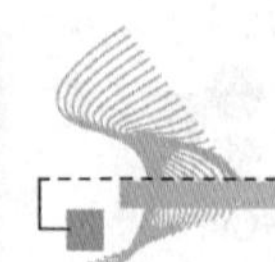

利用小角度假设

$$\frac{\partial^2 u}{\partial r^2} \ll 2k_0 \frac{\partial u}{\partial r} \tag{2-34}$$

可得到式（2-32）的简化形式，即

$$\frac{\partial^2 u}{\partial z^2} + 2\mathrm{i}k_0 \frac{\partial u}{\partial r} + k_0^2(n^2-1)u = 0 \tag{2-35}$$

这就是抛物方程。抛物方程的优势在于可以在距离方向上步进计算，而椭圆方程须在整个深度-距离平面同时求解。高斯场或简正波解可以用作抛物方程模型的初值。

还有一种广义的抛物方程推导方法如下：利用算子分解方法，假设下述算子互易成立，即

$$\frac{\partial}{\partial r}\frac{\partial}{\partial z}u = \frac{\partial}{\partial z}\frac{\partial}{\partial r}u \tag{2-36}$$

式（2-33）可分解为外向传播和内向传播的波（如后向散射的波），仅保留前一部分，最终可得下述单向方程：

$$\frac{\partial u}{\partial r} = \mathrm{i}k_0(\sqrt{1+X}-1)u \tag{2-37}$$

$$X = \frac{1}{k_0^2}\frac{\partial^2}{\partial z^2} + (n^2-1) \tag{2-38}$$

对上式的平方根算子函数取不同的近似，可得到不同适用角度的方法，如窄角技术、宽角技术、甚宽角技术等。采用有理函数近似处理，即

$$\sqrt{1+X} = \frac{A+BX}{C+DX} \tag{2-39}$$

将式（2-39）代入式（2-37），可得

$$\frac{\partial u}{\partial r} = \mathrm{i}k_0\left(\frac{A+BX}{C+DX}-1\right)u \tag{2-40}$$

当 A，B，C，D 的值分别为 1，1/2，1，0 时，即可得到式（2-35）的计算结果。

本书使用的 RAM（Range-dependent Acoustic Model）[132]为甚宽角技术，采用了 Pade 级数展开逼近平方根算子，即

$$\sqrt{1+X} = 1 + \sum_{j=1}^{m}\frac{a_{j,m}X}{1+b_{j,m}X} + O(X^{2m+1}) \tag{2-41}$$

$$a_{j,m} = \frac{2}{2m+1}\sin^2\left(\frac{j\pi}{2m+1}\right) \tag{2-42}$$

$$b_{j,m} = \cos^2\left(\frac{j\pi}{2m+1}\right) \tag{2-43}$$

当 $m=2$ 时，可以得到宽角技术，有效角度约为 55°，当 m 取更高阶时，有效角度可达 90°。Collins[132]指出，当 $m=5$ 时，RAM 可以有效地计算绝大多数水声传播问题。

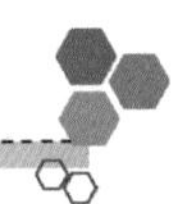

2.3 全球水声环境主要参数分布

全球深海水声环境存在巨大的地域差异性，且随时间剧烈变化。为了形成对全球深海环境的总体认识，本节利用两种数据集，从水声环境的若干特征因素的分布出发，总结深海水声环境的特点。

2.3.1 数据集

ETOP01 数据集是由美国国家海洋和大气管理局（NOAA）的全国地球物理资料中心在 2008 年 8 月发布的精度为 1′的全球地形模型，包含了陆地地形数据和海底地形数据。该数据集整合了多种全球和局部地形数据集，纬度覆盖范围为 90° S 至 90° N，经度覆盖范围为 180° W～180° E。本书使用该数据集分析全球海深的分布。

SODA 海洋数据集由全球简单海洋资料同化（Simple Ocean Data Assimilation）分析系统产生，该系统用于同化分析的温度和盐度廓线数据多达 700 万个。其中，三分之二来自世界海洋数据库（World Ocean Database），其他来自美国国家海洋资料中心（NODC）的实测温度廓线数据、大西洋热带-海洋浮标组群（Tao/Triton）和全球海洋观测网（ARGO）的观测数据、综合海洋大气数据集（COADS）的混合层温度数据等。

数据集的水平覆盖范围为 179.75° W～179.75° E，75.25° S～89.25° N，水平分辨力为 0.5° ×0.5°；垂直分辨力不等间距共 40 层（单位为 m），每层间距为 5～5374m，前 23 层数据的精度较高。海表面至 200m 海深处共有 14 个点。SODA 数据为按月平均数据，覆盖时段为 1958 年 1 月—2007 年 12 月。由于数据时间分辨力的限制，所以基于 SODA 数据的特征参量的时间分辨力为月。SODA 数据集主要包含了温度、盐度、纬向海流速度、经向海流速度、垂向海流速度、经向海表面风应力、纬向海表面风应力、海面热通量、海面淡水交换、海平面高度等。本书使用 2007 年的温度和盐度信息计算声速剖面，以获取有关的特征参量。

2.3.2 海底地形

图 2-2 给出了 ETOP01 数据集的全球海洋深度分布。统计得出，深度在 1000m 以内的海洋面积占海洋总面积的 0.7%，1000～2000m 的比例为 1.9%，2000～3000m 的比例为 6%，3000～4000m 的比例为 21.6%，4000～5000m 的比例为 39.7%，5000～6000m 的比例为 28.3%，6000m 以上的比例为 1.8%。全球海深在 3000～6000m 的比例约为 90%，其余为大陆架和大陆坡海域。在陆地为平原的地方，大陆架一般很宽，可达到数百千米甚至上千米，如太平洋西部、大西洋北部两岸和北冰洋的边缘；紧邻的陆地若是高原或山脉，大陆架宽仅数十公里，甚至缺失。例如，南美大陆西岸大陆架非常狭窄。如图 2-3 所示，中国周边的海洋环境具有多样性：在东南部沿岸有着宽阔的大陆架区域，地形较为平坦；南海的平均深度是 1212m，但最深处有 5567m，并且存在大量地形起伏（海山、海沟、岛屿等）；在第一岛链以东，海深迅速加深，平均深度约为 5000m。

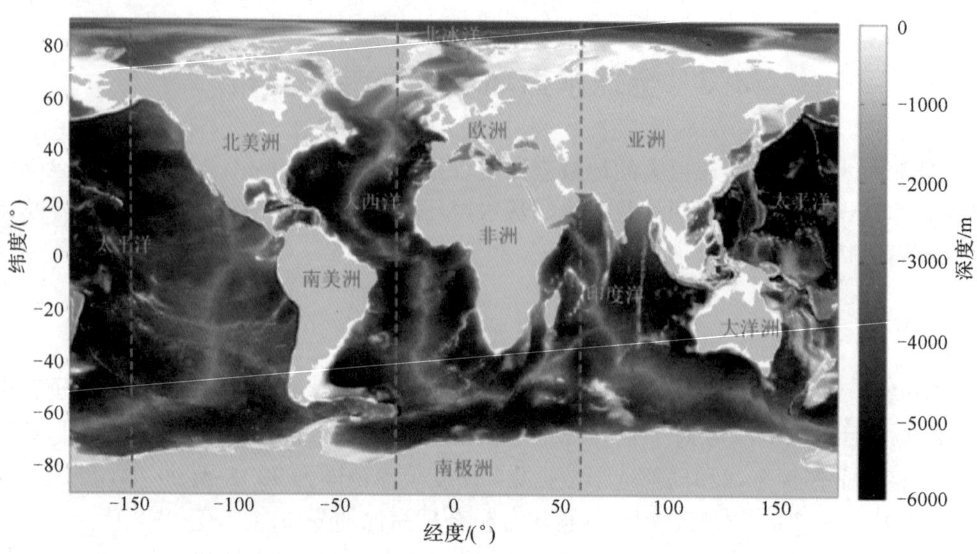

图 2-2　全球海洋深度分布（3 条虚线分别对应 2.3.3 节中的 3 个声速剖面断面）

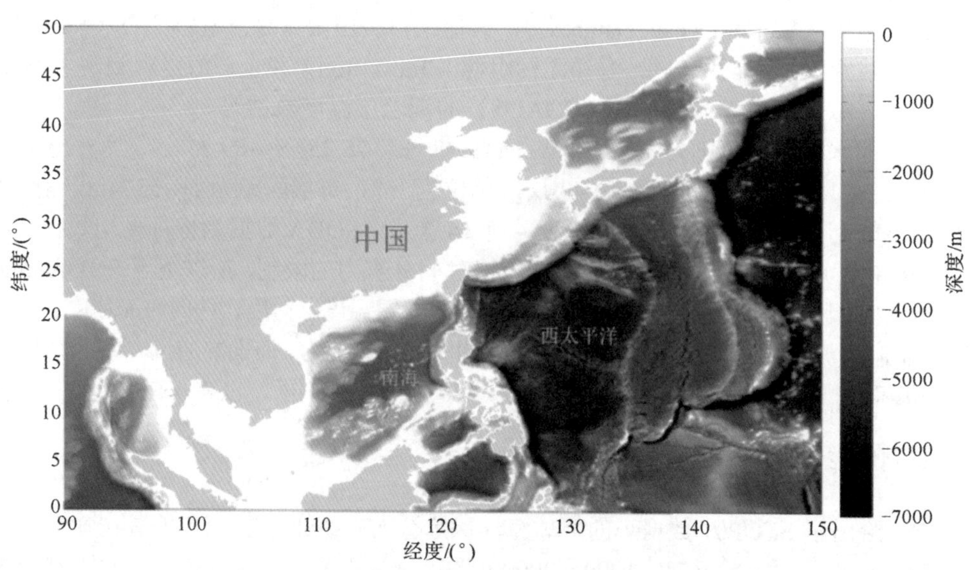

图 2-3　中国周边海域海洋深度分布

2.3.3　声速剖面分布

图 2-4 为太平洋 150.75° W 断面（图 2-2 左侧虚线所示）的声速剖面分布，图 2-4（a）为当年 1 月份所测的声速剖面，图 2-4（b）为 7 月份所测的声速剖面。1 月份，赤道附近和北半球低纬度地区的表面声道明显，平均厚度约 80m 以上；7 月份，赤道附近和南半球低纬度地区的表面声道明显，但表面声道厚度较小，平均约 60m。

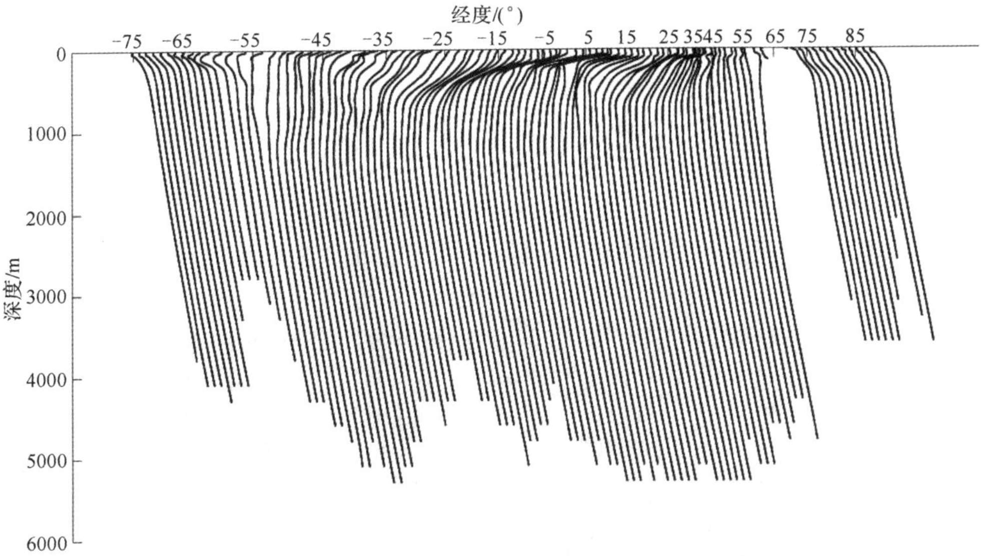

（a）1月份所测的声速剖面

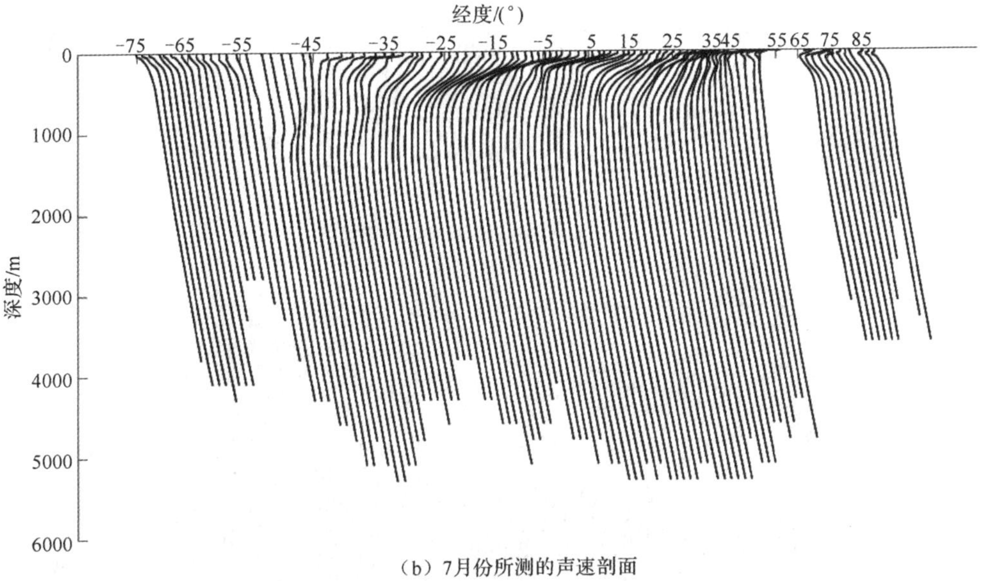

（b）7月份所测的声速剖面

图 2-4　太平洋 150.75° W 断面的声速剖面分布

在高纬度地区（南北纬度 60° 到南北极之间的区域），深海等温层几乎延伸到海面，深海声道轴也相应地变浅。7 月份北极区域的声道轴较深，但也不超过 200m。在这里，可以给出声速剖面有关的形态结构。全声道围绕声道轴形成，常把它限制在表面波导以下和海底之间。以声道轴为界，全声道的上下两部分各形成一个半声道。上半声道具有负的声速梯度（例如，某些深度在 1000m 以内的海域），下半声道具有正的声速梯度，高纬度地区的声速剖面基本属于这种半声道。

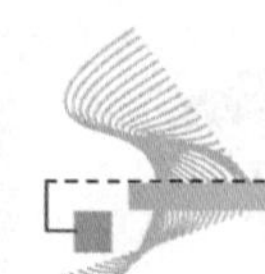

中纬度地区（30°～60°海域）为全声道和半声道的过渡海域，声速剖面形态结构最为复杂。在南半球，1月份的声速剖面虽然大部分为全声道，但温跃层的梯度非常弱，在7月份，声速剖面大部分变为半声道。在北半球1月份和7月份声速剖面差异不大，45° N以南的海域，温跃层声速梯度较大，45° N以北海域，声速剖面逐渐变为半声道。

图2-5为大西洋25.75° W断面（图2-2中虚线所示）的声速剖面分布，图2-5（a）为当年1月份所测的声速剖面，图2-5（b）为7月份所测的声速剖面。声速剖面的分布特性与上述太平洋声速剖面的分布特性基本相同，但其特征也非常显著。

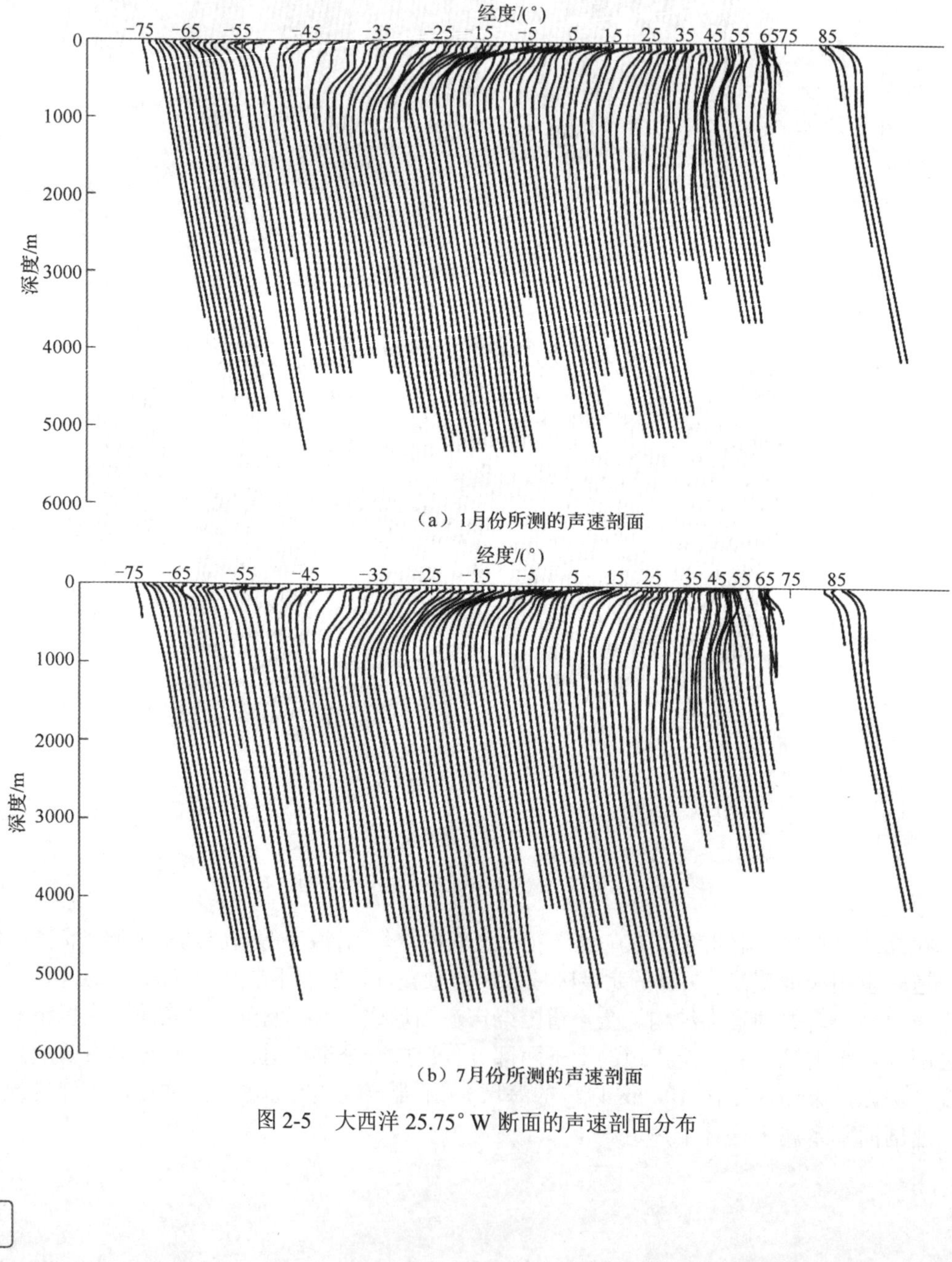

（a）1月份所测的声速剖面

（b）7月份所测的声速剖面

图2-5　大西洋25.75° W断面的声速剖面分布

（1）1 月份北半球中纬度区域的全声道特征明显，表面波导深度和深海声道均较深；

（2）南半球 40° S 附近海域在近海面水层以下存在厚度几百米，声速几乎相同的水层，增加了声速剖面分层数量。

图 2-6 为印度洋 60.25° E 断面（图 2-2 右侧虚线所示）的声速剖面分布，图 2-6（a）为当年 1 月份所测的声速剖面，图 2-6（b）为 7 月份所测的声速剖面。印度洋赤道附近和北半球低纬度海区的深海声道轴可以达到 2 000m，并且温跃层和深海声道轴之间存在厚度可达 1 000m 以上且负梯度非常弱的水层。在中纬度海域，存在双声道声速剖面，即两个声速局部极小值，并且季节性变化非常明显。在高纬度地区，声速剖面接近于半声道。

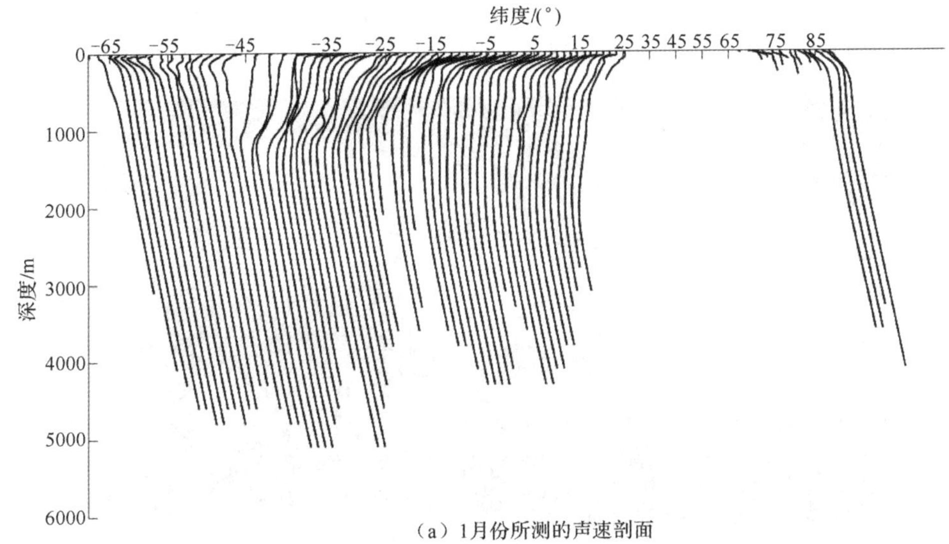

（a）1月份所测的声速剖面

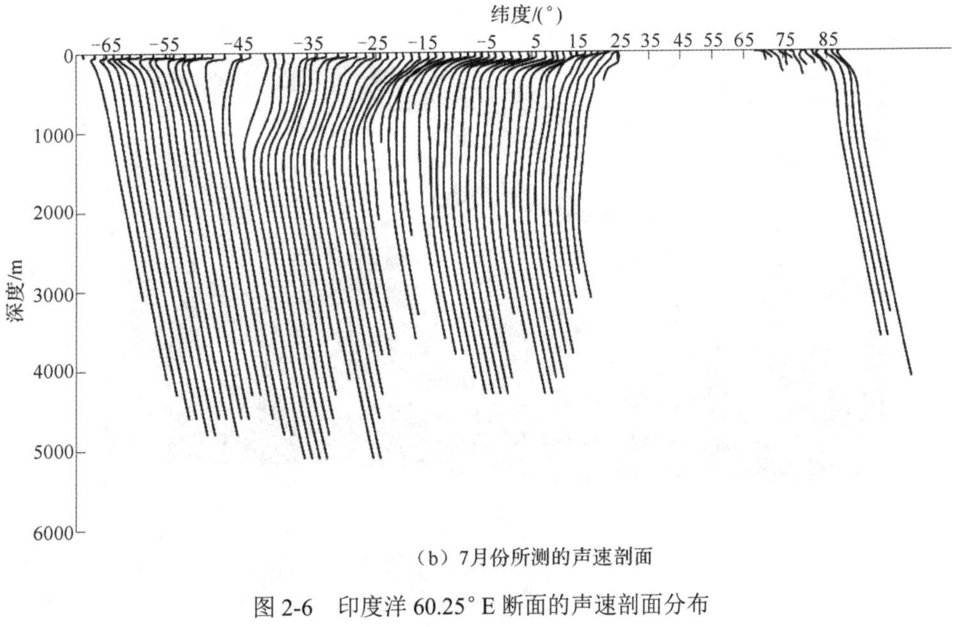

（b）7月份所测的声速剖面

图 2-6　印度洋 60.25° E 断面的声速剖面分布

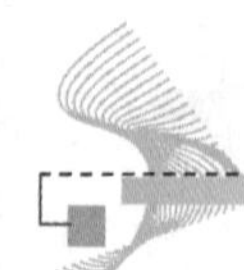

2.3.4 深海声道轴深度

由于深海声道轴为声速最小值所在深度，根据斯涅尔定律，声速梯度使声线不断地向最小声速的深度处折射。因此，有一部分声能保持在声道轴附近，不存在海面或海底反射损失，可实现超远距离传播。图 2-7 为全球深海声道轴深度分布，图 2-7（a）为当年 1 月所测的深海声道轴深度分布，图 2-7（b）为 7 月份所测的深海声道轴深度分布。声道轴深度比较稳定，随季节变化不大。声道轴最深处出现在东北大西洋靠近西班牙的海域、印度洋赤道附近和北半球低纬度区域，深度可达 1 600m 以上。太平洋低纬度地区的平均声道轴深度为 1 100m 左右，高于大西洋低纬度地区的平均值（约 850m）。南半球太平洋和印度洋 20° S～40° S 海区的声道轴深度较深，平均约 1 300m，高于大西洋在此纬度的平均值

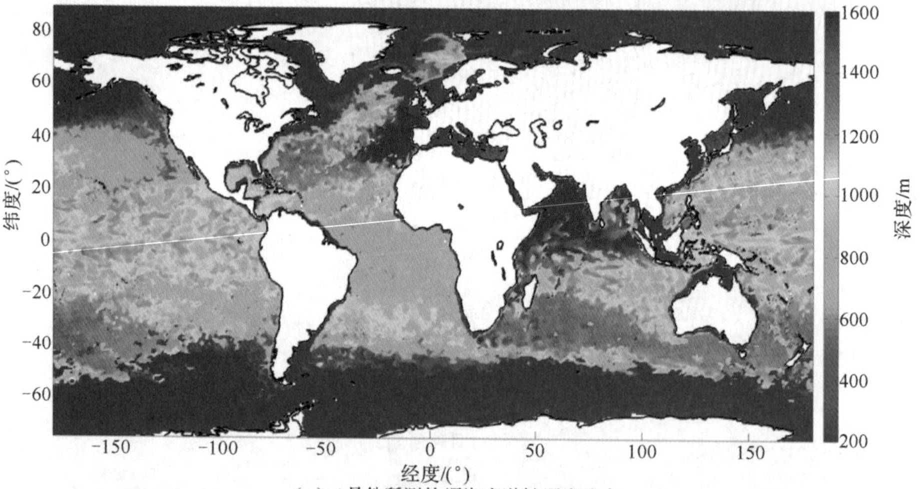

（a）1月份所测的深海声道轴深度分布

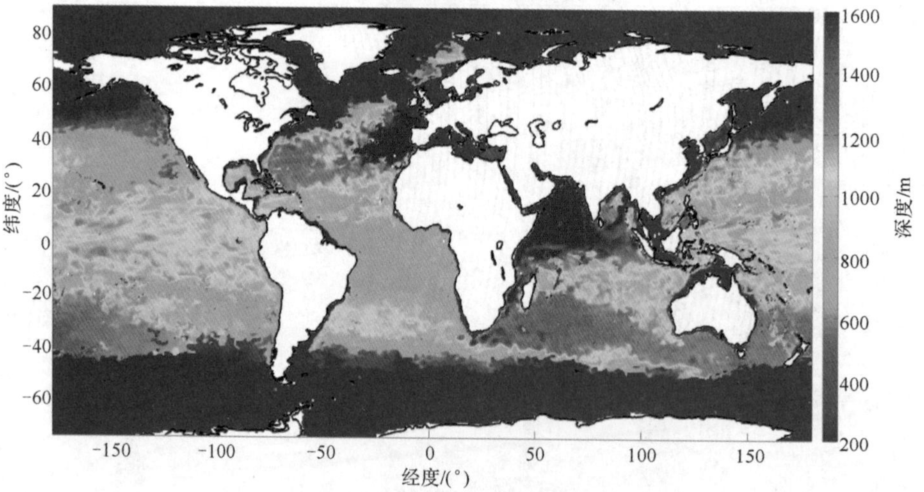

（b）7月份所测的深海声道轴深度分布

图 2-7 全球深海声道轴深度分布

（约 1 050m）。但是，北半球大西洋 20° N～40° N 海区的声道轴深度明显深于太平洋在此海域的深度。高纬度地区的声道轴深度一般小于 200m。中国南海的平均声道轴深度在 1 100m 左右。深海声道轴深度影响汇聚区的位置，但由于其随时间的变异性不强，因而汇聚区的位置可以通过数据集的形式给出，本书不对其做深入研究。

2.3.5 表面波导厚度

表面波导厚度随时间变化规律按所研究时间尺度的不同，可以分为日变化、季节内变化、季节变化、年间变化规律等。表面波导厚度随空间的变化也非常剧烈，夏半球小于 20m，冬半球在近极地地区可以大于 500m。图 2-8 为全球海洋表面波导厚度分布，图 2-8（a）为当年 1 月份所测的表面波导厚度分布，图 2-8（b）为 7 月份所测的表面波导厚度分布。由

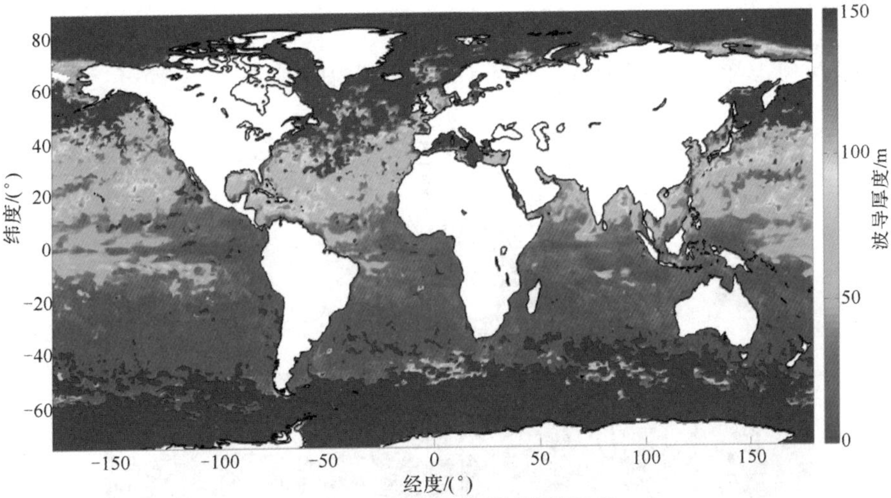

（a）1月份所测的表面波导厚度分布

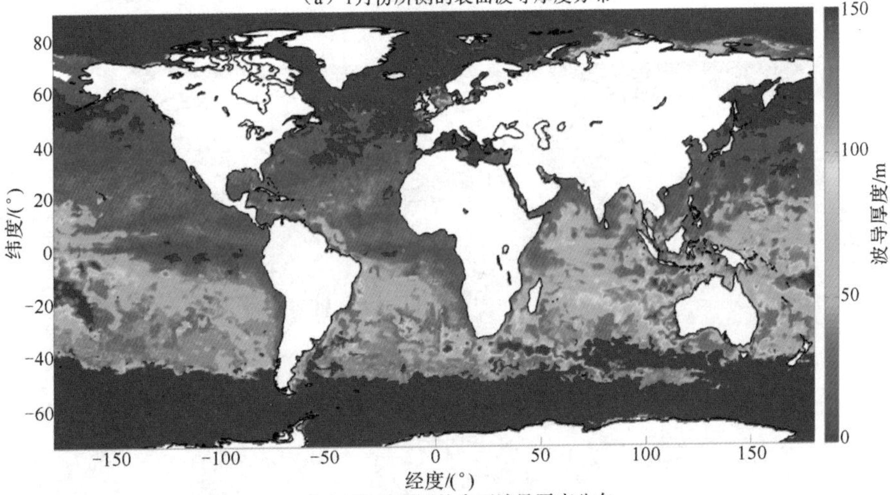

（b）7月份所测的表面波导厚度分布

图 2-8　全球海洋表面波导厚度分布

2.3.3 节对声速剖面的分析知，在中高纬度地区（45° N 以北和 45° S 以南），声速剖面近似为半声道，声场在全深度海水中向上折射传播，讨论表面波导厚度的意义不大。我们仅关注中低纬度地区的表面波导厚度的分布。1 月份的南半球为夏半球，除了太平洋赤道附近表面波导厚度在 60m 左右，其余海区厚度均非常小或者为 0；而此时北半球，10° N 以北海域的表面波导较厚，平均可达 90m，10° N 以南的海域中，大西洋和印度洋的表面波导较弱。7 月份的北半球为夏半球，但此时西太平洋低纬度海区和印度洋的表面波导依然较强，平均厚度约 70m；而此时南半球的表面波导普遍较强，但厚度存在着强烈的时空变化，最厚处在西南太平洋，可达 165m。中国南海在 1 月份表面波导厚度平均约 60m，最厚的位置在东南沿海，厚度可达 120m；而 7 月份由于海面风力弱，中北部表面波导基本消失，仅在南部存在厚度约 40m 左右的表面波导。

2.3.6 临界深度分布

图 2-9 为全球海洋临界深度分布，图 2-9（a）为 1 月份所测的海洋临界深度分度，图 2-9（b）

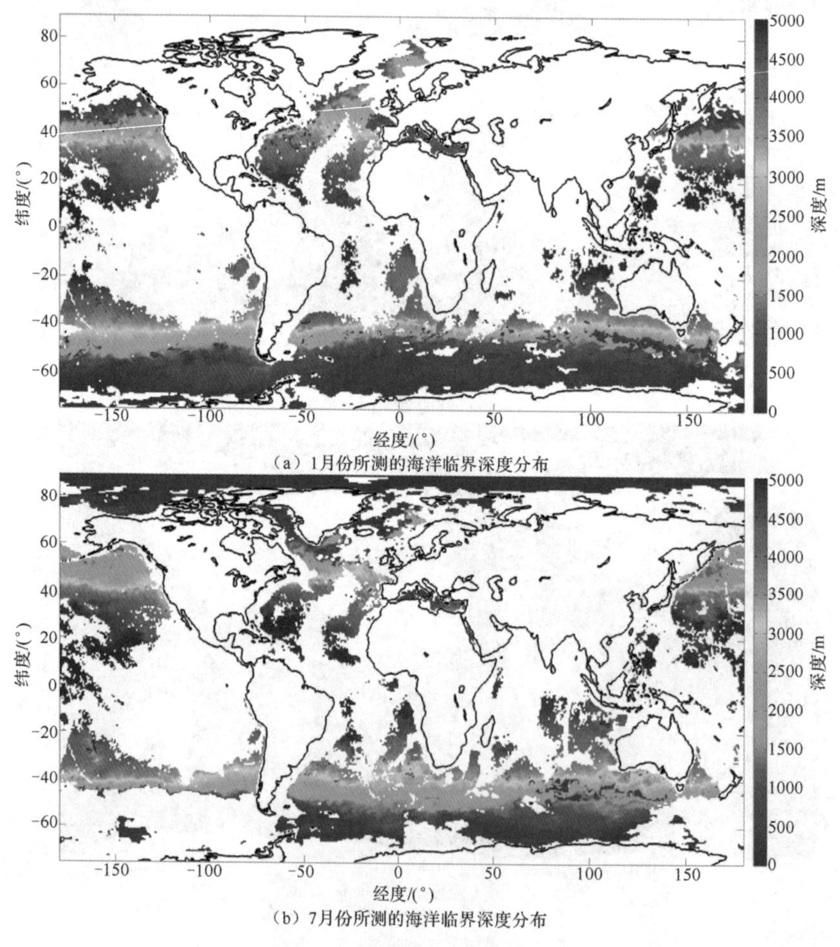

（a）1月份所测的海洋临界深度分布

（b）7月份所测的海洋临界深度分布

图 2-9　全球海洋临界深度分布

为 7 月所测的海洋临界深度分度。在中高纬度地区（45° N 以北和 45° S 以南），声速剖面近似为半声道，讨论临界深度的意义不大。我们仅关注中低纬度地区的临界深度的分布。根据临界深度的定义，冬半球由于海表温度低，声速低，所以临界深度相对于夏半球时较浅。例如，1 月份的太平洋和大西洋北半球的临界深度明显小于 7 月份的值。另外，由于海深的限制，夏半球存在临界深度的海域面积一般小于冬半球的该面积，例如大西洋北半球海岭（见图 2-2）附近临界深度的海域面积在 1 月（冬半球）明显大于 7 月（夏半球）。又如，西南印度洋海域，临界深度的海域面积在 7 月（冬半球）明显大于 1 月（夏半球）。北印度洋由于深海声道轴向下延伸深度非常深，压缩了深海等温层的厚度，因而整个海域几乎没有临界深度。

正如图 2-2 所示，在太平洋中东、中南、东南部由于网状海岭的存在，海深不深，因而不存在有临界深度的海域。相同的情况如大西洋的 S 形海岭和印度洋由西北向东南延伸的海岭附近的海域。在太平洋西南部则存在复杂的海底地貌，海深较浅，因此也不存在临界深度。中国南海由于海深较浅，基本不存在有临界深度的海域，而与南海通过巴士海峡相连的菲律宾海，由于海深约为 5500m，有临界深度的海域较广。

2.4　典型声传播模式分析

浅海水平海底环境研究已经比较成熟，本节分析浅海大陆坡海域及过渡海域（大陆架斜坡）的声传播特性。在深海，由于汇聚区模式已广泛应用于深海声呐系统，对其特性的认识非常全面，本节也不再研究该传播模式，而是针对海底反射、表面波导、表面波导泄漏和可靠声路径这四种声传播模式做深层次的分析，以进一步阐述典型声传播模式的研究意义。

2.4.1　大陆坡及大陆架斜坡传播模式

世界范围内普遍存在大陆架和大陆架斜坡的地形，声波在大陆架斜坡海域中存在两种传播形式：一种是从浅海向深海的传播，另一种是与之对应地从深海向浅海的传播。这两种传播在水声学中都是十分重要的问题。在本节中，将重点对这两种方式下的声传播进行研究，观察大陆架斜坡海域处声源频率、深度及接收水听器深度对传播损失的影响。

1. 大陆坡声传播

图 2-10 为大陆架下坡典型声传播的传播损失，平均海深 S_D 约 130m；图 2-11 为大陆架上坡典型声传播的传播损失，海底地形有一定起伏变化，海深约 100m。声场计算模型为抛物方程模型，海底参数如下：声速 $c=1600\text{m/s}$，海水密度 $\rho=1.6\text{g/cm}^3$，衰减系数

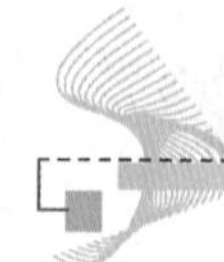

$\alpha = 0.2\text{dB}/\lambda$ 。这种小坡度的地形变化对声场分布的影响较小，声能量在全海深范围内的分布比较均匀。随着频率升高，海底反射损失和海水吸收衰减增加，传播损失增加。

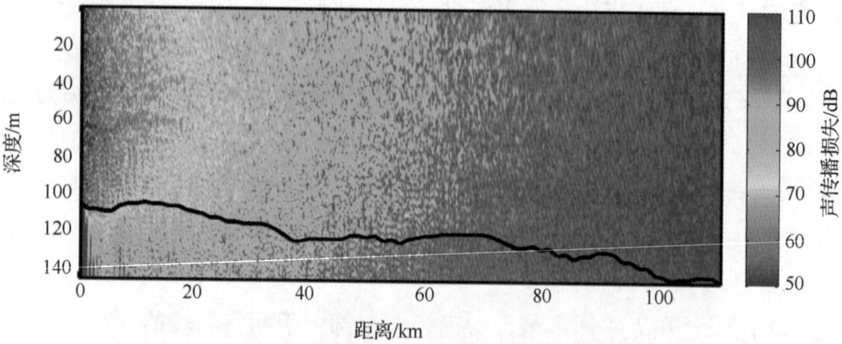

（a）在S_D=60m, f_{req}=1125Hz条件下的声传播损失

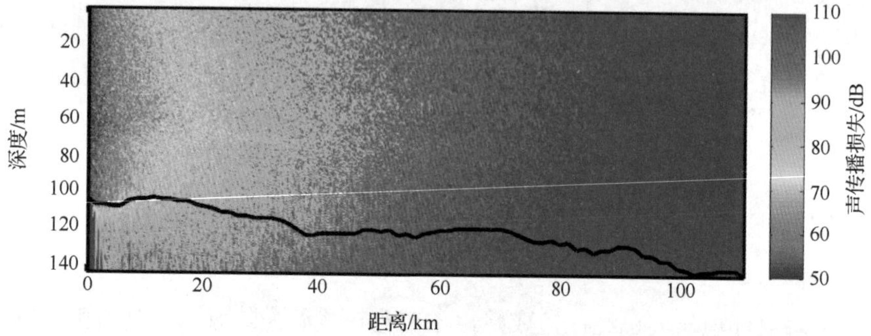

（b）在S_D=60m, f_{req}=3345Hz条件下的声传播损失

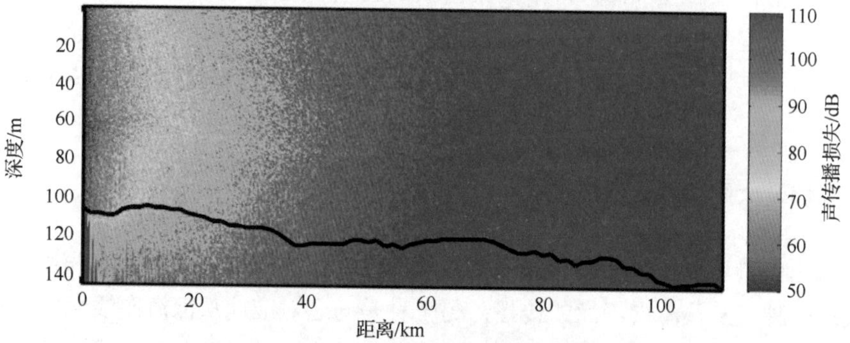

（c）在S_D=60m, f_{req}=5015Hz条件下的声传播损失

图 2-10　大陆架下坡典型声传播损失

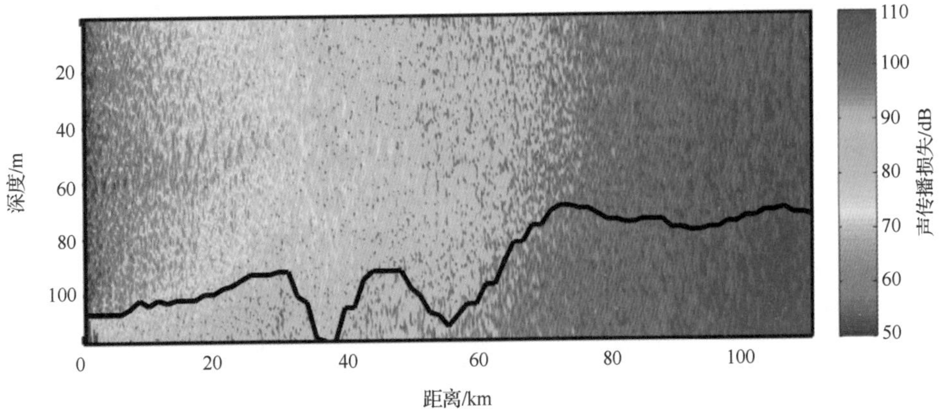

（a）在S_D=60m, f_{req}=1125Hz条件下的声传播损失

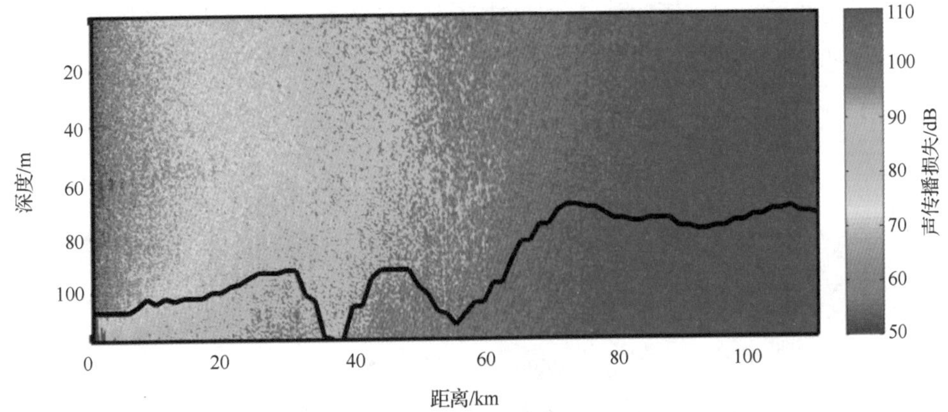

（b）在S_D=60m, f_{req}=3345Hz条件下的声传播损失

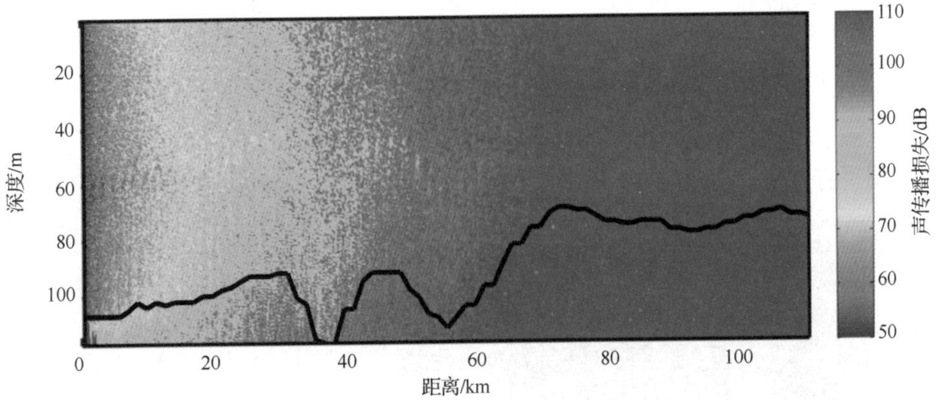

（c）在S_D=60m, f_{req}=5015Hz条件下的声传播损失

图 2-11　大陆架上坡典型声传播损失

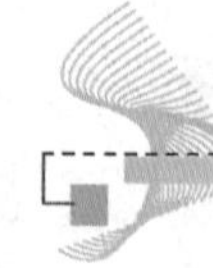

2. 大陆架斜坡声传播

大陆架声传播存在两种效应：一种是“斜坡增强效应”，它是由 Northrop 等科学家发现的，他们在美国加利福尼亚海域进行实验时，发现在大陆架斜坡海域处声能量经过斜坡的多次反射可以传播至深海声道轴并沿声道轴向远处传播。而且相比于平坦海底下的声传播，这种在大陆架斜坡海域传播的声能量损失较小。后来，Dosso 和 Chapman 在实验中对该现象进行进一步的验证。另一种是“泥流效应”，它是由 Tappert 等人发现的，他们在夏威夷瓦胡岛附近海域进行真实海洋环境数值仿真时，通过实验仿真发现当声源位于斜坡上方浅海的海底时，声波可以沿着斜坡如泥流般向下传播到深海声道轴，进而可以实现远距离传播。

1）下坡形

仿真过程中采用如图 2-12 所示的 Munk 理想声速剖面，以及大陆架下坡海底地形参数。根据海试中采用的爆炸弹声源的规格，以及声源位置处的海深，仿真中声源深度分别取 7m、50m、100m，对应声源频率取 100Hz、500Hz、1000Hz（海底参数 $c=1600\text{m/s}$，$\rho=1.25\text{g/cm}^3$，$\alpha=0.5\text{dB}/\lambda$）。

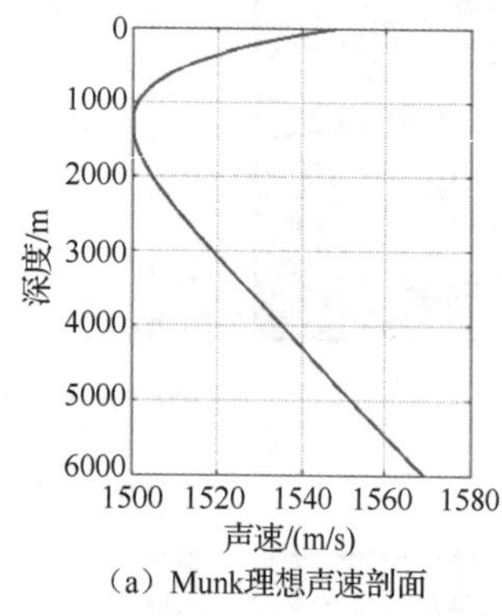

（a）Munk理想声速剖面

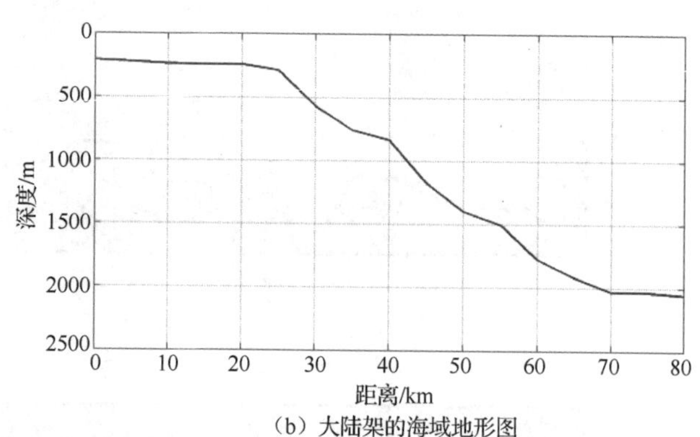

（b）大陆架的海域地形图

图 2-12　Munk 声速剖面及大陆架形海域地形图

选取声源深度为 100m、声源频率为 500Hz 时，声波沿大陆架下坡地形进行远距离传播的声场图进行观察，如图 2-13 所示。其地形图是对图 2-12 中地形进行的远距离扩展。

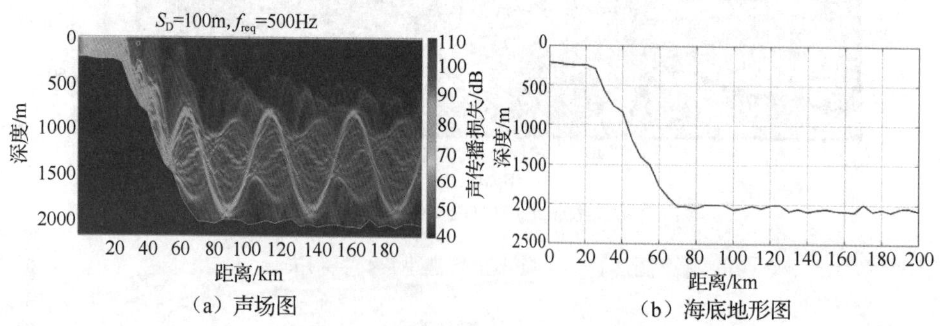

（a）声场图　（b）海底地形图

图 2-13　大陆架下坡形声场图

从图 2-13 中，可以明显地观察到上述两种斜坡传播效应，即斜坡增强效应和泥流效应。我们可以看到，声波从浅海传播到斜坡处并沿着斜坡向下传播至声道轴附近后，以深海声道轴声传播形式实现远距离传播且没有明显较大的传播损失。在斜坡上有一些小的突起，在突起地形处可观察到声线会有明显的反射，但对于实现远距离传播无明显的影响。

为观察声源频率对大陆架下坡地形声传播的影响，仿真过程中取固定的声源深度为 100m，声源频率分别取 50Hz、500Hz、1000Hz，水听器深度（也称为接收器深度）取为 100m。接下来将重点针对斜坡处的声传播进行仿真。由图 2-14 可看出，将声源置于斜坡上端，声波传播经过斜坡时，随着斜坡的出现，传播损失急剧增大，将近有 40～60dB 的声传播损失。随着声源频率的增大，传播损失也越来越大，图 2-14 中声源频率在 500Hz 内时，低频声源信号之间的衰减相差不多。

斜坡的上端为浅海海域，仿真中取声源深度分别为 7m、50m、100m，声源频率固定为 500Hz，接收器深度为 100m。从图 2-15 可观察到，声波沿着大陆架下坡传播，可观察到明显的泥流效应，声源位于浅海海底时产生的声波可以沿着斜坡向下传播至深海声道轴处，并且可以利用深海声道轴传播的形式实现远距离传播。因为声源处于浅海位置，不同声源深度相差不大，所以传播损失的差别不大。斜坡上的突起会使声线反射，能量有小幅度的增大，然后大幅度下降。

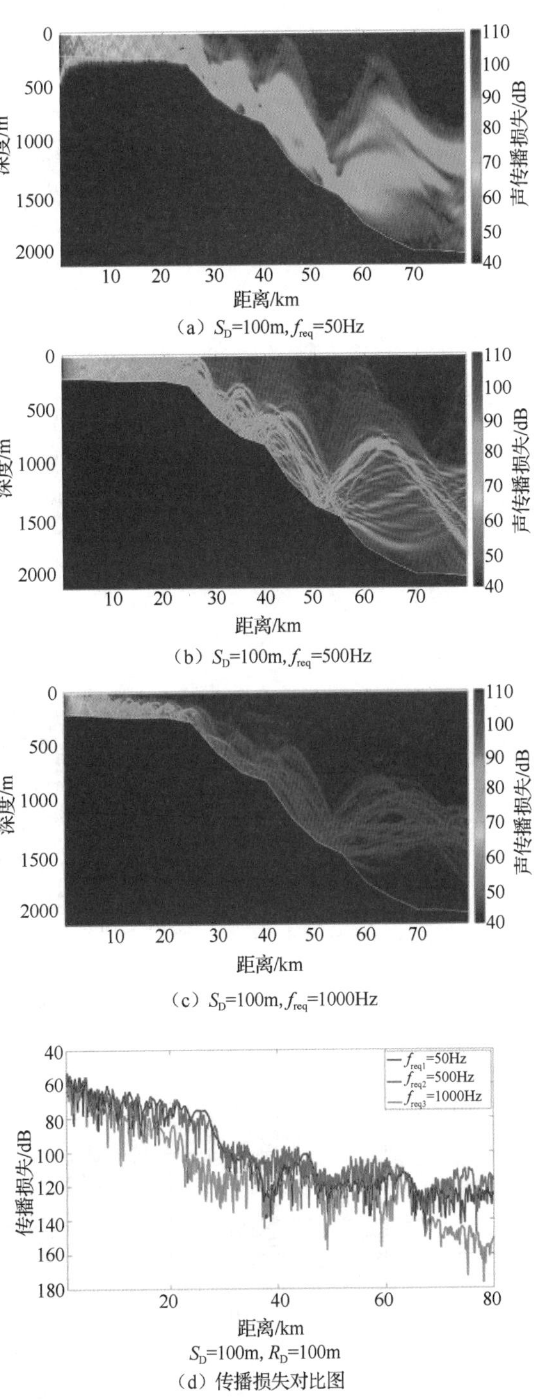

图 2-14　不同声源频率对声传播的影响

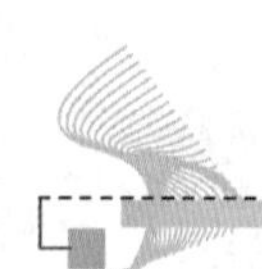

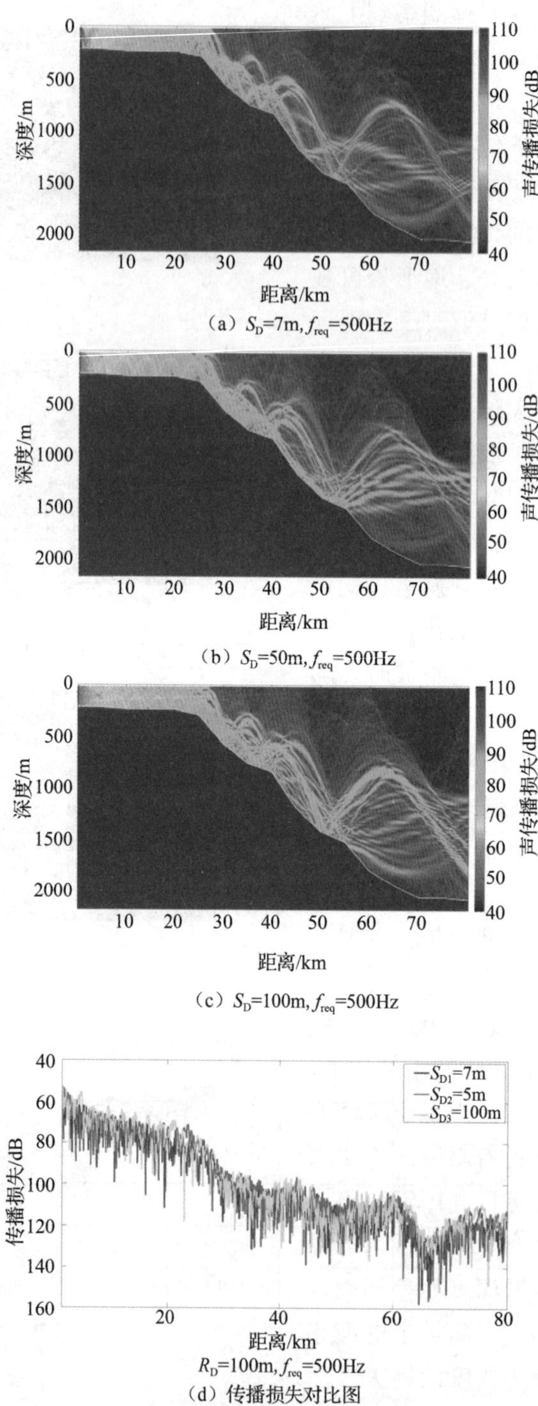

（a）S_D=7m, f_{req}=500Hz

（b）S_D=50m, f_{req}=500Hz

（c）S_D=100m, f_{req}=500Hz

（d）传播损失对比图

图 2-15　不同声源深度对声传播的影响

当接收器深度小于声源处的海深时，水听器接收到的声波能量主要集中在距离声源20km范围内的浅海处。在此选择40km之后的传播损失进行研究，即斜坡处的声能量，并与海表面声信道传播进行对比。从图2-16可以看出，当接收器深度在声道轴附近时声传播损失较小，同时也验证了本书前面所讲的斜坡增强效应。

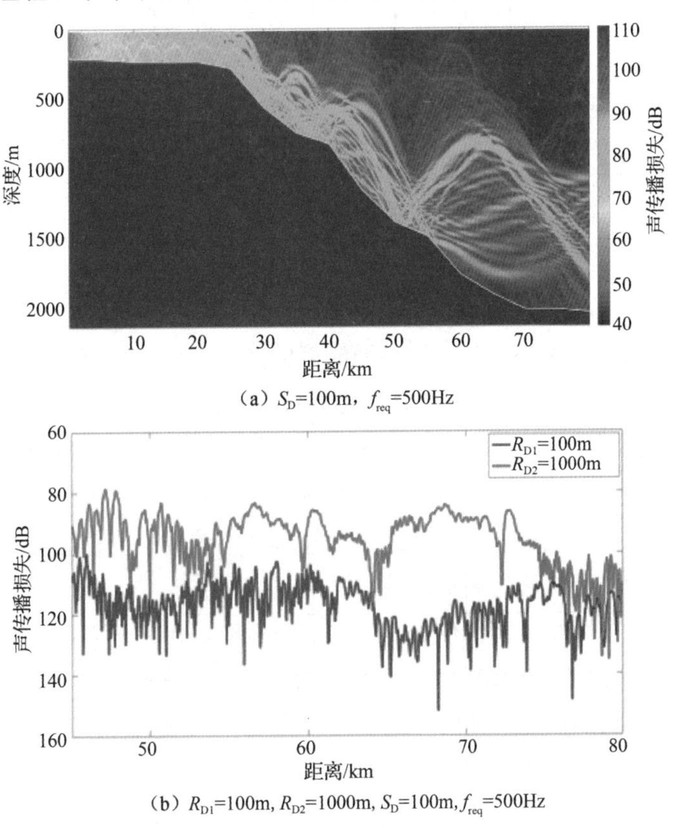

（a）S_D=100m，f_{req}=500Hz

（b）R_{D1}=100m, R_{D2}=1000m, S_D=100m, f_{req}=500Hz

图2-16　不同接收器深度对声传播的影响

2）上坡形

前面对大陆架下坡形的声传播进行了详细的研究，在本小节中将重点研究大陆架上坡形的声传播。大陆架上坡形声速剖面及地形如图2-17所示。在此，选用的地形参数与下坡形相同，将信号发射器与接收水听器的位置互换进行仿真研究。仿真时，对声速剖面依然采用Munk理想声速剖面。另外，取固定的海底底质参数值。

根据海试中采用的爆炸弹声源的规格及声源位置处的海深，仿真中声源深度分别取为7m、50m、300m、1300m，声源频率取100Hz、500Hz、1000Hz，接收器深度100m，仿真结果如图2-18所示。可以看出，声波沿着斜坡向上传播时会导致较大的传播损失。声源频率越高，传播损失越大，传播距离越近，能沿着斜坡向上传播到坡顶的声能量越少。

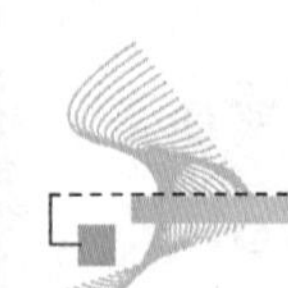

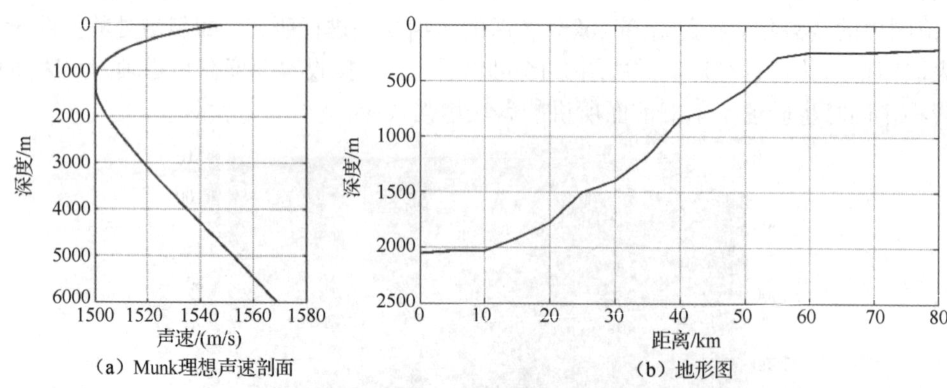

图 2-17　大陆架上坡形声速剖面及地形

仿真中选用声源频率为 500Hz，而声源深度的选择主要依据海表面声传播、水下目标的活动范围、深海声道轴传播及斜坡底部的声传播来选择，在此处分别取 7m、300m、1300m、2000m，接收器深度取 100m，仿真结果如图 2-19 所示。可观察到，声源越靠近海面，声波沿斜坡向上坡传播的距离越短，传播到坡顶浅海区域的能量越少；当声源位于声道轴的附近时，能传播至坡顶浅海区域并进行较远距离传播；当声源位于大陆架底端时，传播损失较小，且声波可以传播到坡顶浅海区域。

从以上研究结论中可知，声源位于声道轴的附近时，声波可以沿着斜坡向上传播至坡顶的能量最大。在此处选取声源深度为 1300m 的声传播来进行仿真研究，接收器深度分别选取海面表层和浅海海底附近，如图 2-20 所示。从图中可以看出，当接收器深度分别在海面表层和浅海海底附近时，接收器深度对声传播损失的影响不大。因坡顶位置处于浅海，当接收阵位于坡顶浅海区域时，不同的接收器深度相差不大，传播损失也相差不大。

另外，除了比较特殊的声道轴声传播，在此处我们也选取了声源深度在海面表层处 15m 的声传播进行研究，结果如图 2-21 所示。可以看出，水听器位于海面表层时，不同的接收器深度处声波的传播损失相差不大。

3）大陆架上坡形和下坡形声传播的特点分析（见图 2-22）

在实战中，海底斜坡形地形对军事战略影响至关重要。中国周边海域大多是浅海，通常我军作战时必将经过浅海海域而驶向远海。在本小节中，主要针对敌、我分别位于大陆架坡上、下的位置时声传播的情况进行仿真研究。

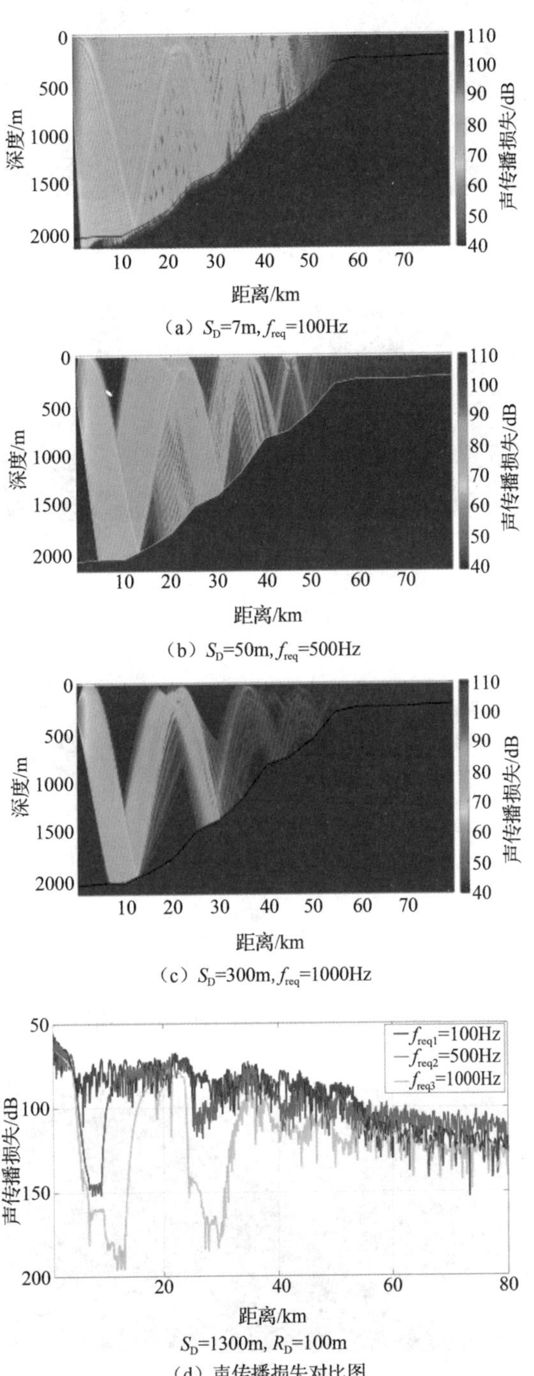

（a）S_D=7m, f_{req}=100Hz

（b）S_D=50m, f_{req}=500Hz

（c）S_D=300m, f_{req}=1000Hz

S_D=1300m, R_D=100m

（d）声传播损失对比图

图 2-18　不同声源频率对声传播的影响

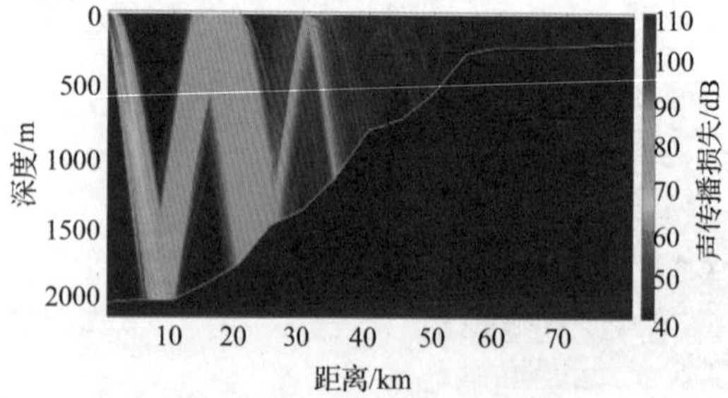

（a）S_D=7m, f_{req}=500Hz

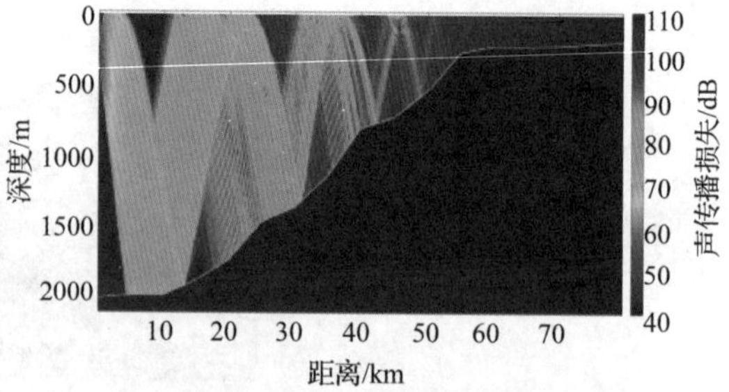

（b）S_D=300m, f_{req}=500Hz

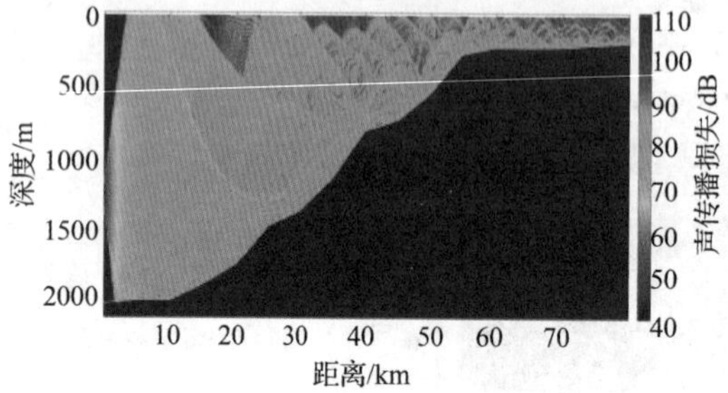

（c）S_D=1300m, f_{req}=500Hz

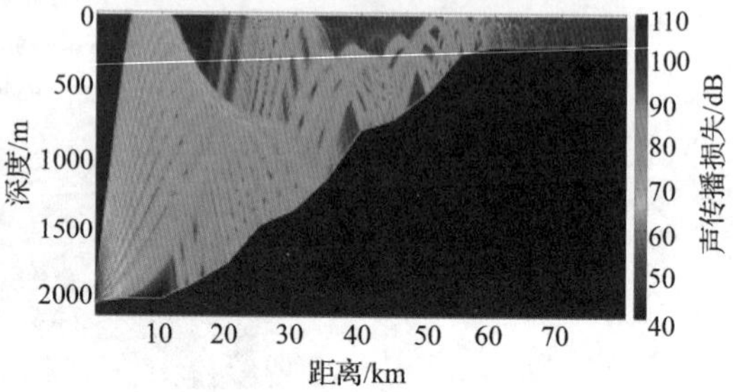

（d）S_D=2000m, f_{req}=500Hz

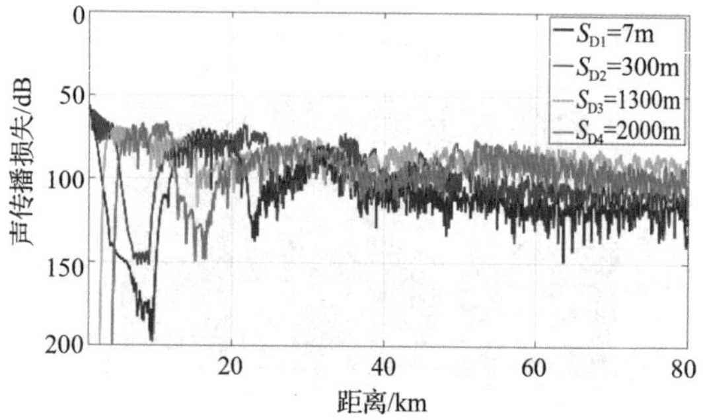

R_D=100m, f_{req}=500Hz

（e）声传播损失对比图

图 2-19　不同声源深度对声传播的影响

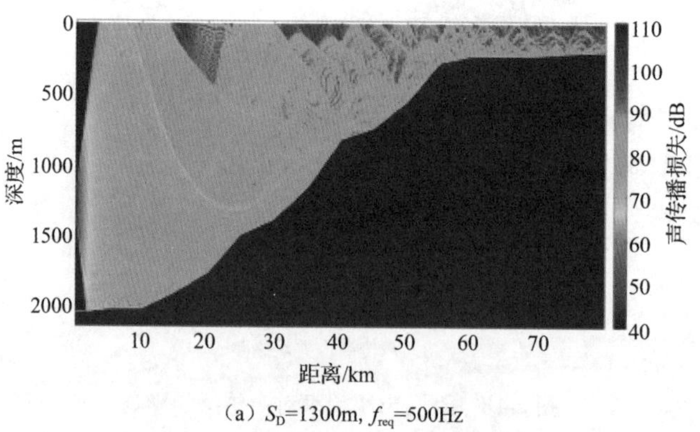

（a）S_D=1300m, f_{req}=500Hz

图 2-20　接收器深度对声传播的影响

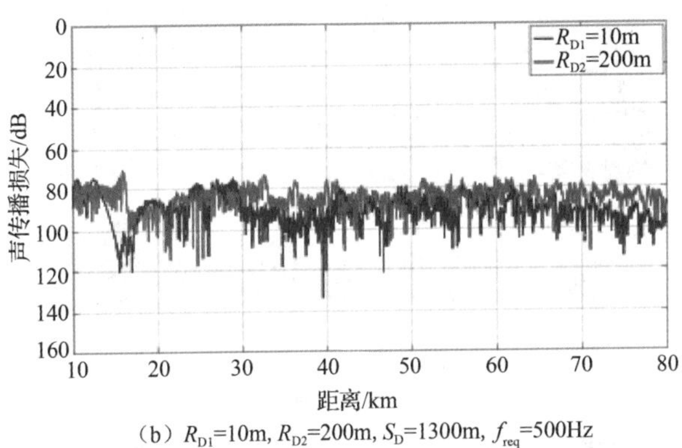

（b）R_{D1}=10m, R_{D2}=200m, S_D=1300m, f_{req}=500Hz

图 2-20　接收器深度对声传播的影响（续）

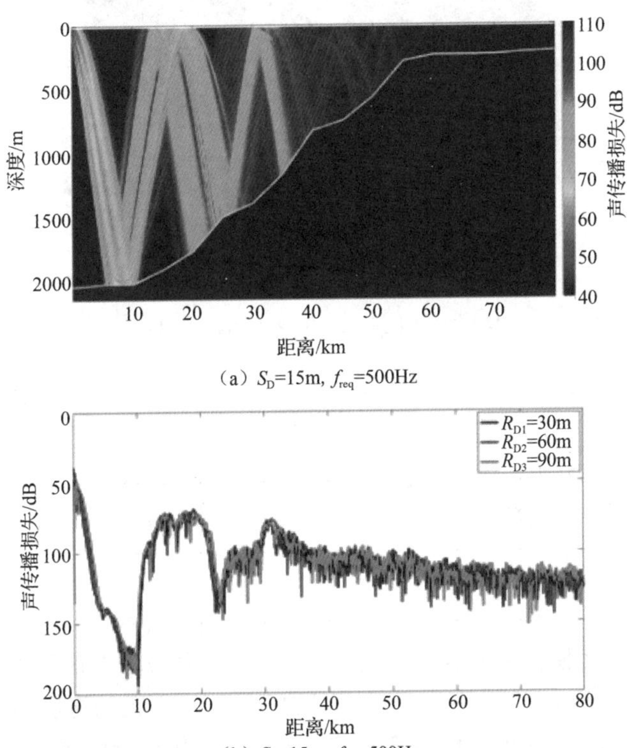

（a）S_D=15m, f_{req}=500Hz

（b）S_D=15m, f_{req}=500Hz

图 2-21　海面表层声传播

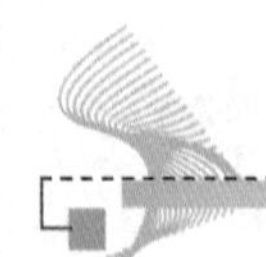

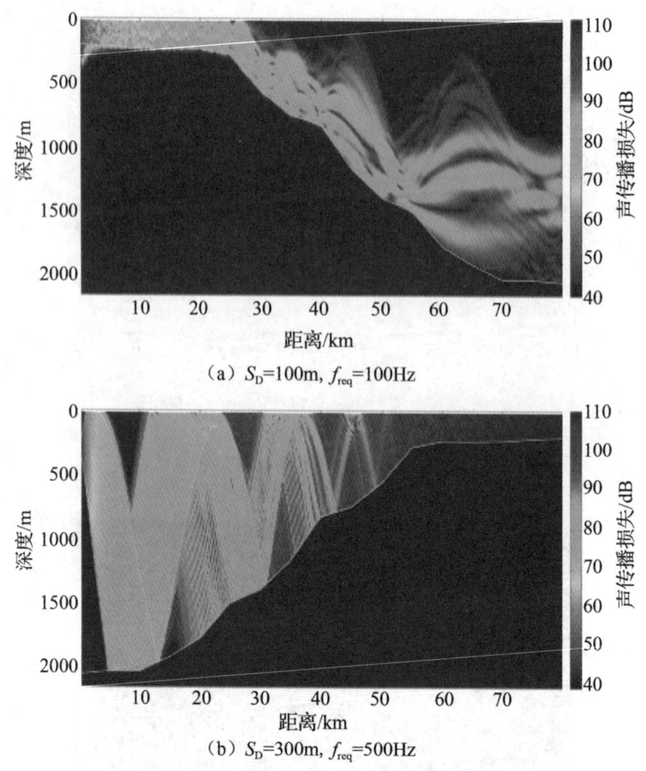

（a）S_D=100m, f_{req}=100Hz

（b）S_D=300m, f_{req}=500Hz

图 2-22　上坡形与下坡形声传播对比

经过对比可以看出，从坡顶发射的声波容易传播到坡底，而沿坡底上坡传播的声波很难传播到坡顶。也就是说，在我军潜艇经由浅海区域驶向远海而敌军从大陆架后深海区域驶向我国领土时，我军易被敌军发现但无法及时发现敌军。这种现象对于我国潜艇作战十分不利，当我方在坡顶，而敌方在坡底时就好比“敌暗我明”。

2.4.2　海底反射模式

海底特性对海底反射信号的影响已经被广泛研究，海底越“软”，海底反射损失越大，海底反射信号的能量越弱。声呐海底反射模式的探测距离不仅与海底特性有关，也与海深有密切关系。采用如图 2-23 所示的仿真环境，海底为中等硬度的海底，忽略海面反射波，采用射线模型计算，在 1200Hz 声源频率下，声源深度为 20m，出射角范围为 5°～90°（水平方向为 0°，顺时针为正），声传播损失如图 2-24 所示。可以看出海深较浅时，虽然一次海底反射能量的覆盖距离近，但是其传播损失较低。例如，海深为 2000m 时，覆盖范围为 19km 以内，但是声传播损失在 83dB 以下，非常利于声呐探测；当海深为 6000m 时，虽然覆盖范围达到 55km，但由于几何扩展损失较大，声传播损失大部分都在 92dB 以上，非常不利于声呐工作。当海深为 4000m、5000m 和 6000m 时，海底反射信号在几何影区中间位

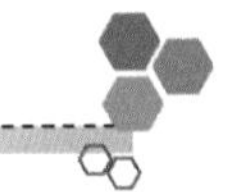

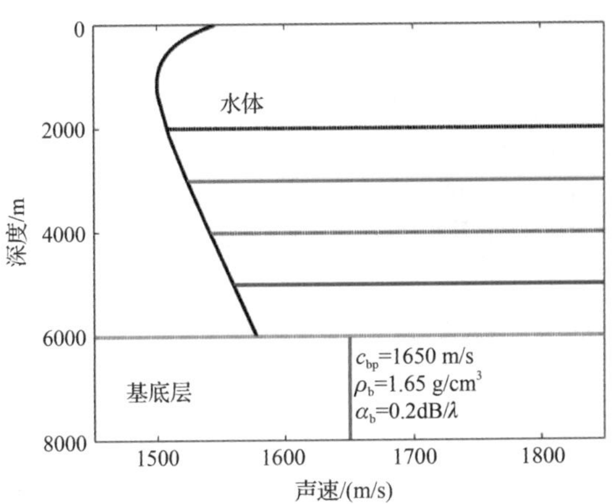

水体中的声速剖面如黑色曲线所示，水平直线代表不同的海深下所截取声速剖面的位置，例如，红色实线以上的黑色曲线为 3000m 海深条件下的声速剖面。所有海深条件下海底均假设为半空间，声学参数如图中基底层所示。

图 2-23　存在海底反射时的仿真环境

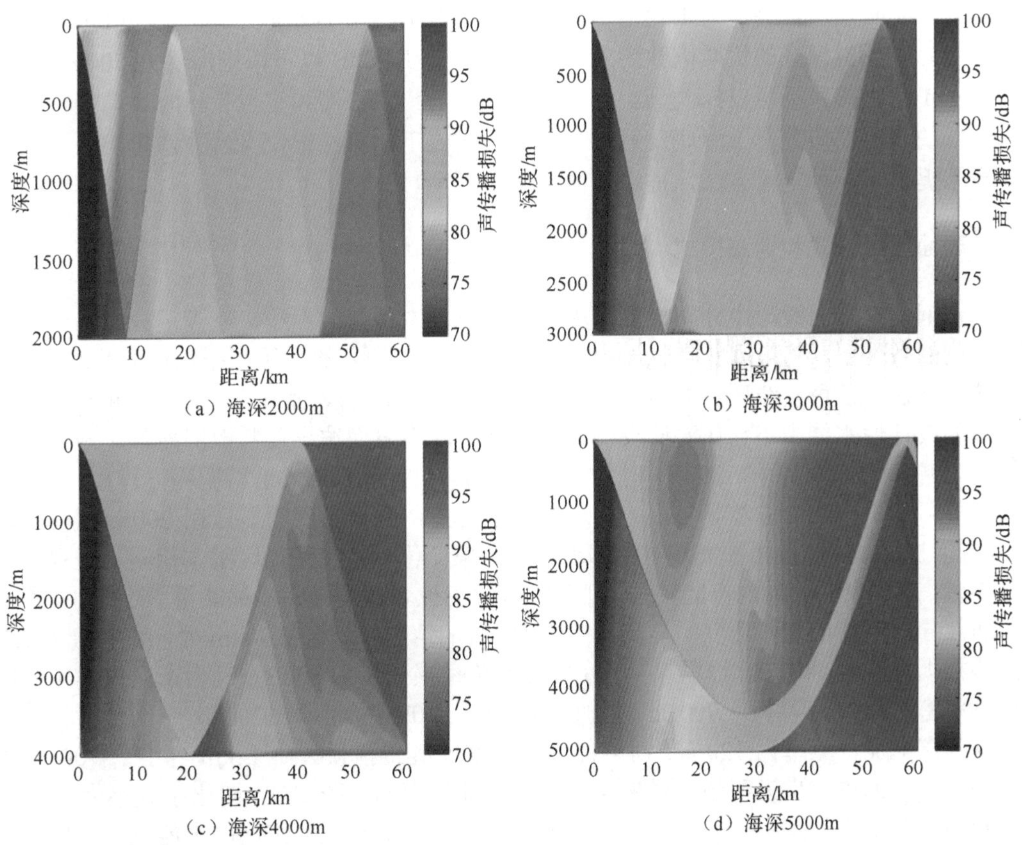

图 2-24　不同海深条件下，忽略海面反射时的声传播损失（声源频率为 1200Hz，声源深度为 20m）

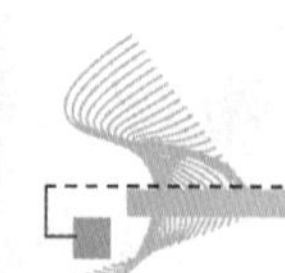

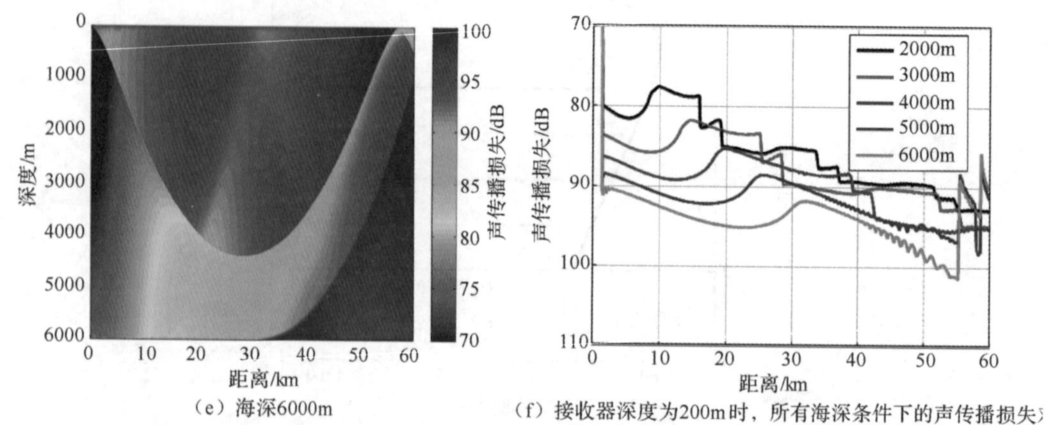

（e）海深6000m

（f）接收器深度为200m时，所有海深条件下的声传播损失

图 2-24　不同海深条件下，忽略海面反射时的声传播损失（声源频率为 1200Hz，声源深度为 20m）（续）

置时的声传播损失最小，这是因为此时信号在海底处的掠射角在临界角附近，海底反射损失小，并且此时几何扩展损失也较小。如图 2-24（f）所示，当接收器深度为 200m 时，若设定声呐海底反射模式的优质因数要求单程传播损失在 90dB 以下，则海深为 5000m 时，仅有 26km 附近的目标可以探测到。因而，海底反射模式探测和定位目标时，信噪比一般是比较低的，因而研究基于海底反射信号，低信噪比下的目标定位算法非常重要。本书在第 5 章中提出了一种定位方法，适用于低信噪比环境。

2.4.3　表面波导模式和泄漏模式

声速剖面在表面波导中为正梯度，因此，在该层中传播的声线，在满足一定的频率和出射角度的条件下，将被限制在该层中传播。如图 2-25 所示给出了两个相似的仿真环境，唯一的区别在于蓝色实线所示的声速剖面存在厚度为 40m 的表面波导。沉积层和基底层声学参数的设计使水体中不存在海底反射信号，便于观察表面波导及其泄漏能量。声源深度为 20m，频率为 700Hz 和 1200Hz 时的声场如图 2-26 所示。声场采用抛物方程模型 RAM 程序计算。当不存在表面波导时，声能迅速向下弯折，几何影区明显，在 200m 深度上，当距离超过 3km 后，传播损失超过 110dB。当频率变化时，几何影区基本相同。当存在表面波导时，除了表面波导内声能较强，几何影区内也被表面波导的泄漏能量“照亮”。700Hz 时表面波导内声能的衰减速度明显高于 1200Hz 时的情况，因此在 30km 处，频率为 700Hz 时的传播损失约为 110dB，而频率为 1200Hz 的传播损失仅为 80dB。几何影区内的声强同样与频率密切相关，频率为 700Hz 时的传播损失在 10km 内小于 1200Hz 时的传播损失，但随着距离增加，频率为 1200Hz 时声能衰减较慢，其传播损失在 12km 外小于 700Hz 时的传播损失。为进一步说明频率对表面波导声传播的影响，图 2-27 给出了频率为 400Hz 和 1600Hz 时的声传播损失。频率为 400Hz 时 7km 内泄漏至几何影区的声能较强，但声能随距离增加迅速衰减，因此可“照亮”的几何影区范围较小；1600Hz 时，虽然表面波导内的声能较强，但其泄漏的能量较少，且影区的能量随距离是周期变化的，因而几何影区内的传播损失总体上要高于频率为 1200Hz 时的情况。当频率为 1200Hz 和 1600Hz 时，表面波导内的能量衰减较慢，称为能量陷获。经典截止频率给出了一个频率界限，高于该值时，能量被表面波导陷获，声能衰减慢；低于该值时，能量在表面波导中衰减较快，衰减的能量泄漏进入几何声影区。Labianca[79]给出了表面波导内不同模态的经典截止频率公式为

$$f_{c,m}=1.5(m-0.25)g\left[1-\left(\frac{c_0}{c_0+gH}\right)^2\right]^{-1.5} \tag{2-44}$$

式中，$f_{c,m}$ 为第 m 阶模态的经典截止频率，g 为表面波导声速梯度，c_0 为海表面声速，H 为表面波导厚度。当 g 为 $0.0167s-1$、c_0 为 1540m/s、H 为 40m 时，$f_{c,1}$ 为 736Hz，$f_{c,2}$ 为 1717Hz。$f_{c,1}$ 为一般使用的表面波导经典截止频率。

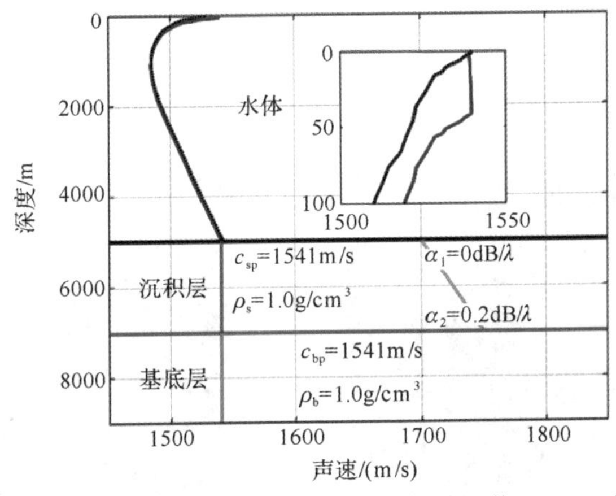

蓝色实线和黑色虚线分别为表面波导厚度为 40m 和 0m 时的声速剖面，其 0～100m 的声速如图中的小图所示。沉积层和基底层声速均为水体-沉积层界面处水体声速，密度为 1.0g/cm³。这种声学参数的设定使海底形成声波透射环境，而沉积层中衰减系数的逐渐增加则将透射的声波逐渐吸收。

图 2-25　无海底反射的仿真环境

模拟水下航行器接收表面波导内声源信号的情况，图 2-28 为接收器深度 200m 时在不同表面波导厚度、不同声源深度、不同频率条件下的声传播损失。图中黑色水平直线为第一或第二模态经典截止频率。在 3km 以内，由于直达波的贡献，声传播损失较小；在 3km 以外的距离-频率平面内，由于表面波导声能量的泄漏，形成一个“舌形区域”，该区域内声能连续变化，且传播损失较小。当表面波导厚度为 40m 时，水平距离为 8km，假设各个频点声源级相同，则接收到的信号在 600～1200Hz 时声传播损失约 85dB，非常利于声呐探测。同样条件下，波导厚度为 80m 时，信号在 170～380Hz 时传播损失较小，约为 82dB。因此，在不同表面波导厚度下，泄漏能量的主导频率不同，大致为 $2/3f_{c,1}$～（$f_{c,1}+f_{c,2}$）/2。这个频率范围可为声呐利用表面波导泄漏能量探测目标提供指导。

从图 2-26 和图 2-28 的仿真可以看出：

（1）对应一个表面波导厚度，存在一个泄漏临界频率。低于该频率时，声影区内的能量随距离线性地减小。例如，表面波导厚度为 40m 时，泄漏临界频率约为 1200Hz。影区

能量随距离线性衰减的速度可以用衰减系数表示，其与频率和表面波导厚度的关系将在第3章中给出。

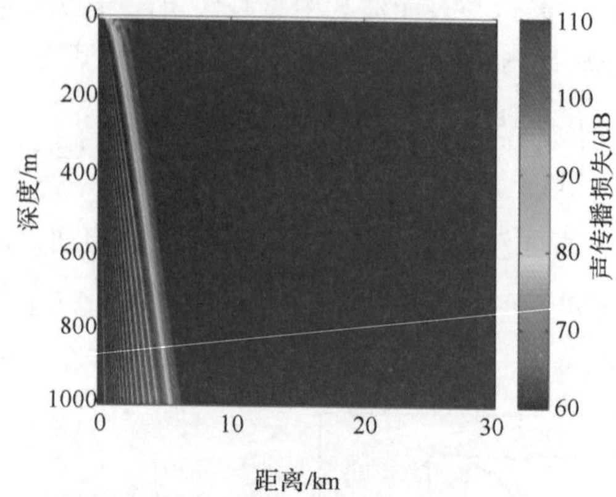

（a）无表面波导，频率为700Hz

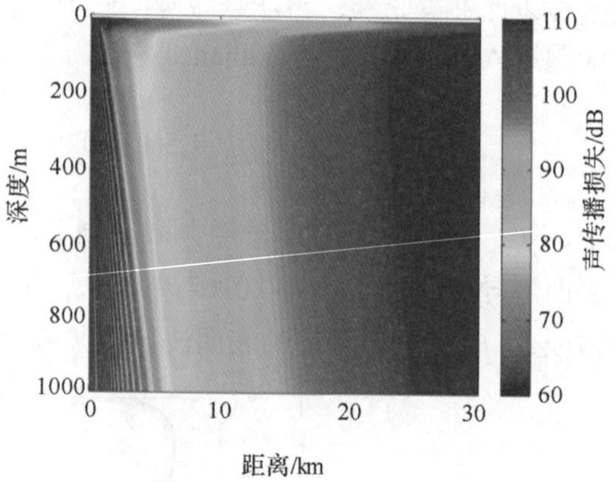

（b）表面波导厚度为40m，频率为700Hz

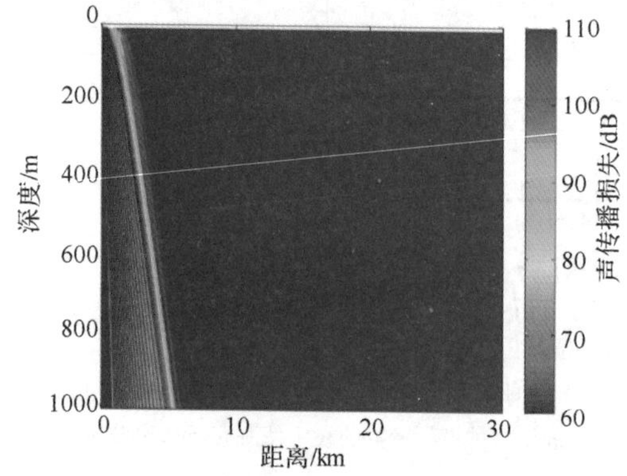

（c）无表面波导，频率为1200Hz

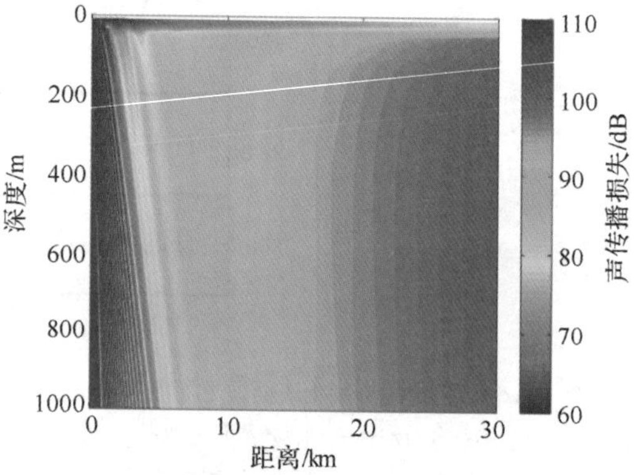

（d）表面波导厚度为40m，频率为1200Hz

图 2-26　有无表面波导的声传播对比

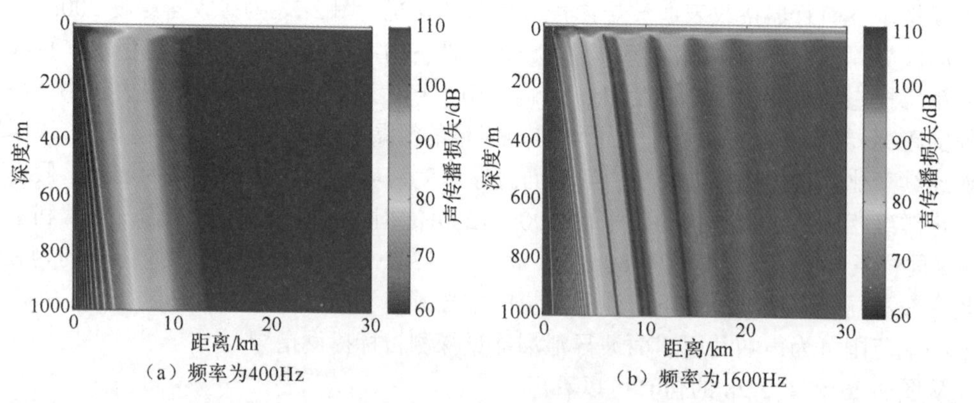

（a）频率为400Hz

（b）频率为1600Hz

图 2-27　表面波导厚度为 40m 时，不同频率下的声传播损失

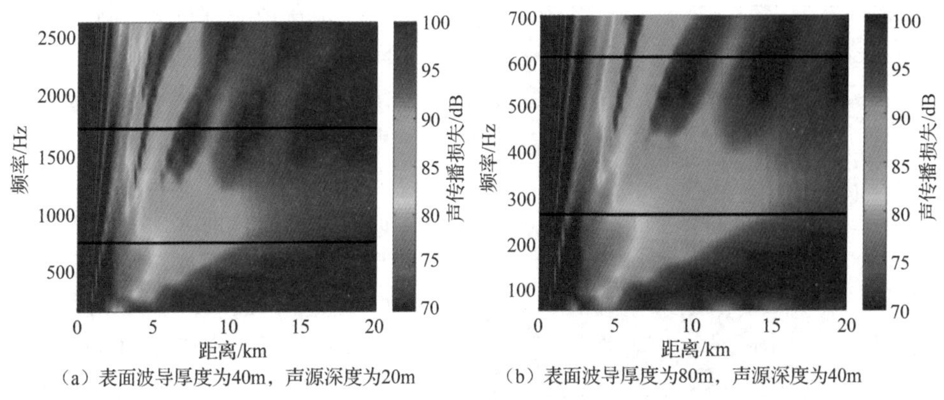

（a）表面波导厚度为40m，声源深度为20m　　（b）表面波导厚度为80m，声源深度为40m

图 2-28　表面波导泄漏能量时的声传播损失，接收器深度为 200m

（2）表面波导内不同模态的经典截止频率计算公式（2-44）只包含了表面波导的特征参数，并没有体现出声源深度对声传播的影响。由于船载声呐、主/被动声呐浮标和吊放声呐在近海面工作，当表面波导存在时，其工作深度将严重影响声呐的性能。在第 3 章中，推导了考虑声源深度的截止频率表达式，给出了主动声呐布放深度的建议值。

2.4.4　可靠声路径

可靠声路径的“可靠性”主要体现在以下两个方面：①该声道下直达波能量较强且噪声级较低；②声速起伏和界面散射对其声传播影响较小。第一个方面主要要求有深度余量，即要求存在临界深度。第二个方面则主要是因为传播至海底附近的直达波在经过海洋上层时掠射角较大。根据斯涅尔定律，声线掠射角大时，声速起伏对其折射角的相对影响较小。针对第一个方面，2.3.6 节给出了临界深度的时空分布，说明了出现临界深度的海域分布随季节变化不大；针对第二个方面，本节将仿真内波和锋面对可靠声路径声传播的影响。需要说明的是，海深较浅时，虽然不存在临界深度，但是将声呐系统放置在靠近海底时，接收到的直达波具有上述的第二个特性，因此也被称为可靠声路径。并且，此时几何扩展损失小，可靠声路径的能量更强。

海洋声速起伏主要为受内波、锋面和涡旋等引起的海洋上层海水的声速起伏。内波是一种重要的海水运动，它将海洋上层的能量传至深层，又把深层较冷的海水带到较暖的浅层。内波导致等密度面的波动，使声速的大小和方向均发生改变，对声呐的影响极大，有利于潜艇在水下的隐蔽；对海上设施也有破坏作用。内波可以分为线性内波和非线性内波（孤子内波）。前者普遍存在于深海，而后者主要出现在大陆架海域。图 2-29 给出线性内波对声速剖面的影响。平均声速剖面如图 2-25 中蓝色实线所示。假设声源深度为 300m，频率为 50Hz，放置在图 2-29 所示的 0km 处，然后将声速剖面随距离的变化每隔 200m 输入 RAM 模型，计算得到有内波时的声传播损失。利用随距离不变的平均声速剖面计算不存在内波时的传播损失。图 2-30 为线性内波对声传播的影响，即有无内波时的声传播损失对

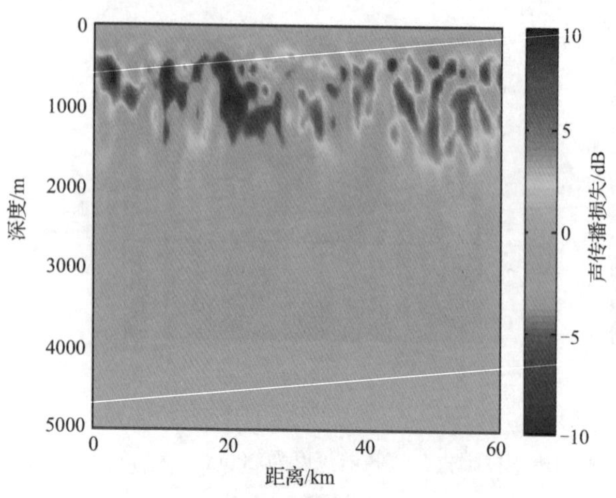

图 2-29 线性内波引起的声速剖面起伏

比，是在声源深度为 300m、频率为 50Hz 条件下测得的。图 2-30（a）和图 2-30（b）分别为有无内波时的传播损失。线性内波对汇聚区的影响非常大，图 2-30（a）中汇聚区的声场结构被内波打乱；而大出射角的声场结构基本不变，因而内波对可靠声路径的影响较小。图 2-30（c）、图 2-30（d）是接收器深度分别为 500m 和 4200m 时的声传播损失对比。图 2-30（c）中 37km 之后的两条声传播损失曲线差别最大可达 10dB。线性内波对 0～25km 接近海底的声场的影响非常小，图 2-30（d）中显示两条声传播损失曲线的差别不超过 3dB（不包括一些奇异点）。这进一步说明了线性内波对可靠声路径的影响较小。

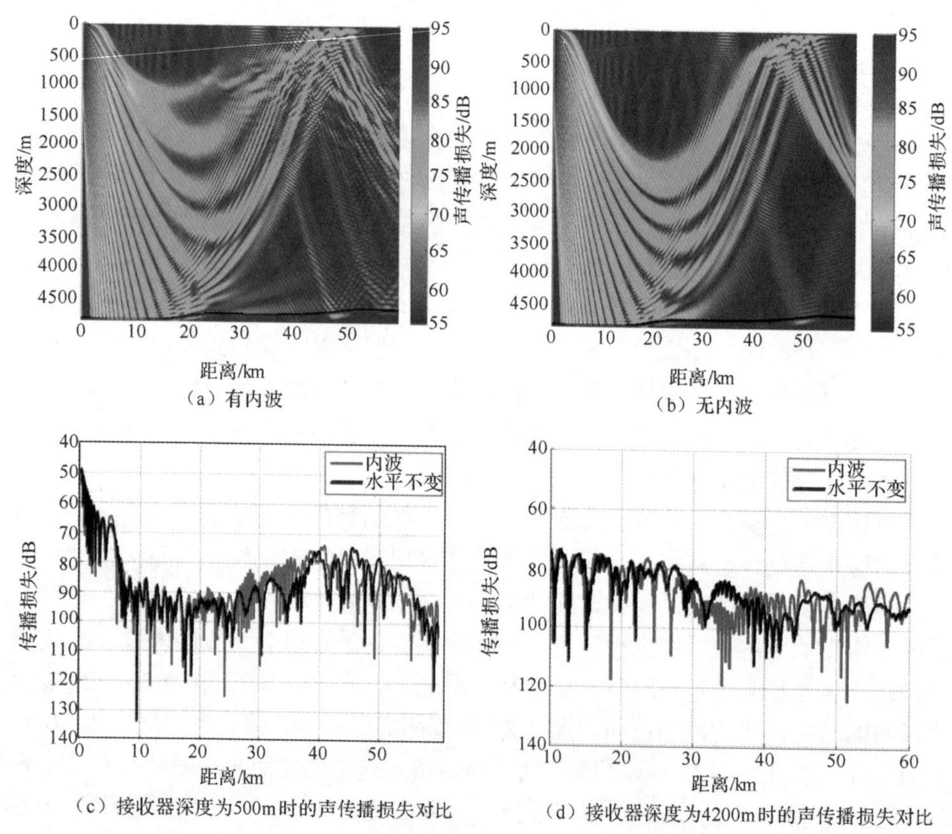

图 2-30 线性内波对声传播的影响（海深为 5000m，声源深度为 300m，频率为 50Hz）

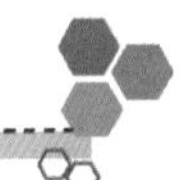

海洋中的锋面就是冷水团和热水团的交界面，或者称为过渡带，声速剖面会在锋面处发生剧烈变化。图 2-31 给出了仿真采用的声速剖面——锋面内侧和外侧声速剖面，10km 以内声速剖面由红色实线给出，表示暖水团，10km 以外声速剖面由黑色实线给出，表示冷水团。图 2-32 给出了锋面对声传播的影响，海深为 500m，声源深度为 300m，频率为 50Hz。与图 2-30 不同，锋面总体上对深海声传播的影响较小，主要改变了声汇聚区处的能量分布，对可靠声路径范围内的能量影响非常小。

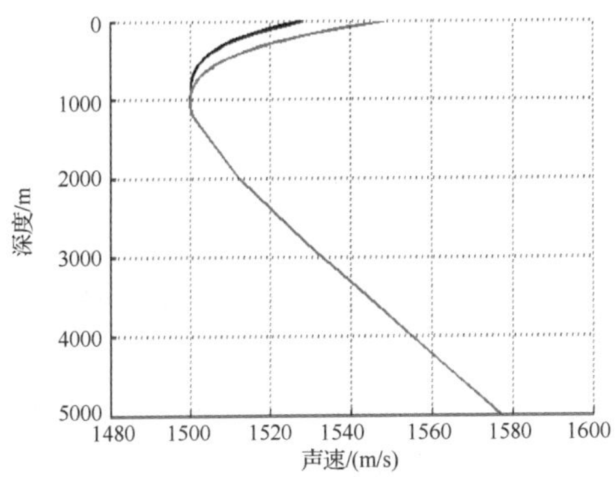

10km 以内的声速剖面由红色实线给出，表示暖水团，10km 以外的声速剖面由黑色实线给出，表示冷水团。

图 2-31　锋面内侧和外侧声速剖面

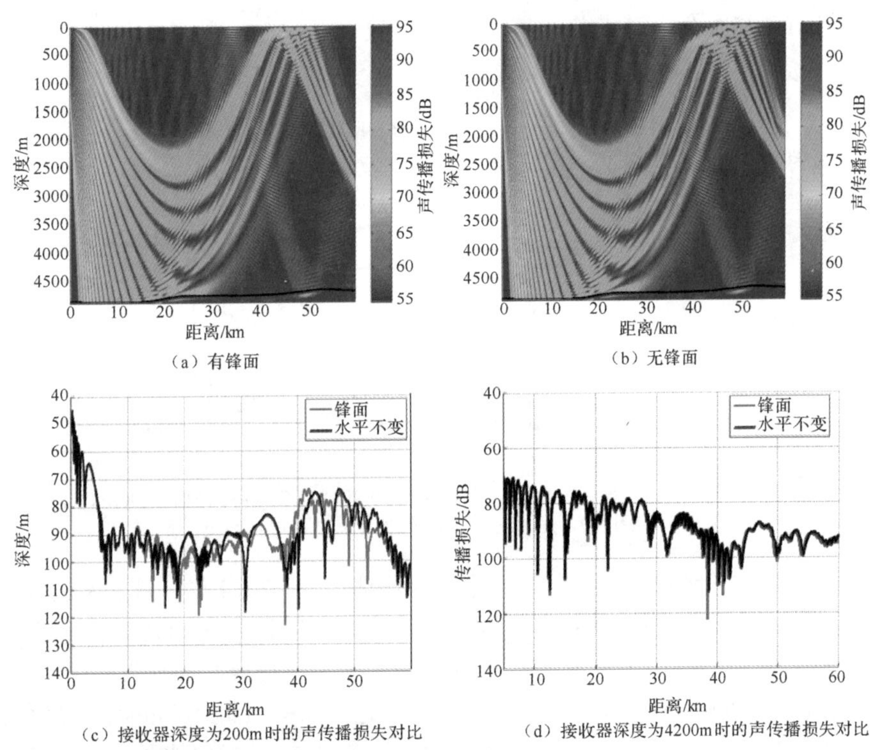

图 2-32　锋面对声传播的影响（海深为 5000m，声源深度为 300m，频率为 50Hz）

将声呐布放在近海底附近，水下近海面目标进入可靠声路径范围后，传播损失约为80dB，目标频率175Hz，声源级约110dB，阵增益为15dB，时间增益为5dB，5km深度处的噪声级约50dB，则阵列输出的信噪比为0dB，可满足被动声呐系统对信噪比的要求。因此，可靠声路径在最近几年成为水声工程的研究热点，将固定或移动的声呐系统布放在海底，可以实现“海底卫星”的功能，具有广泛的应用前景。但是中国关于可靠声路径的理论和实验研究非常稀少，本书从研究可靠声路径声传播的物理机理出发，提出了多种声源的被动定位方法，适用于低信噪比情况。

2.4.5 海底反射与表面波导泄漏能量对比

在2.4.2节和2.4.3节中分别分析了海底反射信号和表面波导泄漏能量的大小，现在通过仿真和实验数据进一步对比分析两者的能量。采用图2-25所示的仿真环境，将表面波导厚度设定为80m，声源深度为40m，接收器深度为200m，频率为300Hz，计算表面波导泄漏的能量；然后采用2.4.2节的方法计算海底反射信号的能量；之后将两种信号的能量叠加得到总的声场，结果如图2-33所示。从图2-28（b）可以看出，频率为300Hz时，泄漏的能量较强，因此如图2-33所示，16km以内的信号能量主要为表面波导泄漏的能量；随着距离的增加，表面波导泄漏能量迅速衰减，海底反射信号成为主要能量；至50km附近，出现了第一汇聚区，总声场能量较高。该仿真结果进一步说明了，表面波导泄漏能量适用于近距离，且对声频率有一定要求。

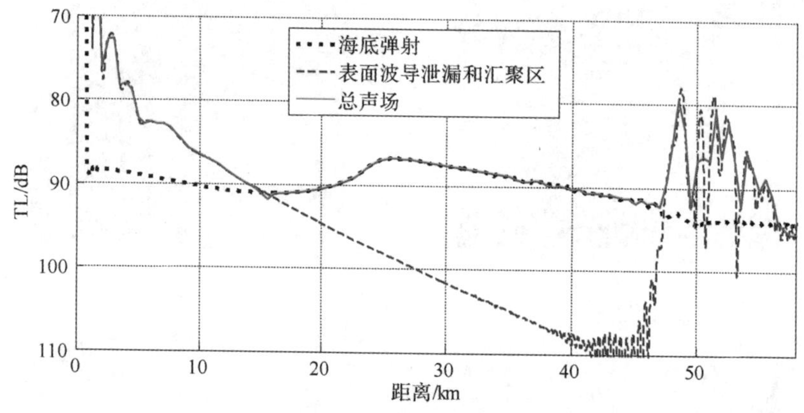

图2-33 表面波导厚度为80m、声源深度为40m、接收器深度为200m、频率为300Hz条件下，不同声传播模态的能量对比

下面通过一次实验数据对比两种传播模式的传播损失。2014年8月，课题组在中国南海开展了一次水声实验。实验示意如图2-34（a）所示，水深为4000m，海底为泥沙类。16阵元的自容式水听器阵用于记录50m深的爆炸信号。阵列顶部水听器距离海面100m。使用CTD测量了1200m以浅的声速剖面，以深的声速剖面按照0.0167m/s的梯度外插得到，结果如图2-34（b）所示，表面波导的厚度为72m。图2-35分析对比了一次海底反射信号和表面波导泄漏信号的能量大小随距离和频率的分布。这里的一次海底反射信号仅包含与

海底接触的传播路径，不包括海底—海面、海面—海底等与海面接触的传播路径。图 2-35（a）为 100m 深度的自容式水听器记录的信号波形，可以看到表面波导泄漏信号和一次海底反射信号。图 2-35（b）为从图 2-35（a）中截取出的一次海底反射信号的传播损失，可以看出存在最优探测距离为 12.5～15.5km，此时传播损失最小。图 2-24 的仿真结果也说明海底反射存在最优探测距离，但 4000m 海深时，仿真结果的最优探测距离为 19km 左右。仿真与实验最优探测距离的差异可能是由于海底底质的差异：实验时的海底底质偏硬，从而临界角较大，最优探测距离出现的时间较早。

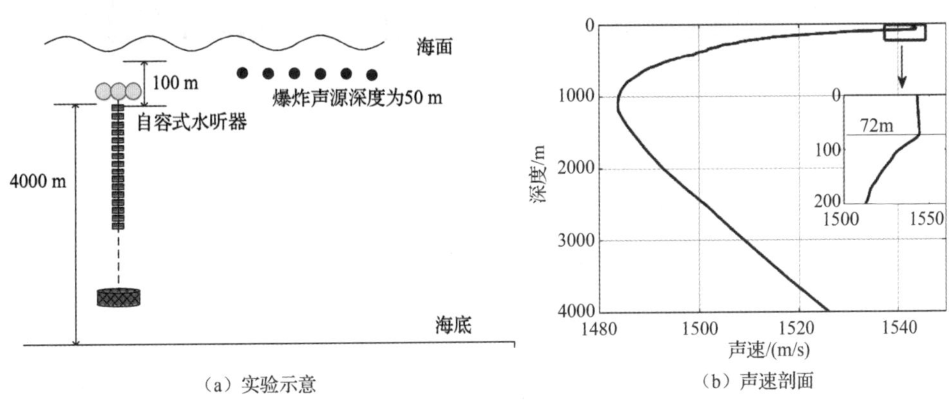

（a）实验示意　　（b）声速剖面

图 2-34　海上实验的相关信息

图 2-35（c）为从图 2-35（a）图中截取出的泄漏信号的传播损失，可以看出频率为 150～550Hz、距离为 11km 以下时，传播损失较小，约为 92dB。依据 2.4.3 节的仿真分析可知，8km 以内的泄漏信号的能量更强，传播损失更小。此外，2.4.3 节也给出了泄漏信号的主导频率（低传播损失频率）范围为 $2/3f_{c,1}$～（$f_{c,1}+f_{c,2}$）/2，按照 72m 的表面波导厚度计算，结果为 200～510Hz，与实验结果大致相符。需要指出的是，泄漏信号的传播损失与声源深度密切相关，一般声源在表面波导中间深度时，传播损失最低。本实验的炸弹深度为 50m，因此，泄漏信号的传播损失略高于最优声源深度下的值。

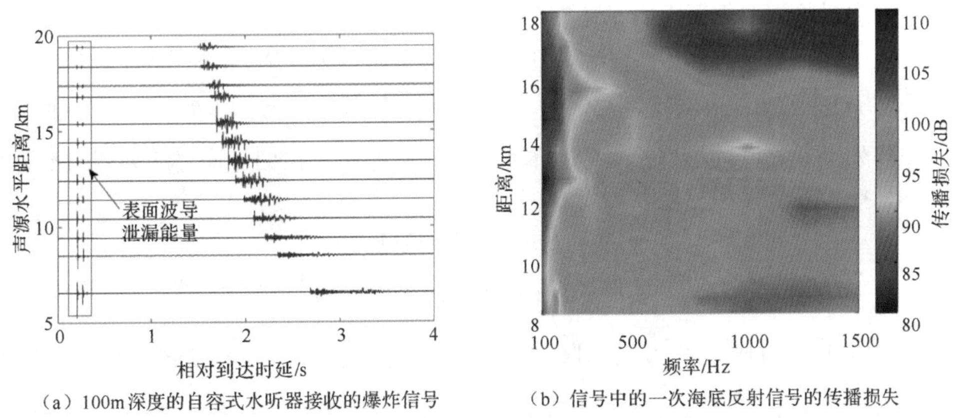

（a）100m 深度的自容式水听器接收的爆炸信号　　（b）信号中的一次海底反射信号的传播损失

图 2-35　海上实验数据处理结果

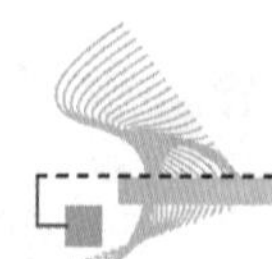

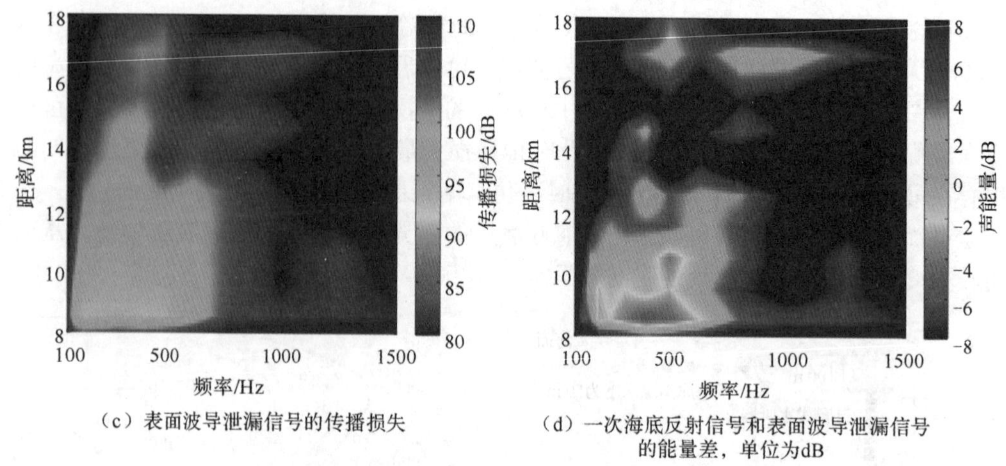

（c）表面波导泄漏信号的传播损失

（d）一次海底反射信号和表面波导泄漏信号的能量差，单位为dB

图 2-35　海上实验数据处理结果（续）

图 2-35（d）为一次海底反射信号能量减去表面波导泄漏信号能量的结果，单位为 dB。可以看出，在近距离低频条件下，泄漏信号的能量强于一次海底反射信号的能量，而随着距离的增加和频率升高，泄漏信号的能量迅速衰减，低于一次海底反射信号的能量。因此，泄漏信号更适用于近距离、低频条件；而一次海底反射信号适用于中等距离条件。

2.5　水声信号定位方法

2.5.1　波达方位（DOA）估计方法

声呐的重要任务之一是使用水听器阵列进行 DOA 估计。常见的 DOA 估计方法可以分为谱估计类算法和参数化算法两类方法。谱估计类算法主要有 CBF 算法、Capon 波束形成方法、子空间类方法（如 MUSIC 方法、ESPRIT 方法等）；参数化算法主要有确定性最大似然方法和随机最大似然方法等。

以下针对均匀线阵列说明 DOA 估计方法原理。假设 K 个中心频率为 f 的信号 $\boldsymbol{s}(t)=\left[s_1(t),\cdots,s_K(t)\right]^{\mathrm{T}}$ 以角度 $\boldsymbol{\theta}=\left[\theta_1,\cdots,\theta_k\right]^{\mathrm{T}}$ 入射到一个水听器数量为 M（$K<M$）、阵元间距为 d 的均匀线阵列上。假设远场目标信号为窄带信号，信号包络在信号通过阵列期间不会发生改变。阵列接收信号模型可以表示为

$$\boldsymbol{x}(t)=\boldsymbol{A}\boldsymbol{s}(t)+\boldsymbol{n}(t) \tag{2-45}$$

式中，$A=\left[\boldsymbol{a}(\theta_1),\cdots,\boldsymbol{a}(\theta_k)\right]$ 是阵列流形矩阵，$\boldsymbol{a}(\theta_k)=\left[\mathrm{e}^{-\mathrm{j}\omega * 0 * d\cos(\theta_k)/c},\mathrm{e}^{-\mathrm{j}\omega * 1 * d\cos(\theta_k)/c},\cdots,\mathrm{e}^{-\mathrm{j}\omega(M-1)d\cos(\theta_k)/c}\right]^{\mathrm{T}}$ 是对应于 θ_k 方向的阵列流形向量，c 是声速，$\omega=2\pi f$ 是信号圆频率，$\boldsymbol{n}(t)=\left[n_1(t),\cdots,n_M(t)\right]^{\mathrm{T}}$ 是阵列接收到的噪声向量。

1）CBF 算法

在远场下信号以平面波形式入射到各个阵元上，各阵元接收到信号的相位差只与来波方向和相邻阵元的间隔有关。对不同的阵元，按照特定方向进行时延补偿可以使得各个阵元输出端的信号进行同相叠加，从而使得阵列在此方向产生一个主瓣波束。若扫描的方向与来波方向相同，则此方向波束的能量较强；反之，则较弱，这便是常规波束形成进行方位估计的基本原理。

常规波束形成利用对阵元接收信号进行复加权实现对阵列的时延补偿，假设加权向量为$\boldsymbol{w}(\theta)=\left[w_1(\theta),\cdots,w_M(\theta)\right]^{\mathrm{T}}$，则波束形成后阵列的输出为

$$y(t)=\boldsymbol{w}^{\mathrm{H}}\boldsymbol{x} \tag{2-46}$$

波束形成器的输出功率可以表示为

$$P(\theta)=E\left[\left|y(t)\right|^2\right]=\boldsymbol{w}^{\mathrm{H}}\boldsymbol{R}\boldsymbol{w} \tag{2-47}$$

式中，$\boldsymbol{R}=E\left[\boldsymbol{x}(t)\boldsymbol{x}(t)^{\mathrm{H}}\right]$是阵列接收数据的协方差矩阵，实际中无法求得$\boldsymbol{R}$，通常使用采样协方差矩阵$\hat{\boldsymbol{R}}$来代替

$$\hat{\boldsymbol{R}}=\frac{1}{L}\sum_{l=1}^{L}\boldsymbol{x}^{\mathrm{H}}(l)\boldsymbol{x}(l) \tag{2-48}$$

式中，L代表数据快拍数。常规波束形成器的加权向量为

$$\boldsymbol{w}(\theta)=\frac{1}{\sqrt{M}}\left[\mathrm{e}^{-\mathrm{j}\omega*0*d\cos(\theta_k)/c},\cdots,\mathrm{e}^{-\mathrm{j}\omega*(M-1)*d\cos(\theta_k)/c}\right]^{\mathrm{T}} \tag{2-49}$$

其值与θ方向对应的阵列流形向量$\boldsymbol{a}(\theta)$相同，因此常规波束形成器的输出功率可以表示为

$$P_{\mathrm{CBF}}(\theta)=\boldsymbol{a}^{\mathrm{H}}(\theta)\hat{\boldsymbol{R}}\boldsymbol{a}(\theta) \tag{2-50}$$

当目标方向为θ_{s}时，常规波束形成定位半功率点波束宽度为

$$\mathrm{BW}_{0.5}\approx 0.886\frac{\lambda}{Md}\frac{1}{\cos\theta_{\mathrm{s}}} \tag{2-51}$$

从（2-51）中可以看出，常规波束形成器的方位分辨率随阵列的孔径增大而提高。对于两个频率相同的信号，若其入射角的间隔小于波束宽度，则常规波束的形成将无法进行区分，只能通过增加阵列孔径的方法提高方位分辨率。

2）Capon 波束形成方法

Capon 波束形成方法是一种自适应波束形成算法，与常规波束形成相比，具有高方位分辨率、低旁瓣的特点。Capon 波束形成方法的目标函数为

$$\min \boldsymbol{w}_{\mathrm{MV}}^{\mathrm{H}}\boldsymbol{R}\boldsymbol{w}_{\mathrm{MV}},\ \text{subject to}\ \ \boldsymbol{w}_{\mathrm{MV}}^{\mathrm{H}}\boldsymbol{a}(\theta)=1 \tag{2-52}$$

使用 Lagrange 乘子法，式（2-52）可以转化为无约束优化问题，即

$$P_{\mathrm{MV}}(\theta)=\min \boldsymbol{w}_{\mathrm{MV}}^{\mathrm{H}}\boldsymbol{R}\boldsymbol{w}_{\mathrm{MV}}+\lambda\left(\boldsymbol{w}_{\mathrm{MV}}^{\mathrm{H}}\boldsymbol{a}(\theta)-1\right) \tag{2-53}$$

与式（2-50）相比，Capon 波束形成方法最小化波束形成器的功率输出并约束扫描方

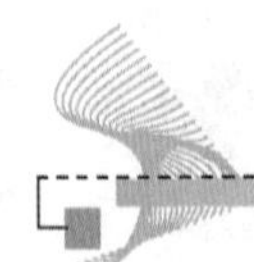

向的能量为 1，它抑制了从扫描方向以外入射到阵列的干扰和噪声。式（2-53）对 $\boldsymbol{w}_{\text{MV}}$ 求偏导数可得

$$2\boldsymbol{R}\boldsymbol{w}_{\text{MV}}+\lambda\boldsymbol{a}(\theta)=0 \tag{2-54}$$

因此

$$\boldsymbol{w}_{\text{MV}}=-\frac{\lambda}{2}\boldsymbol{R}^{-1}\boldsymbol{a}(\theta) \tag{2-55}$$

将约束条件 $\boldsymbol{w}_{\text{MV}}^{\text{H}}\boldsymbol{a}(\theta)=1$ 代入式（2-54）可得

$$\lambda=\frac{-2}{\boldsymbol{a}^{\text{H}}(\theta)\boldsymbol{R}^{-1}\boldsymbol{a}(\theta)} \tag{2-56}$$

将式（2-56）代入式（2-54）可得

$$\boldsymbol{w}_{\text{MV}}=\frac{\boldsymbol{R}^{-1}\boldsymbol{a}(\theta)}{\boldsymbol{a}^{\text{H}}(\theta)\boldsymbol{R}^{-1}\boldsymbol{a}(\theta)} \tag{2-57}$$

Capon 波束形成器的输出功率为

$$P_{\text{MV}}(\theta)=\frac{1}{\boldsymbol{a}^{\text{H}}(\theta)\boldsymbol{R}^{-1}\boldsymbol{a}(\theta)} \tag{2-58}$$

实际中使用采样协方差矩阵 $\hat{\boldsymbol{R}}$ 代替 $\boldsymbol{R}$，在目标信号相干、快拍数较小等情况下，Capon 波束形成器性能会严重下降。为了提高 Capon 波束形成器的稳健性，通常在求逆前对 $\hat{\boldsymbol{R}}$ 的对角线进行对角加载，即

$$\boldsymbol{w}_L=\frac{(\boldsymbol{R}+\rho\boldsymbol{I})^{-1}\boldsymbol{a}(\theta)}{\boldsymbol{a}^{\text{H}}(\theta)(\boldsymbol{R}+\rho\boldsymbol{I})^{-1}\boldsymbol{a}(\theta)} \tag{2-59}$$

$$P_L(\theta)=\frac{1}{\boldsymbol{a}^{\text{H}}(\theta)(\boldsymbol{R}+\rho\boldsymbol{I})^{-1}\boldsymbol{a}(\theta)} \tag{2-60}$$

式中，ρ 为加载量，$\boldsymbol{I}$ 为单位矩阵。

3）MUSIC 方法

MUSIC 方法是最经典的子空间类方法，子空间类方法的基本思想：在信号个数少于传感器个数的情况下，对阵列接收数据的协方差矩阵进行特征分解，将特征向量划分为信号子空间和噪声子空间两个相互正交的子空间。若子空间被正确地划分，则真实来波方向对应的阵列流形向量将位于信号子空间且与噪声子空间正交。利用此正交性可以构造一个尖锐的目标函数，从而达到超分辨的目的。

假设噪声为白噪声且服从均值为 0、方差为 σ^2 的高斯分布，噪声与信号不相关，根据式（2-45），协方差矩阵可以写为

$$\begin{aligned}\boldsymbol{R}&=E\left[\boldsymbol{x}\boldsymbol{x}^{\text{H}}+\boldsymbol{n}\boldsymbol{n}^{\text{H}}\right]\\&=E\left[\boldsymbol{A}\boldsymbol{s}\boldsymbol{s}^{\text{H}}\boldsymbol{A}^{\text{H}}\right]+E\left[\boldsymbol{n}\boldsymbol{n}^{\text{H}}\right]\\&=\boldsymbol{R}_1+\sigma^2\boldsymbol{I}\end{aligned} \tag{2-61}$$

式中，$\boldsymbol{R}_1=\boldsymbol{A}\boldsymbol{R}_s\boldsymbol{A}^{\text{H}}$，$\boldsymbol{R}_s=E\left[\boldsymbol{s}\boldsymbol{s}^{\text{H}}\right]$是源信号协方差矩阵，假设信号互不相关，那么有

$$\boldsymbol{R}_s=\begin{bmatrix} E\left[|s_1|^2\right] & 0 & \cdots & 0 \\ 0 & E\left[|s_2|^2\right] & \cdots & 0 \\ 0 & 0 & \ddots & 0 \\ 0 & \cdots & 0 & E\left[|s_K|^2\right] \end{bmatrix}_{K\times K} \tag{2-62}$$

因此 $\boldsymbol{R}_s$ 是秩为 K 的满秩矩阵，由于 $M>K$，$\mathrm{rank}\left(\boldsymbol{A}\boldsymbol{R}_s\boldsymbol{A}^{\mathrm{H}}\right)=K$，因此 $\boldsymbol{R}_1$ 中有 $M-K$ 个为零的特征值，令其非零特征值为 $\tilde{\lambda}_1 \geqslant \tilde{\lambda}_2 \geqslant \cdots \geqslant \tilde{\lambda}_K$，因此 $\boldsymbol{R}$ 的特征值可以分为两组，即

$$\lambda_k=\tilde{\lambda}_k+\sigma^2,\ k=1,2,\cdots,K \tag{2-63}$$

$$\lambda_k=\sigma^2,\ k=K+1,\cdots,M \tag{2-64}$$

令 $\boldsymbol{s}_k$ 代表 $\boldsymbol{R}$ 的特征值 λ_k 对应的特征向量，$\boldsymbol{S}=\left[\boldsymbol{s}_1,\boldsymbol{s}_2,\cdots,\boldsymbol{s}_K\right]$ 代表信号子空间，$\boldsymbol{G}=\left[\boldsymbol{s}_{K+1},\cdots,\boldsymbol{s}_M\right]$ 代表噪声子空间。由于 G 中所有列向量对应的特征值为 σ^2，则

$$\boldsymbol{R}\boldsymbol{G}=\boldsymbol{G}\begin{bmatrix} \sigma^2 & 0 & \cdots & 0 \\ 0 & \sigma^2 & 0 & \vdots \\ \vdots & 0 & \ddots & 0 \\ 0 & \cdots & 0 & \sigma^2 \end{bmatrix}=\sigma^2\boldsymbol{G} \tag{2-65}$$

根据式（2-61），有

$$\boldsymbol{R}\boldsymbol{G}=\boldsymbol{A}\boldsymbol{R}_s\boldsymbol{A}^{\mathrm{H}}\boldsymbol{G}+\sigma^2\boldsymbol{G} \tag{2-66}$$

因此有

$$\boldsymbol{A}\boldsymbol{R}_s\boldsymbol{A}^{\mathrm{H}}\boldsymbol{G}=0 \tag{2-67}$$

对式（2-67）等号两端同乘 $\boldsymbol{G}^{\mathrm{H}}$，可得

$$\boldsymbol{G}^{\mathrm{H}}\boldsymbol{A}\boldsymbol{R}_s\boldsymbol{A}^{\mathrm{H}}\boldsymbol{G}=0 \tag{2-68}$$

由于 $\boldsymbol{R}_s$ 为正定矩阵，式（2-68）成立的充要条件为

$$\boldsymbol{A}^{\mathrm{H}}\boldsymbol{G}=0 \tag{2-69}$$

式（2-69）说明阵列流形矩阵中的各个列向量与噪声子空间 $\boldsymbol{G}$ 正交，因此可以构造方位估计目标函数：

$$P_{\mathrm{MUSIC}}(\theta)=\frac{1}{\boldsymbol{a}^{\mathrm{H}}(\theta)\boldsymbol{G}\boldsymbol{G}^{\mathrm{H}}\boldsymbol{a}(\theta)} \tag{2-70}$$

当 θ 扫描到真实目标方位时，$P_{\mathrm{MUSIC}}(\theta)$ 将会出现尖锐的峰值。

2.5.2　匹配场信号处理

匹配场处理器是对平面波常规波束形成器在海洋信道中的推广，其基本思想是对阵列实际的测量信号与信号所有可能出现位置产生的拷贝场信号进行匹配。拷贝场信号可以通过 2.2 节中的各种传播模型进行数值计算得到。与 2.5.1 节中各种方位估计算法不同，匹配场处理器的性能不仅与定位目标函数的具体形式有关，还强烈依赖具体的海洋环境。匹配

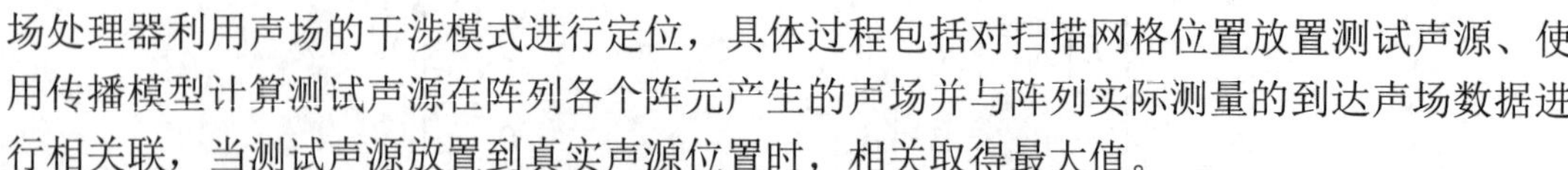

场处理器利用声场的干涉模式进行定位，具体过程包括对扫描网格位置放置测试声源、使用传播模型计算测试声源在阵列各个阵元产生的声场并与阵列实际测量的到达声场数据进行相关联，当测试声源放置到真实声源位置时，相关取得最大值。

在频域上，类似于常规波束形成器，常规匹配滤波器（巴特雷匹配滤波器）是对阵列数据按照假设的海洋环境和声源位置进行加权，即

$$\begin{aligned} B_{\text{Bart}}(\boldsymbol{a}) &= E\left[\boldsymbol{w}(\boldsymbol{a})^{\text{H}}\boldsymbol{p}(\boldsymbol{a}_{\text{T}})\boldsymbol{p}^{\text{H}}(\boldsymbol{a}_{\text{T}})\boldsymbol{w}(\boldsymbol{a})\right] \\ &= \boldsymbol{w}(\boldsymbol{a})^{\text{H}}\boldsymbol{K}\boldsymbol{w}(\boldsymbol{a}) \end{aligned} \tag{2-71}$$

式中，$\boldsymbol{a}$ 是扫描位置参数（通常包括深度和距离）；$\boldsymbol{a}_{\text{T}}$ 是真实的声源位置；$\boldsymbol{p}(\boldsymbol{a}_{\text{T}})$ 为频域上阵列的测量数据；$\boldsymbol{K}=E\left[\boldsymbol{p}(\boldsymbol{a}_{\text{T}})\boldsymbol{p}^{\text{H}}(\boldsymbol{a}_{\text{T}})\right]$ 是互谱密度矩阵；$\boldsymbol{w}(\boldsymbol{a})$ 是对应扫描位置参数 $\boldsymbol{a}$ 的加权向量，通过对波动方程进行数值求解得到，通常 $\boldsymbol{w}(\boldsymbol{a})$ 须进行归一化，即 $\left\|\boldsymbol{w}(\boldsymbol{a})\right\|_2=1$。式（2-71）中最大值对应的 $\boldsymbol{a}$ 即 $\boldsymbol{a}_{\text{T}}$ 的估计值，但与常规波束形成器类似，常规匹配滤波器也存在低分辨率、高旁瓣等缺陷。为了提高空间分辨率和抑制旁瓣，可以将高分辨方位估计算法的思想推广到匹配场处理中，从而导出多种自适应匹配场处理器。

类似 Capon 算法，自适应匹配场处理器[133]的权值由拷贝场和接收数据协方差矩阵共同决定，能够有效地抑制旁瓣和干扰。Capon 匹配场处理器的目标函数为

$$B_{\text{MV}}(\boldsymbol{a})=\frac{1}{\boldsymbol{w}^{\text{H}}(\boldsymbol{a})\boldsymbol{K}^{-1}\boldsymbol{w}} \tag{2-72}$$

由于高分辨处理器对所有的参数都较敏感，环境参数的细微不确定性通常会严重降低估计的精确程度，因此环境容忍能力对匹配场处理器至关重要。在 Capon 匹配场处理器的基础上又发展出邻域位置多约束匹配场处理器[134]和环境扰动约束匹配场处理器[98]。邻域位置多约束匹配场处理器认为环境扰动会使匹配场定位结果在一定的领域位置内变化，因此，在 Capon 匹配场处理器的基础上对多个领域位置加入定值约束，适用于海深等参数失配的情况。环境扰动约束匹配场处理器首先使用一定范围内环境参数扰动后的拷贝场作为约束矩阵，利用约束矩阵构造拷贝信号的相关矩阵，对相关矩阵进行特征分解以提取出环境参数扰动的一、二阶统计特性；最后利用环境参数的一、二阶统计特性构造自适应匹配场处理器的权值向量。与邻域位置多约束匹配场处理器相比，环境扰动约束匹配场处理器具有更大的环境参数宽容性。

上述匹配场处理都是针对单频情况的，宽带信号情况下可以直接对常规匹配滤波器在不同的频率上输出的功率进行求和

$$B_{\text{Bart}\_B}=\frac{1}{N_f}\sum_{f}\frac{\boldsymbol{w}(f,\boldsymbol{a})^{\text{H}}\boldsymbol{K}(f)\boldsymbol{w}(f,\boldsymbol{a})}{\left\|\boldsymbol{w}(f,\boldsymbol{a})\right\|^2\left\|\boldsymbol{p}(f,\boldsymbol{a}_{\text{T}})\right\|^2} \tag{2-73}$$

式中，N_f 为频点个数。式（2-73）是一种声压数据的宽带非相干处理方法，也可以使用声压数据的二阶统计量进行匹配。假设 $M_p(f,\boldsymbol{a})$ 和 $M_q(f,\boldsymbol{a})$ 分别代表声源位置为 $\boldsymbol{a}$ 时通过声场模型计算得到的第 p 个和第 q 个水听器接收到信号的频谱，$M_{p,q}(f,\boldsymbol{a})=M_p(f,\boldsymbol{a})M_q(f,\boldsymbol{a})^*$ 代

表拷贝互功率谱函数；$D_p(f,\boldsymbol{a}_{\mathrm{T}})$和$D_q(f,\boldsymbol{a}_{\mathrm{T}})$是第 p 个和第 q 个水听器实际测量到信号的频谱，$D_{p,q}(f,\boldsymbol{a}_{\mathrm{T}})=D_p(f,\boldsymbol{a}_{\mathrm{T}})D_q(f,\boldsymbol{a}_{\mathrm{T}})^*$代表实测互功率谱，则 Westwood 宽带匹配场处理器可以表示为

$$B_{\mathrm{West}}=\frac{2}{N(N-1)}\left|\sum_{p=1}^{N}\sum_{q=p+1}^{N}\sum_{B}D_{p,q}(f,\boldsymbol{a}_{\mathrm{T}})M_{p,q}^{*}(f,\boldsymbol{a})\right|K^{-1}(f,\boldsymbol{a}) \tag{2-74}$$

式中，

$$K(f,\boldsymbol{a})=\left(\sum_{p=1}^{N}\sum_{q=p+1}^{N}\sum_{B}\left|D_{p,q}(f,\boldsymbol{a}_{\mathrm{T}})\right|^{2}\right)^{1/2}\left(\sum_{p=1}^{N}\sum_{q=p+1}^{N}\sum_{B}\left|M_{p,q}(f,\boldsymbol{a})\right|^{2}\right)^{1/2} \tag{2-75}$$

在频域对测量场和拷贝场的互谱矩阵进行相关并进行宽带相干求和。

使用声压场进行匹配场定位时，一般需要使用垂直/水平线阵列对声场的干涉模式进行采样。除此之外，还可以利用单阵元多途到达时延的差异进行匹配定位。在声线模型中，某一点的声压可以看作从声源发射的多条声线在该点叠加的效果，假设$z_{\mathrm{s}},z_{\mathrm{r}}$和$r$分别代表声源深度、接收器深度及声源与接收器之间的水平距离，则声源到接收器之间的信道响应可以表示为

$$h(n;z_{\mathrm{s}},z_{\mathrm{r}},r)=\sum_{i=1}^{N}g_i\delta(n-n_i) \tag{2-76}$$

式中，N是本征声线的条数，g_i代表参数为$(z_{\mathrm{s}},z_{\mathrm{r}},r)$时第$i$条特征声线的幅度，$n_i$代表参数为$(z_{\mathrm{s}},z_{\mathrm{r}},r)$时第$i$条特征声线的到达时延。当声源信号为$s(n)$时，水听器收到的信号$x(n)$可以表示为

$$\begin{aligned}x(n)&=h(n;z_{\mathrm{s}},z_{\mathrm{r}},r)\otimes s(n)+e(n)\\&=\sum_{i=1}^{N}g_i s(n-n_i)+e(n)\end{aligned} \tag{2-77}$$

$x(n)$具有$N-1$个时延，其时延差向量可以表示为

$$\boldsymbol{d}=[\Delta T_1,\cdots,\Delta T_{N-1}]^{\mathrm{T}} \tag{2-78}$$

式中，ΔT_i代表实际接收信号中第i+1 个时延和第i个时延之差。类似声压匹配的流程，使用射线模型计算得到的拷贝时延差向量可以表示为

$$\boldsymbol{O}(\boldsymbol{a})=[\Delta\tau_1,\cdots,\Delta\tau_N]^{\mathrm{T}} \tag{2-79}$$

式中，$\Delta\tau_i$代表拷贝时延向量中第i+1 个时延和第i个时延之差。对实测数据时延差和拷贝时延差进行匹配，其目标函数为

$$F(\boldsymbol{a})=\|\boldsymbol{d}-\boldsymbol{O}\|_2 \tag{2-80}$$

式（2-80）可以很容易地扩展到阵列处理上，假设阵列有J个水听器，则时延差匹配的阵列处理目标函数可以表示为

$$F_{\mathrm{array}}(\boldsymbol{a})=\sum_{j=1}^{J}\|\boldsymbol{d}_j-\boldsymbol{O}_j\|_2 \tag{2-81}$$

式中，$\boldsymbol{d}_j$ 和 $\boldsymbol{O}_j$ 分别表示第 j 个水听器对应的实测数据到达时延差向量和拷贝到达时延差向量。

使用到达时延差进行匹配具有计算量小、物理意义直观的优点，但目标函数式（2-80）对模型误差非常敏感，在接收信号中若缺少或多出一个到达时延，则各个时延差的对应关系变乱，$F(\boldsymbol{a})$ 会发生剧烈变化。

当只有单水听器且接收信号未知时，可以采用自相关函数来提取耦合的时延关系，然后与拷贝场的自相关结构进行匹配。假设声源信号与噪声不相关，根据式（2-77），$x(n)$ 的自相关函数可以表示为

$$\begin{aligned}R_{xx}(m)&=\frac{1}{N}\sum_{n=1}^{N}x(n)x(n-m)\\&=\sum_{i=1}^{N}\sum_{j=1}^{N}g_i g_j R_{ss}(n_i-n_j-m)+R_{ee}(m)\end{aligned}\tag{2-82}$$

式中，$n_i=n_j=0$ 表示第一个相对时延，$R_{ss}(m)=\dfrac{1}{N}\sum\limits_{n=1}^{N}s(n)s(n-m)$ 为声源信号的自相关函数，$R_{ee}(m)=\dfrac{1}{N}e(n)e(n-m)$ 为噪声的自相关函数。假设 $s(n)$ 为宽带信号，噪声为高斯白噪声，则当 $m=0$ 或 $m=n_i-n_j$ 时，$R_{xx}(m)$ 会出现峰值。式（2-82）中的峰值结构对应了多途到达时延之间的差值，一般是相当复杂的，很难通过式（2-82）反推信号的到达时延。由于 N 条本征声线会造成数量为 $N(N-1)/2$ 个自相关峰值出现，即使环境参数剧烈变化，信道响应也相对稳定，因此特定声源信号经信道传输后，接收信号的自相关函数也相对稳定，并且是声源位置、接收器位置及水平距离等因素的函数。对信道响应求自相关函数，可得

$$\begin{aligned}R_{hh}(m)&=\frac{1}{N}\sum_{n=1}^{N}g_i g_j\delta(n-n_i)\delta(n-n_j-m)\\&=\frac{1}{N}\sum_{n=1}^{N}g_i g_j\delta(n_i-n_j-m)\end{aligned}\tag{2-83}$$

可以看出，$R_{hh}(m)$ 和 $R_{xx}(m)$ 出现峰值的时间相同，类似于匹配场，使用不同扫描点计算得到的信道函数自相关函数来匹配由实际接收信号的自相关函数得到声源的位置估计，可以避免对接收信号的到达时延进行估计。假设信道响应自相关函数和数据自相关函数均截短为 2*N*+*1* 点，使用如下目标函数进行单水听器匹配场定位：

$$L(\boldsymbol{a})=\frac{\sum\limits_{m=-N}^{N}R_{hh}(m,\boldsymbol{a})R_{xx}(m,\boldsymbol{a}_{\mathrm{T}})}{\sqrt{\sum\limits_{m=-N}^{N}R_{hh}^2(m,\boldsymbol{a})\sum\limits_{n=-N}^{N}R_{xx}^2(m,\boldsymbol{a}_{\mathrm{T}})}}\tag{2-84}$$

2.5.3 基于稀疏性表示的 DOA 方法

假设一个阵元间距为 d 的 M 元均匀水听器阵列用于水声信号的定位，如图 2-36 所示。

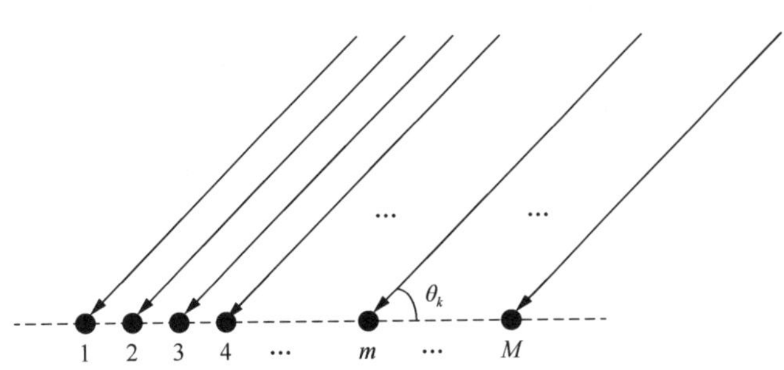

图 2-36 M 元均匀水听器阵列示意

在平面波假设条件下，K 个角频率为 ω 的声源信号以来波方向向量 $\boldsymbol{\theta}$ 入射到水听器阵列：

$$\boldsymbol{\theta}=[\theta_1,\theta_2,\cdots,\theta_K]^{\mathrm{T}}$$

此时阵列流形矩阵为

$$\boldsymbol{A}(\boldsymbol{\theta})=[\boldsymbol{a}(\theta_1),\boldsymbol{a}(\theta_2),\cdots,\boldsymbol{a}(\theta_K)]$$

式中，$\boldsymbol{a}(\theta_i)=1/\sqrt{M}[1,\mathrm{e}^{-\mathrm{j}\omega d\cos(\theta_i)/c},\mathrm{e}^{-\mathrm{j}\omega 2d\cos(\theta_i)/c},\cdots,\mathrm{e}^{-\mathrm{j}\omega(M-1)d\cos(\theta_i)/c}]^{\mathrm{T}}$ 是导向向量，c 是水中的声速。t 时刻阵列接收的信号可以表示为

$$\boldsymbol{x}(t)=\boldsymbol{A}(\theta)\boldsymbol{u}(t)+\boldsymbol{n}(t),\qquad t\in\{t_1,t_2,\cdots,t_T\}, \tag{2-85}$$

式中，$\boldsymbol{x}(t)=[x_1(t),x_2(t),\cdots,x_M(t)]^{\mathrm{T}}$ 是阵列接收信号，$\boldsymbol{u}(t)=[u_1(t),u_2(t),\cdots,u_N(t)]^{\mathrm{T}}$ 是源信号向量，$\boldsymbol{n}(t)=[n_1(t),n_2(t),\cdots,n_M(t)]^{\mathrm{T}}$ 是噪声向量。

为了将声源定位问题转化为一个信号重构问题，构造新的阵列流形矩阵：

$$\boldsymbol{A}(\tilde{\boldsymbol{\theta}})=[\boldsymbol{a}(\tilde{\theta}_1),\boldsymbol{a}(\tilde{\theta}_2),\cdots,\boldsymbol{a}(\tilde{\theta}_N)] \tag{2-86}$$

式中，$\tilde{\boldsymbol{\theta}}=[\theta_1,\theta_2,\cdots,\theta_N]^{\mathrm{T}}$ 包含了声源所有可能的入射方向，假设所有来波方位离散点数量 N 一般远大于声源实际个数 K 和阵元数 M。此时，阵列模型可以表示为

$$\boldsymbol{x}(t)=\boldsymbol{A}(\tilde{\boldsymbol{\theta}})\boldsymbol{s}(t)+\boldsymbol{n}(t),\quad t\in\{t_1,t_2,\cdots,t_T\} \tag{2-87}$$

式中，$\boldsymbol{s}(t)=[s_1(t),s_2(t),\cdots,s_N(t)]^{\mathrm{T}}$ 是假设所有来波方位的信号向量。若第 k 个实际声源 $u_k(t)$ 对应的方位 θ_k 和第 n 个假设来波 $s_n(t)$ 对应的方位 $\tilde{\theta}_n$ 相同，则 $u_k(t)=s_n(t)$。因此，K 个实际声源的情况下，$\boldsymbol{s}(t)$ 中只有 K 个不为零分量，$\boldsymbol{s}(t)$ 是 K 稀疏的。式（2-87）只针对单个观测向量（Single Measurement Vectors，SMV），在离散的多个观测向量（Multiple Measurement Vectors，MMV）情况下，接收信号的模型可以表示为

$$\boldsymbol{X}=\boldsymbol{A}(\tilde{\boldsymbol{\theta}})\boldsymbol{S}+\boldsymbol{N} \tag{2-88}$$

式中，$\boldsymbol{X}=[\boldsymbol{x}(t_1),\boldsymbol{x}(t_2),\cdots,\boldsymbol{x}(t_T)]$，$\boldsymbol{S}=[\boldsymbol{s}(t_1),\boldsymbol{s}(t_2),\cdots,\boldsymbol{s}(t_T)]$，$\boldsymbol{N}=[\boldsymbol{n}(t_1),\boldsymbol{n}(t_2),\cdots,\boldsymbol{n}(t_T)]$。式（2-87）也被称为 $\boldsymbol{x}(t)$ 的过完备表示，$\boldsymbol{A}(\tilde{\boldsymbol{\theta}})$ 中的每一个列向量被称为过完备基，$\boldsymbol{A}(\tilde{\boldsymbol{\theta}})$ 被称为过完备基矩阵。式（2-87）将信号用假设来波达到方向的函数表示，因此，信号 $\boldsymbol{s}(t)$ 的能量谱是稀疏的。由于 $\boldsymbol{A}$ 的列数远大于行数，使用 $x(t)$对 $s(t)$进行重构是一个欠定问题，有无穷多个解。为了得到一个唯一解，通常需要采用正则化技术。正则化技术通过对优化目标函数增加一个正则化项，来约束优化变量的可行域；从贝叶斯的观点看，正则化技术实际上是对优化变量施加了一定的先验信息。式（2-88）的正则化通用框架为

$$\min_{s} f(\boldsymbol{s}) + \lambda R(\boldsymbol{s}) \tag{2-89}$$

式中，函数 $f(\boldsymbol{s})$ 代表了测量数据拟合的失真度等代价函数；$R(\boldsymbol{s})$ 为正则项，代表了对 s 的惩罚度；λ 是正则化参数，平衡 $f(\boldsymbol{s})$ 和 $R(\boldsymbol{s})$ 的相对重要程度。常见的正则化模型见表 2-1。

表 2-1　常见的正则化模型

模型名称	数据拟合项 $f(s)$	正则化项 $R(s)$
Tikhonov	$\Vert\boldsymbol{As}-\boldsymbol{x}\Vert_2^2$	$\lambda\Vert\boldsymbol{Ts}\Vert_2^2$
Lasso	$\Vert\boldsymbol{As}-\boldsymbol{x}\Vert_2^2$	$\lambda\Vert\boldsymbol{s}\Vert_1$
Total variation	$\Vert\boldsymbol{As}-\boldsymbol{x}\Vert_2^2$	$\lambda\Vert\nabla\boldsymbol{s}\Vert_1$
Dantzig 选择器	$\Vert\boldsymbol{A}^{\mathrm{T}}(\boldsymbol{As}-\boldsymbol{x})\Vert_\infty$	$\Vert\boldsymbol{s}\Vert_1$
RLAD	$\Vert\boldsymbol{As}-\boldsymbol{x}\Vert_1$	$\Vert\boldsymbol{s}\Vert_1$

正则化技术已经广泛地应用于阵列信号处理中。例如，自适应波束形成对角加载的优化目标函数为

$$\min \boldsymbol{w}^{\mathrm{H}}\left(\boldsymbol{\Sigma}+\lambda\boldsymbol{I}\right)\boldsymbol{w} \quad \text{subject to} \quad \mathrm{Re}\left\{\boldsymbol{w}^{\mathrm{H}}\boldsymbol{a}\left(\theta_{\mathrm{s}}\right)\right\}=1 \tag{2-90}$$

式中，$\boldsymbol{w}$ 为加权向量，$\boldsymbol{\Sigma}=E\left[\boldsymbol{x}\boldsymbol{x}^{\mathrm{H}}\right]$ 为协方差矩阵，$\boldsymbol{a}\left(\theta_{\mathrm{s}}\right)$ 为指向 θ_{s} 的导向向量，式（2-90）等价于

$$\underset{\mathrm{Re}\{\boldsymbol{w}^{\mathrm{H}}\boldsymbol{a}(\theta_{\mathrm{s}})=1\}}{\operatorname{argmin}} \quad \boldsymbol{w}^{\mathrm{H}}\boldsymbol{\Sigma}\boldsymbol{w}+\lambda\Vert\boldsymbol{w}\Vert_2^2 \tag{2-91}$$

因此，对角加载技术是 Tikhonov 正则化的一种。表 2-1 中的正则化模型除了 Tikhonov 模型，均具有促进向量稀疏的作用且都涉及 l_1 范数优化问题。下面将介绍几种广泛应用于 DOA 估计的 l_1 范数优化模型。

1. l_1-SVD

具有促稀疏性的 l_1 范数正则化模型被广泛地应用于 DOA 估计中，其目标函数可以表示为

$$\min\Vert\boldsymbol{As}-\boldsymbol{x}\Vert_2^2+\lambda\Vert\boldsymbol{s}\Vert_1 \tag{2-92}$$

式中，λ 为正则化参数，其取值与噪声能量有关。l_1 范数正则化技术是一种利用稀疏先验信息来提高角测向分辨率的 DOA 方法，与流行的高分辨方法（如 Capon 方法、MUSIC 算法）相比，具有更好的测向分辨率，能够在相干声源存在时工作，因此受到了广泛关注[135]。

当信号源在时域采样点处于平稳时，可以通过联合时间处理对多个快拍的数据进行相干融合，得到更精确的方位估计。定义 $\boldsymbol{S}$ 的 $l_{p,q}$ 混合范数 $\Vert\boldsymbol{S}\Vert_{p,q}$ 为

$$\Vert\boldsymbol{S}\Vert_{p,q}=\left(\sum_i\left(\sum_j\left|\boldsymbol{S}_{i,j}\right|^p\right)^{q/p}\right)^{1/q} \tag{2-93}$$

式（2-88）中 $\boldsymbol{S}$ 在空域具有稀疏性但在时域无稀疏性，可以通过构造以下的优化目标

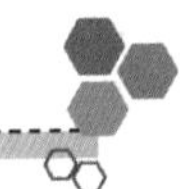

函数来实现联合时间处理

$$\min\|\boldsymbol{X}-\boldsymbol{AS}\|_{\mathrm{F}}^{2}+\lambda\|\boldsymbol{S}\|_{2,1} \tag{2-94}$$

式中，$\|\bullet\|_{\mathrm{F}}$ 表示矩阵的 Frobenius 范数。$\|\boldsymbol{S}\|_{2,1}$ 对特定方向上不同时间的数据使用 l_2 范数进行融合，对特定时间不同方向的数据使用 l_1 范数进行融合。因此，只对空域进行稀疏增强。式（2-94）代表的是一个复值凸优化问题，可以通过二阶锥优化等方法求解，但是计算量随 T 的增大而超线性地增大，当 T 值很大时，计算量过大，计算时间过长。为了同时降低计算复杂度和噪声的影响，使用 SVD 对多快拍数据进行相干融合，对接收信号矩阵 $\boldsymbol{S}$ 进行奇异值分解，即

$$\boldsymbol{X}=\boldsymbol{UYV}^{\mathrm{H}} \tag{2-95}$$

式中，$\boldsymbol{X}$ 的维度为 $M\times T$；$\boldsymbol{U}$ 的维度为 $M\times M$，是 X 的左奇异矩阵；$\boldsymbol{Y}$ 的维度为 $M\times T$，是 X 的奇异值矩阵；$\boldsymbol{V}$ 的维度为 $T\times T$，是 $\boldsymbol{X}$ 的右奇异矩阵。假设 $\boldsymbol{Y}$ 对角线上的元素按照从大到小排列，令 $\boldsymbol{V}=[\boldsymbol{V}_K\ \ \boldsymbol{V}_{T-K}]$。将 $\boldsymbol{X}$ 分解为信号子空间和噪声子空间，信号子空间对应前 K 个奇异值，噪声子空间对应后 T−K 个奇异值。对阵列模型即式（2-88）等号左右两边均右乘 $\boldsymbol{V}_K$：

$$\boldsymbol{X}_{SV}=\boldsymbol{XV}_K=\boldsymbol{A}(\tilde{\boldsymbol{\theta}})\boldsymbol{SV}_K+\boldsymbol{NV}_K=\boldsymbol{A}(\tilde{\boldsymbol{\theta}})\boldsymbol{S}_{\mathrm{SV}}+\boldsymbol{N}_{\mathrm{SV}} \tag{2-96}$$

此时，信号矩阵的维度降低到了 $M\times K$。因此，式（2-94）可改写为

$$\min\|\boldsymbol{X}_{\mathrm{SV}}-\boldsymbol{AS}_{\mathrm{SV}}\|_{\mathrm{F}}^{2}+\lambda\|\boldsymbol{S}_{\mathrm{SV}}\|_{2,1} \tag{2-97}$$

此方法称为 l_1-SVD 方法。与 MUSIC 算法类似，进行信号子空间划分时，l_1-SVD 需要知道声源个数 K，但是 L1-SVD 算法并未利用信号子空间与噪声子空间的正交性，因此 K 的误差不会对定位结果造成剧烈影响。式（2-97）也被称为 Q_1^{λ} 问题[136]，它是一个凸优化问题，其等价于

$$\begin{aligned}
&\min && p+\lambda q\\
&\text{subject to} && \|(\boldsymbol{z}_1',\cdots,\boldsymbol{z}_K')\|_2^2\leqslant p\\
& && \boldsymbol{1}'\boldsymbol{r}\leqslant q\\
& && \sqrt{\sum_{k=1}^{K}\left[s_i^{\mathrm{SV}}(k)\right]^2}\leqslant r_r,\ i=1,\cdots,N\\
& && \boldsymbol{z}_k=\boldsymbol{x}^{\mathrm{SV}}(k)-\boldsymbol{As}^{\mathrm{SV}}(k),\ k=1,\cdots,K
\end{aligned} \tag{2-98}$$

式（2-98）是一个二阶锥优化问题，可以采用内点法来求解。参数 λ 的选取与噪声能量有关，实际上，给定一个 λ 值，当噪声能量上界 δ 满足一定条件时，式（2-92）的解与以下问题的解相同，即

$$\min\|\boldsymbol{s}\|_1\ \ \text{subject to}\ \ \|\boldsymbol{x}-\boldsymbol{As}\|_2^2\leqslant\delta \tag{2-99}$$

式（2-99）也被称为基追踪去噪问题，同样可以使用二阶锥规划等凸优化方法进行求解，当阵元数 M 值较大时，正则化参数 λ 通常可以选取为[137]

$$\lambda=\sqrt{\delta M\log M} \tag{2-100}$$

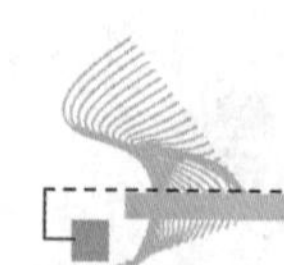

2. 稀疏行范数重构

l_1-SVD 算法利用奇异值分解，对多个观测数据进行噪声子空间和信号子空间的划分，通过舍弃噪声子空间部分来达到降低 MMV 问题重构的复杂度。除了 l_1-SVD，还存在另一类能够有效计算 MMV 问题的算法，即稀疏行范数重构算法。与 l_1-SVD 算法不同的是，它无须知道全部观测数据，只须观测数据协方差矩阵即可对信号进行定位。稀疏行范数重构算法适用于某些由于存储空间和传输数据率的限制而不能传输原始观测信号的应用场景[137]。

对式（2-94）进行变形，则有

$$\min \frac{1}{2}\|\boldsymbol{X}-\boldsymbol{A}\boldsymbol{S}\|_{\mathrm{F}}^2+\lambda\sqrt{T}\|\boldsymbol{S}\|_{2,1} \tag{2-101}$$

可以证明，式（2-101）等价于

$$\min_{\boldsymbol{W}\in\mathcal{D}_+} \mathrm{Tr}\left[\left(\boldsymbol{A}\boldsymbol{W}\boldsymbol{A}^{\mathrm{H}}+\lambda\boldsymbol{I}_M\right)^{-1}\hat{\boldsymbol{R}}\right]+\mathrm{Tr}(\boldsymbol{W}) \tag{2-102}$$

式中，$\hat{\boldsymbol{R}}=\boldsymbol{X}\boldsymbol{X}^{\mathrm{H}}/T$ 是采样协方差矩阵，$\mathcal{D}_+$ 代表非负实对角矩阵的集合，注意：$\boldsymbol{W}=\mathrm{diag}\left(\frac{\|\boldsymbol{x}_1\|_2}{\sqrt{T}},\cdots,\frac{\|\boldsymbol{x}_N\|_2}{\sqrt{T}}\right)\neq \mathrm{E}[\hat{\boldsymbol{S}}\hat{\boldsymbol{S}}^{\mathrm{H}}]/T$，$\boldsymbol{W}$ 中的特定元素代表了此方向多个时间接收的来波平均功率。假设一个维度为 $T\times T$ 埃尔米特矩阵 $\boldsymbol{U}_T$ 满足以下条件

$$\boldsymbol{U}_T-\boldsymbol{X}^{\mathrm{H}}\left(\boldsymbol{A}\boldsymbol{W}\boldsymbol{A}^{\mathrm{H}}+\lambda\boldsymbol{I}_M\right)^{-1}\boldsymbol{X}\geqslant\boldsymbol{0} \tag{2-103}$$

矩阵 $\boldsymbol{M}\geqslant 0$，表示 $\boldsymbol{M}$ 半正定，由于 $\boldsymbol{X}^{\mathrm{H}}\left(\boldsymbol{A}\boldsymbol{W}\boldsymbol{A}^{\mathrm{H}}+\lambda\boldsymbol{I}_M\right)^{-1}\boldsymbol{X}$ 半正定，所以 $\boldsymbol{U}_T$ 也半正定，则

$$\mathrm{Tr}\left(\boldsymbol{U}_T\right)\geqslant\mathrm{Tr}\left[\boldsymbol{X}^{\mathrm{H}}\left(\boldsymbol{A}\boldsymbol{W}\boldsymbol{A}^{\mathrm{H}}+\lambda\boldsymbol{I}_M\right)^{-1}\boldsymbol{X}\right]=\mathrm{Tr}\left[\left(\boldsymbol{A}\boldsymbol{W}\boldsymbol{A}^{\mathrm{H}}+\lambda\boldsymbol{I}_M\right)^{-1}\boldsymbol{X}\boldsymbol{X}^{\mathrm{H}}\right] \tag{2-104}$$

所以

$$\frac{1}{T}\mathrm{Tr}\left(\boldsymbol{U}_T\right)\geqslant\mathrm{Tr}\left[\left(\boldsymbol{A}\boldsymbol{W}\boldsymbol{A}^{\mathrm{H}}+\lambda\boldsymbol{I}_M\right)^{-1}\hat{\boldsymbol{R}}\right] \tag{2-105}$$

式（2-102）等价于

$$\begin{aligned}\min_{\boldsymbol{U}_T,\boldsymbol{W}}\quad & \frac{1}{T}\mathrm{Tr}\left(\boldsymbol{U}_T\right)+\mathrm{Tr}(\boldsymbol{W})\\ \text{subject to}\quad & \boldsymbol{U}_T-\boldsymbol{X}^{\mathrm{H}}\left(\boldsymbol{A}\boldsymbol{W}\boldsymbol{A}^{\mathrm{H}}+\lambda\boldsymbol{I}_M\right)^{-1}\boldsymbol{X}\geqslant\boldsymbol{0}\\ & \boldsymbol{W}\in\mathcal{D}_+\end{aligned} \tag{2-106}$$

因为 $\left(\boldsymbol{A}\boldsymbol{W}\boldsymbol{A}^{\mathrm{H}}+\lambda\boldsymbol{I}_M\right)^{-1}$ 和 $\boldsymbol{U}_T$ 都是埃尔米特矩阵，根据 Schur 补定理[138]，矩阵 $\boldsymbol{M}=\begin{bmatrix}\boldsymbol{U}_T & \boldsymbol{X}^{\mathrm{H}}\\ \boldsymbol{X} & \left(\boldsymbol{A}\boldsymbol{W}\boldsymbol{A}^{\mathrm{H}}+\lambda\boldsymbol{I}_M\right)^{-1}\end{bmatrix}$ 正定等价于 $\boldsymbol{U}_T-\boldsymbol{X}^{\mathrm{H}}\left(\boldsymbol{A}\boldsymbol{W}\boldsymbol{A}^{\mathrm{H}}+\lambda\boldsymbol{I}_M\right)^{-1}\boldsymbol{X}\geqslant\boldsymbol{0}$[138]，式（2-106）可以转化为一个半正定规划的问题，即

$$
\begin{aligned}
&\min_{U_T, W} \quad \frac{1}{T}\operatorname{Tr}\left(\boldsymbol{U}_T\right)+\operatorname{Tr}(\boldsymbol{W}) \\
&\text{subject to} \quad \begin{bmatrix} \boldsymbol{U}_T & \boldsymbol{X}^{\mathrm{H}} \\ \boldsymbol{X} & \left(\boldsymbol{A}\boldsymbol{W}\boldsymbol{A}^{\mathrm{H}}+\lambda \boldsymbol{I}_M\right)^{-1} \end{bmatrix} \geqslant \mathbf{0} \\
&\qquad \boldsymbol{W} \in \mathcal{D}_{+}
\end{aligned} \tag{2-107}
$$

类似地，式（2-106）还可以转化为

$$
\begin{aligned}
&\min_{U_T, W} \quad \operatorname{Tr}\left(\boldsymbol{U}_M \hat{\boldsymbol{R}}\right)+\operatorname{Tr}(\boldsymbol{W}) \\
&\text{subject to} \quad \begin{bmatrix} \boldsymbol{U}_M & \boldsymbol{I}_M \\ \boldsymbol{I}_M & \boldsymbol{A}\boldsymbol{W}\boldsymbol{A}^{\mathrm{H}}+\lambda \boldsymbol{I}_M \end{bmatrix} \geqslant \mathbf{0} \\
&\qquad \boldsymbol{W} \in \mathcal{D}_{+}
\end{aligned} \tag{2-108}
$$

式（2-107）中 $\boldsymbol{U}_T$ 的维度为 T，式（2-108）中 $\boldsymbol{U}_M$ 的维度为 M，当阵元数 M 大于等于观测数量 T 时，选用式（2-107）进行优化；反之，则使用式（2-108）进行优化。由于式（2-108）不需要知道观测数据矩阵 $\boldsymbol{X}$，只与采样协方差矩阵 $\hat{\boldsymbol{R}}$ 有关，计算复杂度与 T 无关，因此适用于 T 值很大的情况。

3. 稀疏谱拟合

稀疏行范数重构方法的出发点仍然在数据域的 $l_{2,1}$ 混合范数优化问题的求解上，仍是利用 $\boldsymbol{S}$ 的块稀疏性。考虑到协方差矩阵 $\boldsymbol{R}=E\left[\boldsymbol{x}\boldsymbol{x}^{\mathrm{H}}\right]$，$\boldsymbol{R}$ 的维度为 $N\times N$，使用采样协方差矩阵 $\hat{\boldsymbol{R}}$ 代替 $\boldsymbol{R}$，即

$$
\begin{aligned}
\hat{\boldsymbol{R}} &= \frac{1}{L}\sum_{i=1}^{L}\boldsymbol{x}(t_i)^{\mathrm{H}}\boldsymbol{x}(t_i) \\
&= \frac{1}{L}\boldsymbol{A}\sum_{i=1}^{L}\left[\boldsymbol{s}(t_i)^{\mathrm{H}}\boldsymbol{s}(t_i)\right]\boldsymbol{A}^{\mathrm{H}}+\frac{1}{L}\sum_{i=1}^{L}\left[n(t_i)^{\mathrm{H}}n(t_i)+\boldsymbol{A}\boldsymbol{s}(t_i)n(t_i)^{\mathrm{H}}+n(t_i)\boldsymbol{s}(t_i)^{\mathrm{H}}\boldsymbol{A}^{\mathrm{H}}\right]
\end{aligned} \tag{2-109}
$$

式中，L 为多观测的快拍数，若令 $\boldsymbol{R}_s=\frac{1}{L}\sum_{i=1}^{L}\left[\boldsymbol{s}(t_i)^{\mathrm{H}}\boldsymbol{s}(t_i)\right]$ 为源信号的采样协方差矩阵，则式（2-109）可以改写为

$$
\hat{\boldsymbol{R}}=\boldsymbol{A}\boldsymbol{R}_s\boldsymbol{A}^{\mathrm{H}}+\boldsymbol{E} \tag{2-110}
$$

$\boldsymbol{R}_s$ 中的对角元素表示特定方向信号的功率，在 K 个信号情况下，$\boldsymbol{R}_s$ 中的非零元素个数最多为 K^2（此时信号全部相干），最少为 K（此时信号全部不相干）。因此，源信号采样协方差矩阵 $\boldsymbol{R}_s$ 是稀疏的，可以通过对测量信号协方差矩阵 $\hat{\boldsymbol{R}}$ 进行稀疏重构来得到 $\boldsymbol{R}_s$，从而得到信号的 DOA 估计。在信号相干情况下，重构目标函数为

$$
\begin{aligned}
&\min_{\boldsymbol{R}_s\in\mathbb{C}^{N\times N}} \quad \left\|\hat{\boldsymbol{R}}-\boldsymbol{A}\boldsymbol{R}_s\boldsymbol{A}^{\mathrm{H}}\right\|_{\mathrm{F}}^{2}+\lambda\left\|\operatorname{vec}(\boldsymbol{R}_s)\right\|_{1} \\
&\text{subject to} \quad \boldsymbol{R}_s=\boldsymbol{R}_s^{\mathrm{H}} \\
&\qquad \boldsymbol{R}_s(n,n)\geqslant 0,\ n=1,\cdots,N
\end{aligned} \tag{2-111}
$$

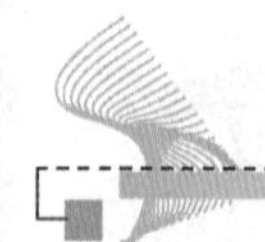

在信号非相干情况下，$\hat{\boldsymbol{R}}$ 可以表示为

$$\boldsymbol{R}=\sum_{n=1}^{N}p_n\boldsymbol{a}(\theta_n)\boldsymbol{a}(\theta_n)^{\mathrm{H}}+\boldsymbol{E} \tag{2-112}$$

式中，p_n 代表了 θ_n 方向入射的信号功率。若令 $\boldsymbol{p}=\left[p_1,p_2,\cdots,p_n\right]^{\mathrm{T}}$，$\boldsymbol{a}_v(\theta_n)=\mathrm{vec}\left[\boldsymbol{a}(\theta_n)\boldsymbol{a}(\theta_n)^{\mathrm{H}}\right]$，$\boldsymbol{A}_N=[\boldsymbol{a}_v(\theta_1),\cdots\boldsymbol{a}_v(\theta_N)]$，则非相干情况下的重构目标函数为

$$\begin{aligned}&\min_{\boldsymbol{p}\in\mathbb{R}^{N\times1}}\left\|\mathrm{vec}(\boldsymbol{R})-\boldsymbol{A}_N\boldsymbol{p}\right\|_2^2+\lambda\left\|\boldsymbol{p}\right\|_1\\&\text{subject to}\quad p_n\geqslant0,\ n=1,\cdots,N\end{aligned} \tag{2-113}$$

式（2-111）与式（2-113）都可以通过二阶锥优化来进行求解，此方法也被称为稀疏谱拟合[139]（Sparse Spectrum Fitting，SSF）。SSF 方法利用了源信号协方差矩阵的稀疏性，在处理 MMV 问题时计算量远小于 l_1-SVD 方法。

本 章 小 结

本章首先介绍了描述水下声场传播的数学物理方程及几种常用的数值解法，其次，基于历史数据库和同化数据库，分析了全球水声环境主要参数的分布，包括地形、声速剖面、临界深度等。在此基础上，利用数值模型仿真了不同海洋环境下的几种典型声传播模式，对深/浅海声场特性的不同之处进行了简要介绍。最后，介绍了水声信号经典的定位方法，作为本书后续章节信号处理方法的基础。

第 3 章　浅海窄带声源定位方法

3.1　概　　述

匹配场处理技术得益于信号处理技术与水声物理学的交叉。它在处理接收到的水声信号时，最大限度地利用了水声信道模型、基阵设计，以及窄带和宽带相关处理技术的综合优势，因而与传统淡化信道的信号处理技术相比取得了重大进展。匹配场处理和时间反转（简称“时反”）聚焦处理在实际声呐系统中的应用一般需要用到水平线阵列。水平线阵列通常有两种形式：海底水平线阵列和拖曳水平线阵列。水平线阵列的孔径可以远大于海水深度，因此可以用大孔径水平线阵列实现目标声源的匹配场定位和时反聚焦。近年来，拖曳线阵列和海底水平线阵列的匹配场反演也引起了人们的极大兴趣。

现有文献的研究仅是针对某一特定深度的水平线阵列，主要分析基阵孔径和阵元数的影响，而对水平线阵列空间采样能力另一个重要因素——水平线阵列的深度在文献中尚未见报道。

匹配场处理是一个前向传播过程。当海洋环境随距离变化时，需要利用抛物方程模型来计算拷贝场向量。此时，其计算量相当大，这严重阻碍了其工程应用。为了将匹配场处理技术应用于工程实际中，必须寻找新的方法和技术途径。时间反转处理是利用海洋自身来构造拷贝场的匹配场。当时间反转处理技术应用于目标定位时，称之为匹配场定位的虚拟时反实现方法。在虚拟时反实现方法中，信号不需要像时间反转处理那样在声源和接收器之间来回传输。相反，假设水声信道在时间上是稳定的，时间反转信号的“重新发射”是在计算机内完成的。在虚拟时反处理中仅需要一条被动接收阵即可。虚拟时反实现方法是一个后向传输过程，它利用了介质的互易性和叠加性，在各个水听器位置放置虚拟声源，每个虚拟声源在搜索区域产生一个模糊平面。对各个模糊平面进行相应加权求和，即可得到最终的定位模糊平面。

3.2 节介绍了线性匹配场定位和时反聚焦定位的基本原理和评价指标，3.3 节和 3.4 节分别研究了水平线阵列深度对匹配场定位性能和时反聚焦定位性能的影响。3.5 节研究了匹配场定位的虚拟时反实现方法。

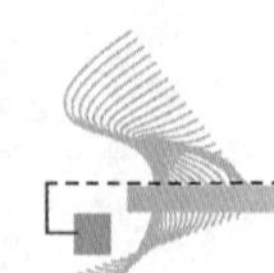

3.2 水平线阵列声场定位原理

3.2.1 线性匹配场定位原理及其评价指标

1. 线性匹配场定位原理

匹配场目标定位，是基于水听器阵列采集的信号场数据与声场模型预测的在设定目标位置的数据向量（拷贝场向量）之间的相互匹配，在预期目标位置区域内进行搜索，达到匹配时获得目标的位置估计。基阵的拷贝场向量可以运用已有的声场模型软件求出数值解，并且将所有的拷贝场向量进行归一化，使其范数为 1。线性匹配场处理器又称为常规处理器或 Bartlett 处理器，它将测量场数据与搜索位置的拷贝场向量直接求相关。Bartlett 处理器的输出功率实质是该相关幅度的二次方，即

$$B_{\mathrm{Bart}}(r,z)=\left|\boldsymbol{p}_{\mathrm{rplc}}^{\mathrm{H}}(r,z)\boldsymbol{p}\right|^2=\boldsymbol{p}_{\mathrm{rplc}}^{\mathrm{H}}(r,z)\boldsymbol{R}\boldsymbol{p}_{\mathrm{rplc}}(r,z) \tag{3-1}$$

式中，$\boldsymbol{p}$ 为接收数据响应向量，$\boldsymbol{p}_{\mathrm{rplc}}$ 为基阵加权向量，$\boldsymbol{R}$ 为接收数据协方差矩阵，上标 ^{H} 为共轭转置。为分析问题的方便，下面仅就信号场和拷贝场的相关幅度进行讨论。令

$$B(r,z)=\boldsymbol{p}_{\mathrm{rplc}}^{\mathrm{H}}(r,z)\boldsymbol{p}=\sum_{n=1}^{N}p_{\mathrm{rplc}}^{*}\left(r_n,z_n;r,z\right)p\left(r_n,z_n;R,z_{\mathrm{s}}\right) \tag{3-2}$$

式中，N 为水听器阵列的阵元数，(r_n,z_n) 表示水听器阵列第 n 号阵元的坐标，(r,z) 表示搜索网格的坐标，(R,z_{s}) 表示目标声源的位置坐标，上标 * 表示相位共轭。

对于等间距布放的水平线阵列，各阵元与目标声源的水平距离为

$$R_n=\sqrt{(R+\varDelta_n\cos\theta)^2+(\varDelta_n\sin\theta)^2}$$

式中，$\varDelta_n=(n-1)d$，n 为阵元阶数，d 为阵元间距，R 为目标声源与第 1 号阵元的水平距离，θ 为 xOy 平面内水平线阵列与目标声源方位的夹角（见图 3-1），当目标声源位于水平线阵列的端射方向时，$\theta=0^\circ$。R 和 d 保持不变时，各阵元与目标声源的水平距离随 θ 的增大而减小。因此，端射方向水平线阵列的等效孔径最大，随着目标声源逐渐偏离端射方向，其等效孔径也相应减小。同样可以得到水平线阵列各阵元与匹配场搜索位置的水平距离，即

$$r_n=\sqrt{\left(r+\varDelta_n\cos\beta\right)^2+\left(\varDelta_n\sin\beta\right)^2}$$

式中，r 为匹配场搜索位置与第 1 号阵元的水平距离，β 为水平线阵列与匹配场搜索方位的夹角。当匹配场定位的搜索方位与标声源方位一致时，$\theta=\beta$，水平线阵列深度为 z_{a}。本征函数 ψ_m 通常只包含实部，即 $\psi_m\simeq\psi_m^*$。水平波数 k_{rm} 的虚部与简正波模态衰减系数相对应，虚部越大，简正波模态衰减越快。因此，含有较大虚部的水平波数对应的简正波模态对远场几乎没有贡献。此外，水平波数的虚部远小于其实部（约 3～4 个量级），因此有 $k_{rm}\approx k_{rm}^*$。结合声场简正波表示方法，由式（3-2）可得

$$B(r,z)=\sum_{n=1}^{N}\sum_{j=1}^{M}\sum_{m=1}^{M}\frac{\psi_m(z)\psi_m(z_{\mathrm{a}})\psi_j(z_{\mathrm{a}})\psi_j(z_{\mathrm{s}})}{8\pi\rho^2\sqrt{R_n r_n}}\cdot\frac{\mathrm{e}^{\mathrm{i}[k_{rj}R_n-k_{rm}r_n]}}{\sqrt{k_{rm}k_{rj}}} \tag{3-3}$$

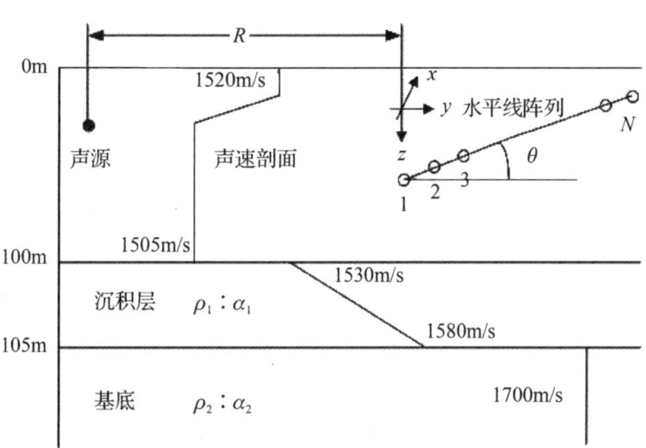

图 3-1　仿真实验环境参数模型

假定匹配场定位的搜索方位与目标声源方位一致，即$\theta=\beta$。将式（3-3）分解为对角项（$m=j$）和非对角（$m\neq j$）项，即

$$B(r,z)=[B(r,z)]_{m=j}+[B(r,z)]_{m\neq j} \tag{3-4}$$

$$[B(r,z)]_{m=j}=\sum_{n=1}^{N}\sum_{m=1}^{M}\frac{\psi_m(z)\psi_m^2(z_{\mathrm{a}})\psi_m(z_{\mathrm{s}})}{8\pi\rho^2 k_{rm}}\times \frac{\exp\left[\mathrm{i}k_{rm}\left(\sqrt{(R+\varDelta_n\cos\theta)^2+(\varDelta_n\sin\theta)^2}-\sqrt{(r+\varDelta_n\cos\theta)^2+(\varDelta_n\sin\theta)^2}\right)\right]}{\sqrt[4]{\left[(R+\varDelta_n\cos\theta)^2+(\varDelta_n\sin\theta)^2\right]\left[(r+\varDelta_n\cos\theta)^2+(\varDelta_n\sin\theta)^2\right]}} \tag{3-5}$$

$$[B(r,z)]_{m\neq j}=\sum_{n=1}^{N}\sum_{j\neq m}^{M}\sum_{m=1}^{M}\frac{\psi_m(z)\psi_m(z_{\mathrm{a}})\psi_j(z_{\mathrm{a}})\psi_j(z_{\mathrm{s}})}{8\pi\rho^2\sqrt{k_{rm}k_{rj}}}\times \frac{\exp\left[\mathrm{i}k_{rj}\sqrt{(R+\varDelta_n\cos\theta)^2+(\varDelta_n\sin\theta)^2}-\mathrm{i}k_{rm}\sqrt{(r+\varDelta_n\cos\theta)^2+(\varDelta_n\sin\theta)^2}\right]}{\sqrt[4]{\left[(R+\varDelta_n\cos\theta)^2+(\varDelta_n\sin\theta)^2\right]\left[(r+\varDelta_n\cos\theta)^2+(\varDelta_n\sin\theta)^2\right]}} \tag{3-6}$$

在目标声源距离上，$r=R$，式（3-5）和式（3-6）可以进一步简化为

$$[B(r,z)]_{m=j}=\sum_{n=1}^{N}\sum_{m=1}^{M}\frac{\psi_m(z)\psi_m^2(z_{\mathrm{a}})\psi_m(z_{\mathrm{s}})}{8\pi\rho^2 k_{rm}}\cdot\frac{1}{\sqrt{\left(R+\varDelta_n\cos\theta\right)^2+\left(\varDelta_n\sin\theta\right)^2}} \tag{3-7}$$

$$[B(r,z)]_{m\neq j}=\sum_{n=1}^{N}\sum_{j\neq m}^{M}\sum_{m=1}^{M}\frac{\psi_m(z)\psi_m(z_{\mathrm{a}})\psi_j(z_{\mathrm{a}})\psi_j(z_{\mathrm{s}})}{8\pi\rho^2\sqrt{k_{rm}k_{kj}}}\times \frac{\exp\left[\mathrm{i}\left(k_{rj}-k_{rm}\right)\sqrt{\left(R+\varDelta_n\cos\theta\right)^2+\left(\varDelta_n\sin\theta\right)^2}\right]}{\sqrt{\left(R+\varDelta_n\cos\theta\right)^2+\left(\varDelta_n\sin\theta\right)^2}} \tag{3-8}$$

当阵元数足够多和水平线阵列的孔径足够大时，式（3-8）中的复相位因子使非对角项的实部和虚部均含有正负值，使最终和值的实部和虚部各自消去，从而可使非对角项趋向

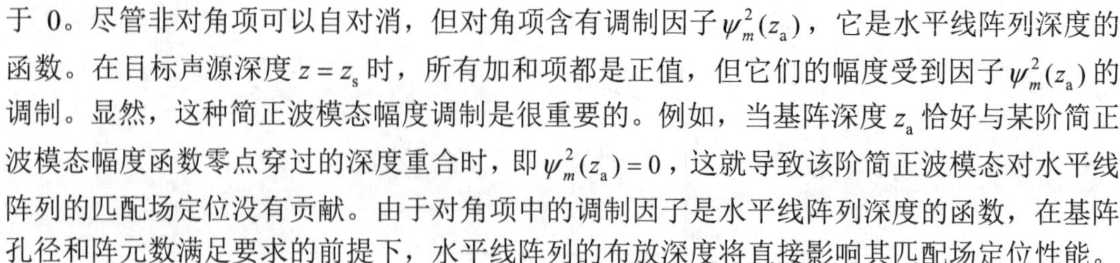

于 0。尽管非对角项可以自对消，但对角项含有调制因子$\psi_m^2(z_a)$，它是水平线阵列深度的函数。在目标声源深度$z = z_s$时，所有加和项都是正值，但它们的幅度受到因子$\psi_m^2(z_a)$的调制。显然，这种简正波模态幅度调制是很重要的。例如，当基阵深度z_a恰好与某阶简正波模态幅度函数零点穿过的深度重合时，即$\psi_m^2(z_a) = 0$，这就导致该阶简正波模态对水平线阵列的匹配场定位没有贡献。由于对角项中的调制因子是水平线阵列深度的函数，在基阵孔径和阵元数满足要求的前提下，水平线阵列的布放深度将直接影响其匹配场定位性能。

2. 匹配场定位性能的评价指标

为了量化水平线阵列的匹配场定位性能，采用正确定位指数和输出信干比两个指标。正确定位指数定义为$10\log(N+1)$，N为模糊平面内大于真实目标声源位置附近（距离方向$\pm 100\text{m}$，深度方向$\pm 5\text{m}$）最大值的网格点数，若N等于 0，则表示定位成功；若N大于 0，则表示定位失败。输出信干比的定义如下：在正确定位的前提下，最大输出功率的分贝值（通常归一化为 0 dB）减去所有网格点输出功率的分贝值，按从小到大排序后位于 75%的值，若定位失败，则输出信干比无意义，设定为 0 dB。

3.2.2 时反聚焦定位原理及其评价指标

1. 水平线阵列时反聚焦定位的原理

在浅海波导环境中，进行时反处理时，通常采用一个收发合置的水平时反线阵来实现。其基本过程[140]如下：收发合置的水平时反线阵接收到由目标或探针声源发射的经信道传输后的信号，对其进行时间反转（简称“时反”）处理，再通过各个阵元重新发射出去，由此产生的声场就会在探针声源处实现时间和空间的聚焦。图 3-2 为水平线阵列时反处理基本的收发示意。探针声源位置的垂直线阵列用于接收水平时反线阵激发的时反声场，以判断是否在探针声源位置实现了聚焦。

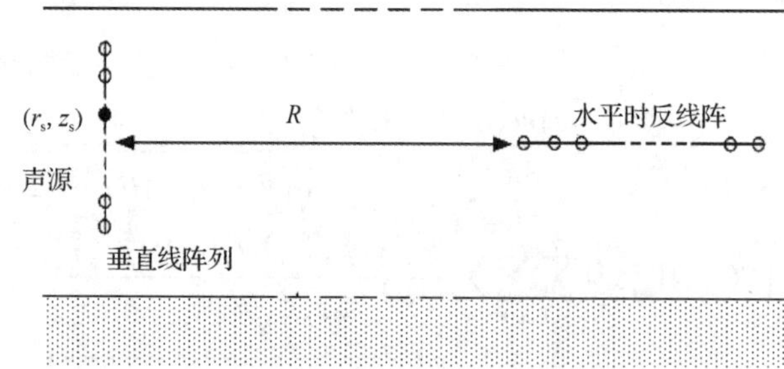

图 3-2　水平线阵列时反处理基本的收发示意

对于单频点源，水平时反线阵重新发射时反信号所产生的声场为

$$P_{\text{TR}}(r,z) = \sum_{n=1}^{N} p\left(r,z;r_n,z_n\right) p^*\left(R_n;z_n,z_s\right) \tag{3-9}$$

式中，$p(R_n;z_n,z_s)$ 表示水平时反线阵的第 n 个阵元处的声场。R_n 为探针声源到水平时反线阵第 n 个阵元的距离，z_n 为水平时反线阵的深度。同样，$p(r,z;r_n,z_n)$ 表示水平时反线阵的第 n 个阵元在远距离任一接收位置 (r,z) 处激发的声场。N 为水平时反线阵的阵元个数。上标 * 表示取复共轭。

可以看出，时反处理和匹配场处理的数学表达式是一致的，这是因为时反处理是利用海洋信道自身来构造拷贝向量的匹配场处理。尽管时反处理和匹配场处理在概念上和数学表达形式上是相似的，但它们的目的和对环境信息的要求并不相同。将声压的简正波解表达式代入式（3-9），可以得到与水平线阵列的匹配场处理类似的表达式，具体的数学推导可以参考作者发表的论文[141]，这里不再展开讨论。可以预见，水平时反线阵布放深度同样对其时反聚焦性能具有重要影响。

2. 时反聚焦性能的评价指标

为了量化水平时反线阵的时反聚焦性能，采用正确聚焦指数（CFI）和聚焦性能指数（FCI）两个评价指标。正确聚焦指数定义为 $10\log(N+1)$，N 为模糊平面内大于探针声源位置附近（距离方向 ±40m，深度方向 ±4m）最大值的网格点数。若 N 等于 0，则表示模糊平面上的峰值出现在探针声源位置，即聚焦成功；若 N 大于 0，则表示聚焦不成功。聚焦性能指数定义为 $10\log M$，M 为模糊平面内（最大输出功率归一化为 0 dB）大于 – 3 dB 的网格点数，即相应网格点上的输出功率大于最大输出功率的一半。为了比较不同深度水平时反线阵的时反聚焦性能，对聚焦性能指数进行了归一化处理。

3.3　匹配场定位性能分析

3.3.1　仿真条件

用仿真数据进行实验。图 3-1 所示是一个水平分层的浅海环境，水深为 100m，声速剖面为典型的夏季剖面，靠近海面 0～15m 处为等声速 1520m/s；负跃层在 15～30m 之间，声速相应地由 1520m/s 线性减小到 1505m/s；海面下 30～100m 也是等声速 1505m/s。沉积层上表面声速为 1530m/s，下表面声速为 1580m/s，沉积层密度 $\rho_1=1.5\ \mathrm{g/cm^3}$，沉积层衰减系数 $\alpha_1=0.1\ \mathrm{dB}/\lambda$，沉积层厚度为 5m。基底声速为 1700m/s，基底密度 $\rho_2=1.7\ \mathrm{g/cm^3}$，基底衰减系数 $\alpha_2=0.3\ \mathrm{dB}/\lambda$。

假设整个海洋环境不随时间变化而变化。由于设定的声学条件属于与距离无关的情况，从目标声源到水平线阵列的传输响应可以很方便地利用简正波程序进行计算（本书采用 KRAKE[142]模型软件）。假定目标声源位于水平线阵列的端射方向，此时水平线阵列第 1 号阵元与目标声源的水平距离最短。若目标声源位于其他方向上，则水平线阵列的等效孔径和阵元间距都将相应减小。

500Hz 单频声源在该海洋环境中能够激发 32 个简正波模态。基阵设计时应该满足

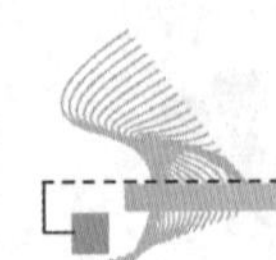

$\pi / k_M < d < 2\pi / (k_1 - k_M)$ 和 $\min(k_{m-1} - k_m)L \geqslant 1$ 。事实上，最小的阵元个数 $N_{\min}$ 可以通过最大的阵元间距和最小的基阵孔径 L 得到：

$$N_{\min} \approx 1 + \frac{k_1 - k_M}{2\pi \times \min(k_{m-1} - k_m)L} \tag{3-10}$$

对于图 3-1 所示的海洋波导，$k_1 = 2.0871\,\mathrm{m}^{-1}$ 和 $k_M = k_{32} = 1.8518\,\mathrm{m}^{-1}$ ，据此，可以估计得到：$N_{\min} \approx 35$ ，$L = (N-1) \times d = (35-1) \times [2\pi / (k_1 - k_M)] \approx 910\,\mathrm{m}$ ，$d = 2\pi / (k_1 - k_M) \approx 27\,\mathrm{m}$ 。因此，假定水平线阵列由 35 个间距为 27m 的阵元组成，即基阵的孔径为 918m，目标声源与水平线阵列第 1 号阵元的水平距离为 7km。设目标声源的声压级为 $P_{n0} = 0\,\mathrm{dB}$ ，并且将其看成点声源。

图 3-3 给出了 4 个不同深度（20 m, 40 m, 75 m, 100 m）水平线阵列各阵元的接收声压。由图可见，水平线阵列不同阵元上的接收声压有很大的起伏。假设海洋环境的背景噪声为高斯白噪声，仿真过程中取 100 m 深的水平线阵列第 1 号阵元（7000 m 处）的接收信噪比为 12 dB。由于海洋背景噪声级是一定的，因此不同深度上各阵元的接收信噪比也做相应调整。

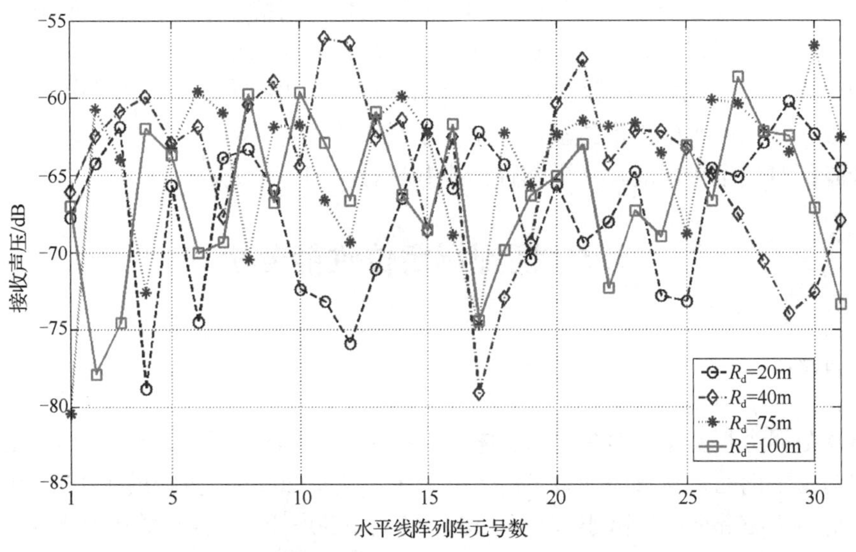

图 3-3　不同深度水平线阵列各阵元的接收声压

假设匹配场搜索区域为与基阵间隔 2～12 km 及水下 1～100 m。将该搜索区域按水平方向和垂直方向划分网格，水平搜索步长为 20 m，深度搜索步长为 0.5 m，采用 KRAKEN 软件计算各搜索网格点的拷贝场向量。

3.3.2　水平线阵列深度对匹配场定位性能的影响

将目标声源放置于跃变层下部，深度为 40 m，改变水平线阵列深度观察其匹配场定位

性能。水平线阵列的深度从 1 m 依次增加到 100 m，步长为 0.1 m，在这个过程中保持各阵元在同一水平面内且目标声源始终位于水平线阵列的端射方向。在搜索区域内运用 Bartlett 处理器进行匹配场处理，得到不同深度的水平线阵列的匹配场定位性能曲线如图 3-4 所示。其中，图 3-4（a）为正确定位指数，图 3-4（b）为输出信干比。从图中可以看出，对于所有深度水平线阵列，正确定位指数均为 0，即模糊平面上的最大值点均出现在目标声源位置附近，这意味着水平线阵列深度对匹配场的正确定位没有影响；位于海面、跃变层中部和海底的水平线阵列匹配场定位的输出信干比大于其他深度，其中海底水平线阵列的输出信干比最大，比其他深度水平线阵列的输出信干比大 3 dB 以上。因此，海底水平线阵列的匹配场定位性能是最优的。

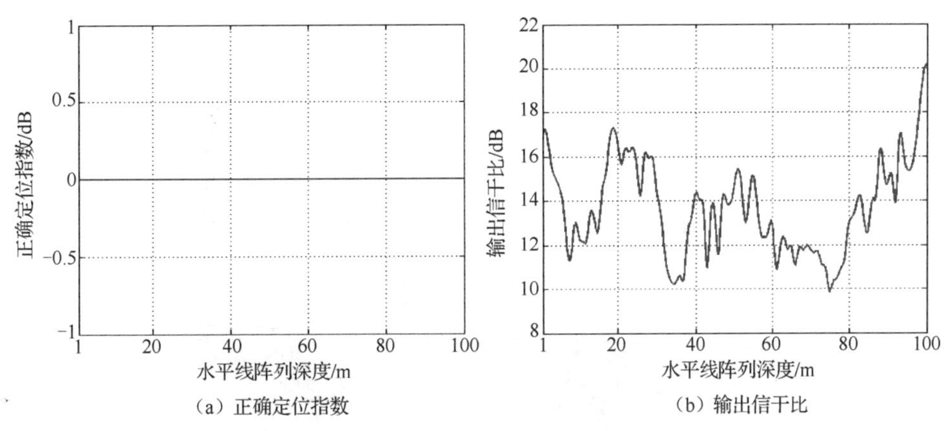

图 3-4　不同深度的水平线阵列的匹配场定位性能曲线

为了对水平线阵列的输出信干比有一个直观理解，图 3-5 给出了 3 个不同深度水平线阵列的匹配场定位性能模糊平面，对应的水平线阵列的深度分别为 49 m, 79 m 和 100 m。目标声源深度均为 40 m，与水平线阵列的距离均为 7 km。由图 3-5（a）和图 3-5（b）可知，当水平线阵列的深度分别为 49 m 和 79 m 时，尽管模糊平面的峰值出现在目标声源位置，但模糊平面上存在大量的强旁瓣。由图 3-4（b）得到这两个深度水平线阵列的输出信干比分别为 13.8 dB 和 11.3 dB。由图 3-5（c）可见，当水平线阵列的深度为 100 m 时，模糊平面的峰值出现在目标声源位置。与图 3-5（a）和图 3-5（b）相比，该深度的水平线阵列有效地抑制了模糊平面上的强旁瓣。

图 3-6 给出了 500Hz 单频声源激发的前 20 阶简正波模态，其中各阶简正波模态均做了归一化处理。粗实线对应于各阶简正波模态的形状函数。目标声源深度为 40m。由图 3-6 可见，简正波模态形状是海水深度的函数，对于某一深度的水平线阵列（65m），一些阶数（2，7，9，10，13，16，18 阶）的简正波模态幅度为 0 或接近 0。这就意味着位于该深度的水平线阵列几乎不可能对这些阶数的简正波模态进行（充分）采样，因而它们包含的目标声源信息也会丢失。

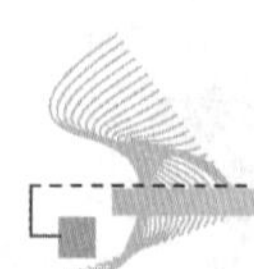

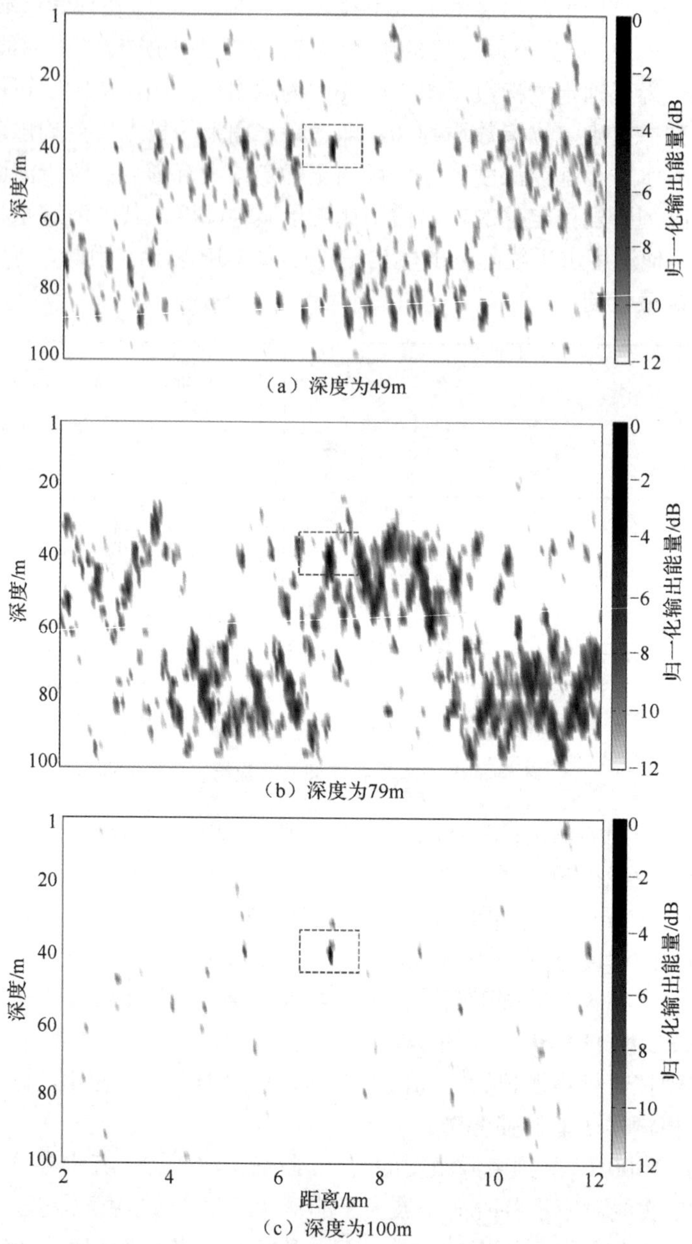

图 3-5　不同深度的水平线阵列的匹配场定位模糊平面（归一化）

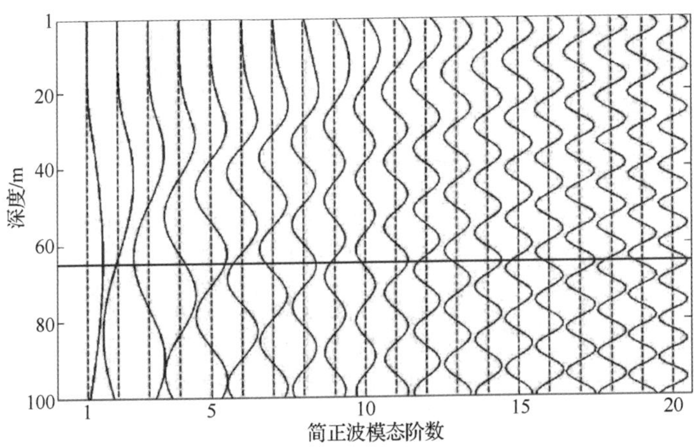

图 3-6　500 Hz 单频声源激发的前 20 阶简正波模态

图 3-7 给出了不同深度（1～100m）各阶简正波模态幅度小于最大值一半的简正波模态阶数可知，海底深度强衰减的简正波模态阶数明显小于其他深度。也就是说，与其他深度相比，保留了更多阶简正波模态对近海底附近水体中的声场有贡献。因此，海底水平线阵列可以对更多阶简正波模态进行有效采样，进而获得更多的目标声源信息，这就揭示了海底水平线阵列的匹配场定位性能优于其他深度水平线阵列定位性能的物理机理。同时，49 m 和 79 m 两个深度的小于最大值一半的简正波模态阶数（均为 7）相对其他深度也较少。但由图 3-4 和图 3-5 可知，位于这两个深度的水平线阵列的匹配场定位性能明显弱于海底水平线阵列。

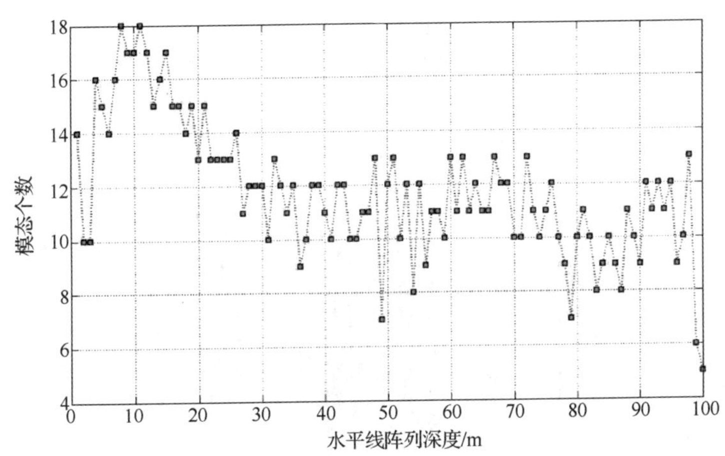

图 3-7　简正波模态幅度小于最大值一半的简正波模态阶数

下面对这一现象进行解释，图 3-8 给出了 49 m, 79 m 和 100 m 这 3 个不同深度对应的各阶简正波模态幅值。由图可见，49 m 和 79 m 深度分别有两个低阶简正波模态幅值非常接近于 0，这使得上述两个深度至少有两阶简正波模态包含的声源信息丢失，尽管 100 m 深度有 5 阶简正波模态幅度小于最大值的一半，其中第 1 阶简正波模态幅度最小为 0.2，但这 5 阶简正波模态幅度均不接近 0。由此可见，49 m 和 79 m 深度的水平线阵列的简正波模态采样能力均弱于海底水平线阵列。因此，这两个深度的水平线阵列的匹配场定位性能比海底水平线阵列差。

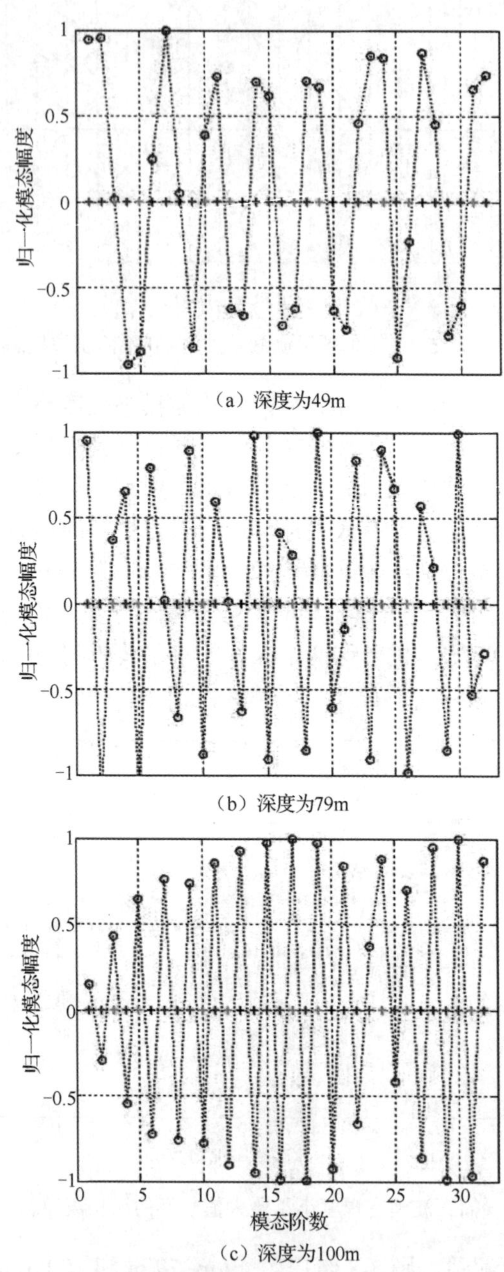

图 3-8　不同深度的简正波模态幅度随简正波模态阶数的变化

3.3.3　海底水平线阵列的匹配场定位性能

将水平线阵列布放于海底，深度为 100 m。针对图 3-1 所示的海洋环境，将目标声源分别放置于海水表层（10 m）、跃变层（25 m）和海水下部（75 m）这 3 个典型深度。图 3-9 给出了 3 个不同深度声源对应的匹配场定位模糊度平面（归一化）。

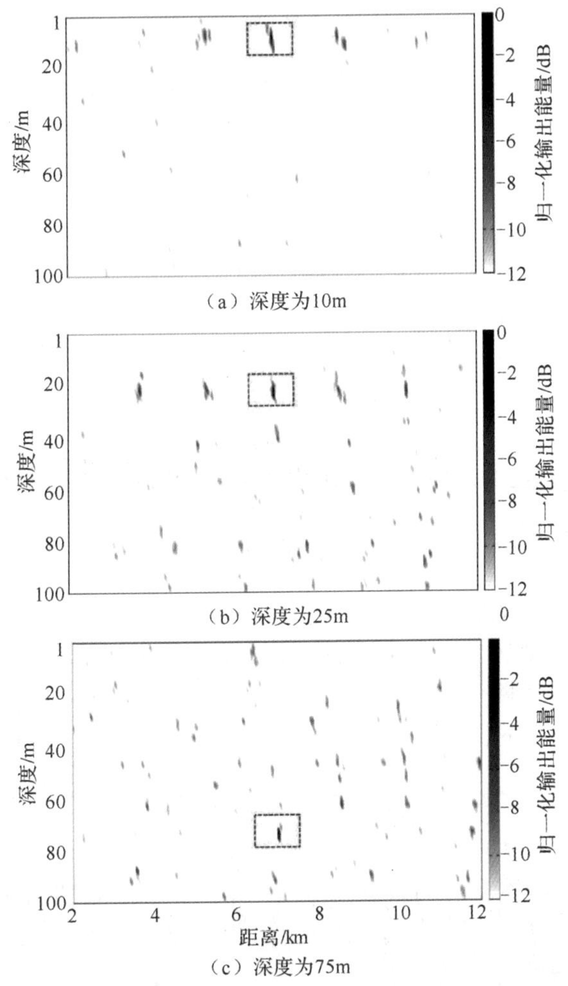

（a）深度为10m

（b）深度为25m

（c）深度为75m

图 3-9　3 个不同深度声源对应的匹配场定位模糊平面（归一化）

由图 3-9 可见，海底水平线阵列均能对上述 3 种典型深度的目标声源实现良好的匹配场定位。当目标声源深度为 10 m 和 25 m 时，与目标声源距离为 1.6 km 整数倍的位置出现了较强的旁瓣。任一两阶简正波模态在声源深度上的距离相关项为

$$\exp[\mathrm{i}(k_\mathrm{m}r - k_\mathrm{n}R)] + \exp[\mathrm{i}(k_\mathrm{n}r - k_\mathrm{m}R)] \tag{3-11}$$

当 $r = R$，上式在 $r = 2n\pi/(k_\mathrm{m} - k_\mathrm{n})$ 处取最大值。因此在目标声源深度上的距离模糊间距为

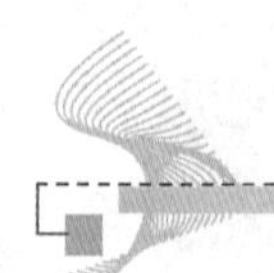

$2\pi/(k_m - k_n)$，即简正波模态干涉距离。其中 7、8 阶简正波模态的简正波模态干涉距离为 1.6 km。由于本章的仿真条件为典型夏季声速剖面，当声源位于跃变层以上时，前 6 阶简正波模态幅值在声源深度上均十分接近 0，它们对声场的贡献很弱，这使得 7、8 阶简正波模态干涉比较明显。

采用同样的处理方法，仿真和分析了不同声速剖面和不同海底参数等情况下水平线阵列深度对其匹配场定位性能的影响，得到了相似的结果。限于篇幅，仿真结果不再赘述。

3.4 时反聚焦定位性能分析

3.4.1 仿真条件

仿真环境为典型浅海波导环境，具体海洋环境参数如图 3-1 所示。不考虑海洋噪声且假设整个海洋环境在处理过程中不随时间变化。由于设定的声学条件属于与距离无关的情况，可以很方便地采用 KRAKEN 简正波模型来计算声场。假定探针声源位于水平时反线阵的端射方向。水平时反线阵第 1 号阵元与探针声源的水平距离最短。若探针声源位于其他方向上，则水平时反线阵的等效孔径和阵元间距都将相应减小。假定水平时反线阵由 35 个间距为 27m 的阵元组成，即基阵的孔径为 910 m，探针声源与水平时反线阵的距离为 12 km。

3.4.2 水平线阵列深度对时反聚焦性能的影响

将探针声源放置于跃变层下部（40 m），改变水平时反线阵的深度并观察其时反聚焦性能。水平时反线阵深度从 1 m 依次增加到 100 m，步长为 1 m。探针声源始终位于水平时反线阵的端射方向。模糊平面的水平跨度为 3 km，即从 10.5 km 到 13.5 km，距离间隔为 10 m；垂直跨度为 100 m，即 1～100 m，深度间隔为 1 m。图 3-10 给出了不同深度水平

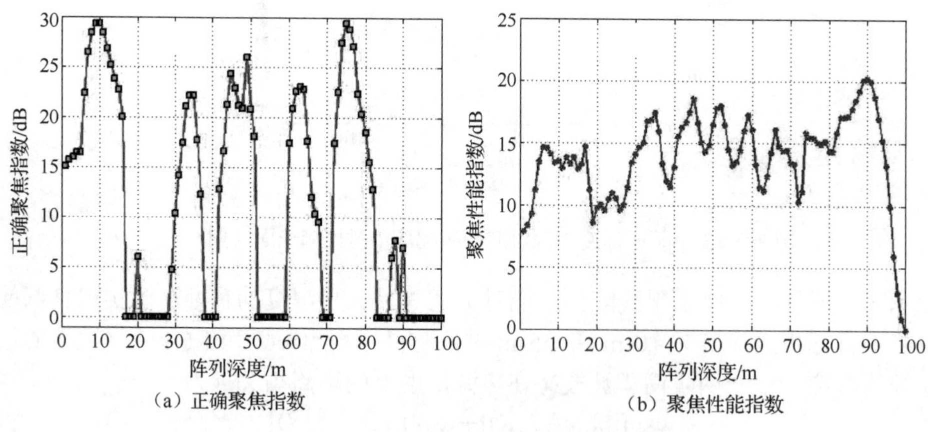

（a）正确聚焦指数　　（b）聚焦性能指数

图 3-10　不同深度水平时反线阵列的时反聚焦性能曲线

时反线阵的时反聚焦性能曲线。由图 3-10 可知，正确聚焦指数受水平时反线阵深度的影响非常大。只有当水平时反线阵位于跃变层中部、探针声源深度附近、海水中部偏下（52～59 m）和海底附近时，可以实现正确的时反聚焦。从图 3-10 还可以看出，海底附近的聚焦性能指数（0 dB）明显小于其他深度（>8 dB）。由此可以得出结论：海底附近水平时反线阵不仅可以实现正确的时反聚焦，而且其聚焦性能明显优于其他深度水平时反线阵。

为了更好地理解正确聚焦指数和聚焦性能指数的概念，通过图 3-11 给出了水平时反线阵位于 3 个典型深度（49 m, 79 m 和 100m）时得到的聚焦模糊平面。当水平时反线阵的深度为 49m 和 79m 时，模糊平面的峰值并没有出现在探针声源位置，并且存在大量旁瓣，它们相应的聚焦性能指数分别为 15dB 和 14dB。当水平时反线阵位于海底（100m）时，聚焦峰值正确地出现在了探针声源位置，并且旁瓣得到了有效抑制。

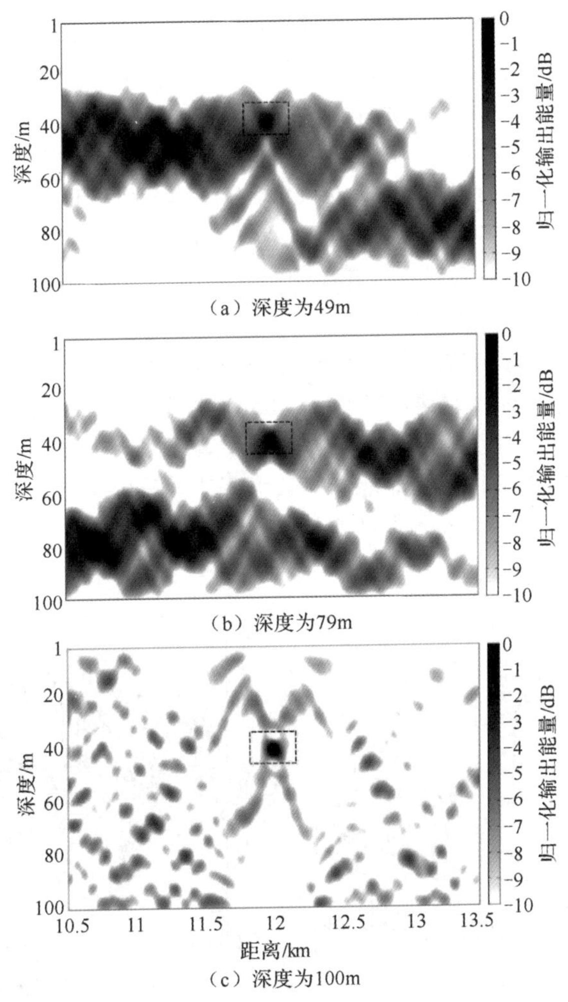

图 3-11　3 个典型深度对应的水平时反线阵的聚焦模糊平面

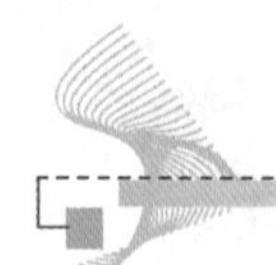

可以看出，水平线阵列布放深度对时反聚焦性能和匹配场定位性能的影响类似。事实上，水平线阵列的时反聚焦性能和匹配场定位性能都取决于其对空间简正波模态的采样能力。我们利用简正波传播模型计算得到各阶简正波，通过比较不同接收器深度对应的各阶简正波模态幅度的变化，成功揭示了海底水平线阵列的匹配场定位性能强于其他深度水平线阵列的物理机理。这里，我们可以采样同样的方法，揭示海底水平时反线阵的时反聚焦性能强于其他深度水平时反线阵的物理机理。具体情况可以参考本书作者发表的论文[141]，这里不再展开讨论。

3.4.3 海洋环境对水平线阵列时反聚焦性能的影响

有很多因素能够对浅海波导中的声传播产生影响，其中最重要的因素是声速剖面的形状和海底的地声参数。其他对声场产生影响的参数包括海底粗糙度、海面扰动、海水分层的非均匀性及洋流等。与前两个因素相比，其他因素在低频情况下基本上不太重要。

本节将给出在不同声速剖面及海底参数等条件下水平线阵列时反聚焦性能的数值仿真结果。除非特别说明，本节中所用的环境及系统参数与上文是相同的。值得注意的是环境参数改变时得到的不同聚焦性能指数（FCI）经过归一化处理，因此，在它们之间进行相互比较是没有意义的。

1. 声速剖面的影响

另选两条声速剖面曲线来分析声速剖面因素对不同深度处的水平时反线阵的时反聚焦性能的影响：一种是负梯度声速（1520～1505m/s）剖面，另一种是均匀声速（1500m/s）剖面。图 3-12 给出了不同深度水平时反线阵的时反聚焦性能曲线。在均匀声速浅海波导中，无论是表面还是海底的水平时反线阵都能得到很好的时反聚焦性能。而在负梯度声速剖面条件下，海底处的水平时反线阵的时反聚焦性能最好。此外，当水平时反线阵接近海面时，仍能够得到好的时反聚焦性能。

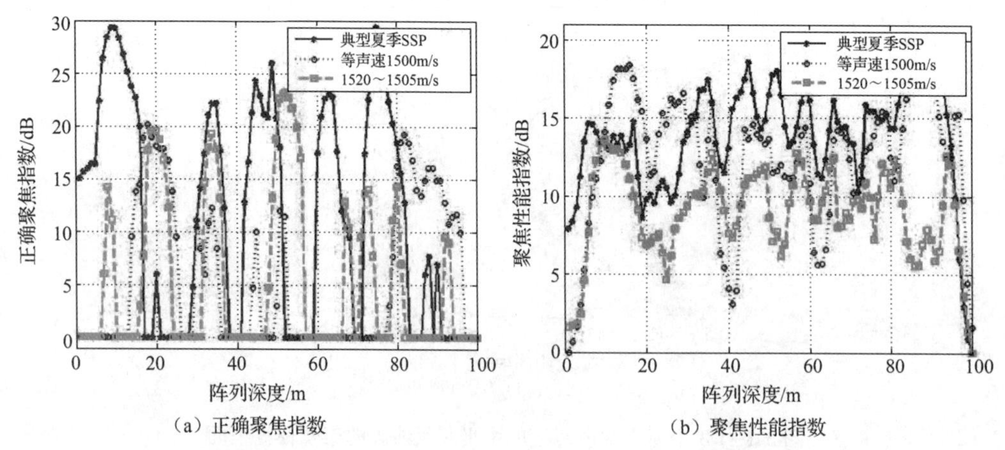

（a）正确聚焦指数　　（b）聚焦性能指数

图 3-12　不同深度水平时反线阵的时反聚焦性能曲线

2. 沉积层声速的影响

在不同沉积层声速条件下，通过仿真分析了不同深度的水平时反线阵的时反聚焦性能曲线，如图 3-13 所示。可以看出，对于 3 种不同沉积层的声速情况，位于海底的水平时反线阵均能达到最好的时反聚焦性能。沉积层的声速越大，越多深度的水平时反线阵能够聚焦到探针声源处。随着沉积层声速的增加，其反射系数也在增大，这就意味着有更多的能量能够从海底交界面处反射回海水中。因此，水平时反线阵能够获得更多的信息，并且在更多的深度处得到正确的聚焦。

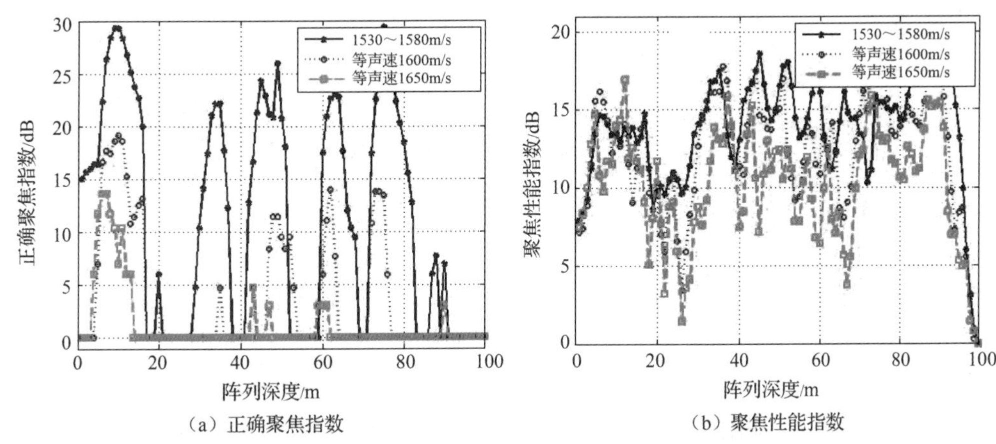

图 3-13　不同沉积层的声速对时反聚焦性能的影响

3. 沉积层厚度的影响

图 3-14 给出了不同的沉积层厚度（H=5 m，H=20 m，H=50 m）情况下不同深度的水平时反线阵的时反聚焦性能。可以看出，对于不同的沉积层厚度，位于海底的水平时反线阵均能得到最好的时反聚焦性能。由图 3-14（a）可以看出，随着沉积层厚度的增加，能够正确聚焦的水平时反线阵的深度数目在减少。这是因为沉积层越厚，就有越多的能量陷入其中。

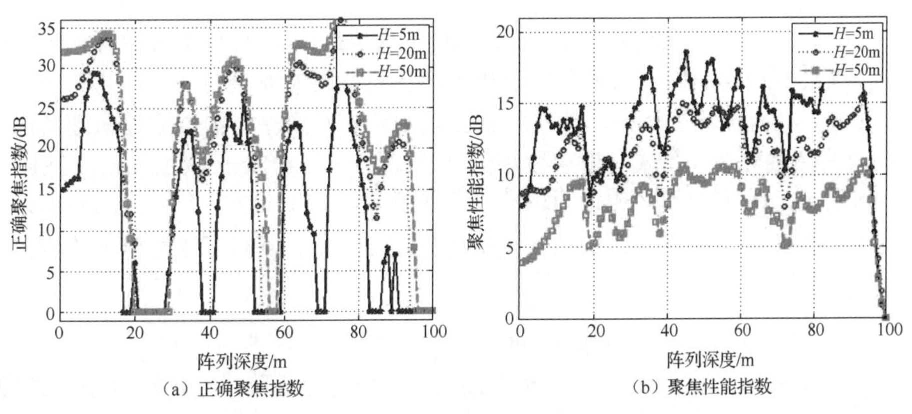

图 3-14　不同沉积层厚度对时反聚焦性能的影响

4. 沉积层衰减的影响

图 3-15 给出了在不同沉积层衰减情况下不同深度的水平时反线阵的时反聚焦性能曲线。对于不同的沉积层衰减，海底的水平时反线阵的时反聚焦性能均是最好的。图 3-15（a）显示，随着沉积层衰减系数的增加，能够正确聚焦的水平时反线阵的深度数目减少。例如，当$\alpha = 0.3\text{dB}/\lambda$时，仅有两处区域（一处位于温跃层中间，另一处位于海底）能够进行正确地聚焦。这是因为沉积层衰减系数越大，越多的能量被衰减。

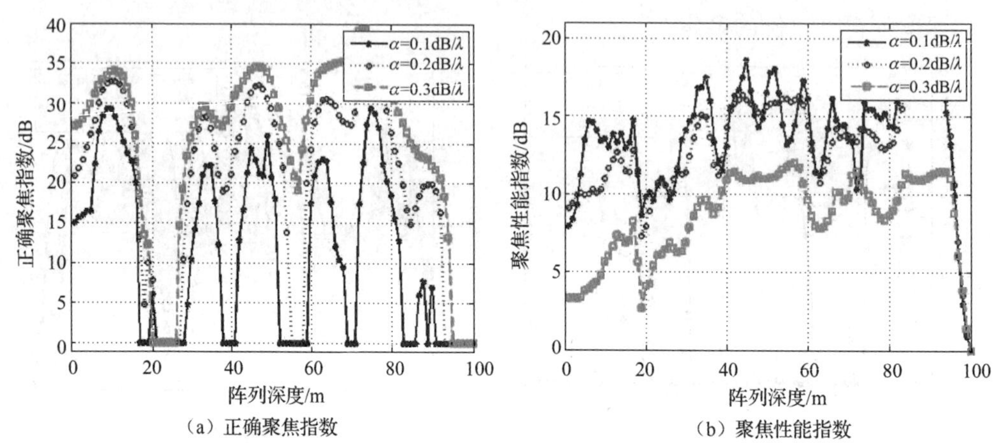

图 3-15 在不同沉积层衰减情况下不同深度的水平时反线阵的时反聚焦性能曲线

3.5 匹配场定位的虚拟时反实现方法

3.5.1 虚拟时反实现方法

1. 线性匹配场处理器的原理

线性匹配场处理器也称为常规处理器或 Bartlett 处理器。它将水听器阵列采集的信号场数据与物理模型预测的拷贝向量直接求相关，从而得到处理器的功率，其实质是该相关幅度的二次方。在匹配场处理中，测量场数据是由接收时间序列信号通过快速傅里叶变换（FFT）获得的频域数据向量或互谱密度矩阵（Cross Spectral Density Matrix，CSDM）。基阵的拷贝向量 $\boldsymbol{w}_{\text{MFP}}(r,z)$ 可以运用已有的声场模型软件求出数值解，并且将所有的拷贝向量进行归一化，使其范数为 1。以 Bartlett 匹配场处理器为例，其目标函数（或称为模糊度表面）定义为[143]

$$S_{\text{MFP}}(r,z) = \left|\boldsymbol{w}_{\text{MFP}}^{\text{H}}(r,z)\boldsymbol{d}(r_{\text{s}},z_{\text{s}})\right|^2 = \boldsymbol{w}_{\text{MFP}}^{\text{H}}(r,z)\boldsymbol{R}\boldsymbol{w}_{\text{MFP}}(r,z) \tag{3-12}$$

式中，$\boldsymbol{d}(r_{\text{s}},z_{\text{s}})$ 为接收数据响应向量，$\boldsymbol{R}$ 为接收数据协方差矩阵，上角标 H 表示共轭转置。

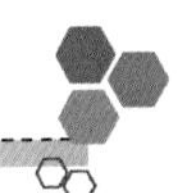

2. 虚拟时反实现方法的原理

虚拟时反实现方法是一个后向传输过程。在各水听器所在位置放置虚拟声源，每个虚拟声源可以在搜索区域产生一个模糊平面，对各个模糊平面进行相应加权求和，即可得到最终的定位模糊平面。假设搜索深度向量 $\boldsymbol{z}=[z_1,z_2,\cdots,z_{ND}]^{\mathrm{T}}$ 和搜索距离向量 $\boldsymbol{r}=[r_1,r_2,\cdots,r_{NR}]^{\mathrm{T}}$，其中，$ND$ 和 NR 分别是深度和距离网格数，上角标T表示向量或矩阵的转置，则虚拟时反实现方法的定位模糊平面为

$$\boldsymbol{S}_{\mathrm{VTRP}}(\boldsymbol{r},\boldsymbol{z})=\left|\sum\nolimits_{i=1}^{N}d^*(r_i,z_i;r_{\mathrm{s}},z_{\mathrm{s}})\boldsymbol{w}_{\mathrm{VTRP}}(\boldsymbol{r},\boldsymbol{z};r_i,z_i)\right|^2 \tag{3-13}$$

式中，$d(r_i,z_i;r_{\mathrm{s}},z_{\mathrm{s}})$ 表示位于 (r_i,z_i) 处的阵元对位于 $(r_{\mathrm{s}},z_{\mathrm{s}})$ 处声源的接收声场，$\boldsymbol{w}_{\mathrm{VTRP}}(\boldsymbol{r},\boldsymbol{z};r_i,z_i)$ 表示由位于 (r_i,z_i) 处的虚拟声源激发的归一化拷贝平面。N 是阵元个数。* 表示相位共轭。

在实际中，信号的幅度和相位总是随时间起伏波动的，人们往往通过求平均值来减弱信号起伏的影响。当利用虚拟时反实现方法来处理实际数据时，用于后向传播的声压数据可以通过下面的方式获得，信号矩阵 $\boldsymbol{X}$ 可以通过多个信号向量（快拍）来构建。利用奇异值分解，我们可以得到

$$\boldsymbol{X}=\boldsymbol{U}\Sigma\boldsymbol{V}^{\mathrm{H}} \tag{3-14}$$

式中，$\boldsymbol{U}=[\boldsymbol{u}_1,\cdots,\boldsymbol{u}_k,\cdots,\boldsymbol{u}_K]$ 是一个 $N\times K$ 的矩阵，它的列向量 $\boldsymbol{u}_k$ 是左奇异值向量。$\boldsymbol{\Sigma}=\mathrm{diag}(\sigma_1,\cdots,\sigma_k,\cdots,\sigma_K)$ 是一个 $K\times K$ 的矩阵，它的对角线元素是奇异值，$\boldsymbol{V}=[\boldsymbol{v}_1,\cdots,\boldsymbol{v}_k,\cdots,\boldsymbol{v}_K]$ 是一个 $N\times K$ 的矩阵，它的列向量 $\boldsymbol{v}_k$ 是右奇异值向量。虚拟时反实现方法的后向传播数据向量 $\boldsymbol{d}(r_{\mathrm{s}},z_{\mathrm{s}})$ 可以由左奇异值向量和相应的奇异值得到

$$\boldsymbol{d}(r_{\mathrm{s}},z_{\mathrm{s}})=\sum\nolimits_{k=1}^{K}\sigma_k\boldsymbol{u}_k \tag{3-15}$$

此时，式（3-13）中的声压 $d(r_i,z_i;r_{\mathrm{s}},z_{\mathrm{s}})$ 就是数据向量 $\boldsymbol{d}(r_{\mathrm{s}},z_{\mathrm{s}})$ 的第 i 个元素。

对于宽带目标信号，采用多个频率点非相干联合处理的方法，可提高水下目标的定位精度，降低定位模糊平面的旁瓣。多频率点非相干联合处理的计算公式为

$$\boldsymbol{B}(\boldsymbol{r},\boldsymbol{z})=\sum_{j=1}^{M}\left|\sum\nolimits_{i=1}^{N}d^*(r_i,z_i;r_{\mathrm{s}},z_{\mathrm{s}};f_j)\boldsymbol{w}(\boldsymbol{r},\boldsymbol{z};r_i,z_i;f_j)\right|^2 \tag{3-16}$$

式中，M 为频率数量，f_j 表示第 j 个频率点。

3. 虚拟时反实现方法的步骤

本章所提出的匹配场定位的虚拟时反实现方法的特征如下：通过在水声信道中布放水听器接收阵，实现水下目标的被动定位，估计目标的距离和深度。被动定位方法是采用虚拟时反处理的思想，利用海水介质的互易性和叠加性，在各水听器所在位置放置虚拟声源；利用声场模型计算出每个虚拟声源在搜索区域所产生的拷贝场平面，然后对每个拷贝场平面进行相应的加权求和；最终得到水下目标的定位模糊平面，从而判定目标的距离和深度。其过程分为以下 6 个步骤。

步骤 1：先将水听器阵列布放在海水中，以采集水声信号。然后，将水听器阵列数据

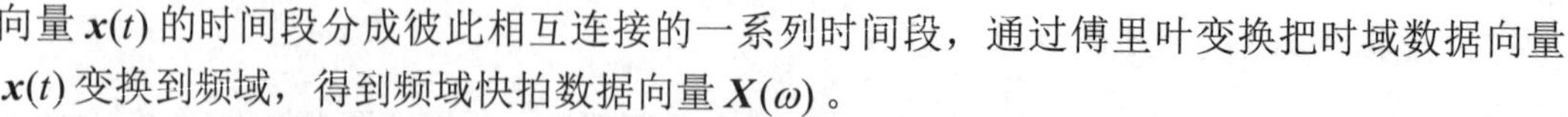

向量 $\boldsymbol{x}(t)$ 的时间段分成彼此相互连接的一系列时间段，通过傅里叶变换把时域数据向量 $\boldsymbol{x}(t)$ 变换到频域，得到频域快拍数据向量 $\boldsymbol{X}(\omega)$ 。

步骤 2：假定在该时间段内信号的起伏变化主要是由噪声引起的，通过对频域快拍数据向量 $\boldsymbol{X}(\omega)$ 的平均来估计数据协方差矩阵 $\boldsymbol{S}(\omega)=E\left[\boldsymbol{X}(\omega)\boldsymbol{X}^{\mathrm{H}}(\omega)\right]$。

步骤 3：对数据协方差矩阵进行奇异值分解 $\boldsymbol{S}(\omega)=\boldsymbol{U}\Sigma\boldsymbol{V}^{\mathrm{H}}$ ，其中，$\boldsymbol{U}=[\boldsymbol{u}_1,\cdots,\boldsymbol{u}_k,\cdots,\boldsymbol{u}_K]$ 是一个 $N\times K$ 的矩阵，它的列向量 $\boldsymbol{u}_k$ 是左奇异值向量；$\boldsymbol{\Sigma}=\mathrm{diag}(\sigma_1,\cdots,\sigma_k,\cdots,\sigma_K)$ 是一个 $K\times K$ 的矩阵，它的对角线元素是奇异值，$\boldsymbol{V}=[\boldsymbol{v}_1,\cdots,\boldsymbol{v}_k,\cdots,\boldsymbol{v}_K]$ 是一个 $N\times K$ 的矩阵，它的列向量 $\boldsymbol{v}_k$ 是右奇异值向量。

步骤 4：虚拟时反实现方法的后向传播数据向量 $\boldsymbol{d}(r_{\mathrm{s}},z_{\mathrm{s}})$ 可以由左奇异值向量和相应的奇异值得到，即 $\boldsymbol{d}(\mathrm{r}_{\mathrm{s}},z_{\mathrm{s}})=\sum_{k=1}^{K}\sigma_k\boldsymbol{u}_k$ 。其中，r_{s} 是目标声源的距离，z_{s} 是目标声源的深度。

步骤 5：在各水听器所在位置放置虚拟声源，每个虚拟声源的距离和深度表示为 (r_i,z_i) ，搜索距离和深度区域表示为 $(\boldsymbol{r},\boldsymbol{z})$ ，在搜索区域 $(\boldsymbol{r},\boldsymbol{z})$ 内产生一个归一化拷贝场平面 $\boldsymbol{w}(\boldsymbol{r},\boldsymbol{z};r_i,z_i)$ 。对与距离无关的海洋环境，拷贝场平面可以利用简正波模型求出数值解；对与距离相关的海洋环境，拷贝场平面则需要利用抛物方程模型来求其数值解。

步骤 6：利用步骤 4 中得到的数据向量 $\boldsymbol{d}(r_{\mathrm{s}},z_{\mathrm{s}})$ ，对拷贝场平面 $\boldsymbol{w}(\boldsymbol{r},\boldsymbol{z};r_i,z_i)$ 进行加权求和，即可得到最终的目标定位模糊平面 $\boldsymbol{B}(\boldsymbol{r},\boldsymbol{z})=\left|\sum_{i=1}^{N}d^*(r_i,z_i;r_{\mathrm{s}},z_{\mathrm{s}})\boldsymbol{w}(\boldsymbol{r},\boldsymbol{z};r_i,z_i)\right|^2$ ，该定位模糊平面内的峰值即目标距离和深度的最大似然估计。

3.5.2 传统匹配场处理和虚拟时反实现方法比较

1. 与距离无关波导

在大多数情况下，匹配场处理主要应用于与距离无关的海洋波导中。此时，人们可以利用简正波模型来计算低频远距离声场。

传统匹配场处理和虚拟时反实现方法的物理实现是不同的，如图 3-16 所示。传统匹配场处理是一个前向传播过程。在这个过程中，测试声源逐一放在各个搜索网格上，然后计算阵列上的 $N\times1$ 维拷贝场向量 $\boldsymbol{P}_{\mathrm{MFP}}^{\mathrm{RI}}$ ，如图 3-16（a）所示。它对应的简正波模型计算格点数为 N。对于划分为 $ND\times NR$ 个格点的搜索区域，需要计算 $ND\times NR$ 个拷贝场向量。因此，总的简正波模型计算格点数为 $ND\times NR\times N$ 。

虚拟时反实现方法是一个后向传输过程。在各个水听器所在位置放置虚拟声源，每个虚拟声源可以在搜索区域产生一个 $ND\times NR$ 的模糊平面 $\boldsymbol{P}_{\mathrm{VTRP}}^{\mathrm{RI}}$ ，如图 3-16（b）所示。相应的简正波计算格点数为 $ND\times NR$ 。因此，总的简正波模型计算格点数为 $N\times ND\times NR$ 。

由此可见，在与距离无关的海洋波导中，尽管传统匹配场处理和虚拟时反实现方法的计算顺序不同，但是它们总的简正波模型计算格点数是相同的。

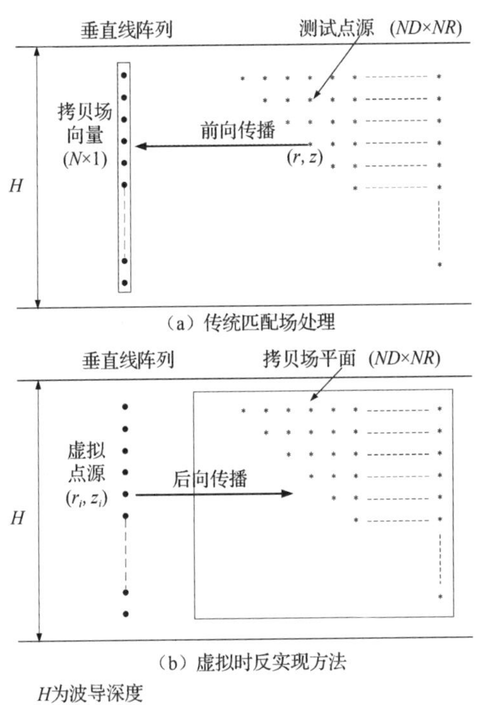

图 3-16　与距离无关波导中传统匹配场处理和虚拟时反实现方法

2. 与距离相关波导

在真实的浅海波导中，将海水深度、声速剖面和海底参数等设定为常数是很粗糙的做法。对于绝大多数情况，这些参数的变化是非常明显的，特别是海水深度的变化更为显著。对于求解与距离相关的波导中的声学问题，抛物方程模型是非常有效的。

假设抛物方程模型的计算距离步长和深度步长分别为 dr 和 dz，最大计算深度为 $Z_{\max}$，搜索区域的距离范围（单位为 m）为 $[R_1, R_2]$，深度范围为 $[Z_1, Z_2]$，距离与深度的搜索网格为 $\Delta R \times \Delta Z$，则距离的搜索网格数为 $NR = (R_2 - R_1)/\Delta R + 1$，深度的搜索网格数为 $ND = (Z_2 - Z_1)/\Delta Z + 1$。假定最大搜索距离 R_2 为第 1 个距离的搜索网格，最近的搜索距离 R_1 为第 NR 个距离的搜索网格。

图 3-17（a）给出了传统匹配场处理的流程。当测试声源位于第 k 个距离的搜索网格时，为了计算基阵的拷贝场向量 $\boldsymbol{P}_{\mathrm{MFP}}^{\mathrm{RD}}$，第 k 个距离的搜索网格之前的声压场必须首先被计算得到。抛物方程模型的计算网格数为

$$C_k = \frac{Z_{\max}}{\mathrm{d}z} \times \frac{1}{\mathrm{d}r} \times \left[R_2 - (k-1) \times \Delta R\right] \tag{3-17}$$

若每个距离的搜索网格上有 ND 个测试声源，则第 k 个距离搜索网格对应的抛物方程模型计算网格数为 $ND \times C_k$。因此，全部 NR 个距离的搜索网格对应的抛物方程模型计算网格总数为

$$C_{\mathrm{MFP}} = \sum_{k=1}^{NR} (ND \times C_k) = ND \times \frac{Z_{\max}}{\mathrm{d}z} \times \frac{1}{\mathrm{d}r} \times \frac{NR \times (R_2 + R_1)}{2} \tag{3-18}$$

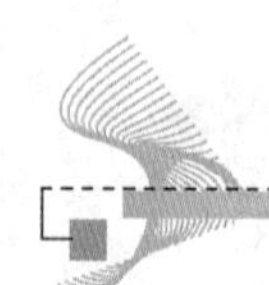

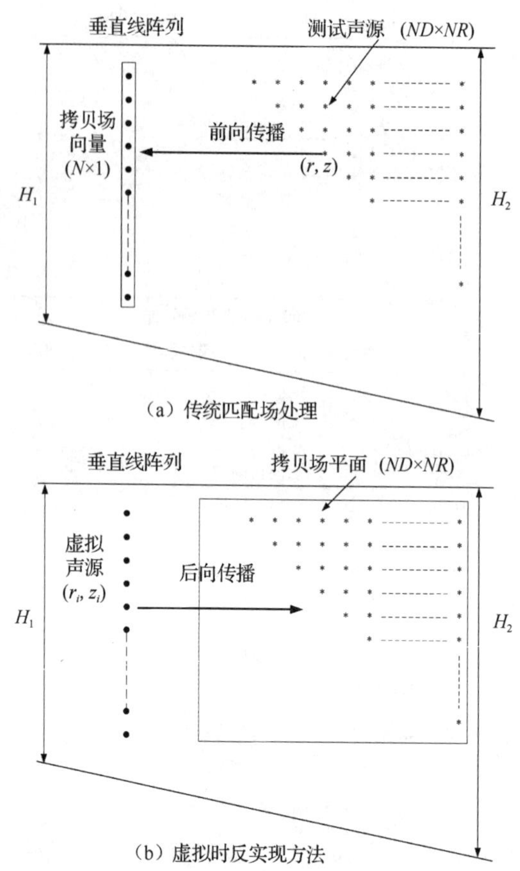

图 3-17　与距离相关波导中传统匹配场处理和虚拟时反实现方法

图 3-17（b）给出了虚拟时反实现方法的实现流程。在基阵的 N 个阵元位置放置 N 个虚拟声源。每个虚拟声源在搜索区域激发一个 $ND \times NR$ 的拷贝场平面 $\boldsymbol{P}_{\text{VTRP}}^{\text{RD}}$。这 N 个拷贝场平面对应的抛物方程模型计算网格总数为

$$C_{\text{VTRP}} = N\frac{Z_{\max}}{\mathrm{d}z} \times \frac{R_2}{\mathrm{d}r} \tag{3-19}$$

传统匹配场处理和虚拟时反实现方法的抛物方程模型计算网格总数之比为

$$\frac{C_{\text{MFP}}}{C_{\text{VTRP}}} = \frac{ND \times NR\left(R_2 + R_1\right)}{2N \times R_2} \simeq \frac{ND \times R_2}{2N \times \Delta R} \tag{3-20}$$

由于最大搜索距离 R_2 通常比搜索距离步长 ΔR 大上百倍，因此虚拟时反实现方法的抛物方程模型计算网格总数远小于传统匹配场处理。例如，当 R_1=1000 m，R_2=10000 m，ΔR=30 m，Z_1=5 m，Z_2=115 m，ΔZ=2 m 和 N=60 时，$C_{\text{MFP}}/C_{\text{VTRP}}=155$。由此可知，在与距离相关的海洋波导中，虚拟时反实现方法可以比传统匹配场处理更快地得到定位模糊平面。

3.5.3　仿真数据分析

1. 仿真条件

图 3-18 给出了距离变化浅海波导的环境参数模型。接收阵和声源处的海水深度分别为 140 m 和 130 m。海水中的声速剖面为典型夏季声速剖面，在 60～80 m 处有一个强跃变层。

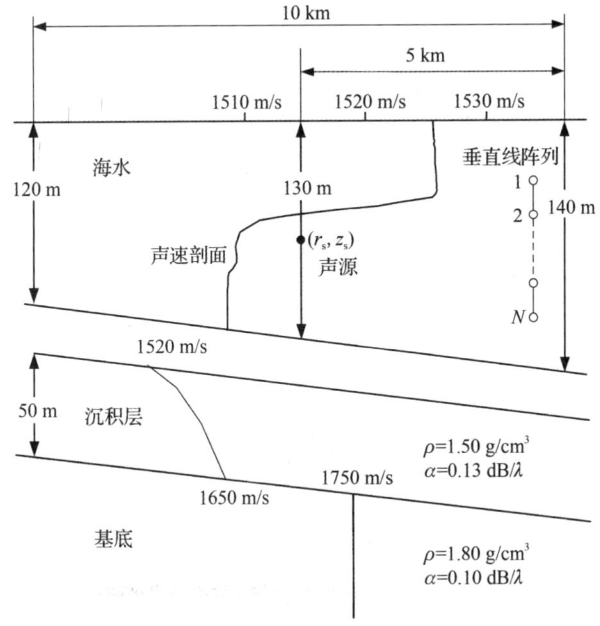

图 3-18　距离变化浅海波导的环境参数模型

假定整个海洋环境不随时间变化而变化，因此海洋波导满足互易性。为方便起见，忽略海洋背景噪声。假设搜索区域为与基阵间隔 1000～10000m 及水下 5～115m，将该区域按水平和垂直方向划分网格，则距离与深度的搜索网格为 30×2m。对定位平面进行归一化，其峰值为 0 dB。定位平面上最大值（0 dB）的位置就是声源位置的参数估计。由于设定的声学条件随距离变化而变化，因此可采用抛物方程模型来计算各网格内的声场，如采用 RAM 模型软件。

采用输出信干比（Signal to Interference Noise Ratio，SINR）来量化定位性能。若模糊平面的最大值位于真实值位置附近（距离方向 ± 500 m，深度方向 ± 10 m），则表示定位成功；反之，定位失败。输出信干比定义如下：在定位正确的前提下，最大输出功率（通常归一化为 0 dB）减去所有网格点的输出功率从小到大排序后位于 75%的值；若定位失败，则输出信干比无意义，可将其设定为 0 dB。

2. 垂直线阵列仿真结果

假设目标信号频率为 170 Hz，位于水深 70 m、距离 5000 m 的位置。采用间距为 2 m

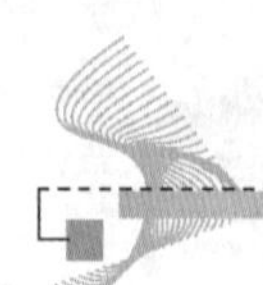

的 60 元垂直线阵列接收信号，阵元位于水下 20～138 m 处。图 3-19（a）给出了传统匹配场处理的定位模糊平面。峰值出现在真实声源位置，即定位成功，其输出信干比为 15.3 dB。图 3-19（b）给出了虚拟时反实现方法的定位模糊平面，它同样实现了目标的正确定位，其输出信干比也是 15.3 dB。传统匹配场处理和虚拟时反实现方法可以实现同样的定位性能。

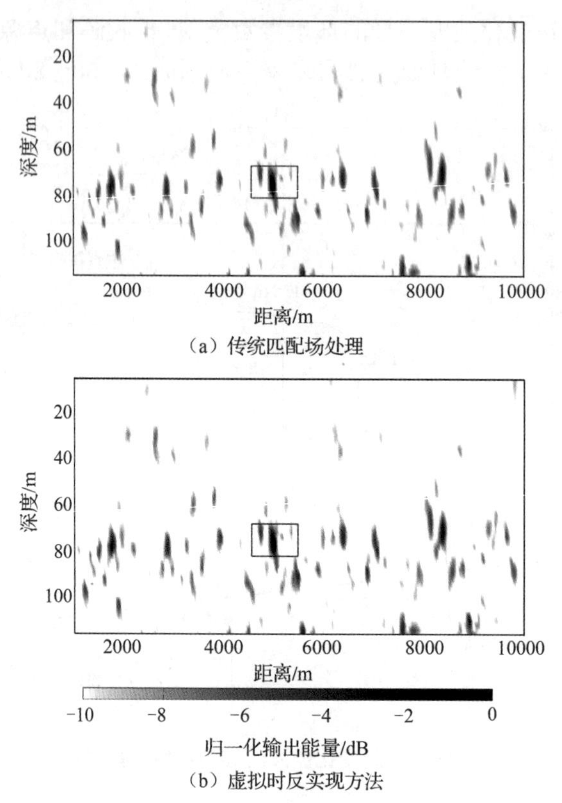

图 3-19　传统匹配场处理/虚拟时反实现方法的定位模糊平面

传统匹配场处理和虚拟时反实现方法的平均 CPU 运算时间分别为 1356 min 和 8 min。上述 CPU 运算时间指的是 Intel Core i7 CPU 的运算时间。这意味着虚拟时反实现方法的计算速度是传统匹配场处理的 170 倍。其原因是在与距离相关的海洋波导中，虚拟时反实现方法的 PE 计算网格总数远小于传统匹配场处理。

3. 水平线阵列仿真结果

3.3 节和 3.4 节分别研究了浅海水平线阵列深度对其匹配场定位性能和时反聚焦性能的影响，可以发现，海底水平线阵列的匹配场定位性能和时反聚焦性能均优于其他深度水平线阵列，利用简正波建模方法揭示了这一现象的物理机理。其根本原因是在实际海洋环境中，海底声学边界条件既不可能是绝对“软”的，也不可能是绝对“硬”的。无论声速剖面和海底地声学参数如何变化，总有部分能量透射进入海底，使得各阶简正波模态在海底总是存在一定拖尾现象。尽管上述结论是在与距离无关的浅海环境中得到的，但对于与距离相关的浅海环境，可以得到类似的结论，这里不再展开讨论。因此，本节进行仿真实验采用的水平线阵列布放于海底，以使它能够获取更多的声源目标信息，取得更好的目标定位效果。

假定目标声源位于水平线阵列的端射方向，那么水平线阵列第 1 号阵元与目标声源的水平距离最短。若目标声源位于其他方向上，则水平线阵列的等效孔径和阵元间距都将相应减小。假定水平线阵列由 61 个间距为 20m 的阵元组成，即基阵的孔径为 1200 m。目标信号频率为 170 Hz，深度为 70 m。目标声源与水平线阵列的距离为 5000m。

图 3-20（a）给出了海底水平线阵列进行传统匹配场处理的定位模糊平面。若峰值出现在真实声源位置，则定位成功，其输出信干比为 13.2 dB。图 3-20（b）给出了海底水平线阵列虚拟时反实现方法的结果，它同样实现了目标的正确定位，其输出信干比也是 13.2 dB。由此可见，利用海底水平线阵列进行传统匹配场处理和虚拟时反实现方法，可以实现同样的定位性能。

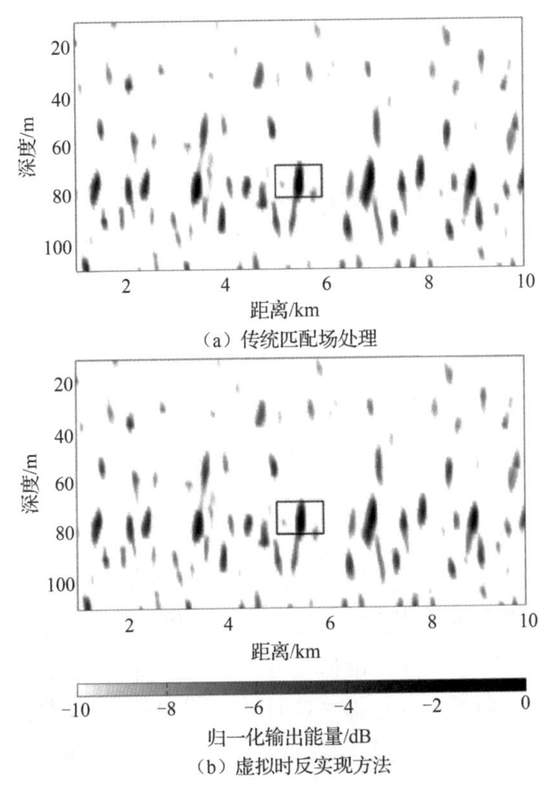

（a）传统匹配场处理

（b）虚拟时反实现方法

图 3-20　传统匹配场处理/虚拟时反实现方法的定位模糊平面

海底水平线阵列实现传统匹配场处理和虚拟时反实现方法的平均 CPU 运算时间分别为 2132min 和 14 min。上述 CPU 运算时间指的是 Intel Core i7 CPU 的运算时间。这意味着虚拟时反实现方法的速度是传统匹配场处理的 152 倍。其原因是在与距离相关的海洋波导

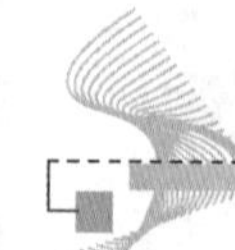

中，虚拟时反实现方法的抛物方程模型的计算网格总数远小于传统匹配场处理。与垂直线阵列相比，它们的处理时间均有所增加，其原因是水平线阵列有较大的孔径，使得需要进行声场计算的距离范围增大了。

在以上浅海环境中的垂直线阵列和水平线阵列的仿真实例中，只考虑了在单个频率、单个方位条件下的目标被动定位问题。在实际应用中，需要在 360° 范围内进行搜索，而且针对宽带水声信号，需要进行多频率点联合处理。假设方位搜索数量为 72，有 20 个频率点联合处理，则利用虚拟时反定位方法，垂直线阵列计算量总的减小量应为 170×72×20＝244800 倍，而水平线阵列计算量总的减小量略低，约为 152×72×20＝218880 倍。

在实际使用中，由于浅海的深度不同，垂直线阵列和水平线阵列的布放深度与孔径大小的确定，可以作为依据进行优化选择。另外，可根据具体的定位要求进行带宽的选择，从而改善定位性能。

3.5.4 实验数据分析

本节将采用 1993 年在地中海 Elba 岛实验[144,145]获得的垂直线阵列实验数据验证虚拟时反实现方法的快速性能。

1. 与距离无关的海洋环境

本节利用与距离无关的环境模型来处理实验数据。由于设定的声学条件属于与距离无关的情况，可以很方便地采用 KRAKEN 简正波模型来计算各网格内的声场。采用间距为 2m 的 48 元垂直线阵列接收信号，阵元位于水下 18.7～112.7m。声源信号是中心频率为 170 Hz 的伪随机信号，−3dB 带宽为 12Hz，采样频率为 1kHz。分别对定点实验和运动声源数据进行处理，分析与距离无关的海洋环境中的虚拟时反实现方法的定位性能。

在进行定点实验时，声源级为 163 dB（$1\,\mu\text{Pa}/\sqrt{\text{Hz}}$）。深度约为（80 ± 2）m，距离约（5600 ± 200）m，阵元输入信噪比约 10 dB。各水听器的数据通过 FFT 变换到频域。在数据处理中每个快拍选择 1024 点。传统匹配场处理的数据协方差矩阵 $\boldsymbol{R}$ 和虚拟时反实现方法的信号矩阵 $\boldsymbol{X}$ 均由 60 个快拍数据的平均来估计。

对第 1min 获得的数据，若采用基线模型进行传统匹配场定位和虚拟时反实现方法定位，都不能准确定位。要采用反演模型（文献[144]中利用相同海区定点发射信号反演获得的环境参数），通过上述两种方法才能准确定位，如图 3-21 所示。距离和深度估计结果分别为 $(r,z)_{\text{MFP}}=(5410\text{ m}, 72\text{ m})$ 和 $(r,z)_{\text{VTRP}}=(5410\text{ m}, 72\text{ m})$，与文献[144]中对距离与深度的估计值（5560 m, 77 m）接近。传统匹配场处理和虚拟时反实现方法均能实现对声源位置的正确估计。传统匹配场处理和虚拟时反实现方法的输出信干比分别为 11.4dB 和 11.5dB。虚拟时反实现方法的输出信干比略高于传统匹配场处理，其原因是用于虚拟时反实现方法的数据是通过对数据矩阵的奇异值分解得到。

传统匹配场处理和虚拟时反实现方法的平均 CPU 运算时间分别为 0.9s 和 1.2s。由此可见，两种方法的运算时间相当，与理论分析一致。

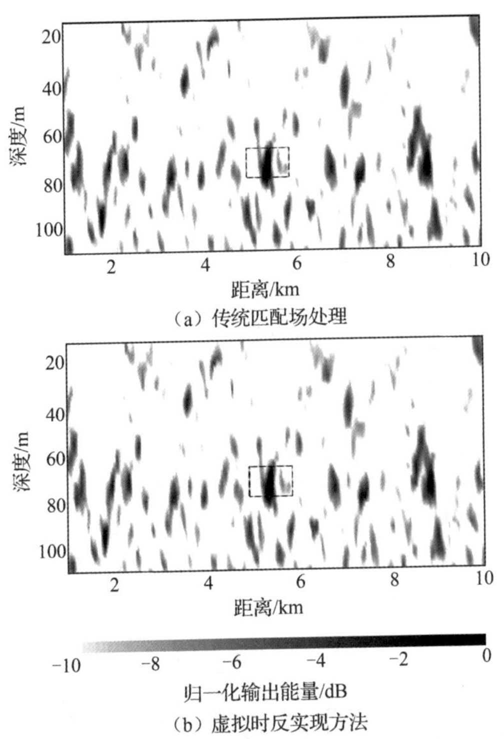

图 3-21　距离不变时海洋环境中第 1min 所获得的实验数据定位模糊平面

在运动声源实验数据处理中，实验的水声环境、信号频率、带宽等基本参数与定点实验相同。运动声源的声源级为 176dB（$1\,\mu\text{Pa}/\sqrt{\text{Hz}}$），拖曳深度大约为 65m，初始距离约为 5.9km，航速为 3.5kn。航行 10min 后，距离垂直线阵列约 7km，阵元输入信噪比约 15dB。

在前 10min 测量的数据中，每分钟只有 30s 发射信号，因此使用其中比较稳定的 25s 之间所测量的数据，共采用 24 个快拍的平均来估计协方差矩阵，每个快拍用 1024 点数据。对第 1min 所获得的数据，采用基线参数模型进行传统匹配场处理和虚拟时反实现方法都不能准确定位，只有采用反演参数模型（文献利用相同海区定点发射信号反演获得的环境参数）。利用传统匹配场处理和虚拟时反实现方法对整个航程 10min 的运动声源数据进行定位，结果如图 3-22 所示。从中可以看出采用虚拟时反实现方法的输出信干比略高于传统匹配场处理。其中估计距离值与真实值的变化趋势一致，但与真实值相比总存在约 500m 的偏差，可能原因是声源处的水深比 127m 还深，变化范围约 0～13m（目前缺乏更详细的海深资料），按照 Shang 的近似公式：$r' - r_{\mathrm{s}} \cong -2r_{\mathrm{s}}\delta h/h$（其中，$r'$ 为声源估计距离，r_{s} 为真实距离，h 为真实海深，δh 为海深估计误差），将海水深度的偏差代入该式可知，采用传统匹配场处理和虚拟时反实现方法所估计的距离出现偏差是合理的。深度估计与文献中的估计结果基本一致，也反映出前 4 min 声源深度存在减小的趋势。传统匹配场处理和虚拟时反实现方法的平均 CPU 运算时间分别为 10s 和 11.5s，这两种方法得到的平均 CPU 运算时间相差不多。

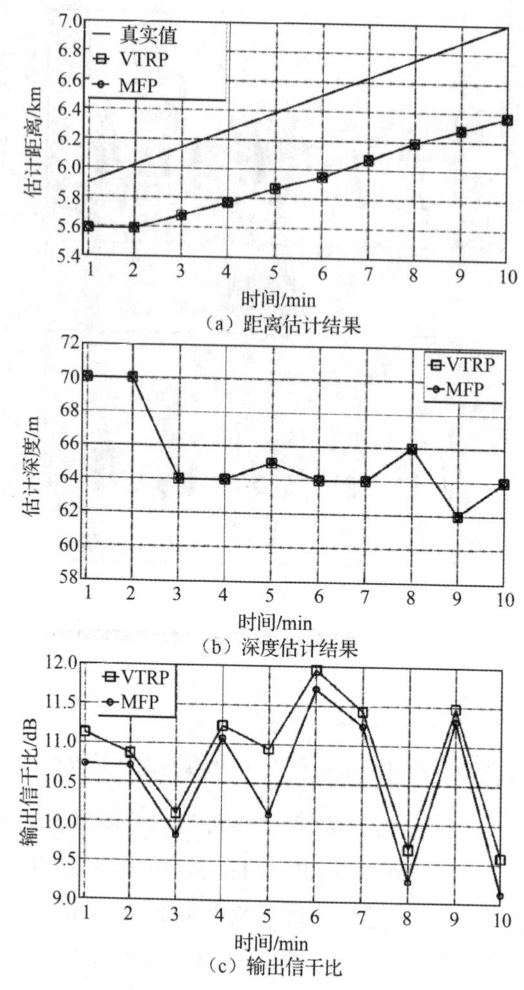

（a）距离估计结果

（b）深度估计结果

（c）输出信干比

图 3-22　用整个航程 10 min 的运动声源实验数据进行定位的结果

2. 与距离相关的海洋环境

本节采用与距离相关的基线模型来处理实验数据。实验地点的环境参数和实验配置与图 3-18 类似，只是接收阵和声源位置的海水深度分别为 128 m 和 130 m。由于设定的声学条件随距离而变化，本节采用抛物方程模型来计算各网格内的声场，如 RAM。采用间距为 2 m 的 48 元垂直线阵列接收信号，阵元位于水下 18.7～112.7 m。声源信号是中心频率为 170 Hz 的伪随机信号，−3 dB 带宽为 12 Hz，采样频率为 1 kHz。分别对定点实验数据和运动声源数据进行处理，分析距离变化时海洋环境中的虚拟时反定位性能。

定点实验数据处理方法与距离无关环境模型下的处理方法类似。各水听器的数据通过 FFT 转到频域。数据处理中每个快拍选择 1024 点。采用传统匹配场处理方法所用的数据协方差矩阵 $\boldsymbol{R}$ 和采用虚拟时反实现方法所用的信号矩阵 $\boldsymbol{X}$ 均由 60 个快拍数据的平均来估计。

采用文献[145]给出的随距离变化的模型参数来计算得到定位模糊平面。利用第 1min 获得的数据得到传统匹配场处理方法和虚拟时反实现方法的定位模糊平面，如图 3-23 所示。距离和深度的估计结果分别为 $(r,z)_{\mathrm{MFP}} = (5530\ \mathrm{m}, 76\ \mathrm{m})$ 和 $(r,z)_{\mathrm{VTRP}} = (5530\ \mathrm{m}, 76\ \mathrm{m})$，与文献[144]中距离与深度的估计结果 (5560 m, 77 m) 接近。传统匹配场处理方法和虚拟时反实现方法均能实现对声源位置的正确估计。传统匹配场处理方法和虚拟时反实现方法得到的输出信干比分别为 10.6 dB 和 10.9 dB。虚拟时反实现方法得到的输出信干比略高于传统匹配场处理方法所得到的，其原因是虚拟时反实现方法用的数据是通过对数据矩阵的奇异值分解而得到。传统匹配场处理方法和虚拟时反实现方法的平均 CPU 运算时间分别为 1305 min 和 6 min。在与距离相关的海洋波导中，虚拟时反实现方法所用的抛物方程模型的计算网格总数远小于传统匹配场处理方法所得到的总数。因此，虚拟时反实现方法的计算速度是传统匹配场处理方法的 217 倍。

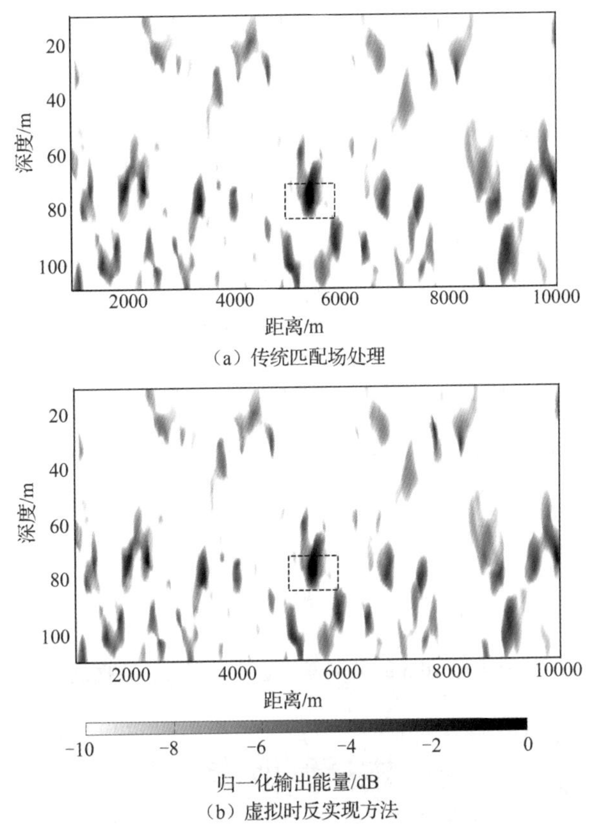

图 3-23　距离变化情况下，海洋环境中第 1 min 所获得的实验数据定位模糊平面

在运动声源实验数据处理中，实验的水声环境、信号频率、带宽等基本参数与定点实验相同。10min 的测量数据中，每分钟只有 30s 发射信号，因此使用其中比较稳定的 25s 之间所测量的数据，共采用 24 个快拍的平均来估计协方差矩阵，每个快拍用 1024 点数据。采用文献[145]给出的距离相关模型的参数来计算得到定位模糊平面。

利用传统匹配场处理和虚拟时反实现方法对整个 10 min 所测得的运动声源实验数据进行定位，结果如图 3-24 所示。从中可以看出虚拟时反实现方法的输出信干比略高于传统匹配场处理的输出信干比。其中估计距离值与真实值的变化趋势趋于一致，但与真实值相比存在约 500m 的偏差。传统匹配场处理和虚拟时反实现方法的平均 CPU 运算时间分别为 12385 min 和 55 min。虚拟时反实现方法的计算速度是传统匹配场处理的 225 倍。

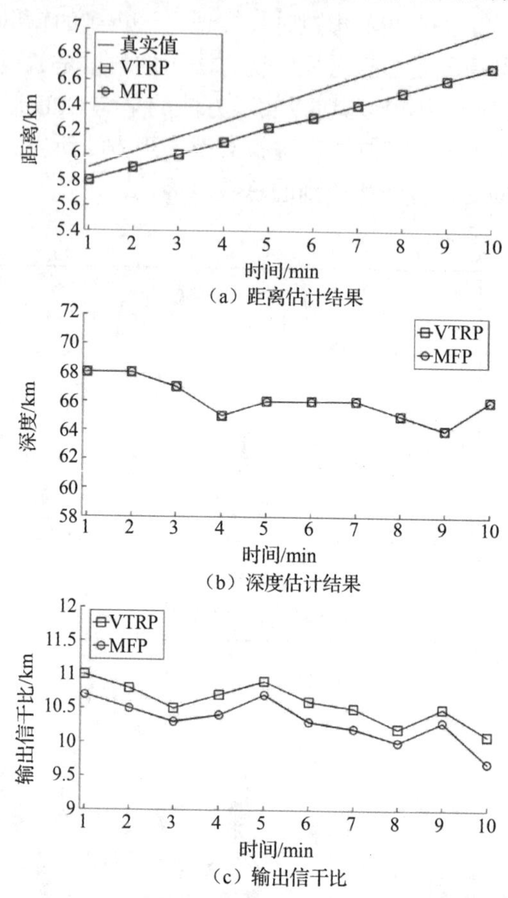

图 3-24　用整个航程 10 min 所测得的运动声源实验数据进行定位的结果

本 章 小 结

本章首先研究了浅海波导中水平线阵列的匹配场定位性能和时反聚焦性能，得到水平线阵列深度是影响其匹配场定位性能和时反聚焦性能的重要因素，并且发现在声速负梯度、浅海负跃层和等声速剖面条件下海底水平线阵列的匹配场定位性能和时反聚焦性能最优。利用简正波传播模型计算得到各阶简正波，通过比较不同接收器深度上各阶简正波模态幅度的变化，揭示了海底水平线阵列的匹配场定位性能和时反聚焦性能强于其他深度水平线

阵列的物理机理。其根本原因：在实际海洋环境中，海底声学边界条件既不可能是绝对软的，也不可能是绝对硬的。无论声速剖面和海底地声参数如何变化，总有部分声能量透射入海底。这样各阶简正波模态在海底总是存在一定拖尾，即各阶简正波模态幅度均大于0，而在其他深度，一般有若干阶简正波模态幅度接近于0。因此在基阵孔径和阵元数满足要求的前提下，布放于海底的水平线阵列可以对各阶简正波模态进行充分采样，获得相应的目标声源信息，实现良好的匹配场定位和时反聚焦。

在前向传播的传统匹配场处理中，每个搜索网格对应拷贝场向量需要逐个地计算出来。匹配场定位的虚拟时反实现方法是利用介质的互易性和叠加性的后向传播过程。在距离无关海洋波导中，尽管传统匹配场处理和虚拟时反实现方法的计算顺序不同，但它们的简正波计算网格总数是相同的。然而，距离无关海洋波导模型并不能准确的描述大多数实际的海洋环境。在距离相关海洋波导中，虚拟时反实现方法的抛物方程模型计算网格总数远小于匹配场处理。虚拟时反实现方法可以得到与传统匹配场处理相同的定位性能，但它消耗的CPU运算时间远小于后者。利用实验数据验证了在距离相关的浅海波导中，虚拟时反实现方法和传统匹配场处理的定位结果相似，但前者的计算速度比后者要快得多。

第 4 章　浅海宽带声源定位方法

4.1 概　　述

以声线理论为基础建立信道模型后，匹配场被动定位的方法也要随着改变。利用本征声线到达结构的特征进行匹配是其主要选择。本征声线是声线理论信道建模的核心，接收器处的声场是若干条由声源出发到达接收器的本征声线的叠加结果。为了能准确地预报接收器的声场值，就需要搜索尽可能多的本征声线并计算全部的本征声线附加信息，包括传播衰减、传播时延和附加相位等，而后再将它们组合在一起。考虑到声线理论信道模型是一个点对点的信道模型，改变声源或接收器的位置均要重新计算本征声线。因此，在进行场扫描时，同样会遇到计算量庞大的问题。因此，声线理论信道模型下的匹配场被动定位最好采用特征匹配的方法[146,147]。

本征声线特征匹配算法以本征声线的到达参数特征为着眼点。在匹配定位中，先从实际的接收信号中分解出本征声线的到达角与相对到达时延等作为匹配信息，而后根据事先计算好的本征声线到达结构图进行匹配运算，最后得出声源位置的估计值。由于本征声线到达结构图的计算仅涉及本征声线的部分信息，而且在进行特征匹配定位时，用一次本征声线到达参数的分解运算代替了场匹配时的千百次声场合成运算，计算效率大大提高。综上所述，特征匹配算法是声线理论信道模型下匹配定位的可行算法[146,147]。

本征声线的相对到达时延估计是基于声线理论信道模型的匹配场被动定位方法中的关键环节，利用现有的时延估计算法来估计本征声线的相对到达时延是比较困难的，尤其在声学环境更为复杂的浅海波导中。因此，若想充分利用水听器接收信号中包含的多途时延信息来实现水下目标定位，要么研究更为有效的时延估计算法来提取本征声线的相对到达时延，要么提出新的不需要估计多途到达时延的匹配定位方法。在浅海波导中，随着声源和水听器之间距离的增加，本征声线条数也将不断增加，这将进一步增加时延估计的难度。鉴于此，在 4.2 节提出了一种基于单水听器宽带信号自相关函数的稳健目标定位方法，它不需要估计本征声线的相对到达时延。

随后，4.3 节研究了综合利用多途到达角和多途到达时延来估计浅海近距离声源位置的方法。针对浅海环境中传播的低频宽带水声脉冲信号，基于简正波水平波数差和波导不变量之间的关系，4.4 节提出了一种利用距离-频散参数二维平面聚焦测距和匹配模态能量定深的声源定位方法，通过东海实验数据对方法进行了验证。在 4.5 节，通过利用移动声源在不同空间位置发射信号来增加声场的空间信息，并且可以反演出不同距离声源的声速剖面；利用声场的空间信息又可以逆推出声源的距离、深度和速度等位置信息。在反演声速剖面的同时，对声源进行跟踪定位，利用东海实验数据验证了该方法的有效性。

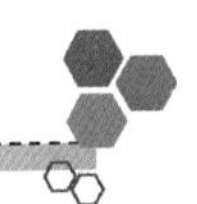

4.2　基于自相关函数的定位方法

4.2.1　多途信道模型及环境敏感性分析

1. 多途信道模型

在多途环境中，对于固定声源及接收器位置，假设有 N 条本征声线到达接收器，则由声源到接收器之间的信道传递函数[146,148,149]可以表示为

$$h(z_s, z_r, r;\ n) = \sum_{i=1}^{N} g_i(z_s, z_r, r)\ \delta[n - n_i(z_s, z_r, r)] \tag{4-1}$$

式中，z_s，z_r 与 r 分别表示声源深度、接收器深度及接收器与声源的距离；g_i 是第 i 条本征声线的幅度（包含附加相位信息），对于宽带信号来说它是信号频率的函数；n_i 是第 i 条本征声线的传播时延。信号传递函数表示为若干冲激函数的叠加。每一个冲激函数表示一条本征声线，代表了信号的一种传播途径。在此信道模型下接收器处的接收信号可以表示为

$$x(n) = h(z_s, z_r, r;\ n) \otimes s(n) + e(n) = \sum_{i=1}^{N} g_i s\left[n - n_i(z_s, z_r, r)\right] + e(n) \tag{4-2}$$

式中，$x(n)$ 表示接收信号，$s(n)$ 表示声源信号，$e(n)$ 表示噪声。式（4-2）实际上是表示在单水听器条件下的信道模型。此表达式可以清楚地反映出本征声线的到达时间，因此，理论上利用单水听器接收到的信号即可完成对本征声线相对时延的估计。

2. 敏感性分析

本节利用 BELLHOP[142]射线模型计算本征声线的相对到达时延。将测试声源放在某一位置邻域范围内，通过仿真分析测试声源在该邻域内的变化，对水听器接收到的本征声线相对到达时延的影响，分析其规律。

假设测试声源的距离和深度分别为 230m 和 45m。以该测试声源为中心，设置一个长为 10m、宽为 1m 的矩形邻域，对该矩形邻域进行划分网格。其中，距离步长为 5m，深度步长为 0.5m。该矩形邻域被划分为 4 个小区域，共有 9 个网格点，测试声源位置正好位于矩形邻域的中心。把测试声源分别放在矩形邻域的 9 个网格点上，利用已知的环境参数通过射线理论模型，计算各网格点到接收水听器的本征声线时延。从通过计算得到的本征声线到达时延中求最小的到达时延，以该时延为参考基准，将其他本征声线到达时延与参考基准进行比较，从而计算到达时延差 $\Delta\tau$。假设采样率 f_s 为 10kHz，则可把到达时延差 $\Delta\tau$ 转化为采样周期数，即

$$m = \Delta\tau \times f_s + 1 \tag{4-3}$$

表 4-1 给出了以测试声源位置为中心的矩形邻域各个网格点对应的本征声线相对到达

时延（已转化为采样周期数）。表中最左侧的一列是矩形邻域各个网格点的编号及其对应的距离、深度，A～J代表本征声线的阶次。最下面一行给出了同阶本征声线的相对到达时延差。从表中可以看出，随着本征声线阶次的升高，同阶本征声线的相对到达时延差不断增大。当测试声源在其邻域内变化时，本征声线相对到达时延也发生变化，并且随着本征声线阶次的升高，相对到达时延的变化范围也不断增大。

表 4-1　以测试声源位置为中心的矩形邻域各个网格点对应的本征声线相对到达时延（已转化为采样周期数）

位置/m	*A*	*B*	*C*	*D*	*E*	*F*	*G*	*H*	*I*	*J*
（1, 1）=（44.5, 225）	1	27	137	219	446	576	778	929	1248	1416
（1, 2）=（44.5, 230）	1	26	135	216	439	567	767	917	1234	1400
（1, 3）=（44.5, 235）	1	25	133	212	432	558	757	905	1220	1385
（2, 1）=（45.0, 225）	1	27	135	217	447	577	774	925	1251	1418
（2, 2）=（45.0, 235）	1	26	133	213	440	569	764	913	1236	1402
（2, 3）=（45.0, 235）	1	25	131	209	433	560	753	901	1222	1387
（3, 1）=（45.5, 225）	1	28	133	214	449	579	771	922	1253	1420
（3, 2）=（45.5, 230）	1	27	131	211	441	570	761	910	1238	1404
（3, 3）=（45.5, 235）	1	26	129	207	434	562	750	898	1224	1389
同阶本征声线的最大差别	0	3	8	12	17	21	28	31	33	35

下面将测试声源放置在某固定位置，令随机环境参数向量在随机环境参数向量集中变化，通过仿真分析其对本征声线相对到达时延的影响。

图 4-1 给出了 SW06 实验中采集到的部分声速剖面，这些声速剖面是在 2006 年 8 月 30—31 日期间采集的，共 6501 条。从图 4-1 中可以看出，在离海洋表面 20～40m 的深度范围内声速变化较大，声速的最小值在海水中部约 40m 处测得。通过计算得到 6501 条声速剖面与平均值的差，如图 4-2 所示。从图 4-2 中可以看出，8 月 30—31 日该海区的声速剖面变化较大，特别是在 20～40m 深度，最大声速剖面变化量达 20m/s。

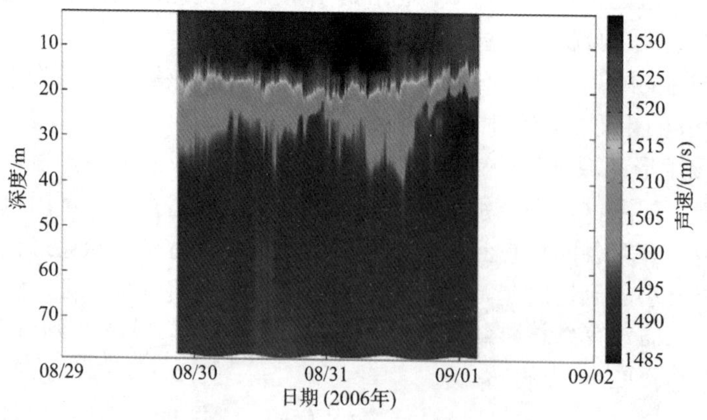

图 4-1　SW06 实验中采集到部分声速剖面

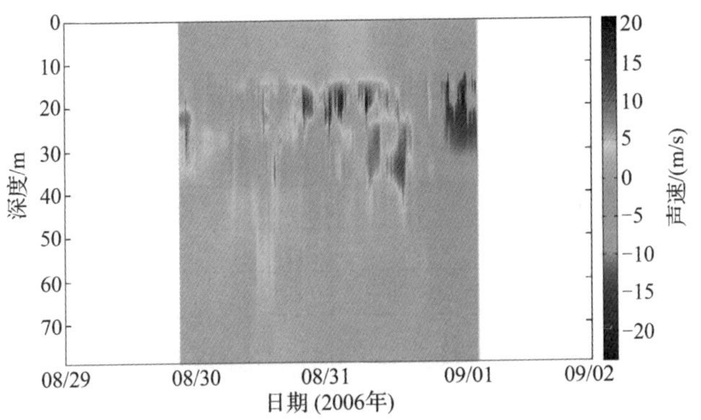

图 4-2　SW06 实验中采集到部分声速剖面与平均值的差

根据实测声速剖面数据集，采用以下步骤求经验正交函数（EOF）[150]：

（1）对测量得到的每条声速剖面在深度上进行等间隔内插，分别求平均声速剖面及声速剖面的差。

（2）计算协方差矩阵 $\boldsymbol{R}$，对 $\boldsymbol{R}$ 进行特征值分解，将特征值按从大到小的顺序排序。

（3）选取较大特征值对应的特征向量构成经验正交函数。

根据 SW06 实验中采集的部分声速剖面数据集而得到的 5 阶经验正交函数，如图 4-3 所示。

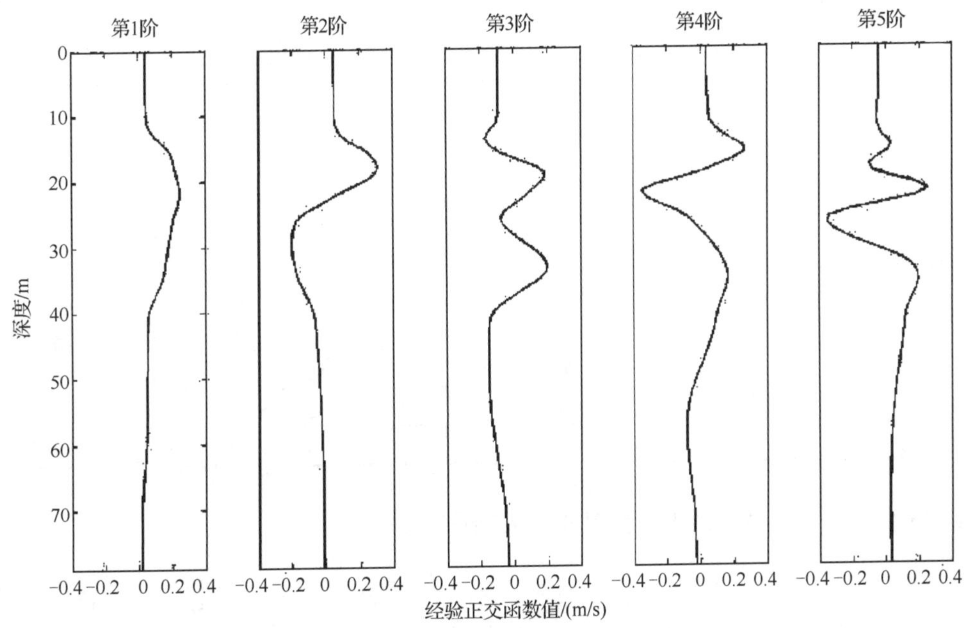

图 4-3　根据 SW06 实验中采集的部分声速剖面数据集而得到的 5 阶经验正交函数

用图 4-3 所示的 5 阶经验正交函数，拟合 SW06 实验中采集到的 6501 条声速剖面，拟合得到 6501 组 5 阶经验正交函数系数。对每阶经验正交函数系数求最大值和最小值，得到每阶经验正交函数系数的变化范围。SW06 实验所得到的 5 阶经验正交函数系数的最大值和最小值见表 4-2。

表 4-2　SW06 实验所得到的 5 阶 EOF 系数的最大值和最小值

经验正交函数系数	第 1 阶	第 2 阶	第 3 阶	第 4 阶	第 5 阶
最大值	51.31	32.44	18.11	19.17	11.65
最小值	−78.14	−35.72	−19.64	−19.48	−20.94

下面分析声速剖面随机扰动对本征声线相对到达时延的影响。随机声速剖面采用如下的方法产生：在各阶经验正交函数系数的变化范围内，随机生成各阶经验正交函数系数，通过计算得到随机声速剖面。将测试声源放在某测试位置（如深度为 45m，距离为 230m），通过仿真分析声速剖面随机扰动对水听器接收到的本征声线相对到达时延的影响，分析其规律。表 4-3 给出了 9 组声速剖面随机扰动对水听器接收到的本征声线相对到达时延的影响（已转化为采样周期数）。表中最左侧的一列是声速剖面随机扰动编号，A～J 代表本征声线的阶次。从表中可以看出，个别随机扰动产生的声速剖面漏掉了某些阶次的本征声线。此外，随着本征声线阶次的升高，同阶本征声线的相对到达时延差不断增大。

与测试声源在其邻域内变化对本征声线相对到达时延的影响类似，声速剖面随机扰动也导致本征声线相对到达时延发生变化。随着本征声线阶次的升高，相对到达时延的变化范围也不断增大。

表 4-3　9 组声速剖面随机扰动对水听器接收到的本征声线相对到达时延的影响

随机声速剖面	A	B	C	D	E	F	G	H	I	J
1	1	27	141	226	452	583	792	945	1261	—
2	1	26	137	218	437	565	770	920	1232	1398
3	1	24	133	211	424	549	750	897	1204	1368
4	1	28	137	221	454	586	785	938	1265	—
5	1	26	133	213	440	569	764	913	1236	1402
6	1	25	129	206	426	552	743	890	1208	1372
7	1	无	104	188	429	561	751	903	1241	—
8	1	27	128	208	443	572	757	906	1240	1406
9	1	25	125	201	429	555	737	883	1212	1376

4.2.2　本征声线特征参数的提取及其定位方法

由声线理论可知，声源的位置信息明确地包含在本征声线的到达参数（如本征声线的相对到达时延）中。需要从接收信号中把这些参数估计出来，再利用本征声线到达结构匹配法估计声源的位置。为此，定义如下的目标函数[146,147]：

$$B = \frac{1}{\sum_i w_i(\tau_{\mathrm{data}} - \tau_{\mathrm{rplc}})} \tag{4-4}$$

式中，w_i 为加权因子，τ_{data} 为利用实测数据估计的本征声线相对到达时延，τ_{rplc} 为采用已知的环境参数和水听器位置等先验信息，利用声线理论模型得到测试声源 (r,z) 到达接收水听器的本征声线相对到达时延。由此可见，本征声线的相对到达时延估计，是基于声线理论信道模型的匹配场被动定位方法中的关键环节。

本征声线的相对到达时延估计可以由信号处理中使用的时延估计方法来解决。根据本征声线的相对到达时延结构图可以看出，本征声线的传播时延的差别比较显著，从几毫秒量级到几十毫秒量级。对时延估计算法而言，这样的时延差别还是比较容易处理的，因而采用中等分辨率的方法即可。本征声线相对到达时延估计的一个不利因素是接收信号为被动信号，缺乏声源辐射信号的先验信息，从而相当多的高性能时延估计算法被排斥在外。综上所述，本征声线间相对到达时延估计可以归结为无先验信息的中等分辨率的时延估计。

表 4-4 给出了若干现有时延估计算法的名称及其性能比较[146,148]。从表中可以清楚地看出，解卷积类的线性预测误差滤波、自适应格形滤波算法及倒谱法都是适用于本征声线到达时延估计的方法。

表 4-4　若干现有时延估计算法的名称及其性能比较[146,148]

方　法	分辨率	计算量	先验信息	最小相位	信噪比下限	处理方式
匹配滤波	$1/B$ 或 T①	小	已知	无	低	实时
互相关	$1/B$ 或 T①	小	已知	无	低	实时
最小平方反滤波	T_s	小	已知	有	中	实时②
线性预测误差滤波	T_s	中	未知	有	中	批处理
自适应格形滤波	T_s	中	未知	有	中	实时
频域反卷积	T_s	中	已知	有	中	批处理
倒谱法	$>T_s$③	大	已知/未知	有	高	批处理
时延频率估计	$<T_s$	较大	已知	有	较高	批处理
特征结构法	$\ll T_s$	大	已知	无	中	批处理

说明：

① 与信号波形有关。LFM 信号由于脉冲压缩现象可以得到较好的时延分辨率，CW 等小带宽信号的最小时延分辨率约为信号脉冲宽度。

② 在已知信号波形的前提下可以先设计好反滤波器参数，实时处理部分只有 FIR 滤波。

③ 分辨率介于采用经典法和解卷积法计算得到的值之间。

对于解卷积时延算法，由于卷积是一种在无限时间区间上的积分运算，并且信道传输函数 $h(n)$ 由若干时延冲激串组成，具有无限的带宽，而所获得的接收信号 $x(n)$ 只是有限时间和有限带宽的，因此不能得到唯一的反卷积结果。一般的解卷积结果都是在某一准则下获得的，常用准则是最小平方误差准则。线性预测滤波和自适应格形滤波算法都是该准则下的反卷积时延估算法。由于线性预测器对宽带信号的预测能力不足，该类算法不适合于处理大带宽的信号。

倒谱法时延估计属于同态处理范畴。所谓同态处理就是把某些非线性系统看作满足广义叠加原理的同态系统，对它进行某种同态变换使其在变换域上满足通常的线性叠加原理，从而可以用线性系统的方法处理它。对于卷积同态信号，其同态变换为$\log[\mathrm{FT}(\cdot)]$[151]，为了使变换域最后仍落在时间轴上，可对它再进行傅里叶反变换。倒谱法时延估计的主要缺点如下：

（1）不能分辨紧密相邻的信号，这是由于相邻信号的倒谱峰会出现在原点附近，将会被信号本身的低时端成分所淹没。

（2）处理增益低，必须借助波束形成技术来提高信噪比。

（3）倒谱法时延估计的运算量大，实时处理困难。

（4）当信号源数较多时，由于彼此间时延差逻辑对应关系越来越复杂而不易被直接提取。

当已估计出声源信号的方向时，Voltz[152]等人给出了时延估计的互相关法。其显著优点是主瓣较宽，稳健性较好；缺点是算法分辨率较低，计算量大（须做波形估计），而且需利用同样是估计结果的目标方位估计值，增大了累积误差。

4.2.3 自相关函数匹配的稳健目标定位方法

1. 基于自相关函数的相关系数定位方法

假设信号与噪声互不相关，接收信号$x(n)$的自相关函数[153]为

$$\begin{aligned}\mathcal{R}_{xx}(m)&=E[x(n)x(n-m)]\\&=\mathcal{R}_{ee}(m)+\sum_{i=0}^{N-1}g_i g_i^*\mathcal{R}_{ss}(m)+\sum_{i=0}^{N-1}g_i\mathcal{R}_{ss}(m-n_i)+\sum_{i=1}^{N-2}\sum_{j=i+1}^{N-1}g_i g_j^*\mathcal{R}_{ss}(m+n_i-n_j)\end{aligned}\tag{4-5}$$

式中，$\mathcal{R}_{ee}$为噪声$e(n)$的自相关函数，$\mathcal{R}_{ss}$为声源信号$s(n)$的自相关函数。若$s(n)$是服从独立同分布的宽带白噪声，则其自相关函数$\mathcal{R}_{ss}(m)$仅在$m=0$处存在一个峰值。由式（4-5）可知，多途接收信号$x(n)$的自相关函数$\mathcal{R}_{xx}(m)$在$m=0$，$n_i(i=1,2,\cdots,N-1)$，$n_j-n_i(i=1,2,\cdots,N-2;j=i+1,i+2,\cdots,N-1)$时出现峰值。

随着水听器位置的变化，其接收信号的到达结构也不同，即各本征声线相对到达时延和幅度都不同。利用这个特点，构造拷贝场，将拷贝场信号的自相关函数与水听器信号的自相关函数直接求相关，就可以估计出声源位置，这里称之为相关系数法。其实现步骤如下：

（1）对水听器的接收信号进行带通滤波，要求带通滤波器具有较宽的通带，利用式（4-5）计算其自相关函数$\mathcal{R}_{xx}$。

（2）采用已知的环境参数和水听器位置等先验信息，利用声线理论模型通过计算得到测试声源(r,z)到达接收水听器的本征声线到达时延和幅度。

（3）利用式（4-2）构造拷贝信号（不含噪声），这里要求声源信号$s(n)$为宽带白噪声或其他宽带信号（如线性调频信号）。

（4）利用式（4-5）求出拷贝信号的自相关函数 $\mathscr{R}_{\text{rplc}}(r,z)$ 。

（5）把拷贝场信号的自相关函数 $\mathscr{R}_{\text{rplc}}(r,z)$ 与水听器信号的自相关函数 $\mathscr{R}_{xx}$ 进相关处理，得到相关系数 $\rho(r,z)$ [151]：

$$\rho(r,z)=\frac{\sum_{m=0}^{\infty}\mathscr{R}_{xx}(m)\mathscr{R}_{\text{rplc}}(m;r,z)}{\sqrt{\sum_{m=0}^{\infty}\mathscr{R}_{xx}^{2}(m)\sum_{m=0}^{\infty}\mathscr{R}_{\text{rplc}}^{2}(m;r,z)}} \tag{4-6}$$

（6）在预期目标位置区域内进行搜索，构造相关系数 $\rho(r,z)$ 的模糊平面，其峰值位置即目标的位置估计。

由此可见，单水听器自相关函数匹配定位方法是通过对拷贝场信号的自相关函数与水听器信号的自相关函数进行匹配来实现水下目标定位的。其特点是对环境参数失配、水听器位置误差、距离/深度空间采样非常敏感，稳健性差且旁瓣高。当出现多目标时，目标容易被掩盖，这一点可以在后面的仿真实验中看出。因此，需要研究对环境参数等宽容的定位方法。

2. 自相关函数峰值提取定位方法

假设信号与噪声互不相关，接收信号 $x(n)$ 的自相关函数绝对值 $|\mathscr{R}_{ss}(m)|$ 。同样，如果 $s(n)$ 是服从独立同分布的宽带白噪声或宽带信号（如线性调频信号），那么多途接收信号 $x(n)$ 的自相关函数的绝对值 $|\mathscr{R}_{ss}(m)|$ 在 $m=0,n_i,n_j-n_i$ 时出现峰值。本征声线的相对到达时延包含在这些峰值位置中，但是要从这些峰值位置估计它们的相对到达时延是非常困难的。其原因在于自相关函数绝对值 $|\mathscr{R}_{ss}(m)|$ 不仅在真实本征声线到达时延位置 n_i 处出现峰值，而且在它们的交叉位置 n_j-n_i 也出现峰值，其数量为 $C_N^2=N\times(N-1)/2$ 。这样一来，自相关函数绝对值的峰值个数将远远大于本征声线条数 N，特别是当 N 较大时。例如，当本征声线条数为 6 时，自相关函数绝对值的峰值个数为 21；当本征声线条数为 20 时，自相关函数绝对值的峰值个数为 210。

定义单水听器自相关函数峰值提取定位方法的目标函数如下：

$$P(r,z)=\sum_{m}w(m;r,z)|\mathscr{R}_{xx}(m)| \tag{4-7}$$

式中，$w(m;r,z)$ 为加权函数，这里称之为峰值提取法，其实现步骤如下：

（1）对水听器接收信号进行带通滤波，要求带通滤波器具有较宽的通带，利用式（4-5）计算其自相关函数绝对值 $|\mathscr{R}_{ss}(m)|$ 。

（2）采用已知的环境参数和水听器位置等先验信息，利用声线理论模型计算得到测试声源 (r,z) 到达接收水听器的本征声线到达时延和幅度，得到加权函数 $w(m;r,z)$ 。

（3）利用加权函数 $w(m;r,z)$ 的时延信息对接收信号的自相关函数绝对值 $|\mathscr{R}_{ss}(m)|$ 进行取值，然后利用加权函数 $w(m;r,z)$ 的幅度信息进行加权求和，即可得到测试声源对应的输出功率，如式（4-7）所示。

（4）在预期目标位置区域内进行搜索，构造输出功率的模糊平面，其峰值位置就是目标声源的估计位置。

图 4-4 给出了典型多途信道的冲激响应及不同信号的自相关函数的绝对值。自相关函数绝对值在 $m=0$ 附近出现峰值，而这些峰值对我们是没有用的。这里，令自相关函数绝对值在 $m=1,\cdots,10$ 时的值为零。由图 4-4 可见，自相关函数绝对值在本征声线到达时延位置及其交叉位置均出现了峰值。当线性调频信号的带宽较小时，其自相关函数绝对值的峰较宽；当线性调频信号的带宽较宽时，其自相关函数绝对值的峰形变得很尖锐；当信号为宽带白噪声时，其自相关函数绝对值的峰形同样很尖锐。

由此可见，当水听器采集到的数据为宽带白噪声或宽带信号（如线性调频信号）时，其自相关函数绝对值在本征声线到达时延位置及其交叉位置出现尖锐的峰值。自相关函数绝对值上的峰值越尖锐，它就越能反映本征声线到达时延信息，相应的目标定位精度也越高。

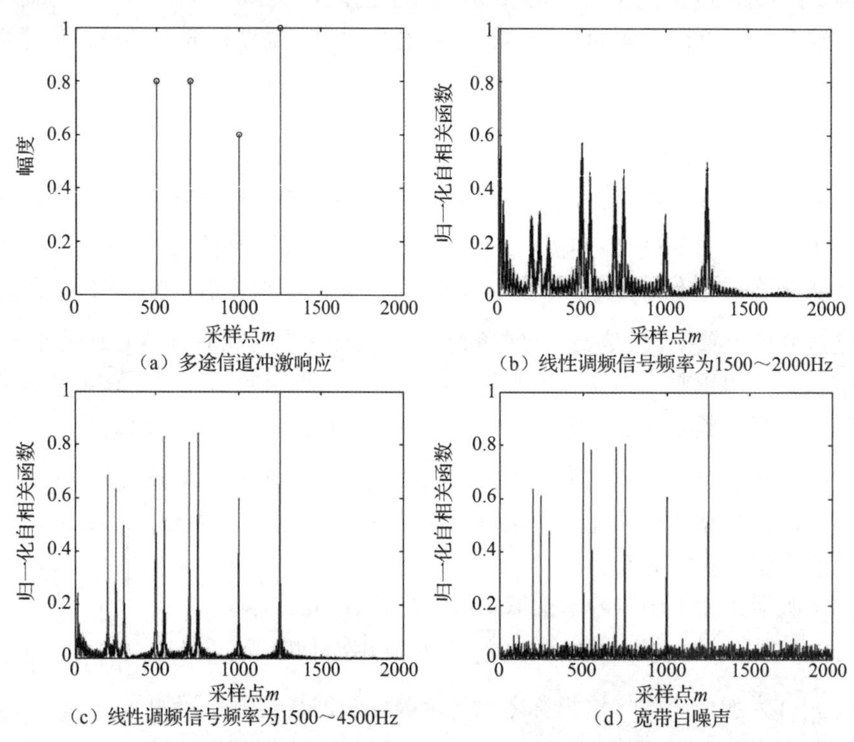

（a）多途信道冲激响应　（b）线性调频信号频率为1500～2000Hz

（c）线性调频信号频率为1500～4500Hz　（d）宽带白噪声

图 4-4　典型多途信道的冲激响应及不同信号的自相关函数的绝对值

然而，当环境参数和真实环境参数之间存在偏差时，通过声线模型计算得到的某条本征声线的相对到达时延与真实时延也出现偏差。这样，加权函数 $w(m;r,z)$ 将无法取到自相关函数绝对值的相应峰值，使功率函数的输出降低，造成定位模糊。显然，目标定位精度和其稳健性是一对矛盾体。由此可见，上述方法对环境参数失配、水听器位置误差、距离/深度空间采样非常敏感且稳健性差。

为了克服上述问题，最简单的办法是对本征声线的相对到达时延进行加窗处理，使其能够覆盖自相关函数绝对值的相应峰值。加窗处理面临的主要问题是如何选取窗函数及窗函数宽度。窗函数宽度选取过大，将使定位模糊平面上出现大量的旁瓣；过小，则对稳健性的改善不明显。影响窗函数宽度选取的另一个重要因素是随着本征声线阶次的升高，各种扰动（如环境失配、网格失配等）引起的同阶本征声线相对到达时延的变化范围将不断增大。这就要求窗函数的宽度要随着本征声线阶次的升高而不断加宽，以便包含各种失配的影响，提高定位的稳健性。

事实上，限制加窗处理方法的最重要的因素，是本征声线的数量和其自相关函数绝对值的交叉峰值。由于自相关函数绝对值的峰值个数远远大于本征声线条数，而且无法区分本征声线对应的峰值和其交叉峰值。当本征声线数量较大时，经过加窗处理的加权函数 $w(m;r,z)$ 很容易得到自相关函数绝对值的交叉峰值，使功率函数的输出增大，在模糊平面上形成伪峰，造成定位误差。极端情况是，在声速剖面非常复杂的浅海波导中，当声源和水听器的距离很大时，本征声线的数量将非常庞大。此时，经过加窗处理的加权函数 $w(m;r,z)$ 将完全覆盖自相关函数绝对值的所有峰值，造成定位失败。因此，需要研究对环境参数等宽容的稳健定位方法。

3. 基于宽带信号自相关函数的稳健目标定位方法

匹配场定位所面临的两个难题是，较高的旁瓣和海洋环境参数失配导致定位性能的大幅度下降。为了抑制旁瓣，人们提出了很多自适应算法，如最小方差无畸变响应匹配场处理器（MVDR）等，但自适应算法对环境参数很敏感，而在实际应用中，环境参数失配、扰动及目标运动都将使自适应算法性能下降。针对不确定的水声环境，即存在环境失配问题，国内外研究者提出了许多宽容的自适应匹配场处理方法，包括最小方差邻域位置约束方法[154]、最小方差环境扰动约束方法[98]、最优不确定场处理器[100]、子空间特征提取方法[155]、扇区聚焦方法[156]，以及融合响应区间扩大、扇区保护及利用环境扰动约束的优点而发展的扇区特征向量约束自适应匹配场处理器[93]等。其中，邻域位置约束匹配场定位算法的基本原理如下：认为环境参数的扰动（失配）对应了声源位置在一定邻域范围内的变化。它利用了线性约束方法，通过在距离深度平面内设置多个邻点位置约束来确保在环境失配时，其主瓣近似于 Bartlett 处理器，旁瓣接近 MVDR。环境扰动约束的匹配场定位算法考虑了环境参数的扰动对拷贝场向量的影响，通过计算拷贝场信号相关矩阵提取环境参数扰动的一阶和二阶统计特性，取得更稳健的定位性能。

4.2.3 节的分析表明，水听器接收信号的自相关函数绝对值 $\left|\mathcal{R}_{ss}(m)\right|$ 中的大量交叉峰值是干扰峰值，它严重影响峰值提取法的定位性能。4.2.1 节分析了声源位置变化和声速剖面扰动对本征声线相对到达时延的影响，结果表明它们对本征声线相对到达时延的影响是相似的，即导致本征声线相对到达时延发生变化，并且随着本征声线阶次的升高，相对到达时延的变化范围也不断增大。

本节借鉴匹配场处理中的邻域位置约束方法和环境扰动约束方法，提出了一种基于单

水听器宽度信号自相关函数的稳健目标定位方法，简称稳健方法。它将$|\mathfrak{R}_{ss}(m)|$包含的交叉干扰峰值转化为能够改善目标定位性能的有用信息。鉴于声源位置变化和声速剖面扰动对本征声线相对到达时延影响的相似性，这里采用实现相对简单的邻域位置约束方法。图 4-5 给出了基于单水听器宽度信号自相关函数的稳健目标定位方法的流程图。

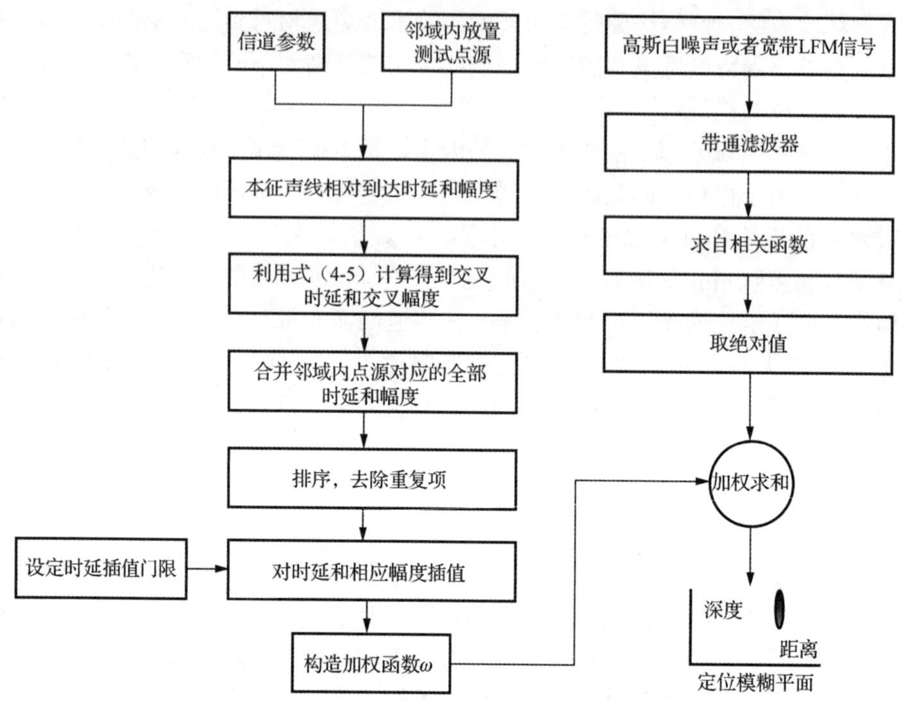

图 4-5　基于单水听器宽度信号自相关函数的稳健目标定位方法的流程图

下面给出其原理和实现过程：

（1）利用水听器对水声信号进行采样，设采样率为f_s。对水听器接收信号进行带通滤波，要求带通滤波器具有较宽的通带，利用式（4-5）计算其自相关函数的绝对值$|\mathfrak{R}_{ss}(m)|$。

（2）采用已知的环境参数和水听器位置等先验信息，利用声线理论模型计算得到测试点源(r,z)到达接收水听器的本征声线相对到达时延τ和幅度$A_{到达}$，将相对到达时延乘以采样率f_s，转换为其对应的采样周期数$\tau_{到达}=\tau\times f_s+1$。如无特别说明，下面的到达时延均指其对应的采样周期数。

（3）根据式（4-5），计算本征声线到达时延的交叉时延$\tau_{交叉}=(n_j-n_i)$和交叉幅度$A_{交叉}=|g_i g_j^*|$。

（4）将本征声线到达时延$\tau_{到达}$和交叉时延$\tau_{交叉}$组合在一起得到全部时延信息$\tau=[\tau_{到达}\quad \tau_{交叉}]$；将本征声线到达幅度$A_{到达}$和交叉幅度$A_{交叉}$也组合在一起，得到相应的幅度信息$A=[A_{到达}\quad A_{交叉}]$。注意，时延要和其幅度保持一一对应。

（5）改变测试声源的位置，使其在一定邻域范围$(\Delta r,\Delta z)$内变化，重复步骤（2）和步

骤(3),计算得到邻域相应本征声线到达时延(含交叉时延)$\tau_{领域}$和幅度(含交叉幅度)$A_{领域}$。实际使用时，只需对邻域划分少量网格，将测试声源依次放到各网格点上。

(6)将邻域相应到达时延$\tau_{领域}$按先后顺序进行排序得到$\tau_{领域}$，对幅度$A_{领域}$进行相应排序得到$A_{领域}$，使幅度对应其相应的到达时延。

(7)去除$\tau_{领域}$中冗余的重复时延，得到$D_{领域}$，对相应的幅度选取这些重复时延对应的最大值，得到$A_{领域}$。重复时延产生的原因：按照声线理论模型计算得到的本征声线到达时延分辨率是有限的，而且交叉时延也可能与本征声线到达时延或其他交叉时延相同。

(8)设定时延差门限$\varDelta = \Delta T \times f_s$(转化为采样周期数)。当$D_{领域}$中两个相邻时延的差$\varPi$小于门限$\varDelta$时，在这两个相邻时延之间插入$\varPi - 1$个时延，其对应的幅度由两个时延对应的幅度进行线性差值计算得到。这样，就得到差值后的到达时延D和相应的幅度A。

(9)利用到达时延D和幅度A构造加权函数$\omega(m;r,z)$。

(10)利用加权函数$\omega(m;r,z)$的时延信息D对接收信号的自相关函数绝对值$|\mathcal{R}_{ss}(m)|$进行取值，然后利用加权函数$\omega(m;r,z)$的幅度信息A进行加权求和，即可得到邻域约束下测试声源对应的输出功率$P(r,z)$，如式(4-7)所示。

(11)在预期目标位置区域内进行搜索，重复步骤(2)～步骤(10)，构造输出功率的模糊平面，其峰值位置就是目标声源的位置估计。

本节提出的稳健定位方法要求信号具有较宽的带宽，以使信号自相关函数具有尖锐的峰值。在定位过程中，将信号中心频率作为射线模型程序的输入信号频率，计算本征声线的相对到达时延和幅度。此时，射线模型输入信号频率较高，一般在几千赫兹以上。海底参数对较高频率信号下本征声线的相对到达时延和幅度较不敏感。

4.2.4 仿真分析

1. 仿真条件

用仿真数据进行实验。可选取一个典型的水平分层浅海波导环境进行仿真实验，实验所得的声速剖面如图4-6所示。水深为79.6m，水体中的声速剖面为典型的浅海夏季声速剖面，如图4-6中曲线CTD#36所示。在海表15m深度内近似等声速，在15～60m深处存在一个强跃变层，在40m深度声速最小。假设海底为均匀半空间声学介质，其密度为$1.8\,\mathrm{g/cm^3}$，声速为1640m/s，声吸收系数为$0.15\,\mathrm{dB}/\lambda$。这里$\lambda$为海底介质中的声波波长。不考虑海洋噪声，假设整个海洋环境在处理过程中不随时间变化。

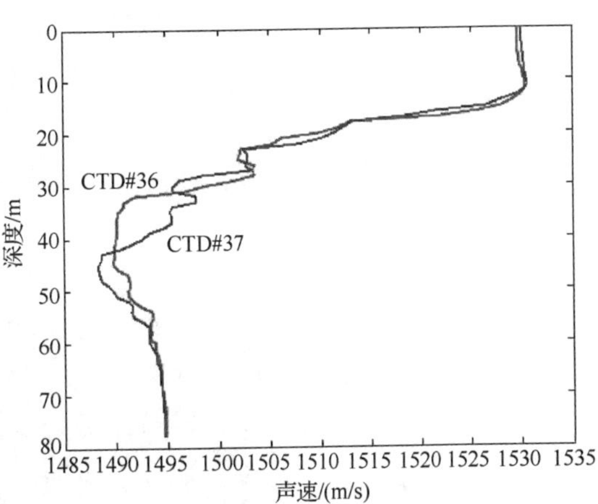

图4-6 声速剖面

本章仿真信号采用宽带线性调频信号，利用波数积分模型计算测量场信号，由此产生自相关函数。选取宽带线性调频信号的中心频率，利用声线理论模型计算得到各本征声线

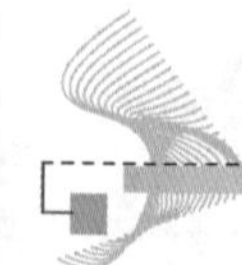

的相对到达时延和相应幅度。

2. 仿真结果

1）相关系数法

假设声源深度为45m，接收器深度为15.15m，声源与接收端的水平距离为230m。图4-7是对单水听器自相关函数利用相关系数法进行定位的仿真结果。图4-7（a）是在环境信息无失配的情况下，目标声源位于搜索网格点上的定位模糊平面。模糊平面的峰值出现在目标声源位置，但旁瓣级非常高。图4-7（b）是网格无失配条件下目标声源位于搜索网格点中间的定位模糊平面，此时无法判断目标声源位置，定位失败。图4-7（c）是目标声源位于搜索网格点上，而声速剖面失配时的定位模糊平面，此时无法判断目标声源位置，定位失败。

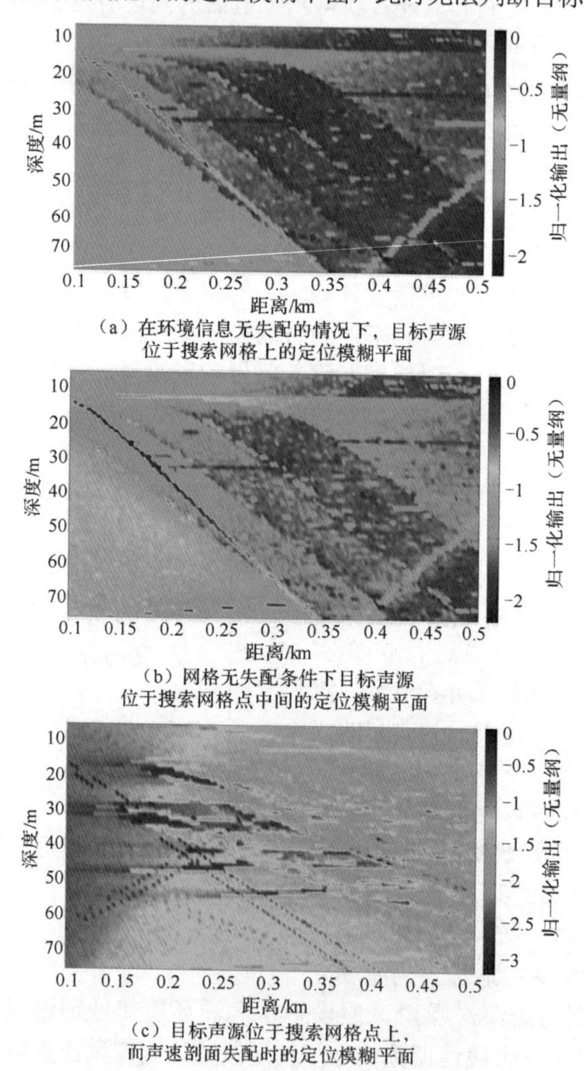

（a）在环境信息无失配的情况下，目标声源位于搜索网格上的定位模糊平面

（b）网格无失配条件下目标声源位于搜索网格点中间的定位模糊平面

（c）目标声源位于搜索网格点上，而声速剖面失配时的定位模糊平面

图4-7　对单水听器自相关函数利用相关系数法进行定位的仿真结果

由此可见，相关系数法的定位性能较差，旁瓣级高，稳健性差，对环境失配和搜索网格失配非常敏感。

2）峰值提取法

假设声源深度为 45m，接收器深度为 15.15m，声源与接收器的水平距离为 230m。图 4-8 是对单水听器自相关函数利用峰值提取法进行定位的仿真结果。图 4-8（a）是环境信息无失配且目标声源位于搜索网格点上的定位模糊平面。模糊平面的峰值出现在了目标声源位置，定位结果准确。图 4-8（b）是环境信息无失配而目标声源位于搜索网格点中间的定位模糊平面，此时无法判断目标声源位置，定位失败。图 4-8（c）是目标声源位于搜索网格点上，而声速剖面失配时的定位模糊平面，此时无法判断目标声源位置，定位失败。

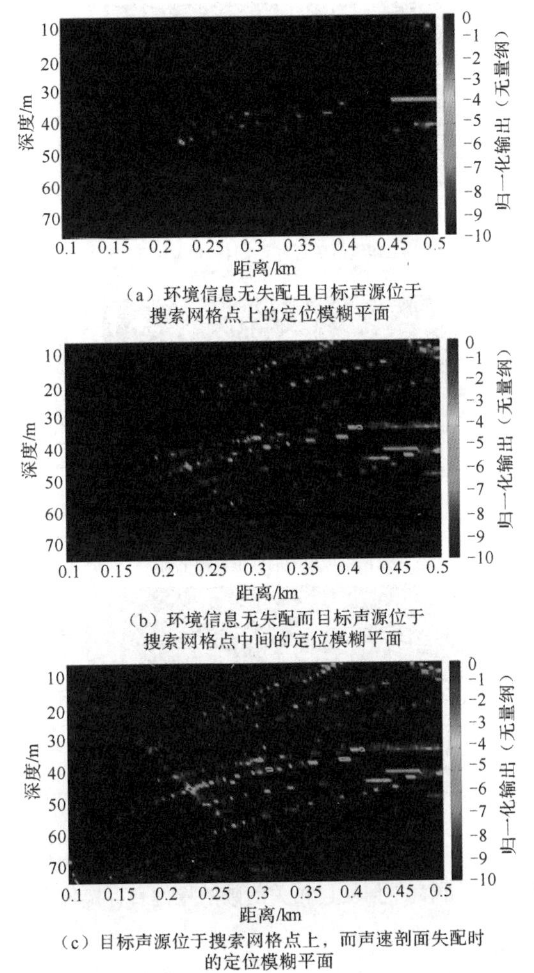

（a）环境信息无失配且目标声源位于搜索网格点上的定位模糊平面

（b）环境信息无失配而目标声源位于搜索网格点中间的定位模糊平面

（c）目标声源位于搜索网格点上，而声速剖面失配时的定位模糊平面

图 4-8　对单水听器自相关函数利用峰值提取法进行定位的仿真结果

由此可见，当环境参数和搜索网格等均无失配时，利用峰值提取法可以取得良好的定位性能；当存在失配时，定位性能急剧下降，无法实现正确的定位。

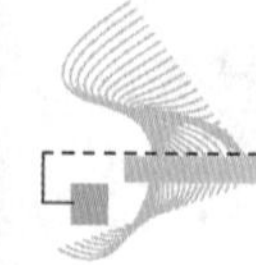

3）稳健方法

（1）近距离（230m）。

假设声源深度为45m，接收器深度为15.15m，声源与接收器的水平距离为230m。图4-9给出了基于单水听器宽带信号自相关函数的稳健目标定位方法的仿真结果。图4-9（a）是环境信息无失配且目标声源位于搜索网格点上的定位模糊平面。模糊平面的峰值出现在了目标声源位置，定位结果准确。图 4-9（b）是环境信息无失配，而目标声源位于搜索网格点中间的定位模糊平面，此时定位性能略有下降，旁瓣级略有升高，定位结果正确。图4-9（c）是目标声源位于搜索网格点上，而声速剖面失配时的定位模糊平面，此时定位性能略有下降，旁瓣级略有升高，定位结果正确。

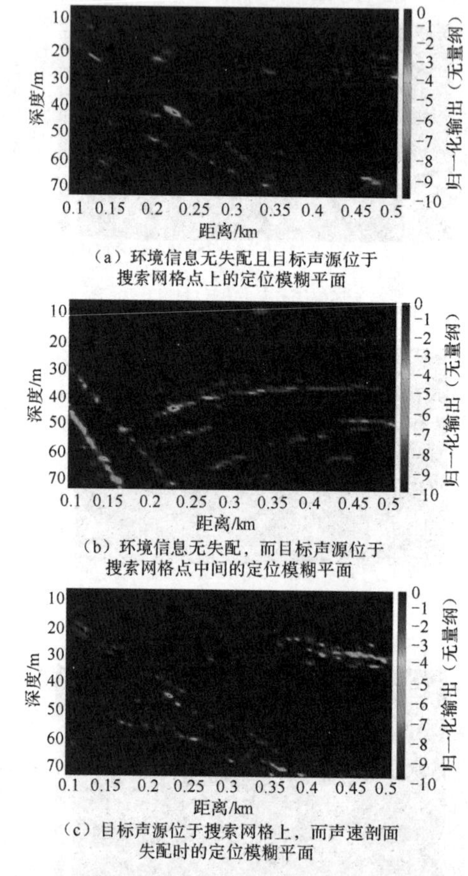

（a）环境信息无失配且目标声源位于搜索网格点上的定位模糊平面

（b）环境信息无失配，而目标声源位于搜索网格点中间的定位模糊平面

（c）目标声源位于搜索网格上，而声速剖面失配时的定位模糊平面

图4-9　基于单水听器宽带信号自相关函数的稳健目标定位方法的仿真结果

（2）较远距离（1.5km）。

假设声源深度为 45m，接收器深度为 15.15m，声源与接收器的水平距离为1.5km。图4-10给出了基于单水听器宽带信号自相关函数的稳健目标定位方法的仿真结果。图 4-10（a）是环境信息无失配且目标声源位于搜索网格点上的定位模糊平面。模糊平面的峰值出现在了目标声源位置，定位结果准确。图 4-10（b）是环境信息无失配，而目标

声源位于搜索网格点中间的定位模糊平面，此时定位性能略有下降，旁瓣级略有升高，定位结果正确。图 4-10（c）是目标声源位于搜索网格点上，而声速剖面失配时的定位模糊平面，此时定位性能略有所下降，旁瓣级升高，但定位结果仍然正确。

由此可见，基于单水听器宽带信号自相关函数的目标定位稳健方法的定位性能优越，稳健性好，对环境参数和搜索网格失配等较不敏感。

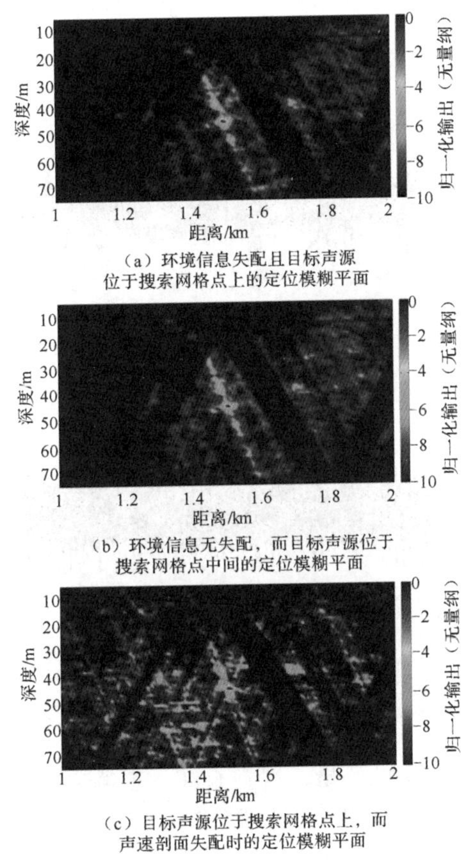

（a）环境信息失配且目标声源位于搜索网格点上的定位模糊平面

（b）环境信息无失配，而目标声源位于搜索网格点中间的定位模糊平面

（c）目标声源位于搜索网格点上，而声速剖面失配时的定位模糊平面

图 4-10 基于单水听器宽带信号自相关函数的稳健目标定位方法的仿真结果

4.2.5 实验数据分析

本节利用 SW06 垂直线阵列数据[157,158]对本章提出的基于单水听器宽带信号自相关函数的稳健目标定位方法进行分析验证。SW06 垂直线阵列数据是由美国海洋物理实验室（MPL）垂直线阵列采集得到。

利用两个典型声源深度的实验数据对本章提出的单水听器定位方法进行分析验证。两个声源深度分别为 15m 和 45m。采样率为 50kHz，首先对接收数据进行 5 倍降采样处理，得到降采样数据，采样率为 10kHz。海底参数选用文献中采用同样的实验数据进行反演得到的结果。

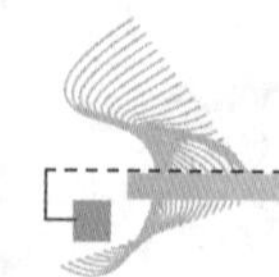

1. 声源深度为 15m 的情况

图 4-11 给出了垂直线阵列最上端阵元（15.15m）接收到的原始信号的时域波形，其中声源深度为 15m。垂直线阵列在采集数据时并没有对信号进行滤波，信号中含有大量的噪声成分。由于声源发射的信号为 1500～4500Hz 的线性调频信号，因此，原始信号中的噪声成分与声源信号无关，即这些噪声成分中并不包含声源位置信息。对原始信号进行滤波处理，设定 FIR 带通滤波器的通带为 1500～4500Hz。

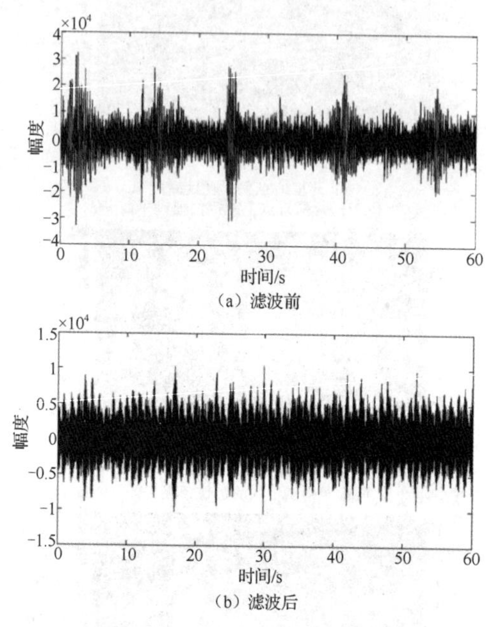

图 4-11　垂直线阵列最上端阵元（15.15m）接收到的原始信号的时域波形

实验开始前进行了声速剖面的测量，得到 CTD#36 声速剖面。实验开始后把声源放在 15m 深处进行发射，因此选择 CTD#36 声速剖面作为当时的声速剖面。将 CTD#36 声速剖面输入射线理论模型程序 BELLHOP，就可以计算得到本征声线相对到达时延和幅度。在数据处理中选用前 10s 数据计算信号自相关函数。图 4-12 是采用峰值提取法和稳健目标定位方法的定位结果。由图 4-12 可见，峰值提取法无法正确地实现目标声源的定位，其原因是该方法对环境参数失配和搜索网格失配等非常敏感。而采用稳健目标定位方法的定位模糊平面峰值出现在了目标声源位置，有效地抑制了旁瓣，使定位结果更准确，定位性能更优越。

2. 声源深度为 45m 的情况

声源放在 45m 深度发射信号时，其时间段大约介于实验前后两次声速剖面测量的中间。这里选择 CDT#36 和 CDT#37 两条声速剖面的平均声速剖面作为当时的声速剖面。将平均声速剖面输入射线理论模型程序 BELLHOP[142]可以计算得到本征声线相对到达时延和幅度。选取位于最上面的水听器（深度为 15.15m）采集的数据进行处理，选用前 10s 测得的数据计算信号自相关函数。图 4-13 是采用峰值提取法和稳健目标定位方法的定位结果。

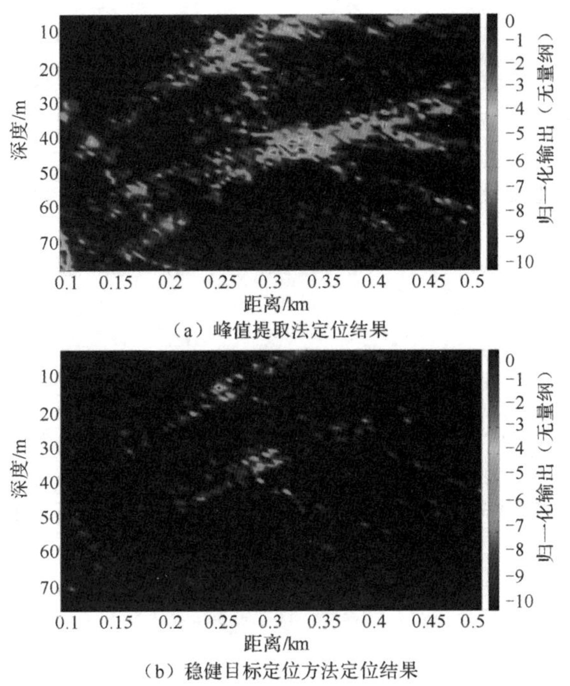

（a）峰值提取法定位结果

（b）稳健目标定位方法定位结果

图 4-12　声源深度为 15m、水听器深度为 15.15m 时前 10s 所得数据的定位结果

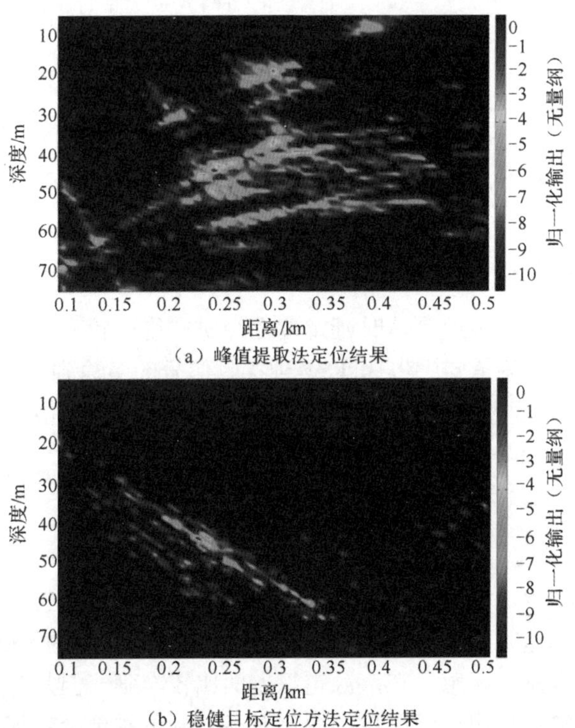

（a）峰值提取法定位结果

（b）稳健目标定位方法定位结果

图 4-13　声源深度为 45m、水听器深度为 15.15m 时前 10s 所得数据的定位结果

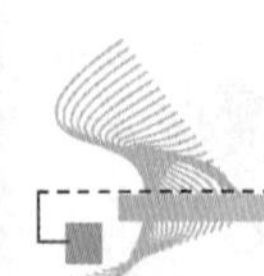

由图 4-13 可见，峰值提取法的模糊平面峰值出现在目标声源位置，但存在大量旁瓣，且其旁瓣级很高，不利于判断目标声源位置。采用稳健方法的定位模糊平面峰值出现在目标声源位置，有效抑制了旁瓣，定位结果准确，定位性能优越。

4.3　基于多途到达结构的近距离声源定位方法

4.3.1　浅海多途到达结构特征

图 4-14 给出了海深为 106m、接收器深度为 50m 时水听器接收到的不同深度不同距离处声源的海底反射波到达角和海面-海底反射波到达角的等高线图。由图可知，多途到达角对声源距离比较敏感，在测距方面比较准确。但是多途到达角在深度方向上几乎呈垂直的趋势，说明声源深度的变化对多途到达角影响很小，因此声源多途到达角定位对声源深度不敏感，在声源定深方面会出现模糊。

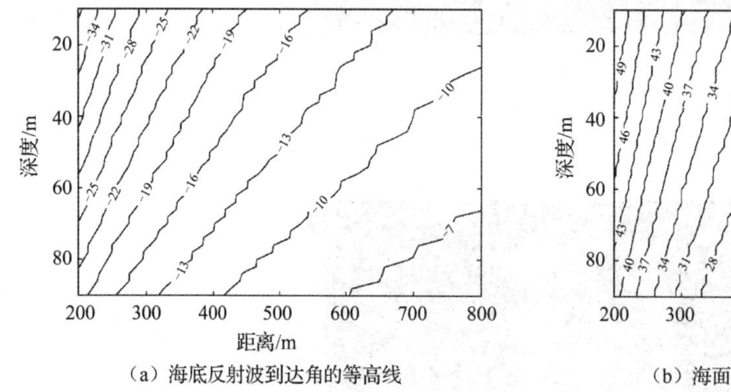

（a）海底反射波到达角的等高线

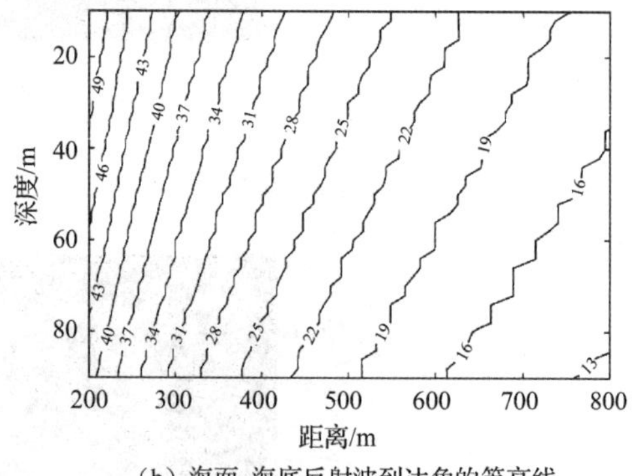

（b）海面-海底反射波到达角的等高线

图 4-14　接收器深度为 50m 时，水听器接收到的不同深度不同距离处声源的海底反射波到达角和海面-海底反射波到达角的等高线图

在浅海环境中，声源的多途到达时延定位已经研究得比较充分。本节通过提取实验接收信号自相关函数的相关峰值点[159]，可以得到接收信号的多途到达时延 T_{e}。然后，在有限的声源深度-距离空间内通过 Bellhop 模型计算，得到声场空间相应位置处的多途到达时延 $T_{\mathrm{c}}(r,z)$，从而得到基于信号多途到达时延的归一化模糊平面：

$$E_{\mathrm{T}} = 20\log 10\left(\frac{\left|T_{\mathrm{e}} - T_{\mathrm{c}}(r,z)\right|}{\max\left(\left|T_{\mathrm{e}} - T_{\mathrm{c}}(r,z)\right|\right)}\right) \tag{4-8}$$

图 4-15 给出了海深为 106m、接收器深度为 50m 时水听器接收到的不同深度不同距离处声源的海底反射波到达时延和海面-海底反射波到达时延之差的等高线图。由图可知，多途到达时延对声源深度比较敏感，在声源定深方面比较准确。但是多途到达时延在距离方向上几乎呈水平的趋势，说明声源距离的变化对多途到达时延影响很小，因此声源多途到达时延定位对声源距离不敏感，在声源测距方面会出现模糊。

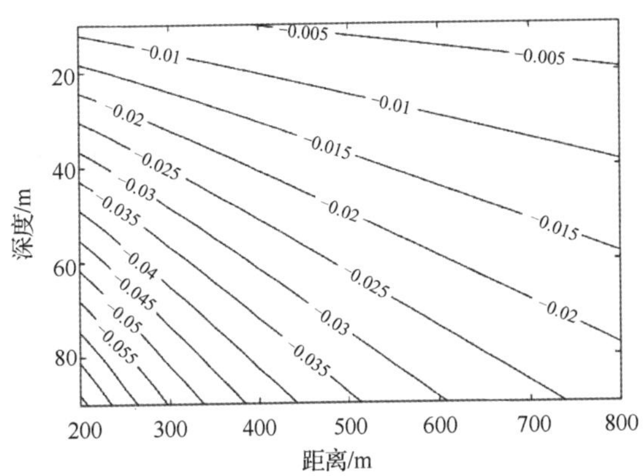

图4-15　接收器深度为50m时，水听器接收到的不同深度不同距离处声源的海底反射波到达时延和海面−海底反射波到达时延之差的等高线图

4.3.2　多途到达结构匹配的定位方法

在阵列信号处理理论中，从不同方向到达的信号构成了信号子空间，多途信号的到达角可以通过常规或高分辨波束形成方法估计。但由于角度分辨率有限，可能无法区分出到达角比较相近的多途，并且由于多途数量未知，可能会将波束输出形成的伪峰错误地认为信号多途或忽略某些多途。因此，本节借助匹配场方法的原理，将声源可能的位置分割为有限个网格点，计算出每个网格点至阵列的多途到达角，并且利用波束形成的相关方法计算这些多途到达角形成的阵列流形子空间，然后计算信号子空间和每个网格点得到的阵列流形子空间之间的距离，这些距离中最小的距离对应的网格点即声源位置的估计值[160]。

在浅海近距离环境中，K 个多途信号的多途到达角可以表示为 $\boldsymbol{\theta}=[\theta_1,\theta_2,\cdots,\theta_K]^{\mathrm{T}}$，假设阵列接收到的噪声信号是均值为0、方差为 σ^2 的稳态高斯白噪声且与源信号不相关，则对于由 N 个阵元组成的均匀垂直线阵列而言，任一时刻 t 接收到的信号可以表示为

$$\boldsymbol{x}(t)=\boldsymbol{A}(\boldsymbol{\theta})\cdot\boldsymbol{s}(t)+\boldsymbol{n}(t) \tag{4-9}$$

式中，$\boldsymbol{A}(\boldsymbol{\theta})$ 是一个 $N\times K$ 维的阵列流形矩阵，$\boldsymbol{s}(t)$ 是一个 $K\times 1$ 维的信号向量，$\boldsymbol{n}(t)$ 是 $N\times 1$ 维的噪声向量。对接收信号的协方差矩阵 $\boldsymbol{R}_x$ 进行特征分解，公式如下：

$$\boldsymbol{R}_x=E[\boldsymbol{x}(t)\boldsymbol{x}^{\mathrm{H}}(t)]=\boldsymbol{U}_{\mathrm{s}}\boldsymbol{\Lambda}_{\mathrm{s}}\boldsymbol{U}_{\mathrm{s}}^{\mathrm{H}}+\sigma^2\boldsymbol{U}_{\mathrm{n}}\boldsymbol{U}_{\mathrm{n}}^{\mathrm{H}} \tag{4-10}$$

式中，上角标H表示共轭转置，$\boldsymbol{\Lambda}_{\mathrm{s}}$ 为一个 $k\times k$ 维的对角矩阵，其对角线上的值对应 $\boldsymbol{R}_x$ 特征值中最大的 k 个特征值，$\boldsymbol{U}_{\mathrm{s}}$ 表示信号子空间，是一个 $N\times k$ 维的矩阵，每一列对应 $\boldsymbol{\Lambda}_{\mathrm{s}}$ 中特征值的特征向量，$\boldsymbol{U}_{\mathrm{n}}$ 表示噪声子空间，是一个 $N\times(N-k)$ 维的矩阵，由 $\boldsymbol{R}_x$ 中除了 $\boldsymbol{U}_{\mathrm{s}}$ 后剩下的特征向量构成。加权子空间拟合类算法（WSF）指出信号到达角的估计值 $\hat{\boldsymbol{\theta}}$ 可以通过最小化信号子空间和阵列流形向量张成空间的距离得到，具体的计算方法为

$$\hat{\boldsymbol{\theta}}=\min_{\boldsymbol{\theta}}\left\|\boldsymbol{U}_{\mathrm{s}}\boldsymbol{V}^{1/2}-\boldsymbol{A}(\boldsymbol{\theta})\boldsymbol{T}\right\|_{\mathrm{F}}^2 \tag{4-11}$$

式中，$\|\bullet\|_{\mathrm{F}}$ 表示F范数，$\boldsymbol{T}$ 是一个非奇异矩阵，$\boldsymbol{V}$ 表示一个正定加权矩阵。为了得到到达

角的最小渐进方差估计，矩阵$\boldsymbol{V}$的具体计算方法为

$$\boldsymbol{V}=(\boldsymbol{\Lambda}_{\rm s}-\sigma^2\boldsymbol{I})^2\boldsymbol{\Lambda}_{\rm s}^{-1} \tag{4-12}$$

式中，$(\bullet)^{-1}$表示求逆算子，$\boldsymbol{I}$是一个$k\times k$维的单位矩阵。把式（4-12）代入式（4-11），将式（4-11）对$\boldsymbol{T}$求偏导并令导数为0，能够得到$\boldsymbol{T}$的估计值：

$$\hat{\boldsymbol{T}}=\boldsymbol{A}^{-1}\boldsymbol{U}_{\rm s}\boldsymbol{V}^{1/2} \tag{4-13}$$

将式（4-13）代入式（4-11），可以得到信号到达角的估计函数：

$$\hat{\boldsymbol{\theta}}=\min_{\theta}\operatorname{tr}\left\{\boldsymbol{P}_{\boldsymbol{A}}^{\perp}(\boldsymbol{\theta})\boldsymbol{U}_{\rm s}\boldsymbol{V}\boldsymbol{U}_{\rm s}^{\rm H}\right\} \tag{4-14}$$

式中，$\boldsymbol{P}_{\boldsymbol{A}}$是对$\boldsymbol{A}$的像空间的投影矩阵，$\boldsymbol{P}_{\boldsymbol{A}}^{\perp}=\boldsymbol{I}-\boldsymbol{P}_{\boldsymbol{A}}$是对$\boldsymbol{A}$的零空间的投影矩阵，具体的计算公式为

$$\boldsymbol{P}_{\boldsymbol{A}}^{\perp}=\boldsymbol{I}-\boldsymbol{A}\boldsymbol{A}^{\dagger}=\boldsymbol{I}-\boldsymbol{A}(\boldsymbol{A}^{\rm H}\boldsymbol{A})\boldsymbol{A}^{\rm H} \tag{4-15}$$

在浅海近距离环境中，由于接收信号的多途到达角是声源位置的函数，因此信号的多途到达角可以表示为

$$\boldsymbol{\theta}=h(r,z) \tag{4-16}$$

式中，$h(\bullet)$表示声场环境模型算子，在本节中，可通过声场程序Bellhop进行计算；r表示声源距离，z表示声源深度。把式（4-16）代入式（4-14），通过在有限的声源深度-距离空间内进行搜索，可以得到估计声源距离和深度的公式：

$$[\hat{r},\hat{z}]=\min_{r,z}\operatorname{tr}\left\{\boldsymbol{P}_{\boldsymbol{A}}^{\perp}(r,z)\boldsymbol{U}_{\rm s}\boldsymbol{V}\boldsymbol{U}_{\rm s}^{\rm H}\right\} \tag{4-17}$$

式中，$\hat{r}$和$\hat{z}$分别表示声源距离和深度的估计结果，$\operatorname{tr}\{\bullet\}$表示矩阵迹的算子。

根据上述分析结果，把本节所用的声源定位的模糊表面$G_{\rm W}$定义为

$$G_{\rm W}=\frac{1}{\operatorname{tr}\left\{\boldsymbol{P}_{\boldsymbol{A}}^{\perp}(r,z)\boldsymbol{U}_{\rm s}\boldsymbol{V}\boldsymbol{U}_{\rm s}^{\rm H}\right\}} \tag{4-18}$$

由式（4-18）可知，利用分贝表示的基于信号多途到达角的归一化模糊平面为

$$E_{\rm W}=20\log10\left(\frac{G_{\rm W}}{\max(G_{\rm W})}\right) \tag{4-19}$$

利用式（4-19）和式（4-8），在有限的声源深度-距离空间内进行搜索都可以对声源进行定位。但是，通过上一节的分析可知，利用接收信号的多途到达角信息进行声源定位时，由于多途到达角信息只对声源的距离信息比较敏感，所以定位时会在声源深度方向上出现模糊信号。只利用接收信号的多途到达时延信息进行声源定位时，由于多途到达时延信息只对声源的深度信息比较敏感，所以定位时会在声源距离方向上出现模糊信号。因此，本节通过综合多途到达角和多途到达时延两种方法的优势进行定位，能够提高定位的准确性。本节把多途到达角和多途到达时延联合定位的模糊平面定义为

$$E_{\rm c}=\frac{E_{\rm W}}{\min(E_{\rm W})}+\frac{E_{\rm T}}{\min(E_{\rm T})} \tag{4-20}$$

利用式（4-20）在有限的声源深度-距离空间内进行搜索，峰值位置即声源所在的位置。

4.3.3　仿真验证

本节仿真典型浅海环境下利用多途到达结构定位近距离处的声源。仿真的海深为 106 m。图 4-16 给出了仿真环境下的声速剖面，该声速剖面是典型的浅海冬季声速剖面。仿真过程中，声源在 50 m 深度发射一个频率为 300 Hz 的单频信号。在距离为 500 m 处布放一套阵元，阵元间距为 2 m，最上面的阵元距离海面 10 m 的 41 元均匀垂直线阵列对声源发射的信号进行接收。

图 4-17 给出了垂直线阵列接收到仿真声源深度为 50 m，声源距离为 500 m 以下的声源的多途到达结构，在图 4-17 中，D 表示直达波，S 表示海面反射波，B 表示海底反射波，BS 表示海底-海面反射波，SB 表示海面-海底反射波。由图 4-17 可知，在浅海近距离处，声源的多途到达结构比较清楚，通过 4.3.2 节介绍的方法准确提取声源的多途到达角和多途到达时延，能够对声源进行准确定位。在上述仿真环境下，通过利用加权子空间拟合类算法，能够准确地估计出信号的多途到达角，然后，通过接收信号的自相关函数估计出信号的多途到达时延。图 4-18 给出了分别利用多途到达角定位、多途到达时延定位多途到达角和多途到达时延联合定位的结果。图中的星号所示位置为声源的真实位置。由图 4-18 可知，只利用多途到达角定位时，虽然能够大致估计出声源的距离，但是在声源深度上出现了模糊，没法估计出声源的深度；对于只利用多途到达时延定位时，能够大致估计出声源的深度，但是在声源距离上出现了模糊信号，没法估计出声源的距离。相比之下，同时利用声源多途到达角和多途到达时延的定位结果，能够同时准确地估计出声源的深度和声源的距离，定位准确，优势明显。

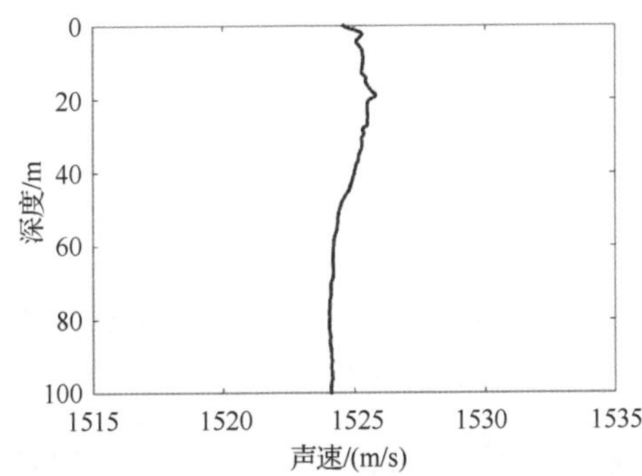

图 4-16　仿真环境下的声速剖面

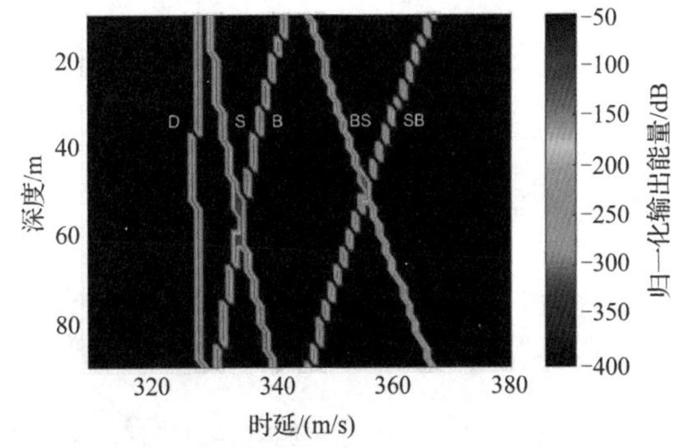

图 4-17　垂直线阵列接收到的仿真声源深度为 50 m，声源距离为 500 m 以下的多途到达结构

虽然利用多途到达结构能够对浅海近距离处的声源进行准确定位，但是当距离较远时，浅海的多途到达结构之间的差别很小，将很难区分，方法也会失效。

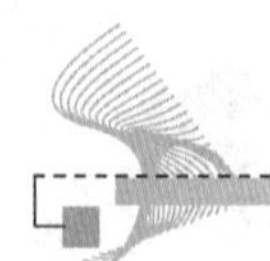

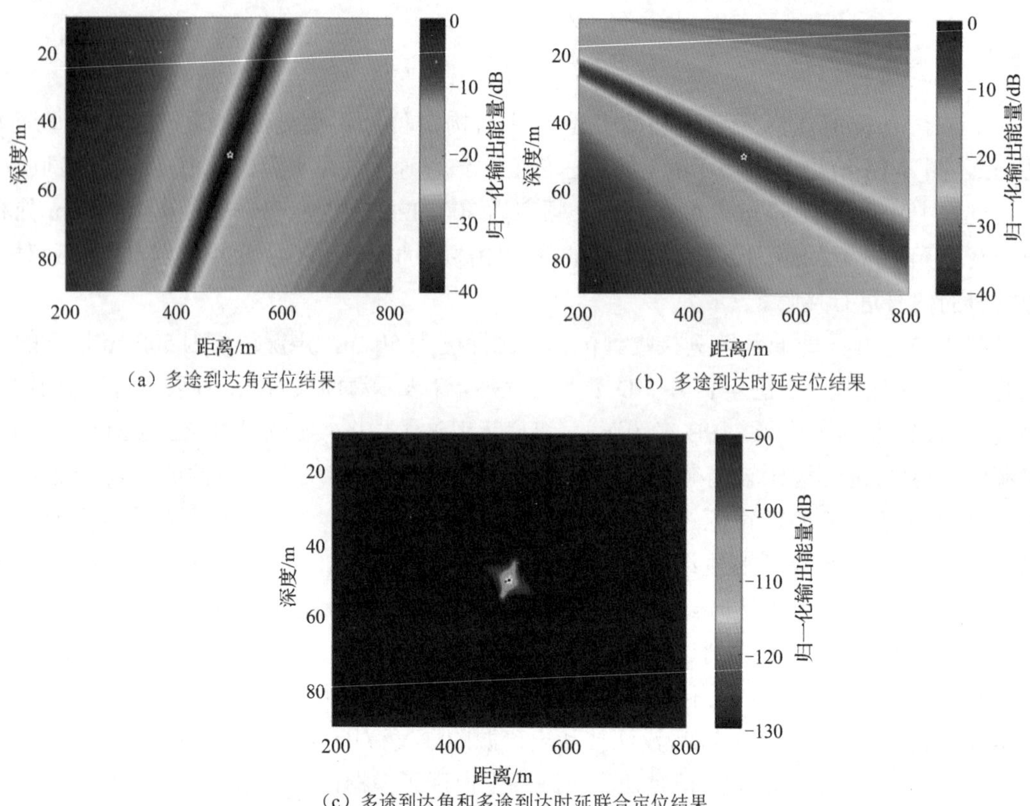

（a）多途到达角定位结果

（b）多途到达时延定位结果

（c）多途到达角和多途到达时延联合定位结果

图 4-18　多途到达角定位、多途到达时延定位及多途到达角和多途到达时延联合定位结果

4.4　基于简正波模态消频散变换的定位方法

4.4.1　浅海简正波模态频散特性

根据简正波理论，在水平不变的浅海环境中，一个深度为 z_s 的声源发射一个宽带脉冲信号，经过波导传播后，在距离为 r、深度为 z_r 的接收器处的声压场可以表达为

$$P(\omega,r,z_r) \simeq Q\sum_{m=1}^{M} S(\omega)\psi_m(z_s)\psi_m(z_r)\frac{e^{jk_{rm}(\omega)r}}{\sqrt{k_{rm}(\omega)r}} \tag{4-21}$$

式中，ω 表示声波发射频率；系数 $Q = e^{j\pi/4}/\sqrt{8\pi}\rho(z_s)$，它是一个常量，$\rho(z_s)$ 表示在声源深度处的海水密度值；$S(\omega)$ 是发射信号的频谱，M 是总的传播模态数，ψ_m 是第 m 阶模态的模态函数，$k_{rm}(\omega)$ 是第 m 阶模态的水平波数。

由式（4-21）可知，接收器处的声场是由各阶简正波模态的叠加所组成的。对于每一阶模态，可定义如下的相速度和群速度。

相速度：
$$v_m(\omega)=\frac{\omega}{k_{rm}(\omega)} \tag{4-22}$$

群速度：
$$u_m(\omega)=\frac{\mathrm{d}\omega}{\mathrm{d}k_{rm}(\omega)} \tag{4-23}$$

简正波理论中，各阶模态的相速度和群速度体现了频率与波数之间的关系。其中，相速度是模式的平面波表示中某一特定相位的水平速度。当传播角很陡时相速度接近无限大，而水平传播时相速度近似于海水声速。这表明当频率接近截止频率时，通过干涉产生模式的那些平面波是近似垂直传播的，而在高频极限下，产生模式的平面波则是近似水平传播的。群速度表示信号能量传播的速度，反映信号不同频率分量传播的速度，是频散关系中最重要的物理量。对于在浅海中传播的低频脉冲信号而言，其频散效应尤为明显。

波导不变量最早是由俄罗斯学者 Chuprov 提出的，仅用一个标量参数就反映了距离、频率及声强图上干涉条纹斜率之间的关系，描述了声场中的频散特性和相长相消的干涉结构。波导不变量是一个与浅海环境特性及传播特性都有关系的物理量，根据其定义，波导不变量的表达式为

$$\beta=\frac{r\,\mathrm{d}\omega}{\omega\,\mathrm{d}r}=-\frac{\Delta s_{\mathrm{p}}^{mn}}{\Delta s_{\mathrm{g}}^{mn}} \tag{4-24}$$

式中，$\Delta s_{\mathrm{p}}^{mn}$ 表示第 m 阶和第 n 阶简正波相慢度（相速度的倒数）的差分，$\Delta s_{\mathrm{g}}^{mn}$ 表示第 m 阶和第 n 阶简正波群慢度（群速度的倒数）的差分。

从式（4-24）可以获得两种估计波导不变量 β 的方法。式（4-24）中的第一个等号表明，通过分析 r-f 平面中的干涉条纹，利用图像处理的方法，通过提取干涉条纹的斜率可以估计出相应的 β 值；第二个等号表示，利用海洋环境的先验知识，通过海洋环境声学模型计算出相应环境下简正波的相速度和群速度，从而计算出相应的相慢度和群慢度，进而计算出相应环境下的 β 值。

4.4.2　定位方法

由于浅海波导中的接收信号为多模信号，各阶简正波具有不同的水平波数，若想同时抵消多号简正波的频散，则必须找到各号简正波的共同特征。由式（4-24）可知，波导不变量 β 的值与相互干涉的简正波号数 m、n 无关。因此，利用波导不变量的概念统一各号简正波是一种新的思路。Grachev [161]曾经给出了利用波导不变量统一各号简正波水平波数差的表达式：

$$k_{mn}=k_{rm}-k_{rn}=(-\gamma_m+\gamma_n)\omega^{-\frac{1}{\beta}}=\gamma_{nm}\omega^{-\frac{1}{\beta}} \tag{4-25}$$

式中，k_{rm} 和 k_{rn} 分别表示第 m 阶和第 n 阶简正波的水平波数，k_{mn} 表示第 m 阶和第 n 阶简正波的水平波数差；γ_m 和 γ_n 分别表示第 m 阶和第 n 阶简正波的频散参数，γ_{nm} 表示第 m 阶和第 n 阶简正波的频散参数差，它是一个与简正波号数有关的常量。

对于一个已知的浅海波导环境，水平波数的计算公式在高频情况下，近似满足：

$$\omega \to \infty,\ k_{rm}(\omega) \to \frac{\omega}{c_0} \tag{4-26}$$

式中，c_0 表示水中的平均声速。

通过式（4-25）和式（4-26），并结合中国海洋大学王宁等人[162,163]的相关研究工作可知，第 m 阶简正波的水平波数可以表示为

$$k_{rm}(\omega) = \frac{\omega - \gamma_m \omega^{-\frac{1}{\beta}}}{c_0} = \frac{\omega}{c_0} - \frac{\gamma_m \omega^{-\frac{1}{\beta}}}{c_0} \tag{4-27}$$

式（4-27）一般在远离艾里相位区域时比较有效，否则，c_0 会随模态变化而有一定的变化，但是变化不大。从式（4-27）可以看出，它包含两项，第一项可以解释为传输项，所有的模态能量的传播只和信号频率一个物理量有关，即所有模态的所有频点具有统一的到达时间；第二项可以解释为某阶模态的频散项，即当某阶模态传输时，不同频率的信号以不同的传输速度向前传播，不同频率的信号具有不同的到达时间，从而形成了模态内频散现象。把式（4-27）代入式（4-22），第 m 阶简正波相速度的计算公式就可以重新表示为

$$v_m(\omega) = \frac{\omega c_0}{\omega - \gamma_m \omega^{-\frac{1}{\beta}}} \tag{4-28}$$

由式（4-28）可知，计算第 m 阶简正波相速度时，波导不变量 β 和第 m 阶简正波频散参数 γ_m 为未知变量。由于本节利用消频散变换时需要利用这两个物理量，所以这两个物理量按如下的公式进行估计：

$$\left(\hat{\beta}, \hat{\gamma}_m\right) = \min\left\{\sum_{\omega=\omega_{\min}^m}^{\omega=\omega_{\max}^m} \left[v_m^c(\omega) - v_m^e(\omega, \beta, \gamma_m)\right]^2\right\},\quad 1 \leqslant \beta \leqslant 2 \tag{4-29}$$

式中，$\hat{\beta}$ 和 $\hat{\gamma}_m$ 分别表示两个物理量的估计值，$\omega_{\min}^m$ 和 $\omega_{\max}^m$ 分别表示计算第 m 阶模态相速度时的最小频率和最大频率，v_m^c 表示通过 Kraken 模型[142]计算出的相应频点处的第 m 阶模态的相速度，v_m^e 表示利用式（4-28）计算出的第 m 阶模态的相速度，$1 \leqslant \beta \leqslant 2$ 表示浅海波导不变量的变化范围。

消频散变换[162,163]定义如下：

$$P(r, z_{\rm r}, r', \gamma') = \frac{1}{2\pi}\int_{-\infty}^{+\infty} P(\omega, r, z_{\rm r}) {\rm e}^{-{\rm i}\left(\frac{\omega}{c_0}\right) r' + {\rm i}\omega^{-\frac{1}{\beta}}\left(\frac{\gamma'}{c_0}\right)} {\rm d}\omega \tag{4-30}$$

式中，$\{r', \gamma'\}$ 为消频散变换时引入的两个变换参数。把式（4-21）中的 $P(\omega, r, z_{\rm r})$ 代入式（4-30）并展开，可得

$$P(r, z_{\rm r}, r', \gamma') = \frac{Q}{\sqrt{r}}\sum_{m=1}^{M} \psi_m(z_{\rm s})\psi_m(z_{\rm r}) \times \frac{1}{2\pi}\int_{-\infty}^{+\infty} \frac{S(\omega)}{\sqrt{k_{rm}(\omega)}} {\rm e}^{{\rm i}(\omega/c_0)(r-r') + {\rm i}(\omega^{-1/\beta}/c_0)(\gamma' - r\gamma_m)} {\rm d}\omega \tag{4-31}$$

本节的目的是为了通过式（4-31）消除接收信号中的频散现象，即通过一定的方法将接收信号的指数项部分消除。由式（4-31）可知，式中的指数项包含两项，对于第 m 阶简正波频散模态，只有当指数项部分满足 $r' = r$ 和 $\gamma' = r\gamma_m$ 时，该式中的指数项部分被完全抵消，即第 m 阶简正波的频散现象被完全消除。此时，消频散变换后的接收信号在距离-频

散参数二维平面上会出现声压聚焦的现象，即模态的频散项被完全抵消时对应的距离即声源的距离，由此可以确定声源的距离参数。

在进行声源深度的估计时，由于接收信号的不同模态具有不同的能量，能量的变化反映了模态形状函数随深度的变化。通过上述的消频散变换，各阶模态的能量已经完全分离开来。本节通过对分离开来的各阶模态的能量进行匹配的方法，进行声源的深度估计[164]。其中，第 m 阶简正波模态的能量 E_m 可以按式（4-32）进行计算：

$$E_m = \int_{t_m^1}^{t_m^2} y^2(t)\,\mathrm{d}t \tag{4-32}$$

式中，$y(t)$ 表示接收信号经过消频散变换后的时域波形，t_m^1 和 t_m^2 分别表示接收信号的第 m 阶简正波模态经过消频散变换后，在时域上的起始时刻与结束时刻。其中，起始时刻和结束时刻在本节中通过设置一定的门限获得。

用 E_m^{e} 表示实际接收信号经过消频散变换后第 m 阶简正波模态的能量，E_m^{c} 表示复制信号经过消频散变换后提取出的第 m 阶简正波模态的能量，由此可构造声源定深时的代价函数 $J(z)$：

$$J(z) = -10\log_{10}\left(1 - \sum_m \frac{\left(E_m^{\mathrm{e}} - E_m^{\mathrm{c}}\right)^2}{M}\right) \tag{4-33}$$

通过利用式（4-33）所示的代价函数，在声源深度范围内进行峰值搜索，可以准确地计算出声源的深度。

4.4.3　海底参数与声源位置参数的同时求解

本节选择的仿真环境为 Pekeris 波导环境，Pekeris 波导环境是一个具有两层结构的海洋波导，它与实际的海洋环境比较接近，如图 4-19 所示。其中，水深 D 为 40m，海水的声速和密度分别为 $c_1 = 1500\,\mathrm{m/s}$ 和 $\rho_1 = 1.0\,\mathrm{g/cm^3}$，海底的声速和密度分别为 $c_2 = 1800\,\mathrm{m/s}$ 和 $\rho_2 = 1.7\,\mathrm{g/cm^3}$，声源的布放深度为 25 m，水听器的布放深度和距离分别为 36 m 和 15 km。

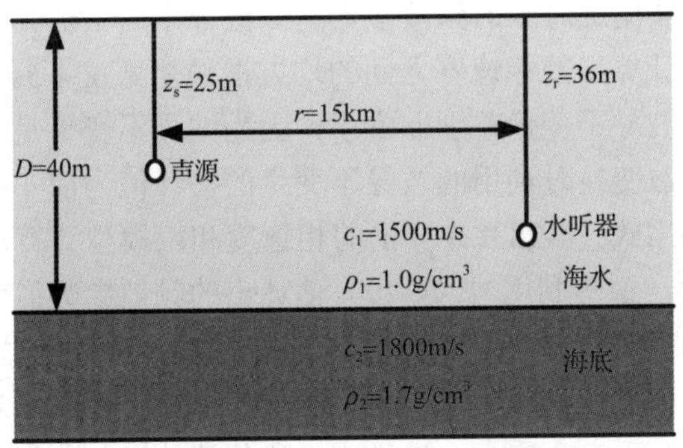

图 4-19　Pekeris 波导环境模型

对于声源发射的宽带脉冲信号，根据式（4-22）和式（4-23）可获得在图 4-19 所示的典型 Pekeris 波导环境模型下的相速度和群速度。图 4-20 给出了 Pekeris 波导环境模型中前 4 阶简正波模态的相速度和群速度随频率的变化曲线。其中，Pekeris 波导中各个简正波模态所能传播的下限频率称为截止频率。当信号频率低于某阶简正波模态的截止频率时，在波导中不能激发相对应的有效模态。从图 4-20 可知，Pekeris 波导中的相速度和群速度在高频段均趋近于海水中的声速 c_1；而在各阶简正波截止频率处，相速度和群速度均趋近于海底声速 c_2。其中，相速度随频率单调下降，而群速度则在某一频率上存在极小值，此极小值称为艾里相位。从以上模态的频散曲线中可以看出，在同一频率处，不同的传播模态具有不同的传播速度，表示的是各阶简正波模态之间的频散关系，称为模态间频散；而同一模态在不同频率处具有不同的传播速度，反映的是单一模态的频散现象，称为模态内频散。对于宽带脉冲而言，既存在模态间频散也存在模态内频散，每个模态以不同的群速度向前传播，因而以不同的时间到达用于接收水中声信号的水听器。本节的目的正是通过消频散变换消除各阶模态的频散，从而进行测距和定深。第 m 阶模态的截止频率定义如下：

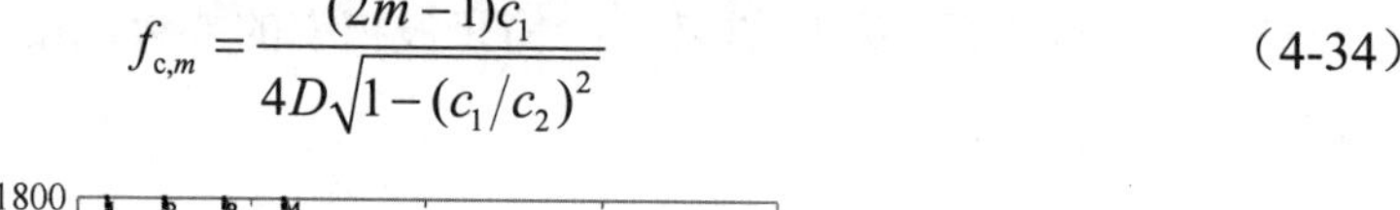

$$f_{\mathrm{c},m}=\frac{(2m-1)c_1}{4D\sqrt{1-(c_1/c_2)^2}} \tag{4-34}$$

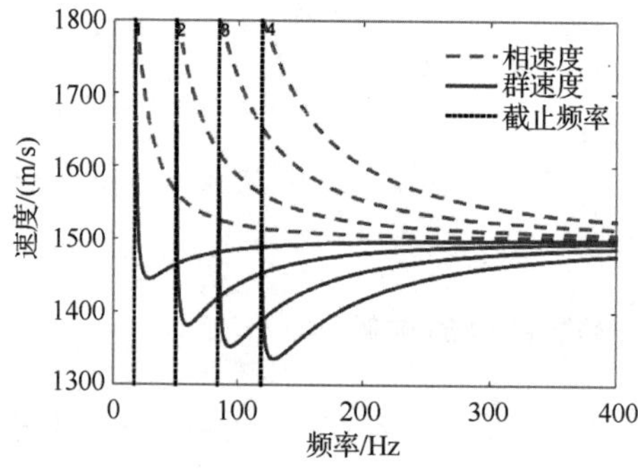

图 4-20 Pekeris 波导环境模型中前 4 阶简正波模态的相速度和群速度随频率的变化曲线

在图 4-19 所示的 Pekeris 波导环境下，利用式（4-29）可以估计出相应环境下的波导不变量 $\hat{\beta}$。前 4 阶简正波模态对应的频散参数 $\hat{\gamma}_m$、波导不变量估计结果和利用估计值计算出的相速度与利用模型计算出的相速度之间的均方根误差见表 4-5。由表 4-5 可知，所估计的前 4 阶简正波对应的波导不变量差别非常小。因为波导不变量是一个与模态阶数无关的物理量，所以进行消频散变换时利用的波导不变量的估计值为前 4 阶简正波模态估计出的波导不变量的均值。利用式（4-28）计算出的相速度和由模型计算出的相速度的均方根误差非常小，量级为 10^{-2}，说明利用式（4-29）估计出的频散参数值和波导不变量值都比较准确。利用表 4-5 所列的频散参数值和波导不变量均值，可得到模型计算出的前 4 阶简正波模态的相速度曲线和由式（4-28）计算出的相速度曲线，如图 4-21 所示。由图 4-21 可知，图中的实线和虚线几乎完全重合，也说明了所估计的误差非常小，进一步说明了估计出的频散参数和波导不变量数值比较准确。仿真时利用的是低频宽带脉冲信号，脉冲宽度为 200～300Hz，中心频率为 250 Hz。图 4-22 给出了图 4-19 所示的在 Pekeris 波导环境模型下，声源深度为 25 m、接收器深度为 36 m、接收距离为 15 km 处接收到的低频宽带脉冲信号的时域波形和时频图。

表 4-5　前 4 阶简正波模态对应的频散参数、波导不变量估计结果和通过两种方法计算的相速度之间的均方根误差

模态数	1	2	3	4	平均值
波导不变量 $\hat{\beta}$	1.0576	1.0554	1.0518	1.0469	1.0529
频散参数 $\hat{\gamma}_m$	4195.9	17072	39511	73063	—
均方根误差/(m/s)	0.0019	0.0070	0.0138	0.0198	—

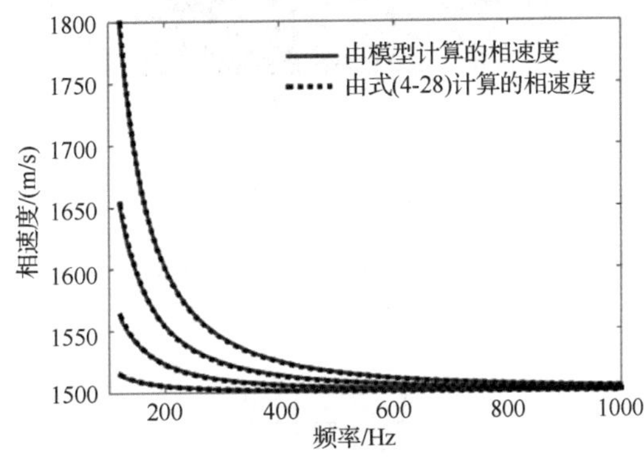

图 4-21　在仿真环境下利用 Kraken 模型计算的相速度和由式（4-28）计算的相速度曲线

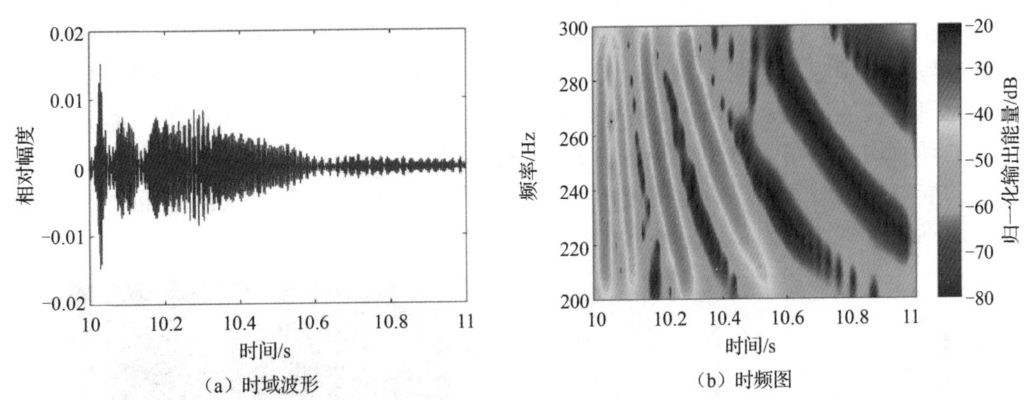

图 4-22　低频宽带脉冲信号的时域波形和时频图

由图 4-22 可以看出，高号简正波的持续时间明显长于低号简正波的，主要是高频部分和低频部分的到达时间不同所致。这就是典型的频散现象，从而导致信号在时域上相互叠加，没有办法明显地区分开。对上述接收信号进行式（4-30）和式（4-31）所示的消频散变换，得到相应距离范围内的距离-频散参数二维平面，如图 4-23 所示。图中，横向的虚线表示声源实际的发射距离。从图 4-23 中可以看出，在声源实际距离处的剖面上，前 4 阶

简正波模态的声压幅值均达到最大值。此时，各阶模态的频散效应被完全抵消。因此，在进行消频散测距时，只须在距离-频散参数二维平面上，寻找各阶模态被完全抵消的距离，该距离即实际声源所在的距离。

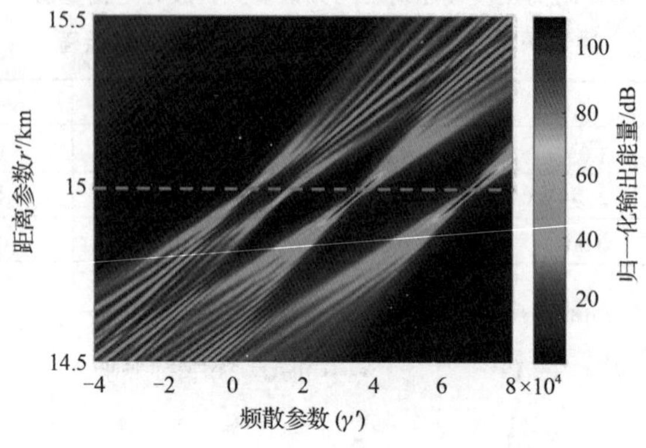

图 4-23　距离-频散参数二维平面

当准确地计算出声源的距离后，r' 位置对应的频散参数 γ' 轴与信号的持续时间 t 的转换关系为[162]

$$t=\hat{r}\left(\frac{1}{c_0}+\left(\frac{1}{\beta}\right)\frac{\gamma'\omega_0^{-\frac{1}{\beta}-1}}{c_0}\right) \tag{4-35}$$

式中，$\hat{r}$ 为估计的声源距离，ω_0 为发射信号的中心频率。把图 4-23 中 $\hat{r}$ 对应位置处的 γ' 轴取出，并利用式（4-35）进行坐标线性变换，可得到对应距离上消频散变换后的接收信号的时域信号和时频图，如图 4-24 所示。在图 4-24（a）中，前 4 阶简正波的时域信号均没有持续时间变长的现象，图 4-24（b）中前 4 阶简正波的时频谱也不再倾斜，说明前 4 阶简正波的频散均被抵消。对比图 4-22（a）和图 4-24（a）可知，进行消频散变换后前 4 阶简正波的准确到达时间可以清楚地读出，但是，消频散变换之前由于高号简正波的持续时间较长而难以准确地读出信号到达时间。

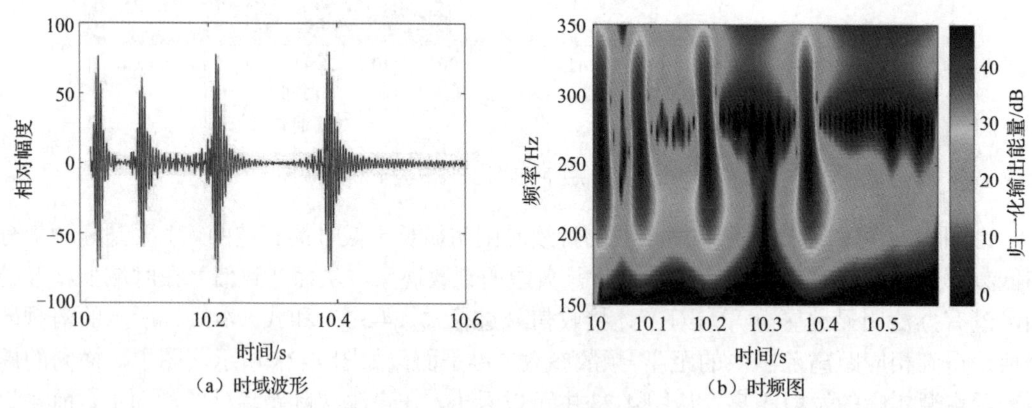

（a）时域波形　　（b）时频图

图 4-24　接收信号消频散变换后的时域波形和时频图

由于各阶简正波模态在时域上的能量分布反映了声源深度的变化，图4-24（a）中前4阶简正波模态的起始时间和结束时间通过设置一定的门限获得，把图 4-24（a）中信号的平方 $y^2(t)$ 大于门限的时间作为本阶模态的起始时间，小于门限的时间作为结束时间。本节利用式（4-33）匹配消频散变换后的能量分布，得到如图4-25所示的声源深度估计结果。由图4-25可以看出，在仿真条件下，目标声源深度估计曲线在25 m处时非常尖锐，说明深度估计结果非常准确。

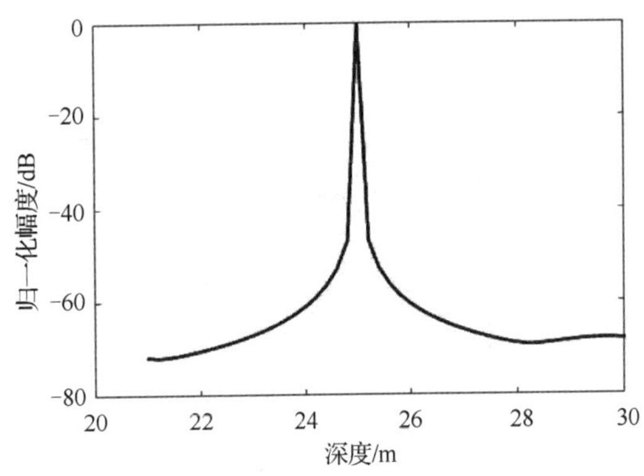

图4-25　声源深度估计结果

4.4.4　实验数据分析

本节的实验数据来自 2015 年冬季进行的声传播测量实验。实验海区的海底地形比较平坦，平均海深约113.5 m。图4-26给出了实验海区的平均声速剖面，据此计算出实验海区的平均声速 $c_0 = 1518.6\ \text{m/s}$。从图 4-26 中可以看出，实验海区的平均声速剖面为典型的浅海冬季声速剖面，声速随着深度的增加呈现缓慢增加的趋势。实验过程中发射的信号是气枪信号，并且通过16元均匀垂直线阵列接收信号。

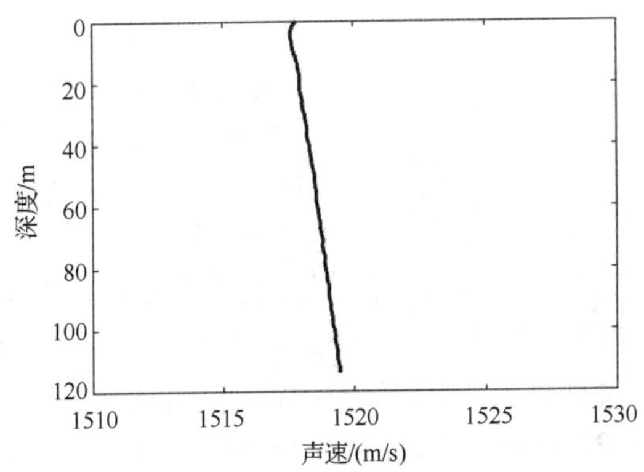

图4-26　实验海区的平均声速剖面

为了利用本节定义的消频散变换对气枪信号进行测距和定深，本节利用图 4-26 所示的声速剖面和在实验海区实际测量得到的环境参数，通过式（4-29）估计出实验海区的波导不变量和前 4 阶简正波模态的频散参数。表 4-6 给出了前 4 阶简正波模态对应的实测数据频散参数和波导不变量估计结果，以及利用估计结果计算出的模态相速度与由模型计算出的相速度的均方根误差。由表 4-6 可知，前 4 阶波导不变量估计结果变化不大，在后续计算中利用波导不变量的平均值，由模型计算的相速度和由式（4-28）计算出的相速度的均方根误差都非常小。这说明通过式（4-29）估计出的频散参数值和波导不变量值比较准确，可以用于后续的消频散变换处理。

表 4-6　前 4 阶简正波模态对应的实测数据频散参数、波导不变量估计结果和通过两种方法计算的相速度的均方根误差

模态数	1	2	3	4	平均值
波导不变量 $\hat{\beta}$	1.0391	1.0528	1.0296	1.0202	1.0354
频散参数 $\hat{\gamma}_m$	476	2224	5292	9788	—
均方根误差/(m/s)	2.6193	0.9572	2.5330	1.8857	—

利用表 4-6 所列的波导不变量均值和前 4 阶简正波模态频散参数值，再利用式（4-28）计算出前 4 阶简正波的相速度曲线和在实验环境下直接由模型计算出的前 4 阶简正波相速度曲线对比，如图 4-27 所示。由图可知，把表 4-6 所列的波导不变量和频散参数值代入式（4-28）能够比较好地拟合模型计算的相速度变化曲线。因此，把将估计的波导不变量均值用于后续的消频散变换处理比较合理。

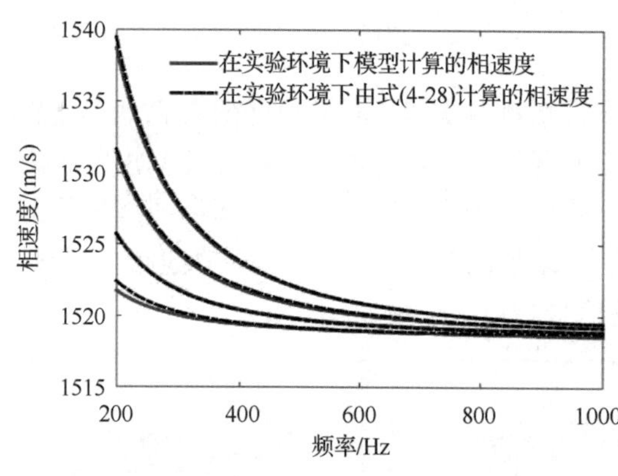

图 4-27　在实验环境下利用 Kraken 模型计算的相速度和由式（4-28）计算的相速度曲线对比

本节利用 16 元均匀垂直线阵列接收到的气枪信号数据进行分析和处理。其中，所用的接收阵元深度为 72.4m，接收到的气枪信号由 GPS（全球定位系统）记录的距离约 33.4km。图 4-28 给出了接收信号的时域波形和时频图。由图可知，接收到的气枪信号在时频图上明显地呈现频散传播的现象，但是接收信号的各阶模态在时域上叠加在一起，很难分离。

和仿真的处理方法相同，对图 4-28 所示的接收信号进行消频散变换处理，得到相应的实测气枪信号的距离-频散参数二维平面，如图 4-29 所示。其中，图 4-29 中的横虚线表示距离-频散二维平面上各阶频散被完全抵消时的距离。此时，$\hat{r}=33.12\,\text{km}$，即利用本节介绍的方法测距的结果和 GPS 记录的 33.4 km 有很小的差别，误差只有 0.84%。利用估计出的 33.12 km 距离上的频散参数和式（4-35）进行坐标的线性变换，可得到接收信号频散变换后的时域波形和时频图，如图 4-30 所示。

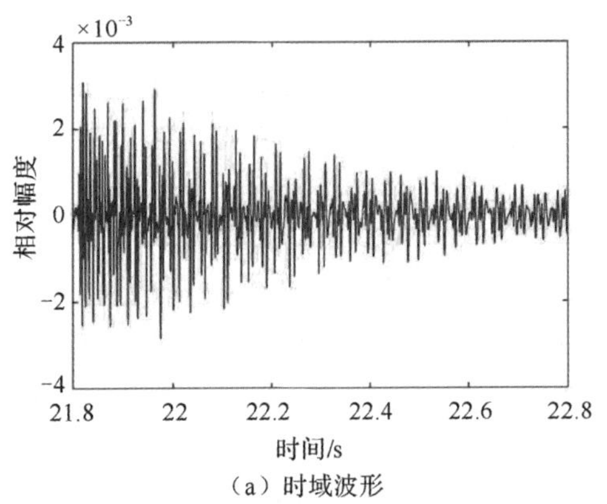

（a）时域波形

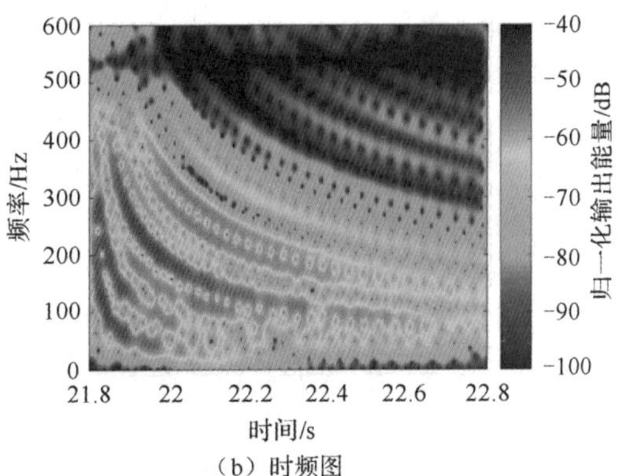

（b）时频图

图 4-28　接收信号的时域波形和时频图

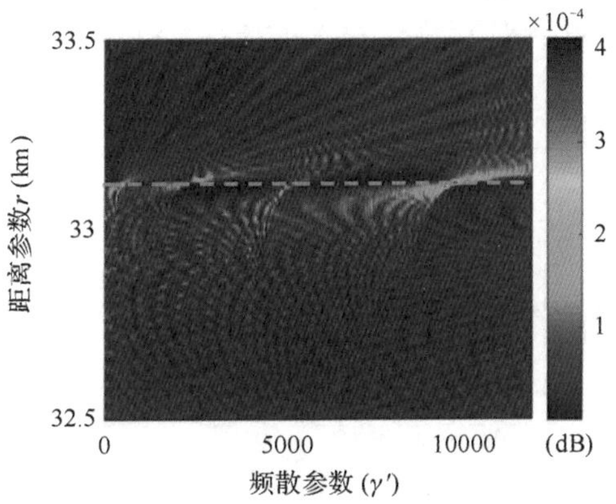

图 4-29　实测气枪信号的距离-频散参数二维平面

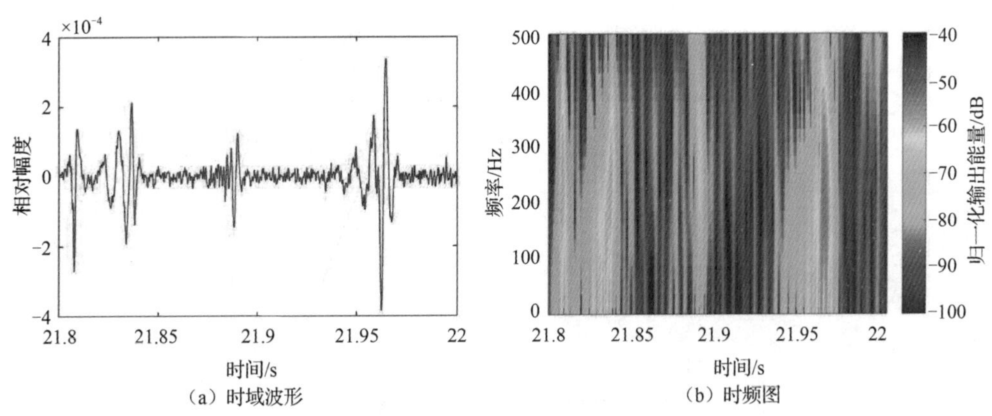

（a）时域波形　　（b）时频图

图 4-30　接收信号消频散变换后的时域波形和时频图

由图 4-30 可知，气枪信号消频散变换后，前几阶模态在时域已经分离得比较清楚，可以很准确地计算出相应模态的能量。对于气枪信号的定深，实验时气枪所处的深度约 10 m，由于气枪每次发射时信号的一致性比较好，所以在模型条件下计算时，所用的信号为校准气枪声源级时接收到的极近距离（40 m）上的气枪信号，如图 4-31 所示，并且通过球面扩展的方式折算出气枪发射位置，从而得到气枪发射时的时域信号。由于气枪信号的入水深度较浅，所以海面反射的信号紧跟着直达信号。

通过不断变换气枪发射深度，并且利用式（4-33）进行模态能量匹配。由于实验系统中都会存在前置放大等设备，所以在对实验数据进行能量匹配时，本节把提取出的前 4 阶模态能量进行归一化处理，计算各阶模态的能量百分比。通过匹配能量百分比，使计算方便且有效。根据实验数据对声源深度的估计结果如图 4-32 所示。由图 4-32 可知，气枪声源最有可能的深度约 10 m，和实验记录的声源深度比较一致，由此说明本方法在定深方面的有效性。运用本节介绍的测距和定深方法，对一条实验数据所得曲线上的 25 个气枪信号进行了测距和定深处理。图 4-33 给出了实验所得气枪信号消频散变换后测距和定深结果测距和定深结果。距离估计值与 GPS 的记录值一致性较好。由于气枪与海面之间的绳长为 10 m，所以实验记录的深度均为 10 m，而深度估计的结果最大达到 10 m，其余深度值也接近 10 m，比较符合实际情况。

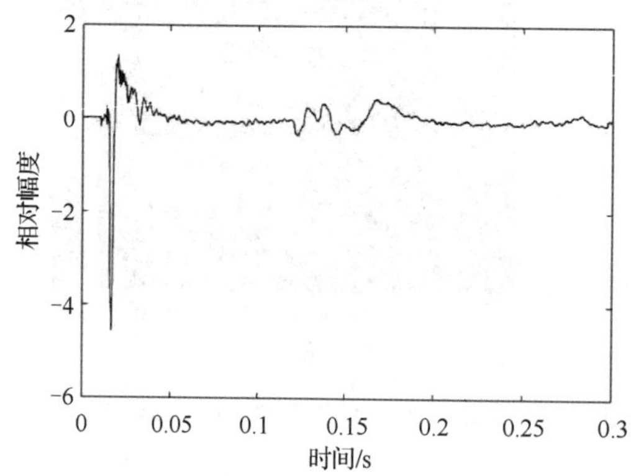

图 4-31　校准气枪声源级时接收到的极近距离（40 m）上的气枪信号

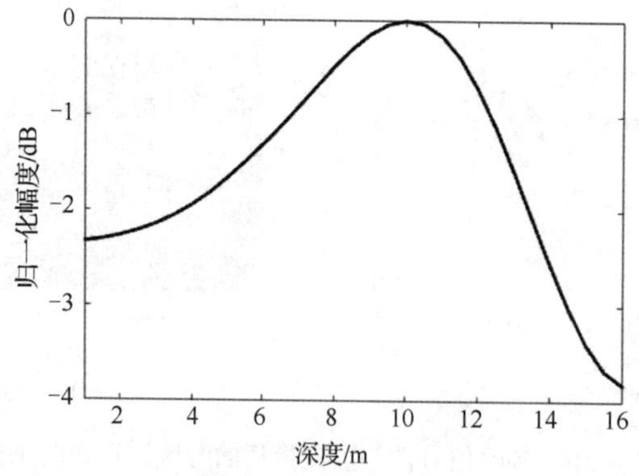

图 4-32　根据实验数据对声源深度的估计结果

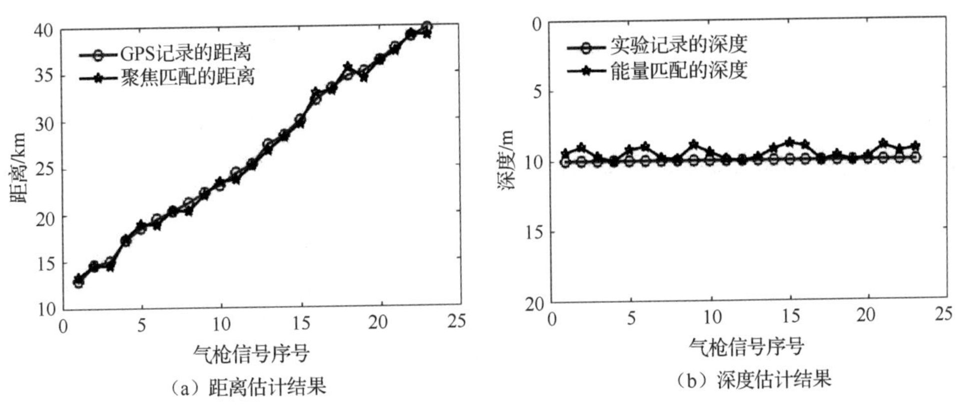

（a）距离估计结果　　（b）深度估计结果

图 4-33　实验所得气枪信号消频散变换后测距和定深结果

4.5　基于集合卡尔曼滤波的声源跟踪方法

4.5.1　集合卡尔曼滤波简介

集合卡尔曼滤波（EnKF）方法是由 Evensen 根据 Epstein[165]的随机动力预报理论提出的一种统计模拟方法，能处理适度的非线性及非高斯问题，可以用于本节对声速剖面和声源状态的跟踪定位。

下面简单介绍一下 EnKF 方法的基本思路：首先，背景集合通过一组系统状态的采样初始化而产生；其次，利用卡尔曼滤波对背景集合中的每个样本点进行处理，从而更新分析集合，在后续的计算中，状态变量的真实均值和方差通过利用分析集合进行估计；最后，分析集合通过声场模型进行传递计算，可以获得下一个时刻的背景集合。由于 EnKF 方法是利用集合获得系统真实的统计值的，和传统的卡尔曼滤波方法相比有一定的优势，提高了估计结果的精度。不仅如此，由于 EnKF 方法不用进行雅可比矩阵运算，计算量得到了降低，计算速度得到了大幅度提高。

4.5.2　运动声源跟踪定位方法

1. 声速剖面参数化

一般情况下，只需用前几阶经验正交函数（EOF）就可以比较准确地表示出任意一条声速剖面，大大减少了描述声速垂直结构所需要的参数。为了处理随距离变化的声速环境，除了需要把测量得到的声速剖面在深度上进行离散化，还需要对测量得到的声速剖面在距离上进行离散化。把声源和接收信号的垂直线阵列之间的距离分成 J 个区域，距离 r 处的声速剖面可以表示为

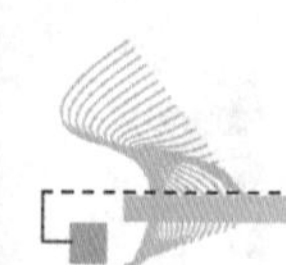

$$c(r,z)=\overline{c}(z)+\sum_{j=1}^{J}\sum_{k=1}^{K}\alpha_{j,k}f_k(z)u_j(r) \tag{4-36}$$

式中，$\overline{c}(z)$为平均声速剖面，$\alpha_{j,k}$为第 j 个距离区域内的第 k 阶 EOF 系数，$f_k(z)$为第 k 阶 EOF；$u_j(r)$是一个窗函数，具体定义如下：

$$u_j(r)=\begin{cases}1, & R_{j-1}<r\leqslant R_j\\ 0, & r\leqslant R_{j-1}\text{和}\ r>R_j\end{cases} \tag{4-37}$$

式中，R_{j-1}和R_j分别表示第 j 个区域的距离下边界和上边界。对于第 j 个区域，声速剖面可以表示为

$$c(R_{j-1}<r\leqslant R_j)=\overline{c}(z)+\sum_{k=1}^{K}\alpha_{j,k}f_k(z) \tag{4-38}$$

在下文的仿真和实验数据处理时，通过实际测量得到 11 条声速剖面曲线，因此把声源与接收信号的垂直线阵列之间的距离分成 11 个区域，每个区域内有 1 条由测量得到的声速剖面曲线，把这条声速剖面作为这个区域的已知值。例如，在后续跟踪反演过程中，通过对声速剖面进行等间距内插，得到 200 条不同距离上的声速剖面，200 条声速剖面曲线分别属于 11 个区域，在跟踪反演第 6 个区域内的声速剖面时，把$c_1,\cdots,c_5$作为已知量，直接写入 Kraken C 环境文件中的相应距离处（作为对距离变化的考虑）。

2. 问题建模

在跟踪第 J 个区域内的声源状态和声速剖面状态时，假定距离不大于R_{j-1}的区域（$1,\cdots,j-1$）内的声速剖面已经确定，把已知量直接写入环境文件中，从而表示出环境的距离变化。由于本节的目的不仅要估计声速剖面的空间变化，同时还需要对移动声源进行跟踪定位，所以本节中系统的状态变量分为两部分，即表示声源的参数$\boldsymbol{s}$和表示声速剖面的参数$\boldsymbol{m}$。对于声源的参数$\boldsymbol{s}$，本节利用深度、距离和径向速度进行描述，即$\boldsymbol{s}=[z_s,r_s,v_s]^{\mathrm{T}}$。其中，声源的运动状态假定为均匀直线运动；对于声速剖面的参数$\boldsymbol{m}$，采用前 3 阶 EOF 系数来表示比较合理，即把前 3 阶 EOF 系数作为状态变量$\boldsymbol{m}=[\alpha_1,\alpha_2,\alpha_3]^{\mathrm{T}}$。把声源的参数和声源剖面的参数一起作为状态变量，本节所用的状态方程为

$$\begin{bmatrix}z_s\\r_s\\v_s\\\alpha_1\\\alpha_2\\\alpha_3\end{bmatrix}_k=\begin{bmatrix}1&0&0&0&0&0\\0&1&\Delta t&0&0&0\\0&0&1&0&0&0\\0&0&0&1&0&0\\0&0&0&0&1&0\\0&0&0&0&0&1\end{bmatrix}\begin{bmatrix}z_s\\r_s\\v_s\\\alpha_1\\\alpha_2\\\alpha_3\end{bmatrix}_{k-1}+\boldsymbol{\delta}_{k-1} \tag{4-39}$$

式中，Δt表示两个相邻状态之间的时间间隔，$\boldsymbol{\delta}_{k-1}$表示状态变量在$k-1$次演化过程中的扰动。把式（4-39）表示成矩阵的形式，可得

$$\boldsymbol{x}_k=\boldsymbol{Q}\boldsymbol{x}_{k-1}+\boldsymbol{\delta}_{k-1} \tag{4-40}$$

式中，$\boldsymbol{x}_k=[z_s,r_s,v_s,\alpha_1,\alpha_2,\alpha_3]^{\mathrm{T}}$ 表示状态变量，$\boldsymbol{Q}$ 表示状态变换矩阵。

由于声源和声速剖面的状态变化会引起声场环境中声压值的变化，所以本节将垂直接收阵接收到的声压值作为系统的观测变量，则测量方程为

$$\boldsymbol{y}_k=h(\boldsymbol{x}_k)+\varepsilon_k^2\boldsymbol{I} \tag{4-41}$$

式中，$h(\bullet)$ 表示声传播模型算子，本节计算式中利用的是绝热简正波模型，ε_k^2 表示声场测量过程中的噪声功率，$\boldsymbol{I}$ 表示单位矩阵。本节为了准确地反映噪声的大小对跟踪定位误差的影响，定义信噪比（SNR）为

$$\mathrm{SNR}=10\log_{10}\frac{[h(\boldsymbol{x}_k)]^{\mathrm{H}}[h(\boldsymbol{x}_k)]}{\varepsilon_k^2} \tag{4-42}$$

由于状态方程（4-40）和测量方程（4-41）都是非线性的，卡尔曼滤波不再适合用于跟踪定位。EnKF 的最大优势是不要求状态方程和测量方程为线性方程，具有处理高维非线性系统的能力，处理效率也比较高。该算法首先定义第 k 时刻状态变量的背景集合为 $\boldsymbol{X}_k^{\mathrm{b}}=\{\boldsymbol{x}_{k,i}^{\mathrm{b}},i=1,2,\cdots,N_{\mathrm{e}}\}$，它是通过前一时刻的分析集合 $\boldsymbol{X}_{k-1}^{\mathrm{a}}$ 运算得到的。其中，$\boldsymbol{x}_{k,i}^{\mathrm{b}}$ 表示第 k 时刻的背景集合中的第 i 个元素，N_{e} 表示所利用的集合样本总数。在实际计算的过程中，采样的方差为

$$\hat{\boldsymbol{P}}_{xh}^k=\frac{1}{N_{\mathrm{e}}-1}\sum_{i=1}^{N_{\mathrm{e}}}(\boldsymbol{x}_{k,i}^{\mathrm{b}}-\hat{\boldsymbol{x}}_k^{\mathrm{b}})\left[h(\boldsymbol{x}_{k,i}^{\mathrm{b}})-h(\hat{\boldsymbol{x}}_k^{\mathrm{b}})\right]^{\mathrm{T}} \tag{4-43}$$

$$\hat{\boldsymbol{P}}_{hh}^k=\frac{1}{N_{\mathrm{e}}-1}\sum_{i=1}^{N_{\mathrm{e}}}\left[h(\boldsymbol{x}_{k,i}^{\mathrm{b}})-h(\hat{\boldsymbol{x}}_k^{\mathrm{b}})\right]\left[h(\boldsymbol{x}_{k,i}^{\mathrm{b}})-h(\hat{\boldsymbol{x}}_k^{\mathrm{b}})\right]^{\mathrm{T}} \tag{4-44}$$

式中，$\hat{\boldsymbol{x}}_k^{\mathrm{b}}=\dfrac{1}{N_{\mathrm{e}}}\sum\limits_{i=1}^{N_{\mathrm{e}}}\boldsymbol{x}_{k,i}^{\mathrm{b}}$ 表示采样的均值。

利用由式（4-43）和式（4-44）计算出的采样方差，可以计算出第 k 时刻的卡尔曼增益 $\boldsymbol{K}_k$：

$$\boldsymbol{K}_k=\hat{\boldsymbol{P}}_{xh}^k(\hat{\boldsymbol{P}}_{hh}^k+\boldsymbol{R}_{\varepsilon\varepsilon}^k)^{-1} \tag{4-45}$$

式中，$(\bullet)^{-1}$ 表示矩阵求逆算子；$\boldsymbol{R}_{\varepsilon\varepsilon}^k$ 表示第 k 时刻的观测噪声协方差矩阵，其具体计算公式如下：

$$\boldsymbol{R}_{\varepsilon\varepsilon}^k=\frac{1}{N_{\mathrm{e}}-1}\sum_{j=1}^{N_{\mathrm{e}}}\varepsilon_j\varepsilon_j^{\mathrm{T}} \tag{4-46}$$

当得到第 k 时刻的卡尔曼增益 $\boldsymbol{K}_k$ 后，用第 k 时刻的背景集合中的第 i 个元素 $\boldsymbol{x}_{k,i}^{\mathrm{b}}$ 代入式（4-41）计算，并且通过第 k 时刻的背景集合中的第 i 个元素对应的测量值 $\boldsymbol{y}_{k,i}$，可以计算出第 k 时刻的分析集合中的第 i 个元素 $\boldsymbol{x}_{k,i}^{\mathrm{a}}$：

$$\boldsymbol{x}_{k,i}^{\mathrm{a}}=\boldsymbol{x}_{k,i}^{\mathrm{b}}+\boldsymbol{K}_k\left[\boldsymbol{y}_{k,i}-h(\boldsymbol{x}_{k,i}^{\mathrm{b}})\right] \tag{4-47}$$

利用式（4-47）对第 k 时刻背景集合中的每个元素进行计算，可以得到第 k 时刻的分析集合：

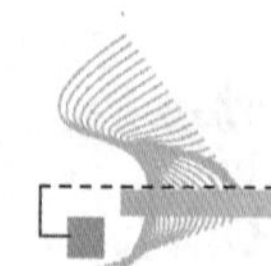

$$X_k^{\mathrm{a}} = \{x_{k,i}^{\mathrm{a}}, i = 1,2,\cdots,N_{\mathrm{e}}\} \tag{4-48}$$

在得到第 k 时刻的分析集合后，通过状态方程（4-40）推算出第 k+1 时刻的背景集合，具体的计算公式可以表示为

$$x_{k+1}^{\mathrm{b}} = Qx_k^{\mathrm{a}} + \delta_k \tag{4-49}$$

式中，Q 和 δ_k 的含义与式（4-40）中的含义相同。本节通过不断计算下一时刻的分析集合和背景集合，达到对声源参数和声速剖面参数的跟踪定位。由上面的分析可知，EnKF 方法和传统的卡尔曼滤波不同，采用集合采样法来近似非线性分布，可以使系统状态的均值和方差估计至少达到二阶水平。因此，EnKF 方法可以用来处理非可导的非线性系统。图 4-34 是 EnKF 方法的大致流程图。

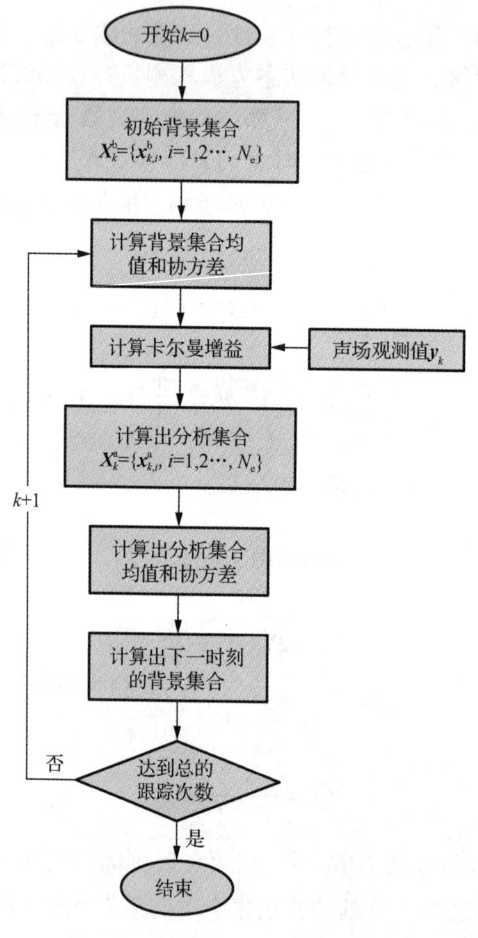

图 4-34　EnKF 方法的大致流程图

3. EnKF 方法的时间复杂度和敏感性因子

由于 EnKF 方法的时间复杂度决定了计算机的运行时间，因此，作为一种声速剖面和移动声源的跟踪定位算法，EnKF 方法的时间复杂度分析非常重要。本节假定系统的状态

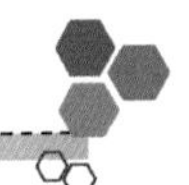

向量的维度为 L，观测向量的维度为 M，计算过程中产生随机数的时间复杂度为 $O(\mu)$，声波传播模型 h 的时间复杂度为 $O(h)$。表 4-7 给出了使用 EnKF 方法跟踪移动声源参数和声速剖面参数时，每一个计算步骤的计算量、计算过程、计算维度及相应的时间复杂度。由表 4-7 可以计算出采用 EnKF 方法跟踪移动声源和声速剖面状态参数时总的时间复杂度：

$$O\left[N_{\mathrm{e}}(L\mu+h+LM+M^2+L^2)+M^2+M^3+LM^2\right]$$

在分析了 EnKF 方法的计算复杂度后，为了表示状态-测量方程中声压测量值对状态变量的敏感程度，本节定义声源参数和声速剖面参数对声压场的敏感性因子 S 如下：

$$S=\left|\frac{[\boldsymbol{y}(\overline{\boldsymbol{x}}+\Delta\boldsymbol{x})-\boldsymbol{y}(\overline{\boldsymbol{x}})]/\boldsymbol{y}(\overline{\boldsymbol{x}})}{\Delta\boldsymbol{x}/\overline{\boldsymbol{x}}}\right| \tag{4-50}$$

式中，$\overline{\boldsymbol{x}}$ 表示声源参数和声速剖面参数的值为真实值，$\boldsymbol{y}(\overline{\boldsymbol{x}})$ 表示声源参数和声速剖面参数值为真实值时接收阵接收到的声压测量值，$\Delta\boldsymbol{x}$ 表示参数变化量。由式（4-50）可知，在保持其他参数不变的情况下，S 可以通过改变 $\Delta\boldsymbol{x}$ 而得到。S 代表状态-测量方程中声压测量值对状态变量的敏感程度，S 值越大，表示声压测量值对该状态变量越敏感，该变量对声压测量值的作用效果越显著。

表 4-7 使用 EnKF 方法跟踪移动声源参数和声速剖面参数时的计算量、计算过程、计算维度及相应的时间复杂度

计算量	计算过程	计算维度	时间复杂度
产生过程噪声 ε_k	产生随机数	$L\times1$	$O(N_{\mathrm{e}}\mu L)$
状态预测 $\boldsymbol{x}_{k,i}^{\mathrm{b}}$	向量相加	$(L\times1)+(L\times1)$	$O(N_{\mathrm{e}}L)$
背景集合均值 $\hat{\boldsymbol{x}}_k^{\mathrm{b}}$	向量相加	$(L\times1)+(L\times1)$	$O(N_{\mathrm{e}}L)$
背景集合协方差 $\hat{\boldsymbol{P}}_{xh}^k$	向量相乘及相加	$(L\times1)\times(M\times1)$	$O(N_{\mathrm{e}}LM)$
背景集合协方差 $\hat{\boldsymbol{P}}_{hh}^k$	向量相乘及相加	$(M\times1)\times(M\times1)$	$O(N_{\mathrm{e}}M^2)$
测量值预测 $h(\boldsymbol{x}_{k,i}^{\mathrm{b}})$	声波传播模型计算	$M\times1$	$O(N_{\mathrm{e}}h)$
测量误差协方差 $\boldsymbol{R}_{\varepsilon\varepsilon}^k$	向量相乘及相加	$(M\times1)\times(M\times1)$	$O(N_{\mathrm{e}}M^2)$
	矩阵相加	$(M\times M)+(M\times M)$	$O(M^2)$
计算卡尔曼增益 $\boldsymbol{K}_k$	矩阵求逆	$M\times M$	$O(M^3)$
	矩阵相乘	$(L\times M)\times(M\times M)$	$O(LM^2)$
分析集合 $\boldsymbol{x}_{k,i}^{\mathrm{a}}$	矩阵相乘	$(L\times M)\times(M\times1)$	$O(N_{\mathrm{e}}LM)$
	矩阵相加	$(L\times1)+(L\times1)$	$O(N_{\mathrm{e}}L)$
分析集合均值 $\hat{\boldsymbol{x}}_k^{\mathrm{a}}$	向量相加	$(L\times1)+(L\times1)$	$O(N_{\mathrm{e}}L)$
分析集合协方差 $\hat{\boldsymbol{P}}_k^{\mathrm{a}}$	向量相乘及相加	$(L\times1)\times(L\times1)$	$O(N_{\mathrm{e}}L^2)$
状态估计	向量相加	$(L\times1)+(L\times1)$	$O(N_{\mathrm{e}}L)$

4.5.3 仿真分析

为了使仿真环境更加接近真实环境，仿真时利用的波导环境模型和实验的环境模型基本相同，如图 4-35 所示。其中，仿真时的海深为 106.8 m（24.5 m+77.5 m+4.8 m），采用的声速剖面为实验测量得到的实测声速剖面。仿真时，假设拖曳声源深度为10 m，声源发射频率为300 Hz，实验船移动的速度约5节（约2.5 m/s），拖曳声源每隔1 min发射一次信号，通过32元均匀分布的垂直线阵列潜标接收信号，最上面阵元距离海面24.5 m，最下面阵元距离海底4.8 m，阵元间距为2.5 m。仿真时，海底参数设置如下：沉积层厚度为13 m，沉积层声速和密度分别设置为1600 m/s和1.8 g/cm^3，基底层声速和密度分别设置为1700 m/s和2.1 g/cm^3。

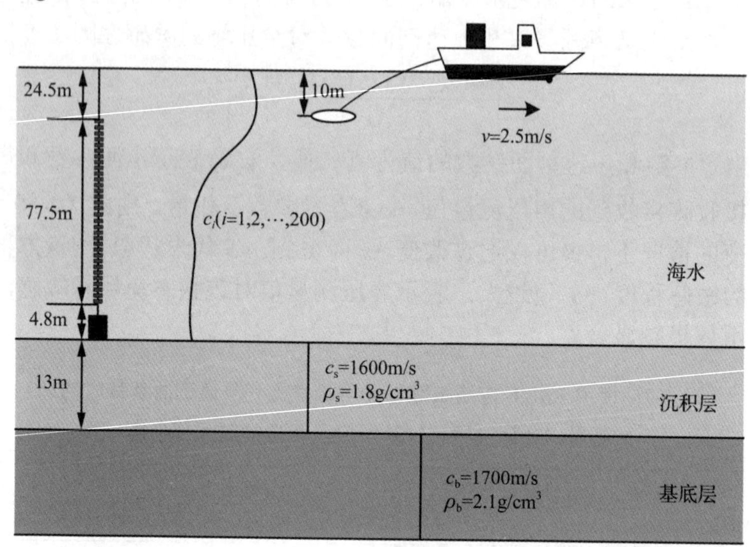

图4-35　仿真实验基本设置示意

实验过程中，通过在实验测线上30 km范围内得到11个实测的声速剖面。根据4.5.2节分析可知，首先，根据实测声速剖面的距离把30km内的范围划分为11个区域，在每个区域内有且仅有1条实测的声速剖面，并把这条实测的声速剖面作为本区域的已知值。然后对11条实测声速剖面进行等间距内插，从而得到30 km内相应距离上的200条声速剖面，用$c_i(i=1,2,\cdots,200)$表示，图4-36给出了实验海区经过等间距内插后的声速剖面。

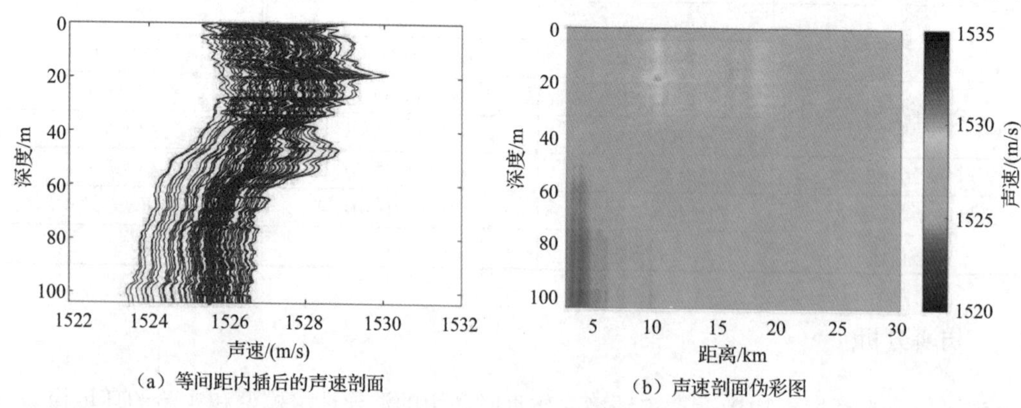

（a）等间距内插后的声速剖面　（b）声速剖面伪彩图

图4-36　实验海区经过等间距内插后的声速剖面

其中，图 4-36（a）中粗体线表示平均声速剖面，图 4-36（b）表示相应距离上声速剖面的伪彩图。由图可知，实验海区的声速剖面存在一定的变化，因此，对移动声源进行跟踪定位时同步跟踪声速剖面的变化有一定的意义。

任何一条声速剖面都可以利用相应的前 3 阶 EOF 系数进行表示，本节通过对图 4-36 中的声速剖面进行计算，得到图 4-37（a）所示的实验海区声速剖面的前 3 阶 EOF。由图 4-37（a）可知，前 3 阶 EOF 的幅度很小，特别是第 1 阶 EOF，幅度值小于 0.1，第 2 阶和第 3 阶 EOF 的幅度值波动比较大。图 4-37（b）是前 10 阶 EOF 所能表示的声速剖面扰动的能量百分比，由图 4-37（b）可知，用前 3 阶 EOF 基本上能够表示超过 95%的声速扰动。因此，对海水声速剖面的跟踪就可以转化为对声速剖面前 3 阶 EOF 系数的跟踪。

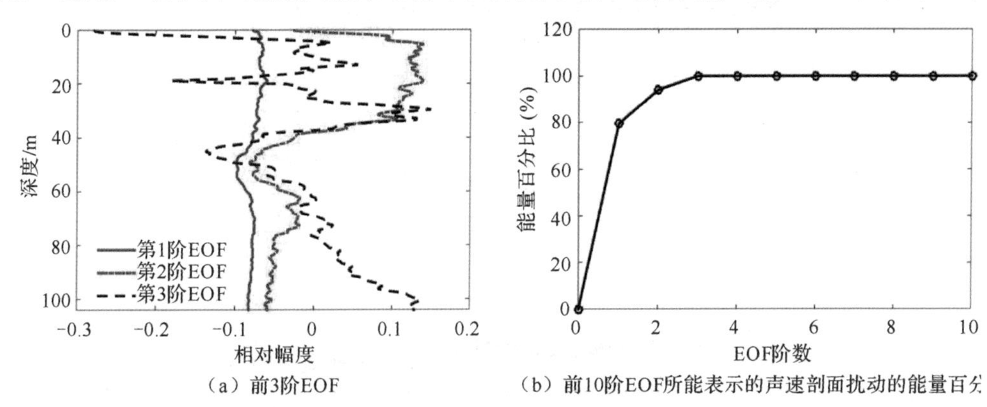

（a）前3阶EOF　　（b）前10阶EOF所能表示的声速剖面扰动的能量百分

图 4-37　实验海区声速剖面的 EOF

在仿真过程中，把声源的深度、距离、径向速度和前 3 阶 EOF 系数作为状态变量，把声源移动过程中垂直线阵列接收到的声压值作为观测变量，然后进行处理。初始的状态扰动量设置为 $\boldsymbol{\delta}_k = 10^{-4}$，噪声协方差矩阵 $\boldsymbol{R}$ 通过加入信噪比为 29.4 dB 的高斯白噪声而得到。把声源和接收阵 30 km 内的范围分成 11 个区域，在每个区域内根据前一时刻估计得到的声速剖面和声源信息，并利用当前时刻的声压值信息，通过 EnKF 方法估计出当前时刻的声速剖面和声源状态信息。在计算过程中，假定式（4-41）中的测量噪声为高斯白噪声，声场的计算采用绝热简正波模型。仿真时，为了和测量得到的 30 km 内的 200 条声速剖面相匹配，声源的前进速度假设为 2.5 m/s，并且每隔 60 s 发射一次信号，总共发射信号 200 次。选取初始集合时，把初始声源的距离、深度、速度及第 1 条声速剖面的前 3 阶 EOF 系数作为初始的状态集合，再把此状态下计算得到的声压信息作为初始得到的测量集合。设置集合的样本数为 50，在每一时刻的集合中，由一组得到的状态集合产生 50 组带有扰动量为 $\boldsymbol{\delta}_k = 10^{-4}$ 的状态变量，从而构成背景集合；然后利用 EnKF 方法得到此时刻的分析集合。根据式（4-49）得到下一时刻的背景集合。通过背景集合和分析集合的不断更新，从而达到对状态变量的跟踪。

图 4-38 给出了仿真情况下用 EnKF 方法跟踪得到的 6 个状态变量的跟踪曲线。其中，图 4-38（a）表示声源状态的 3 个参量变化曲线。由声源状态参量的跟踪结果可知，在上

述仿真条件下，30 km 范围内的实线几乎完全覆盖了虚线，跟踪定位曲线和原状态曲线几乎重合。由此说明在 30 km 范围内，EnKF 方法对移动声源状态的跟踪定位效果很好。图 4-38（b）表示前 3 阶 EOF 系数的跟踪变化曲线，其中实线和虚线有一定的波动，说明在 30 km 范围内，EnKF 方法对前 3 阶 EOF 系数的跟踪效果有一定的误差，但是误差很小。图 4-39 给出了仿真情况下用 EnKF 方法跟踪定位误差，即跟踪曲线与原状态曲线直接相减的结果。由图 4-39 可知，声源深度变化范围为-0.1～0.1 m，声源距离变化范围在为-3～3 m，声源速度变化范围-0.05～0.05 m/s；第 2 阶和第 3 阶 EOF 系数变化范围为-2～2，第 1 阶 EOF 系

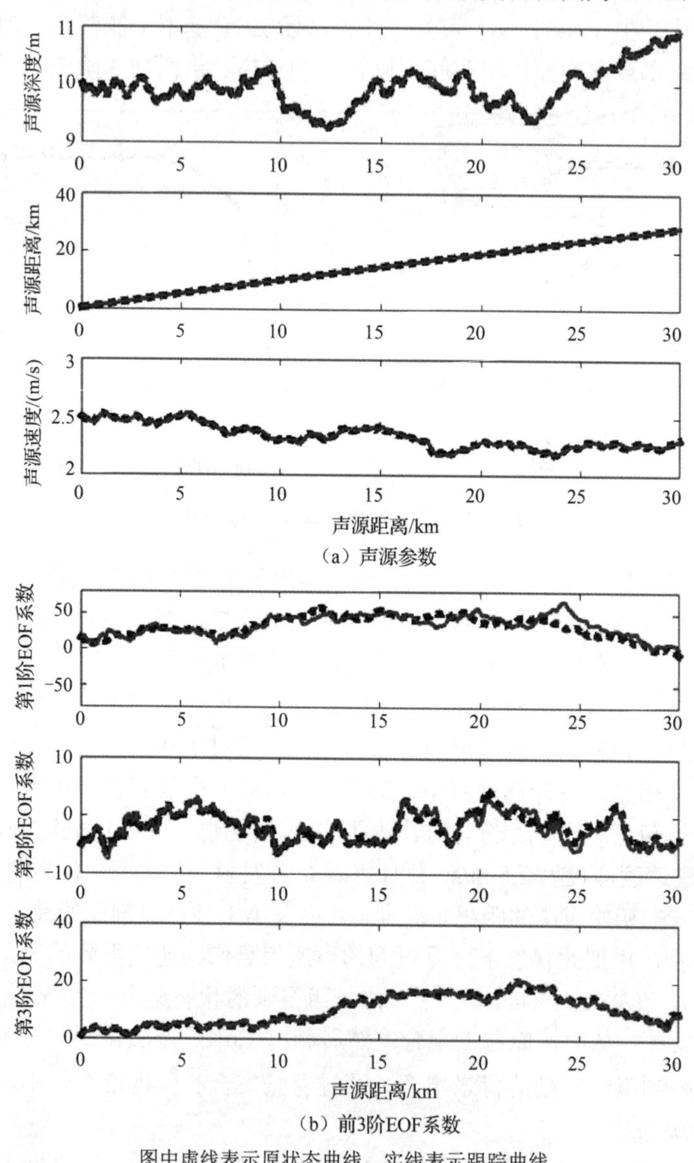

（a）声源参数

（b）前3阶EOF系数

图中虚线表示原状态曲线，实线表示跟踪曲线。

图 4-38　仿真情况下用 EnKF 方法跟得到的 6 个状态变量的跟踪曲线

数的在大部分距离上跟踪误差范围为-2～+2，只有在 20 km 左右的距离上波动较大，这可能是由于仿真时利用的声速剖面在 20 km 左右变化比较剧烈。因此，EnKF 方法在这个距离上没能及时跟踪上这种剧烈变化而引起了误差。由此说明，本方法对声速剖面变化不是很剧烈的情况下跟踪效果比较好，声速剖面的跟踪误差较小，而在声速剖面变化很剧烈的情况下，声速剖面的跟踪误差比较大，跟踪需要一定的响应时间。

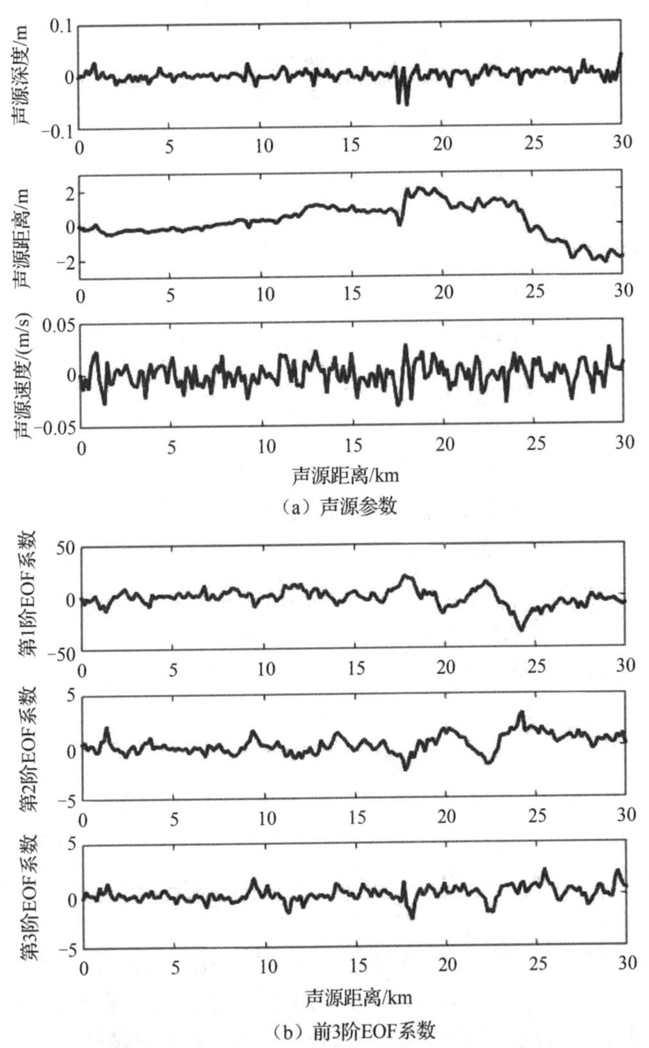

图 4-39　仿真情况下用 EnKF 方法跟踪定位误差

图 4-40 是跟踪反演得到的声速剖面与原声速剖面之间的误差伪彩图。由图 4-40 可知，最大的跟踪误差约 2 m/s，而且最大误差出现在 20 km 以后的位置上。这是由于在 20 km 左右前 3 阶 EOF 系数跟踪误差比较大，之后容易引起比较大的跟踪误差，这一结果和图 4-38（b）的分析结果比较一致。

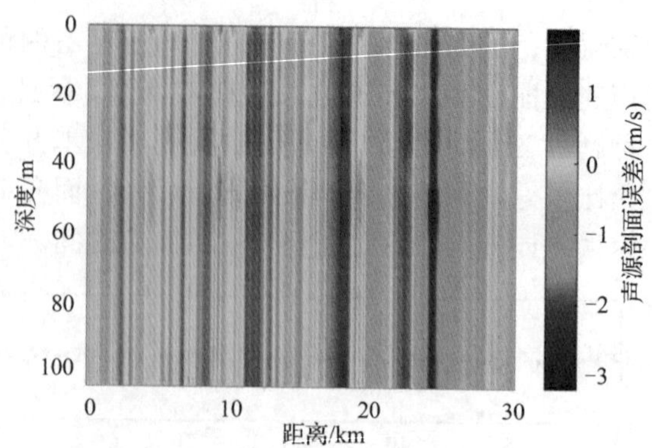

图 4-40 跟踪反演得到的声速剖面与原声速剖面之间的误差伪彩图

本节利用 EnKF 方法跟踪声源状态和声速剖面状态，在对声速剖面状态的跟踪误差进行评价时，利用每次跟踪得到的声速剖面和原声速剖面的均方根误差（Root Mean Square Error, RMSE）进行评价，声速剖面的均方根误差计算公式为

$$\mathrm{RMSE}_{\mathrm{SSP}}=\sqrt{\frac{1}{Q}\sum_{i=1}^{Q}\left|c_{\mathrm{inv}}(z_i)-c_{\mathrm{true}}(z_i)\right|^2} \tag{4-51}$$

式中，Q 表示声速剖面在深度上的离散点数，c_{inv} 和 c_{true} 分别表示跟踪得到的声速剖面和原声速剖面。而在对声源的状态参数进行跟踪误差评价时，本节利用跟踪声源状态的绝对误差（Absolute Error, ABE）对声源的跟踪进行评价，定义声源状态跟踪定位的绝对误差计算方法为

$$\mathrm{ABE}_k(z_{\mathrm{s}},r_{\mathrm{s}},v_{\mathrm{s}})=\left|\bar{\boldsymbol{x}}_k(z_{\mathrm{s}},r_{\mathrm{s}},v_{\mathrm{s}})-\boldsymbol{x}_k(z_{\mathrm{s}},r_{\mathrm{s}},v_{\mathrm{s}})\right| \tag{4-52}$$

式中，$\bar{\boldsymbol{x}}_k(z_{\mathrm{s}},r_{\mathrm{s}},v_{\mathrm{s}})$ 表示第 k 步跟踪得到的声源状态的估计值，$\boldsymbol{x}_k(z_{\mathrm{s}},r_{\mathrm{s}},v_{\mathrm{s}})$ 表示第 k 步声源状态的真实值。利用式（4-51）计算得到声速剖面的均方根误差变化曲线和利用式（4-52）计算得到的声源状态的绝对误差变化曲线如图 4-41 所示。从图中可以看出，声速剖面跟踪的最大均方根误差为 2.5 m/s，最大均方根误差出现在距离约 24 km 处。这与图 4-38（b）和图 4-40 的分析结果比较一致；声源深度、距离和径向速度的跟踪定位的最大绝对误差分别为 0.07 m、2.5 m、0.035 m/s，跟踪定位的绝对误差都比较小，可以说对声源的跟踪定位精度比较高。

在声源移动过程中，声场会随着跟踪步数的增加不断变化，图 4-42 给出了仿真环境下声源在移动过程中接收阵接收到的声场分布。由图 4-42 可知，在声源移动过程中，随着跟踪步数的增加，接收阵接收到的声压值不断降低，传播损失不断变大，这与实际情况比较一致。为了简便计算出各个参数对接收声场的敏感性因子，在利用式（4-50）计算的过程中，通过改变 $\Delta\boldsymbol{x}$ 计算出声源参数和声速剖面参数的敏感性因子，所得结果见表 4-8。根据表 4-8，可对声源参数和声速剖面参数对接收阵接收到的声压场影响进行分析。由分析可知，声源深度、声源距离、声速剖面的第 1 阶 EOF 系数这 3 个参数对接收阵接收到的声压场敏感性较强，而声源速度、声速剖面的第 2、3 阶 EOF 系数对接收阵接收到的声压场敏感性较弱。

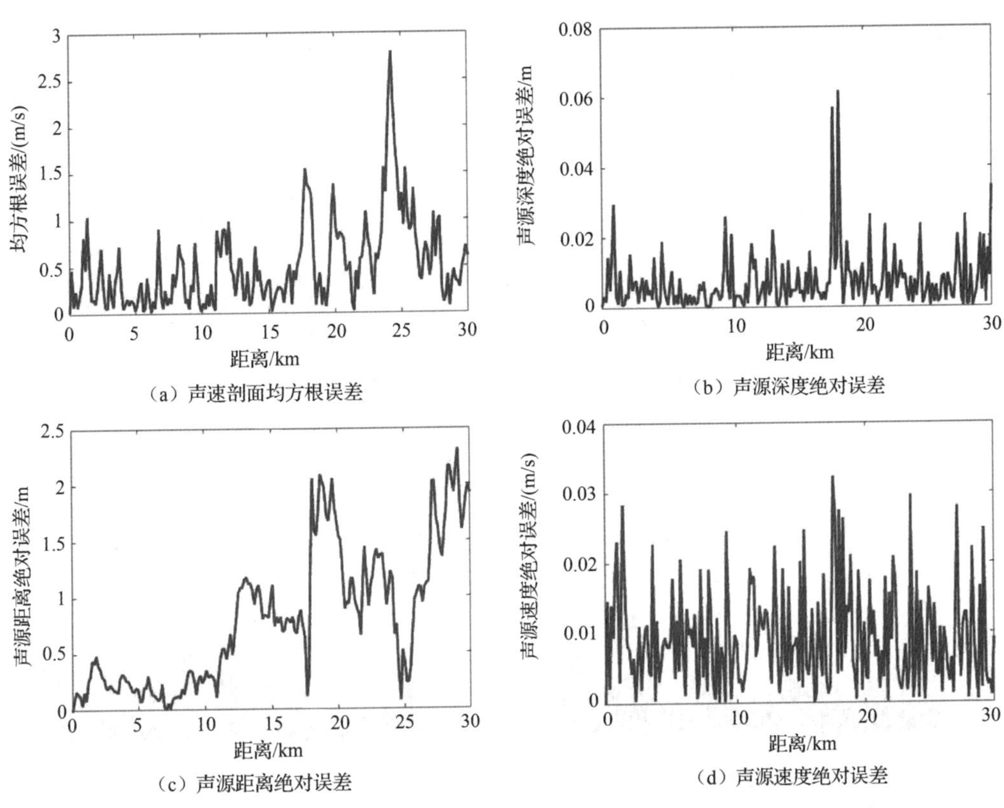

图 4-41　声速剖面的均方根误差变化曲线和声源状态的绝对误差变化曲线

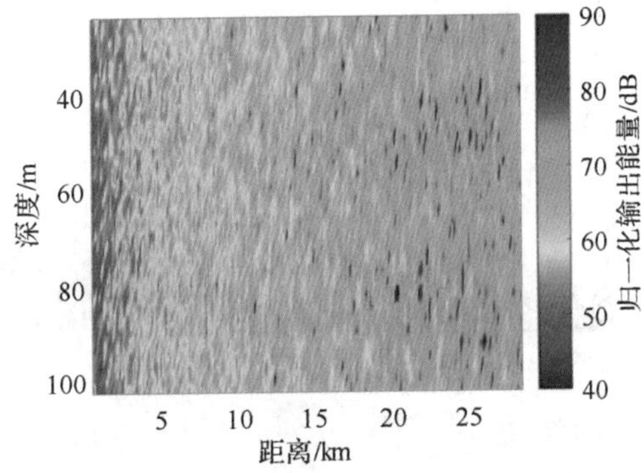

图 4-42　仿真环境下声源在移动过程中接收阵接收到的声场分布

表 4-8　声源参数和声速剖面参数的敏感性因子

参　量	z_s	r_s	v_s	α_1	α_2	α_3
S	1.685	3.405	0.029	0.847	0.104	0.001

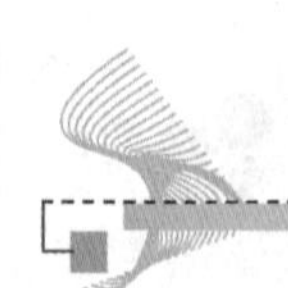

用 EnKF 方法对状态参量进行跟踪定位时，参数的相关设置对跟踪定位误差有很大的影响，本节讨论时主要针对集合样本数目、SNR 及接收阵元数目对跟踪定位误差的影响。仿真时通过改变集合样本数 N_e 的大小，可以得到仿真环境下集合样本数对跟踪定位误差的影响，即在不同的集合样本数目情况下声速剖面的均方根误差和声源状态的绝对误差，如图 4-43 所示。由图可知，在整体趋势上，随着集合样本数目的增多，声速剖面的均方根误差和声源状态的绝对误差都相应地减小。但是当集合样本数增多时，计算量也会急剧增大。在图 4-43 中，当 $N_e = 50$ 时，不管是声速剖面的均方根误差还是声源状态的绝对误差都已经非常小且很平稳，计算量相对来说比较适中。在 $N_e = 100$ 的情况下，虽然声速剖面的均方根误差和声源状态的绝对误差都很小且很稳定，但是此时的计算量比 $N_e = 50$ 时的计算量大很多。因此，在跟踪定位误差比较小。在计算量适中的前提下，本节仿真时选择集合样本数 $N_e = 50$ 。

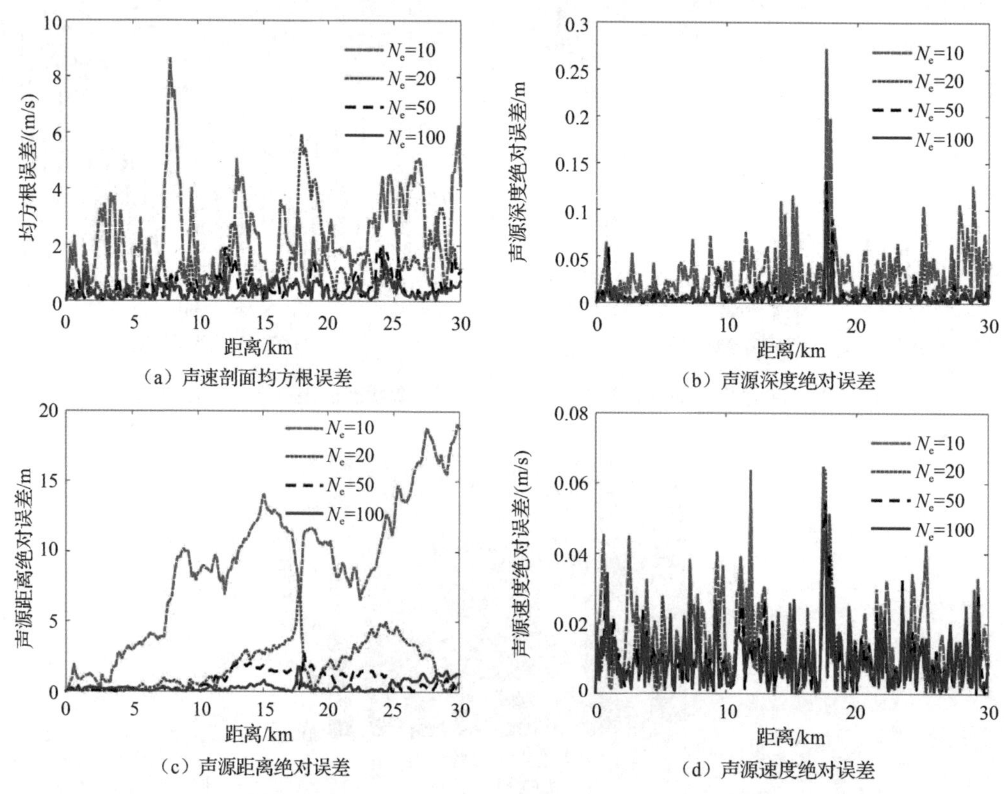

图 4-43 仿真环境下集合样本数对跟踪定位误差的影响

在参数设置中，除了集合样本数对跟踪定位误差有很大的影响，仿真环境下接收信号的 SNR 对跟踪定位误差的影响也非常大。本节通过改变仿真过程中加入的高斯白噪声大小来研究 SNR 对跟踪定位误差的影响，图 4-44 所示为仿真环境下 SNR 对跟踪定位误差的影响，即在不同的 SNR 情况下，用 EnKF 方法跟踪声速剖面的均方根误差和声源状态的绝对误差变化曲线。由图可知，SNR 越大，声速剖面的均方根误差和声源状态的绝对误差越平稳，跟踪定位效果越好，并且 SNR 从 19.4 dB 变化到 29.4 dB 后，跟踪定位误差急剧减小。因此，为了仿真得到比较好的跟踪定位结果，仿真时，选择 SNR=29.4 dB。

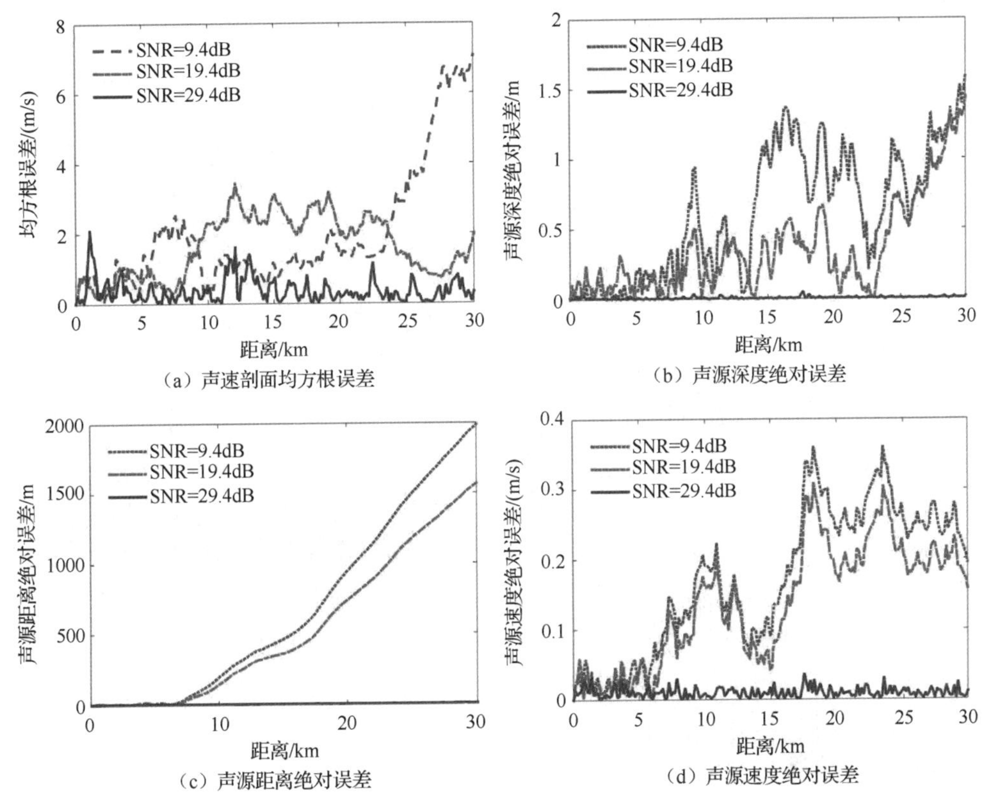

（a）声速剖面均方根误差　（b）声源深度绝对误差

（c）声源距离绝对误差　（d）声源速度绝对误差

图 4-44　仿真环境下 SNR 对跟踪定位误差的影响

本节除了分析集合样本数和 SNR 对跟踪定位误差的影响，还重点分析了接收阵元数目对跟踪定位误差的影响，因为选择合适的接收阵元数目对跟踪定位精度很重要。利用图 4-35 所示的海水深度选取 24.5～102 m 的范围，并把它分别均匀分割为 8 元、16 元、24 元和 32 元，从而得到不同接收阵元数目对跟踪定位误差的影响。图 4-45 是仿真环境下接收阵元数目对跟踪定位误差的影响，即在 4 种接收阵元数目情况下声速剖面的均方根误差和声源状态的绝对误差变化曲线。从图中可以看出，4 种情况下基本上都能够对声速剖面状态变量和移动声源状态变量正确地跟踪定位，但是在较少的接收阵元数目情况下，对声场的采样不够充分，造成声速剖面的均方根误差和声源状态的绝对误差较大且波动也较大。而接收阵元数为 32 时，声速剖面的均方根误差和声源状态的绝对误差最平稳，误差在很小的一个范围内波动。因此，利用本方法跟踪定位时，对声场的采样越密集，跟踪定位效果越好。仿真时，为了得到较好的跟踪定位结果，本节选择 32 元垂直线阵列对声场信息进行接收。

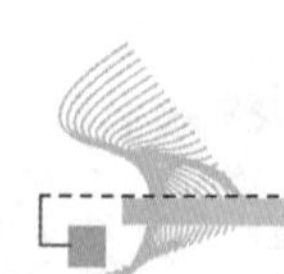

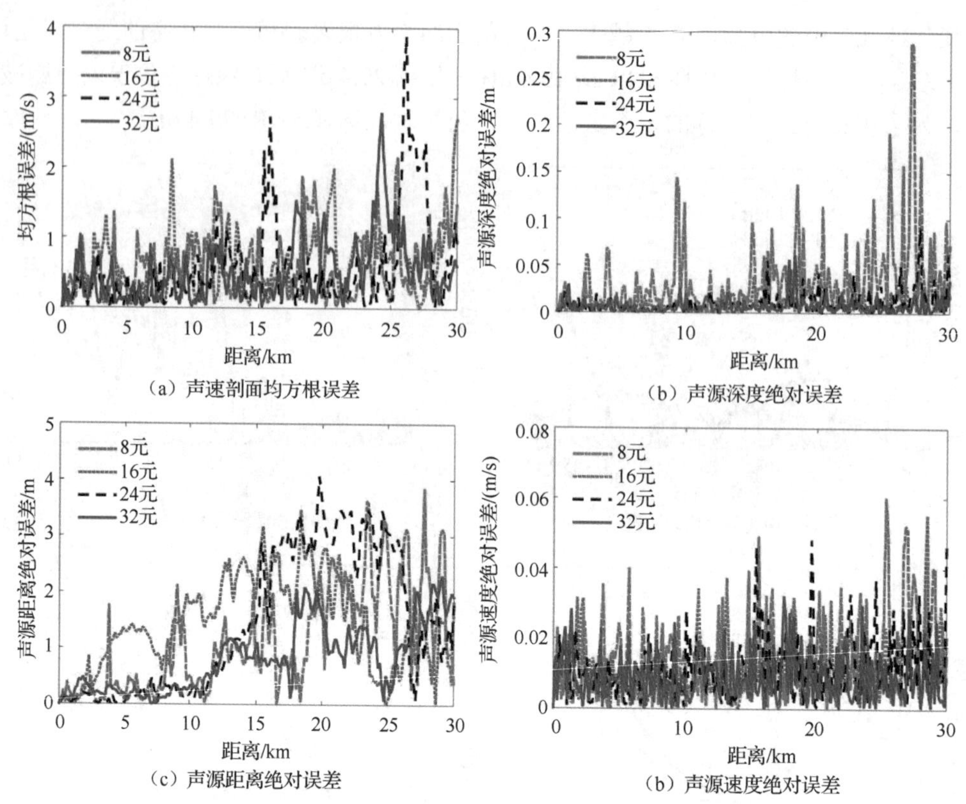

（a）声速剖面均方根误差
（b）声源深度绝对误差
（c）声源距离绝对误差
（b）声源速度绝对误差

图 4-45 仿真环境下接收阵元数目对跟踪定位误差的影响

4.5.4 实验数据分析

本章作者所在课题组在东海进行了本节所用方法的验证实验。在该次实验中，在实验中心站位布放 32 元均匀分布的垂直线阵列以接收信号，最上面的阵元距离海面 24.5 m，最下面的阵元距离海底 4.8 m，阵元间距为 2.5 m。实验所选择的海深为 106.8 m，实验的声速剖面与图 4-36 的一致。实验时，实验船以 5 节（2.5 m/s）的速度远离中心站位，实验的基本设置如图 4-35 所示，拖曳声源深度约 10 m。拖曳声源每隔 2 min 发射一次频率为 2～4 kHz 的线性调频信号，信号持续时间 1 s，采样频率为 24 kHz。图 4-46 所示为 32 元垂直线阵列接收到的距离垂直线阵列 0.9615 km 处的信号。由图可知，第 13 通道没有正常工作，没有接收到信号，因此在计算过程中没有利用第 13 通道的数据。由于实验过程中利用的信号为中高频信号，传播损失比较大，图 4-47 给出了处理实验数据时得到的中高频信号的传播损失曲线。由图可知，由于在中高频段的传播损失比较大，所以所计算的 4 个频点传播到 10 km 以后传播损失曲线已经趋于稳定，不再下降，这说明在 10 km 以后信号基本上已经淹没在海洋环境噪声中。分析由仿真得到的 SNR 对跟踪定位误差的影响可知，只有在高

SNR 情况下跟踪定位效果较好。因此，在所接收到的实验数据中，只有前 10 km 的数据有效，可以用来验证本节介绍的跟踪定位方法。

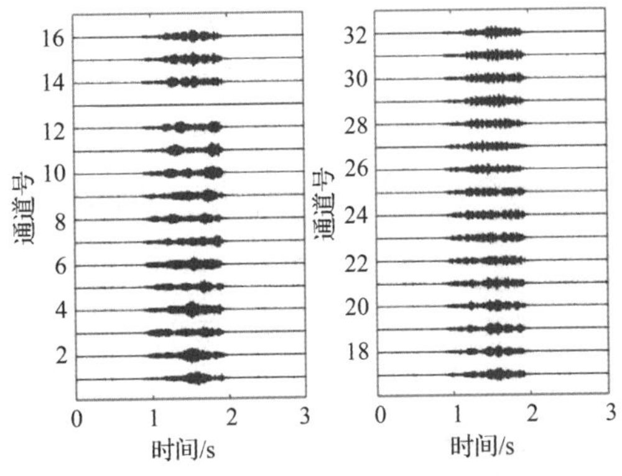

图 4-46　32 元垂直线阵列接收到的距离垂直线阵列 0.9615 km 处的信号

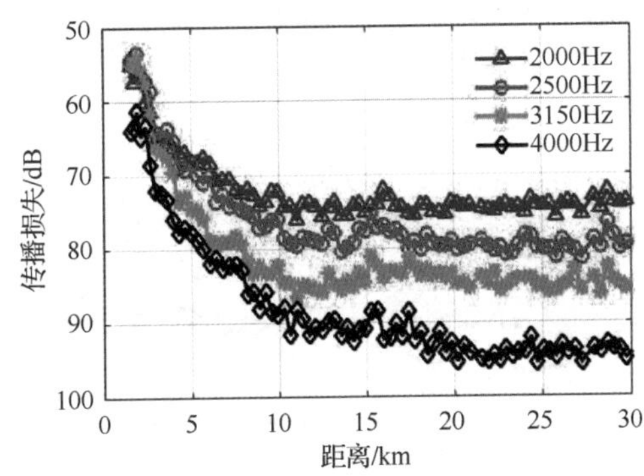

图 4-47　处理实验数据所得到的中高频信号的传播损失曲线

利用 EnKF 方法对频率为 3 kHz 的接收信号进行处理，得到基于实验数据的跟踪定位估计结果，如图 4-48 所示。由于实验中声源的深度和速度信息都是按照恒定不变进行记录的，所以图 4-48（a）中的表示声源深度和声源速度的虚线为一条恒定不变的直线，而声源状态的跟踪定位结果有一定的起伏，这可能是由于实验过程中声源状态很难保持完全不变，所以实验过程中对声源状态的记录存在一定的误差。图 4-48（b）中声速剖面跟踪时，实线大体上能够反映出虚线的变化，但是还有一定的误差，主要是因为采集到的实验数据可能含有很强的噪声成分，很大程度上影响了声速剖面的跟踪精度。不过，对于实际的实验环境，本方法基本上能够正确地跟踪前 10 km 内的声源状态和声速剖面状态变化，有一定的参考价值。图 4-49 是在处理实验数据时把跟踪定位曲线与原状态曲线直接相减所得的结果，图 4-50 是基于实验数据跟踪声速剖面的均方根误差和声源状态的绝对误差变化曲线。由图 4-49 和图 4-50 可知，由于实验噪声对声速剖面跟踪的影响比较大，所以声速剖面的均方根误差较大，大约为 0～3 m/s；而对于声源跟踪时，声源深度的跟踪误差为 0～1 m，声源距离跟踪误差为 0～1 km，声源速度跟踪误差为 0～0.4 m/s，跟踪误差在可以接受的范围内。实验数据处理结果说明了利用移动声源进行声速剖面和移动声源跟踪定位时的可行性。

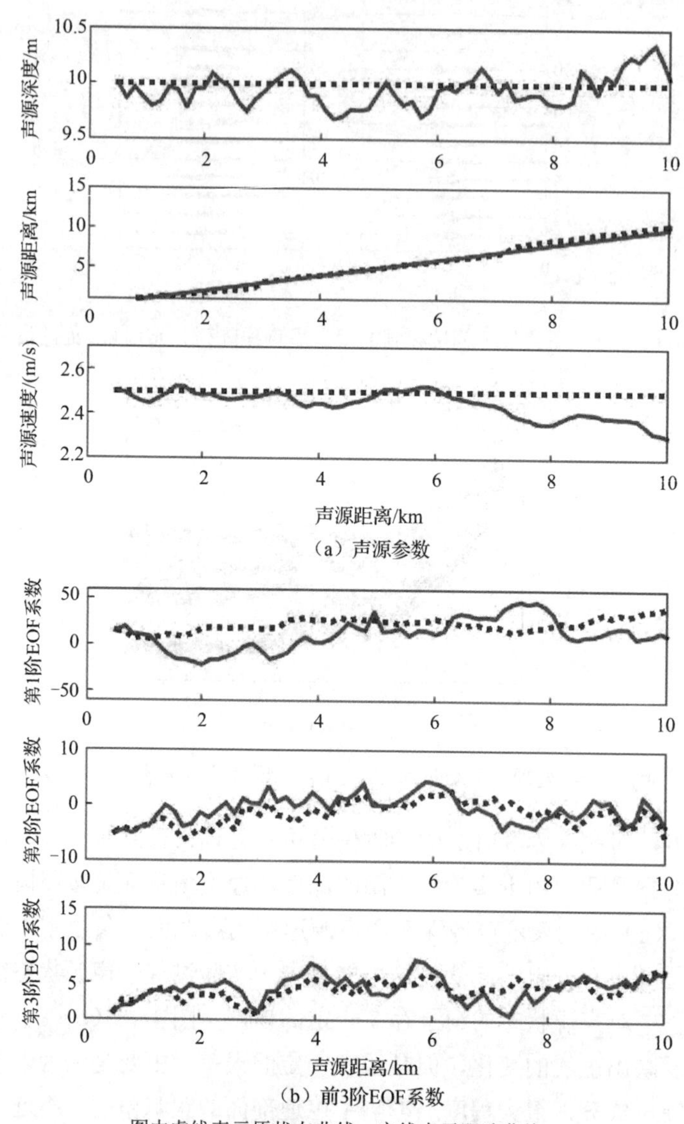

（a）声源参数

（b）前3阶EOF系数

图中虚线表示原状态曲线，实线表示跟踪曲线。

图 4-48　根据实验数据用 EnKF 方法进行跟踪定位的结果

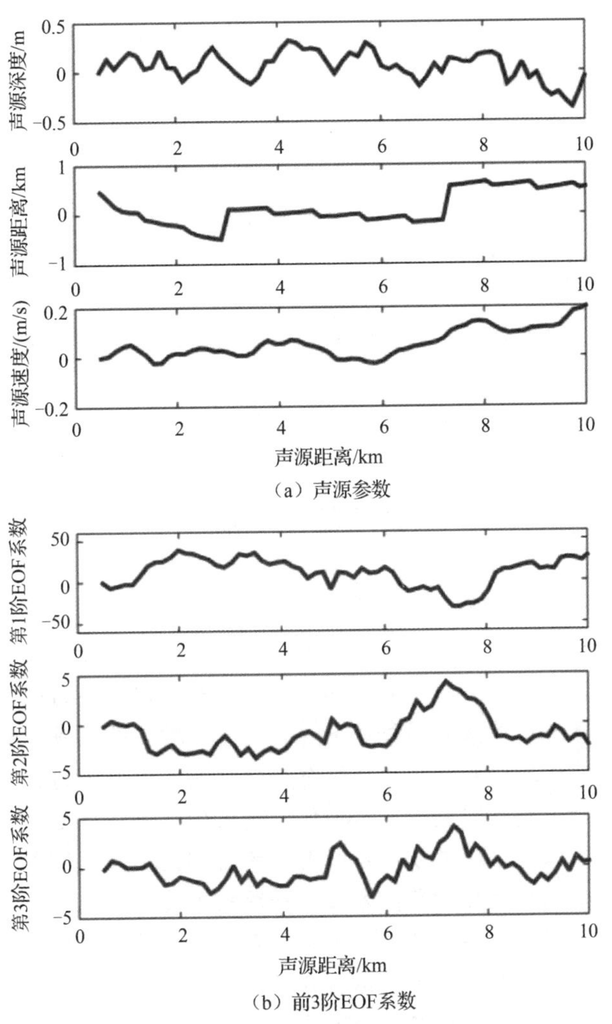

（a）声源参数

（b）前3阶EOF系数

图 4-49　根据实验数据用 EnKF 方法进行跟踪定位的误差

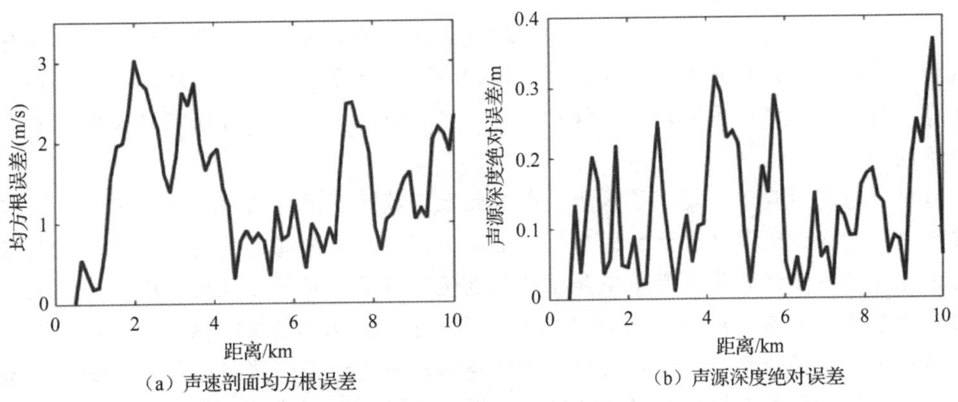

（a）声速剖面均方根误差　　（b）声源深度绝对误差

图 4-50　根据实验数据用 EnKF 方法跟踪和评价的误差变化曲线

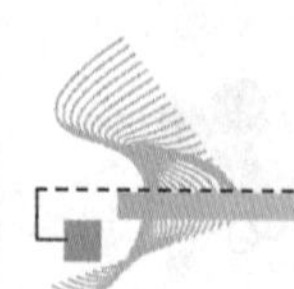

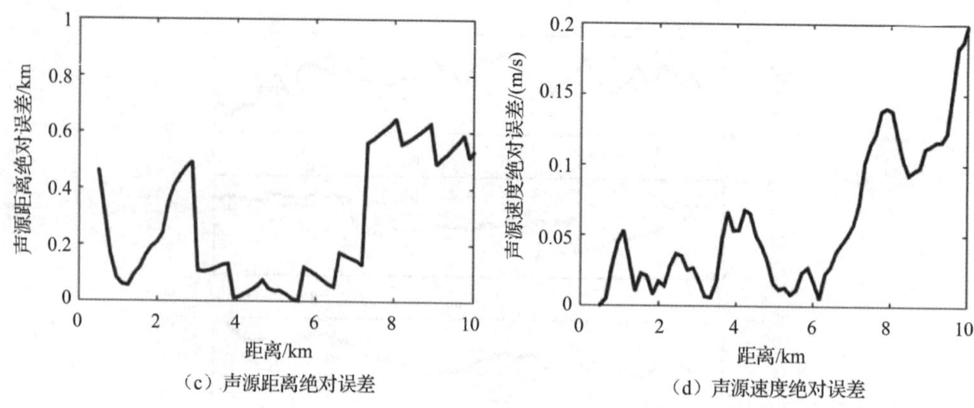

（c）声源距离绝对误差　　（d）声源速度绝对误差

图 4-50　根据实验数据用 EnKF 方法跟踪和评价的误差变化曲线（续）

本章小结

本章以声线理论模型为基础，研究了基于宽带信号自相关函数的稳健目标定位方法。首先介绍了声线理论中的多途信道模型，给出利用单水听器实现被动定位的理论基础；接着分析了声源位置变化和声速剖面扰动对本征声线相对到达时延的影响；归纳总结了现有的时延估计算法，在声源信号未知的条件下，它们很难对复杂浅海环境中的多途时延进行有效估计，这制约了基于本征声线相对到达时延估计的定位方法的发展。为了克服上述困难，我们从自相关函数出发，研究了不需要估计时延的水下目标定位方法，即自相关函数的相关系数法。在此基础上，通过分析不同类型的自相关函数定位方法的特性，提出了基于宽带信号自相关函数的稳健目标定位方法，并给出了其实现流程和实施步骤。通过计算机仿真和 SW06 垂直线阵列的实验数据，验证了基于宽带信号自相关函数的稳健目标定位方法的有效性。值得注意的是，本文的仿真分析没有考虑噪声的影响，而且海试数据的信噪比较高，在低信噪比情况下本稳健目标定位方法的性能会变差，也就是说该稳健目标定位方法主要适用于对强信号源进行被动定位。

此外，在浅海近距离情况下，针对多途到达角信号只对声源的距离信号比较敏感，而多途到达时延信号只对声源的深度信号比较敏感，研究了联合多途到达角和多途到达时延的浅海近距离声源定位方法，仿真效果很好，定位准确，但是本方法不适合用于浅海远距离的情况。

针对浅海宽带声源，提出了基于模态消频散变换的声源距离深度估计方法。通过对利用波导不变量和频散参数表示的模态相速度和由模型计算的相速度进行匹配，从而准确地估计出相应环境下的波导不变量值和频散参数值，然后对宽带接收信号进行消频散变换，变换后的接收信号在距离-频散参数二维平面上会出现声压聚焦的现象。利用此现象可以准确地估计出声源的距离，然后利用估计出的声源距离通过匹配模态能量的方法估计出声源的深度。在进行仿真和实验数据验证时，声源的定位都非常准确，最后通过处理一整条实

验测线上的气枪信号，准确地估计出了测线上不同距离处的 23 个气枪信号的距离和深度。

浅海环境中移动声源的跟踪定位问题一直是水声领域里的热点问题。在以往的研究中，进行声源跟踪定位时没有考虑环境的变化问题。通过本章所做研究发现，在声源移动的过程中，声速剖面的变化也会通过接收声场反映出来。因此，本章提出了利用接收声场同步跟踪移动声源和声速剖面的方法。首先，针对海水声速剖面空间变化的特点，利用接收到的 11 条声速剖面将跟踪区域划分成 11 个区域，在每个区域内只考虑声速剖面的时间变化，不考虑声速剖面的空间变化。然后，通过移动声源在不同空间位置处发射信号来增加声场的空间信息，建立了状态-测量模型。其次，利用集合卡尔曼滤波方法跟踪反演出不同空间位置处的声速剖面，同时利用声场信息对移动声源进行跟踪定位。通过利用均方根误差和绝对误差评价本章方法的跟踪定位结果可知：声速剖面的均方根误差和声源状态的绝对误差都非常小，对声源的跟踪定位精度比较高。然后，通过研究各个参数设置对跟踪定位结果的影响得出：通过增加集合样本数、增加接收信号 SNR，以及增加接收阵元数目都能够在一定程度上提高跟踪定位精度。最后，利用东海实验数据验证了本章方法在声速剖面和移动声源跟踪定位时的可行性。需要指出的是，本章对于移动声源状态的跟踪定位，只考虑了在匀速直线运动状态情况下的跟踪定位。而对于其他运动状态情况下移动声源的跟踪定位，需要进一步深入研究。

第 5 章　基于深海近海面阵列的声源定位方法

5.1　概　　述

汇聚区之间直达波的传播损失显著高于球面扩展损失，这一区域称为几何声影区。由于表面波导、内波、锋面、粗糙海面等环境因素，一部分声能通过散射和绕射效应可进入声影区，提高声影区能量。但声影区的传播损失仍然较高，而且在近海面处，声影区的范围远远大于汇聚区，导致传统声呐布放在深海近海面时，由于没有直达波信号，使探测存在盲区。因此，我们需要利用海面和海底的反射信号进行目标定位。界面特性对反射信号的影响已经被广泛研究，海面散射越强或海底越“软”，反射损失越大，反射信号的能量越弱。因此，在该环境中使用的定位方法对低信噪比条件下的稳健性有一定的要求。

本章提出了一种利用多途到达角和到达时延的联合定位方法，该方法充分挖掘了声场特性，具有较高的稳健性。因此，本章首先讨论该方法在深海环境下的适用性，重点考虑了该方法在阵列倾斜条件下的稳健性。仿真和实验结果都说明了该方法同样适用于深海环境。然后，本章提出了一种基于多径时延差的声源深度估计方法。在时延-深度平面上，当到达所有用来接收水中声信号的水听器深度的最小时间延迟是一定时间内时，海面-海底反射和海底-海面反射的时延在声源深度处相交。至少需要垂直布放两个具有一定间隔的水听器，若水听器的深度已知，则可以使用这对时延来估计声源深度。利用本章所提出的方法，无须在模拟和实验中进行复杂的匹配场计算，就可以在深海的中间范围成功地估计声源深度。

5.2　基于海底反射信号多途到达结构的定位方法

本章推导了 WSF-MF[127]、到达时延（Time Difference of Arrival，TDOA）和两者的联合定位方法，并把它们应用于浅海环境。这些方法在深海同样适用，本节给出其应用于深海的实例。同时，本节将 WSF-MF 进行了扩展，考虑阵列倾斜的情况，进一步提高了定位的精度。

5.2.1　深海多途到达结构特征

在深海近海面检测中等距离目标时，所接收的信号主要为界面反射信号。中等距离是指不存在直达波而一次界面反射的多途到达信号不被声速剖面截止的区间。图 5-1 给出了深度为 60 m 水听器的到达角和到达时延，海深为 3500 m。我们研究声源水平距离为 0～28km、深度为 0～800m 时水听器上的多途到达结构。图 5-1（a）和图 5-1（b）分别为海底反射波和海底-海面反射波多途到达角随声源位置变化的等值线，单位为°，相邻等值线相差 5°。在图 5-1（a）中，当目标距离大于 28km 时，可以看出海底反射波的到达角小于 5°，即海底反射波将被该环境截止。该环境的中等距离即 28km。从图 5-1（a）和图 5-1（b）中可以得出到达角分布的 3 个重要性质：

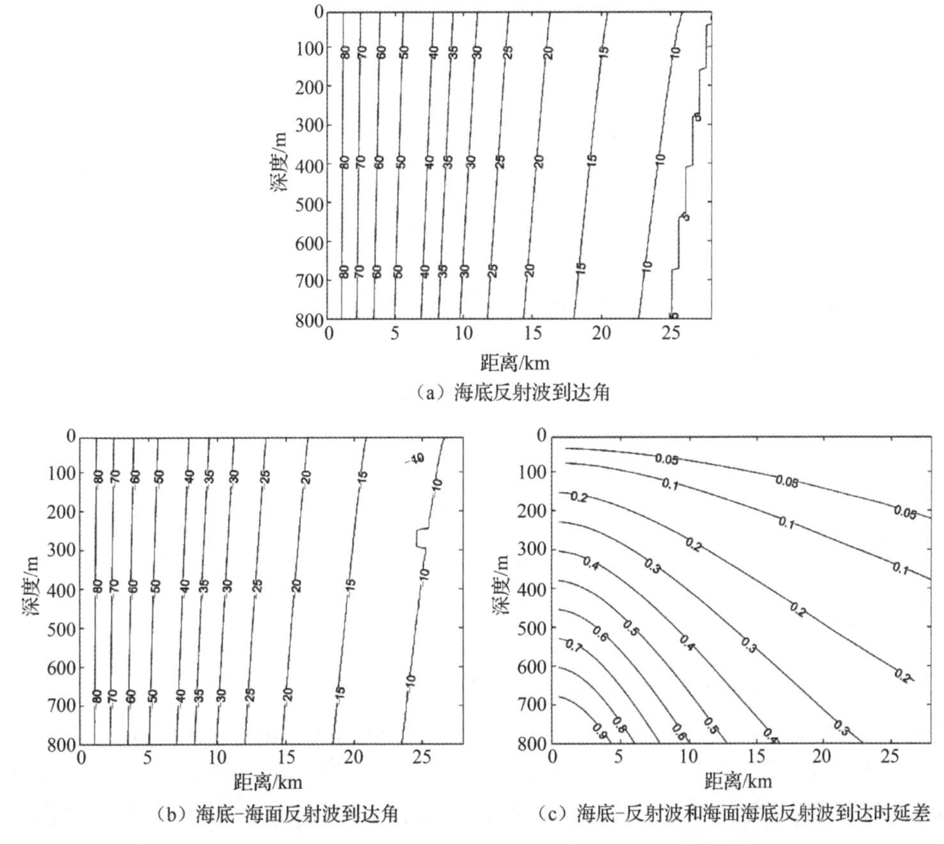

（a）海底反射波到达角

（b）海底-海面反射波到达角

（c）海底-反射波和海面海底反射波到达时延差

图 5-1　深度为 60 m 的水听器的到达角和到达时延（海深为 3500 m）

首先，对于这两种多途到达角，相对于垂直方向，等值线的倾斜角度较小。这意味着在所研究的区域内，每种多途到达角对声源距离的变化（相对于 28km 的研究尺度）非常敏感，而对声源深度的变化（相对于 800m 的研究尺度）不够敏感。

再次，这两种多途到达角的所有等值线的倾斜方向相同，均向左下方倾斜。这一特性

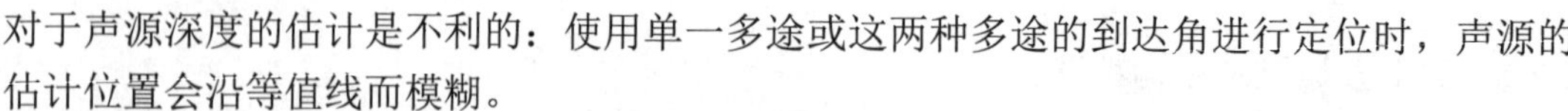

对于声源深度的估计是不利的：使用单一多途或这两种多途的到达角进行定位时，声源的估计位置会沿等值线而模糊。

最后，随着声源距离减小，等值线变得越来越密，因此声源距离的分辨率随着声源距离的减小而升高。但同时由于等值线变得越来越陡，多途到达角对声源深度方向的变化仍然不够敏感，声源深度的分辨率随声源距离减小的改善不大，甚至没有改善。

在可靠声路径条件下，使用多途到达角进行声源定位时，距离方向上的相对分辨率要优于深度方向。因此，可以预见使用 WSF-MF 方法定位时，在深度方向上会出现模糊现象。图 5-1（c）中给出了海底反射波和海面-海底反射波到达时延差。当目标在中等距离处时，目标深度信息蕴含在多途到达时延中，尤其是海底反射波和海面-海底反射波时延差对目标深度变化敏感，但对距离变化不敏感。因此，通过比较实测和仿真的时延差可以给出目标深度。

5.2.2 联合定位方法（SE 方法）的应用

WSF-MF 方法的推导参见第 4 章，本节直接把该方法应用于最后的优化函数。深海定位环境假设如下：均匀垂直线阵列布放在近海面附近，阵元数为 M，用于接收目标辐射声信号，此时目标距离水听器 5～40km。假设目标在远场，则 K 个多途信号可以建模为 K 个平面波。信号的到达角 $\boldsymbol{\theta}_0$ 为 $[\theta_1,\theta_2,\cdots,\theta_k,\cdots,\theta_K]^{\mathrm{T}}$，其中，$\theta_k$ 为第 k 个信号的到达角。假设目标的位置为 $\boldsymbol{L}_{\mathrm{h}}=[z,r]$，其中，$z$ 为目标距离海面的深度，r 为目标距离垂直线阵列的水平距离，目标的位置通过优化下述函数而获得。

$$\begin{aligned}\boldsymbol{L}_0 &= \min_{\boldsymbol{\theta}} \mathrm{tr}\{P_{\boldsymbol{A}}^{\perp}(\boldsymbol{\theta})\boldsymbol{U}_{\mathrm{s}}\boldsymbol{V}\boldsymbol{U}_{\mathrm{s}}^{\mathrm{H}}\} \\ &= \min_{\boldsymbol{L}_{\mathrm{h}}} \mathrm{tr}\{P_{\boldsymbol{A}}^{\perp}[g(\boldsymbol{L}_{\mathrm{h}})]\boldsymbol{U}_{\mathrm{s}}\boldsymbol{V}\boldsymbol{U}_{\mathrm{s}}^{\mathrm{H}}\}\end{aligned} \tag{5-1}$$

式中，$P_{\boldsymbol{A}}^{\perp}(\boldsymbol{\theta})=\boldsymbol{I}-P_{\boldsymbol{A}}=\boldsymbol{I}-\boldsymbol{A}\boldsymbol{A}^{\dagger}=\boldsymbol{I}-\boldsymbol{A}(\boldsymbol{A}^{\mathrm{H}}\boldsymbol{A})^{-1}\boldsymbol{A}^{\mathrm{H}}$，$\boldsymbol{A}$ 为阵列流形向量；$\boldsymbol{U}_{\mathrm{s}}$ 为获得的信号子空间；$\boldsymbol{V}$ 等于 $\boldsymbol{\Lambda}^2\boldsymbol{\Lambda}_{\mathrm{s}}^{-1}$，其中 $\boldsymbol{\Lambda}$ 等于 $\boldsymbol{\Lambda}_{\mathrm{s}}-\sigma^2\boldsymbol{I}$，$\boldsymbol{\Lambda}_{\mathrm{s}}$ 为信号特征值作为主对角线元素的矩阵；信号的多途到达角是目标位置的函数：

$$\boldsymbol{\theta}=g(\boldsymbol{L}_{\mathrm{h}}) \tag{5-2}$$

式中，函数 $g(\bullet)$ 由环境决定，可以根据射线理论计算。

在实际海洋环境中，阵列会发生倾斜，引起真实到达角偏离理想到达角，阵列倾斜角为 φ，这样会增加信号子空间和阵列流形向量张成的子空间的距离。因此，对一个假设的目标位置，相应的阵列流形可以融入阵列倾斜角 φ，将其作为一个位置参数进行搜索，式（5-1）可以改写为

$$\widetilde{\boldsymbol{L}}_0=\min_{\boldsymbol{L}_{\mathrm{h}}}\left\{\min_{\varphi\in[\varphi_{\min},\varphi_{\max}]}\mathrm{tr}\left[P_{\boldsymbol{A}(\theta_h+\varphi)}^{\perp}g(\boldsymbol{L}_{\mathrm{h}})\boldsymbol{U}_{\mathrm{s}}\boldsymbol{V}\boldsymbol{U}_{\mathrm{s}}^{\mathrm{H}}\right]\right\} \tag{5-3}$$

式中，$\varphi_{\min}$ 和 $\varphi_{\max}$ 分别为阵列倾斜角的下界值和上界值。改进的 WSF-MF 方法的模糊平面定义为

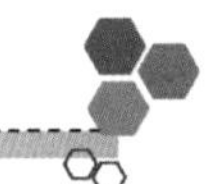

$$E_{\mathrm{W}}=\frac{1}{\min\limits_{\varphi\in[\varphi_{\min},\varphi_{\max}]}\operatorname{tr}\left[P_{A(\theta_{\mathrm{h}}+\varphi)}^{\perp}g(\boldsymbol{L}_{\mathrm{h}})\boldsymbol{U}_{\mathrm{s}}\boldsymbol{V}\boldsymbol{U}_{\mathrm{s}}^{\mathrm{H}}\right]} \tag{5-4}$$

归一化模糊平面定义为

$$E_{\mathrm{N}}=10\log_{10}\left[\frac{E_{\mathrm{W}}}{\max(E_{\mathrm{W}})}\right] \tag{5-5}$$

WSF-MF 方法可以有效地估计目标距离，但无法估计目标深度。

首先，利用由 WSF-MF 方法估计得到的目标距离，通过射线方法，可以计算海底反射波和海面-海底反射波的到达角。对于深度较浅的目标和接收阵元，这两个到达角会非常接近。其次，设计空域滤波器，得到只包含海底反射波和海面-海底反射波的信号。然后，计算信号的自相关函数，该函数的第二大峰值对应的时间 T_{m} 对应这两种信号的时延。把通过模型计算得到的深度-距离网格点处两种信号的时延减去 T_{m}，最小值对应的网格位置对应目标位置。这种方法称为多途时延目标定位方法，即 TDOA 方法，模糊平面定义为

$$E_{\mathrm{T}}=-\left|T_{\mathrm{m}}-T(\boldsymbol{L}_{\mathrm{h}})\right| \tag{5-6}$$

式中，T_{m} 为接收信号中提取到的海底反射波和海面-海底反射波的时延差。$T(\boldsymbol{L}_{\mathrm{h}})$ 是由射线模型计算得到的两种信号的时延差（当目标位置为 $\boldsymbol{L}_{\mathrm{h}}$ 时）。当假设的目标位置与实际目标位置一致时，E_{T} 取得最大值。由 TDOA 方法计算得到的模糊平面在时延等值线上会出现模糊现象。从图 5-1 的等值线分布可以看出，TDOA 方法在距离方向上的模糊性高于深度方向的。因而，TDOA 方法与 WSF-MF 方法的估计结果互为补充，将两者结合可以估计目标位置，即为 SE 方法。

5.2.3　实验数据处理

1. 实验介绍

本实验是 2012 年 10 月在南海深海区域开展的，海深约 3450m。18 元垂直线阵列布放在近海面，阵元间距为 4m。最上端阵元距离海面 20m。由于海风、海面波浪和近表层海流的影响，浮标会发生漂移。浮标上布置了 GPS 接收器用于记录垂直线阵列的位置。实验船沿直线驶离浮标，每隔 1km 投放一枚爆炸声源。爆炸深度为 300m，TNT 当量为 1kg。第一个气泡脉冲时延的理论值为 0.0177s。图 5-2 给出了浮标和实验船的轨迹。由于海面风的驱使，浮标向西南方向漂移。实验船先向南航行，然后转向东南方向。在 3 个爆炸声源时刻，浮标和实验船的相对位置由点线表示。相应的浮标和爆炸声源的距离分别为 5km、15.1km 和 24.2km。图 5-3 给出了实验位置处的声速剖面。该环境包含约 40 m 深的表面波导，平均声速为 1539 m/s。

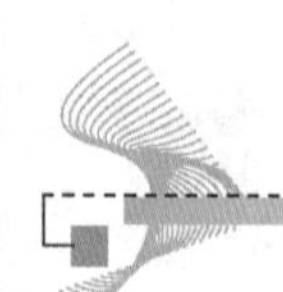

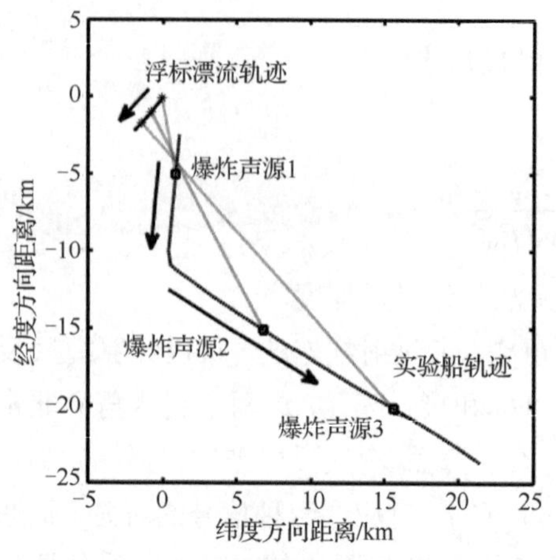

图 5-2 浮标和实验船的轨迹
分别由实线和虚线给出

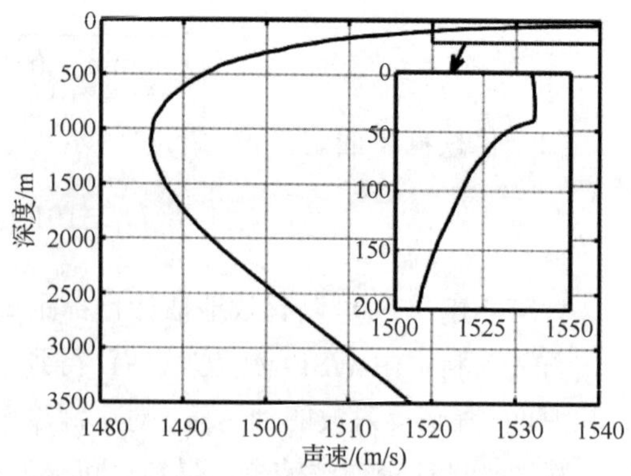

深度为 1500 m 以下海域的声速剖面由 CTD 测量，
深度为 1500 m 以上海域的声速剖面由历史数据拟合。

图 5-3 实验位置处的声速剖面

2. 接收信号的预处理

由于爆炸声源和浮标深度较浅，在中等距离处（5～28 km）的接收信号主要由与海底发生接触的多途到达信号组成。当爆炸声源距离为 15.1 km 时，浮标接收的信号如图 5-4 所示。由图 5-4（a）中可观测到表面波导到达信号和两组多途到达信号。这里，一组多途指海底反射次数相同的多途。图 5-4（a）中第一组多途到达信号在海底反射的次数为 1，而第二组的海底反射次数为 2。由于爆炸声源的源级较高，接收信号的信噪比非常高。图 5-4（b）给出了第一组多途到达信号。从左至右，红色实线分别表示由冲击波信号产生的海底反射信号、海底-海面反射信号、海面-海底反射信号和海面-海底-海面反射信号。相应的，黄色实线表示由一次气泡脉动产生的相应多途到达信号。从图 5-4（b）中可以看出爆炸信号和一个脉动信号的时延差为 0.017 s。表面波导到达、第一组多途到达和第二组多途到达的时间分别为 9.86 s、11.03 s 和 13.56 s，这与通过模型计算得到的结果 9.84 s、11.00 s 和 13.57 s 非常接近。

由于实验所采用的是爆炸声源信号，多途到达信号在时序上直接可以区分。但本章提出的方法希望应用于单频信号或窄带随机信号。在这两种信号形式下，接收信号在时序上是无法直接区分多途到达的。因此，需要打乱爆炸声源的时序，仿真连续窄带随机信号。首先，按组提取明显的多途信号，并使它们分别通过窄带滤波器。然后，所有组的多途信号在时间上与第一组多途信号对齐，如图 5-5（a）所示。为了保持不同组之间的相位差，每一组信号由式（5-7）加权。

$$p_i = \mathrm{e}^{-\mathrm{j}2\pi f(t_i - t_1)} \tag{5-7}$$

式中，t_i 是第 i 组信号的时间窗的起始时刻，f 为窄带滤波器的中心频率。爆炸声源级高，接收信号的信噪比也非常高。但实际海洋环境中信号的信噪比较低，为分析在低信噪比条件下本章所用定位方法的性能，利用相同的窄带滤波器把不包含信号的海洋噪声滤波按照

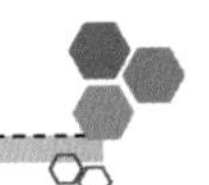

需要的信噪比放大，并与信号叠加，以仿真低信噪比条件下的信号。在信噪比为 0dB 时，得到的预处理信号如图 5-5（b）所示。其中，窄带滤波器的中心频率为 260Hz。

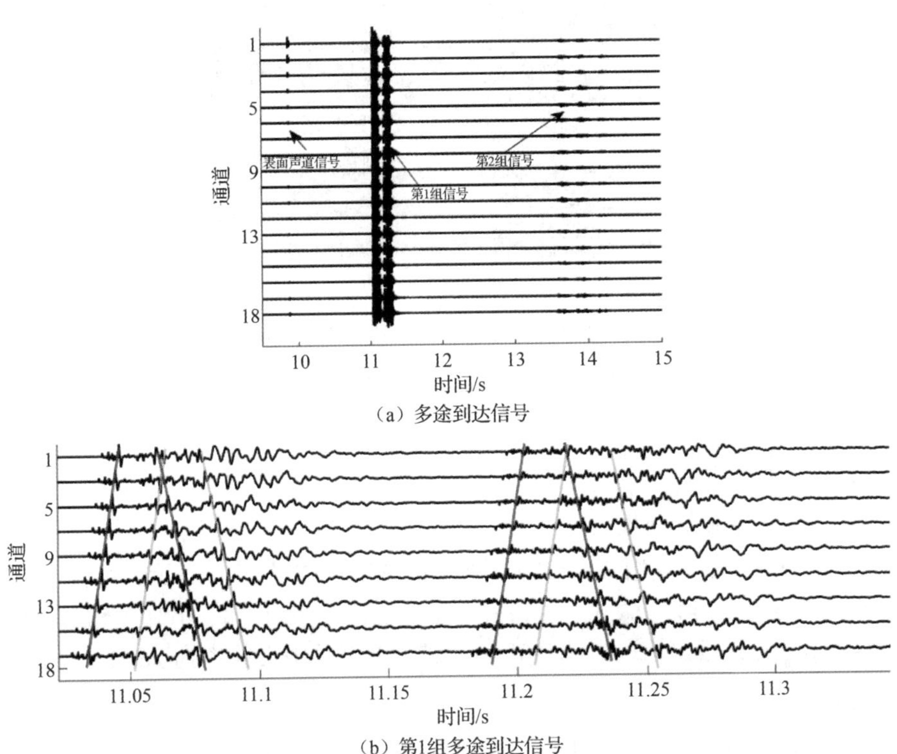

（a）多途到达信号

（b）第1组多途到达信号

图 5-4 当爆炸声源距离为 15.1 km 时，浮标接收的信号

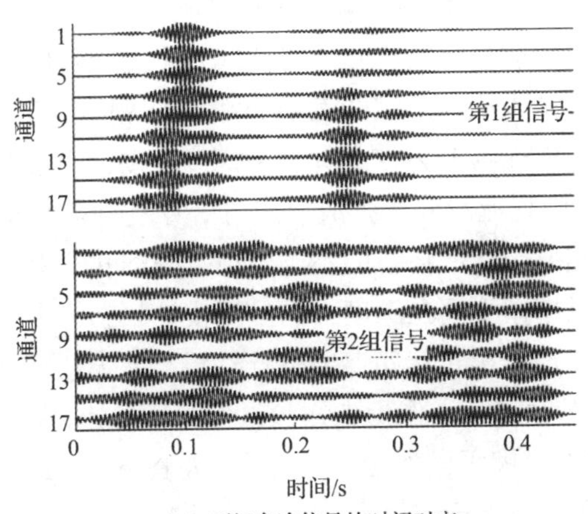

（a）两组多途信号的时间对齐

图 5-5 信号的预处理过程

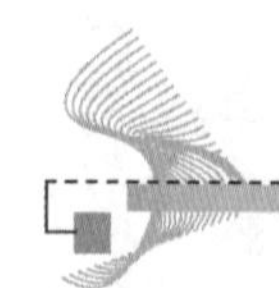

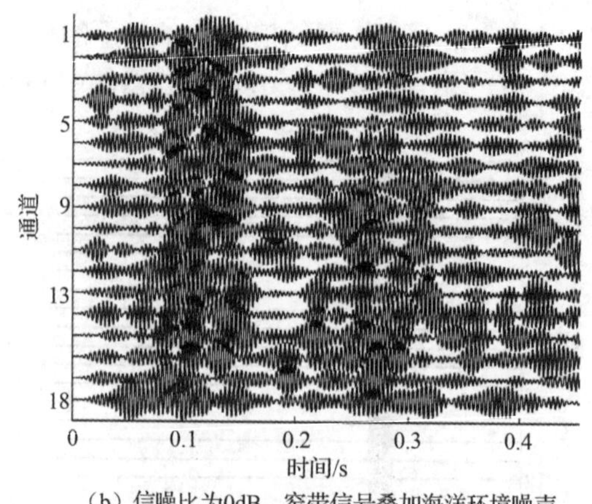

（b）信噪比为0dB，窄带信号叠加海洋环境噪声

图 5-5　信号的预处理过程（续）

3. 三种定位方法结果分析

1）WSF-MF 方法估计结果

当信噪比为 0dB 时，使用式（5-5）计算的模糊平面如图 5-6 所示。从图 5-6（a）至图 5-6（c），声源距离分别为 5km、15.1km 和 24.2km。把式（5-4）中阵列倾斜角的下界值 $\varphi_{\min}$ 和上界值 $\varphi_{\max}$ 分别设定为-10° 和 10° 。窄带滤波器的中心频率为 260 Hz，图中星号表示声源的实际位置。

模糊平面在经过声源实际位置的一条倾斜直线上出现模糊状态。式（5-4）和式（5-5）的实质为最小化阵列流形向量（由仿真的多途到达角构成）张成的子空间与信号子空间的距离，参量空间为三维，包括声源深度、距离和阵列倾斜的影响。正如图 5-1（a）和 5-1（b）所示，在深海中一次海底反射信号到达角的等值线几乎是垂直的。这意味着在同一距离、不同深度上，阵列流形向量张成的子空间差别非常小，因而会产生深度上的模糊现象，如图 5-6 所示。此外，利用 WSF-MF 方法估计目标深度需要一个理想化条件：当假设的目标位置与实际位置相同时，阵列流形向量张成空间与信号空间完美匹配，从而估计目标位置。但由于环境噪声、信号相位起伏、环境的不确定性、阵列孔径有限等因素的影响，上述理想化条件很难满足，所以模糊平面在深度方向呈现模糊状态。因此，仅利用到达角信息的 WSF-MF 方法在实际中只能给出目标距离的估计结果，而无法估计目标的深度。

在式（5-3）中把阵列倾斜角 φ 作为未知参量而进行估计。在不同假设阵列倾斜角下，采用 WSF-MF 方法获得的模糊平面如图 5-7 所示，从图 5-7（a）至图 5-7（c），目标距离分别为 5 km、15.1 km 和 24.2 km。在图 5-7（a）和图 5-7（b）中，φ 为 4° 时可得到全局最强的能谱。因此，当目标距离为 5 km 和 15.1 km 时，阵列倾斜角的估计值约 4° 。当目标距离为 24.2 km 时，阵列倾斜角的估计值约-2° 。

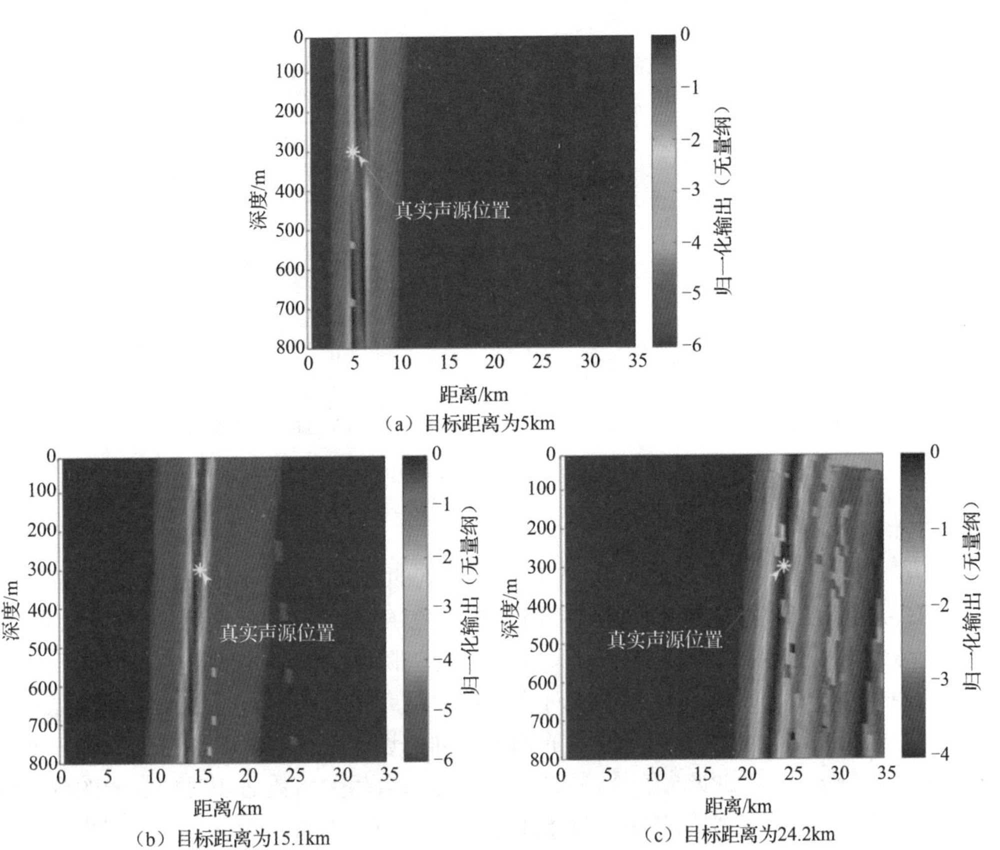

图 5-6　WSF-MF 方法的定位结果（目标深度为 300m）

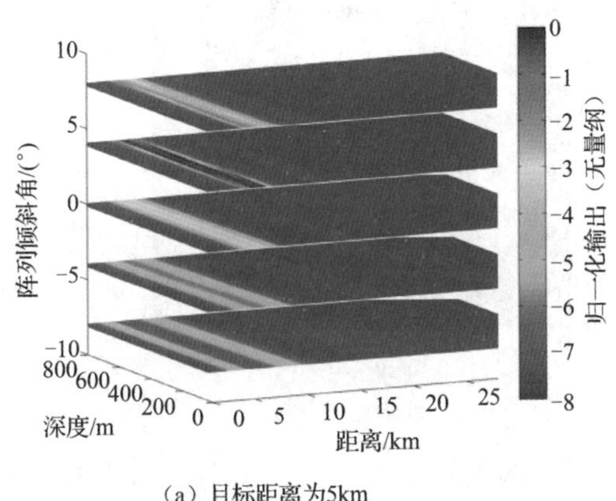

图 5-7　在不同假设阵列倾斜角下，采用 WSF-MF 方法获得的模糊平面

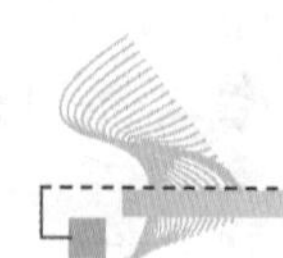

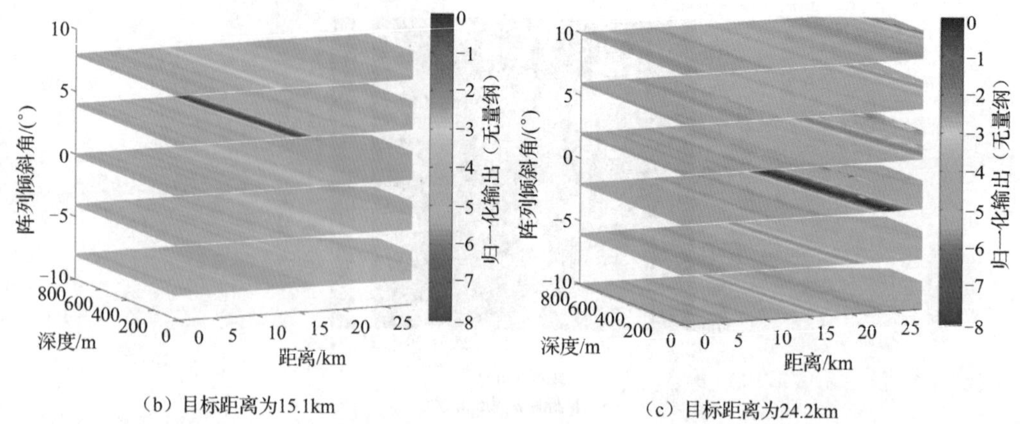

（b）目标距离为15.1km　　（c）目标距离为24.2km

图 5-7　在不同假设阵列倾斜角下，采用 WSF-MF 方法获得的模糊平面（续）

2）TDOA 方法估计结果

TDOA 方法的第一步是利用 WSF-MF 方法得到的结果，估计海底反射波和海面-海底反射波的到达角。当声源位置在图 5-6 中所示的红色条纹上变化时，该到达角变化非常小。因此，到达角可以直接取为这些值的平均值。没有剔除阵列倾斜角的影响，海底反射波到达角分别为-47.4°、-18.8°和-13.4°（对应的目标距离分别为 5km、15.1km 和 24.2km）。把这 3 个方向分别作为 3 个空域滤波器的通带方向，设计空域滤波器，得到只包含海底反射和海面-海底反射信号的滤波信号。通过滤波信号的自相关函数估计两种信号的到达时延差，利用式（5-6）得到的采用 TDOA 方法的定位结果（目标深度为 300m）如图 5-8 所示。模糊平面的单位为秒（s）。图 5-8 显示该方法定位结果在时延差等值线上会产生模糊现象。

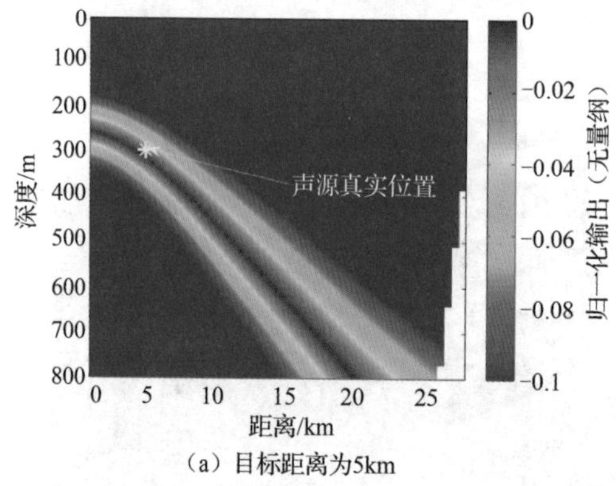

（a）目标距离为5km

图 5-8　采用 TDOA 方法的定位结果（目标深度为 300m）

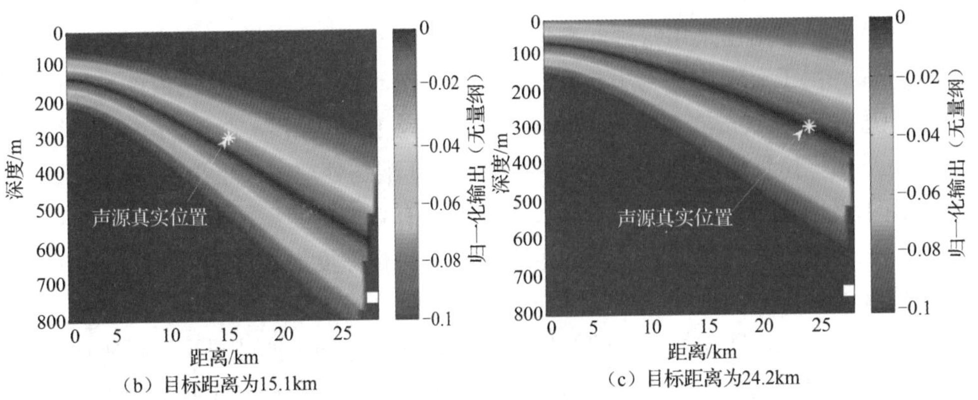

（b）目标距离为15.1km　　（c）目标距离为24.2km

图 5-8　采用 TDOA 方法的定位结果（目标深度为 300m）（续）

3）SE 方法估计结果

从图 5-6 和图 5-8 中可以看出，真实的目标位置在两种方法所得到的模糊线的交点处。采用 SE 方法的定位结果（目标深度为 300 m）如图 5-9 所示。图 5-9 中模糊平面最大值与真实目标位置非常接近，并且在距离和深度方向均不存在模糊现象。

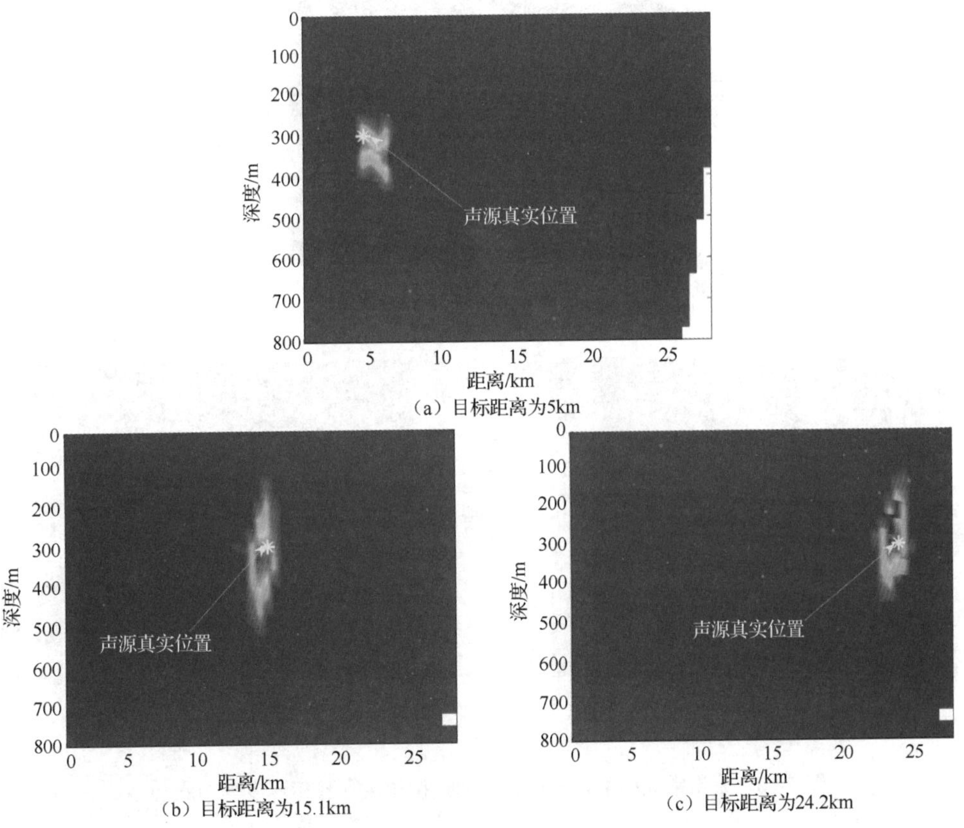

（a）目标距离为5km

（b）目标距离为15.1km　　（c）目标距离为24.2km

图 5-9　采用 SE 方法的定位结果（目标深度为 300 m）

作为对比，下面给出采用常规匹配场技术的仿真结果。声速剖面采用如图 5-3 所示的实测声速剖面。由于海底信息无法获取，根据南海沉积物分布情况，选取的海底底质参数如下：沉积层厚度为 20m，声速为 1560m/s，密度为 1.58g/cm^3；基底层声速为 1700m/s，密度为 1.8g/cm^3。拷贝场由 Bellhop 软件计算。在匹配场处理中，采用 Bartlett 处理器[2]，该处理器由于采用常规处理方法，主瓣较宽且不能有效抑制旁瓣，但其在环境失配情况下比较稳健。采用常规匹配场处理方法的定位结果（目标深度为 300m）如图 5-10 所示。总体来说，匹配场处理后的性能较差，这与有限的阵列孔径、失配的环境及阵列的倾斜等相符。但在距离方向上，匹配场处理的结果优于其在深度方向上的结果，这说明在深海环境中，声场直接匹配还是基于多途到达角的信息。理论上，声场直接匹配也涵盖了多途时延的匹配，但是由于各种因素的干扰，多途时延的影响并没有在声场直接匹配中起主导作用。本章介绍的 SE 方法则是将多途到达角和时延的匹配人为地赋予同样的权值，从而得到更好的定位结果。

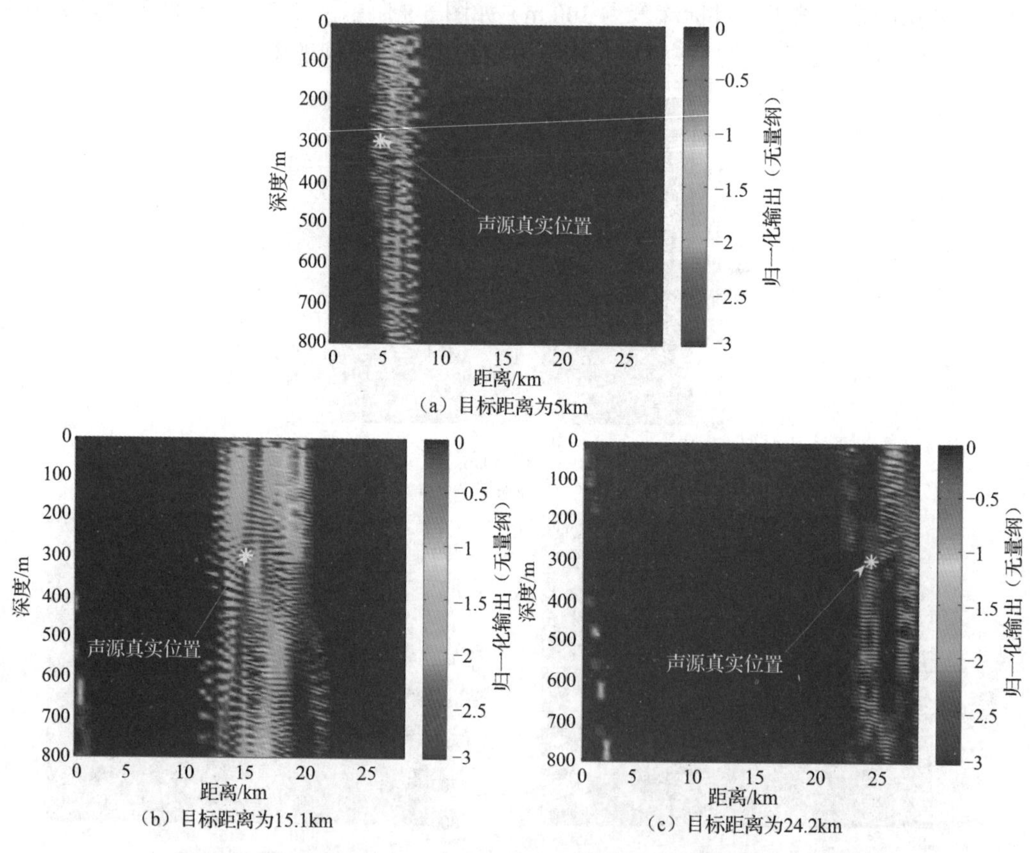

图 5-10　采用常规匹配场处理方法的定位结果（目标深度为 300m）

5.3　基于几何关系近似的声源定位方法

5.3.1　多途时延的几何关系模型

被动声源的深度估计在深海探测中十分重要，已经研究了数十年。下面介绍几种被动声源的深度估计方法，如匹配场处理（MFP）、干涉模型、时延差分、反向传播模型、波数谱和模态分解等。Tran 等[166]利用长度为 900m 的垂直线阵列在太平洋东北部使用 Bartlett 和最小方差方法进行匹配场处理。段等[127]提出了一种在可靠声路径下被动定位的加权子空间拟合匹配场法。对于靠近海面的接收阵，使用加权子空间拟合出的匹配场和海底反射（BR）和海底-海面（BS）反射的时间延迟差，进行声源的距离和深度估计[167]。Reid 等[128]介绍了一种基于改进傅里叶变换的被动声源深度估计方法，使用的接收阵是放置在深海临界深度以下的垂直线阵列，该方法是利用直达波和海面反射波在接收阵上的干涉所引起的与深度有关的调制。Kniffin 等人[168]基于深度谐波干涉零角度间隔的深度估计方法，在深海中进行了精确的声源深度估计。利用扩展的卡尔曼滤波器[169]，采用单个水听器上记录的直达波和海面反射波之间的时间延迟，被动检测移动的声源。Reeder[170]将海洋波导中多径传播产生的干涉图与波数谱相联系，若水听器的深度是已知的，则可以通过测量在分层海水中任意分离的两个水听器处的直达波和海面反射波到达的相对时间，利用这 3 个不同的到达时间来估计声源深度。Voltz 等人[171]提出了基于射线反向传播过程，利用接收阵上多途到达结构的时间和空间特性的一种新型声源定位方法。基于合成孔径技术，用单个水听器接收信号来估计移动声源的深度[172]。杨[106]利用模态分解，在北冰洋对声源距离和深度进行了成功的估计。

本节提出了一种基于多途时延的简便方法来估计深海的声源深度。利用射线声学理论，描述声场射线模型的 E+ikonal 方程，使用射线坐标 s 表示如下：

$$\nabla\tau\cdot\frac{1}{\mathrm{c}}\frac{\mathrm{d}x}{\mathrm{d}s}=\frac{1}{c^2} \tag{5-8}$$

$$\tau(s)=\tau(0)+\int_0^s\frac{1}{c(s')}\mathrm{d}s' \tag{5-9}$$

式中，x 被定义为射线的轨迹，式（5-9）中的积分项是射线的传播时间。假设信号源发射一个三角波脉冲，具有不同时间延迟和振幅的一系列脉冲分别通过直达路径（D）、海面反射路径（SR）、海底反射路径（BR）、海面-海底反射（SB）、海底-海面反射（BS）和海面-海底-海面（SBS）反射路径被水听器接收，通过下式可获得相较于最小到达时间 SB 和 BS 反射波的时间延迟。

$$\tau(s_{\mathrm{SB}})=\int_0^{s_{\mathrm{SB}}}\frac{1}{c(s'_{\mathrm{SB}})}\mathrm{d}s'_{\mathrm{SB}}-\int_0^{s_{\min}}\frac{1}{c(s'_{\min})}\mathrm{d}s'_{\min} \tag{5-10}$$

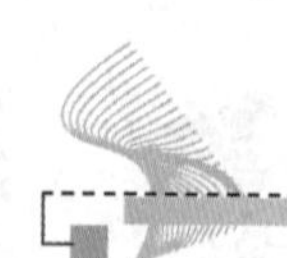

$$\tau(s_{\mathrm{BS}})=\int_0^{s_{BS}}\frac{1}{c(s'_{\mathrm{BS}})}\mathrm{d}s'_{\mathrm{BS}}-\int_0^{s_{\min}}\frac{1}{c(s'_{\min})}\mathrm{d}s'_{\min} \tag{5-11}$$

式中，$\tau(s_{\mathrm{SB}})$ 和 $\tau(s_{\mathrm{BS}})$ 是指相较于最小到达时间 SB 和 BS 反射的时延，s_{SB} 和 s_{BS} 分别是沿着 SB 和 BS 反射路径的长度，$s_{\min}$ 是声源到水听器的最短路径。SB 和 BS 反射的时延差用 $\tau_{\mathrm{SB-BS}}$ 表示。

$$\tau_{\mathrm{SB-BS}}(z_{\mathrm{r}};z_{\mathrm{s}},r)=\left|\tau(z_{\mathrm{r}};z_{\mathrm{s}},r,s_{\mathrm{SB}},\phi_{\mathrm{SB}})-\tau(z_{\mathrm{r}};z_{\mathrm{s}},r,s_{\mathrm{BS}},\phi_{\mathrm{BS}})\right| \tag{5-12}$$

式中，s_{SB} 和 s_{BS} 分别是通过 SB 和 BS 反射路径的长度，z_{s} 是声源的深度，z_{r} 是水听器的深度，r 是声源与水听器之间的水平距离，ϕ_{SB} 和 ϕ_{BS} 分别是 SB 和 BS 反射波在声源处的掠射角。

在等声速理想海洋环境下 SB 和 BS 反射路径的传播如图 5-11 所示。沿着 SB 和 BS 反射的路径的长度可写为

$$s_{\mathrm{SB}}=\sqrt{[2(H-z_{\mathrm{r}})+(z_{\mathrm{s}}+z_{\mathrm{r}})]^2+r^2} \tag{5-13}$$

$$s_{\mathrm{BS}}=\sqrt{[2(H+z_{\mathrm{r}})-(z_{\mathrm{s}}+z_{\mathrm{r}})]^2+r^2} \tag{5-14}$$

式中，H 为波导深度，c_{w} 为水中的声速，对 SB 和 BS 反射的时延关于水听器的深度求导，结果如下：

$$\frac{\mathrm{d}\tau_{\mathrm{BS}}}{\mathrm{d}z_{\mathrm{r}}}=\frac{1}{c_{\mathrm{w}}}\frac{\mathrm{d}s_{\mathrm{BS}}}{\mathrm{d}z_{\mathrm{r}}}=\frac{1}{c_{\mathrm{w}}}\left[\frac{2H-z_{\mathrm{s}}+z_{\mathrm{r}}}{\sqrt{(2H+z_{\mathrm{r}}-z_{\mathrm{s}})^2+r^2}}\right]\approx\frac{1}{c_{\mathrm{w}}}\left(\frac{2H}{\sqrt{4H^2+r^2}}\right) \tag{5-15}$$

$$\frac{\mathrm{d}\tau_{\mathrm{SB}}}{\mathrm{d}z_{\mathrm{r}}}=\frac{1}{c_{\mathrm{w}}}\frac{\mathrm{d}s_{\mathrm{SB}}}{\mathrm{d}z_{\mathrm{r}}}=-\frac{1}{c_{\mathrm{w}}}\left[\frac{2H+z_{\mathrm{s}}-z_{\mathrm{r}}}{\sqrt{(2H+z_{\mathrm{s}}-z_{\mathrm{r}})^2+r^2}}\right] \tag{5-16}$$

$$\frac{\mathrm{d}\tau_{\mathrm{SB}}}{\mathrm{d}z_{\mathrm{r}}}=\frac{1}{c_{\mathrm{w}}}\frac{\mathrm{d}s_{\mathrm{SB}}}{\mathrm{d}z_{\mathrm{r}}}=-\frac{1}{c_{\mathrm{w}}}\left[\frac{2H+z_{\mathrm{s}}-z_{\mathrm{r}}}{\sqrt{(2H+z_{\mathrm{s}}-z_{\mathrm{r}})^2+r^2}}\right]\approx-\frac{1}{c_{\mathrm{w}}}\left(\frac{2H}{\sqrt{4H^2+r^2}}\right)$$

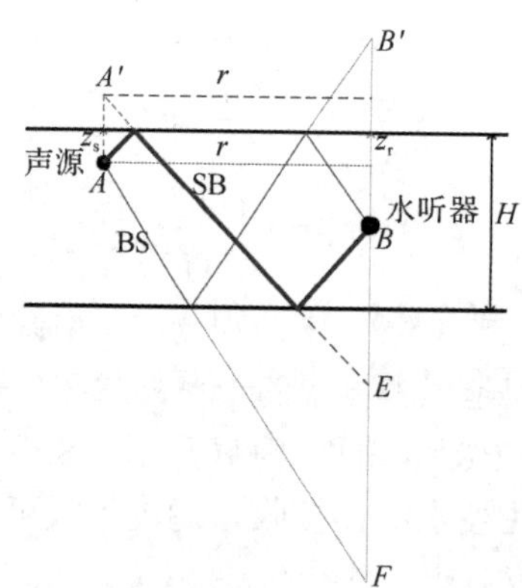

图 5-11　在等声速理想海洋环境下 SB 和 BS 反射路径的传播

这里设了一个近似条件，即 $|z_{\mathrm{s}}-z_{\mathrm{r}}|\ll 2H$。SB 和 BS 的时延可以被认为与水听器深度呈线性关系。在深度-时延平面上，时延的斜率随着距离的增加而增加。因此，求解 SB 和

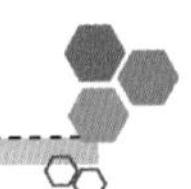

BS 反射路径的交点相当于求出 SB 和 BS 反射之间的最小时延差。SB 和 BS 反射之间的绝对时延差是

$$\tau_{\text{SB-BS}} = \left| \frac{s_{\text{SB}} - s_{\text{BS}}}{c_{\text{w}}} \right| \tag{5-17}$$

把式（5-13）和式（5-14）代入式（5-17）中，假设 $\tau_{\text{SB-BS}}$ 等于 0，则式（5-17）可以表示为

$$z_{\text{r}} = z_{\text{s}} \tag{5-18}$$

式（5-18）表明 SB 和 BS 反射在与声源深度相等的水听器深度处相交，即 SB 和 BS 反射交汇于与声源深度相同的位置处，时延差达到最小，并且 SB 反射的声线轨迹长度等于 BS 反射的声线轨迹长度。基于这一特点，可以使用 SB 和 BS 反射的交汇点深度来估计声源的深度。此外，SB 和 BS 反射的时延与接收器深度呈线性关系。

5.3.2　定位方法介绍

当满足约束条件时，多途时延的几何关系模型可推广到与距离无关的深海波导中。在与距离无关的深海波导中，若接收器深度等于声源深度，则声源沿掠射角 ϕ_{SB} 和 ϕ_{BS} 发射的沿 SB 和 BS 反射路径传播的声线将以掠射角 ϕ_{BS} 和 ϕ_{SB} 分别到达接收器。在这种情况下，SB 反射的声线轨迹与 BS 反射的声线轨迹是对称的，而且两条声线轨迹的长度相同，该方法与声速剖面无关。对于近似平面波传播情况，SB 和 BS 反射的时延与接收器深度呈线性关系，可以用 SB 和 BS 反射的交汇点的深度来估计声源深度。

考虑洋流会使接收器阵列产生倾斜。由于阵列的倾斜，接收器阵列在垂直方向上的投影小于阵列长度。假设接收器阵列一端固定在海底，则上部接收器受到的海流影响比下部接收器更严重。由阵列倾斜引起的声源深度估计误差表示为

$$\varepsilon \approx L_{\text{array}}(1-\cos\theta) \tag{5-19}$$

式中，L_{array} 是接收器阵列的长度，θ 是倾斜角度。因此，要获得准确的声源深度，必须校准接收器深度。

仿真得到的不同深度声源多途时延到达结构和定位结果如图 5-12 所示，仿真中采用的声速剖面（SSP）是在南中国海（SCS）测量得到的。所用声道是没有临界深度的不完全声道，海底的声速小于海面的声速。混合层深度约 70m，海深约 4000m，海床相对平坦。沉积层声速、沉积层密度和沉积层衰减系数分别为 1550m/s、1.31g/cm^3 和 0.15dB/λ。使用 BELLHOP[173]模型来证明本书所提方法的可行性。

图 5-12（a）～图 5-12（c）显示了在 10km 范围内从 10m 到 300m 3 个声源深度下的多途传播时延。所有的时间延迟是相对于最短到达时间的时延差，即从直达波到达接收器的第 1 秒开始算起，可以清楚地看到 SB、BS、BR 和 SBS 反射的时延结构。当接收器深度小于声源深度时，BS 反射的时延小于对应的 SB 反射的时延。但是，当接收器深度大于声源深度深时，SB 反射的时延小于对应的 BS 反射的时延。此外，BR 和 BS 反射、SB 和

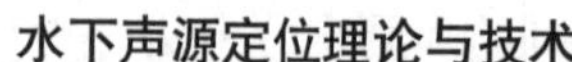

SBS 反射分别相交于海面，可近似认为，BR 和 BS 反射分别与 SB 和 SBS 反射平行。随着声源深度变深，SB 和 BS 反射之间的交叉角度变大。根据以上理论，SB 和 BS 反射时延可以被认为与接收器深度呈线性关系。此外，SB 和 BS 反射的时延轨线在声源深度处相交。利用本节所提出的方法，可以正确地估计 3 个声源的深度，图中用黑色方块表示。

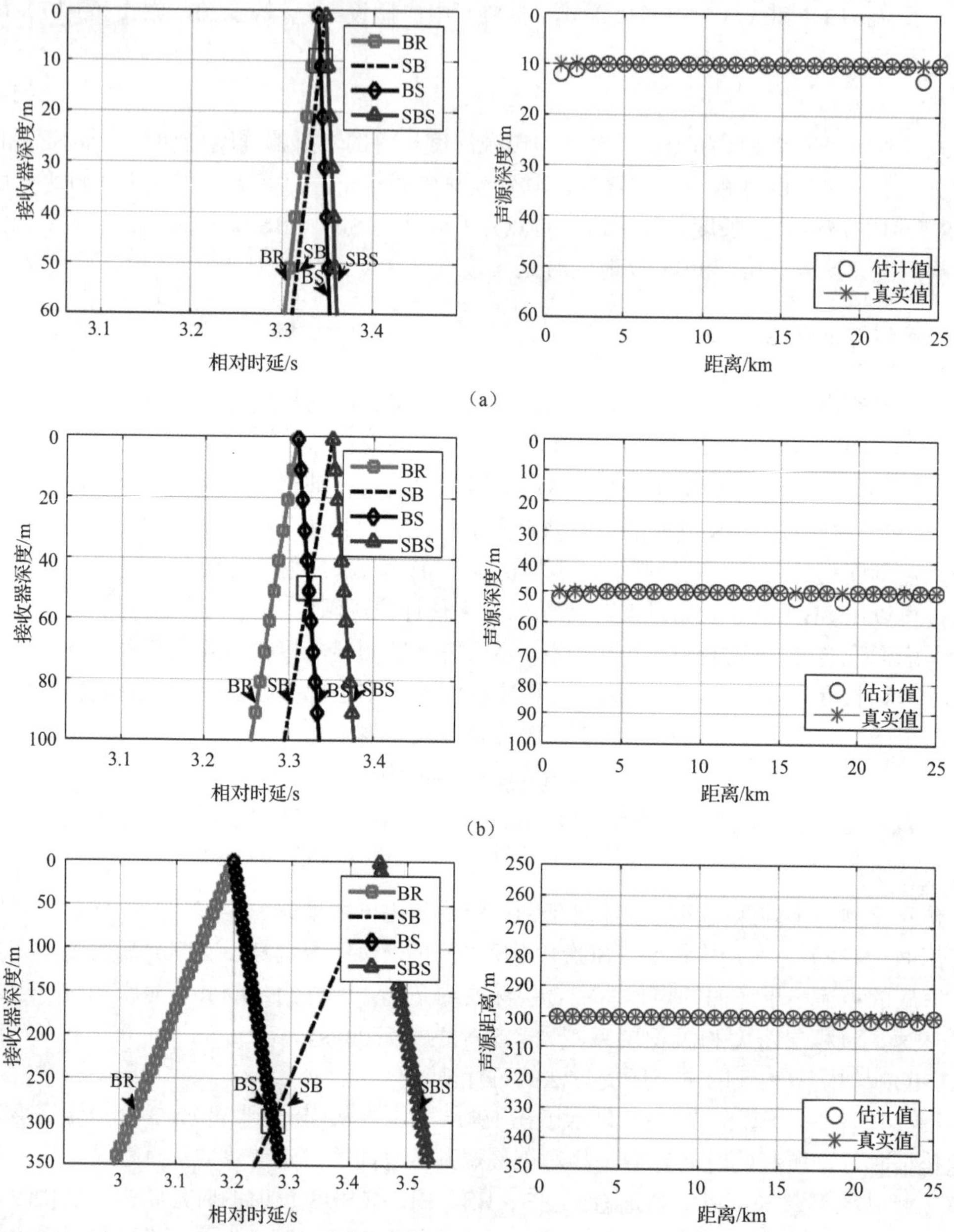

（a）

（b）

（c）

图 5-12　仿真得到的不同深度声源多途时延到达结构和定位结果

图 5-12（d）～图 5-12（f）所示为利用 SB 和 BS 时延估计的距离为 10～300m 的 3 个声源深度。当接收距离为 1～25 km 时，可以正确估计 3 个声源深度且误差小于 5 m。随着接收距离变大，估计的结果与真实声源深度稍有偏差。重要的是，估计结果的误差很小，因此，SB 和 BS 反射的时延信息可以用来估计深海声源的深度。基于上述理论，本节提出的与 SSP 无关的估计方法，在 Munk 声速剖面下且与距离无关的深海声道中也具有较好的适用性。

5.3.3　实验数据处理

2014 年，在南中国海的深海区进行了声传播实验。图 5-13（a）是实验示意和测量得到的 SSR。接收器是一端固定在海底的阵列，它由在 110～820m 范围内的 16 个不同间隔的分布式水听器组成，每个水听器单独采样和记录。水听器的采样频率为 48 kHz，水听器的声源级为-180 dB（1V/μPa）。装有 1 kg 三硝基甲苯（TNT）的宽带爆炸声源的理论爆炸深度为 50m 和 300m，轮流从船上投落。在估计震源深度期间，考虑了海流引起的阵列倾斜，并对接收器深度进行了校正，以减小估计误差。阵列长度大约为 700m，阵列倾斜了约 2°，5 个温深传感器以一定的间隔安装在阵列上。在这种情况下，阵列倾斜和误差可以忽略，如式（5-19）。

在实验中，接收器阵列的一端固定在海底，在海面附近没有放置水听器。因此，采用延伸和外推 SB 和 BS 反射到海面的时间延迟来估计海面附近的声源深度是必要的。根据所本节提出的方法，SB 和 BS 反射的时延被认为与接收器深度呈线性关系。因此，互相关方法和基于最小二乘法（LSs）的线性拟合方法可以用来计算 SB 和 BS 反射的时延。利用 SB 和 BS 反射的这一对时延可以正确地估计海面附近声源的深度。

图 5-13 是实验数据处理结果，图 5-13（b）和图 5-13（c）显示了声源深度分别为 50m 和 300m 时，约 5.8km 范围内的时延到达结构。与仿真结果相比较，可以清楚地显示包括 D，SR，BR，BS，SB 和 SBS 反射在内的多途时延到达结构。多途时延是相对于最短到达时间，即从直达路径到达接收器时的第 1 秒开始算起的。图 5-13（b）中 SB 和 BS 反射的时间延迟到达结构与图 5-13（c）中的不同，SB 和 BS 反射均在声源深度处相交。可以近似认为，BR 和 BS 反射的时延结构分别与 SB 和 SBS 反射平行。此外，SB 和 BS 反射的时延，以及 SB 和 SBS 反射的时延相交于海面。与仿真结果一致，当接收器深度小于声源深度时，BS 反射的时延小于 SB 反射的时延。但是，当接收水听器深度大于声源深度时，SB 反射的时延小于 BS 反射的时延。随着声源深度变小，SB 和 BS 反射的交叉角度变小，但这使时间到达结构的斜率均变大，估计结果的准确性对 SB 和 BS 反射时延的测量误差是非常敏感的。在图中声源深度的估计结果用黑色方块表示。

图 5-13（d）和图 5-13（e）是实验中 5～27km 范围内，声源深度分别为 50m 和 300m 的声源深度估计结果。对于爆炸声源，利用 SB 和 BS 反射时延估计的声源深度是正确的，但估算结果偏离了标称深度。与假设的深度相比，声源深度 50m 时的最大偏差约 10m，估计的声源深度为 5～27km，比假设的声源深度更深。对于 300m 的假设声源深度，最大偏

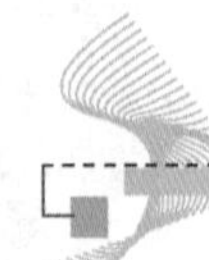

差约 20m。在 20km 以下范围内，估计的声源深度也比假设声源深度更深。当距离大于 20km 时，估计的声源深度接近 300m 爆炸声源的假设深度。

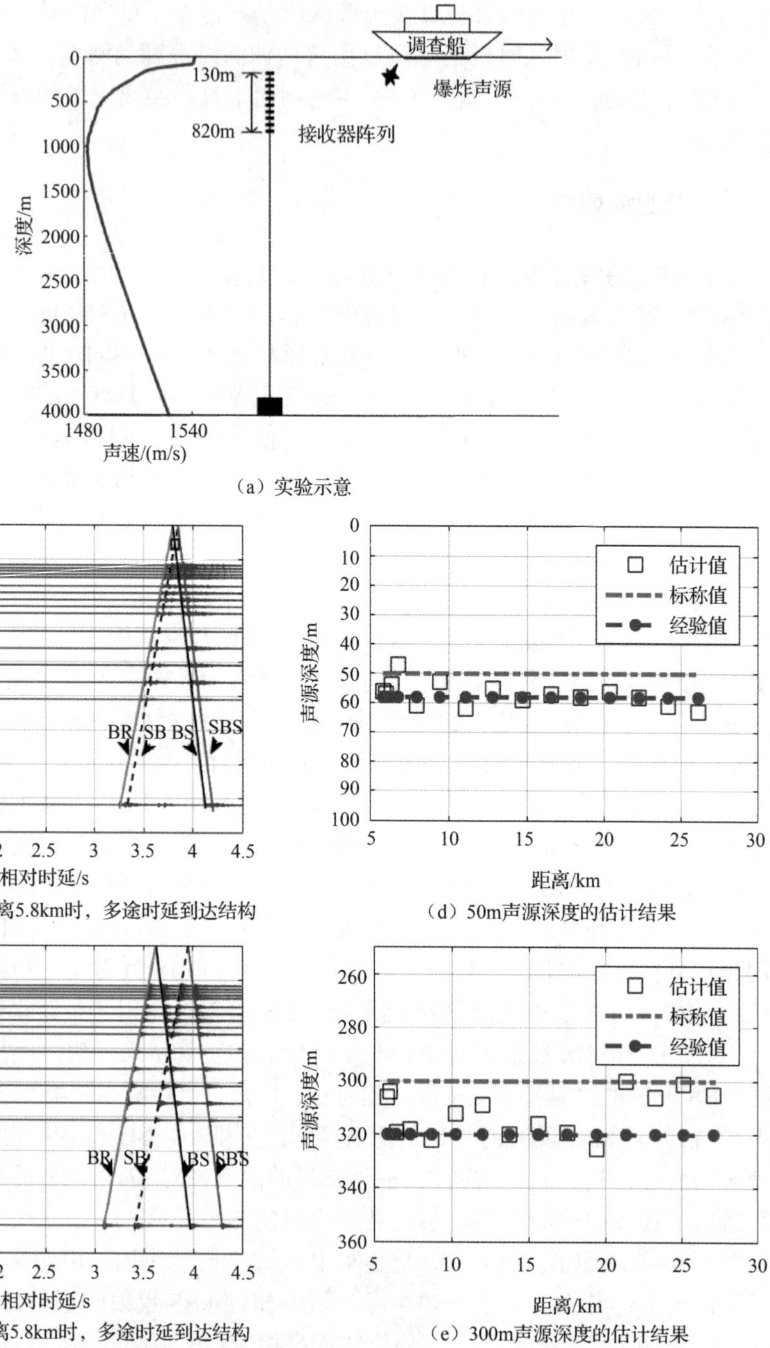

（a）实验示意

（b）声源深度为50m、距离5.8km时，多途时延到达结构

（d）50m声源深度的估计结果

（c）声源深度为300m、距离5.8km时，多途时延到达结构

（e）300m声源深度的估计结果

图 5-13　实验数据处理结果

实际的爆炸声源深度可以用基于气泡脉冲周期的经验表达式来计算[174]。在测量声源级的实验中共使用了 20 个爆炸声源。假设深度为 50m 和 300m 的爆炸声源的第一个平均气泡周期分别为 62.6ms 和 16.8ms。对于 50m 和 300m 的假设深度，爆炸声源的深度按照经验公式校正大约为 58m 和 320m。利用经验深度校正后的深度比假设的深度更可信。在图 5-13（d）和图 5-13（e）中，估算结果与经验深度一致，在中等范围内，可以成功地估计声源深度。对于 50m 和 300m 的声源深度，最大偏差均小于 10%，引起误差的因素有以下几项：

（1）由于海面和海底的散射，SB 和 BS 反射时延的斜率不能精确地获得。

（2）实际声源的爆炸深度是未知的，并且可能偏离了假设深度。

（3）SB 和 BS 反射的时延与接收器深度不是完全的线性关系，而是一个准分段线性关系。

本章小结

本章首先提出了一种利用海底反射信号实现被动定位的方法，步骤归纳如下：首先将垂直线阵列布放在近海面附近，接收目标辐射声信号，利用傅里叶变换观察信号功率较强频段，任意选取一个频段，通过窄带滤波器获得该频段信号并计算阵列的协方差矩阵；之后通过协方差矩阵的特征分解，获得信号子空间及其特征值，并在深度−距离网格点上搜索信号子空间与阵列流形向量空间距离的最小值，得到目标距离的估计值；然后由该估计值，计算海底反射波及海面−海底反射波的到达角，设计空域滤波器获得这两个多途信号的加和信号；最后通过加和信号的自相关函数提取这两个多途的到达时延，并与模型计算结果比较，得到目标深度。

WSF-MF 方法可以有效估计目标距离，而 TDOA 方法在目标深度估计方面具有较高的分辨率，这两种方法联合的定位结果优于常规匹配场技术。这主要是因为常规匹配场技术中所采用的拷贝场包含了所有多途到达的相位和幅度信息，但是这些信息受声速剖面、海底底质结构等参数的影响较大。相比较而言，在海面−海底界面上发生反射的多途信号的到达角和到达时延受环境不确定性的影响较小，因此本方法具有稳健性。

然后，本章提出了一种深海声源深度的估计方法，并利用仿真和实验证明所提出方法的可行性，还分析了阵列倾斜引起的误差。当最小到达时间确定时，其他的时间延迟是相对于最小到达时间的时延差。SB 和 BS 反射的时延结构在接收器处相交，它们的时延差达到最小，此时的深度等于声源深度。因此，SB 和 BS 反射的时延可以用来估计声源深度并且与接收水听器深度具有线性关系。最后，得出以下结论：

（1）该方法在仿真和深海中间范围内的实验中得到较好的测量结果，其估计误差对两个时延结构的斜率较为敏感，因此，正确估计声源深度的关键是准确获取到达时延。

（2）阵列的倾斜需要考虑。在估计声源深度之前，修正接收器的深度是非常重要的。

（3）该方法非常简便，不需要进行对环境参数非常敏感的复杂匹配场计算。

（4）为简便起见，如果两个已知深度的水听器以一定间隔垂直布放，也可以利用该方法，仅通过测量 SB 和 BS 反射的时延差来估计声源深度。

（5）实验中使用的爆炸声源，它们的声源等级非常高，在多径时延到达结构中可以清楚地区分 SB 和 BS 反射。对于人造声源，在进行声源深度估计时需要较高的信噪比和能明显区分的多径时延到达结构。

第 6 章　深海可靠声路径下基于单阵元的声源定位方法

6.1　概　　述

当水听器（也称为接收器）布放在临界深度以下时，声源与水听器之间存在的直达波传播路径被称为可靠声路径，如图 6-1 所示。6.2 节分析了深海可靠声路径的声场特性：利用射线理论,研究了可靠声路径中低传播损失和中距离监测无盲区等现象产生的物理机理；然后，分析了可靠声路径传播中多途到达结构随声源位置的变化规律，结果表明基于多途到达角和基于多途时延的声源定位方法在该环境中具有不同的特性。若利用可靠声路径的优点，将阵列布放在深海靠近海底位置，对阵列的技术要求较高，比较实用的方法是利用单水听器（或带有方向性的刚性平面阵）实现声源状态估计。因此，本章基于可靠声路径特性，提出了两种单水听器声源被动定位方法。

6.3 节提出了基于延时互相关函数的定位方法。把接收器布放于深海海底附近，对 t 时刻所接收的宽带信号与 $t+\Delta t$ 时刻所接收的宽带信号作频域互相关。观测一段时间后，得到的频率-时间，即（f-t）二维平面内将呈现出两种明显的互相关条纹。第一种互相关条纹与声源运动速度有关，第二种互相关条纹与声源深度有关。当声源运动轨迹相对于接收器存在一个明显的最近通过点（Closest Point of Approach，CPA）时，可以联合两种互相关条纹估计声源的最近通过距离、声源的最近通过时间、声源运动常速度以及声源深度。对于一个远距离径向运动声源，根据第一种互相关条纹可以估计声源径向运动速度，在远距离处其估计值接近声源运动常速度；根据第二种互相关条纹则可以较为准确地估计声源深度范围，依此判别水面和水下声源。

6.4 节提出了基于直达波-海面反射波时延的运动声源定位方法，构建了扩展卡尔曼滤波框架下的宽带运动声源状态方程：假设声源沿接收器的径向方向作匀速运动，把声源的距离、深度和速度作为声源状态，构建状态方程；利用射线理论计算任一声源位置处，把直达波和海面反射波的时延作为观测方程；利用自相关函数估计直达波和海面反射波的时延随时间的变化，并将其作为观测值。迭代并扩展卡尔曼滤波器公式，即将完整观测到的一次滤波结果作为下次滤波的初始值，直到结果收敛为止。

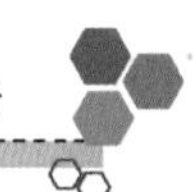

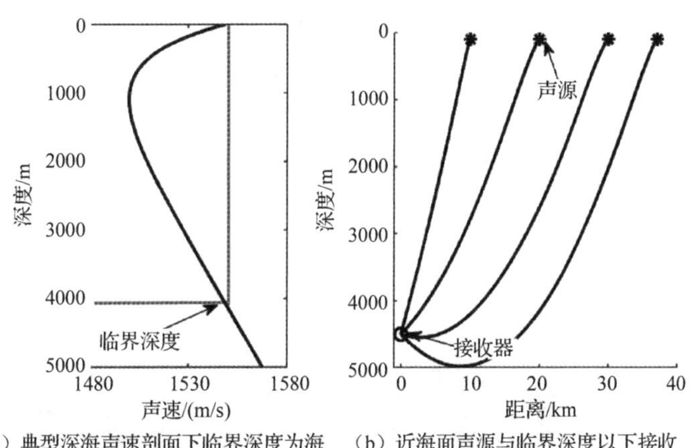

（a）典型深海声速剖面下临界深度为海面的共轭深度，即两者的声速相同

（b）近海面声源与临界深度以下接收器的可靠声路径示意图

图 6-1　可靠声路径示意

6.2　可靠声路径的声场特性分析

6.2.1　无影区特性

在深海环境中，声波可以通过深海中的声道实现远距离传播。这些声道包括本书第 2 章所述的表面波导和广泛应用于水声通信的深海声道轴。正如第 2 章中指出的，表面波导时空变异性较强，稳定性较差。深海声道轴为声速最小值的深度，典型深度为 1000m，较为稳定。但是，这两个声道实现远距离传播的同时，也伴有声影区的发生，从而大幅度地降低了中等距离声源预警的可靠性。可靠声路径虽然无法实现远距离声传播，但是中等距离无影区的特性，使得其在声源预警方面有较好的应用前景。

图 6-2 给出了典型深海环境下，声波通过 3 种声道传播时的损失。在仿真环境中，表面波导的厚度为 120 m，声速梯度为 0.0167 s^{-1}，频率为 300Hz。表面波导以下的声速剖面与图 6-1（a）中的相同。在图 6-2（a）中，声源深度为 50 m，声波在表面波导中传播至 6 km 处时，传播损失仍较小（约 70dB）。说明当声波“陷获”在表面波导中传播时，可以实现远距离传播。但是在表面波导以下，存在一个传播损失较高（约 100 dB）的碗状区域，这一区域称为声影区。位于表面波导中的探测设备可以有效探测位于表面波导中的声源，但对声影区声源的探测能力较弱。值得说明的是，声影区并不是由表面波导引起的，而是因为温跃层中声速随深度增加而迅速减小，导致声波弯向海底。当声源深度位于深海声道轴时（1000 m），传播损失如图 6-2（b）所示。当声波出射角度较小，声波将在声道轴上下折射传播，并且不与海底和海面接触，可以传播至非常远的距离。在 10～40km 处，仍然存在声影区，但与图 6-2（a）相比，声影区的范围迅速减小。

当声源放置在 4500m 深度时，传播损失如图 6-2（c）所示。在该图中可以观测到一条抛物线形状的焦散线，从海面 38km 处逐渐减小至海底 10km 处。在该焦散线以内，存在直达波，因此，传播损失均较低，不存在声影区；而在该焦散线以外，为海底或海面反射信号，反射损失较大，传播损失较高。根据声场互易原理，在三维声场环境中，若探测设备放置在临界深度以下，则其可以监听以该设备深度方向为轴对称的一个“碗状区域”内的声源，并且无声影区存在。该“碗状区域”的口径（近海表面该区域的跨度）约为海深的 6～8 倍，因此，利用可靠声路径可以有效地探测中等距离的声源。这里须指出的是，由于远距离声波与边界相互作用频繁，衰减较快，可靠声路径不适用于远距离的声源探测或通信。

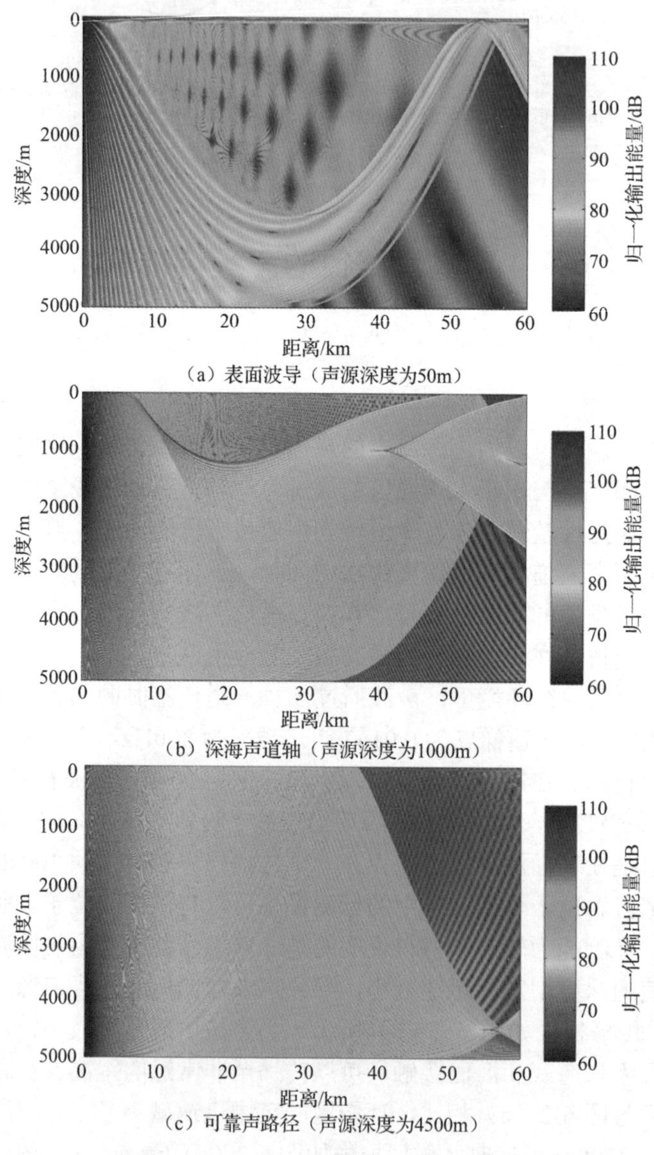

（a）表面波导（声源深度为50m）

（b）深海声道轴（声源深度为1000m）

（c）可靠声路径（声源深度为4500m）

图 6-2　典型深海环境下，声波通过 3 种声道传播时的损失

6.2.2　声传播特性分析

在深海环境下，当声频率为几十赫兹及以上时，声波波长远小于海深。因此，几何声学即射线理论可以用于描述声传播模式和分析声传播特性。其中，多途传播路径和多途到达结构（到达角和时延）是射线理论描述声场传播的最基本方式。本节将从这两方面分析可靠声路径的传播特性。

1. 传播路径

仿真采用的海洋信道模型如图 6-3 所示，海底为半空间，声速为 1650m/s，密度为 $1800kg/m^3$，衰减系数为 0.1dB/λ，其中λ为波长。当声频率为 300Hz、声源深度为 210m、接收器深度为 4450m 时，不同声源距离处的特征声线如图 6-4 所示。5 个声源的水平距离分别为 5km、20km、30km、37km 和 40km。对于每个声源-接收器组合，图 6-4 中线条颜色的深浅表示了特征声线的归一化幅度大小。归一化常数为该组内最强特征声线的幅度。颜色越浅，归一化幅度越小。图中只给出了归一化幅度在-10dB 以内的特征声线。

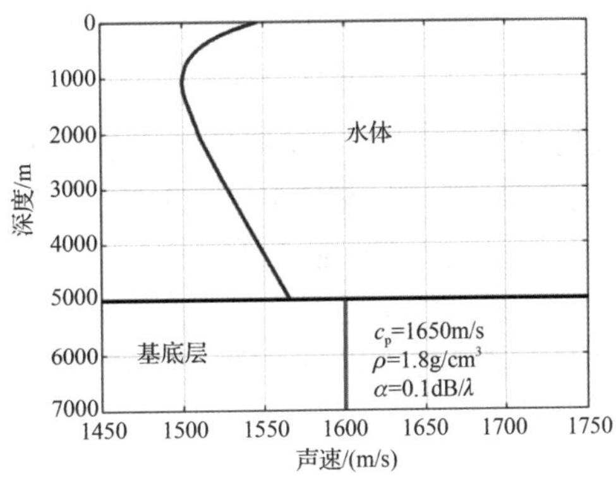

图 6-3　仿真采用的海洋信道模型

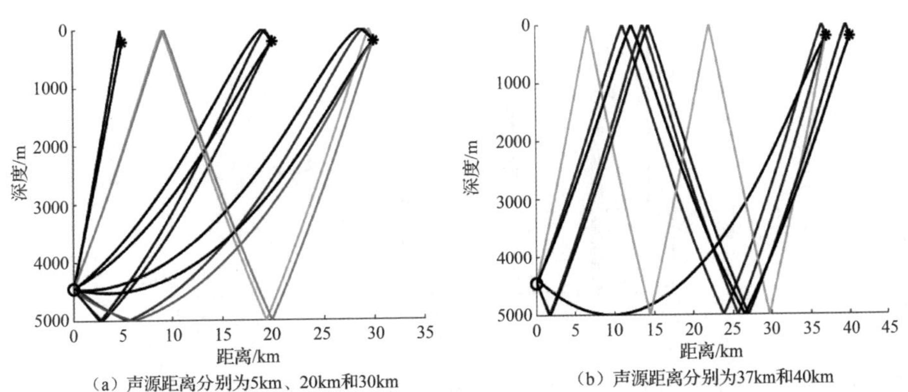

图 6-4　当声频率为 300Hz、声源深度为 210m、接收器深度为 4450m 时，不同声源距离处的特征声线

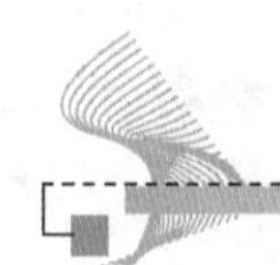

声源水平距离为 5km 时，只有直达波和海面反射波的幅度较强。由于海底反射声波在海底处的掠射角较大，海底反射损失大，与直达波的幅度的差值大于 10dB，因此未在图中给出其传播路径。当声源距离增加至 20km 时，由于海底掠射角减小，海底反射损失降低，海底反射波和海面-海底反射波的幅度也较强。因此，图中给出了 4 条特征声线。当声源距离为 30km 时，界面反射次数超过两次的声波的幅度增加，与直达波幅度的差值小于 10dB。此时直达波、海面反射波和海面-海底反射波发生了明显的折射，表明随着声源距离继续增加，声波受声速梯度的影响将无法通过这 3 种路径传播至接收器。该距离接近可靠声路径“碗状区域”的边缘。当声源距离为 37km 时，海底反射波也发生了明显的弯曲，即将无法传播至接收器。在 40km 处，传播路径在边界的反射次数为两次及以上，传播损失较大。

2. 多途到达结构

多途到达角、到达时延与声源-接收器的几何位置密切相关，也决定了声源探测或定位算法所需要的角度分辨率和时延分辨率。在可靠声路径下，由于接收器靠近海底，而声源接近海面，所以其多途到达结构有其特殊性。当声源深度为 210m，水平距离为 30km，接收器的深度为 4450m 时，多途到达结构如图 6-5 所示。从图中可以看出，5 组到达波相邻组之间的时延为 2～6s，是两次全海深传播时间。在第一组中，直达波、海底反射波、海面反射波和海面-海底反射波按先后顺序到达接收器。而其他组的多途到达由于受边界反射损失等的影响，幅度较弱；并且在实际环境中，这些多途由于在边界上的掠射角较大，受界面散射的影响也较为明显。因此，在可靠声路径环境下，只有第一组的多途能量较高，也更为稳定，是实际中容易利用的信号，也是本章重点研究的对象。下面，将对直达波、海底反射波和海面反射波的到达角和它们相互之间的到达时延做详细分析。

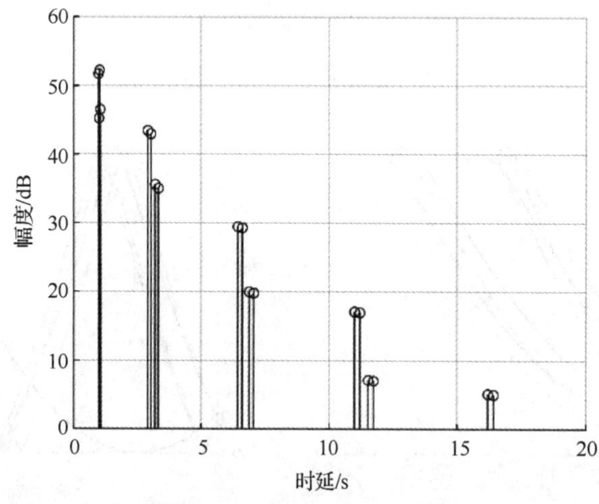

图 6-5 当声源深度为 210m、水平距离为 30km、接收器深度为 4450m 时的多途到达结构

由于可靠声路径仅存在于近距离及中等距离，且水下声源一般不会在深海声道轴以下海域活动，所以我们研究声源在 5～40km 水平距离、0～1200m 深度时的接收器上的多途到达结构。假设接收水听器深度固定为 4450m，分析多途到达角随声源位置的变化，结果如图 6-6 所示。图 6-6（a）、图 6-6（b）和图 6-6（c）分别为直达波、海面反射波和海底反射波的到达角随声源位置变化的等值线，单位为°，相邻等值线相差 2°。从图中可以得出多途到达角分布的 3 个重要性质。

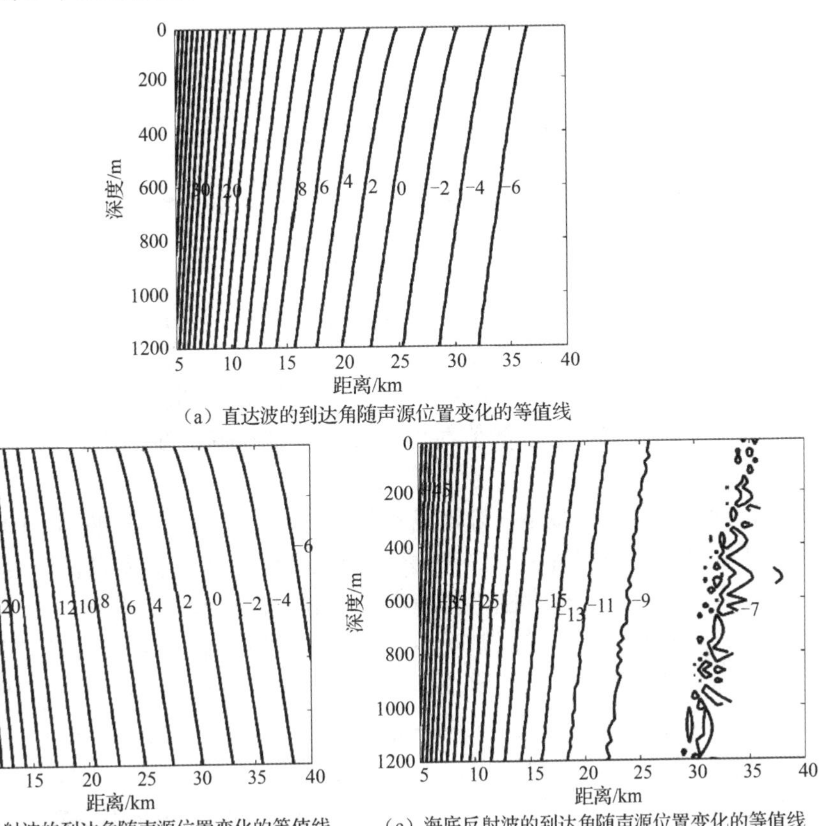

图 6-6　直达波、海面反射波和海底反射波到达角随声源位置变化的等值线（单位为°），

首先，对于 3 种多途到达角，相对于垂直方向，等值线的倾斜角度较小。这意味着在研究的区域内，每种多途到达角对声源距离的变化（相对于 35km 的研究尺度）非常敏感，而对声源深度的变化（相对于 1200m 的研究尺度）不够敏感。为了详细说明该问题，图 6-7（a）和图 6-7（b）分别给出了声源深度固定（210m）和距离固定（30km）时，3 种多途到达角的变化特性。对比两图发现，直达波和海面反射波到达角的角度变化范围在图 6-7（a）中是图 6-7（b）中的 5 倍左右；海底反射波的到达角在图 6-7（a）中变化了约 6°，而在图 6-7（b）中几乎没有变化。因此，在可靠声路径条件下，使用多途到达角定位声源时，距离方向的相对分辨率要优于深度方向。

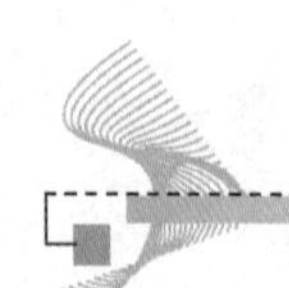

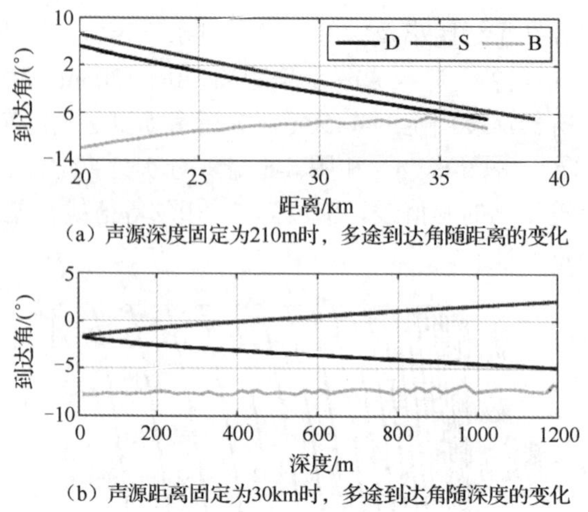

（a）声源深度固定为210m时，多途到达角随距离的变化

（b）声源距离固定为30km时，多途到达角随深度的变化

图 6-7　多途到达角特性分析

其次，同一种多途到达角的所有等值线的倾斜方向相同，但海面反射波到达角的等值线向右下方倾斜，而其他两种多途到达角向左下方倾斜。这一特性对于声源位置尤其是深度的估计非常重要：使用单一多途定位时，声源的估计位置会沿等值线发生模糊；而使用 3 种多途信息同时定位，由于等值线方向不同，则在等值线的交叉点会得到清晰的定位结果。

最后，随着声源距离减小，等值线变得越来越密。因此，声源距离的分辨率随着声源距离的减小而升高。但同时由于等值线变得越来越陡，到达角对声源深度方向的变化仍然不够敏感，声源深度的分辨率随声源距离减小的改善不大甚至没有改善。

在可靠声路径环境下，使用基于多途到达时延的声源定位方法，所有多途到达角相对于直达波的时延分布特性决定了定位的性能。图 6-8（a）和图 6-8（b）分别给出了海面反射波和海底反射波相对于直达波的时延随声源位置的变化，即等值线。接收器深度为 4450m。从图 6-8（a）中可以看出，当声源距离超过 20km 时，海面反射波时延对声源深度的变化非常敏感，而对声源距离的变化不敏感；在 20km 以内时，随着声源深度的增加，该时延对声源距离变化的敏感程度也逐渐增加。从图 6-8（b）中可以看出，海底反射波时延的分布特性与图 6-6 所示的多途到达角分布特性类似，即该时延对声源距离非常敏感，而对声源深度的敏感程度较低。综上可知，如果将海面反射波和海底反射波的时延相结合用于声源的定位，那么可以同时获得距离和深度的高分辨估计。

但是，如果仅使用这 3 种多途的时延关系，由于无法在信号的自相关函数中区分海面反射波和海底反射波的时延峰值，也就无法得到声源位置的唯一估计值。例如，假设时延估计值为（0.2，0.05）ms，如果认为 0.2ms 对应海面反射波，那么声源距离为 23km，深度为 690m；如果认为 0.2ms 对应海底反射波，那么声源距离为 13km，深度为 130m。因此，需要更多的多途时延信息才能得到唯一的声源位置估计。但是，其余多途时延信息都经历了两次或两次以上的边界反射，信号衰减和信号畸变相对较强，不利于时延估计。注意到

上述可能的声源位置处多途到达角的分布不同，可以利用多途到达角信息剔除时延估计的伪峰。不仅如此，结合了多途到达角和多途到达时延的定位方法由于利用了更多的信息，也更为稳健。

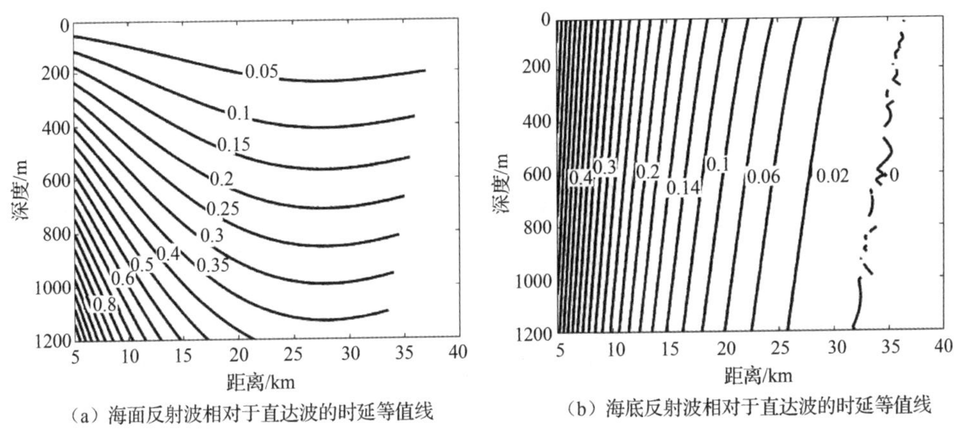

（a）海面反射波相对于直达波的时延等值线　　（b）海底反射波相对于直达波的时延等值线

图 6-8　多途到达时延等值线

6.3　基于延时互相关函数的定位方法

6.3.1　基于射线理论的声场互相关特性分析

在可靠声路径下，从海底附近接收的信号主要由直达波和海面反射波构成。基于射线理论，两个不同水平距离处的接收声场分别表示为

$$p(r)=g_{r,\mathrm{D}}\mathrm{e}^{\mathrm{j}\omega t_{r,\mathrm{D}}}-g_{r,\mathrm{SR}}\mathrm{e}^{\mathrm{j}\omega t_{r,\mathrm{SR}}} \tag{6-1}$$

$$p(r+\Delta r)=g_{r+\Delta r,\mathrm{D}}\mathrm{e}^{\mathrm{j}\omega t_{r+\Delta r,\mathrm{D}}}-g_{r+\Delta r,\mathrm{SR}}\mathrm{e}^{\mathrm{j}\omega t_{r+\Delta r,\mathrm{SR}}} \tag{6-2}$$

式中，r 为水平距离；$g_{r,\mathrm{D}}$ 为直达波幅值；$g_{r,\mathrm{SR}}$ 为海面反射波幅值；$t_{r,\mathrm{D}}$ 为直达波到达时间；$t_{r,\mathrm{SR}}$ 为海面反射波到达时间；ω 为角频率；Δr 为距离增量。

为了简便，公式中省略深度和频率相关的下角标。由于多途到达信号的幅值随距离的变化较小，在实际应用中可以忽略其影响，在以下推导中我们假定：

$$g_{r,\mathrm{D}}\approx g_{r,\mathrm{SR}} \tag{6-3}$$

因此，式（6-1）和式（6-2）变成：

$$p(r)\approx g_{r,\mathrm{D}}\mathrm{e}^{\mathrm{j}\omega t_{r,\mathrm{D}}}\left(1-\mathrm{e}^{\mathrm{j}\omega\tau_r}\right) \tag{6-4}$$

$$p(r+\Delta r)\approx g_{r+\Delta r,\mathrm{D}}\mathrm{e}^{\mathrm{j}\omega t_{r+\Delta r,\mathrm{D}}}\left(1-\mathrm{e}^{\mathrm{j}\omega\tau_{r+\Delta r}}\right) \tag{6-5}$$

式中，$\tau_r=t_{r,\mathrm{SR}}-t_{r,\mathrm{D}}$ 表示直达波和海面反射波之间的时延差。因此，两个不同水平距离处接收声场的互相关表示为

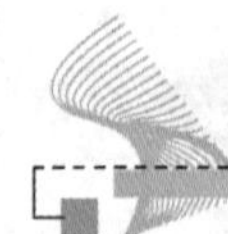

$$p(r)p^*(r+\Delta r) \approx g_{r,\mathrm{D}} g_{r+\Delta r,\mathrm{D}} \mathrm{e}^{\mathrm{j}\omega(t_{r,\mathrm{D}}-t_{r+\Delta r,\mathrm{D}})}\left(1-\mathrm{e}^{\mathrm{j}\omega\tau_r}-\mathrm{e}^{-\mathrm{j}\omega\tau_{r+\Delta r}}+\mathrm{e}^{\mathrm{j}\omega(\tau_r-\tau_{r+\Delta r})}\right) \tag{6-6}$$

互相关的实部化简为

$$\begin{aligned} I_{\mathrm{c}}(r,\Delta r) &= \Re\left[p(r)p^*(r+\Delta r)\right] \\ &\approx g_{r,\mathrm{D}} g_{r+\Delta r,\mathrm{D}} \cos\omega\left(t_{r,\mathrm{D}}-t_{r+\Delta r,\mathrm{D}}\right)\left[1+\cos\omega(\tau_r-\tau_{r+\Delta r})-\cos\omega\tau_r-\cos\omega\tau_{r+\Delta r}\right]- \\ &\quad g_{r,\mathrm{D}} g_{r+\Delta r,\mathrm{D}} \sin\omega\left(t_{r,\mathrm{D}}-t_{r+\Delta r,\mathrm{D}}\right)\left[\sin\omega(\tau_r-\tau_{r+\Delta r})-\sin\omega\tau_r+\sin\omega\tau_{r+\Delta r}\right] \end{aligned} \tag{6-7}$$

为了确保接收信号之间的高度相关性，距离增量 Δr 相对于声源水平距离 r 应当是一个小量。此时，直达波和海面反射波之间的时延差满足：

$$\tau_r \approx \tau_{r+\Delta r} \tag{6-8}$$

在实际中有

$$\sin\omega\tau_{r+\Delta r} \approx \sin\omega\tau_r \tag{6-9}$$

$$\sin\omega(\tau_r - \tau_{r+\Delta r}) \approx 0 \tag{6-10}$$

此时，式（6-7）右边第二项近似为 0，因而式（6-7）化简为

$$\begin{aligned} I_{\mathrm{c}}(r,\Delta r) &\approx \Re\left[p(r)p^*(r+\Delta r)\right] \\ &= g_{r,\mathrm{D}} g_{r+\Delta r,\mathrm{D}} \cos\omega\left(t_{r,\mathrm{D}}-t_{r+\Delta r,\mathrm{D}}\right)\times \\ &\quad \left[1+\cos\omega(\tau_r-\tau_{r+\Delta r})-\cos\omega\tau_r-\cos\omega\tau_{r+\Delta r}\right] \end{aligned} \tag{6-11}$$

由于 $\cos\omega(\tau_r-\tau_{r+\Delta r})$ 项决定的声场互相关振荡周期远大于 $\cos\omega\tau_r$ 项，所以 $\cos\omega\tau_r$ 项决定了式（6-11）的振荡特性。令

$$h(r,\Delta r) = g_{r,\mathrm{D}} g_{r+\Delta r,\mathrm{D}} \cos\omega\left(t_{r,\mathrm{D}}-t_{r+\Delta r,\mathrm{D}}\right)\cos\omega\tau_r \tag{6-12}$$

$h(r,\Delta r)$ 体现了声场互相关的振荡特性，其中，$\cos\omega\left(t_{r,\mathrm{D}}-t_{r+\Delta r,\mathrm{D}}\right)$ 项决定的声场互相关振荡周期与声源径向运动速度有关，而 $\cos\omega\tau_r$ 项决定的声场互相关振荡周期与声源深度有关。

6.3.2 运动声源测速和定深方法

1. 运动速度估计

声源-接收器几何位置的侧视图如图 6-9 所示。P（0, z_{r}）表示锚系在海底附近的水听器，$S(r, z_{\mathrm{s}})$和 $S(r+\Delta r, z_{\mathrm{s}})$表示两个不同的声源位置。$R_r$ 和 $R_{r+\Delta r}$ 表示声源和水听器之间的斜距，斜距之差表示为 ΔR。则

$$t_{r,\mathrm{D}} = R_r / c \tag{6-13}$$

$$t_{r+\Delta r,\mathrm{D}} = R_{r+\Delta r} / c \tag{6-14}$$

式中，c 为声传播速度。

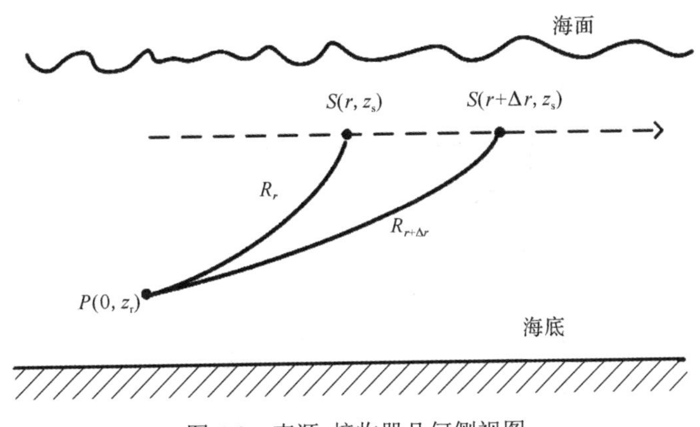

图 6-9　声源-接收器几何侧视图

将式（6-13）和式（6-14）代入式（6-12）中的第一个余弦项，得

$$h_v(\omega;t,\Delta t)=\cos\omega\left(t_{r,D}-t_{r+\Delta r,D}\right)=\cos\left(\frac{\omega}{c}\Delta R\right)=\cos\left(\frac{\omega}{c}v_s(t)\Delta t\right) \tag{6-15}$$

式中，$v_s(t)$为 t 时刻声源径向运动速度，表示单位时间内声源与接收器之间的斜距增量，以下简称径向速度，单位为 m/s。Δt 为时间增量单位为 s。

因此，$h_v(\omega;t,\Delta t)$ 是一个与角频率 ω、径向速度 $v_s(t)$和时间增量 Δt 有关的余弦函数。当满足 $(\omega/c)v_s(t)\Delta t=2\pi$ 时，$h_v(\omega;t,\Delta t)$ 取最大值。$h_v(\omega;t,\Delta t)$ 在频域的振荡周期为

$$f_v=\frac{c}{\Delta t v_s(t)} \tag{6-16}$$

振荡周期 f_v 可以通过计算声场频域互相关的傅里叶变换估计得到，因此径向速度估计式为

$$v_s(t)=\frac{c}{\Delta t f_v} \tag{6-17}$$

在实际应用中，一般选取接收信号所在深度处的声速。

2. 声源深度估计

声源深度估计需要借助劳埃德镜原理，其几何示意如图 6-10 所示，图中 $S(0,z_s)$ 表示声源位置，$S'(0,-z_s)$ 表示虚声源位置。对于声场中任一接收器 $P(r,z_r)$，到达接收器的直达波和海面反射波的声程分别为

$$R_1=\sqrt{r^2+\left(z_r-z_s\right)^2} \tag{6-18}$$

$$R_2=\sqrt{r^2+\left(z_r+z_s\right)^2} \tag{6-19}$$

假定 P 到原点的距离为 R_0，倾斜角为 θ。当 $R_0 \gg z_s$ 时，声程 R_1 和 R_2 分别近似为

$$R_1 \approx R_0 - z_s\sin\theta \tag{6-20}$$

$$R_2 \approx R_0 + z_s\sin\theta \tag{6-21}$$

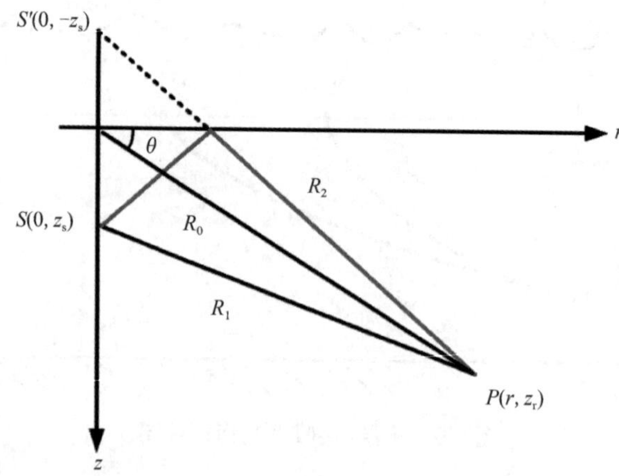

图 6-10　劳埃德镜原理几何示意

将式（6-20）和式（6-21）代入式（6-12）中的第二个余弦项，得

$$h_{zs}(\omega;t)=\cos\omega\tau_r=\cos\omega\left(\frac{R_2}{c}-\frac{R_1}{c}\right)=\cos\left(2\frac{\omega}{c}z_s\sin\theta(t)\right) \tag{6-22}$$

倾斜角 θ 是信号采集时间 t 的函数，因此 $h_{zs}(\omega;t)$ 是一个仅与角频率 ω 和信号采集时间 t 有关的余弦函数。当满足 $(2\omega/c)z_s\sin\theta=2\pi$ 时，$h_{zs}(\omega;t)$ 取最大值。$h_{zs}(\omega;t)$ 在频域的振荡周期为

$$f_z=\frac{c}{2z_s\sin\theta} \tag{6-23}$$

若 t 时刻的水平声源距离 r 已知，则可求倾斜角 $\theta=\arctan(z_r/r)$。频域振荡周期 f_z 可以通过计算声场互相关的傅里叶变换估计得到，因此声源深度估计式为

$$z_s=\frac{c}{2f_z\sin\theta} \tag{6-24}$$

在实际应用中，对声速 c 一般取接收信号所在深度处的声速。

综上，式（6-12）可近似表示为

$$\begin{aligned}h(\omega;t,\Delta t)&=h(r,\Delta r)\\&=Ah_v(\omega;t,\Delta t)h_{zs}(\omega;t)\\&=A\cos\left(\frac{\omega}{c}v_s(t)\Delta t\right)\cos\left(2\frac{\omega}{c}z_s\sin\theta(t)\right)\end{aligned} \tag{6-25}$$

式中，$A=2g_{r,\mathrm{D}}g_{r+\Delta r,\mathrm{D}}$，进一步可得

$$I_c(r,\Delta r)\propto h(\omega;t,\Delta t) \tag{6-26}$$

式（6-26）表明声场互相关实部 $I_c(r,\Delta r)$ 是两种声场互相关特性的调制结果。对于接收的宽带声源信号，固定时间增量 Δt，计算不同时刻 t 的声场频域互相关函数，得到频率-时间域二维平面。其中与径向速度 $v_s(t)$ 有关的互相关条纹与时间增量 Δt 有关，而与声源深度

z_s 有关的互相关条纹与时间增量 Δt 无关。因此，在实际应用中，可以通过调整时间增量 Δt 区分两种互相关条纹。

6.3.3　声场互相关仿真和应用分析

考虑两种声源运动情形，一种是近距离运动情形，即运动声源与接收水听器之间存在一个 CPA；另一种是声源远距离径向远离接收水听器。

1. 仿真条件

仿真环境参数如图 6-11 所示：海深为 5000m，典型深海 Munk 声速剖面、声道轴深度为 1200m，声道轴声速为 1482m/s，临界深度为 4430m。海面声速为 1530m/s，海底声速为 1540m/s。海底建模为均匀无限半空间，为减少海底反射的影响，海底可假设为软底特性，声速为 1500m/s，密度为 1500kg/m^3，衰减系数为 0.14dB/λ。

声源深度为 50m，频率范围为 50～500Hz，利用声场软件 KRAKENC 计算声源产生的声场数据，频率间隔 1Hz。单水听器的深度为 4900m，不考虑海洋环境噪声。

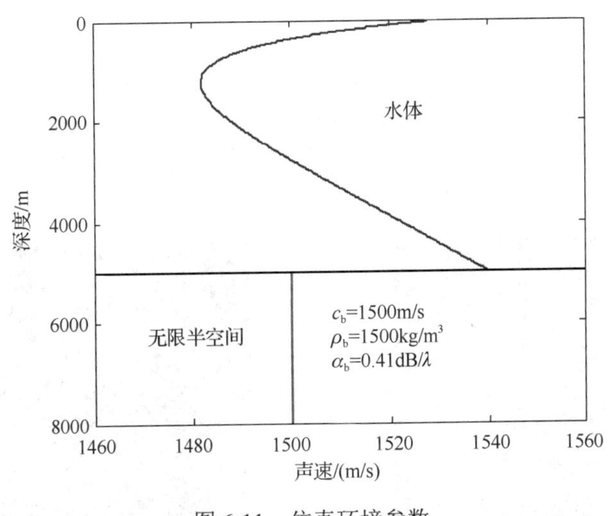

图 6-11　仿真环境参数

2. 近距离运动声源

一种比较常见的运动声源-接收器几何位置俯视图如图 6-12 所示，声源以速度 v_0 作匀速直线运动，运动轨迹与接收水听器之间存在一个 CPA。假设 v_0=5m/s，声源的最近通过时间 t_{CPA} =10min，声源的最近通过距离 r_{CPA} =2km。

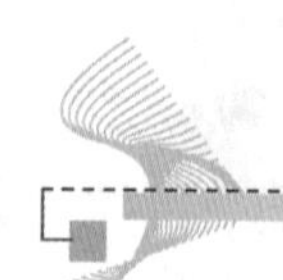

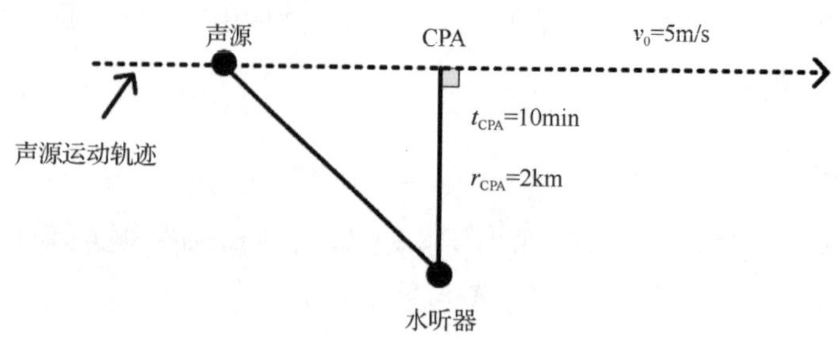

图 6-12　运动声源-接收器几何位置俯视图（情形 1）

每个 t 时刻水听器接收到的复声压表示为 $p(f,t)$，t=0，1，…，2700s。计算 t 和 $t+\Delta t$ 时刻接收声场互相关的实部，记为

$$I_{\mathrm{c}}(f,t)=\Re\left[p(f,t)p^{*}(f,t+\Delta t)\right] \tag{6-27}$$

固定时间增量 Δt=10s，得到的声场互相关函数 $I_c(f,t)$如图 6-13（a）所示，频率范围 50～500Hz，频率间隔 1Hz；时间范围 0～45min，时间间隔 1s，其中 t_{CPA} =10min。由于接收信号能量随声源距离的增大而减小，因此每个 t 时刻的互相关输出都用其最大值进行了归一化处理。对于色标无量纲，为了清晰地显示互相关条纹，色标范围设为[−0.1, 0.1]。可以看出，图 6-13（a）表现出两类明显的互相关条纹，第一类是比较粗的深褐色互相关条纹，振荡周期由式（6-16）决定，下文称之为速度相关条纹；第二类是比较细的浅色互相关条纹，振荡周期由式（6-23）决定，下文称之为深度相关条纹。对比发现，速度相关条纹的振荡幅度远大于深度相关条纹的振荡幅度。

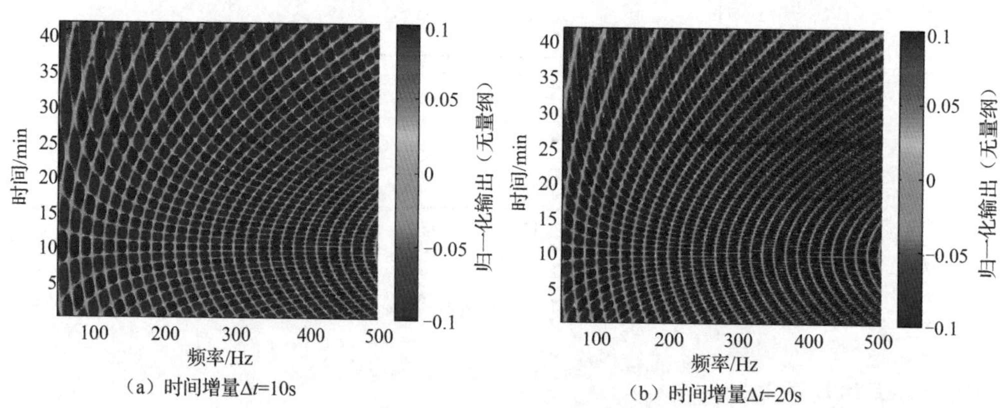

图 6-13　典型深海环境声场互相关函数 $I_c(f,t)$仿真结果
（声源深度为 50m，频率为 50～500Hz，接收器深度为 4900m，t_{CPA} =10min）

根据前述分析，速度相关条纹的振荡周期与时间增量 Δt 有关，而深度相关条纹的振荡周期与时间增量 Δt 无关。为了区分两类条纹，改变时间增量 Δt=20s，声场互相关函数 $I_c(f,t)$ 如图 6-13（b）所示。可以看出，与时间增量 Δt=10s 相比，速度相关条纹的数量明显增多，且振荡周期减半。由于深度相关条纹的振荡周期与 Δt 无关，所以深度相关条纹的数量没有

发生变化。在估计径向速度 $v_s(t)$时，可以通过变换时间增量 Δt 区分两类条纹，进而滤去模糊值。

由于声场互相关条纹的能量起伏主要以速度相关条纹为主，因此每个 t 时刻，对声场互相关函数 $I_c(f,t)$作傅里叶变换得到的是与径向速度相关的振荡周期f_v。然后根据式（6-17），将频域振荡周期信息转换为径向速度信息[170,175]，即由频率-时间（f-t）域转换到速度-时间（v_s-t）域：

$$I_c(f,t) \xrightarrow{\text{FFT}} I_c(v_s,t) \tag{6-28}$$

此外，为了更好地刻画速度估计效果，v_s-t 域结果用分贝表示，即

$$\hat{I}_c(v_s,t) = 10\log\left|I_c(v_s,t)\right| \tag{6-29}$$

图 6-14（a）给出了 Δt=10s 时得到的v_s-t 域声场互相关函数 $\hat{I}_c(v_s,t)$。每个 t 时刻的声源径向运动速度估计值为

$$\hat{v}_s(t)=\arg\max_{v_s}\hat{I}_c(v_s,t) \tag{6-30}$$

图 6-14（a）中的红色高亮条纹对应径向速度估计值，其余弱条纹是由图 6-13（a）中其他周期成分调制产生的，但由于能量较弱，实际应用中不影响径向速度的估计。固定时间增量 Δt=20s，声场互相关函数 $\hat{I}_c(v_s,t)$如图 6-14（b）所示。对比图 6-14（a）可以看出，改变时间增量 Δt 不影响径向速度的估计结果，但改变了干扰条纹曲线的位置。因此，在实际应用中，如果遇到估计模糊，可以通过改变时间增量 Δt 确定径向速度估计值。干扰条纹也可能携带了声源运动参数的其他信息，但已超出本书的研究范围。

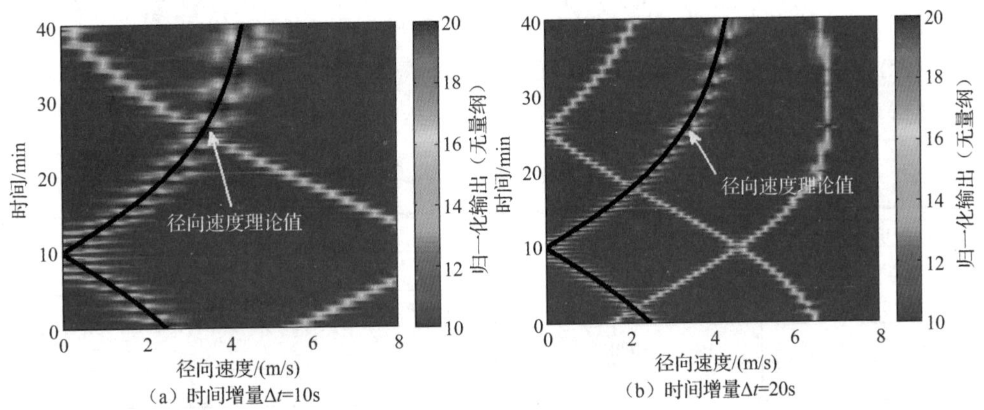

图 6-14　v_s-t 域声场互相关结果，图中黑色实线表示径向速度理论值

理论上，径向速度由下式确定：

$$v_s(t) = \frac{\Delta R}{\Delta t}(t) = \left|\frac{1}{\Delta t}\sqrt{r_{\text{CPA}}^2 + (t - t_{\text{CPA}})^2 v_0^2 + (z_r - z_s)^2} - \frac{1}{\Delta t}\sqrt{r_{\text{CPA}}^2 + (t - t_{\text{CPA}} - \Delta t)^2 v_0^2 + (z_r - z_s)^2}\right| \tag{6-31}$$

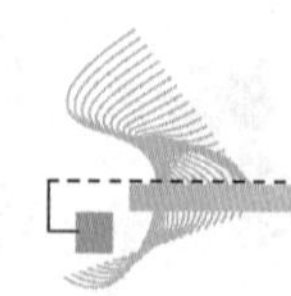

根据仿真参数，由式（6-31）计算得到的径向速度理论值如图 6-14（a）和图 6-14（b）中的黑色实线所示。此外，图 6-15 给出了径向速度理论值和估计值的对比结果。可以看出，径向速度理论值与估计值的条纹曲线吻合良好。在声源的最近通过距离处，径向速度趋近于 0；在远距离处，径向速度逐渐趋近于声源运动常速度 v_0。并且，时间增量越大，径向速度估计值曲线越平滑。

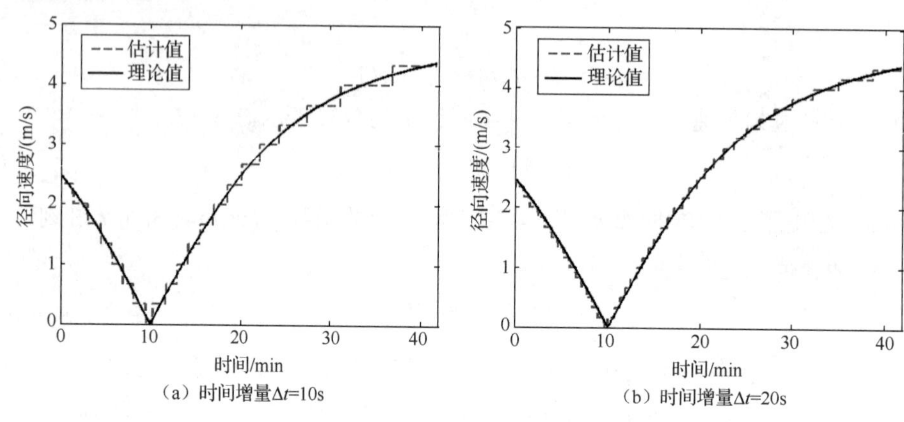

（a）时间增量Δt=10s　　（b）时间增量Δt=20s

图 6-15　径向速度估计值和理论值对比图

对根据式（6-30）得到的径向速度估计值 $\hat{v}_s(t)$ 和式（6-31），利用最小二乘法，则可以估计声源的最近通过时间 t_{CPA}、声源的最近通过距离 r_{CPA} 和声源运动常速度 v_0。不同声源深度 z_s 对应的声源运动参数估计值见表 6-1。可以看出，声源深度 z_s 的变化不影响声源的最近通过时间 t_{CPA} 和声源运动常速度 v_0 的估计，但是声源的最近通过距离 r_{CPA} 的估计值却强烈依赖于声源深度 z_s。因此，为了减小声源距离估计误差，必须通过其他手段确定声源深度 z_s，进而校准声源的最近通过距离 r_{CPA} 等参数。

表 6-1　不同声源深度 z_s 对应的声源运动参数估计值

z_s/m	r_{CPA}/m	t_{CPA}/s	v_0/（m/s）
10	1980	596	5
30	2030	596	5
50	2070	596	5
70	2120	596	5
100	2180	596	5
150	2280	596	5

观察图 6-13（a）可以发现，当 $t=t_{CPA}$=10min 时，速度相关条纹变成直流分量，互相关振荡特性完全由深度相关条纹决定。$t=t_{CPA}$=10min 的声场互相关结果如图 6-16 所示，首先通过傅里叶变换估计其振荡周期 d_z，然后，根据式（6-24），不同 r_{CPA} 对应的声源深度估计值 z_s^{est} 见表 6-2。可以看出，在一定范围内无论 r_{CPA} 如何变化，声源深度估计值 z_s^{est} 均趋近于真实值 $z_s=50$m。最后，通过声源深度估计值 z_s^{est} 校准表 6-1 中的声源运动参数。

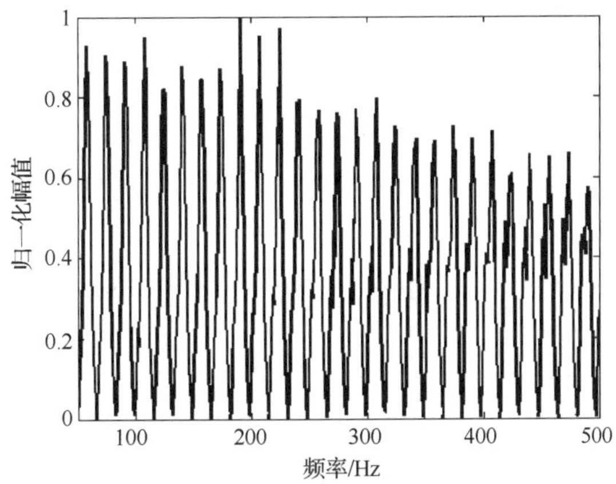

图 6-16　$t=t_{\mathrm{CPA}}=10\mathrm{min}$ 时声场互相关结果

表 6-2　不同 r_{CPA} 对应的声源深度估计值

r_{CPA} /m	1980	2030	2070	2120	2180	2280
z_s^{est} /m	48.89	49.07	49.22	49.4	49.63	50.03

具体计算流程总结如下：

（1）根据速度相关条纹估计径向速度，得到径向速度估计值 $\hat{v}_s(t)$。

（2）假定一些可能的声源深度 z_s，根据径向速度估计值 $\hat{v}_s(t)$ 和式（6-31），利用最小二乘法则估计声源的最近通过时间 t_{CPA}、声源的最近通过距离 r_{CPA} 和声源运动常速度 v_0，结果见表 6-1。其中，t_{CPA}、v_0 的估计值不受声源深度的影响。

（3）利用 $t=t_{\mathrm{CPA}}$ 时的深度相关条纹估计声源深度，得到不同 r_{CPA} 对应的声源深度估计值 z_s^{est}，结果见表 6-2，声源深度估计值几乎不受 r_{CPA} 变化的影响。

（4）最后，根据声源深度估计值 z_s^{est} 校准声源最近通过距离 r_{CPA} 等参数。

需要指出的是，参数估计值与真实值相比仍然存在一些误差，这些误差主要来源于两方面：

（1）参考声速 c 的选择。在理论公式推导过程中，假定声速为等声速，但这与实际情况不符。因此，无论估计径向速度还是声源深度，参考声速 c 会带来测量误差。

（2）时间增量 Δt 的选择。为了确保接收信号之间的高度相关性，理论上要求 Δt 越小越好。然而，Δt 过小，会导致速度相关条纹的振荡周期过大，在一定带宽范围内不利于振荡周期的估计，Δt 过小可能会导致径向速度估计误差增大。

综上所述，假设运动声源恰好经过水听器正上方，即声源的最近通过距离为 0m，此时可以首先利用深度相关条纹估计声源深度，然后，利用速度相关条纹估计其余声源运动参数。

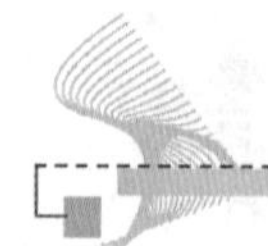

3. 远距离径向运动声源

第二种常见的声源运动情形即运动声源和水听器相对位置的俯视图如图 6-17 所示。声源朝一定的方向作直线运动，逐渐远离水听器。为方便起见，假设水听器和声源的运动轨迹在一条直线上。声源作匀速直线运动，v_0=5m/s。t=0min 时，r=10km；t=33.3min 时，r=20km。

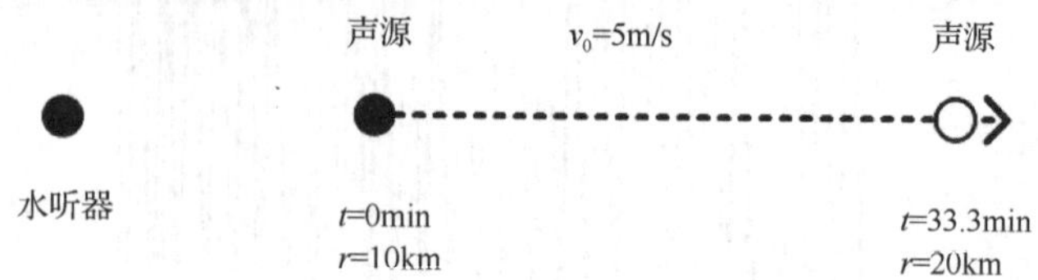

图 6-17　运动声源和水听器相对位置的俯视图

若固定时间增量 Δt=10s，则声场互相关函数 $I_c(f,t)$如图 6-18（a）所示。与图 6-13（a）类似，可以清晰地看到两类相关条纹。其中，深度相关条纹的振荡周期随着距离的增大而增大，这是因为距离增大，倾斜角 θ 逐渐变小，根据式（6-23），频域振荡周期 f_z 相应增大。相比之下，速度相关条纹的振荡周期几乎不受声源距离变化的影响。通过傅里叶变换，v_s-t 域的声场互相关如图 6-18（b）所示。其中，黑色实线表示径向速度理论值。径向速度估计值和理论值的对比如图 6-19 所示。可以看出，径向速度估计值和理论值吻合良好。因为声源在远距离，单位时间内的距离增量相对于声源距离是个小量，所以径向速度估计值也近乎不变。理论上，声源距离越远，径向速度估计值就会越接近声源运动常速度 v_0。此外，由于声源运动轨迹没有一个明显的 CPA，径向速度估计值便不能用于估计其他声源运动参数。

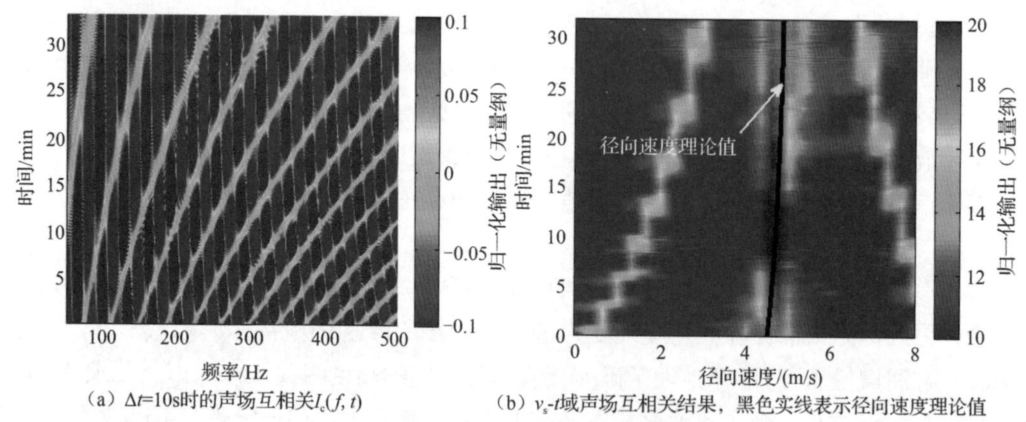

（a）Δt=10s时的声场互相关$I_c(f, t)$　（b）v_s-t域声场互相关结果，黑色实线表示径向速度理论值

图 6-18　远距离径向运动声源情形

对于图 6-18（a）中深度相关条纹，其振荡周期 f_z 通过肉眼可以大体估计。然而，若要估计其中包含的声源深度信息，则需要已知声源距离。为了充分利用深度相关条纹，我们首先讨论振荡周期 f_z 对声源深度 z_s 的敏感性。根据式（6-23），图 6-20 给出了不同声源距离时深度相关条纹的振荡周期 f_z 随声源深度 z_s 的变化曲线，从结果中可以看出：

（1）当声源较浅时，例如 30m 以浅，振荡周期很大，并且振荡周期对声源深度变化极其敏感。例如，当声源距离 r=10km，声源深度 z_s=20m 时，振荡周期 f_z=85Hz；然而，当声源深度 z_s=10m 时，振荡周期 f_z 跃变为 170Hz。

（2）当声源较深时，例如，声源位于 100m 以下，振荡周期相对于浅声源要小很多，并且振荡周期对声源深度变化不敏感，在一定条件下可近似认为与声源深度无关。例如，当声源距离 r=10km，声源深度 z_s=150m 时，振荡周期 f_z=11.4Hz；而当声源深度 z_s=160m 时，振荡周期 f_z=10.6Hz，10m 的深度变化引起的振荡周期变化不到 1Hz。因此，小的振荡周期估计误差也会引起大的深度估计误差。换句话讲，利用深度相关条纹的振荡周期估计声源深度是不稳健的。

（3）对比不同距离时的变化曲线可以看出，振荡周期对声源距离变化不敏感。这也是不同声源的最近通过距离 r_{CPA} 对应的声源深度估计值变化不大的原因。

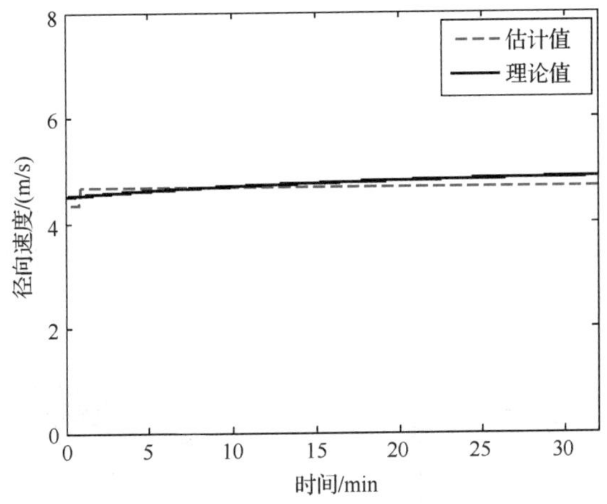

图 6-19　远距离运动声源径向速度估计值和理论值的对比

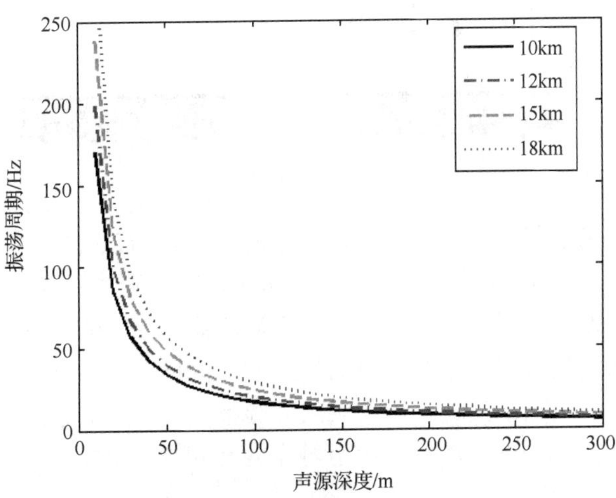

图 6-20　深度相关条纹的振荡周期随声源深度的变化曲线

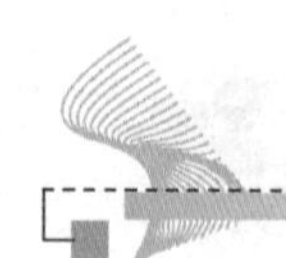

对于水下声源探测判别来说，一个基本且极其重要的要求是能够区分水面、水下声源。水面声源主要有水面舰船、油轮、商船、渔船等，但是它们的等效声源深度往往小于 20m[176]。而让人感兴趣的水下声源主要是潜艇，潜艇的常规活动深度在 300m 左右。从图 6-20 中可以看出，水面声源和潜艇产生的深度相关条纹的振荡周期会相差很大。因此，在实际应用中，可以通过粗略估计深度相关条纹的振荡周期来区分水面、水下声源。通过上述分析，对于远距离径向运动声源，对于声场互相关条纹可以总结出以下两点应用：

（1）通过速度相关条纹可以较为准确地估计声源径向速度，且随着声源距离的增大，径向速度估计值会逐渐趋近于声源运动常速度。

（2）结合水面和水下声源的深度变化特点，通过估计深度相关条纹的振荡周期，可以较为准确地区分水面和水下声源。

6.3.4 实验数据处理

1. 实验介绍

实验配置如图 6-21 所示。实验海区地形平坦，海深约为 4500m。由本课题组自主研制的一个大深度接收水听器布放深度约为 4200m。实验船拖着气枪声源由近及远作直线运动，拖曳速度约为 1.935m/s。每隔 160s 产生一组宽带气枪信号，声源深度约为 10m。声源发射第 1 组信号时的水平距离大约为 6.16km，最远水平距离为 34km。

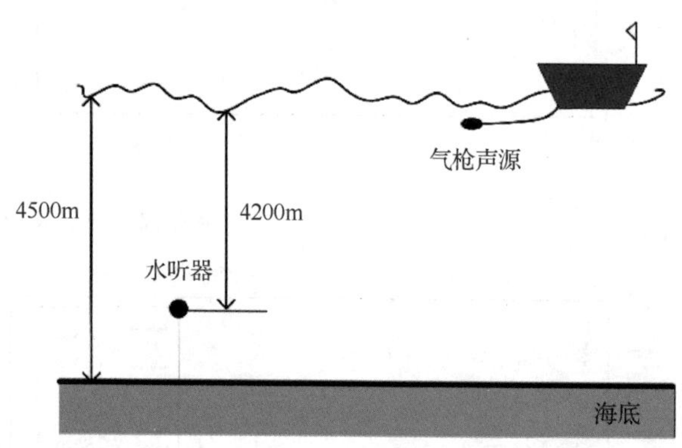

图 6-21　实验配置

水听器接收到的第 1 组气枪信号如图 6-22（a）所示，直达波和海面反射波相位相反，时延差约为 9ms。第 64 组信号如图 6-22（b）所示，声源距离 26km。可以看出，直达波和海面反射波的时延差已经很小。事实上，当声源距离大于 26km 时，根据所接收的气枪信号在时域已经无法清晰分辨直达波和海面反射波。因此，在频域也就无法清晰地看到声场干涉特征。为了得到清晰的声场互相关条纹并验证 6.3.3 节所提出的径向速度估计方法，选择声源距离为 6.16～26km 的 64 组气枪信号作为观测量，观测持续时间约为 168min。

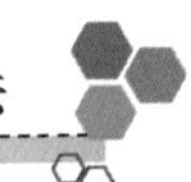

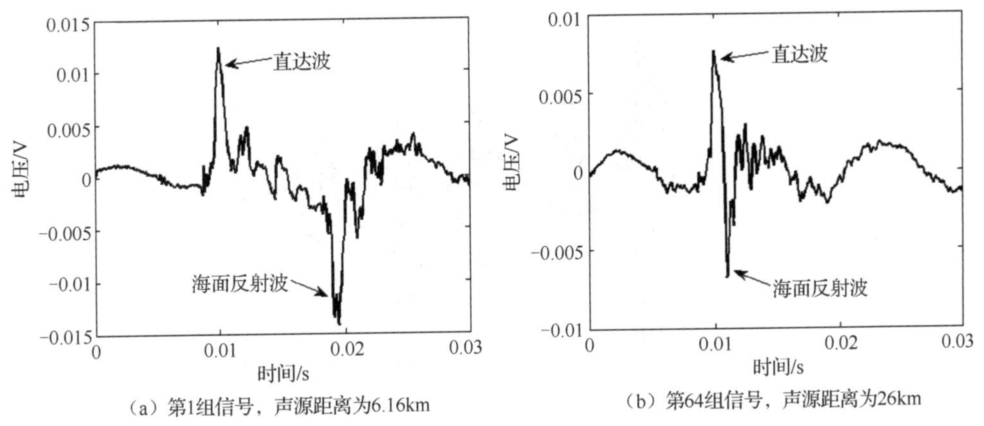

（a）第1组信号，声源距离为6.16km　　（b）第64组信号，声源距离为26km

图 6-22　气枪信号波形

2. 实验数据分析

下面通过分析接收信号之间的频域互相关特性，计算声源径向速度。首先，为了减少噪声的影响，用一个 0.4s 的时间窗截取气枪信号。第 1 组气枪信号的起始位置为直达波信号开始时间，160s 后截取第 2 组气枪信号，再过 160s 截取第 3 组信号，依此类推。为了提高频率分辨率，截取的气枪信号在时域补零，使信号长度为 1s。然后，通过快速傅里叶变换将时域信号转换到频域，分辨率为 1Hz。气枪信号的能量主要集中在低频段，我们选取频率为 100～700Hz 的频域信号进行分析。

对相邻的两组气枪信号进行频域互相关，得到的实测气枪信号频域互相关结果如图 6-23 所示。由于信号能量随声源距离的增大而减小，因此每次互相关结果都用其最大值做了归一化处理。图 6-23 中有两类相关条纹，其中径向速度相关条纹的振荡周期较小，而深度相

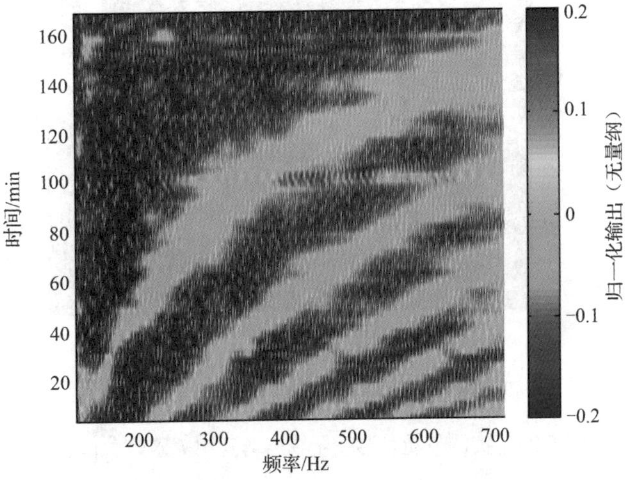

图 6-23　实测气枪信号频域互相关结果（时间增量 Δt=160s）

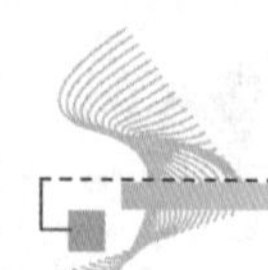

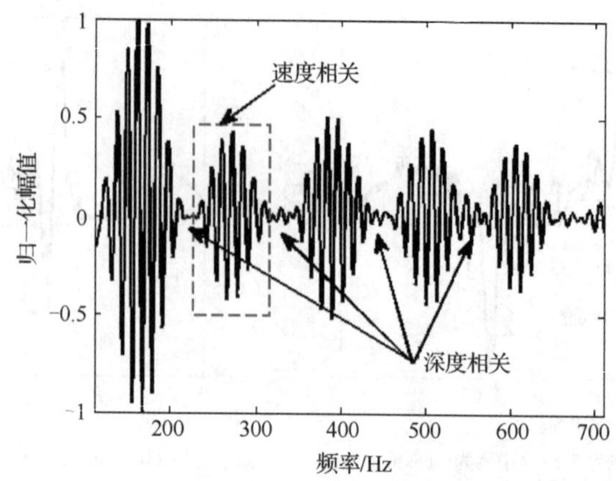

图 6-24　第 1 组气枪信号和第 2 组气枪信号的归一化频域互相关结果

关条纹的振荡周期相对大很多。为了清晰地对比两类相关条纹，图 6-24 给出了第 1 组气枪信号和第 2 组气枪信号的归一化频域互相关结果。红色虚线方框圈出的是速度相关条纹，由于信号发射间隔固定，所以时间增量 Δt 只能取 160s（或者 160s 的倍数），此时对应的速度相关条纹的振荡周期很小。对于深度相关条纹，由于声源深度较浅，所以条纹的振荡周期很大。

通过傅里叶变换，实测气枪信号 v_s-t 域的声场互相关函数 $\hat{I}_c(v_s,t)$ 如图 6-25 所示。由于深度相关条纹的能量起伏远小于速度相关条纹的能量起伏，所以 v_s-t 域的结果表征的是声源径向速度估计值。图 6-25 中黑色实线是根据船载 GPS 得到的声源径向速度真实值。可以看出，每个时刻的径向速度估计值都出现在真实值附近。

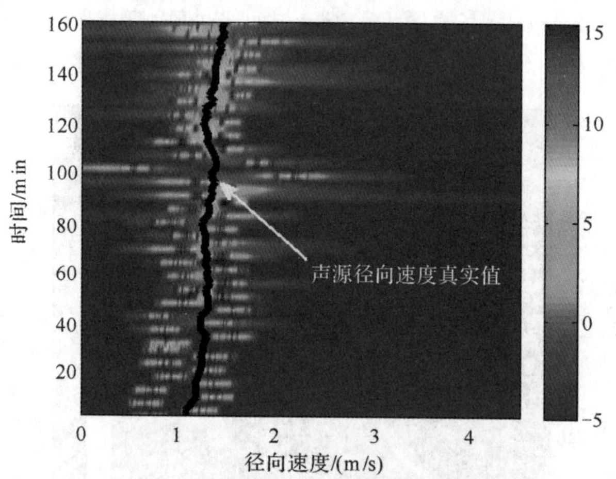

图中黑色实线是根据 GPS 得到的声源径向速度真实值

图 6-25　实测气枪信号 v_s-t 域声场互相关函数 $\hat{I}_c(v_s,t)$

径向速度估计值和真实值的对比结果如图 6-26 所示，估计值在真实值附近上下波动。误差来源有多种，其中的主要原因是时间增量 Δt 过大，导致声源水平距离增量 Δr 过大。

此外，估计值围绕真实值有规律的上下波动，这并非期望中的结果，这可能是由于信号采集过程中存在的时间漂移等因素导致的。

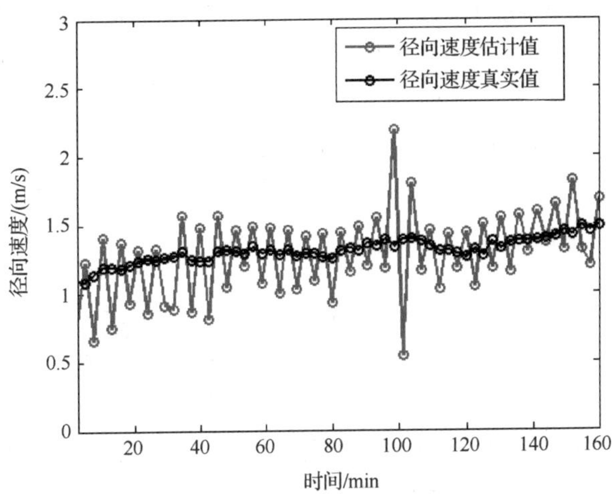

红色曲线是由速度相关条纹得到的径向速度估计值，黑色曲线是根据 GPS 得到的径向速度真实值

图 6-26　径向速度估计值和真实值对比结果

为了判别水面、水下声源或者估计水面声源深度，声呐工作者必须首先估计深度相关条纹的振荡周期。这类条纹的振荡周期可以肉眼判别，也可以设计自适应算法自动估计。根据图 6-24 所示两类条纹的调制特性，这里首先采用希尔伯特变换提取第二类条纹的包络，然后再利用快速傅里叶变换估计其振荡周期。为了估计声源深度，可利用船载 GPS 数据得到声源距离信息。

气枪声源深度估计值和预设值之间的对比结果如图 6-27 所示，在 80min 之前，声源深度估计值在 10m 附近波动，与温深传感器测量的深度十分接近。在 80min 以后，由于深度相关条纹变宽，且感兴趣带宽内条纹数目小于 3 条，所以其振荡周期估计误差较大，进而引起声源深度估计误差。但是，根据深度相关条纹振荡周期对声源深度的敏感性分析，由于气枪属于浅声源，所以即使存在较大的振荡周期估计误差，也不会引起显著的声源深度估计值变化。

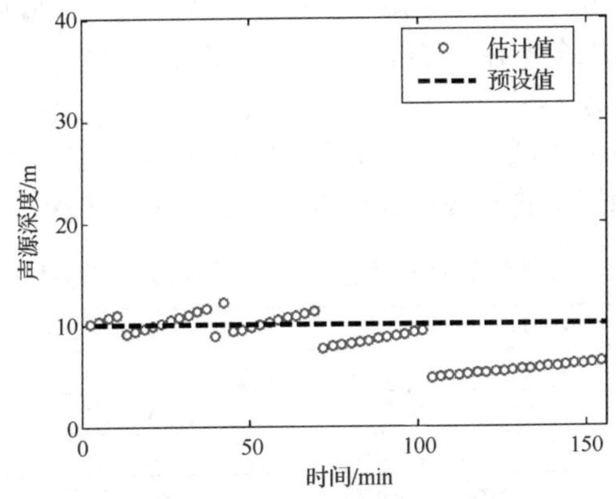

图 6-27　气枪声源深度估计值和预设值之间的对比结果

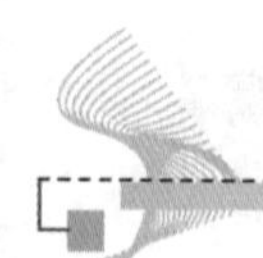

最后，可以发现声源深度估计值随时间是分段线性增大的，这是由于深度相关条纹的数目在一段时间内保持不变引起的。例如，在 72～101min 时间段，只有 3 条明显的深度相关条纹。因此，在这段时间内通过傅里叶变换估计得到的振荡周期保持不变。然而，声源距离是随时间的增大逐渐增大的，进而倾斜角 θ 逐渐变小，最后利用式（6-24）得到的声源深度估计值就会逐渐增大。当时间大于 101min 时，感兴趣带宽内的深度相关条纹变成 2 条，利用傅里叶变换估计得到的条纹振荡周期瞬间增大，进而导致声源深度估计值跃变到极小值；此后，随着时间的增大，声源深度估计值再慢慢增大。

6.3.5 方法应用限制和误差分析

本节主要讨论上文所提定位方法的应用限制和参数估计误差。该方法主要的一个的应用限制来源于接收信号的信噪比大小。该方法本质上利用的是直达波和海面反射波之间的时延差，只有接收信号的信噪比足够高才能确保直达波和海面反射波之间的相干相长或相干相消特性。频域互相关依赖的就是这两种到达信号之间的高度相关性。频域互相关条纹周期振荡的强弱反映到时域，对应接收信号自相关函数中 D-SR 峰值的大小。已有研究已经表明，当接收信噪比大于 0dB，基于自相关函数的定位方法将不受信噪比的显著影响[177]，因此，对于基于深海声场互相关特性的声源定位方法，同样要求单水听器接收信噪比或阵列波束输出信噪比高于 0dB。

另一个应用限制是时间增量 Δt 的选择。一方面，根据式（6-16），为确保有限带宽内包含若干个互相关条纹，Δt 需要足够长；另一方面，为了确保相邻两组信号在时间和空间上的高度相关性，Δt 又需要足够短。具体而言，对于一个低速运动声源，Δt 相对较长。例如，假设感兴趣带宽为 500Hz，声源径向速度为 0.5m/s，若要求速度相关条纹至少有 20 条，则根据式（6-16），Δt 至少需要 120s。此时，面临的难点是如何确保信号之间的高度空时相关性。反之，对于一个高速运动声源，Δt 则相对较短。此时，面临的难点是如何准确区分和提取每个时刻对应的多途到达信号。

参数估计误差主要来源于模型误差。在模型中我们假设声速 c 是不变的，而实际上声速 c 是随深度变化的。因此，无论在估计径向速度还是估计声源深度时，参考声速 c 的选取尤为关键。仿真条件同 6.3.3 节，声源的最近通过距离 r_{CPA} 为 2000m，声源的最近通过时间 t_{CPA} 为 600s，声源运动常速度 v_0 为 5m/s。假设声源深度已知，在不同的参考声速条件下的声源运动参数估计值见表 6-3。可以看出，参考声速 c 对声源最近通过距离 r_{CPA} 的估计值影响很大。理论上，c 应为声源和接收器之间的平均声速，但在实践中，可以选择接收器深度处的声速作为参考声速，仿真表明此时对应的定位误差最小。

表 6-3 在不同的参考声速条件下的声源运动参数估计值

c/（m/s）	r_{CPA} /m	t_{CPA} /s	v_0/（m/s）
1490	2330	596	5
1495	2250	596	5
1500	2070	596	5
1505	2100	594	5
1510	2020	594	5

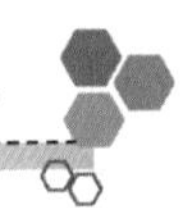

6.4　基于直达波–海面反射波时延的运动声源定位方法研究

若利用可靠声路径环境的特点，将阵列布放在深海近海底位置，对阵列的技术要求较高，比较经济易行的方法是利用单水听器实现声源预警，甚至声源状态估计。单水听器定位一般利用特定的海洋声传播的性质，如多途到达时延[115]、模态色散[112]和波导不变量[121]等。对于一个宽带声源，多途到达时延可以通过接收信号的自相关函数获得。利用这些多途到达时延，采用声线反传或匹配处理器可实现单水听器定位[115,116]。例如，在东阿拉斯加湾水深为 460m 的海中，Tiemann 等人[115]利用多个时延信息实现了对抹香鲸的单水听器跟踪。抹香鲸发出的宽带脉冲被称作"Clicks"，这种声信号由于持续时间短（如 25 ms[114]），频带较宽，从接收信号的时频图上即可观察到多途，非常利于多途到达时延的估计。而对于随机低频宽带噪声，由于持续时间长，带宽较窄，不利于时延估计。不仅如此，可靠声路径环境还有其特殊性，具体表现在：与海底边界发生作用的多途信号，由于在海底处的掠射角大，信号畸变和衰减都较大。因此，在自相关函数中，与海底多途信号相关的峰值强度较弱，容易被噪声淹没。在仿真和实验中，使用低频伪装随机噪声，在低信噪比环境下，仅可以观察到直达波和海面反射波的时延（本文称之为 D-SR 时延）峰值。但是，如果仅由一个水听器测量一个时刻的 D-SR 时延，就无法得到唯一的声源位置。因此，Nosal[114]使用 5 个分布式水听器，利用 D-SR 时延跟踪一只抹香鲸的运动轨迹。

在可靠声路径下，利用分布式水听器和 D-SR 时延可以实时跟踪运动声源，但这需要多节点协同工作，需要较复杂的系统。如何利用单水听器实现声源定位是本节的研究重心。如果声源静止，就无法通过单水听器的 D-SR 时延实现声源定位；若声源运动，则可以得到 D-SR 时延随时间变化的曲线。本章通过研究发现，在一定条件下，从该曲线中可以得到声源的位置和速度信息。由于卡尔曼滤波可以通过系统输出序列，估计系统状态，因此本章将 D-SR 时延视为系统输出，声源的位置和速度视为系统状态，使用适用于弱非线性系统的扩展卡尔曼滤波[178]（Extended Kalman Filter，EKF），估计声源位置和速度。Gong 等[179]比较了 4 种基于水平拖曳阵的被动声源定位方法，发现扩展卡尔曼滤波在估计运动声源时的性能较好。值得说明的是，扩展卡尔曼滤波只适用于弱非线性系统，对强非线性系统，卡尔曼滤波及其衍生方法均不适用。此时，须采用适合非线性和非高斯系统的粒子滤波器[180-182]。

6.4.1　扩展卡尔曼滤波理论介绍

在扩展卡尔曼滤波器中，状态转换和观测模型不是状态的线性函数而是可微函数，即

$$\boldsymbol{x}_k = h(\boldsymbol{x}_{k-1}, \boldsymbol{u}_k, \boldsymbol{w}_k) \tag{6-32}$$

$$\boldsymbol{y}_k = f(\boldsymbol{x}_k, \boldsymbol{v}_k) \tag{6-33}$$

函数 h 是用 $k-1$ 时刻的状态和 k 时刻的输入 $\boldsymbol{u}_k$ 预测 k 时刻的状态，相似的，函数 f 可以用来以 k 时刻的状态预测 k 时刻的测量值。$\boldsymbol{w}_k$，$\boldsymbol{v}_k$ 为噪声向量，协方差矩阵分别为 $\boldsymbol{W}_k$，$\boldsymbol{V}_k$。

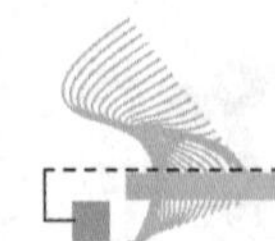

然而，f 和 h 是非线性的函数，不能直接应用在协方差中，须将其在当前估计值处线性化，即使用其偏导矩阵（Jacobian）。则扩展卡尔曼滤波器的公式为

1）k 时刻的预测值

状态的预测值

$$\boldsymbol{x}_{k|k-1} = h(\boldsymbol{x}_{k-1|k-1}, \boldsymbol{u}_k, \boldsymbol{0}) \tag{6-34}$$

测量值的预测值

$$\boldsymbol{y}_{k|k-1} = f(\boldsymbol{x}_{k|k-1}, \boldsymbol{0}) \tag{6-35}$$

状态协方差矩阵的预测值

$$\boldsymbol{P}_{k|k-1} = \boldsymbol{H}_{k-1}\boldsymbol{P}_{k-1|k-1}\boldsymbol{H}_{k-1}^{\mathrm{T}} + \boldsymbol{W}_k \tag{6-36}$$

2）k 时刻的更新信息

$$\boldsymbol{r}_k = \boldsymbol{y}_k - \boldsymbol{y}_{k|k-1} \tag{6-37}$$

新息的协方差矩阵

$$\boldsymbol{R}_k = \boldsymbol{F}_k\boldsymbol{P}_{k|k-1}\boldsymbol{F}_k^{\mathrm{T}} + \boldsymbol{V}_k \tag{6-38}$$

次最优卡尔曼增益

$$\boldsymbol{G}_k = \boldsymbol{P}_{k|k-1}\boldsymbol{F}_k^{\mathrm{T}}\boldsymbol{R}_k^{-1} \tag{6-39}$$

状态协方差矩阵

$$\boldsymbol{P}_{k|k} = (\boldsymbol{I} - \boldsymbol{G}_k\boldsymbol{F}_k)\boldsymbol{P}_{k|k-1} \tag{6-40}$$

状态向量

$$\boldsymbol{x}_{k|k} = \boldsymbol{x}_{k|k-1} + \boldsymbol{G}_k\boldsymbol{r}_k \tag{6-41}$$

上述函数中用到了状态转换函数和观测函数的 Jacobian：

$$\boldsymbol{H}_{k-1} = \frac{\partial h}{\partial \boldsymbol{x}}\Big|_{\boldsymbol{x}_{k-1|k-1}, \boldsymbol{u}_{k-1}} \tag{6-42}$$

$$\boldsymbol{F}_k = \frac{\partial f}{\partial \boldsymbol{x}}\Big|_{\boldsymbol{x}_{k|k-1}} \tag{6-43}$$

扩展卡尔曼滤波器公式中的下标描述了状态的更新过程：下标 $k|k-1$ 表示由 $k-1$ 时刻的值预测得到的 k 时刻的值，下标 $k|k$ 表示使用 k 时刻新息后的更新值，下标 k 则表示 k 时刻的值。

6.4.2 声源速度位置估计方法及仿真分析

下述定位方法建立在一个较简单声源运动模型上，该模型有如下假设：首先，声源水平匀速运动，允许声源深度和速度的小幅度起伏；再次声源沿以接收水听器为原点的某一径向运动，航向不变，声源在“碗状区域”内，但起点、终点和运动方向均未知。若声源在“碗状区域”内航行时并非沿径向方向，必须使用更多的信息才能实现单水听器声源定位，或利用阵列获取到达角信息，这不属于本节的讨论范畴。

本节首先通过仿真方法分析了自相关函数估计多途时延的性能，然后给出声源运动的 EKF 模型，包括观测方程和状态方程等。最后根据观测数据的局限性，提出了迭代 EKF 算法，并分析了该算法执行过程所依赖的物理机理。

1. 时延估计方法

可靠声路径环境下，能量较强的多途信号为直达波、海面反射波、海底反射波和海面-海底反射波。多途信息之间的相对时延可以通过自相关函数的峰值位置确定。自相关函数定义为

$$R(\tau)=\frac{1}{T-\tau}\int_{t=0}^{T-\tau}s(t+\tau)^{*}s(t)\mathrm{d}t \tag{6-44}$$

式中，$s(t)$ 为接收的信号，T 是时间窗的长度。时间窗的选择须满足两个条件：在每个时间窗内，声源可以假设为静止，即其运动未引起明显的多途时延变化；时间窗的长度要远大于上述 4 种多途信号之间的最大时延差。对于中低速声源，时间窗的长度一般为若干秒。归一化自相关函数为

$$\hat{R}(\tau)=\frac{\left|R(\tau)+\mathrm{j}^{*}H[R(\tau)]\right|}{R(0)} \tag{6-45}$$

其中，$H(\cdot)$ 为希尔伯特变换，$|\cdot|$ 为取绝对值算子，$\mathrm{j}=\sqrt{-1}$，$R(0)$ 为接收信号的能量。该式中分子为 $R(\tau)$ 的包络。

仿真采用的海洋信道模型如图 6-28 所示。水深 5270m，声速剖面为典型的 Munk 剖面，临界深度为 4600m。海底为半空间，声速为 1600m/s，密度为 1600kg/m^3，衰减系数为 0.05dB/λ，其中λ为波长。假设宽带连续声源沿水听器径向接近水听器，运动速度和声源深度（110m）固定。声源发射 800～900 Hz 的随机信号。该信号由高斯白噪声通过带通滤波器获得。接收器深度为 5000m，接收信号的仿真采用射线方法[173]，仿真方法如下：

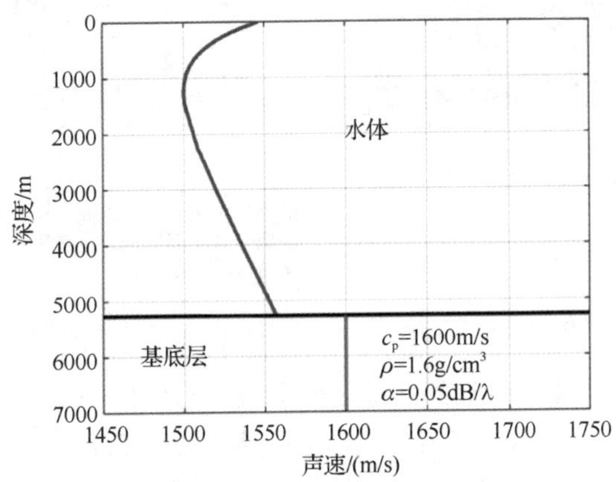

图 6-28 仿真采用的海洋信道模型

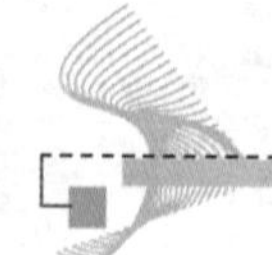

通过射线方法，计算水听器的多途到达结构，即信道的冲击响应 $h(t)$。边界反射次数为三次或三次以上的多途忽略不计。假设信号的中心频率为 f_c，设计一个窄带滤波器，中心频率为 f_c 带宽为 $0.1f_c$。将一个均值为 0，方差为 1 的，长度为 2s 的平稳高斯随机过程通过该滤波器得到信号 $p(t)$，则水听器接收信号为

$$s(t) = h(t) * p(t) \tag{6-46}$$

其中，*表示卷积，并假设 $s(t)$ 的方差为 σ_s^2。产生一个均值为 0、方差为 1、长度为 2s 的平稳高斯随机过程，并通过上述滤波器得到信号 $e(t)$，其方差假设为 σ_e^2。信噪比的定义为

$$\text{SNR} = 10\log_{10}(\sigma_s^2 / \sigma_n^2) \tag{6-47}$$

其中，σ_n^2 为噪声的方差。由 $e(t)$ 得到噪声的 $n(t)$ 的公式为

$$n(t) = \frac{\sigma_s}{\sigma_e 10^{\text{SNR}/20}} e(t) \tag{6-48}$$

最终的仿真信号为

$$r(t) = s(t) + n(t) \tag{6-49}$$

下述仿真中使用的中心频率为 300Hz，采样频率为 4kHz。仿真信号的自相关函数随声源距离的变化如图 6-29 所示。图 6-29（a）仿真时没有添加噪声；图 6-29（b）仿真时，声源能量恒定，水听器的环境噪声能量恒定。因此，接收信号的信噪比随声源距离的减小而增加。定义信噪比为信号频带内（700～800Hz）内信号能量与噪声能量的比值。图 6-29（b）中，信噪比从 35km 处的-6.7dB 增加至 0km 处的 9dB，在 15km 处的信噪比为 0dB。

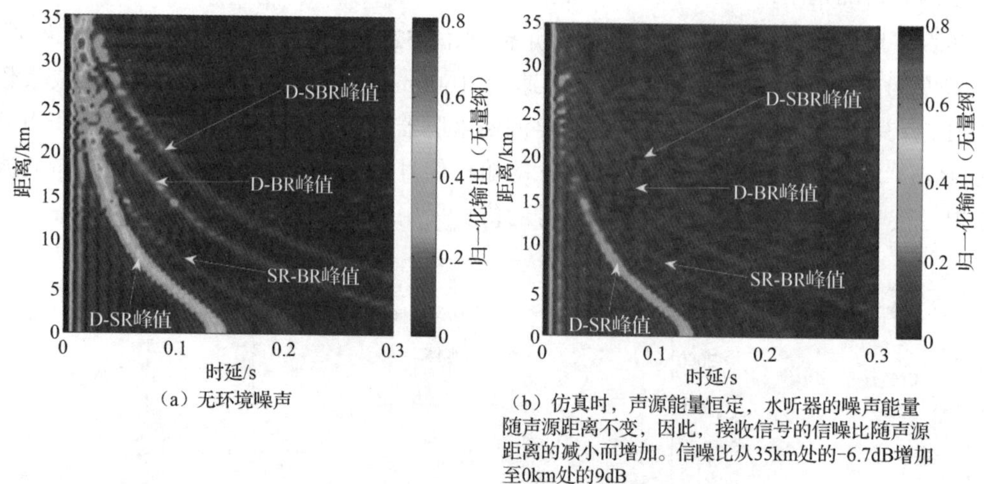

（a）无环境噪声

（b）仿真时，声源能量恒定，水听器的噪声能量随声源距离不变，因此，接收信号的信噪比随声源距离的减小而增加。信噪比从35km处的-6.7dB增加至0km处的9dB

图 6-29　仿真信号的自相关函数随声源距离的变化

在图 6-29 可以观测到 4 条明显的条纹，分别对应直达波-海面反射波时延（D-SR 峰值），直达波-海底反射波时延（D-BR 峰值），直达波-海面-海底反射波时延（D-SBR 峰值）和海面反射波-海底反射波（SR-BR 峰值）。比较两图中的 4 个条纹可以发现：

（1）因为海底反射损失较大，4 个条纹中只有 D-SR 峰值比较清晰，而其他条纹则比较模糊。在下述的实验中，也观测到了这种现象。因此，在可靠声路径环境下，D-SR 峰

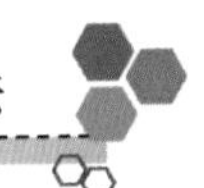

值是较为稳健的观测量。本章提出只利用 D-SR 峰值定位，正是基于可靠声路径的这种特性。

（2）当信噪比小于 0 时，即图 6-29（b）中声源距离大于 15km 时，所有的条纹均比较模糊；当信噪比大于 0dB 时，D-SR 峰值较为明显。在实际海洋环境中，利用单水听器定位，对信噪比的要求一般高于 0dB。Brune[183]指出若信噪比高于 0dB，则基于自相关函数的定位方法将不受信噪比带来的显著影响。

2. 运动声源的扩展卡尔曼滤波模型

对于运动声源，水平距离 R、深度 D 和速度 v 描述了声源的状态，为未知量。声源的状态方程描述了声源沿接收水听器径向的匀速运动状态，表示为

$$\boldsymbol{x}_{k|k-1}=\begin{bmatrix}R_{k|k-1}\\ v_{k|k-1}\\ D_{k|k-1}\end{bmatrix}=\begin{bmatrix}1 & \Delta t & 0\\ 0 & 1 & 0\\ 0 & 0 & 1\end{bmatrix}\begin{bmatrix}R_{k-1|k-1}\\ v_{k-1|k-1}\\ D_{k-1|k-1}\end{bmatrix}=\boldsymbol{H}\boldsymbol{x}_{k-1|k-1},\quad k=1,\cdots,K \tag{6-50}$$

式中，$\boldsymbol{x}$ 为状态向量，Δt 为状态更新的时间增量，$\boldsymbol{H}$ 为状态传递矩阵。式中的下标描述了状态的更新过程：$\boldsymbol{x}_{k|k-1}$ 是由 k−1 时刻的声源状态通过传递方程得到的 k 时刻的声源状态，称为 k 时刻的预测状态。假设声源速度和深度不变，状态方程中这两个参数没有动态变化。需要特别指出的是，$\boldsymbol{x}_{0|0}$ 和 $\boldsymbol{x}_{K|K}$ 分别表示初始化状态和最终状态。

对数据进行自相关处理后，可以得到直达波-海面反射波的时延，因而观测方程应刻画时延随声源状态变化的关系，可表示为

$$y_{k|k-1}=f(R_{k|k-1},D_{k|k-1}) \tag{6-51}$$

式中，$y_{k|k-1}$ 是由 k 时刻的预测状态通过测量方程估计得到的直达波-海面反射波时延，称为 k 时刻的预测时延。$f(\cdot)$ 没有明确的表达式，但在水平变环境中，只受声速剖面的影响，与海底参数无关。因此，$f(\cdot)$ 可以通过射线方法计算而无需任何海底信息。由于式（6-51）为非线性方程，因此须采用扩展卡尔曼滤波。观测方程的偏导矩阵为[9]

$$\boldsymbol{F}_k=\left[\frac{\partial f}{\partial R},\frac{\partial f}{\partial D},0\right]\bigg|_{R_{k|k-1},D_{k|k-1}} \tag{6-52}$$

式中，一阶偏导采用数值方法计算，例如 $\partial f/\partial R=[f(R+\Delta R,D)-f(R,D)]/\Delta R$。当水听器深度为 5000m 时，直达波-海底反射波时延的等值线如图 6-30 所示。这些等值线的法线方向正是直达波-海底反射波时延的梯度方向，即式（6-52）所述的 $\boldsymbol{F}_k$。在下述分析中，利用法线方向的分布可以分析扩展卡尔曼滤波算法的执行过程。

与卡尔曼滤波不同，扩展卡尔曼滤波的性能取决于观测函数的局部梯度特性。当观测函数为强非线性方程，存在多个极值点时，若初始化状态偏差较大，则滤波器会发散。因此，在使用扩展卡尔曼滤波器时，为保证其可以收敛，一般需要尽可能准确地估计初始状态[179]。但是，对于本文的研究对象，初始状态的选择对最终结果并没有影响，即上述模型对初始状态不敏感。

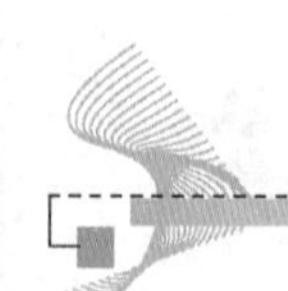

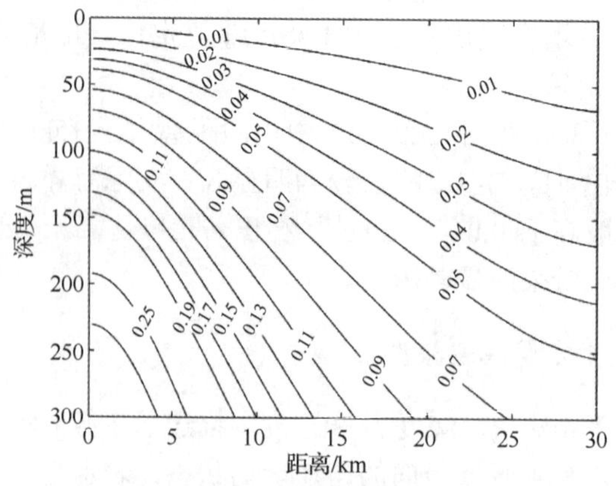

波导环境如图 6-28，水听器深度为 5000m。

图 6-30　直达波-海底反射波时延的等值线

为了进一步说明该问题，首先分析观测函数即式（6-51）的局部梯度特性。图 6-30 显示在所研究的声源位置范围内，式（6-52）的第一项始终为负值，而第二项始终为正值。因此，若 k 时刻观测值的预测值[$y_{k|k-1}$，式（6-35）]小于/大于 k 时刻实际观测值(y_k)，k 时刻的声源预测状态($\boldsymbol{x}_{k|k-1}$)会沿 $\boldsymbol{F}_k$ 方向/相反方向运动，更新为 $\boldsymbol{x}_{k|k}$。这两种情况下，声源状态始终朝向 y_k 所在的等值线移动。举例说明：假设声源的真实初始状态的距离为 20km，深度为 110m，假设的初始状态的距离为 10km，深度为 200m。从图 6-30 可以看出，观测值的预测值为 0.11s，而观测值为 0.03s。观测函数在（10km，200m）附近的梯度方向指向深度减小和距离增加方向，即指向 0.03s 的等值线。因此，声源状态的更新值将更加靠近真实的声源位置。随着观测值的不断输入，扩展卡尔曼滤波将逐步逼近真实的声源位置。这里值得指出的是，描述声源状态的 3 个变量对直达波-海面反射波时延的影响，存在耦合效应。如图 6-30 所示，在 250m 深度时较低的运动速度与在 50m 深度时较高的运动速度获得的时延随时间变化的曲线比较相似，因此如要得到较为准确的声源状态估计，须进行较长时间观测，以获取足够的信息。此外，由于状态转换方程噪声和观测噪声的影响，收敛的声源状态与真实的声源状态可能存在较小的差异。在下一节中，将通过仿真实例分析扩展卡尔曼滤波的收敛过程。

3. 迭代算法

迭代扩展卡尔曼滤波的收敛过程分析如图 6-31 所示，仿真采用的真实声源运动过程如黑色“*”号所示，初始状态的深度为 110.0m，声源从 22.0km 以-1.9m/s 的速度运动至 10km，速度的负号表示声源的运动方向，即声源真实的初始状态为（22.0，110.0，-1.90）。其中，括号中的 3 项分别为距离（km）、深度（m）和速度（m/s）。假设声源的初始状态 $\boldsymbol{x}_{0|0}^1$ 为（26.0，180.0，-2.60），一次卡尔曼滤波的过程如图中蓝色圆圈所示。扩展卡尔曼滤波得到的声源

最终状态记为 $\boldsymbol{x}_{K|K}^{1}$，其中上标“1”表示第一次卡尔曼滤波，则图中 $\boldsymbol{x}_{K|K}^{1}$ 的位置与声源的最终真实状态基本在一条时延等值线上，这与上节的分析相符。但 $\boldsymbol{x}_{K|K}^{1}$ 相对于声源的最终真实状态，距离更远，深度更深。

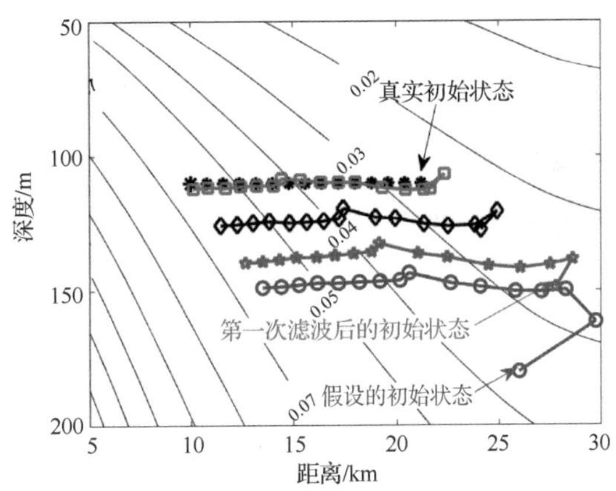

图 6-31　迭代扩展卡尔曼滤波的收敛过程分析

声源的初始状态可以由 $\boldsymbol{x}_{K|K}^{1}$ 估计得到

$$\hat{\boldsymbol{x}}_{0|0}^{1}=[\hat{R}_{0|0}^{1},\hat{v}_{0|0}^{1},\hat{D}_{0|0}^{1}]^{\mathrm{T}}=[R_{K|K}^{1}-T_{\mathrm{d}}v_{K|K}^{1},v_{K|K}^{1},D_{K|K}^{1}]^{\mathrm{T}} \tag{6-53}$$

式中，符号“Λ”表示由声源的最终估计状态反推得到的初始状态，T_{d} 为观测的总时间。$\hat{\boldsymbol{x}}_{0|0}^{1}$ 的位置如图 6-31 中第一个绿色五角星所示。值得指出的是，$\hat{\boldsymbol{x}}_{0|0}^{1}$ 一般情况下与声源的真实初始状态差别明显。其中，一个原因是上节所述状态变量之间的耦合作用，导致扩展卡尔曼滤波收敛在一个次优的状态。另一个重要的原因是扩展卡尔曼滤波的过程受多种因素影响，例如假设的初始状态和观测函数的梯度。因此，虽然声源状态会朝向正确的时延等值线变化，但是不能保证其朝向声源的真实状态变化。

注意到 $\hat{\boldsymbol{x}}_{0|0}^{1}$ 相对于 $\boldsymbol{x}_{0|0}^{1}$ 更接近声源的真实初始状态，可将其作为第二次卡尔曼滤波的初值，即

$$\boldsymbol{x}_{0|0}^{2}=\hat{\boldsymbol{x}}_{0|0}^{1} \tag{6-54}$$

则滤波过程如图 6-31 中的绿色五角星所示，其最终状态 $\boldsymbol{x}_{K|K}^{2}$ 与第一次扩展卡尔曼滤波的最终状态 $\boldsymbol{x}_{K|K}^{1}$ 更接近声源的真实最终状态。重复该过程，可以得到声源状态估计的迭代方法。迭代卡尔曼滤波相当于假设了真实信号是一种周期延拓信号，用于弥补实际观测数据不足。该迭代方法的终止条件为相邻两次扩展卡尔曼滤波估计的最终状态差别小于给定的上限。图 6-31 中的菱形和方形分别表示中间和最终扩展卡尔曼滤波的过程。由最后一次扩展卡尔曼滤波得到的声源的最终状态与真实最终状态非常接近。图 6-32 给出了不同的假设初始状态下，迭代扩展卡尔曼滤波的收敛过程。图 6-32（a）和图 6-32（b）的假设初始

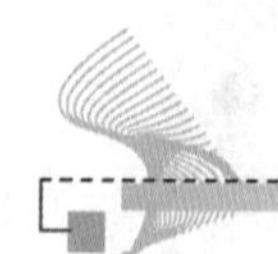

状态分别为（10.0，20.0，-2.60）和（10.0，180.0，-2.60）。两图中，声源的最终状态均收敛至真实最终状态附近。

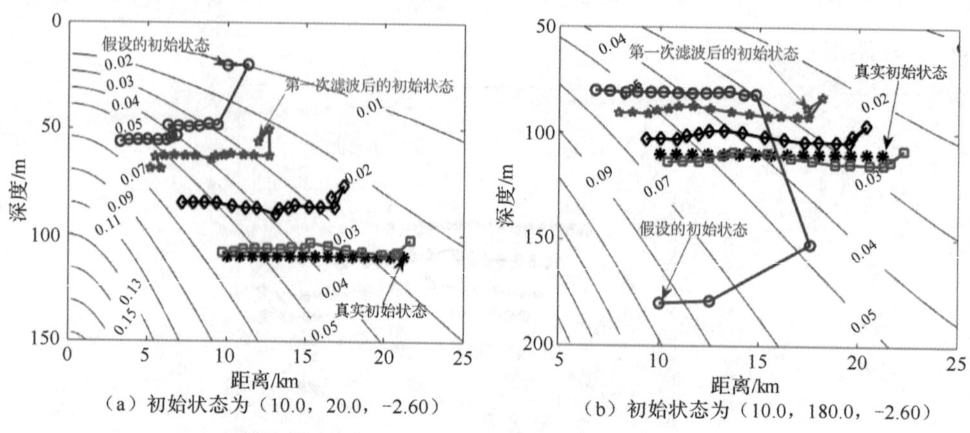

（a）初始状态为（10.0，20.0，-2.60）　（b）初始状态为（10.0，180.0，-2.60）

图 6-32　不同的假设初始状态下，迭代扩展卡尔曼滤波的收敛过程

综上所述，迭代算法得到一个声源最终状态序列 $(\boldsymbol{x}_{K|K}^{1},\boldsymbol{x}_{K|K}^{2},\cdots,\boldsymbol{x}_{K|K}^{n},\cdots)$，该序列可以收敛至声源的真实最终状态。由最终状态序列，通过式（6-53）可以得到初始状态序列 $(\hat{\boldsymbol{x}}_{0|0}^{1},\hat{\boldsymbol{x}}_{0|0}^{2},\cdots,\hat{\boldsymbol{x}}_{0|0}^{n},\cdots)$，该序列相应的收敛至声源的真实初始状态。假设的初始状态为（26.0，180.0，-2.60）时，图 6-33 给出了在不同声源真实运动过程，通过迭代卡尔曼滤波方法得到的初始状态序列随迭代次数的变化。图 6-33 中可以看出在 3 种情况下，当迭代次数超过 10 次后，就可以得到较为准确的声源状态估计值。这说明该算法的稳健性较好，受真实或假设的初始状态影响小，且迭代效率高。

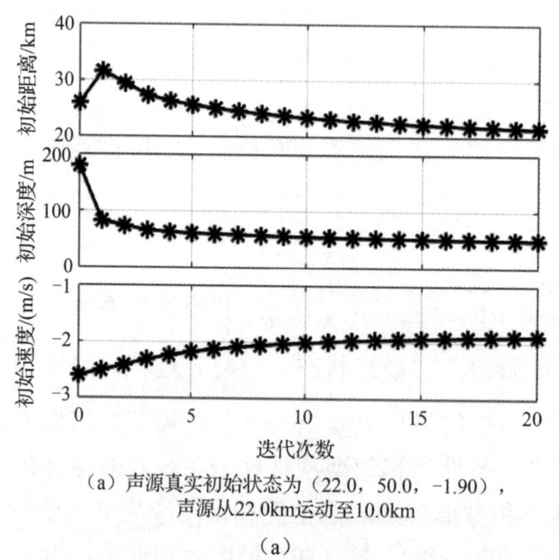

（a）声源真实初始状态为（22.0，50.0，-1.90），声源从22.0km运动至10.0km

（a）

图 6-33　在不同声源真实运动过程，通过迭代卡尔曼滤波方法得到的初始状态序列随迭代次数的变化

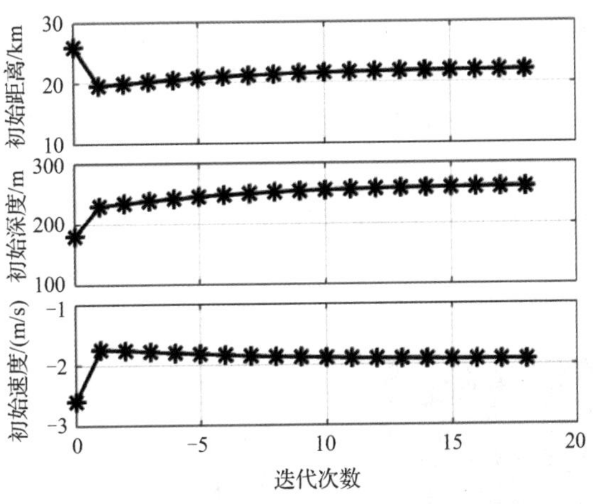

（b）声源真实初始状态为（22.0，260.0，−1.90），
声源从22.0km运动至10.0km

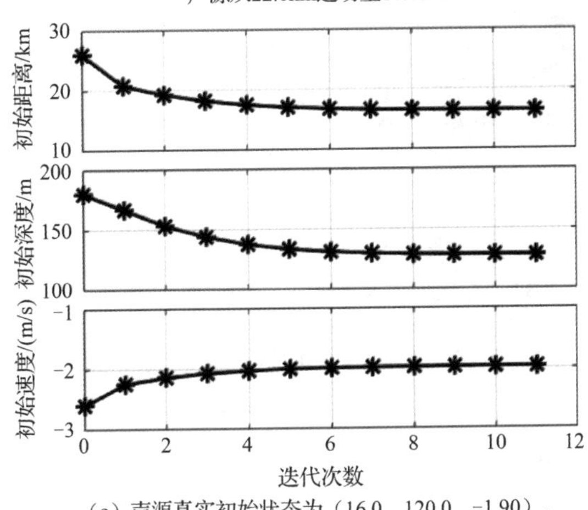

（c）声源真实初始状态为（16.0，120.0，−1.90），
声源从16.0km运动至4.0km

图 6-33　在不同声源真实运动过程，通过迭代卡尔曼滤波方法得到的初始状态序列随迭代次数的变化（续）

6.4.3　实验数据处理

2013 年 7 月，本课题组参与了在西太平洋某海域组织的一次深海实验。实验位置的海底较平，海深为 5270m。本课题组自主研发的一个深海水听器以锚底方式布放，水听器深度约为 5000m。实验船从水听器布放位置沿径向接近水听器，速度为 1.935m/s。作为实验的一部分，宽带声源被实验船拖曳，深度为 110m，并发射 800～900Hz 的伪随机信号，信号时长为 15s，发射间隔为 320s。当实验船与水听器水平距离小于 40km 时，水听器接收该信号的信噪比较高，可以从时频图上观测到该信号。

该伪随机信号的自相关函数随声源距离的变化如图 6-34（a）所示。声源发射最后一次信号时的距离为 8.8km。信噪比从 35km 时的 2dB 增加至 8.8km 时的 9dB，因此 D-SR 峰

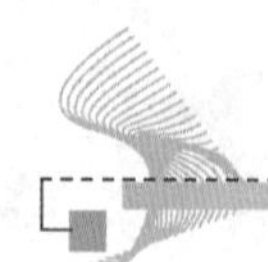

值比较明显。但在 25km 处出现了凹槽，可能是由于声源被鱼群遮挡或声场起伏引起的。相反，D-BR 和 D-SBR 峰值的强度非常弱，只可以观察到若干个强度较高的点。而 SR-BR 峰值则根本观测不到。当声源距离大于 24km 时，直达波-海面反射波时延基本恒定；当声源距离小于 22km 时，该时延随距离减小而近似线性增加。为了验证迭代算法，选择 22km 至 10km 的时延信息作为观测值，把提取的直达波-海面反射波时延作为迭代算法的测量值，如图 6-34（b）所示。迭代算法的观测向量剔除了在 17.5km 处出现的异常值，声源的真实初始状态为（21.35，110，−1.935）。

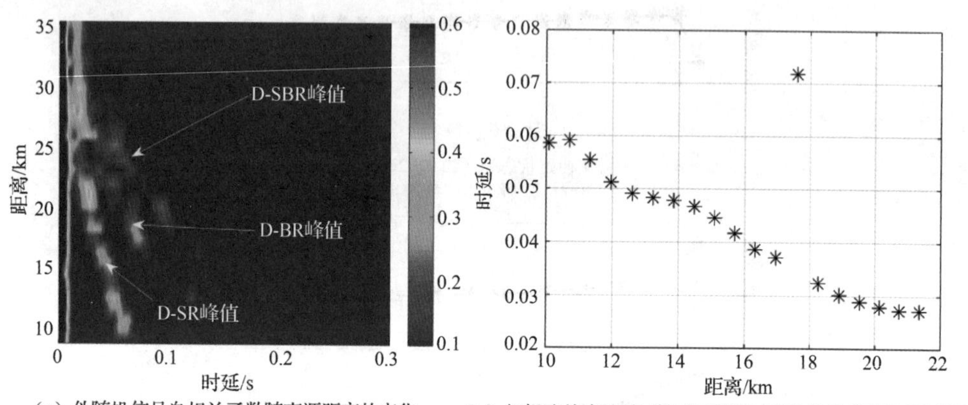

（a）伪随机信号自相关函数随声源距离的变化　（b）把提取的直达波-海面反射波时延作为迭代算法的测量值

图 6-34　迭代卡尔曼滤波方法的深海实验数据验证

声源的假设初始状态为（21.4，110.0，−1.94）时，图 6-35 给出了初始状态序列随迭代

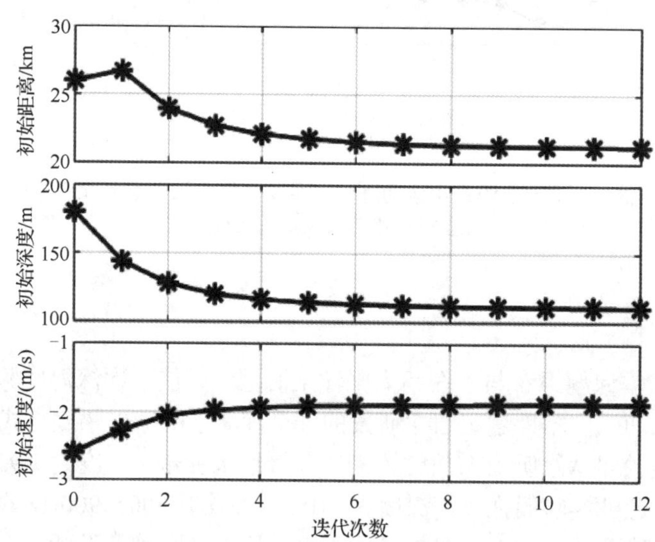

声源的假设初始状态为（26.0，180.0，−2.60）时，初始状态序列随迭代次数的变化，声源的真实初始状态为（21.4，110.0，−1.94）。

图 6-35　实验数据

次数的变化声源的真实初始状态为（21.4，110，−1.94）。在迭代 6 次之后，初始状态序列收敛，收敛值为（21.2，110.9，−1.87），非常接近声源的真实初始状态。为了进一步说明迭代算法对假设初始状态的稳健性，假设初始距离从 5km 变化至 30km，假设初始深度由 0m 变化至 200m，假设初始速度始终为−2.60m/s，初始状态序列的收敛结果，即声源初始状态的深度和距离估计结果如图 6-36 所示。在所有假设初始状态下，初始状态序列均收敛至真实初始状态附近，说明了迭代算法的稳健性。

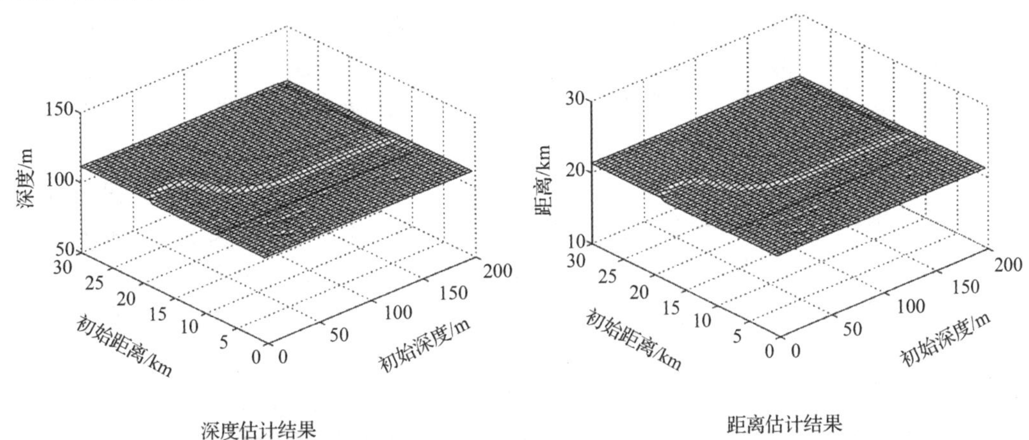

深度估计结果　　　　距离估计结果

不同假设初始距离和假设初始深度下，初始状态序列的收敛结果，即声源初始状态的距离估计结果估计值。假设初始速度为−2.60m/s，声源的真实初始状态为（21.4，110，−1.94）。

图 6-36　声源初始状态的深度和距离估计结果

从实验数据中可以看出通过自相关函数，可以获得直达波-海面反射波时延信息，而其他多途时延峰值较弱。通过仿真分析，发现当信噪比在 0dB 以上时，从自相关函数中即可获得直达波-海面反射波时延信息，而获取其他多途时延信息需要更高的信噪比。因此，本节主要研究了基于直达波-海面反射波时延信息的单水听器定位方法。这种方法的性能基于可靠声路径环境的一些物理特性：

首先，与海底边界发生作用的多途，由于在海底处的掠射角大，信号畸变和衰减都较大，因此在自相关函数中，与海底反射多途相关的峰值强度较弱，容易被噪声淹没；直达波和海面反射波均不受海底的影响，因此信号能量高，信号畸变小，两种多途信号的相关性高，在自相关函数中两种多途的时延峰值强度较高。

其次，直达波-海面反射波时延随声源位置的变化是弱非线性函数，具体表现在该函数偏导数项的符号保持不变，即函数梯度向量始终在同一象限内。因此，在扩展卡尔曼滤波中，声源状态将向声源真实状态所在的时延等值线运动。

最后，若声源沿水听器径向匀速运动，可以得到 D-SR 时延随时间变化的曲线，经历足够长的时间，该曲线与声源的初始状态一一对应，因而可以由该曲线得到唯一的声源初始状态。

值得指出的是，在本节的研究中，一般假设声源运动了 12km（从 22km 运动至 10km），这提供了估计声源初始状态的充足信息。在某些问题中，可能无法获得充足的时延信息，

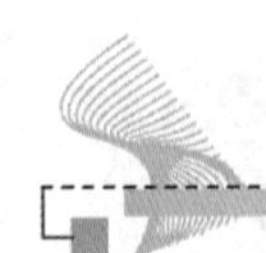

那么时延信息数量的下限有重要的参考意义。这个下限显然与声源的初始位置有关，我们将在未来的工作中研究该问题。这里可以说明的是，若初始状态序列的收敛值与假设的初始状态无关，则可以说明时延信息充足。

本章小结

可靠声路径是深海声传播的重要声道之一，声速起伏和海底界面对其声传播影响较小，并且该声道下的噪声级较低。因此，可靠声路径环境下的声源定位方法研究具有重要的军事意义。本章首先分析了可靠声路径环境下的声传播物理特性，并基于该物理特性，提出了两种适用于不同情况的声源定位方法:

（1）基于延时互相关函数的定位方法利用深海大深度两个不同声源距离处同一水听器的声场互相关所表现的两种有规则的振荡现象，提出了一种大深度接收条件下单水听器声源运动参数估计方法。其核心思想是通过速度相关条纹估计声源径向速度，深度相关条纹估计声源深度，而后利用最小二乘法则实现声源最近通过距离、最近通过时间和运动常速度的估计。

（2）基于自相关函数的定位方法利用直达波-海面反射波时延随时间变化的信息，适用于单水听器宽带匀速运动声源的定位，主要优点在于可以准确估计运动声源的距离、深度和速度，且仅使用了较为稳健的 D-SR 峰值信息，不足之处是要求声源的带宽满足时延分辨率的要求，且声源沿水听器径向方向运动，且需要足够的 D-SR 时延信息。

上述两种方法均基于多途时延的直接或间接信息，这些定位方法对声源深度和声源距离均较敏感，但时延信息较难获得（对带宽、信噪比等的要求高），适合高信噪比下的声源定位。

第 7 章　深海可靠声路径下基于双阵元的声源定位方法

7.1　概　　述

不同位置处的两个水听器同步接收的信号包含了声源距离和深度信息。本章首先提出了一种深海环境下的双水听器目标被动定位方法，该方法使用接收信号之间的互相关函数提取多途时延差，然后与模型计算的结果进行匹配，估计声源位置。但这种方法需要从互相关函数中人为地提取多途时延差，应用受到限制。考虑到这个问题，本章基于稀疏重构提出了一种直接基于互相关函数匹配的被动定位方法，无须提取多途时延差。

7.2　基于多途时延差的双阵元深海匹配定位方法

7.2.1　匹配定位方法原理

在声线理论中，从声源到接收器的传播过程如图 7-1 所示，它可以通过信道传递函数来表示。假设接收器接收到 N 条声线，则其信道函数可表示为

$$h(z_\mathrm{s},z_\mathrm{r},r,t)=\sum_{n=1}^{N}A_n(z_\mathrm{s},z_\mathrm{r},r)\delta\left[t-\tau_n(z_\mathrm{s},z_\mathrm{r},r)\right] \tag{7-1}$$

式中，z_s，z_r，r 分别代表声源深度、接收器深度及接收器与声源的距离。A_n 是第 n 条本征声线的复包络，τ_n 是其相对于声源的传播时延。信号传递函数可以理解为多途形成的 N 个冲击函数对声源信号作用的叠加。因此，接收器处的信号可以表示为[184]

$$x(t)=h(z_\mathrm{s},z_\mathrm{r},r,t)\otimes s(t)+e(t)=\sum_{n=1}^{N}A_n s\left[t-\tau_n(z_\mathrm{s},z_\mathrm{r},r)\right]+e(t) \tag{7-2}$$

式中，$x(t)$ 为水听器接收到的信号，$s(t)$ 为声源信号，$\otimes$ 表示卷积，$e(t)$ 为附加噪声。对于深海海底附近的接收水听器，由于海底反射损失较大，我们只考虑对信号 $x(t)$ 做主要贡献的直达声线和海面一次反射声线，则

$$x(t)=A_1 s\left[t-\tau_1(z_\mathrm{s},z_\mathrm{r},r)\right]+A_2 s\left[t-\tau_2(z_\mathrm{s},z_\mathrm{r},r)\right]+e(t) \tag{7-3}$$

我们需要提取的就是多途时延差 $\tau=\left|\tau_2-\tau_1\right|$，然而，实际中声源位置的先验信息往往是未知的，我们可以利用自相关法[184]或倒谱法[185]对其时延差进行提取。

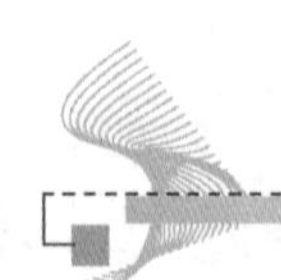

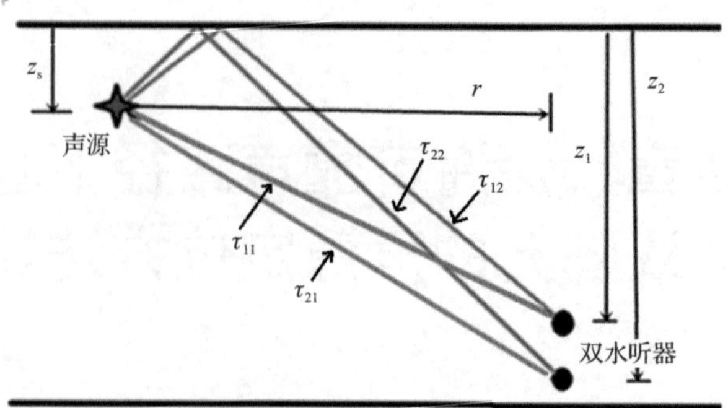

图 7-1 从声源到接收器的传播过程

在提取实际信号的多途时延差以后，我们需要建立模型声场获得匹配场的多途时延差数据。射线方法可以较好地解决这个问题，它可以正规地由全波动方程推导出来。我们在寻求赫姆霍兹方程解的过程中，可以得到以下形式的解：

$$\tau(s)=\tau(0)+\int_0^s \frac{1}{c(s')}\mathrm{d}s' \tag{7-4}$$

式中，积分项即沿声线的传播时间。费马定理指出了声线路径传播时间的稳定性[58]。利用射线模型如 Bellhop 等，可以得到仿真信号的到达时间。

综上所述，我们可以得到关于实际信号的多途时延差 MTD（Multipath Time-delay Difference）和模型场的多途时延差，考虑深海海底附近布放的 k 元直线阵水听器，其提取的实测信号多途时延差为 $T=\{\tau_1,\tau_2,\cdots,\tau_k\}$，其中，$\tau_i=|\tau_{i2}-\tau_{i1}|,(i=1,2,\cdots,k)$。利用 Bellhop 建立搜索声场模型，对声场各位置声源 $S(r_i,z_j)$（假设声场在距离上被 m 等分，深度上被 n 等分，则 $i=1,2,\cdots,m$，$j=1,2,\cdots,n$）计算得到相应的多途时延差向量 $\boldsymbol{T}_{(r_i,z_j)}$，建立目标函数为

$$\boldsymbol{p}(r_i,z_j)=\frac{1}{\left\|\boldsymbol{T}_{(r_i,z_j)}-\boldsymbol{T}\right\|_2} \tag{7-5}$$

其中，$\|\bullet\|_2$ 表示范数，令 $P(R,Z)=\boldsymbol{p}(r_i,z_j)$，其中，$i=1,2,\cdots,m$，$j=1,2,\cdots,n$，为 $m\times n$ 的矩阵，可得到定位模糊平面，其最大值点所在位置即声源所在。

7.2.2 定位方法仿真结果和误差分析

1. 定位仿真

本节对定位仿真方法的有效性进行分析和仿真，首先给出多途时延差在二维空间的分布情况。仿真所用声速剖面如图 7-2（a）所示，这是某海域实测声速剖面，海深为 4390m。接收端信息往往是已知的，这里，假设接收器深度为 4158m，图 7-2（b）给出了不同深度（10m，20m，30m，40m，50m）声源发射的信号在不同接收距离上的多途时延差分布。从图中所示多途时延差 MTD 的分布，可以发现以下两点。

（1）在接收端固定，声源深度确定的情况下，多途时延差随着传播距离的增加逐渐减小。

（2）在接收端固定时，相同的传播距离上，声源深度越深，其多途时延差越大，但随着传播距离的增加，其分布差异逐渐缩小，在超过 18km 的距离上，相互区分较为困难。多途时延差随传播距离和声源深度不同形成的分布特性决定了其可以用于对声源的定位。

我们对多途时延差的匹配定位方法进行仿真，仿真条件如下：海深为 4390m，声速剖面如图 7-2（a）所示，假设声源距离为 15km，深度为 100m，水听器阵列从最少的情况进行假设，即只由两个水听器构成直线阵列，接收器深度分别为 4158.6m、4230.6m，阵元间距为 72m，直达信号与海面反射信号可以通过自相关法或倒谱法进行提取，仿真以模型声场时延差加入 0.1%的误差作为提取的匹配时延差向量。仿真匹配定位结果如图 7-2（c）所示，目标估计位置距离 15km，深度为 100m。仿真结果表明，利用多途时延差的匹配定位方法可以精确地估计目标声源的位置。

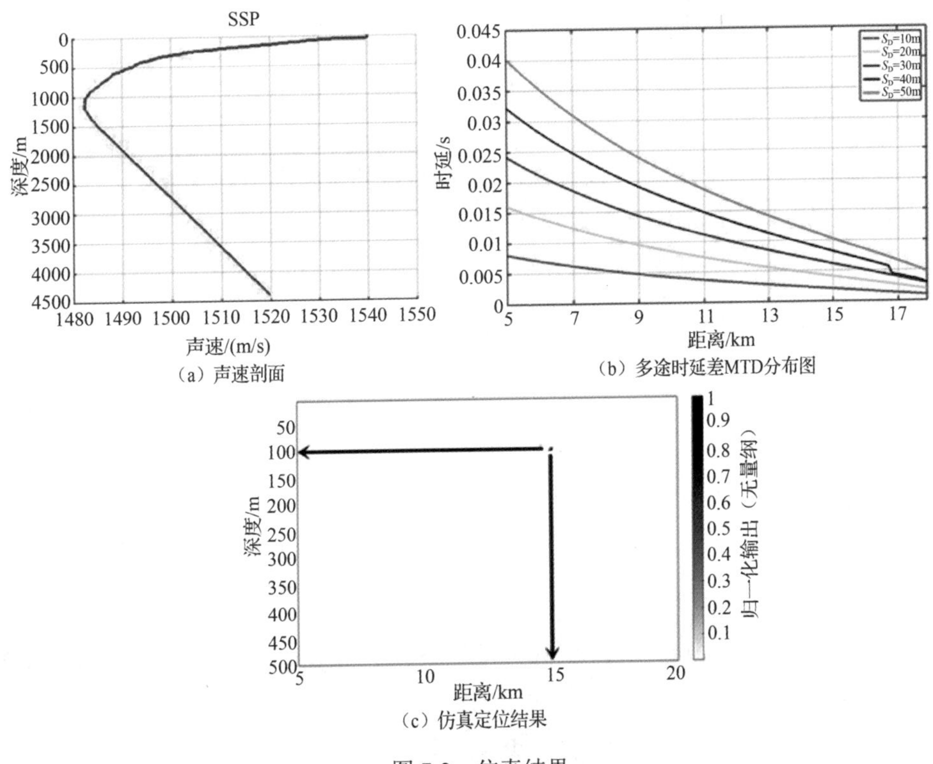

（a）声速剖面　（b）多途时延差MTD分布图

（c）仿真定位结果

图 7-2　仿真结果

2. 误差分析

由于定位方法利用了时延信息，我们需要分析时间精度对定位误差的影响。由费马定理可知，从点 x_0 到点 x_1 的传播时间可表示如下：

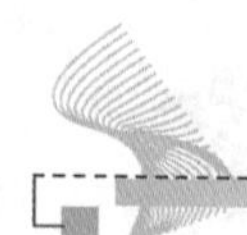

$$t=\int_{x_0}^{x_1}\frac{1}{c(s)}\mathrm{d}s \tag{7-6}$$

对上式进行微分可得

$$\mathrm{d}s=c(s)\mathrm{d}t \tag{7-7}$$

然而，ds只代表路径误差并不能代表位置误差，我们引入定位几何精度因子 GDOP（Geometric Dilution of Precision）来描述位置误差。在二维情况下 GDOP 是二维定位误差的方差和的平方根，表示如下：

$$\mathrm{GDOP}=\sqrt{\sigma_x^2+\sigma_y^2}=\sqrt{\mathrm{d}x^2+\mathrm{d}y^2} \tag{7-8}$$

我们通过声传播的几何关系建立方程对定位误差进行分析。假设声速为常数c，声线沿直线传播。以水听器阵列为y轴，以海平面为x轴建立坐标系，如图 7-3（a）所示。我们可以得到方程（7-9）。由于该定位方法利用的是声传播时延差，其本质与方程所示的时延差是相似的，所以我们可以从分析该种情况着手。

$$t_1=\frac{\sqrt{(x-x_1)^2+(y-y_1)^2}-\sqrt{(x-x_1)^2+(y+y_1)^2}}{c} \tag{7-9}$$

然而，实际声速并不是常数，因此声线的传播并不会沿着直线。实际声速剖面下的声线传播类似图 7-3（b）所示。仿真的 MTD 量级分布如图 7-2（b）所示。相同接收器深度下的t_1分布如图 7-3（c）所示。可以发现，t_1和 MTD 的量级和趋势非常接近。因此，我们用方程（7-9）来近似实际情况研究定位误差是可以接受的。

对方程（7-9）进行微分可得

$$\begin{aligned}c\mathrm{d}t_1=&\left\{\left[x^2+(y-y_1)^2\right]^{-\frac{1}{2}}-\left[x^2+(y+y_1)^2\right]^{-\frac{1}{2}}\right\}x\mathrm{d}x+\\&\left\{\left[x^2+(y-y_1)^2\right]^{-\frac{1}{2}}(y-y_1)-\left[x^2+(y+y_1)^2\right]^{-\frac{1}{2}}(y+y_1)\right\}\mathrm{d}y\end{aligned} \tag{7-10}$$

令

$$J_1=\left\{\left[x^2+(y-y_1)^2\right]^{-\frac{1}{2}}-\left[x^2+(y+y_1)^2\right]^{-\frac{1}{2}}\right\}x \tag{7-11}$$

$$K_1=\left[x^2+(y-y_1)^2\right]^{-\frac{1}{2}}(y-y_1)-\left[x^2+(y+y_1)^2\right]^{-\frac{1}{2}}(y+y_1) \tag{7-12}$$

可得

$$cd_{\mathrm{MTD}}\approx c\mathrm{d}t_1=J_1\mathrm{d}x+K_1\mathrm{d}y \tag{7-13}$$

对于k个水听器，方程组如下：

$$c\mathrm{d}M\approx L\mathrm{d}X \tag{7-14}$$

其中，$\mathrm{d}M=\begin{bmatrix}d_{\mathrm{MTD1}}\\d_{\mathrm{MTD2}}\\\vdots\\d_{\mathrm{MTD}k}\end{bmatrix}$，$\boldsymbol{L}=\begin{bmatrix}J_1K_1\\J_2K_2\\\vdots\\J_kK_k\end{bmatrix}$，$\mathrm{d}X=\begin{bmatrix}\mathrm{d}x\\\mathrm{d}y\end{bmatrix}$。因此，GDOP 可表示为

$$\mathrm{GDOP}=\sqrt{\mathrm{d}X^{\mathrm{T}}\mathrm{d}X}=\sqrt{c^2\left(\boldsymbol{L}^{-1}\mathrm{d}M\right)^{\mathrm{T}}\left(\boldsymbol{L}^{-1}\mathrm{d}M\right)} \tag{7-15}$$

其中，$(\bullet)^{\mathrm{T}}$ 表示转置。

假设两个水听器的深度分别为 4173m 和 4230.6m，声速为 1500m/s，$d_{\mathrm{MTD}}=0.0001\mathrm{s}$（假设的实测误差约为 MTD 的 1%～10%），可得仿真结果，如图 7-3（d）所示。

从图 7-3（d）可以发现，当水听器置于海底附近时，定位误差在 20km 内非常小（小于 9m）。在相同的 MTD 误差下，GDOP 随着接收距离增大而增大，这与图 7-2（b）所示 MTD 量级随着接收距离增大而减小是吻合的。MTD 量级在远距离上会更小。因此，同样的 MTD 误差（d_{MTD}）在远距离上会产生更大的定位误差。

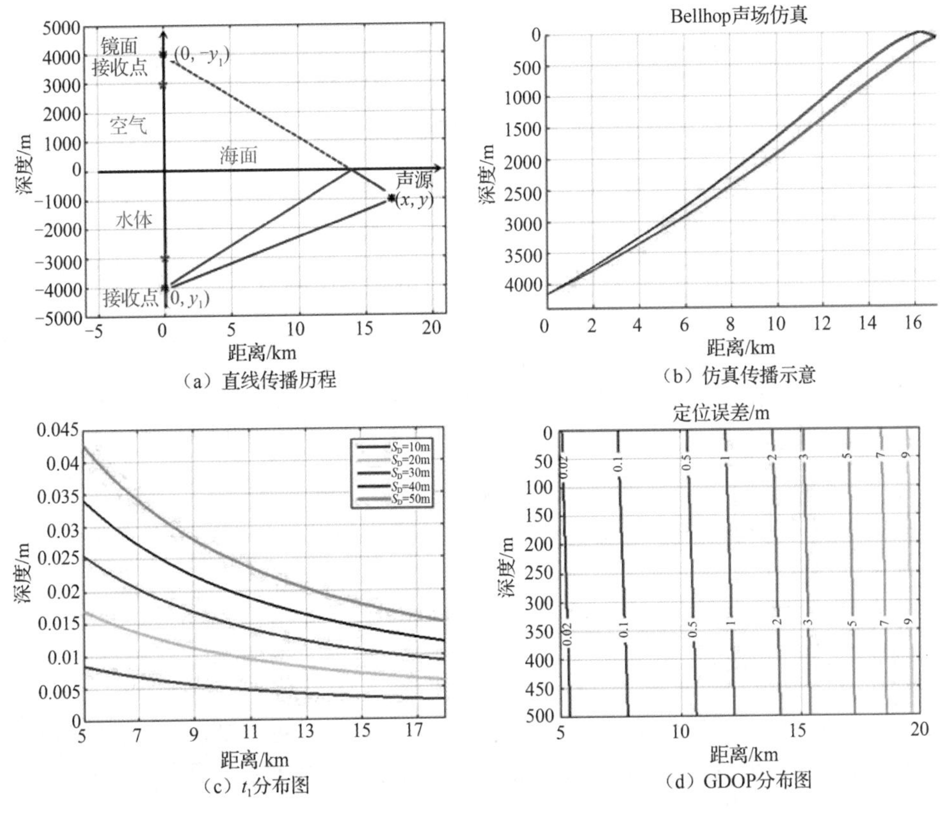

（a）直线传播历程　（b）仿真传播示意

（c）t_1分布图　（d）GDOP分布图

图 7-3　误差分析

7.2.3　实验数据验证

我们通过一组海上实验数据对本定位方法进行验证，接收器阵列为 16 元直线阵列，这里定义从上到下阵元号为 1～16，选取 4 号、16 号两个阵元接收信号，如图 7-4（a）所示（信号来自 16.8km 外的 50m 深爆炸声源），MTD 分别为 0.00696s 和 0.0076s，对声场空间进行扫描匹配（深度范围为 5～500m，距离范围为 5～20km），得到定位结果如图 7-4（b）

所示，定位目标位置距离为16.7km，深度为50m，与目标真实位置非常接近。

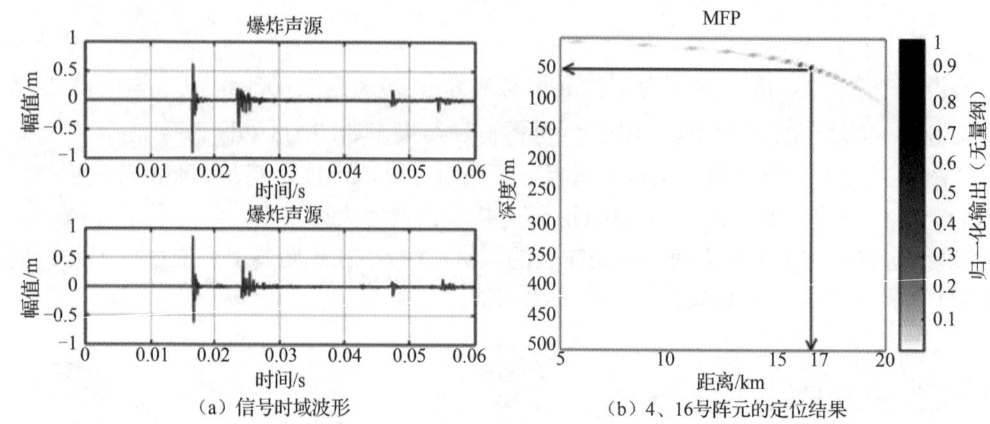

（a）信号时域波形　　（b）4、16号阵元的定位结果

图 7-4　实验数据验证

我们在定位中也尝试用更多水听器来实现定位。例如，使用水听器{4,8,12,16}和水听器{4,7,10,13,16}。结果显示，当所选取的水听器在阵型上有足够大的孔径后，水听器数量的增多对定位效果没有太大的影响。本着简单经济的原则，选择两个水听器是比较合理的。当然，单水听器的情况下不能得到较满意的定位结果。

我们对需要实现精确定位的两个阵元间距，即此两个水听器阵列的孔径，进行了分析。4号和16号阵元组成的两个水听器阵列孔径已经很大，保持16号阵元不变，分别用8号、10号、12号、14号与16号阵元组成两个水听器阵列进行定位，其结果见表7-1。

表 7-1　不同水听器组的定位结果

组序号	①	②	③	④	⑤
水听器号	4,16	8,16	10,16	12,16	14,16
阵元间距	57.6m	38.4m	28.8m	19.2m	9.6m
定位（深度，距离）	50m,16.7km	50m,16.7km	50m,16.7km	50m,16.7km	45m,16.2km

定位结果显示，当阵列孔径减小到9.6m的时候，出现了定位错误。由实验结果可见，有效的阵列孔径可以小至19.2m，这在工程应用中已经是非常小的量级了。

7.3　双水听器互相关函数匹配定位方法

7.3.1　基于互相关函数匹配的被动定位方法

在平面波假设条件下，声波从介质1以入射角θ入射到介质2中，由声压在分界面的连续性以及法向振速在分界面的连续性可以得到反射系数V和透射系数W的关系。

$$V = \frac{m\cos\theta - \sqrt{n^2 - \sin^2\theta}}{m\cos\theta + \sqrt{n^2 - \sin^2\theta}} \tag{7-16}$$

$$W = \frac{2m\cos\theta}{m\cos\theta + \sqrt{n^2 - \sin^2\theta}} \tag{7-17}$$

$$V + 1 = W \tag{7-18}$$

式中，$m = \rho_2/\rho_1$ 为介质密度比，$n = c_1/c_2$ 为介质折射率。当声波由水中入射到水气分界面时，透射系数 $W \approx 0$，因此，反射系数 $V \approx -1$。

在可靠声路径作用范围内，放在临界深度以下的接收器接收到的声信号主要由直达波分量和海面反射波分量组成，因此来波在时域有很强的稀疏性。由于海面反射系数的符号为负，两个不同深度上接收到的声信号的互相关函数会出现特定的符号结构，把此结构作为先验信息，可以提高深海被动定位的性能。

深海双阵元定位场景如图 7-5 所示，一个双阵元的水听器接收系统布放在深度大于临界深度的位置，阵元深度分别为 z_1, z_2（$z_1 < z_2$），近海面目标声源深度为 z_s，与水听器的水平距离为 r。假设目标辐射的信号为 $s(n)$，这里，$s(n)$ 是连续信号 $s(t)$ 对应的离散采样序列，那么接收到的信号可以表示为

$$x_p(n) = h_p(r, z_s) \otimes s(n) + e_p(n), \tag{7-19}$$

式中，$p \in \{1,2\}$ 表示特定水听器的下标，$h_p(r,z_s) = \sum_i g_{p,i}(r,z_s)\delta\left[n - n_{p,i}(r,z_s)\right]$ 是声源与第 p 个水听器之间的传递函数，$g_{p,i}(r,z_s)$ 和 $n_{p,i}(r,z_s)$ 是第 p 个水听器对应的第 i 条特征声线的幅度与时延。$\delta(n)$ 是单位采样函数，$e(n)$ 是加性噪声。

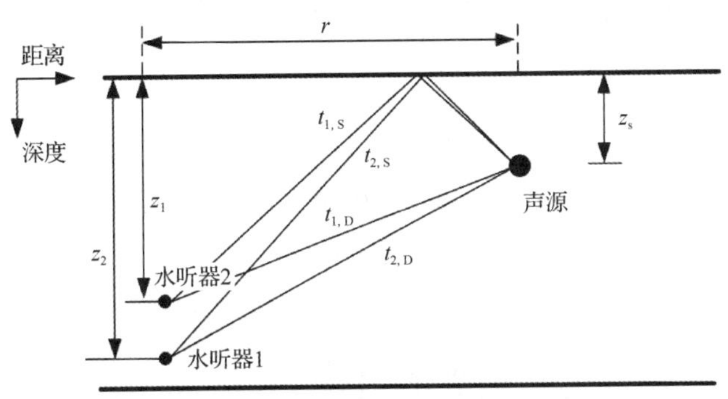

图 7-5　深海双阵元定位场景

在实际的海洋环境中，水声信号在幅度上的起伏要大于到达时间上的起伏，通过来波信号的到达时延来进行定位比通过来波幅度进行定位要稳健。通过求解程函方程可以得到：

在声线坐标系下，声传播时间为 $\tau = \int_0^s \frac{1}{c(s')}\mathrm{d}s'$，$s$ 是声线线元。在水平分层介质中，通过斯奈尔定理可以得到给定声波初始深度 z_1、初始掠射角 χ_{z_1}、观察点深度 z，声波的传

播时间 $\tau=\dfrac{1}{c(z_1)}\left|\int_{z_1}^{z} n^2(z)\left[n(z)-\cos^2\chi_{z_1}\right]^{-1/2}\mathrm{d}z\right|$，式中，$n(z)=c(z_1)/c(z)$。

假设信号与噪声互不相关，则两个水听器所接收信号的互相关函数可以表示为

$$\begin{aligned}R(m)&=\frac{1}{N}\sum_{n=1}^{N}x_1(n)x_2(n-m)\\&=\sum_{i,j}g_{1,i}g_{2,j}R_{ss}(n_{1,i}-n_{2,j}-m)+R_1(m)\end{aligned}\tag{7-20}$$

式中，$R_{ss}(m)=\dfrac{1}{N}\sum_{n=1}^{N}s(n)s(n-m)$，$R_1(m)=\dfrac{1}{N}\sum_{n=1}^{N}e_1(n)e_2(n-m)$。假设噪声信号遵循独立同分布，则 $R_1(m)\approx 0$。在声源辐射的信号带宽较大的情况下，两个阵元所接收信号的互相关函数将在 $n_{1,i}-n_{2,j}$ 处出现峰值。在可靠声路径情况下，来波信号中直达波和一次海面反射波占主导地位，式（7-20）可以近似地表达为

$$\begin{aligned}R(m)\approx\ &g_{1,\mathrm{D}}g_{2,\mathrm{D}}R_{ss}(n_{1,\mathrm{D}}-n_{2,\mathrm{D}}-m)+g_{1,\mathrm{D}}g_{2,\mathrm{S}}R_{ss}(n_{1,\mathrm{D}}-n_{2,\mathrm{S}}-m)+\\&g_{1,\mathrm{S}}g_{2,\mathrm{D}}R_{ss}(n_{1,\mathrm{S}}-n_{2,\mathrm{D}}-m)+g_{1,\mathrm{S}}g_{2,\mathrm{S}}R_{ss}(n_{1,\mathrm{S}}-n_{2,\mathrm{S}}-m)\end{aligned}\tag{7-21}$$

式中，下标 D 和 S 分别表示直达波路径和海面反射波路径。从式（7-21）中可以看出，深海环境下所接收信号的互相关函数将有 4 个明显的峰值结构。令 P_A 和 P_D 分别代表 $R(m)$ 中出现在 $n_{1,\mathrm{D}}-n_{2,\mathrm{S}}$ 和 $n_{1,\mathrm{S}}-n_{2,\mathrm{D}}$ 处的峰值，P_B 和 P_C 分别代表余下的两个峰值。由于海面反射系数 $V\approx -1$，式（7-21）中第 1 项与第 4 项的符号为正，第 2 项与第 3 项的符号为负。图 7-6 代表了式（7-21）的 4 个峰值 P_A、P_B、P_C 和 P_D。图 7-6 中的 $t_{1,\mathrm{D}},t_{1,\mathrm{S}},t_{2,\mathrm{D}},t_{2,\mathrm{S}}$ 分别代表采样点 $n_{1,\mathrm{D}},n_{1,\mathrm{S}},n_{2,\mathrm{D}},n_{2,\mathrm{S}}$ 对应的来波到达时间。位于较浅处水听器的直达波最先到达，位于较深处水听器的海面反射波最后到达，因此，$t_{1,\mathrm{D}}<t_{1,\mathrm{S}},t_{2,\mathrm{D}}<t_{2,\mathrm{S}}$。由于 $t_{1,\mathrm{D}}<t_{1,\mathrm{S}}$ 以及 $t_{2,\mathrm{D}}<t_{2,\mathrm{S}}$，可以得到

$$t_{1,\mathrm{S}}-t_{2,\mathrm{S}}=(t_{1,\mathrm{S}}-t_{2,\mathrm{D}})+(t_{2,\mathrm{D}}-t_{2,\mathrm{S}})<t_{1,\mathrm{S}}-t_{2,\mathrm{D}}\tag{7-22}$$

$$t_{1,\mathrm{D}}-t_{2,\mathrm{D}}=(t_{1,\mathrm{D}}-t_{1,\mathrm{S}})+(t_{1,\mathrm{S}}-t_{2,\mathrm{D}})<t_{1,\mathrm{S}}-t_{2,\mathrm{D}}\tag{7-23}$$

因此，P_A 峰值在 $R(m)$ 的最左端，P_D 峰值在 $R(m)$ 的最右端。P_B 峰值和 P_C 峰值位于 P_A 和 P_D 的中间，具体的先后顺序受声源深度以及水听器垂直距离的影响。

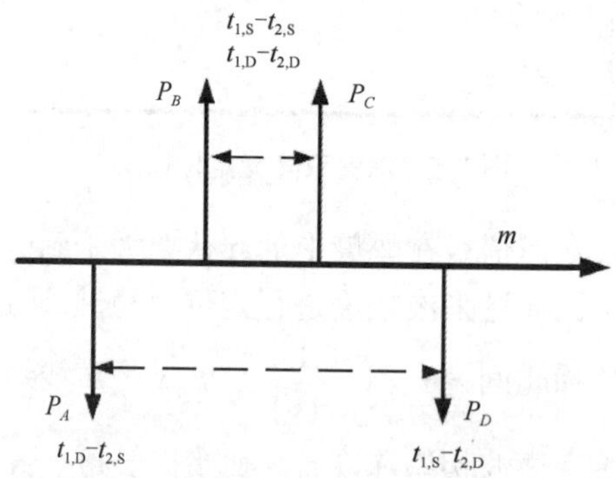

图 7-6　深海接收信号的互相关函数峰值结构

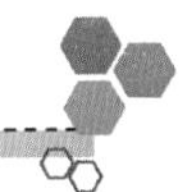

本章提出一种互相关函数匹配被动定位方法，其目标定位函数 $f(r,z_s)$ 为

$$f(r,z_s)=\max_m\left|\frac{1}{N}\sum_{n=1}^{N}\boldsymbol{w}(n,r,z_s)R(n-m)\right| \tag{7-24}$$

式中，$\boldsymbol{w}(n,r,z_s)$ 代表假设声源在 (r,z_s) 处的两个水听器的拷贝互相关向量，可以通过海洋声场模型计算得到。图 7-7 显示了使用互相关匹配方法进行被动定位的仿真结果，声源深度 $z_s=300$ m，距离 $r=15$ km，$z_1=4610$ m，$z_2=4910$ m，仿真环境为 Munk 声速剖面，海水深度为 5400 m。声源信号为 50～500Hz 的宽带信号，信噪比为 10dB。接收信号采样率为 10kHz。图 7-7 中红色方框内的红点代表使用此方法得到的目标位置估计结果。定位模糊面中有两条明显的特征旁瓣条纹（分别用曲线 C_1 和 C_2 表示），特征旁瓣条纹的出现与互相关函数的峰值结构有关。

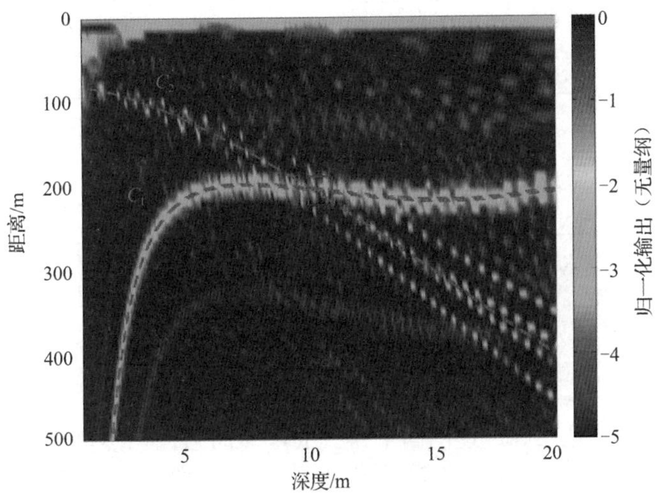

图 7-7　使用互相关匹配方法进行被动定位的仿真结果（相对最大值点归一化，色标单位为 dB）

当环境参数和两个水听器的位置确定时，到达时间是距离 r 和声源深度 z_s 的函数。到达时间的方程在距离-深度平面代表了不同的曲线，特征旁瓣条纹可以用如下曲线表示，即

$$C_1:(t_{1,\mathrm{D}}-t_{1,\mathrm{S}})-(t_{2,\mathrm{D}}-t_{2,\mathrm{S}})=(t_{1,\mathrm{D}}^0-t_{1,\mathrm{S}}^0)-(t_{2,\mathrm{D}}^0-t_{2,\mathrm{S}}^0) \tag{7-25}$$

$$C_2:(t_{1,\mathrm{D}}-t_{1,\mathrm{S}})+(t_{2,\mathrm{D}}-t_{2,\mathrm{S}})=(t_{1,\mathrm{D}}^1-t_{1,\mathrm{S}}^0)+(t_{2,\mathrm{D}}^0-t_{2,\mathrm{S}}^0) \tag{7-26}$$

式中，$t_{1,\mathrm{D}}^0,t_{1,\mathrm{S}}^0,t_{2,\mathrm{D}}^0,t_{2,\mathrm{S}}^0$ 分别是扫描位置为真实位置 (r_0,z_{s0}) 时得到的 4 个到达时间。使用恒定声速剖面来简化推导过程。根据虚源理论[58]，则有

$$t_{p,\mathrm{D}}=\sqrt{r^2+(z_p-z_s)^2}\,/\,c$$

$$t_{p,\mathrm{S}}=\sqrt{r^2+(z_p+z_s)^2}\,/\,c$$

$$t_{p,\mathrm{D}}^0=\sqrt{r_0^{\,2}+(z_p-z_{s0})^2}\,/\,c$$

$$t_{p,\mathrm{S}}^0=\sqrt{r_0^{\,2}+(z_p+z_{s0})^2}\,/\,c$$

式中，$p \in \{1,2\}$，c 是水中的声速。令 $g_1(r,z_s)=(t_{1,D}-t_{1,S})-(t_{2,D}-t_{2,S})$，$g_2(r,z_s)=(t_{1,D}-t_{1,S})+(t_{2,D}-t_{2,S})$，通常情况下，实际目标声源的深度与深海水听器的深度相比很小，因此，可以将 g_1 和 g_2 在深度 $z_s=0$ 处的二阶泰勒级数展开而得到以下公式。

$$g_1(r,z_s) \approx \frac{1}{c}\left(-\frac{2z_1}{\sqrt{r^2+z_1^2}}+\frac{2z_2}{\sqrt{r^2+z_2^2}}\right)z_s \tag{7-27}$$

$$g_2(r,z_s) \approx \frac{1}{c}\left(-\frac{2z_1}{\sqrt{r^2+z_1^2}}-\frac{2z_2}{\sqrt{r^2+z_2^2}}\right)z_s \tag{7-28}$$

因此，式（7-25）和式（7-26）可以分别用式（7-29）和式（7-30）表示。

$$z_s = c\cdot\frac{z_{s0}(-z_1\sqrt{r_0^2+z_2^2}+z_2\sqrt{r_0^2+z_1^2})}{\sqrt{r_0^2+z_2^2}\sqrt{r_0^2+z_1^2}}\cdot\frac{\sqrt{r^2+z_1^2}\sqrt{r^2+z_2^2}}{-z_1\sqrt{r^2+z_2^2}+z_2\sqrt{r^2+z_1^2}} \tag{7-29}$$

$$z_s = c\cdot\frac{z_{s0}(z_1\sqrt{r_0^2+z_2^2}+z_2\sqrt{r_0^2+z_1^2})}{\sqrt{r_0^2+z_2^2}\sqrt{r_0^2+z_1^2}}\cdot\frac{\sqrt{r^2+z_1^2}\sqrt{r^2+z_2^2}}{z_1\sqrt{r^2+z_2^2}+z_2\sqrt{r^2+z_1^2}} \tag{7-30}$$

令式（7-29）等于式（7-30），可得

$$\frac{z_2\sqrt{r_0^2+z_1^2}-z_1\sqrt{r_0^2+z_2^2}}{z_2\sqrt{r^2+z_1^2}-z_1\sqrt{r_2^2+z_2^2}}=\frac{z_2\sqrt{r_0^2+z_1^2}+z_1\sqrt{r_0^2+z_2^2}}{z_2\sqrt{r^2+z_1^2}+z_1\sqrt{r_2^2+z_2^2}} \tag{7-31}$$

化简之后，可得

$$r^2=r_0^2 \tag{7-32}$$

将式（7-32）代入式（7-25）或式（7-26），可得 $r=r_0$，$z_s=z_{s0}$。

尽管上述推导结果是在等声速剖面下得到的，然而它们仍然可以解释特征曲线的产生机理。设 d_{AD} 和 d_{BC} 分别表示 $R(m)$ 曲线上 P_A 峰值与 P_D 峰值的距离以及 P_B 峰值与 P_C 峰值的距离。当扫描位置对应的 d_{AD} 与真实信号互相关函数中 P_A 峰值与 P_D 峰值距离相等时，对拷贝互相关函数与实测互相关函数再进行互相关，就会出现条纹 C_2；同理，d_{BC} 与实测互相关函数中 P_B 峰值与 P_C 峰值距离相等时，会出现条纹 C_1。因此，条纹 C_1 是一条 P_A-P_D 峰值距离等高线，条纹 C_2 是一条 P_B-P_C 峰值距离等高线。C_1 和 C_2 的交点可以用来指示声源位置。仿真参数和条件相同的情况下，使用式（7-25）和式（7-26）产生的特征旁瓣条纹 C_1 和 C_2（图 7-7 中的粉红色曲线）与图 7-7 中的两条特征旁瓣条纹完全重合，交点位于真实声源位置处（以下皆用 C_1 和 C_2 来代表两条特征旁瓣条纹）。

7.3.2 定位方法的模糊平面及性能分析

1. 可分辨条件

假设目标信号 $s(t)$ 为白噪声 $s_0(t)$ 通过理想低通滤波器产生的信号，B_L 为低通滤波器的截止频率。令 $s(t)$ 的傅里叶变换为 $S(f)$，$s_0(t)$ 的傅里叶变换为 $S_0(f)$。若两个阵元接收到

的信号分别为 $x_1(t)=s(t-\tau_1)$ 和 $x_2(t)=s(t-\tau_2)$，则可将接收信号的互相关函数 $R(\tau)=\int_{-\infty}^{+\infty}x_1(t)x_2(t+\tau)\,\mathrm{d}t$ 转换到频域：

$$\begin{aligned}
R(\tau)&=\int_{t=-\infty}^{+\infty}x_1(t)\int_{f=-B_\mathrm{L}}^{B_\mathrm{L}}X_2(f)\mathrm{e}^{\mathrm{j}2\pi f\tau}\mathrm{e}^{\mathrm{j}2\pi ft}\mathrm{d}f\mathrm{d}t\\
&=\int_{f=-B_\mathrm{L}}^{B_\mathrm{L}}S(f)\mathrm{e}^{\mathrm{j}2\pi f(-\tau_2+\tau)}\int_{t=-\infty}^{+\infty}s(t-\tau_1)\mathrm{e}^{\mathrm{j}2\pi ft}\mathrm{d}t\mathrm{d}f\\
&=\int_{f=-\infty}^{+\infty}S_0(f)\mathrm{rect}\left(\frac{f}{2B_\mathrm{L}}\right)\mathrm{e}^{\mathrm{j}2\pi f(-\tau_2+\tau)}S_0^*(f)\mathrm{e}^{\mathrm{j}2\pi f\tau_1}\mathrm{d}f\\
&=\int_{f=-\infty}^{+\infty}S_0(f)S_0^*(f)\mathrm{e}^{\mathrm{j}2\pi f(\tau_1-\tau_2)}\mathrm{e}^{\mathrm{j}2\pi f\tau}\mathrm{rect}\left(\frac{f}{2B_\mathrm{L}}\right)\mathrm{d}f\\
&=\int_{f=-\infty}^{+\infty}\left|S_0(f)\right|^2\mathrm{e}^{\mathrm{j}2\pi f\Delta\tau}\mathrm{rect}\left(\frac{f}{2B_\mathrm{L}}\right)\mathrm{e}^{\mathrm{j}2\pi f\tau}\mathrm{d}f\\
&=R_{S_0S_0}(\tau+\Delta\tau)\otimes\int_{f=-\infty}^{+\infty}\mathrm{rect}\left(\frac{f}{2B_\mathrm{L}}\right)\mathrm{e}^{\mathrm{j}2\pi f\tau}\mathrm{d}f\\
&=R_{S_0S_0}(\tau+\Delta\tau)\otimes2B_\mathrm{L}\mathrm{sinc}(2B_\mathrm{L}\tau)
\end{aligned}\tag{7-33}$$

式中，$\Delta\tau=\tau_1-\tau_2$，$R_{S_0S_0}(\tau)$ 为 $s_0(t)$ 的自相关函数，$\mathrm{sinc}(x)=\dfrac{\sin\pi x}{\pi x}$ 为归一化的 sinc 函数。

$$\mathrm{rect}(f)=\begin{cases}0, & |f|>\dfrac{1}{2}\\ \dfrac{1}{2}, & |f|=\dfrac{1}{2}\\ 1, & |f|<\dfrac{1}{2}\end{cases}\tag{7-34}$$

式（7-34）是矩形函数。从式（7-33）可以看出，$x_1(t)$ 与 $x_2(t)$ 的互相关函数是 $s_0(t)$ 自相关函数的延迟与 sinc 函数的卷积。因此，与图 7-6 中理想的互相关函数峰值结构相比，实际上两个阵元接收到带限信号的互相关函数的峰值展宽，并将引起后续匹配定位的模糊。

为了简化分析过程，假设 $R_{S_0S_0}(\tau)=\delta(\tau)$，那么 $R(\tau)$ 的形状将完全由 $h(\tau)=2B_\mathrm{L}\mathrm{sinc}(2B_\mathrm{L}\tau)$ 决定。由 sinc 函数的性质可知，$h(\tau)$ 的主瓣宽度为 $1/(2B_L)$。假设互相关函数 $R(\tau)$ 主要的 4 个峰值为 P_A、P_B、P_C 和 P_D，参考图 7-6，设峰值 P_B 与峰值 P_C 的时间差为 $d_{BC}=\left|\tau(P_B)-\tau(P_C)\right|$，令 $d_c=1/B_\mathrm{L}$，则互相关函数匹配算法的可分辨条件为

$$d_{BC}>d_c\tag{7-35}$$

使用图 7-8 来说明互相关函数匹配算法的可分辨条件。图 7-8 中的红线代表拷贝互相关函数的 4 个理论峰值，蓝线代表所接收信号的互相关函数。图 7-8 中互相关函数的主瓣宽度为 0.1s。图 7-8（a）表示的是 $d_{BC}>d_c$ 的情况，此时，式（7-24）将具有唯一的最大值，匹配定位不会出现栅瓣。图 7-8（b）表示的是 $d_{BC}=d_c$ 的情况，此时的时间差为临界时间差。图 7-8（c）和图 7-8（d）分别表示的是 $d_{BC}<d_c$ 的两种情况：实际互相关函数不

变，4 个峰值的时间分别为-1.5 s，-0.7 s，0.7 s，1.5 s，4 个峰值幅度分别为 1，0.8，0.8，1；图 7-8（c）中拷贝互相关函数的幅度均为 1，峰值时间与实际互相关函数的峰值时间相同，此时，式（7-24）得到的目标函数值为 3.6；图 7-8（d）中拷贝互相关的峰值时间分别为-1.528 s，-1.478 s，0.7 s，1.5s，幅度均为 1，实测互相关函数在-1.528 s 和-1.478 s 处的幅度均为 0.9，此时，由式（7-24）得到的目标函数值也为 3.6。由于实际互相关函数 P_B 峰和 P_C 峰之间距离小于时域 sinc 窗函数的两倍主瓣宽度，拷贝互相关函数不仅在真实峰值处有最大值，还在 d_{BC} 较大的峰值位置处也具有相同的最大值，因而使匹配定位出现混叠。

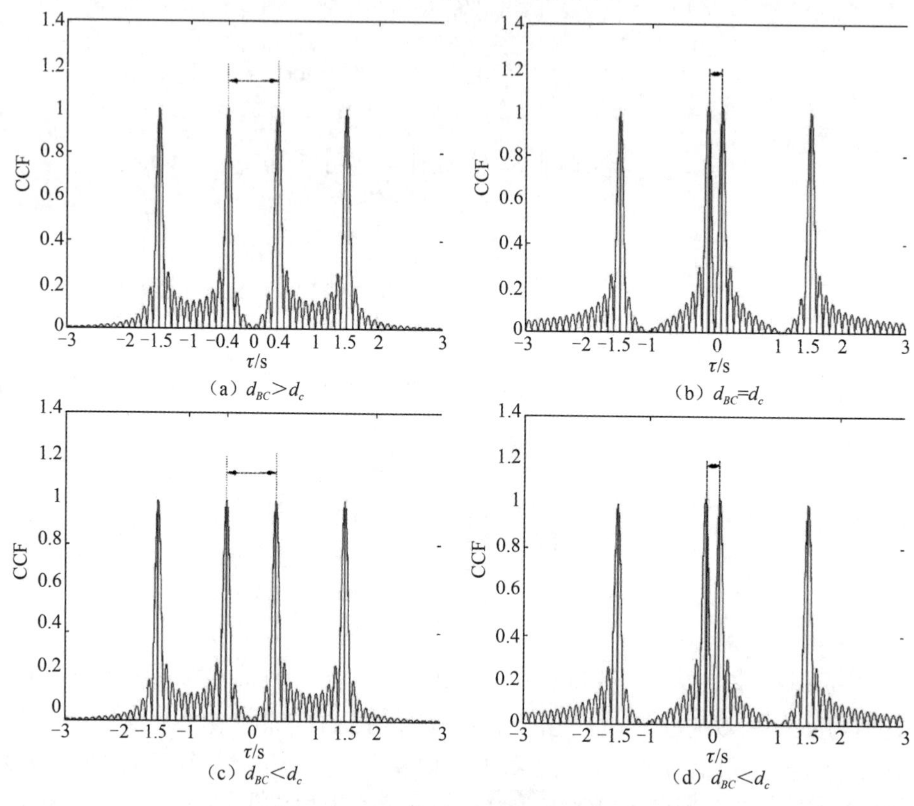

图 7-8　互相关函数匹配算法的可分辨条件

当声源距离和两个水听器的距离固定时，由前面的分析可知，较大的 d_{BC} 对应了较大的声源深度，这使得栅瓣在深度上的跨度很大。此时，互相关函数的匹配定位失效。令 $\Delta z = z_2 - z_1$，根据式（7-27），当 r 较大时，

$$\overline{d}_{BC}(r, z_s) \approx \frac{1}{c}\frac{2\Delta z}{\sqrt{r + z_1^2}} z_s \tag{7-36}$$

假设 $z_s = 200\,\text{m}$，$z_1 = 4220\,\text{m}$，$z_2 = 4320\,\text{m}$，采样率为 25kHz，在恒定声速剖面下（c=1450m/s）$\overline{d}_{BC} - d_{BC}$ 随距离的变化如图 7-9 所示。当声源距离超过 15km 时，$\overline{d}_{BC}$ 与 d_{BC} 的差异将小于 3.4 个采样点。因此，当声源距离较远时，可以使用 $\overline{d}_{BC}$ 代替 d_{BC} 来进行分析。

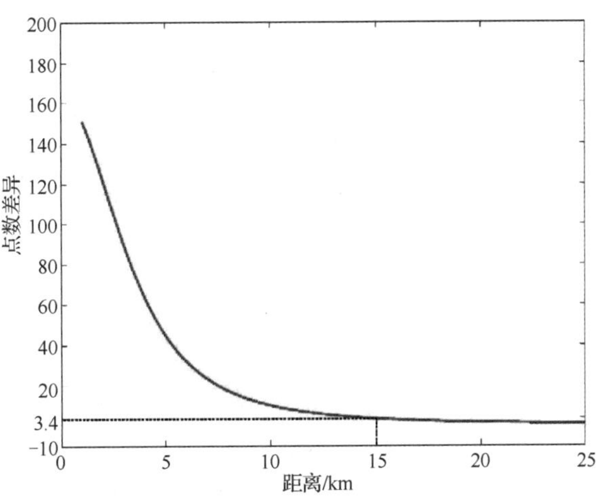

图 7-9　$\overline{d}_{BC}-d_{BC}$ 随距离的变化

从式（7-36）可以看出，当声源深度 z_s 一定时，$\overline{d}_{BC}$ 与 Δz 成正比；当信号带宽太窄时，为了使 $d_{BC}>d_c$，须增大水听器的距离 Δz 。

由式（7-35）可知，互相关匹配定位对信号带宽的要求为

$$\frac{1}{B_{\mathrm{L}}}<\frac{1}{c}\left(-\frac{2z_1}{\sqrt{r^2+z_1^{\ 2}}}+\frac{2z_2}{\sqrt{r^2+z_2^{\ 2}}}\right)z_{\mathrm{s}} \tag{7-37}$$

当 r 较大时，要求简化为

$$\overline{B}_{\mathrm{L}}>\frac{c\sqrt{r+z_1^{\ 2}}}{2z_{\mathrm{s}}\Delta z} \tag{7-38}$$

图 7-10 显示了使用式（7-38）计算等声速剖面下互相关匹配定位所需要的最小信号带宽。

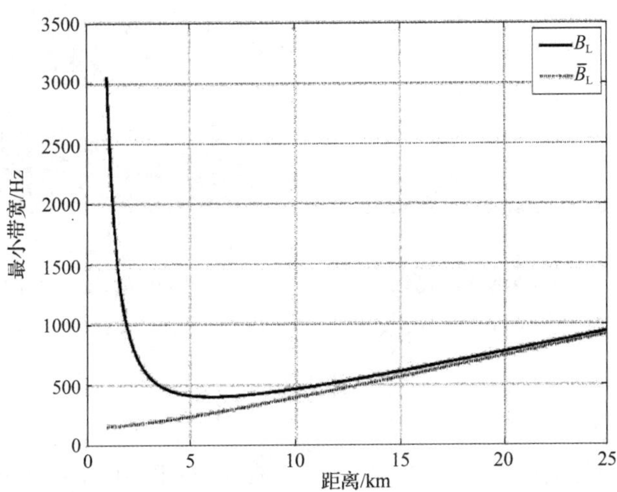

图 7-10　计算等声速剖面下互相关匹配定位所需要的最小信号带宽

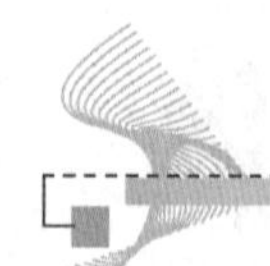

2. 匹配定位模糊带的主瓣宽度

匹配定位模糊带主要由所接收信号的互相关函数峰值 P_B 和 P_C 决定。若两个幅度相同，则时间点不同的拷贝峰值出现在所接收信号的互相关函数峰值主瓣半功率点范围内，利用式（7-24）将不能分辨。根据归一化 sinc 函数的性质，带宽为 B_L 的信号互相关函数峰值半功率点宽度为 $\dfrac{0.443}{2B_{\mathrm{L}}}$，因此，对峰值 P_B 和 P_C 进行匹配时，利用式（7-24）计算得到的模糊时间为

$$d_{\mathrm{amb}} = 4 \times \frac{0.443}{2B_{\mathrm{L}}} = \frac{0.886}{B_{\mathrm{L}}} \tag{7-39}$$

图 7-11（a）显示了互相关函数匹配定位模糊带的示意，所接收信号的互相关函数 P_B 峰与 P_C 峰的距离为 d_{BC}，在 d_1 到 d_2 之间的拷贝互相关函数的峰值距离对应的匹配能量将在峰值能量的−3dB 范围以内。式中，$d_1 = d_{BC} - 0.443 / B_{\mathrm{L}}$，$d_2 = d_{BC} + 0.443 / B_{\mathrm{L}}$。图 7-11（b）中的黑色等高线范围即使用式（7-39）计算得到的模糊带，仿真条件为 z_{s}=200m，z_1=5110，z_2=5200，信号为频率从 500Hz 到 2000Hz 的高斯噪声，采用 Munk 声速剖面，海深为 5400m。可以看出，式（7-39）正确地表示了互相关函数匹配定位模糊带的主瓣范围。在距离 r 和水听器深度 z_1 和 z_2 都给定时，使用带宽为 B_{L} 的信号进行互相关匹配定位的主瓣宽度 $\tilde{z}_{\mathrm{s}}$ 约为

$$\tilde{z}_{\mathrm{s}} \approx \frac{c}{-\dfrac{2z_1}{\sqrt{r^2 + z_1^{\,2}}} + \dfrac{2z_2}{\sqrt{r^2 + z_2^{\,2}}}} \cdot \frac{0.886}{B_{\mathrm{L}}} \tag{7-40}$$

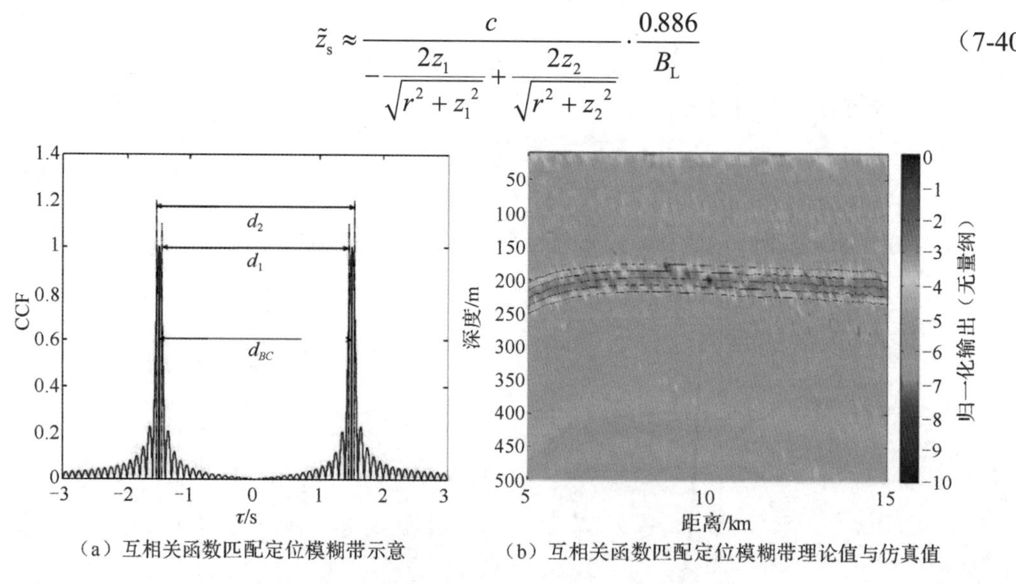

（a）互相关函数匹配定位模糊带示意　（b）互相关函数匹配定位模糊带理论值与仿真值

图 7-11　互相关函数匹配定位模糊带的主瓣宽度

3. 定位旁瓣分析

假设两个随机信号 $x(t)$ 和 $y(t)$ 的时长为 T，真实互相关函数为 $R_{xy}(\tau)$，$R_{xy}(\tau)$ 的估计值 $\hat{R}_{xy}(\tau)$ 按照式（7-41）计算：

$$\hat{R}_{xy}(\tau)=\frac{1}{T}\int_0^T x(t)y(t+\tau)\mathrm{d}t,\ 0\leqslant\tau\leqslant T \tag{7-41}$$

$\hat{R}_{xy}(\tau)$ 自身也是随机过程，其期望值为

$$E[\hat{R}_{xy}(\tau)]=\frac{1}{T}\int_0^T E[x(t)y(t+\tau)]\mathrm{d}t=R_{xy}(\tau) \tag{7-42}$$

因此，$\hat{R}_{xy}(\tau)$ 是 $R_{xy}(\tau)$ 的无偏估计值。$\hat{R}_{xy}(\tau)$ 的均值为 $R_{xy}(\tau)$，噪声分量互相关函数对互相关匹配定位的影响通过其方差来体现。$\hat{R}_{xy}(\tau)$ 的方差为

$$\begin{aligned}\mathrm{Var}[\hat{R}_{xy}(\tau)]&=E\left\{(\hat{R}_{xy}(\tau)-E[\hat{R}_{xy}(\tau)])^2\right\}\\&=E\left\{[\hat{R}_{xy}(\tau)-R_{xy}(\tau)]^2\right\}\\&=E[(\hat{R}_{xy}{}^2(\tau)]-R_{xy}(\tau)^2\\&=E[\frac{1}{T}\int_0^T x(u)y(u+\tau)\mathrm{d}u\cdot\frac{1}{T}\int_0^T x(r)y(r+\tau)\mathrm{d}r]-R_{xy}(\tau)^2\\&=\frac{1}{T^2}\int_0^T\int_0^T E[x(u)y(u+\tau)x(r)y(r+\tau)]\mathrm{d}u\mathrm{d}r-R_{xy}(\tau)^2\end{aligned} \tag{7-43}$$

假设 $x(t)$ 和 $y(t)$ 都为 0 均值的高斯过程，且相互独立，因此，$R_{xy}(\tau)=0$，

$$\begin{aligned}\mathrm{Var}[\hat{R}_{xy}(\tau)]&=\frac{1}{T^2}\int_0^T\int_0^T E[x(u)y(u+\tau)x(r)y(r+\tau)]\mathrm{d}u\mathrm{d}r\\&=\frac{1}{T^2}\int_0^T\int_0^T[R_{xy}^2(\tau)+R_{xx}(r-u)R_{yy}(r-u)+R_{xy}(r-u+\tau)R_{yx}(r-u-\tau)]\mathrm{d}u\mathrm{d}r\\&=\frac{1}{T}\int_{-T}^T\left(1-\frac{|\xi|}{T}\right)[R_{xx}(\xi)R_{yy}(\xi)+R_{xy}(\xi+\tau)R_{yx}(\xi-\tau)]\mathrm{d}\xi\end{aligned} \tag{7-44}$$

可以证明，当 $R_{xx}(\xi)R_{yy}(\xi)$ 和 $R_{xy}(\xi+\tau)R_{yx}(\xi-\tau))$ 绝对可积时，$\lim\limits_{T\to\infty}\mathrm{Var}[\hat{R}_{xy}(\tau)]=0$，因此 $\hat{R}_{xy}(\tau)$ 是 $R_{xy}(\tau)$ 一致的估计值。当 T 较大时[186,187]，

$$\mathrm{Var}[\hat{R}_{xy}(\tau)]\approx\frac{1}{T}\int_{-T}^T[R_{xx}(\xi)R_{yy}(\xi)+R_{xy}(\xi+\tau)R_{yx}(\xi-\tau)]\mathrm{d}\xi \tag{7-45}$$

在很多实际情况中，噪声分量 $x(t)$ 和 $y(t)$ 通常是带宽为 B 的带限高斯白噪声，当 $T\geqslant 10\tau$ 且 $BT\geqslant 5$ 时，

$$\mathrm{Var}[\hat{R}_{xy}(\tau)]\approx\frac{1}{2BT}[R_{xx}(0)R_{yy}(0)+R_{xy}^2(\tau)] \tag{7-46}$$

可知，$\hat{R}_{xy}(\tau)$ 随时间带宽乘积的增大而减小，随噪声平均功率乘积 $R_{xx}(0)R_{yy}(0)$ 的增大而增大。较大的方差会使互相关函数匹配定位模糊带的旁瓣增大，因此，在工程实际中为了减小噪声对估计互相关函数的影响，须增大信号时长 T。

定义所接收到的含噪声相干信号的互相关函数峰值为互相关函数域中的信号分量，非峰值部分为互相关函数域中的噪声分量。假设两个阵元接收信号分别为

$$y_1(t)=x_1(t)+n_1(t) \tag{7-47}$$

$$y_2(t)=x_2(t)+n_2(t) \tag{7-48}$$

式中，$x_1(t)=a_1[s(t-\tau_{1,\mathrm{D}})+\alpha_1 s(t-\tau_{1,\mathrm{S}})]$，$x_2(t)=a_2[s(t-\tau_{1,\mathrm{D}})+\alpha_2 s(t-\tau_{1,\mathrm{S}})]$，$s(t)$代表声源信号（假设为带限白噪声），$\alpha_1$和$\alpha_2$分别代表两个阵元位置处接收到信号中海面来波分量功率与直达波分量幅度的比值，a_1和a_2分别代表声源信号传播到阵元位置处的衰减系数（对应传播损失）。互相关函数的信噪比通常定义为[188]

$$\begin{aligned}\mathrm{SNR_{c0}}&=\frac{E[\hat{R}_{y_1y_2}(\tau)]}{\sqrt{\mathrm{Var}[\hat{R}_{y_1y_2}(\tau)]}}\\&=\frac{R_{y_1y_2}(\tau)}{\sqrt{\mathrm{Var}[\hat{R}_{y_1y_2}(\tau)]}}\end{aligned} \tag{7-49}$$

根据 Bartlett 理论[189]，白噪声信号的互相关函数的估计值也服从高斯分布。对服从$N(\mu,\sigma^2)$分布的随机变量X，X的99.73%置信区间为$P(\mu-3\sigma\leqslant X\leqslant\mu+3\sigma)=99.73\%$。令$\tau_{\mathrm{DD}}=\tau_{2,\mathrm{D}}-\tau_{1,\mathrm{D}}$，$\tau_{\mathrm{SD}}=\tau_{2,\mathrm{S}}-\tau_{1,\mathrm{D}}$，$\tau_{\mathrm{DS}}=\tau_{2,\mathrm{D}}-\tau_{1,\mathrm{S}}$，$\tau_{\mathrm{SS}}=\tau_{2,\mathrm{S}}-\tau_{1,\mathrm{S}}$，当水听器位于深海时，4个峰值结构中绝对值最小的为两个海面反射路径信号之间的互相关函数峰值。因此，在互相关匹配中，定义如下具有99.73%置信区间的互相关函数信噪比：

$$\mathrm{SNR_c}=\frac{R_{y_1y_2}(\tau_{\mathrm{SS}})-3\sqrt{\mathrm{Var}[\hat{R}_{y_1y_2}(\tau_{\mathrm{SS}})]}}{3\sqrt{\mathrm{Var}[\hat{R}_{y_1y_2}(\tau)]}}\quad(\tau\neq\tau_{\mathrm{DD}},\tau_{\mathrm{SD}},\tau_{\mathrm{DS}},\tau_{\mathrm{SS}}) \tag{7-50}$$

式中，τ为一个非峰值处的时延常量，由于峰值时刻通常非0，因此后续均采用$\tau=0$计算互相关函数信噪比。当$\mathrm{SNR_C}\leqslant 1$时，互相关函数中海面反射信号分量将被噪声分量所掩盖，匹配定位结果将不再正确。

令$R_{\mathrm{sig}}(\tau)=E\left[s(t)s(t+\tau)\right]$表示声源信号的互相关函数，$\tau_{\mathrm{SD1}}=\tau_{1,\mathrm{S}}-\tau_{1,\mathrm{D}}$，$\tau_{\mathrm{DS1}}=\tau_{1,\mathrm{D}}-\tau_{1,\mathrm{S}}$，$\tau_{\mathrm{SD2}}=\tau_{2,\mathrm{S}}-\tau_{2,\mathrm{D}}$，$\tau_{\mathrm{DS2}}=\tau_{2,\mathrm{D}}-\tau_{2,\mathrm{S}}$，则第一个阵元信号分量自相关函数为

$$\begin{aligned}R_{x_1x_1}(\tau)&=E\left[x_1(t)x_1(t+\tau)\right]\\&=a_1^2E\left\{\left[s(t-\tau_{1,\mathrm{D}})+\alpha_1 s(t-\tau_{1,\mathrm{S}})\right]\right\}\left[s(t-\tau_{1,\mathrm{D}}+\tau)+\alpha_1 s(t-\tau_{1,\mathrm{S}}+\tau)\right]\\&=a_1^2\left[R_{\mathrm{sig}}(\tau)+\alpha_1R_{\mathrm{sig}}(\tau-\tau_{\mathrm{SD1}})+\alpha_1R_{\mathrm{sig}}(\tau-\tau_{\mathrm{DS1}})+\alpha_1^2R_{\mathrm{sig}}(\tau)\right]\end{aligned} \tag{7-51}$$

同理，第二个阵元信号部分自相关函数为

$$R_{x_2x_2}(\tau)=a_2^2\left[R_{\mathrm{sig}}(\tau)+\alpha_2R_{\mathrm{sig}}(\tau-\tau_{\mathrm{SD2}})+\alpha_1R_{\mathrm{sig}}(\tau-\tau_{\mathrm{DS2}})+\alpha_1^2R_{\mathrm{sig}}(\tau)\right] \tag{7-52}$$

两个阵元信号分量的互相关函数可以表示为

$$R_{x_1x_2}(\tau)=a_1a_2\left[R_{\mathrm{sig}}(\tau-\tau_{\mathrm{DD}})+\alpha_2R_{\mathrm{sig}}(\tau-\tau_{\mathrm{SD}})+\alpha_1R_{\mathrm{sig}}(\tau-\tau_{\mathrm{DS}})+\alpha_1\alpha_2R_{\mathrm{sig}}(\tau-\tau_{\mathrm{SS}})\right] \tag{7-53}$$

由式（7-46），两个阵元信号部分互相关函数估计值的方差可以近似为

$$\mathrm{Var}\left[\hat{R}_{x_1x_2}(\tau)\right]\approx\frac{1}{2BT}\left[R_{x_1x_1}(0)R_{x_2x_2}(0)+R_{x_1x_2}^2(\tau)\right] \tag{7-54}$$

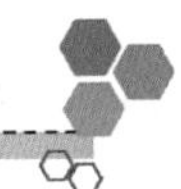

根据式（7-33），可得到带限白噪声不同时刻互相关函数的关系：

$$R_{\mathrm{sig}}\left(\tau-\tau'\right)=\frac{\mathrm{sinc}\left[2B_{\mathrm{L}}\left(\tau-\tau'\right)\right]}{\mathrm{sinc}(2B_{\mathrm{L}}\tau)}R_{\mathrm{sig}}\left(\tau\right) \tag{7-55}$$

根据式（7-55），可以计算 $R_{x_1x_1}\left(0\right)$：

$$\begin{aligned}R_{x_1x_1}\left(0\right)&=a_1^2\left\{R_{\mathrm{sig}}\left(0\right)+\alpha_1\mathrm{sinc}\left[2B_{\mathrm{L}}\left(\tau_{\mathrm{SD1}}\right)\right]R_{\mathrm{sig}}\left(0\right)+\alpha_1\mathrm{sinc}\left[2B_{\mathrm{L}}\left(\tau_{\mathrm{DS1}}\right)\right]R_{\mathrm{sig}}\left(0\right)+\alpha_1^2R_{\mathrm{sig}}\left(0\right)\right\}\\&=a_1^2R_{\mathrm{sig}}\left(0\right)f_{xa}\left(B_L,\tau_{\mathrm{SD1}},\alpha_1\right)\end{aligned} \tag{7-56}$$

式中，

$$f_{xa}\left(B_{\mathrm{L}},\tau_{\mathrm{SD1}},\alpha_1\right)=1+\alpha_1^2+2\alpha_1\mathrm{sinc}\left[2B_{\mathrm{L}}\left(\tau_{\mathrm{SD1}}\right)\right] \tag{7-57}$$

同理，$R_{x_2x_2}\left(0\right)$ 为

$$R_{x_2x_2}\left(0\right)=a_2^2R_{\mathrm{sig}}\left(0\right)f_{xa}\left(B_{\mathrm{L}},\tau_{\mathrm{SD2}},\alpha_2\right) \tag{7-58}$$

因此，式（7-54）可以表示为

$$R_{x_1x_2}\left(\tau\right)=a_1a_2R_{\mathrm{sig}}\left(\tau\right)f_{xc}\left(B_{\mathrm{L}},\tau,\tau_{\mathrm{DD}},\tau_{\mathrm{SD}},\tau_{\mathrm{DS}},\tau_{\mathrm{SS}}\right) \tag{7-59}$$

式中，

$$\begin{aligned}f_{xc}\left(B_{\mathrm{L}},\tau,\tau_{\mathrm{DD}},\tau_{\mathrm{SD}},\tau_{\mathrm{DS}},\tau_{\mathrm{SS}}\right)=&\frac{\mathrm{sinc}\left[2B_{\mathrm{L}}\left(\tau-\tau_{\mathrm{DD}}\right)\right]}{\mathrm{sinc}(2B_{\mathrm{L}}\tau)}+\alpha_2\frac{\mathrm{sinc}\left[2B_{\mathrm{L}}\left(\tau-\tau_{\mathrm{SD}}\right)\right]}{\mathrm{sinc}(2B_{\mathrm{L}}\tau)}+\\&\alpha_1\frac{\mathrm{sinc}\left[2B_{\mathrm{L}}\left(\tau-\tau_{\mathrm{DS}}\right)\right]}{\mathrm{sinc}(2B_{\mathrm{L}}\tau)}+\alpha_1\alpha_2\frac{\mathrm{sinc}\left[2B_{\mathrm{L}}\left(\tau-\tau_{\mathrm{SS}}\right)\right]}{\mathrm{sinc}(2B_{\mathrm{L}}\tau)}\end{aligned} \tag{7-60}$$

因此，由式（7-54）可得：

$$\begin{aligned}\mathrm{Var}\left[\hat{R}_{x_1x_2}\left(\tau\right)\right]\approx&\frac{1}{2BT}\left\{a_1^2a_2^2R_{\mathrm{sig}}^2\left(0\right)\left[f_{xa}\left(B_{\mathrm{L}},\tau_{\mathrm{SD1}}\right)\cdot f_{xa}\left(B_{\mathrm{L}},\tau_{\mathrm{SD2}}\right)\right]\right\}+\\&\frac{1}{2BT}\left[a_1^2a_2^2R_{\mathrm{sig}}^2\left(\tau\right)f_{xc}\left(B_{\mathrm{L}},\tau_{\mathrm{DD}},\tau_{\mathrm{SD}},\tau_{\mathrm{DS}},\tau_{\mathrm{SS}}\right)^2\right]\end{aligned} \tag{7-61}$$

类似地，可得到各个信号分量与噪声分量互相关函数估计值的方差以及噪声间互相关函数估计值的方差：

$$\mathrm{Var}\left[\hat{R}_{x_1n_2}\left(\tau\right)\right]\approx\frac{1}{2BT}a_1^2R_{\mathrm{sig}}\left(0\right)f_{xa}\left(B_{\mathrm{L}},\tau_{\mathrm{SD1}}\right)\sigma_{n_2}^2 \tag{7-62}$$

$$\mathrm{Var}\left[\hat{R}_{x_2n_1}\left(\tau\right)\right]\approx\frac{1}{2BT}a_2^2R_{\mathrm{sig}}\left(0\right)f_{xa}\left(B_{\mathrm{L}},\tau_{\mathrm{SD2}}\right)\sigma_{n_1}^2 \tag{7-63}$$

$$\mathrm{Var}\left[\hat{R}_{n_1n_2}\left(\tau\right)\right]\approx\frac{1}{2BT}\sigma_{n_1}^2\sigma_{n_2}^2 \tag{7-64}$$

式中，$\sigma_{n_1}^2$ 和 $\sigma_{n_2}^2$ 分别代表两个阵元处的噪声功率。由式（7-61）～式（7-64）可得到两个阵元所接收信号的互相关函数估计值的方差：

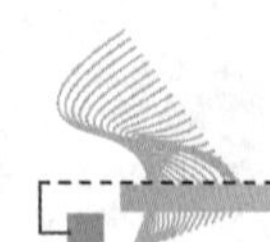

$$
\begin{aligned}
\mathrm{Var}\left[\hat{R}_{y_1y_2}(\tau)\right] &= \mathrm{Var}\left[\hat{R}_{x_1x_2}(\tau)\right]+\mathrm{Var}\left[\hat{R}_{x_1n_2}(\tau)\right]+\mathrm{Var}\left[\hat{R}_{x_2n_1}(\tau)\right]+\mathrm{Var}\left[\hat{R}_{n_1n_2}(\tau)\right] \\
&= \frac{1}{2BT}\left\{a_1^2a_2^2R_{\mathrm{sig}}^2(0)\left[f_{xa}\left(B_{\mathrm{L}},\tau_{\mathrm{SD1}},\alpha_1\right)\cdot f_{xa}\left(B_{\mathrm{L}},\tau_{\mathrm{SD2}},\alpha_2\right)\right]\right\}+ \\
&\quad \frac{1}{2BT}\left[a_1^2a_2^2R_{\mathrm{sig}}^2(\tau)f_{xc}\left(B_{\mathrm{L}},\tau,\tau_{\mathrm{DD}},\tau_{\mathrm{SD}},\tau_{\mathrm{DS}},\tau_{\mathrm{SS}},\tau\right)^2\right]+ \\
&\quad \frac{1}{2BT}a_1^2R_{\mathrm{sig}}(0)f_{xa}\left(B_{\mathrm{L}},\tau_{\mathrm{SD1}},\alpha_1\right)\sigma_{n_2}^2+ \\
&\quad \frac{1}{2BT}a_2^2R_{\mathrm{sig}}(0)f_{xa}\left(B_{\mathrm{L}},\tau_{\mathrm{SD2}},\alpha_2\right)\sigma_{n_1}^2+\frac{1}{2BT}\sigma_{n_1}^2\sigma_{n_2}^2
\end{aligned}
\tag{7-65}
$$

假设信号带宽 B=1500Hz，时间 T=2s，$a_1=1$，$a_2=0.9$，$\alpha_1=0.8, \alpha_2=0.8$，$\sigma_{\mathrm{sig}}^2=R_{\mathrm{sig}}(0)=1$，$\tau_{1,\mathrm{D}}=0.01$，$\tau_{1,\mathrm{S}}=0.02$，$\tau_{2,\mathrm{D}}=0.018$，$\tau_{2,\mathrm{S}}=0.026$，根据式（7-50），可知 $\mathrm{SNR_c}=6.74$，互相关函数噪声分量理论值与仿真值如图 7-12 所示。图中两条黑色虚线代表互相关函数中的最小峰值的上、下界，黑色实线代表互相关函数中最小峰值的期望值，两条蓝色虚线代表互相关函数噪声分量的上、下界。

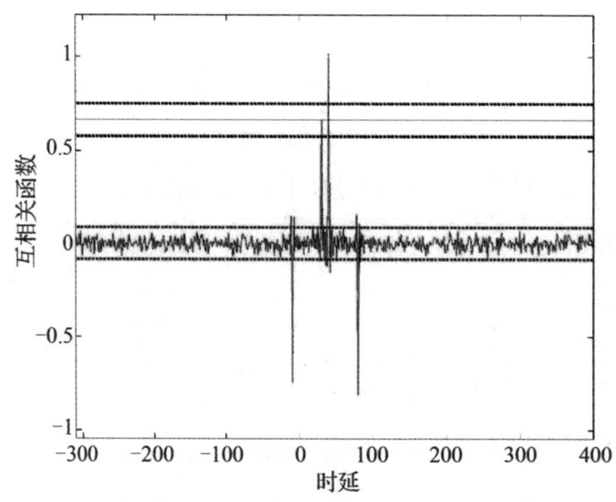

图 7-12　互相关函数噪声分量理论值与仿真值

从式(7-50)可知，$\mathrm{SNR_c}$ 不仅与信号时长和带宽有关，还通过 $f_{xa}\left(B_{\mathrm{L}},\tau_{\mathrm{SD1}}\right)$，$f_{xa}\left(B_{\mathrm{L}},\tau_{\mathrm{SD2}}\right)$，$f_{xc}\left(B_{\mathrm{L}},\tau,\tau_{\mathrm{DD}},\tau_{\mathrm{SD}},\tau_{\mathrm{DS}},\tau_{\mathrm{SS}}\right)$ 与互相关函数中的 4 个峰值时刻耦合。因此，声源的位置也会对 $\mathrm{SNR_c}$ 造成影响。假设其余参数固定，令 $\tau=0$，改变带宽 B_{L}，可得到上述 3 个函数随带宽的变化趋势，如图 7-13 所示。在图 7-13(a)中，随着带宽的增大，$f_{xa}\left(B_{\mathrm{L}},\tau_{\mathrm{SD1}}\right)$ 和 $f_{xa}\left(B_{\mathrm{L}},\tau_{\mathrm{SD2}}\right)$ 分别迅速降低到 $1+\alpha_1^2$ 和 $1+\alpha_2^2$。此时，可认为水听器接收到的纯信号能量等于直达波分量能量与海面反射波分量能量的和。在图 7-13（b）中，随着带宽的增大，$f_{xc}\left(B_{\mathrm{L}},\tau,\tau_{\mathrm{DD}},\tau_{\mathrm{SD}},\tau_{\mathrm{DS}},\tau_{\mathrm{SS}}\right)$ 迅速降低到 0。此时，可以认为互相关函数中的非峰值点为 0。

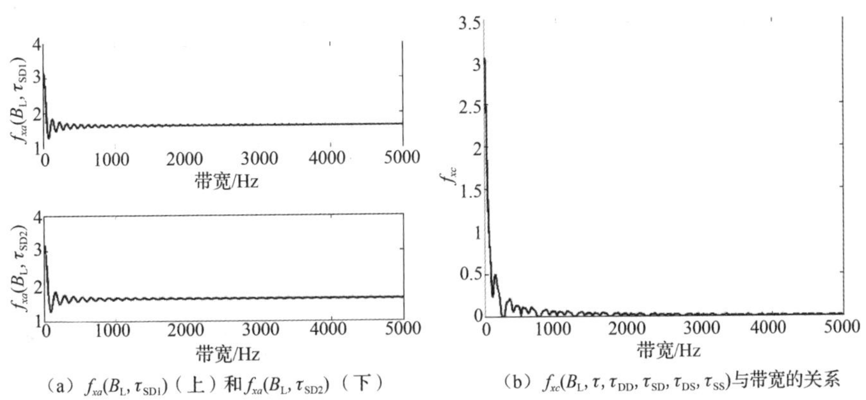

（a）$f_{xa}(B_L, \tau_{SD1})$（上）和$f_{xa}(B_L, \tau_{SD2})$（下）　　（b）$f_{xc}(B_L, \tau, \tau_{DD}, \tau_{SD}, \tau_{DS}, \tau_{SS})$与带宽的关系

图 7-13　3 个函数随带宽的变化趋势

在带宽较大的情况下，进行化简可得

$$\begin{aligned} R_{y_1y_2}(\tau_{SS}) &= R_{x_1x_2}(\tau_{SS}) = a_1a_2R_{sig}(\tau_{SS})f_{xc}(B_L, \tau_{SS}, \tau_{DD}, \tau_{SD}, \tau_{DS}, \tau_{SS}) \\ &\approx a_1a_2\alpha_1\alpha_2\frac{R_{sig}(0)\operatorname{sinc}(2B_L\tau_{SS})}{\operatorname{sinc}(2B_L\tau_{SS})} = a_1a_2\alpha_1\alpha_2R_{sig}(0) \end{aligned} \tag{7-66}$$

$$\begin{aligned} \operatorname{Var}\left[\hat{R}_{y_1y_2}(\tau_{SS})\right] &\approx \frac{1}{2BT}\left\{a_1^2a_2^2R_{sig}^2(0)\left[\left(1+\alpha_1^2\right)\left(1+\alpha_2^2\right)\right] + a_1^2a_2^2\alpha_1^2\alpha_2^2R_{sig}(0)^2\right\} + \\ &\frac{1}{2BT}a_1^2R_{sig}(0)\left(1+\alpha_1^2\right)\sigma_{n_2}^2 + \frac{1}{2BT}a_2^2R_{sig}(0)\left(1+\alpha_2^2\right)\sigma_{n_1}^2 + \frac{1}{2BT}\sigma_{n_1}^2\sigma_{n_2}^2 \end{aligned} \tag{7-67}$$

$$\begin{aligned} \operatorname{Var}\left[\hat{R}_{y_1y_2}(0)\right] &\approx \frac{1}{2BT}\left\{a_1^2a_2^2R_{sig}^2(0)\left[\left(1+\alpha_1^2\right)\left(1+\alpha_2^2\right)\right]\right\} + \\ &\frac{1}{2BT}a_1^2R_{sig}(0)\left(1+\alpha_1^2\right)\sigma_{n_2}^2 + \frac{1}{2BT}a_2^2R_{sig}(0)\left(1+\alpha_2^2\right)\sigma_{n_1}^2 + \frac{1}{2BT}\sigma_{n_1}^2\sigma_{n_2}^2 \end{aligned} \tag{7-68}$$

因此，SNR_c 的近似表达式为

$$\begin{aligned} SNR_c &= \frac{R_{y_1y_2}(\tau_{SS}) - 3\sqrt{\operatorname{Var}\left[\hat{R}_{y_1y_2}(\tau_{SS})\right]}}{3\sqrt{\operatorname{Var}\left[\hat{R}_{y_1y_2}(0)\right]}} \\ &= \frac{\sqrt{2BT}a_1a_2\alpha_1\alpha_2SNR_s - 3\sqrt{a_1^2a_2^2\cdot SNR_s^2\cdot\left[\left(1+\alpha_1^2\right)\left(1+\alpha_2^2\right)\right] + a_1^2a_2^2\alpha_1^2\alpha_2^2\cdot SNR_s^2 + a_1^2\cdot SNR_s\cdot\left(1+\alpha_1^2\right) + a_2^2\cdot SNR_s\cdot\left(1+\alpha_2^2\right) + 1}}{3\sqrt{a_1^2a_2^2\cdot SNR_s^2\cdot\left[\left(1+\alpha_1^2\right)\left(1+\alpha_2^2\right)\right] + a_1^2\cdot SNR_s\cdot\left(1+\alpha_1^2\right) + a_2^2\cdot SNR_s\cdot\left(1+\alpha_2^2\right) + 1}} \end{aligned} \tag{7-69}$$

式中，$SNR_s = R_{sig}(0)/\sigma_n^2$ 为声源信噪比。令 $SNR_{r_1} = a_1^2R_{sig}(0)/\sigma_n^2$，$SNR_{r_2} = a_2^2R_{sig}(0)/\sigma_n^2$，它们分别表示两个阵元所接收信号中直达波分量的信噪比，假设声源信号到达两个阵元处传播损失差异较小，并且 $a_1 = a_2 = a$，$SNR_{r_1} = SNR_{r_2} = SNR_r$，则式（7-69）可化简为

$$SNR_c = \frac{\sqrt{2BT}\alpha_1\alpha_2 - 3\sqrt{\left[\left(1+\alpha_1^2\right)\left(1+\alpha_2^2\right)\right] + \alpha_1^2\alpha_2^2 + \left(1+\alpha_1^2\right)/SNR_r + \left(1+\alpha_2^2\right)/SNR_r + 1}}{3\sqrt{\left[\left(1+\alpha_1^2\right)\left(1+\alpha_2^2\right)\right] + \left(1+\alpha_1^2\right)/SNR_r + \left(1+\alpha_2^2\right)/SNR_r + 1}} \tag{7-70}$$

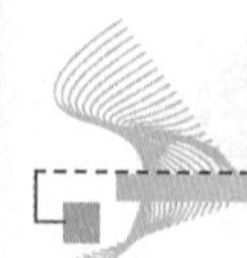

从式（7-70）中可以看出，在时间带宽积一定的情况下SNR_c随SNR的增大而增大；同时，在SNR值一定的情况下，SNR_c随时间带宽积的增大而增大。

在理想条件下，假设$\alpha=-1$，则时间带宽积$BT=925$，图7-14是按照式（7-70）预测的SNR_c随SNR的变化情况，在信噪比小于−7dB时，SNR_c将会小于1。此时，互相关函数匹配模糊带峰值不再对应真实位置。使用Bellhop进行互相关函数数值仿真，仿真条件为z_s=200m，z_1=5110，z_2=5200，r=10000，信号为频率从500Hz到2000Hz的高斯噪声，时长T=0.6162s，采用Munk声速剖面，海深为5400m。图7-15（a）和图7-15（b）分别是阵元信噪比为SNR=−7dB（0.1995）和SNR=−8dB（0.1585）时，使用互相关函数匹配得到的结果。图7-16是估计估计深度随新噪比的变化。实际仿真时，信噪比小于−7dB时会出现错误定位结果，这说明式（7-70）能够准确地预测互相关函数匹配定位对信噪比的最低要求。

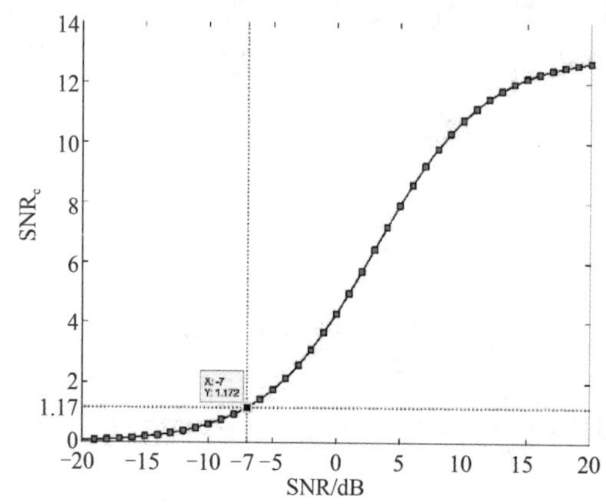

图7-14　SNR_c随SNR的变化情况

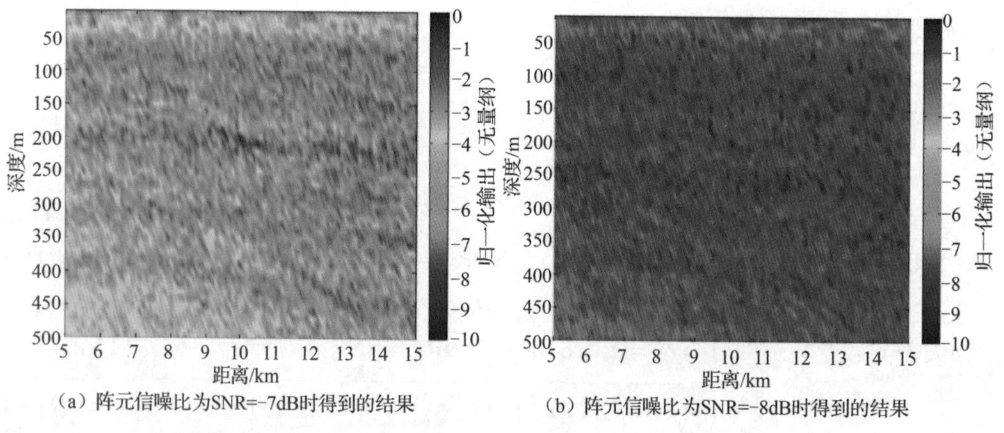

图7-15　阵元信噪比不同时，使用互相关函数匹配得到的结果

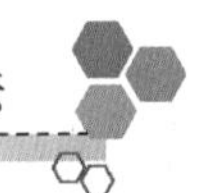

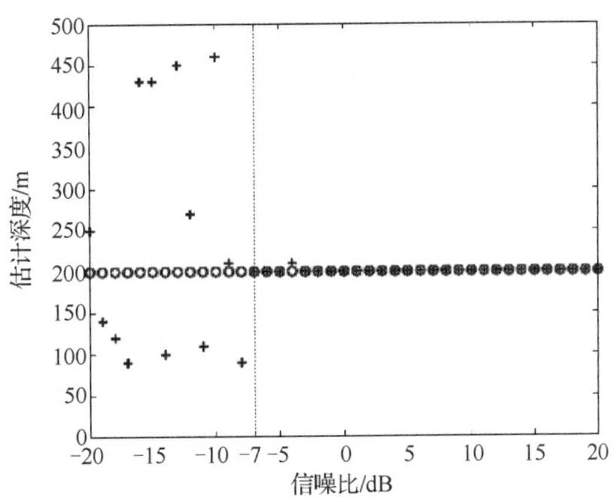

图 7-16　深度估计值随信噪比的变化（红色圈为真实值，蓝色“+”为估计值）

7.3.3　互相关函数的稀疏重构方法

在特定的距离上，d_{BC} 会随着水听器的垂直距离增加而增大，从而减小条纹 C_1 的宽度。在实际情况中，互相关信号通常从水听器的垂直线阵列中两个特定的阵元中选取，由于垂直线阵列还用于对特定方向进行波束输出，其几何参数会受到波束形成器制约。此外，过大的垂直线阵列距离还会增大系统集成的复杂程度，给工程实现带来困难。

由于实际宽带信号的互相关函数不可能为理想的峰值结构，当接收器垂直距离较小或者声源深度较浅时，d_{BC} 较小，P_B 峰值可能位于 P_C 峰值的主瓣宽度内。此时，不能有效地分辨 P_B 峰值和 P_C 峰值，条纹 C_1 的宽度将变宽，定位模糊带变大。注意到式（7-21）中的 4 个峰值结构在形状上都与 $R_{ss}(m)$ 近似且具有一定正负符号关系，因此，互相关函数可以看作特定峰值不同时延的线性组合。将时延在一定的范围内离散化，可以通过对互相关函数进行重构求解各个假设峰值对应的时延和系数；由于可靠声路径范围内互相关函数只具有 4 个较明显的峰值，峰值系数的求解问题就变为一个已知稀疏度为 4 的稀疏重构问题。

稀疏重构模型将信号分解在候选基向量集合内，选取数量较少的基向量来进行线性组合以得到原信号的逼近表示。常见的稀疏重构方法有凸松弛类方法和贪婪策略类算法等。凸松弛类方法使用 l_1 范数正则项替代 l_0 范数正则项来度量向量稀疏度，可以通过内点法等方法求得其全局最优解，但是其优化参数和稀疏度的关系不能显示。贪婪策略类算法通过在每次迭代中寻找一个局部最优解来逼近整体最优解；当已知稀疏度 K 时，贪婪策略类算法只须进行 K 次迭代即可得到重构结果，因此更适于互相关函数的重构问题。最早使用贪婪策略进行稀疏逼近的算法是匹配追踪算法[190]。匹配追踪算法在每一步迭代中选取与当前信号残差内积最大的基向量，并将此时的内积作为该基向量对应的组合系数。在匹配追踪算法的基础上，正交匹配追踪算法[191]在每一步重新计算系数使已选择基向量和残差正交。这样能保证后续迭代中已经被选到的基向量不会再次被选取，比匹配追踪算法具有更高的准确性。因此，本节使用正交匹配追踪算法进行稀疏重构。

式（7-21）中的 4 个峰值结构在形状上都与 $R_{ss}(m)$ 近似，主要的差异在幅度和出现的点数上，因此，可以使用 P_A 峰值或者 P_D 峰值附近的序列来近似 $R_{ss}(m)$。假设序列 $p(n)$ 是 $R_{ss}(m)$ 的一个近似序列，点数为 N，实测互相关向量 $\boldsymbol{R}(m)$ 的点数为 M，构造基矩阵如下：

$$\boldsymbol{D}=[\boldsymbol{d}_1,\boldsymbol{d}_2\cdots,\boldsymbol{d}_{M-N+1}] \tag{7-71}$$

式中，$\boldsymbol{d}_i=[\boldsymbol{0}_{1\times(i-1)},p(1),p(2),\cdots,p(N),\boldsymbol{0}_{1\times(M-N-i+1)}]^{\mathrm{T}}$。使用如下的优化模型对互相关函数进行重构：

$$\min_{\boldsymbol{x}}\|\boldsymbol{R}-\boldsymbol{D}\boldsymbol{x}\|_2^2 \text{ subject to } \|\boldsymbol{x}\|_0=4 \tag{7-72}$$

式中，$\boldsymbol{x}$ 是系数向量，$\|\boldsymbol{x}\|_0$ 表示 $\boldsymbol{x}$ 中非零元素的个数，$\boldsymbol{x}$ 中第一个和最后一个非零值分别对应 P_A 峰值和 P_D 峰值，中间两个非零值对应 P_B 峰值和 P_C 峰值。使用正交匹配追踪算法进行互相关函数重构的步骤见表 7-2。

表 7-2　使用正交匹配追踪算法进行互相关函数重构的步骤

输入：接收信号互相关向量 $\boldsymbol{R}$，基矩阵 $\boldsymbol{D}=[\boldsymbol{d}_1,\boldsymbol{d}_2,\cdots,\boldsymbol{d}_{M-N+1}]$
初始化：迭代步数 $k=1$，残差向量 $\boldsymbol{r}^0=\boldsymbol{R}$，已选基矩阵 $\boldsymbol{D}_S^0=\varnothing$，已选基矩阵对应的系数向量 $\boldsymbol{x}_S^0=\boldsymbol{0}$，索引集 $S^0=\varnothing$。
当 $k\leqslant 4$ 时进行以下迭代：
（1）计算 $\boldsymbol{D}$ 中与第 $k-1$ 步残差内积的绝对值最大的列的角标 $j_0=\arg\max_{j\notin S^{k-1}}\left\|\boldsymbol{d}_j^{\mathrm{T}}\boldsymbol{r}^{k-1}\right\|$
（2）更新索引集 $S^k=S^{k-1}\cup\{j_0\}$，更新已选基向量矩阵 $\boldsymbol{D}_S^k=[\boldsymbol{D}_S^{k-1},\boldsymbol{d}_{j_0}]$
（3）更新已选基向量矩阵对应的系数向量 $\boldsymbol{x}_S^k=\left[(\boldsymbol{D}_S^k)^{\mathrm{H}}\boldsymbol{D}_S^k\right]^{-1}(\boldsymbol{D}_S^k)^{\mathrm{H}}\boldsymbol{R}$
（4）更新残差向量 $\boldsymbol{r}^k=\boldsymbol{R}-\boldsymbol{D}_S^k\boldsymbol{x}_S^k$
（5）$k=k+1$
输出：索引集 S，已选择基向量矩阵对应的系数向量 $\boldsymbol{x}_S$

互相关函数 4 个峰值的出现点数信息分别包含在索引集 S 中的 4 个角标中，4 个峰值幅度信息分别包含在 $\boldsymbol{x}_S$ 中的 4 个元素中。构造基矩阵 $\boldsymbol{D}$ 时，选取不同的序列长度和中心可能会得到不同的结果。此时，可以通过互相关峰值函数的各个峰值的符号关系来衡量恢复的质量。重构时逐渐增加截取序列 $p(n)$ 的长度 N，直到 P_A 峰值与 P_D 峰值符号相同、P_B 峰值与 P_C 峰值符号相同，P_A 峰值与 P_B 峰值符号相反。

7.3.4　实验数据处理

实验海域海深为 4390m，声速剖面中从 0m 至 1663m 深度处的海水声速由 CTD（温盐深仪）测量计算得到，从 1664m 到海底的海水声速根据声道轴以下的声速进行二次拟合得到，实验海区声速剖面如图 7-17 所示。一个阵元间隔为 4m 的 16 元垂直线阵列布放在近海底处，1 号阵元位置最浅，16 号阵元位置最深。1 号阵元的深度为 4158.6m。选择与垂直线阵列水平距离约为 16.8km 的两组爆炸声源（100g TNT，每组各 10 枚）产生的信号进行分析。其中，第一组声源的预置爆炸深度为 50m，编号为 1～10；第二组声源的预置爆炸深度为 300m，编号为 11～20。投弹间隔为 3min，总持续时间为 1h。由于爆炸声源的带

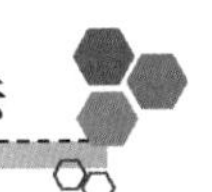

宽很大，为了模拟带宽有限的实际信号，将接收信号在 60～2000Hz 频带范围内进行带通滤波，然后进行互相关。使用 1 号阵元采集的信号 s_1 和 16 号阵元采集的信号 s_{16} 来对爆炸声源进行定位。由于投弹过程共计持续 1h 且投弹船一直随海水漂浮，声源的实际爆炸距离将偏离。

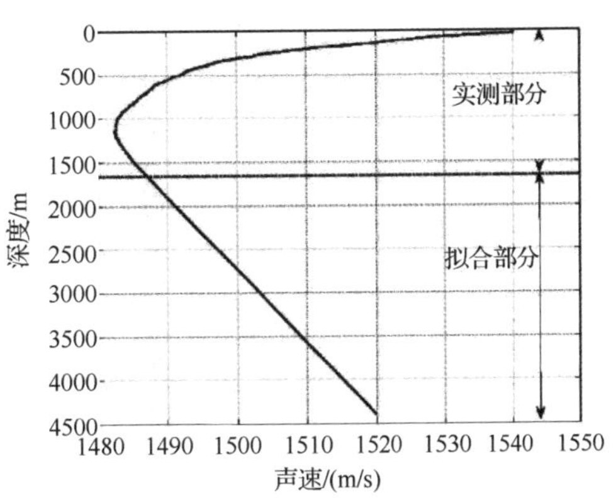

图 7-17 实验海区声速剖面

1. *互相关函数重构*

选取两个不同爆炸深度的声源信号进行详细说明。其中，1 号爆炸声源（预置爆炸深度为 50m）和 16 号爆炸声源（预置爆炸深度为 300m）的信号波形分别如图 7-18（a）和图 7-18（b）所示，互相关函数分别如图 7-19（a）和图 7-19（b）所示。由于滤波后信号频带宽度的限制，互相关函数的各个峰值将会拓宽，出现较大旁瓣，且 P_B 峰和 P_C 峰叠加在一起。对互相关函数进行峰值重构，选取 P_D 峰值 ±20 个采样点范围内的序列[图 7-19（a）、图 7-19（b）中黑线部分]作为 $p(n)$ 来构造基矩阵，得到可以准确区分 P_B 峰与 P_C 峰的重构结果，如图 7-19（c）和图 7-19（d）中红线部分所示。由于基向量是用 P_D 峰进行构造的，所以与图 7-6 不同，图中的 P_A 峰值与 P_D 峰值为正，P_B 峰值与 P_C 峰值为负。图 7-19（e）和图 7-19（f）分别显示了假设距离为 16.8km、声源深度分别为 50m 和 100m 的情况下由 Bellhop 射线模型计算得到的理论互相关函数（为了与重构互相关函数进行比较，峰值的幅度都已乘以−1）。理论互相关函数和重构互相关函数具有很强的相似性，但在各个峰值距离上有一定差异，这是由实际的爆炸位置与假设位置有偏差和声速剖面不准确共同导致的。为了更准确地进行比较，下文将使用炸弹产生的气泡时延经验公式反推爆炸深度[174]。

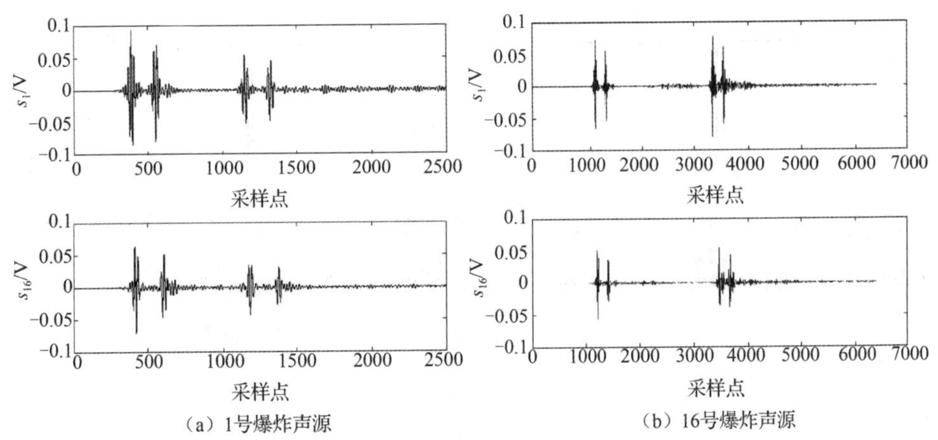

图 7-18 经过带通滤波后的双通道信号

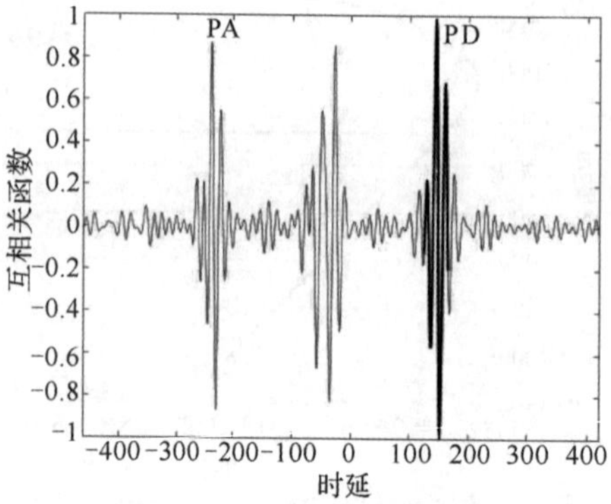

（a）1号爆炸声源互相关函数 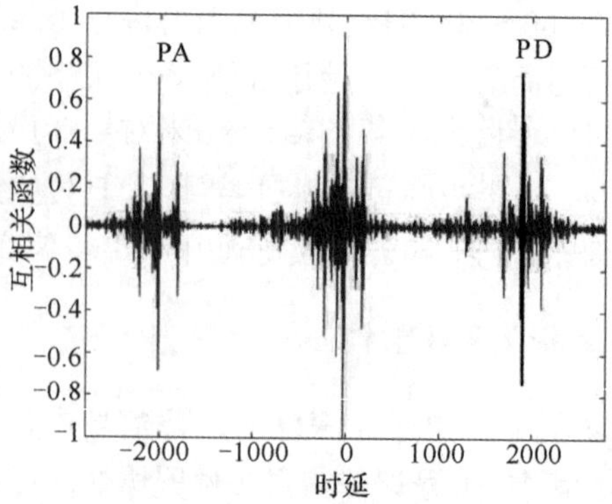　（b）16号爆炸声源互相关函数

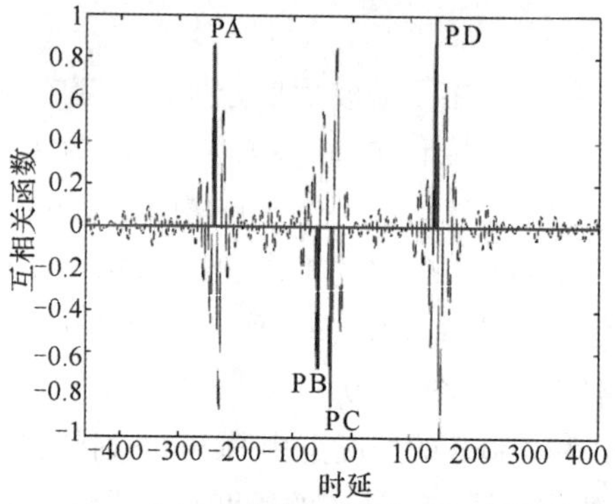

（c）1号爆炸声源重构互相关函数 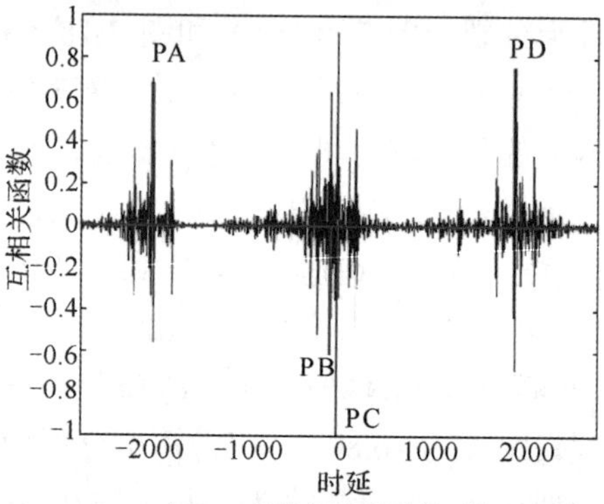　（d）16号爆炸声源重构互相关函数

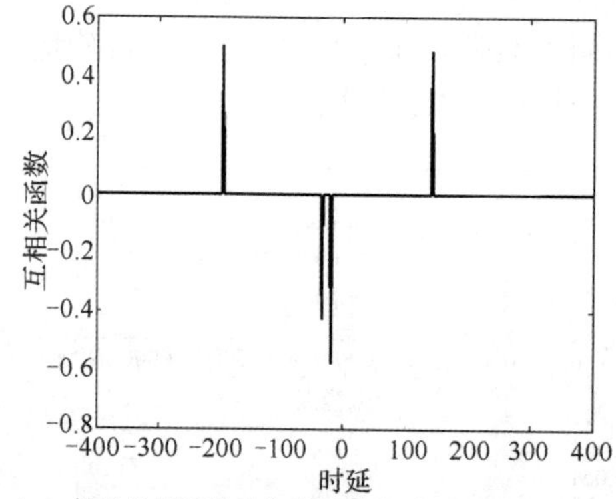

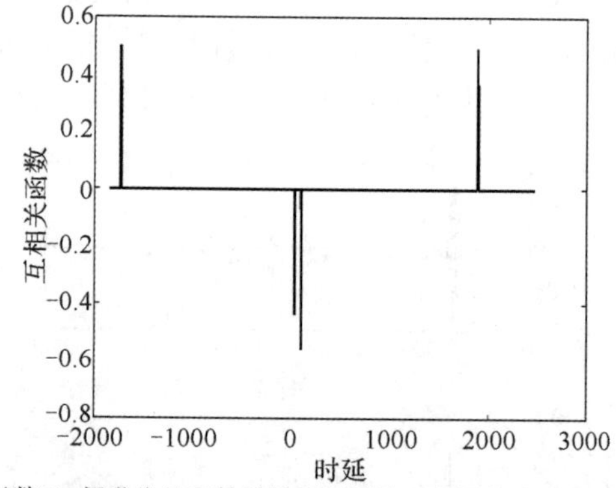

（e）假设位置下数值仿真得到的1号爆炸声源互相关函数 f）假设位置下数值仿真得到的16号爆炸声源互相关函数

图 7-19　采用不同方法在不同深度下得到的互相关函数

2. 定位结果

由于爆炸声源在海水中的实际爆炸深度与预置爆炸深度有偏差，本节将根据爆炸声源的气泡脉冲滞后时间经验公式[174]计算爆炸深度，并与互相关匹配得到的深度估计进行比

较。气泡脉冲滞后时间经验公式如下：

$$T_i = K_i w^{1/3}(z_0 + 10)^{-5/6} \tag{7-73}$$

式中，T_i 是第 i 个气泡脉冲的滞后时间，K_i 是对应不同气泡的常数，w 是炸药质量，z_0 是炸药爆炸深度。这里选取第 1 个气泡脉冲滞后时间来估计爆炸深度，对应的常数 $K_1 = 2.11$。气泡脉冲可以通过信号的相位关系从未滤波的爆炸声源时域信号中观察得到。图 7-20（a）和图 7-20（b）是接收到的爆炸深度分别为 50m 和 300m 的两个原始爆炸声源单通道原始信号的局部放大图。图中双箭头线段的长度即第 1 个气泡脉冲的滞后时间 T_1。

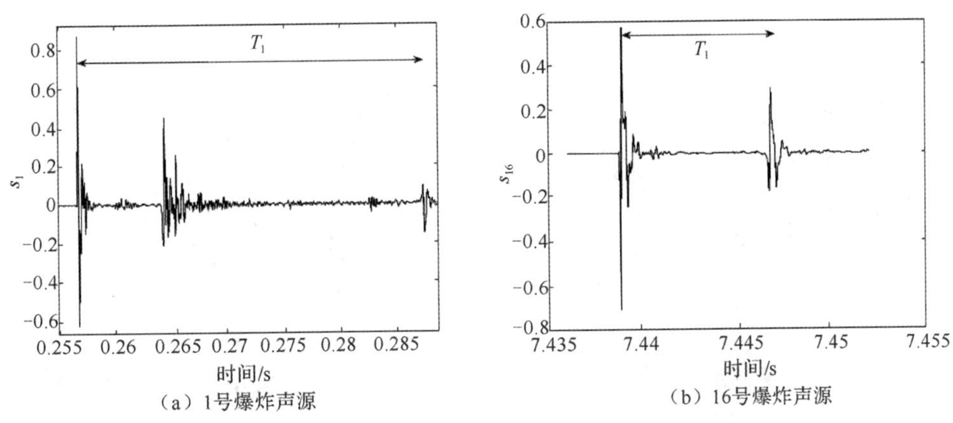

图 7-20　原始爆炸声源单通道原始信号的局部放大图

使用式（7-27）分别对爆炸弹信号互相关函数和重构互相关函数进行位置匹配，得到的定位匹配结果如图 7-21 所示（仅展示 1 号爆炸声源和 16 号爆炸声源）。

由于互相关函数无法分辨 P_B 峰值与 P_C 峰值，等效于 P_B 峰值与 P_C 峰值之间的距离 d_{BC} 很小，使用互相关函数进行位置匹配时，条纹 C_1 的宽度将会变大。因此，图 7-21（a）和图 7-21（b）无法得到有效的声源位置估计值；图 7-21（c）和图 7-21（d）中黑色虚线交叉点代表声源位置估计值，对两个声源的距离估计分别为 17.2km 和 17.7km，深度估计分别为 55m 和 340m。重构的互相关函数能较好地分辨 4 个峰值结构，因此，进行匹配定位时条纹 C_1 的宽带会明显降低，定位精度得到很大提高。

图 7-22（a）和图 7-22（b）分别给出了两组爆炸声源深度估计值的统计曲线。深度估计值和通过气泡脉冲计算的深度总体一致。两组爆炸声源的深度估计值均值分别为 59m 和 328m；两组爆炸声源通过气泡脉冲估计的深度均值分别为 55m 和 306m。图 7-23 给出了两组爆炸声源的距离估计值统计曲线。由于两组爆炸声源总投弹时间为 1h，此期间的声速剖面扰动是深度与距离估计值偏差的重要原因，互相关匹配被动定位方法对声速剖面的敏感性分析将在后续工作中进行重点研究。

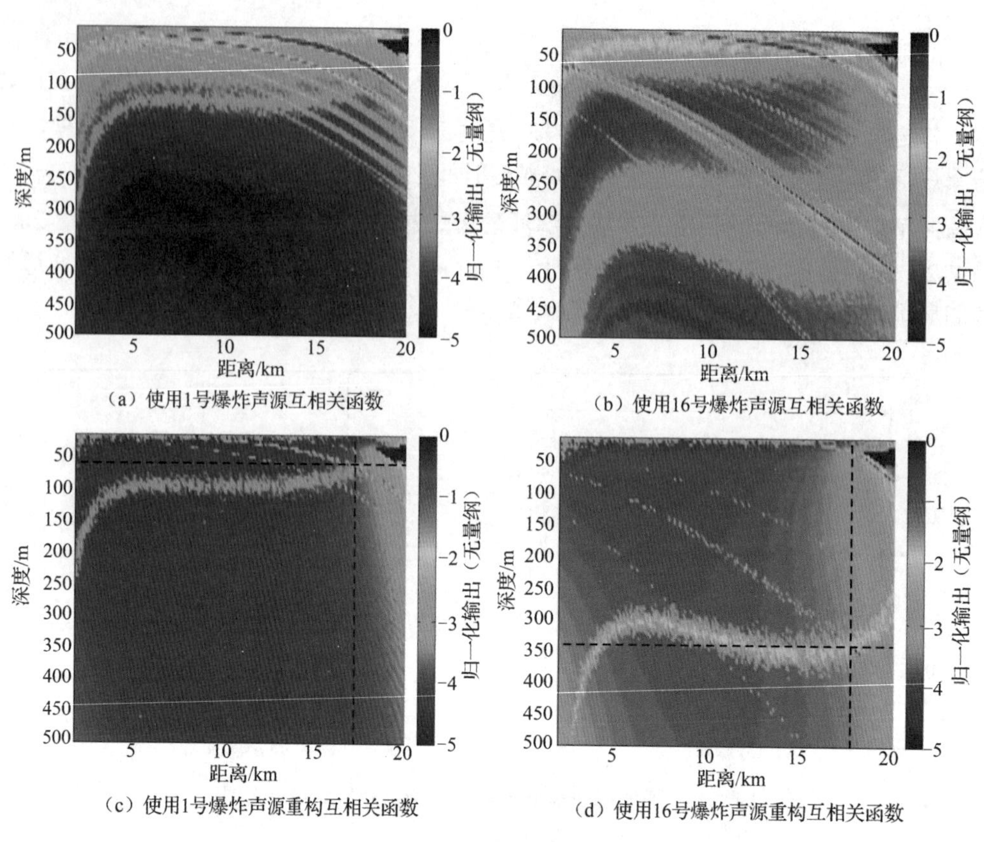

（a）使用1号爆炸声源互相关函数

（b）使用16号爆炸声源互相关函数

（c）使用1号爆炸声源重构互相关函数

（d）使用16号爆炸声源重构互相关函数

图 7-21　匹配定位结果

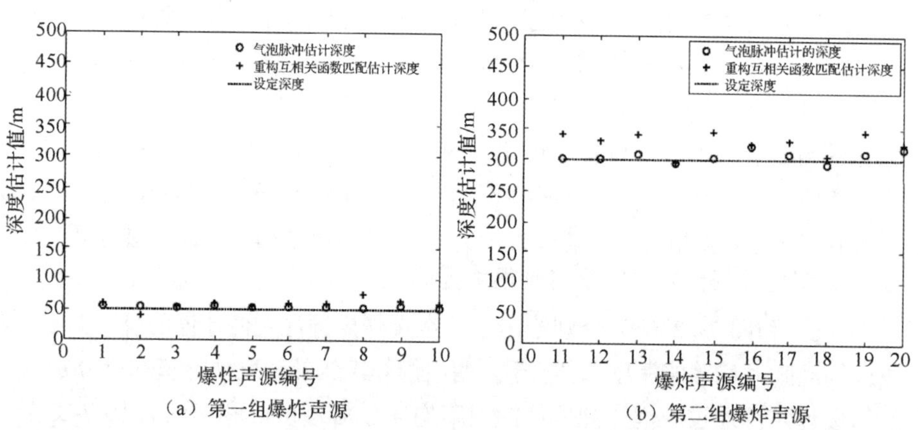

（a）第一组爆炸声源

（b）第二组爆炸声源

图 7-22　两线爆炸声源深度估计统计值的统计曲线

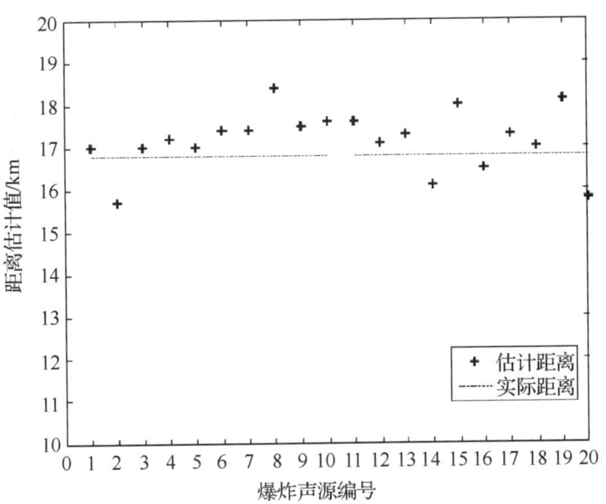

图 7-23　两组爆炸声源的距离估计值统计曲线

本章小结

本章提出了两种深海环境下的双水听器目标被动定位方法，这两种方法均基于多途时延信息。第一种方法需要首先提取多途时延信息，而第二种方法则直接利用互相关函数进行匹配。第二种方法的主要原理总结如下：从水中入射到水气界面的声压经过反射后会导致声压相位反转，在深海情况下，由两个不同深度的传感器接收到的声压信号互相关函数的 4 个主要峰值会出现特定符号模式。使用互相关函数匹配来进行声源被动定位时，由互相关函数峰值距离决定的两条特殊旁瓣条纹 C_1 和条纹 C_2 将会出现在定位模糊带上，且两条条纹的交点为声源的真实位置。分析了互相关函数匹配定位方法的可分辨条件、定位模糊面主瓣宽度，以及定位性能与信号时长和信噪比的关系，在典型条件下，其性能随声源深度、水听器深度差、时间带宽积、接收信噪比的增大而提高。由于实际信号带宽有限，互相关函数中距离较近的两个峰值结构将会叠加，导致匹配定位中条纹 C_1 宽度增大，被动定位性能降低。针对这一情况，利用互相关函数峰值结构的相似性构造基矩阵，对互相关函数进行 K 稀疏重构（K=4），获得较高分辨率的互相关函数峰值结构。与直接使用互相关函数进行匹配定位相比，降低了定位旁瓣，提高了定位精确度。

第 8 章　深海可靠声路径下基于垂直线阵列的声源定位方法

8.1　引　　言

由前述章节的分析可知，多途到达角在可靠声路径条件下对声源距离敏感而对深度不敏感。但在很多情况下，我们只能获得目标的窄带信号（如线谱），多途到达时延难以估计。而本章第一个要探讨的问题便是使用多途到达角在可靠声路径环境下估计声源位置的条件，即将本书第 4 章提出的 WSF-MF 算法应用于可靠声路径环境，并分析其性能。然后，介绍了一种直达波和海面反射波之间时延信息的频域表述方式，即在频域上会出现明显的能量周期振荡特性，周期主要受目标深度变化的影响。利用这种特性估计目标深度，并与基于直达波到达角的距离估计方法相结合，构成了与第 4 章和第 5 章具有相同架构的联合估计方法。该方法适用于深海大深度垂直线阵列的宽带目标被动定位方法。最后，水面、水下目标的分类判别一直是被动探测领域的重点和难点，根据水面、水下目标的深度变化特点，在联合定位方法基础上，本章同时提出了一种无须声场模型辅助的稳健的水面、水下目标分类方法。

8.2　基于多途到达结构的定位方法研究

8.2.1　加权子空间拟合匹配定位方法（WSF-MF）的应用

对于被动定位而言，由于信号波形未知，高分辨的时延估计算法如盲解卷[153]、倒谱[192]和波形估计[152]等都比较复杂。一种简单并广泛使用的方法是基于信号自相关函数的时延估计。这种方法的时延估计分辨率与信号的带宽成反比，因此不适用于窄带信号。此外，在可靠声路径中，由于海面反射波和海底反射波在边界处的掠射角较大，受界面散射和反射等的影响较强，存在信号畸变现象，不利于信号时延的估计。相比较而言，多途到达角的估计对多途之间的相关性没有要求，更适用于可靠声路径环境。正如本书第 6 章 6.2 节的分析，海面反射波到达角等值线的倾斜方向与直达波和海底反射波的到达角等值线的倾斜方向不同，因此，仅利用到达角信息在信噪比较高的情况下可以粗略地估计声源深度。在第 4 章提出的 WSF-MF 方法是基于到达角信息的高分辨匹配场方法，该方法在第 5 章中应

用于深海和近海面接收阵列的定位。该方法同样适用于可靠声路径环境，目标函数为

$$\widetilde{\boldsymbol{L}}_{\mathrm{o}} = \min_{\boldsymbol{L}_{\mathrm{h}}} \mathrm{tr}\left\{P_{\boldsymbol{A}}^{\perp}\left[\boldsymbol{\theta}(\boldsymbol{L}_{\mathrm{h}})\right]\boldsymbol{U}_{\mathrm{s}}\boldsymbol{V}\boldsymbol{U}_{\mathrm{s}}^{\mathrm{H}}\right\} \tag{8-1}$$

式中，$\mathrm{tr}\{\bullet\}$ 为矩阵迹的算子；$\boldsymbol{L}_{\mathrm{h}}=[z,r]$ 为假设的目标位置，其中，z 为目标距离海面的深度，r 为目标距离阵列的水平距离；$P_{\boldsymbol{A}}^{\perp}(\boldsymbol{\theta})$ 为由多途到达角 $\boldsymbol{\theta}$ 构成的阵列流形向量 $\boldsymbol{A}$ 的函数，同时 $\boldsymbol{\theta}$ 为目标位置 $\boldsymbol{L}_{\mathrm{h}}$ 的函数；$\boldsymbol{U}_{\mathrm{s}}$ 为信号子空间，$\boldsymbol{V}$ 为正定加权矩阵。该方法通过搜索有限距离-深度空间估计目标位置 $\widetilde{\boldsymbol{L}}_{\mathrm{o}}$，无须估计多途的到达角。详细的推导过程见第 4 章。

8.2.2　WSF-MF 方法的定位精度及稳健性分析

本节利用仿真方法分析 WSF-MF 方法的性能，仿真方法如下：

（1）海洋环境：水深 5000m，仿真采用的海洋信道模型如图 8-1 所示（与图 6-3 相同），海底为半空间，声速为 1650m/s，密度为 1800kg/m^3，衰减系数为 0.1dB/λ，其中λ为波长。

（2）几何位置：接收阵列的中心位置为 4400m，阵元间距为半波长，阵元数目为 M，阵元从上至下编号，最顶端阵元编号为 1。声源深度为 210m，距离为 30km。这里选取与声源距离 30km 处的靠近可靠声路径“碗状区域的边缘”，由第 6 章 6.2 节的分析可知，此时到达角随距离变化较慢，距离分辨率相对较差。

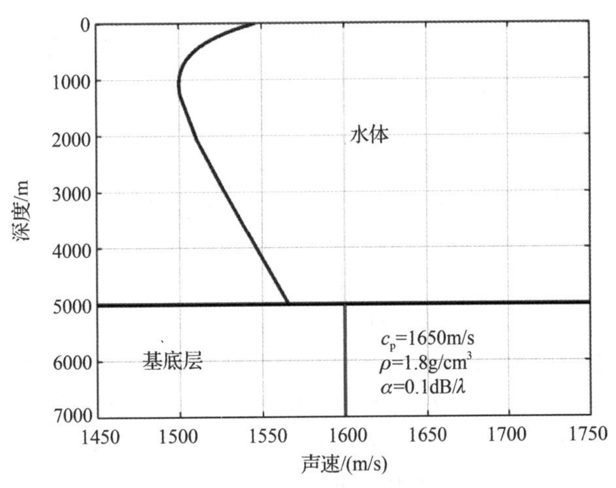

图 8-1　仿真采用的海洋信道模型

（3）信号仿真：通过射线方法，计算每个接收水听器的多途到达结构，即信道的冲击响应 $h_m(t)$，其中，m 表示阵元编号。边界反射次数为 3 次或 3 次以上的多途信号忽略不计。假设信号的中心频率为 f_c，设计一个窄带滤波器，中心频率为 f_c，带宽为 $0.1f_c$。将一个均值为 0、方差为 1、长度为 2s 的平稳高斯随机过程通过该滤波器得到信号 $p(t)$，则水听器接收信号为

$$s_m(t) = h_m(t) * p(t) \tag{8-2}$$

式中，*表示卷积，并假设 $s_m(t)$ 的方差为 σ_{sm}^2，则接收阵信号的平均方差为

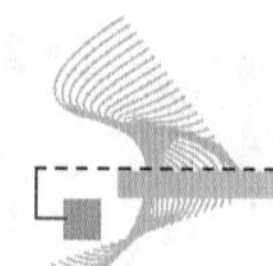

$$\sigma_s^2 = \frac{1}{M}\sum_{n=1}^{M}\sigma_{sm}^2 \tag{8-3}$$

对每一个阵元，产生一个均值为 0、方差为 1、长度为 2s 平稳高斯随机过程，并通过上述滤波器得到信号 $e_m(t)$，其方差基本相同，假设为 σ_e^2。信噪比的定义为

$$\text{SNR} = 10\log_{10}(\sigma_s^2 / \sigma_n^2) \tag{8-4}$$

式中，σ_n^2 为噪声的方差。由 $e_m(t)$ 得到噪声的 $n_m(t)$ 的公式：

$$n_m(t) = \frac{\sigma_s}{\sigma_e 10^{\text{SNR}/20}} e_m(t) \tag{8-5}$$

最终的仿真信号为

$$r_m(t) = s_m(t) + n_m(t) \tag{8-6}$$

下述仿真中使用的中心频率为 300Hz，采样频率为 4kHz。

这里须指出的是，使用 WSF-MF 方法的前提是假设入射波为平面波，但实际情况下，尤其当多途信号即将被信道截止时，多途到达的波前是弯曲的。当阵列孔径较大时，采用 WSF-MF 方法得到的结果会有误差，称这种误差为平面波匹配误差，无法通过提高信噪比消除。在下述的仿真中将给出这种误差对定位结果的影响。

本节分析了信噪比和阵元数量（阵列孔径）对 WSF-MF 方法定位性能的影响；还分析了该方法对声速剖面失配的稳健性，与常规匹配场处理方法进行了对比。

1. 信噪比对 WSF-MF 方法的影响

在本节中，声频率固定为 300Hz，阵元间距为半波长。拷贝场计算的网格点深度为 10～1210m，间隔 20m；距离为 5～40km，间隔 0.5km。阵元数为 16，信噪比为 30dB 和 10dB 时的处理结果分别如图 8-2（a）和图 8-2（b）所示。比较两图，可以得到 WSF-MF 定位方法的特点：

在模糊带上，WSF-MF 方法在声源位置附近出现峰值，说明该方法适用于可靠声路径环境下的定位。图 8-2（a）的峰值位置（图中白色正方形所示）深度为 250m，距离为 30km，靠近真实声源位置，但并不相同。在真实声源位置的归一化能量输出为−2.03dB。这种现象是由前述平面波匹配误差引起的。如果在接收信号的仿真过程中使用平面波模型，那么定位结果如图 8-2（c）所示，峰值位置与真实声源位置吻合。

在可靠声路径环境下，信噪比较高时，模糊带没有伪峰，这主要是因为所有到达角随距离和深度都是单调变化的，且每一种到达角组合只对应一个可能的声源位置。因此，随着模糊平面上的网格点远离真实声源位置，拷贝场的到达角组合与测量场的到达角组合差别越来越明显。

WSF 方法应用于到达角估计时，可以很好地抑制噪声，因此适用于低信噪比情况。WSF-MF 以 WSF 方法为基础，因此也适用于低信噪比情况。但随着信噪比的降低，定位结果的分辨率尤其深度方向的分辨率下降。在图 8-2（b）中，模糊带在深度方向从 100m 至 500m 能量较高，深度分辨率差。

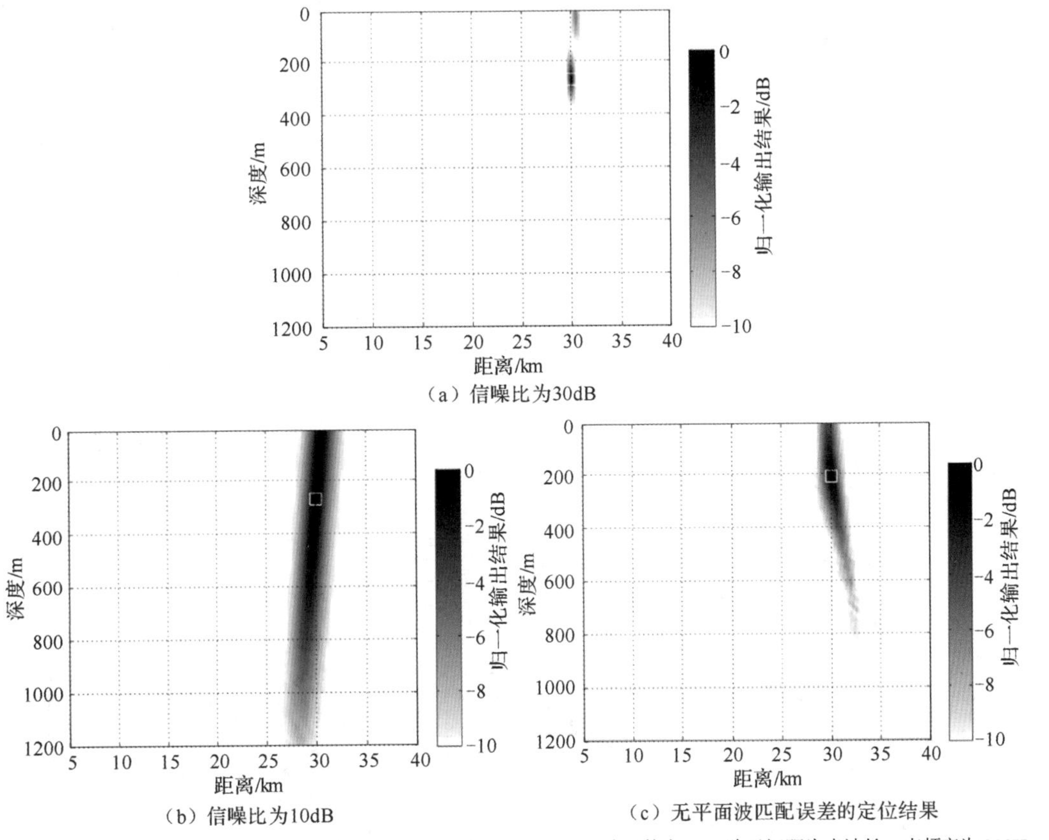

（a）信噪比为30dB

（b）信噪比为10dB

（c）无平面波匹配误差的定位结果

真实声源深度为 210m，距离为 30km。垂直线阵列中心深度为 4400m，阵元数为 16，阵元间距为半波长，声频率为 300Hz。

图 8-2　WSF-MF 定位方法的仿真结果

为了更完整地说明信噪比对 WSF-MF 定位性能的影响，定义可靠定位概率（Probability of Credible Localization，PCL）为

$$\mathrm{PCL_{SNR}}=\frac{\sum_{k=1}^{K}\eta(k)}{K}=\begin{cases}\eta(k)=1, & \left|\tilde{z}_0(k)-z_0\right|\leqslant 40\mathrm{m},\ \left|\tilde{r}_0(k)-r_0\right|\leqslant 0.5\mathrm{km}\\ \eta(k)=0, & \text{其他}\end{cases} \tag{8-7}$$

式中，K 为在一个固定信噪比下的仿真次数，$\tilde{\boldsymbol{L}}_0(k)=(\tilde{z}_0(k),\tilde{r}_0(k))$ 为第 k 次仿真声源位置的估计值，$\boldsymbol{L}_0=(z_0,r_0)$ 为真实的声源位置。上述表达式的意思是，若定位结果在真实声源位置的一个邻域内，则认为定位可靠；可靠定位概率即可靠定位的次数与总定位次数的比值。除此之外，定义信号干扰比值（简称信干比，用 SINR 表示）为

$$\mathrm{SINR}=10\log_{10}\left(\frac{1/\mathrm{tr}\left\{P_A^{\perp}\left[f(\boldsymbol{L}_0)\right]\widetilde{\boldsymbol{U}}_{\mathrm{s}}\boldsymbol{V}\widetilde{\boldsymbol{U}}_{\mathrm{s}}^{\mathrm{H}}\right\}}{m\left\{1/\mathrm{tr}\left(P_A^{\perp}\left[f(\boldsymbol{L})\right]\widetilde{\boldsymbol{U}}_{\mathrm{s}}\boldsymbol{V}\widetilde{\boldsymbol{U}}_{\mathrm{s}}^{\mathrm{H}}\right)\right\}_{\mathrm{rect}}}\right) \tag{8-8}$$

式中，$m\{\bullet\}$ 为取均值算子。分子是真实声源位置处 WSF-MF 的输出，分母为真实声源位置

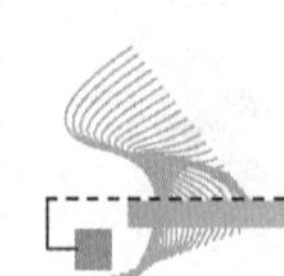

的一个长方形区域内，即 WSF-MF 方法输出的平均值。在本节中，该长方形区域深度范围为 10～510m，距离为 28～32km。当信干比较高时，说明声源位置处的峰值明显；信干比较低时，真实声源位置处的输出与背景相近，定位结果模糊。图 8-3（a）为不同阵元数（阵列孔径）条件下，可靠定位概率随信噪比的变化，图 8-3（b）为信干比随信噪比的变化。当阵元数（图中的 EN）为 8 时，由于角度分辨率较差，无论在何种信噪比下，WSF-MF 方法都是无效的。图 8-4 给出了阵元数为 8 时的 WSF-MF 方法的定位结果，仿真条件与图 8-2（a）相同。在图 8-4 中，真实声源位置附近无峰值，且定位结果错误。当阵元数为 32 时，可靠定位概率在信噪比为−2 dB 时达到 100%，但是信干比随着信噪比的升高持续上升，一直到信噪比为 25dB 止。假设所有仿真条件与图 8-2（b）相同时，当阵元数为 32 时，WSF-MF 方法的定位结果如图 8-5 所示，可以看出，在距离和深度方向的分辨率均得到明显的提升。信噪比对 16 元阵列的影响最为明显，信噪比从-10dB 变化值 30dB 时，可靠定位概率从 0%变化至 100%。

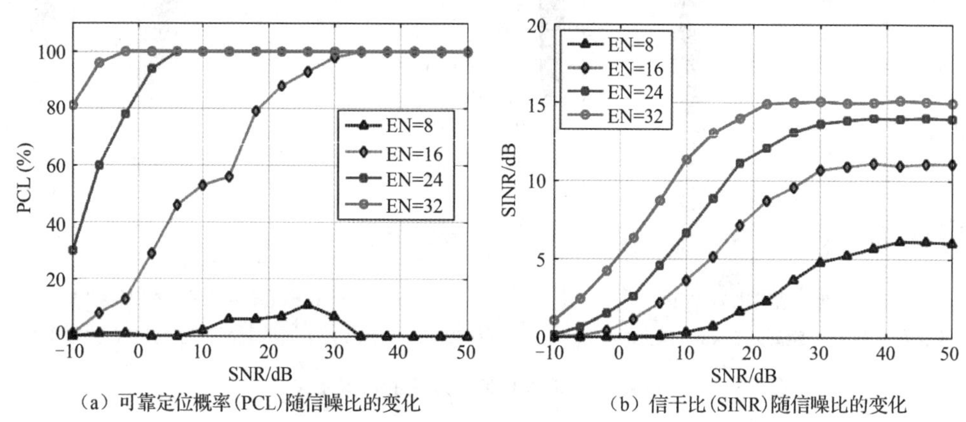

（a）可靠定位概率(PCL)随信噪比的变化　　（b）信干比(SINR)随信噪比的变化

图 8-3　不同阵元数（阵列孔径）条件下，WSF-MF 方法的定位性能随信噪比变化分析

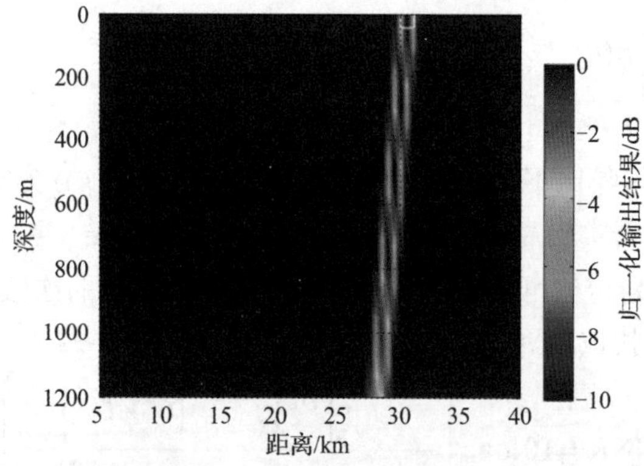

图 8-4　WSF-MF 方法的定位结果（仿真条件与图 8-2（a）相同，但阵元数为 8）

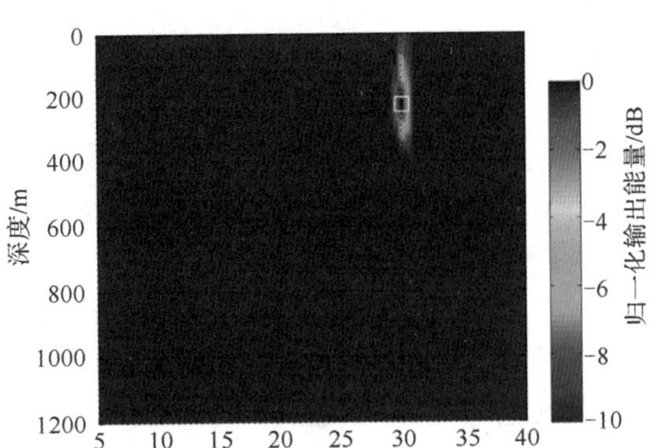

图 8-5　WSF-MF 方法的定位结果（仿真条件与图 8-2（b）相同，但阵元数为 32）

2. 阵列孔径对 WSF-MF 方法的影响

基于多途到达角的声源定位方法，在选择阵列孔径时，要同时考虑角度分辨率和平面波匹配误差两个因素。本节讨论在可靠声路径环境下，阵列孔径的折中选择方法。在平面波条件下，阵元之间同一信号的时延与阵元间距呈线性关系。因此，可以通过多途到达时间随接收器深度变化的关系分析平面波匹配误差。图 8-6 给出了在声源深度为 210m、距离为 30km 时多途到达时间随接收器深度的变化情况。所有多途信号在 4400m 深度的到达时间设置为 0ms。直达波、海面反射波、海底反射波和海面-海底反射波从海底方向入射至接收器，因此，随深度增加，到达时间相对于 4400m 深度减小。而海底-海面反射波从海面方向入射，到达时间变化规律相反。

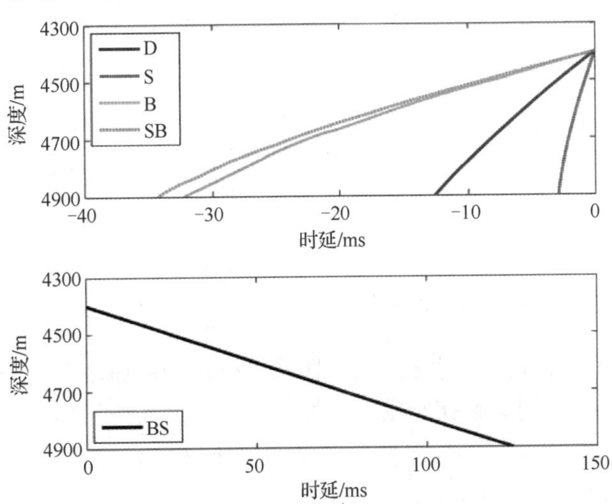

声源深度为 210m，距离为 30km，所有多途信号在 4400m 深度的到达时间设置为 0ms。

图 8-6　多途到达时间随接收器深度的变化情况

图 8-6 中除 BS 曲线外，均不是直线，并且越靠近海底，曲线的曲率越大（曲线的弯曲程度越大）。这说明当阵列孔径为百米量级且靠近海底时，存在明显的平面波匹配误差。若使用一条相对较短的阵列，并且适当地远离海底，则平面波匹配误差并不显著。在此条件下，阵列越长，采用 WSF-MF 方法的定位性能越好。从图 8-4 和图 8-5 可以看出，随着阵列孔径的增加，定位性能越来越好。

在本节中，声频率固定为 300Hz，阵元间距为半波长。不同信噪比条件下，WSF-MF 方法的定位性能随阵元数（阵列孔径）的变化分析如图 8-7 所示。图 8-7（a）说明当阵元数超过 30 时，WSF-MF 方法在信噪比高于 0dB 时性能较好。图 8-7（b）说明当阵元数小于 35 时，信干比随阵元数的增加迅速升高；当阵元数超过 60 时，信干比随阵元数的增加反而降低，说明此时平面波匹配误差显著，但对可靠定位概率没有影响。

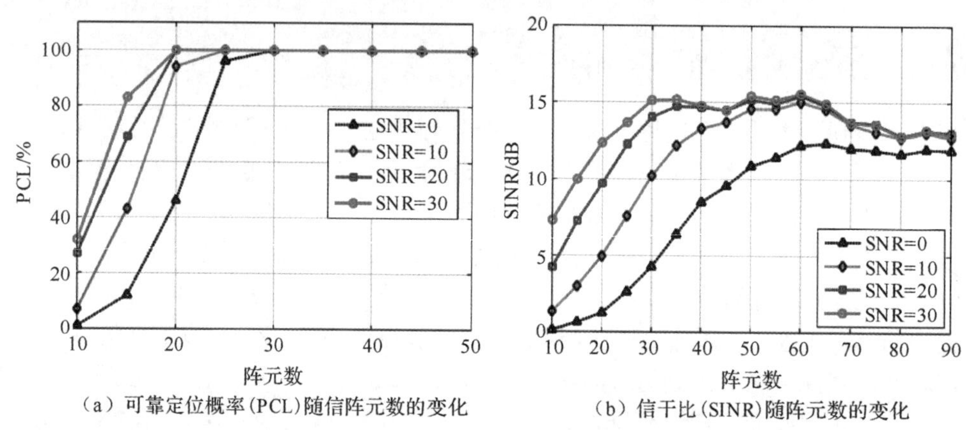

（a）可靠定位概率（PCL）随信阵元数的变化　　（b）信干比（SINR）随阵元数的变化

图 8-7　不同信噪比条件下，WSF-MF 方法的定位性能随阵元数（阵列孔径）的变化分析

在可靠声路径环境下，环境噪声级相对较低，可能获得的信噪比较高。因此，当参考信噪比为 0dB 时，当阵元数为 30～60 时（阵列孔径为 75～150m），阵列对环境适应性较强。需要说明的是，这里阵元间距均为 300Hz 的半波长，因此本节的分析适用于低频范围。当频率较高时，例如，1kHz 以上时，此时物理孔径较小的阵列即可满足角度分辨率，受平面波匹配误差的影响非常小。

3. 声速剖面失配对 WSF-MF 方法的影响

众所周知，匹配场处理方法对环境误差比较敏感，如声速剖面、海底声学参数等[193]。在实际海洋环境中，声速剖面存在时空变异性，因此，计算拷贝场时的声速剖面与实际声速剖面总是存在失配的。在本节中，主要讨论 WSF-MF 方法在声速剖面失配环境下的性能，并与匹配场处理方法进行比较。

深海中，深海声道轴以下的声速剖面比较稳定，声速剖面的变化主要集中在上层海水中，即温跃层和等温层[193]。仿真中，假设计算拷贝场时的声速剖面恒定，如图 8-1 所示；信号仿真采用的声速剖面采用经验正交函数（Empirical Orthonormal Function，EOF）随机

生成[194]。某一海域的声速剖面可以表示为声速剖面均值与若干阶加权经验正交函数之和，即

$$c(z)=c_0(z)+\sum_{k=1}^{K}\alpha_k g_k(z) \tag{8-9}$$

式中，$c_0(z)$ 是声速剖面均值，$g_k(z)$ 为第 k 阶经验正交函数，α_k 为相应的权值。$c_0(z)$ 与计算拷贝场时的声速剖面相同；经验正交函数的计算采用 2002—2007 年在（0°E，0°N）附近的同化声速剖面，数据来源为 SODA[195]同化数据。该海域的海深约 5000m。在计算经验正交函数的同时，也得到了每一个经验正交函数权值的取值范围。从各自的取值范围内，随机选择权值，代入式（8-9），可得到一条随机的声速剖面。重复此过程，可以得到一组随机声速剖面。为表征不同深度处声速剖面变化的强弱，定义声速剖面随深度的均方根误差如下：

$$\mathrm{RMS}_d=\sqrt{\frac{1}{N}\sum_{i=1}^{N}\left|c(z_{i,d})-\overline{c(z_d)}\right|^2} \tag{8-10}$$

式中，N 为声速剖面的数量，$c(z_{i,d})$ 是第 i 条声速剖面在第 d 个深度节点处的声速值，$\overline{c(z_d)}$ 是相应节点处的声速均值。一组声速剖面的均方根误差随深度变化的曲线如图 8-8 所示。环境如下：近表层海水深度为 0～150m，声速变化剧烈，而温跃层声速剖面变化强度随深度变化不大，超过深海声道轴，声速趋于稳定，均方根误差接近 0。

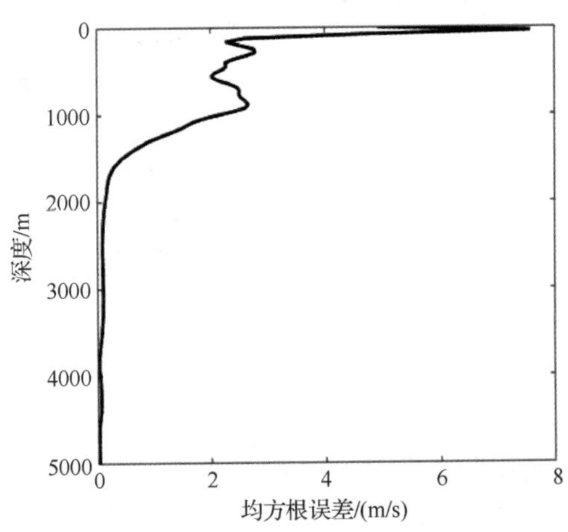

图 8-8　一组声速剖面的均方根误差随深度变化的曲线

仿真中使用 32 元阵列定位深度为 210m，距离为 30km 的声源，频率为 300Hz，阵元间距为半波长。为了得到 WSF-MF 方法在不同声速剖面失配程度下的性能，引入失配指数 β：前述经验正交函数权值的取值范围被扩大 β 倍，则随 β 增加或减小，随机产生的声速剖面的失配程度也呈增加或减小趋势。当 β 为 0 时，表示没有失配。在不同的信噪比下，由 WSF-MF 方法得到的可靠定位概率随失配指数的变化如图 8-9 所示。随失配指数的升高，可靠定位概率降低，并且降低的幅度与信噪比无关。这说明声速剖面失配引起了多途到达

角失配，从而导致了可靠定位概率下降，不受随机噪声的影响。随机噪声的影响已被WSF-MF方法抑制。需要说明的是，根据可靠定位概率的定义，其值与所选取的真实声源附近的长方形区域的大小有关。因此，为了更直观地说明声速剖面失配对定位误差的影响，引入深度估计和距离估计的均方根误差。

$$\mathrm{RMS}_{深度}=\sqrt{\frac{1}{N}\sum_{i=1}^{N}\left|z_i-z_\mathrm{r}\right|^2} \tag{8-11}$$

$$\mathrm{RMS}_{距离}=\sqrt{\frac{1}{N}\sum_{i=1}^{N}\left|r_i-r_\mathrm{r}\right|^2} \tag{8-12}$$

式中，N为仿真次数，即随机声速剖面的数目，z_i和r_i分别为第i个该仿真估计的声源深度和距离，z_r和r_r分别为声源的真实深度和距离。在信噪比为0dB时，不同失配指数下的深度估计值和距离估计值的均方根误差见表8-1。随着失配指数升高，深度估计和距离估计的均方根误差也升高，但是值得注意的是，即使失配指数为2时，距离估计的均方根误差仍小于0.3km，只有真实目标距离的1%。这说明即使声速剖面严重失配，距离的估计值也是可信的。相对而言，深度估计的结果在声速剖面失配明显的情况下，误差较大。当失配指数为1时，深度估计的均方根误差也高达94m。

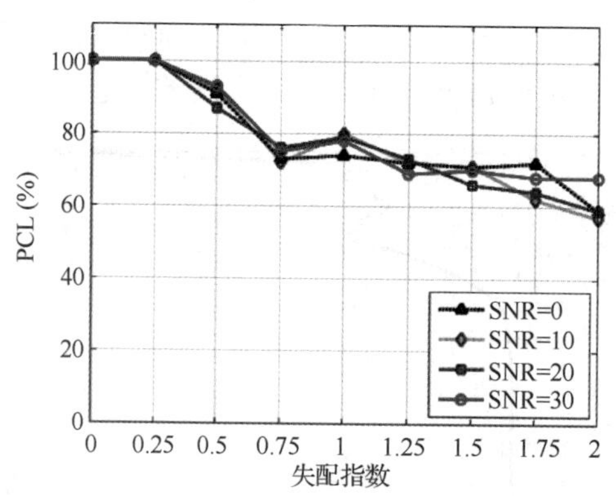

图8-9　不同信噪比条件下，由WSF-MF方法得到的可靠定位概率随失配指数的变化

表8-1　不同失配指数下的深度估计值和距离估计值的均方根误差

失配指数	0	0.25	0.5	0.75	1	1.25	1.5	1.75	2
深度估计误差/m	17	21	29	73	94	83	80	82	104
距离估计误差/km	0	0.05	0.05	0.35	0.42	0.32	0.36	0.34	0.29

在匹配场处理中，由于采用常规处理方法，Bartlett 处理器[148]主瓣较宽，且不能有效抑制旁瓣，但其在环境失配环境下比较稳健。在信噪比为0dB时，由WSF-MF方法和Bartlett匹配场得到的可靠定位概率随失配指数的变化如图8-10所示。与WSF-MF方法比较，在可靠声路径环境下，WSF-MF方法比Bartlett处理器的稳健性更高。这主要是因为，在匹配场处理中，不仅利用多途到达角信息，也利用不同多途之间的时延信息和幅度信息，受

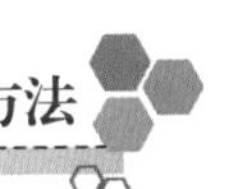

声速剖面失配的影响更加明显。而 WSF-MF 方法仅使用多途到达角信息，且由前述分析知，所有多途信号在通过深海声道轴附近以及上半声道时，掠射角较大。由 Snell 定律可知，此时射线受声速剖面变化的影响小，因此多途到达阵列时的到达角失配较小。

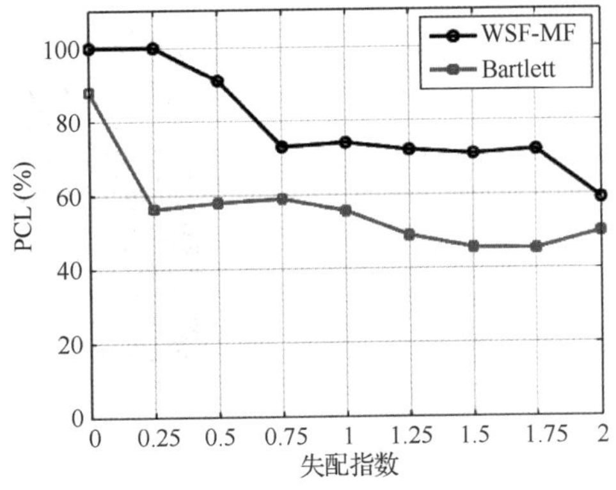

图 8-10　当信噪比为 0dB 时，由 WSF-MF 方法和 Bartlett 匹配场定位方法得到的可靠定位概率随失配指数的变化

8.3　声场空频域联合的定位方法研究

如上节分析，WSF-MF 方法具有一定的局限性，不能稳健地估计声源深度。正如第 4 章和第 6 章所述，WSF-MF 方法需要结合多途时延估计才能准确地估计声源位置，即本书所提出的联合定位方法。本节仅利用直达波到达角估计声源距离，同时介绍一种由多途时延引起的干涉现象，作为利用多途时延的另一种表述。

8.3.1　联合定位方法及算例

垂直线阵列在定点观测中最容易实现，在多数的水声实验中也主要采用垂直线阵列作为声信号接收基阵。在可靠声路径下，可以从 3 个角度分析垂直线阵列接收到的声信号：空域多途到达角、多途时延和多途频域干涉特性。一般情况下，仅使用一类声源信息难以实现准确的目标定位。本章以常规波束形成方法为基础，提出了一种目标距离和深度的联合定位方法。

首先，利用常规波束形成器估计直达波到达角，估计结果和模型计算结果相匹配得到声源距离模糊表面。图 8-11（a）为仿真实验用到的声速剖面，声速剖面由实际海上实验测量得到。当声源深度为 4188m 时，通过 BELLHOP 计算得到的声线束如图 8-11（b）所示，声线弯曲服从 Snell 折射定律。可以看出，在近海面附近，声线掠射角随距离的增大而逐渐减小，但是随深度变化不敏感。因此，声源位置会在深度方向上出现模糊。

然后，利用常规波束形成频域波束输出的周期振荡特性计算声源深度模糊表面。常规波束输出中包含了图 8-11（c）所示的直达波和海面反射波，两者之间的时延信息在频域表

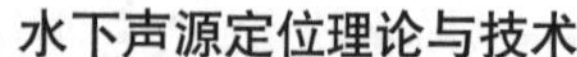
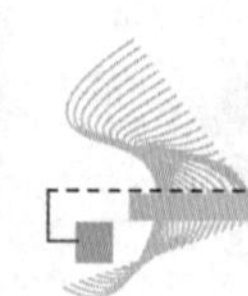

现出明显的周期振荡特性，振荡周期与声源深度和声源距离均有关。

最后，将上述两步得到的模糊表面相结合，得到一个无量纲的模糊表面，其最大值对应声源位置的估计值。下面具体介绍实施步骤。

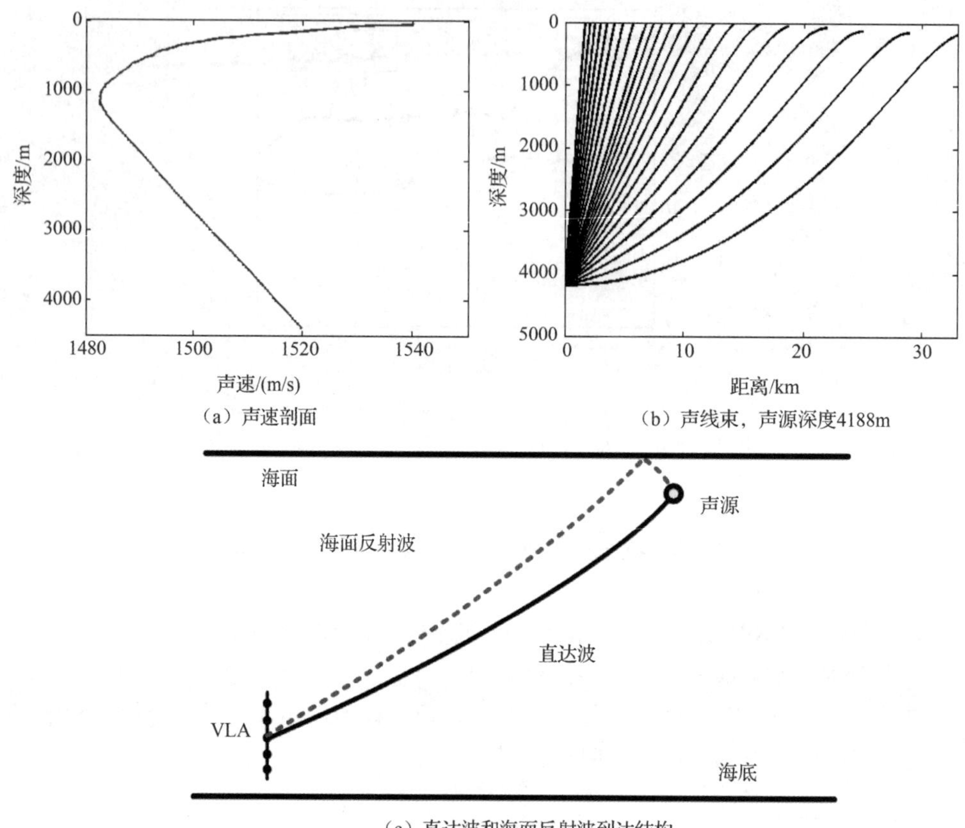

（a）声速剖面

（b）声线束，声源深度4188m

（c）直达波和海面反射波到达结构

图 8-11　联合定位方法基本原理示意

1. 距离估计方法

垂直线阵列布放在深海海底附近，到达接收基阵的近海面目标的辐射声信号可以建模为远场平面波信号。对每个阵元的接收数据进行加权求和，得到信号在某个方向上的功率输出，频间非相干处理的常规宽带功率谱表示为

$$P(\theta)=\frac{1}{L}\sum_{l=1}^{L}\boldsymbol{w}^{\mathrm{H}}(f_l,\theta)\boldsymbol{R}(f_l)\boldsymbol{w}(f_l,\theta) \tag{8-13}$$

式中，L 为频点数；$\boldsymbol{w}$ 为加权向量；H 为共轭转置符号；$\boldsymbol{R}$ 为接收信号的互谱矩阵。

式（8-13）中，$\boldsymbol{R}$ 是频率 f_l 的函数，$\boldsymbol{w}$ 是频率 f_l 和导向方向 θ 的函数，在常规波束形成器中，加权向量 $\boldsymbol{w}$ 表示为

$$\boldsymbol{w}(\theta)=\left[1,\mathrm{e}^{\mathrm{j}kd\cos\theta},\mathrm{e}^{\mathrm{j}2kd\cos\theta},\cdots,\mathrm{e}^{\mathrm{j}(N-1)kd\cos\theta}\right]^{\mathrm{T}} \tag{8-14}$$

式中，d 为阵元间距/m；T 为转置符号；k 为波数，$k = 2\pi f_l / c_{\text{CBF}}$，$c_{\text{CBF}}$ 是常规波束形成器中的参考声速。

为方便起见，假设只有一个目标声源，空间功率谱最大值方向即被测目标方向。但是由于声传播的多途效应，到达接收基阵的声信号实际上是多个不同来波方向信号之间的相干结果，波束输出功率谱中会有多个峰值。但是由于海面和海底界面的反射损失，直达波信号的强度始终是最大的。因此，直达波到达角估计值为

$$\theta_0 = \arg\max_{\theta} P(\theta) \tag{8-15}$$

需要指出的是，估计各类多途信号到达角的高分辨方法有很多，这里采用常规波束形成器，主要是因为其稳健性好，并且其主瓣足够宽，可以允许直达波和海面反射波以最小的能量损耗方式同时进行波束输出，便于后续的声源深度估计。但就直达波到达角估计而言，可以采用高分辨方法。

假设声源位置为 $L_h = [z, r]$，其中，z 为声源深度，r 为声源距离垂直线阵列的水平距离。声源信号的直达波到达角是目标位置的函数，表示为

$$\theta_h = g\left(L_h\right) \tag{8-16}$$

式中，函数 $g(\cdot)$ 由声源和接收水听器之间的声传播环境决定，已知声速剖面时，可以通过射线模型 BELLHOP 计算得到。将声源可能位置分割为有限网格点，计算每个网格点到垂直线阵列的直达波到达角，计算值 θ_h 与估计值 θ_0 相等时对应的网格点即声源位置估计值。模糊表面定义为

$$E_1 = -\left|\theta_0 - \theta_h\right| \tag{8-17}$$

当假设的声源位置与实际目标位置一致时，E_1 取得最大值。E_1 表示两者之间的角度差（°）。

通过一个数值仿真说明定位效果。仿真环境与实验环境一致，且假设海洋环境水平不变，声速剖面如图 8-11（a）所示，海深为 4390m，海底为无限半空间，声速为 1500m/s，密度为 1500kg/m^3，衰减系数为 0.14dB/λ。仿真中，声源深度为 200m，接收距离为 10km，等间距垂直线阵列由 16 阵元组成，阵元间距为 4m，阵列中心深度为 4188m。声源发射宽带随机信号，该信号由高斯白噪声通过带通滤波器得到。为避免波束形成中出现栅瓣，信号频率限定为 100～200Hz。声源信号经过多途传播后到达垂直线阵列的接收信号由射线模型计算得到。

利用常规波束形成器，归一化波束形成输出功率谱，如图 8-12（a）所示，0° 指向海面，180° 指向海底。图中可见两个明显的峰值，分别对应直达波（包括海面反射波）信号和海底反射波信号。海底反射波信号接触海底后反转向上传播，因此到达角大于 90°，由于其声程大于直达波声程，加上海底反射损失，因此其能量远低于直达波信号能量。由于垂直线阵列的孔径有限，常规波束形成器的空间分辨率较低，所以无法分辨直达波和海面反射波，只能得到一个到达角估计值。在仿真中，该到达角的估计值在近距离处接近直达波到达角和海面反射波到达角之间的平均值，在较远距离处则更接近直达波到达角。在实际观测数据中，由于海面波浪等因素的散射影响，海面反射波信号强度小于理论仿真值，

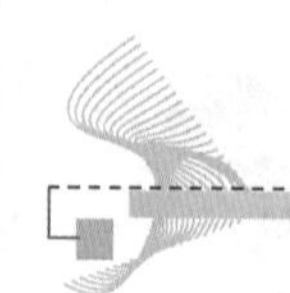

所以这里假设波束输出最大值方向对应直达波到达角是合理的。值得指出的是，即使直达波和海面反射波到达角之差大于波束形成器的空间分辨率，在波束输出中也可能无法清晰地分辨这两类到达角，这是由于常规波束“能量泄漏”导致的[196]。根据式（8-15），直达波到达角 $\theta_0=68.8°$ 。

利用射线模型计算不同搜索网格点对应的直达波到达角 θ_h，利用式（8-17），计算得到的距离模糊表面如图 8-12（b）所示，搜索距离间隔为 100m，深度间隔为 1m。白色星号表示声源位置的真实值。一条相对于垂直方向略微倾斜的模糊直线穿过了声源的真实位置，声源位置估计值在深度上比较模糊。在声源深度搜索范围内，可以看出，声源距离估计值模糊区间较小。因此，实际应用中，仅利用图 8-12（b）可以大概估计声源的距离范围。在后续的性能分析中，可以发现诱导定位误差的因素有很多，由直达波到达角测量误差引起的距离估计误差在目前的研究中是可以接受的。

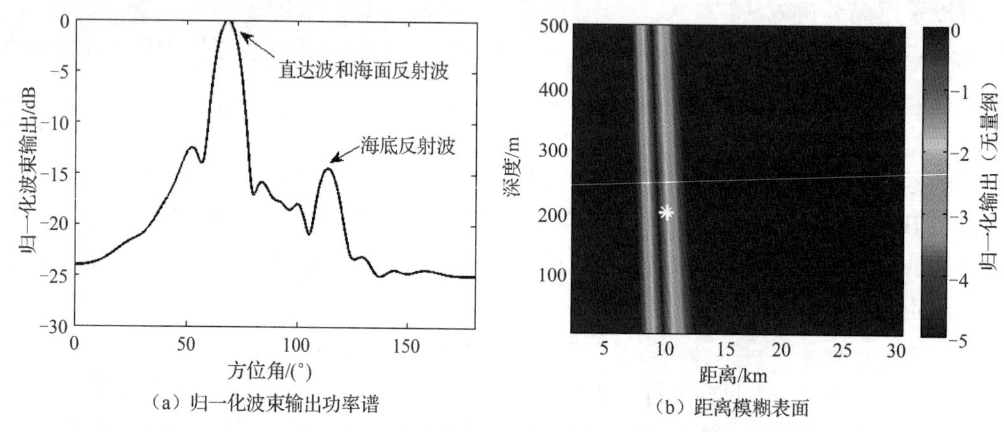

图 8-12　声源距离估计结果（仿真中声源深度为 200m，声源距离为 10km）

综上所述，仅利用直达波到达角信息只能大体估计声源距离，无法给出任何与声源深度有关的实用信息。

2. 深度估计方法

在实际海洋环境中，接收到的强目标声源信号主要是直达波和海面反射波。海底反射类信号在有些情况下也会存在，但是由于海底的反射和散射作用，海底反射类信号往往幅度小，并且在时间上展宽，在空间上发散。因此，在实际信号处理中，海底反射类信号更加难以捕获和有效利用，这里暂不考虑。根据第 3 章的分析，目标深度改变直接影响接收阵的直达波和海面反射波之间的时延差，即 D-SR 时延差。D-SR 时延差对声源深度变化非常敏感。时域接收信号中蕴含的 D-SR 时延差信息转换到频域会表现出明显的周期振荡特点，其振荡周期可以通过虚源理论转换为声源位置信息。因此，通过分析阵列波束输出信号的频域振荡特性，即可得到反映目标深度信息的声源深度模糊表面。

假设垂直线阵列接收到的时域信号为 $\boldsymbol{x}(t)$，利用常规波束形成器估计得到的直达波到达角为 θ_0，然后宽带波束输出得到频域信号 $p(f)$。根据虚源理论，复频域信号 $p(f)$ 可表示为

$$p(f)=\frac{2}{R}\sin\left(\frac{2\pi f}{c}z_{\mathrm{s}}\sin\varphi\right) \tag{8-18}$$

式中，斜距 $R=\sqrt{z_{\mathrm{r}}^{\ 2}+r^2}$，$c$ 是声速，z_{s} 是声源深度，倾斜角 $\varphi=\arctan(z_{\mathrm{r}}/r)$，$z_{\mathrm{r}}$ 是接收器深度。式（8-18）的绝对值为信号能量谱，令其振荡周期为 Δf，可以得到

$$z_{\mathrm{s}}=\frac{c}{2\Delta f\sin\varphi} \tag{8-19}$$

通过离散傅里叶变换可以估计信号能量谱的振荡周期 Δf，假设声源距离已知（距离已知即可得倾斜角 φ），根据式（8-19）即可估计声源深度 z_{s}。然而，实际情况中声源距离是未知的。因此，必须在一定的搜索距离范围内估计声源深度，得到声源深度模糊表面。

$P(f)$ 的能量谱滤去直流分量后，通过离散傅里叶变换得到时域脉冲信号 $g(t)$。此时，声源深度 z 和时间 t 之间的关系可表示为

$$z=\frac{c}{2\sin\varphi}t \tag{8-20}$$

通过式（8-20）将 $g(t)$ 转换到声源深度域，表示为 $g(z)$，其最大值对应的深度即声源深度估计值。声源深度估计值是搜索距离的函数，模糊表面表示为 $h(z,r)$。整个计算过程可以总结成下式：

$$\boldsymbol{x}(t)\underset{\mathrm{CBF}}{\rightarrow}p(f)\underset{\mathit{fft}}{\rightarrow}g(t)\rightarrow g(z)\rightarrow h(z,r) \tag{8-21}$$

须指出的是，根据式（8-20），$g(t)$ 到 $g(z)$ 的转换过程中涉及声速 c。声速 c 在整个推导过程中被假定为常量，然而，实际海洋环境中，声速 c 是深度的函数，因此不同的参数设置会得到不同的声源深度估计值。一般情况下，将接收器深度处的声速值作为参考声速值，可以使估计误差最小。声源深度估计误差和声源-接收器几何位置关系也有关，在近距离处，估计误差相对较小；而在远距离处，估计误差则相对较大。

为了便于表示，归一化的模糊表面定义为

$$E_2=10\log_{10}\left(\frac{h(z,r)}{\max\left[h(z,r)\right]}\right) \tag{8-22}$$

单位为分贝（dB）。模糊表面上的最大值位置表示声源深度估计值。

通过数值仿真说明定位效果，直达波到达角估计值 $\theta_0=68.8°$。通过常规波束形成器得到频域波束输出 $p(f)$，其能量谱如图 8-13（a）所示。因为声源信号频率范围是 100～200Hz，所以波束输出后的信号能量也只集中在 100～200Hz 之间。此外，由于高斯白噪声信号长度有限，其产生的声源信号的能量谱在频域是不均匀的，所以图 8-13（a）所示的能量高低起伏差异较大。但仍然可以看出，信号能量是随频率周期振荡变化的。

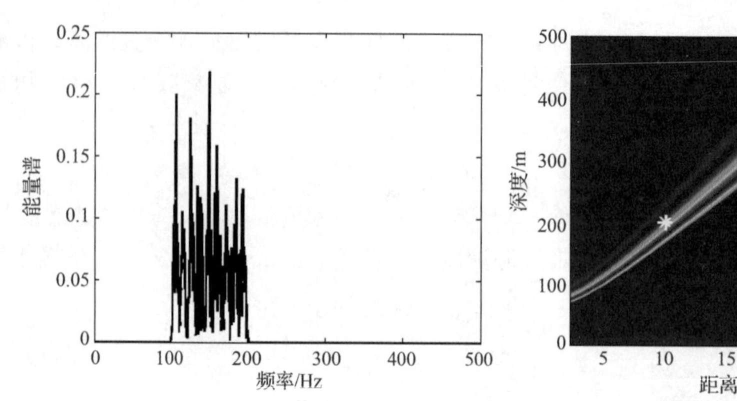

(a) $p(f)$能量谱

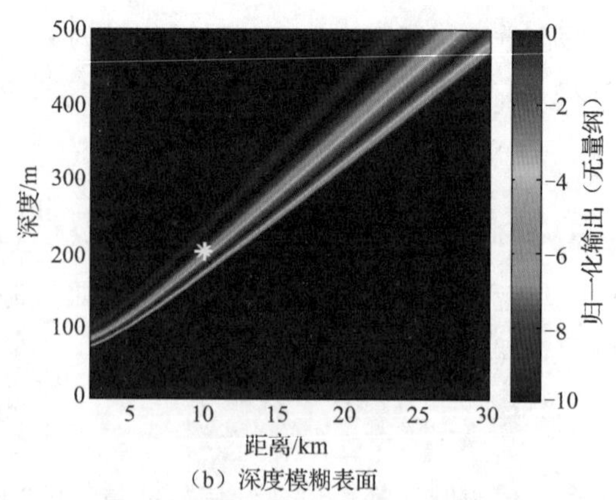

(b) 深度模糊表面

图 8-13 声源深度估计结果（仿真参数同图 8-12）

声源搜索距离从 1km 变化到 30km，距离增量为 100m，计算得到的归一化模糊表面 E_2 如图 8-13（b）所示。白色星号表示声源的真实位置，可以看出，模糊表面上没有唯一的最大值，声源深度估计值强烈依赖于声源搜索距离。此外，与声源距离模糊表面不同的是，声源深度估计值的变化范围很大。因此，单一的深度模糊表面是不能提供一个实用声源深度估计区间的。

但是，在图 8-13（b）中，对于任一的搜索距离，声源深度估计值都远大于水面干扰目标可能的声源深度值[197]。这种特点为水面和水下目标的分类判别提供了一种新的思路，即利用声源深度估计值的变化特点判别水面和水下目标，具体分类方法在 8.3.3 节讨论。

3. 联合定位方法

利用直达波到达角估计值和模型计算结果相匹配得到的距离模糊表面，只能给出一个声源距离估计值的模糊区间，无法估计声源深度。而根据虚源理论，利用 D-SR 时延差在频域的干涉特性得到的深度模糊表面在 D-SR 时延差等值线上出现定位模糊。因此，任何一种方法均无法独立实现无模糊的目标定位。但是可以看出，两种方法的估计结果互为补充。因此，可以将两个模糊表面相结合，本文称为联合定位方法，其模糊函数定义为

$$E_{\mathrm{C}} = \varepsilon \frac{E_1}{\left|m\left(E_1\right)\right|} + \frac{E_2}{\left|m\left(E_2\right)\right|} \tag{8-23}$$

式中，$m(\cdot)$表示取均值，即所有搜索网格点对应结果的平均值，$|\cdot|$表示取绝对值。ε 是调制系数，定义为

$$\varepsilon = \left|\frac{\min\left(E_2\right)}{\min\left(E_1\right)}\right| \tag{8-24}$$

式中，$\min(\cdot)$表示取最小值。

E_{C} 是无量纲参量，其最大值对应的网格点即目标位置估计值。调制系数 ε 只是为了平衡 E_1 和 E_2 的动态范围，不会改变估计结果。

通过数值仿真说明定位效果。针对前述方法得到的两个模糊表面，其联合定位结果如图 8-14 所示，声源深度和声源距离估计值分别是 183m 和 9.7km。估计得到的声源位置与声源真实位置（深度 200m，距离 10km）非常接近，并且在距离和深度方向上均不存在模糊现象。此外，由于 E_C 是无量纲参量，最大值指示声源位置估计值以外，“主瓣”宽度和“旁瓣”位置不具有明确的物理意义。因此，图 8-14 中的色标范围仅供对比参考。

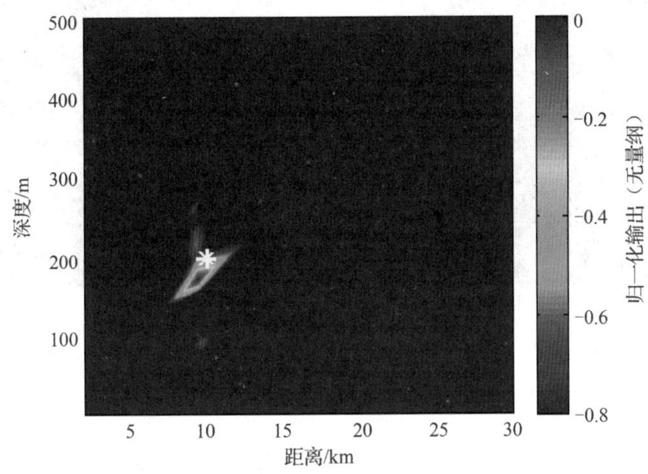

图 8-14　联合定位结果（声源深度估计值为 183m，声源距离估计值为 9.7km）

8.3.2　联合定位方法性能分析

联合定位方法的实施必须满足两个前提条件：直达波到达角的准确估计和频域波束输出有明显的多途干涉特性。其中最难的部分是多途干涉特征的提取，干涉现象的有无直接决定了声源深度估计方法是否有效。信噪比是影响频域波束输出是否有明显多途干涉特征的一个关键因素，因此，本节首先分析接收信噪比条件对声源深度估计方法的影响，然后再讨论由各种测量误差引起的联合定位误差。

1. 信噪比条件

信噪比定义为信号带宽（100～200Hz）内信号总能量与噪声总能量的比值。噪声和信号的生成方法一样。固定水听器的环境噪声总能量，因此，信噪比随着信号总能量的增大而增大。仿真中，声源深度为 200m，声源距离为 10km，且假设声源距离已知，每个水听器接收信噪比从-25dB 增大到 10dB。其余仿真条件与上节仿真条件一致。

下面对比分析单水听器和 16 元垂直线阵列的声源深度估计性能。图 8-15（a）给出了单水听器的声源深度估计结果，可以看出，当信噪比低于-5dB 时，无法利用直达波和海面反射波之间的频域干涉特性准确地估计声源深度。这是由于低信噪比下的多途干涉特性被噪声所掩埋，接收声信号的频域振荡特性反映的不再是声源信号而是随机噪声的能量起伏。同时可以看出，只有当信噪比大于 0dB 时，才能利用单水听器稳健地估计声源深度。

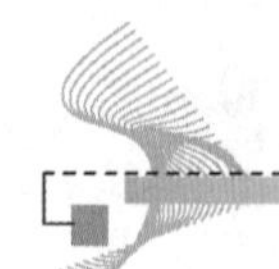

图 8-15（b）给出了 16 元垂直线阵列的声源深度估计结果，相比于单水听器，垂直线阵列所允许的信噪比条件可以低至-15dB，这说明 16 元垂直线阵列提供了 10dB 的阵增益。虽然理论上 16 元均匀垂直线阵列的白噪声阵增益是 12dB，但是由于仿真中多途干涉效应等的影响，在仿真结果中出现了 2dB 的阵增益降低。

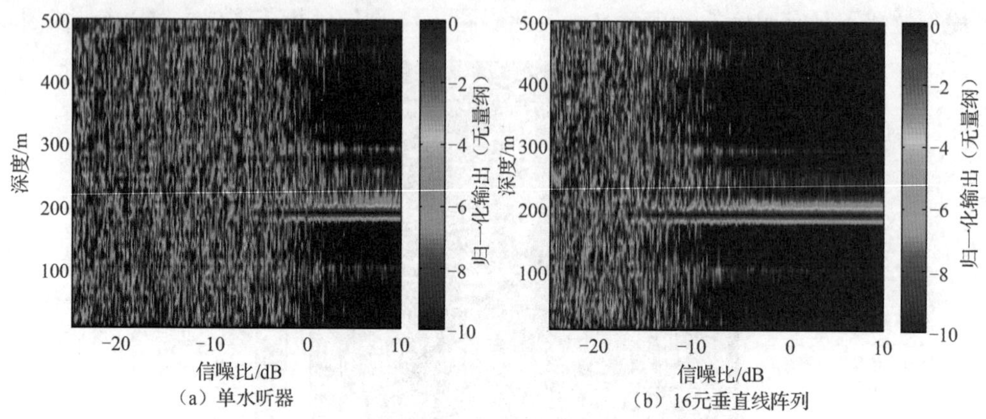

（a）单水听器　　（b）16元垂直线阵列

图 8-15　信噪比对声源深度估计结果的影响

综上所述，对于本课题组所使用的垂直线阵列，只要单水听器接收信噪比大于-15dB，常规波束形成频域波束输出结果是可以用于声源深度估计的。另外，增加阵元数可以提高阵增益，但是阵列孔径太大时也可能会引起其他问题。例如，不同阵元接收信号之间的相干损失会带来阵增益损失；假设波束输出方向对准直达波方向，但是由于波束形成器主瓣过窄，海面反射波出现较大的能量衰减，导致其与直达波之间的干涉现象不再明显等。

2. 误差分析

联合定位误差是声源距离估计误差和声源深度估计误差叠加的结果，包含建模误差和测量误差两部分。

在声源距离估计中，我们假设波束输出功率谱最大值方向为声源信号的直达波到达角，然而，实际上，最大值方向是直达波到达角和海面反射波到达角平衡后的结果，一般情况下，最大值方向介于两个理论到达角之间。并且，海面反射波到达角小于直达波到达角，并且声源越深，两者之间的差距越大。因此，直达波到达角的估计值通常小于直达波到达角的真实值，通过模型匹配得到的声源距离估计值小于真实值，这便是声源距离估计中的建模误差。表 8-2 给出了不同声源-接收器几何位置时的联合定位结果，从表中可以看出，声源距离估计值均小于真实值，距离估计误差均小于 300m。然而，在实际海洋环境中，声源距离越远，到达接收阵列的直达波可能会有更大的由海洋不确定性引起的角度扰动，但由于在模型计算中采用的是单一固定的声速剖面，因此，声源距离越远，距离估计误差可能会越大。

表 8-2　不同声源-接收器几何位置对应的联合定位结果

理论值		估计值	
距离/km	深度/m	距离/km	深度/m
5	100	4.9	97
	200	4.8	196
	300	4.7	295
10	100	9.9	90
	200	9.7	183
	300	9.7	289
15	100	14.9	85
	200	14.8	180
	300	14.7	280
20	100	19.8	50
	200	19.8	145
	300	19.7	255

测量误差是引起距离估计误差的另一重要因素。引起测量误差的因素有阵列倾斜、海洋的不确定性扰动以及波束形成器中参考声速值 c_{CBF} 的选取等。仿真中的测距误差主要是由建模误差引起的，而实验数据中的距离估计误差还会包含测量误差。

在声源深度估计中，建模误差主要是由虚源理论得到的声场干涉周期与实际声场干涉周期之间的差异导致的。直达波和海面反射波之间的相干相长周期在时域由 D-SR 时延差反映。假设声源深度和接收器深度分别是 200m 和 4188m，图 8-16 给出了 D-SR 时延差随声源距离的变化曲线，其中红色虚线表示由 BELLHOP 计算得到的理论 D-SR 时延差，代表真实值；假设声速恒为 1510m/s，蓝色实线表示根据虚源理论计算得到的 D-SR 时延差，代表建模结果。可以看出，真实值小于模型计算结果。因此，声源深度估计值小于真实值，并且随着距离的增大，声源深度估计误差也越大。例如，当声源距离为 10km 时，实际的 D-SR 时延差为 89.95ms，但是根据虚源理论计算得到的 D-SR 时延差为 102.3ms，在声源距离不变时，随着声源深度的减小 D-SR 时延差也减小。因此，为了和实际的 D-SR 时延差相匹配，必须减小声源深度估计值，从而使声源深度估计值小于真实值。从表 8-2 中也可以看出，随着距离的增大，声源深度估计误差也逐渐增大。

声源深度估计方法中的测量误差主要是受干涉振荡周期估计误差的影响。对于位置较深的声源，干涉振荡周期较小，因此估计其周期需要的带宽也可以相对较小。但是当声源深度较浅时，对应的干涉振荡周期较大，因此需要很大的带宽才能准确估计其振荡周期。但是，增大信号处理带宽后，由于不同频段的信号能量可能会有很大的差别，此时，估计得到的干涉振荡周期如果不准确，反而会引入更多的声源深度估计误差。

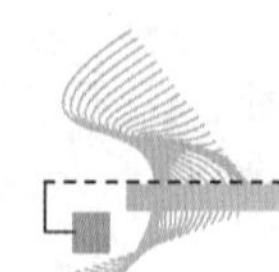

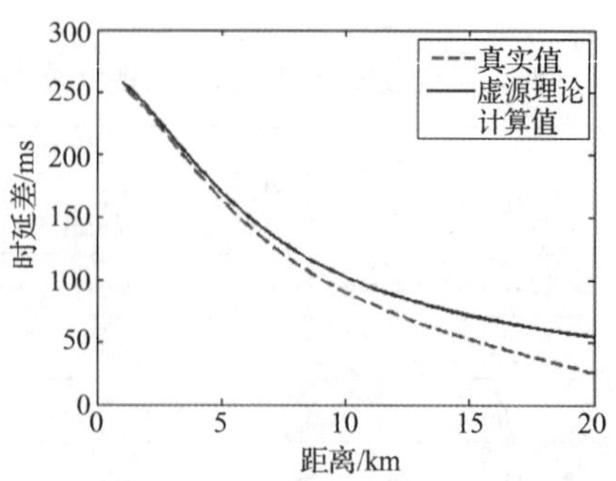

图 8-16　D-SR 时延差随声源距离的变化曲线（声源深度和接收器深度分别是 200m 和 4188m）

8.3.3　联合定位方法应用于水面和水下声源分类

前面提出的声源距离和声源深度联合定位方法，实现了目标位置的粗略估计。但在实际水下被动探测中，最为迫切的任务是水面和水下目标的分类判别。假设目标距离未知，在深度估计方法基础上，本节提出了一种无须声场模型辅助的稳健的水面和水下目标分类方法。该方法不具体要求接收阵列的几何形式，可以是圆环阵列、平面阵列或者水平阵列等，如果信噪比足够高，对单水听器同样适用。

1. 分类原理

水面目标主要是指各类舰艇、商船和渔船等，通过卫星、雷达等方式可以实现目标定位，但对于水下信息对抗来讲，尤其是水下目标被动探测，它们辐射或主动发射的信号往往被视作干扰信号。研究人员感兴趣的水下目标主要是各类潜艇，目前只能通过水声信号对其进行有效探测与定位。表 8-3 给出了常见船舶的等效声源深度及其声源级[176]。从表中可以看出，无论哪种水面干扰目标，对于水下被动探测系统来讲均属于一类浅声源，其声源深度不超过 20m。但报道中可见的各类潜艇下潜深度在 300m 左右，部分攻击型核潜艇的下潜深度可达 600m。对比可见，潜艇的下潜深度范围很大，而水面干扰目标的声源深度范围却是有限的。通过 8.3.2 节的分析可知，可以通过目标深度估计值的变化范围来判别水面和水下目标。

目标深度估计方法同样是基于接收信号的频域周期振荡特性，其基本原理和计算流程同 8.3.1 节深度估计方法。根据式（8-21），声源深度估计值 z_{est} 表示为

$$z_{\text{est}}(r) = \arg\max_{z} h(z,r) \tag{8-25}$$

z_{est} 是搜索距离 r 的函数，在搜索距离范围内，其最大值设为 $z_{\max}$。对于水面目标，由于其声源深度一般不超过 20m，所以无论哪种水面目标，在搜索距离范围内，$z_{\max}$ 必有上限值，上限值记为 Z_0，本书称之为检测阈值。定义零假设和备选假设分别为

$$\begin{aligned} H_0 &: z_{\max} < Z_0 \\ H_1 &: z_{\max} \geqslant Z_0 \end{aligned} \tag{8-26}$$

当 H_0 为真时，目标判别为水面目标；反之，目标判别为水下目标。

表 8-3　常见船舶的等效声源深度及其声源级

船舶类型	等效声源深度/m	声源级/dB	
		50Hz	300Hz
超大型油轮	20	181.0	156.4
大型油轮	13	177.0	152.4
普通油轮	3	168.0	143.4
商船	8	159.0	134.4
渔船	1.7	150.0	125.4

2. 仿真分析

本节首先在典型的深海环境下，仿真分析水面目标深度估计值的变化范围，确定检测阈值 Z_0；然后将检测阈值 Z_0 转换为 D-SR 时延差信息，通过射线模型划分水下目标的检测区域和漏报区域，评估该方法的性能。

仿真中，海深为 5000m，声速剖面为典型的深海 Munk 声速剖面。海底为无限半空间，声速为 1500m/s，密度为 1500kg/m^3，衰减系数为 0.14dB/λ。因为常见水面目标的等效深度最大值为 20m，所以，为确定检测阈值 Z_0，仿真中声源深度设为 20m。其余仿真参数：接收器深度为 4900m、声源搜索距离为 1～30km、宽带信号频率为 200～2000Hz。

假设声源距离为 1km，接收信号的频域能量谱如图 8-17（a）所示，振荡周期大约为 39Hz。当声源距离是 30km 时，振荡周期大约为 240Hz，如图 8-17（b）所示。振荡周期增大的主要原因是，声源距离越大倾斜角 φ 越小，由式（8-19）得到的振荡周期也就随着距离的增大而增大。

图 8-17 中的频域能量谱去直流分量后，通过离散傅里叶变换转换到时域。图 8-18 给出了对应的时域脉冲信号。横轴时间信息可以通过式（8-20）转换为声源深度信息，此时归一化幅度最大值对应的声源深度即声源深度估计值。根据式（8-25），图 8-19 给出了声源深度估计值随搜索距离的变化曲线，可以看出，对于声源距离为 1km 的仿真信号，当搜索距离从 1km 变化到 30km 时，声源深度估计值从 20.6m 逐渐增大到 126m，如图 8-19 中蓝色实线所示。并且当搜索距离大于真实声源距离时，声源深度估计值要大于真实值。而对于声源距离为 30km 的仿真信号，情况正好相反，只有当搜索距离增大到 30km 时，声源深度估计值才接近真实值，如图 8-19 中虚线所示。对于不同声源距离的仿真信号，图 8-20 给出了最大声源深度估计值随声源距离的变化曲线。可以看出，在 1～30km 距离搜索范围内，真实声源距离越小，得到的最大声源深度估计值越大。根据前面的分析，检测阈值 Z_0 应为距离搜索范围内的最大声源深度估计值，因此，可以得出：在典型的深海 Munk 声速剖面环境下，假设水面目标等效声源深度不大于 20m，并且目标在 1～30km 距离内活动，在对应的距离搜索范围内，那么可知检测阈值 Z_0=126m。

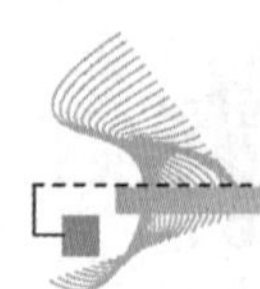
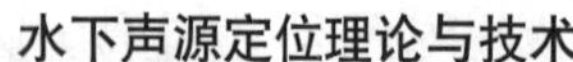

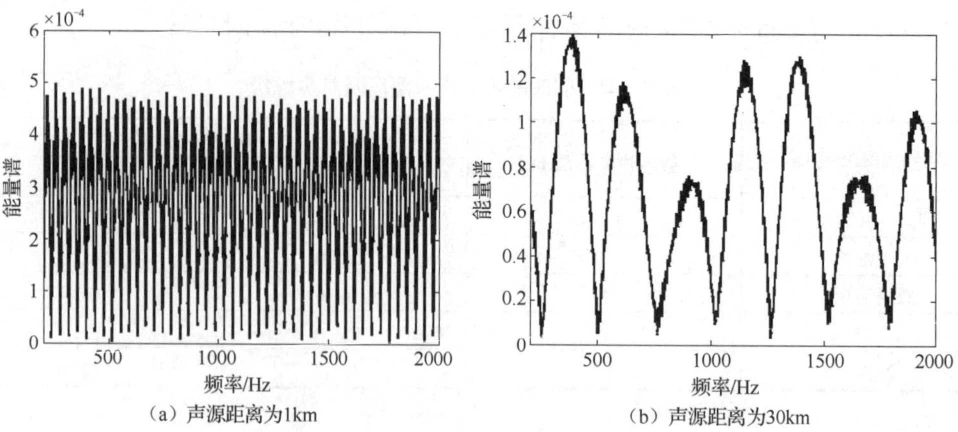

图 8-17　接收信号的频域能量谱（声源深度为 20m，接收器深度为 4900m）

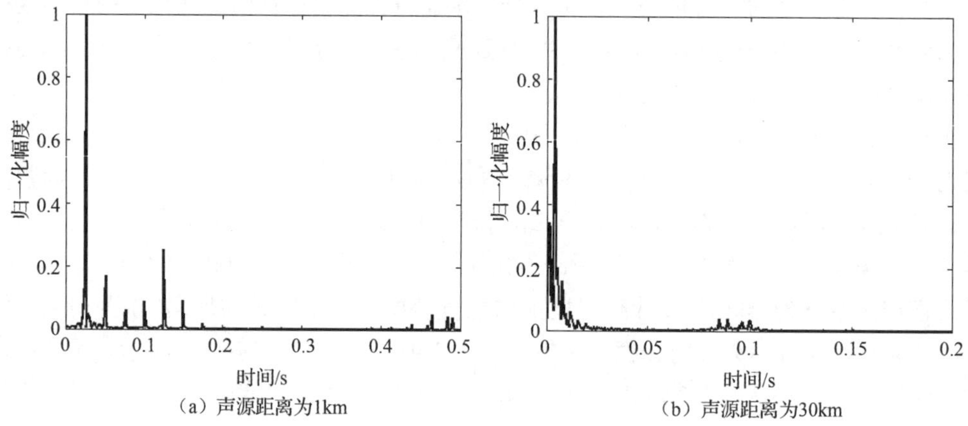

图 8-18　时域脉冲信号（声源深度为 20m，接收器深度为 4900m）

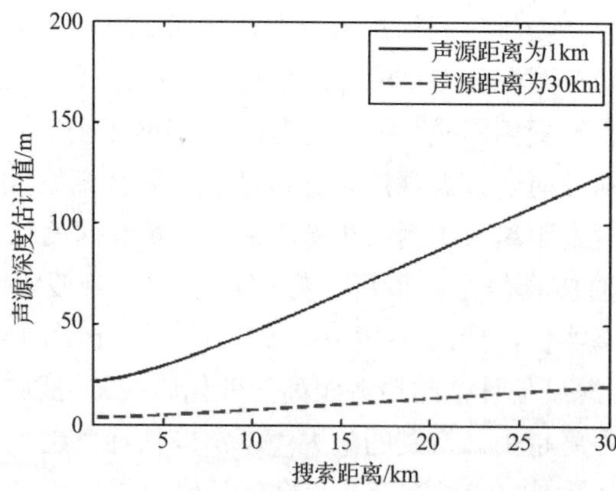

图 8-19　声源深度估计值随搜索距离的变化曲线（声源深度为 20m）

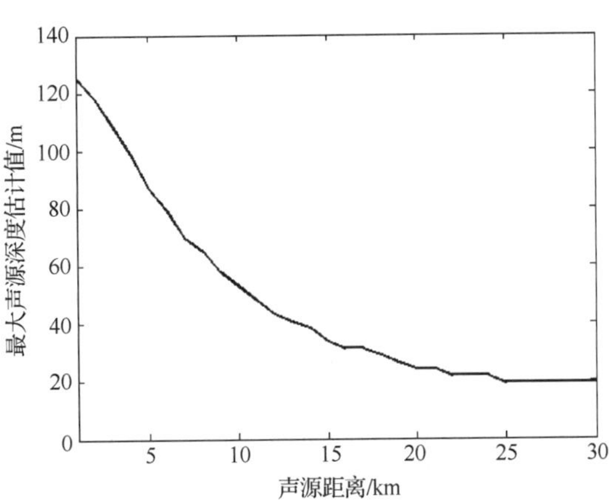

图 8-20　最大声源深度估计值随声源距离的变化曲线（声源深度为 20m）

通过一个仿真实例验证分类方法的有效性。在典型深海 Munk 声速剖面仿真环境下，假设水面目标声源深度为 10m，水下目标声源深度为 200m，声源距离均为 10km，单水听器深度为 4900m，目标距离搜索范围为 1～30km，设定检测阈值 Z_0=126m。

声源深度估计值随搜索距离的变化曲线如图 8-21 所示。对于真实声源深度为 10m 的目标，最大声源深度估计值 $z_{\max}$=27m，H_0 成立，判定为水面目标。而对于真实声源深度为 200m 的目标，最大声源深度估计值 $z_{\max}$=549m，H_1 成立，判定为水下目标。

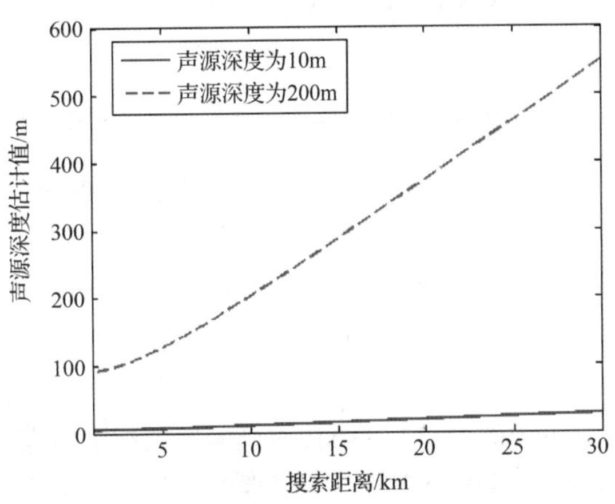

图 8-21　声源深度估计值随搜索距离的变化曲线（声源距离为 10km）

需要指出的是，对于给定的检测阈值 Z_0=126m，会存在一个水下目标漏报区域。例如，假设声源深度为 100m，声源距离为 30km，根据前面的讨论，在 1～30km 距离搜索范围内，最大声源深度估计值 $z_{\max}$ 不会超过 100m。因此，目标会被判定为水面目标，引起水下目标的漏报。

为了确定漏报区域，评估水下目标的检测概率，将检测阈值 Z_0 转换为 D-SR 时延差信息。具体原理解释如下：在 1～30km 距离搜索范围内，检测阈值 Z_0=126m 实际上对应的是真实声源距离为 1km 的目标在 30km 处的声源深度估计值。假设声源距离为 30km、声源深度为 126m 时，对应的接收信号频域振荡周期为 Δf_0，根据深度分类原理，只要未知信号的频域振荡周期 Δf 大于 Δf_0，由式（8-19）得到的声源深度估计值必定小于 Δf_0 对应的声源深度估计值 Z_0。此时，目标被判定为水面目标。从时域角度来看，只要接收信号的 D-SR 时延差小于 Δf_0 对应的 D-SR 时延差，目标即水面目标。D-SR 时延差等值线如图 8-22 所示，距离为 30km、深度为 126m 时对应的 D-SR 时延差为 0.0297s。因此，对于 D-SR 时延差小于 0.0297s 的搜索区域，均被判定为水面目标区域。

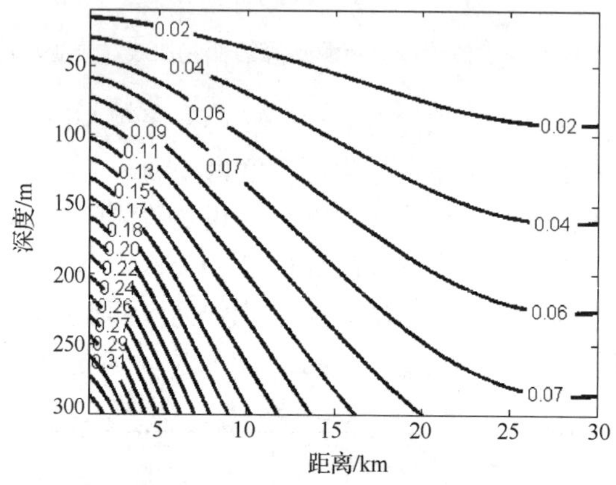

图 8-22　D-SR 时延差等值线（接收器深度 4900m）

D-SR 时延差等于 0.0297s 的等值线将目标距离-深度搜索范围划分为 *A*、*B* 两部分，典型深海仿真环境下，水面目标判定区域 *A* 与水下目标判定区域 *B* 对比，如图 8-23 所示。*A* 区域中的目标被判定为水面目标，*B* 区域中的目标被判定为水下目标。图 8-23 中的虚线是水面、水下目标在 20m 深度的分界线，可以看出，在该仿真条件下，20m 深度分界线和 0.0297s 等值线没有交点，但在实际中，声速剖面、接收器深度以及搜索距离等参数的改变影响检测阈值 Z_0 的同时，也会改变对应 D-SR 时延差等值线的位置。因此，在其他仿真或者实际海洋环境背景下，20m 深度分界线与所需要的等值线可能会有交叉点。定义虚线上方的搜索区域为 A_1 区域，虚线下方的 *A* 区域剩余部分为 A_2 区域。由此可以计算得到，水下目标的检测概率为 $B/(A_2+B)$，漏报概率为 $A_2/(A_2+B)$。

在实践中，针对不同的目标搜索海区（海区不同声速剖面变化较大，由此计算得到 D-SR 时延差分布也不同），设定水面目标等效声源深度最大值（如 20m），给出目标距离搜索范围（如 1～30km），计算检测阈值 Z_0；然后利用射线模型计算检测阈值 Z_0 对应的 D-SR 时延差等值线，划分水下目标判定区域 *B* 和水面目标判定区域 *A*。

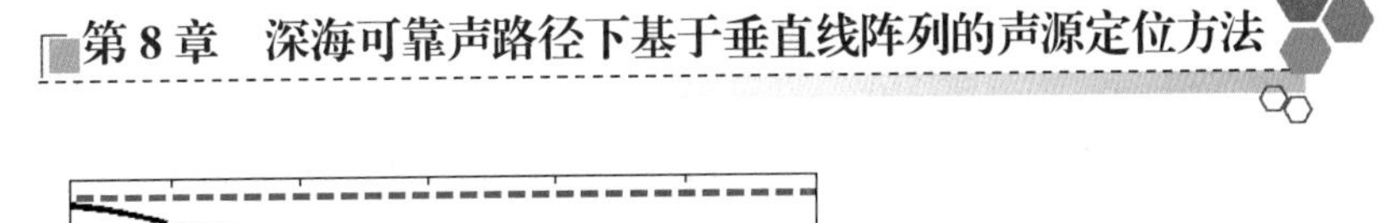

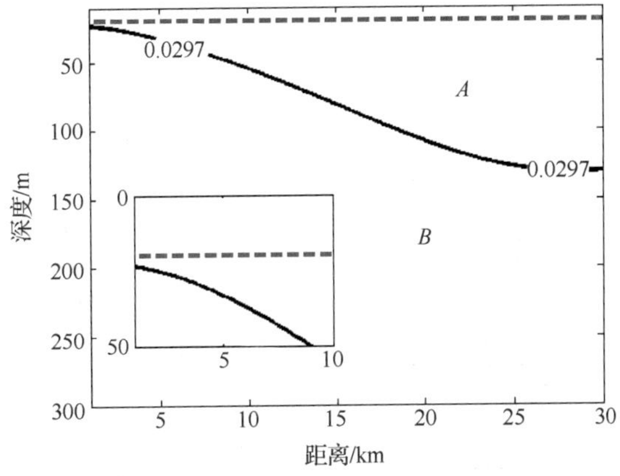

虚线表示水面或水下目标在 20m 深度的分界线

图 8-23　典型深海仿真环境下，水面目标判定区域 A 与水下目标判定区域 B 对比

8.3.4　实验数据处理

1. 联合定位方法

本节通过海上实验数据验证所提联合定位方法的有效性。该实验是 2014 年在中国南海某海域进行的，实验海域的声速剖面如图 8-11（a）所示，声道轴深度大约 1150m，海面到海深 1663m 之间的声速由 CTD 测量得到，海深 1664m 到海底之间的声速根据经验公式计算得到。16 元等间距垂直线阵列布放在海底附近，整个实验过程中主要采集噪声信号。工作期间，垂直线阵列收到了若干组用于声源级校准的爆炸声信号，爆炸声信号在第 5 章中已经用于近海面阵列的定位方法验证。

图 8-24 给出了一组深度为 300m 爆炸声源信号的联合定位结果。图 8-24（a）是各阵元同步接收到的 300m 爆炸声源的多途到达信号。在整个实验过程中，第 9 号阵元接收异常，因此在数据处理中予以剔除。为了突出信号的多途到达结构，时间窗设置为 144ms。首先可以看出，每个阵元接收到的多途声信号主要由直达波、海面反射波及它们的一次脉动信号组成。其次，不同阵元间的直达波信号到达时延差明显。气泡脉动信号是由于声源爆炸产生的冲击气泡破碎导致的，其到达时间和声源深度、TNT 当量等因素有关。由于气泡脉动的存在不影响声源方位估计，并且在波束输出中也不显著影响直达波和海面反射波之间的频域干涉振荡特性，所以在实验数据处理过程中对气泡脉动不采取任何特别措施。

为了避免栅瓣，波束形成中频率范围限定为 100～200Hz。图 8-24（b）是利用常规波束形成器得到的常规宽带波束输出功率谱，直达波到达角估计值 $\theta_0 = 78.7°$。波束形成加权向量导向 78.7°，得到频域波束输出信号 $p(f)$，如图 8-24（c）所示。能量谱随频率振荡明显，其振荡周期由声源位置决定。根据式（8-23），联合定位结果如图 8-24（d）所示，声源距离和声源深度估计值分别是 16.5km 和 293m。根据气泡脉动滞后时间，爆炸声源的爆炸深度大约是 310m；根据船载 GPS 记录信息，实际的声源距离大约是 17km。图 8-24（d）中的白色星号表示真实的声源位置。距离估计误差大约是 3%，深度估计误差大约是 5%。

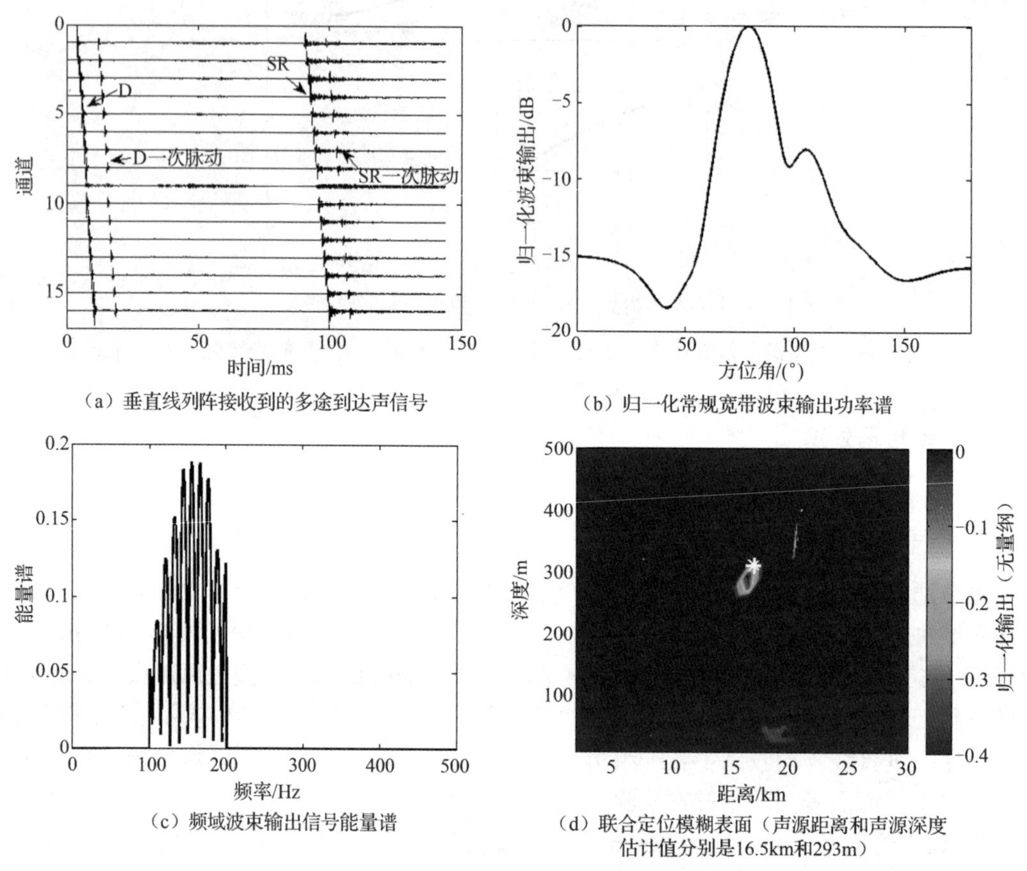

（a）垂直线列阵接收到的多途到达声信号

（b）归一化常规宽带波束输出功率谱

（c）频域波束输出信号能量谱

（d）联合定位模糊表面（声源距离和声源深度估计值分别是16.5km和293m）

图 8-24　深度为 300m 的爆炸声源信号的联合定位结果

图 8-25 给出了一组深度为 50m 爆炸声源信号的联合定位结果，处理流程同 300m 爆炸声源信号的流程。与图 8-24 相比，有两点区别：一是直达波和海面反射波之后才是气泡脉动信号，如图 8-25（a）所示；二是由于声源较浅，频域干涉周期远大于 300m 爆炸声源的频域干涉周期，如图 8-25（c）所示。为了估计声源深度，波束输出信号的频域范围扩大为 100～1000Hz。声源距离和声源深度估计值分别是 18.5km 和 35m。根据气泡脉动的滞后时间，声源的爆炸深度大约是 55m；根据船载 GPS 记录信息，实际的声源距离大约是 19km。因此，距离估计误差大约是 3%，深度估计误差大约是 36%。深度估计误差超出了常规定位方法所能接受的误差范围，此时深度估计方法不再适用。声源深度估计误差之大的原因是，声源深度估计方法是建立在虚源理论基础之上的，当 D-SR 时延差测量值相对于虚源理论得到的理论值波动较大时，深度估计误差就会很大。

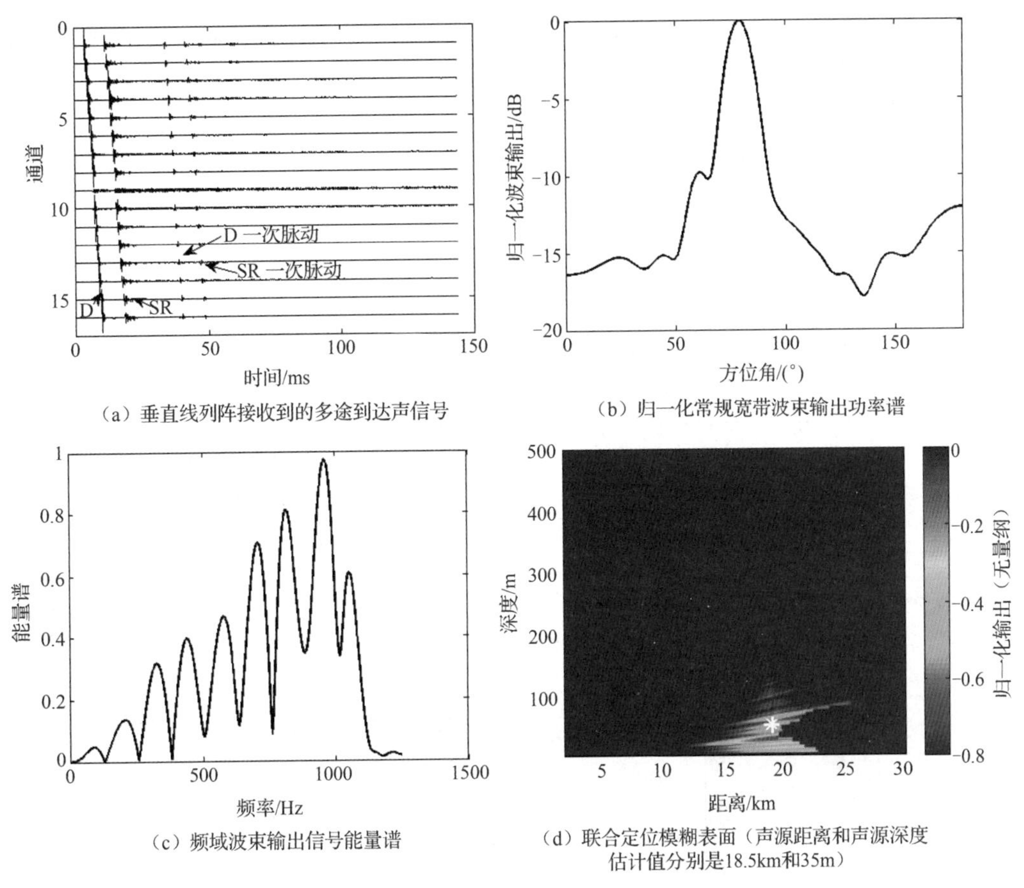

（a）垂直线列阵接收到的多途到达声信号

（b）归一化常规宽带波束输出功率谱

（c）频域波束输出信号能量谱

（d）联合定位模糊表面（声源距离和声源深度估计值分别是18.5km和35m）

图 8-25　深度为 50m 的爆炸声源信号的联合定位结果

2. 水面和水下声源分类

由于单水听器接收信噪比远大于 0dB，所以本节仅利用第 1 号水听器（接收器深度为 4158m）进行水面、水下目标的分类判别。假设水面目标等效声源深度最大值为 20m，目标距离搜索范围为 1～20km，根据上节给出的计算方法，检测阈值 Z_0=95m。

图 8-26（a）给出了 300m 爆炸声源的深度估计值随搜索距离的变化曲线。可以看出，最大声源深度估计值 z_{max}=473m，H_1 成立，判定为水下目标。图 8-26（b）是深度为 50m 的爆炸声源的深度估计值随搜索距离的变化曲线，最大声源深度估计值 z_{max}=56m，H_0 成立，判定为水面目标。但是理论上两者均属于水下目标声源，后者显然属于误报。

图 8-27 给出了目标搜索距离范围内，实验海区水面目标判定区域 A 与水下目标判定区域 B 对比结果，其中红色虚线表示水面、水下目标 20m 深度分界线。可以看出，20m 深度分界线与检测阈值 Z_0 对应的 D-SR 时延差等值线有交点。在 A 区域，我们称红色虚线上方的搜索区域为 A_1 区域，红色虚线下方的搜索区域为 A_2 区域；在 B 区域，我们称红色虚线上方的搜索区域为 B_1 区域，红色虚线下方的搜索区域为 B_2 区域。可以看出，A_2 区域属于

水下目标的漏报区域，即出现在该区域的水下目标会被判定为水面目标；B_1 区域属于水下目标的虚警区域，即出现在该区域的水面目标会被判定为水下目标。

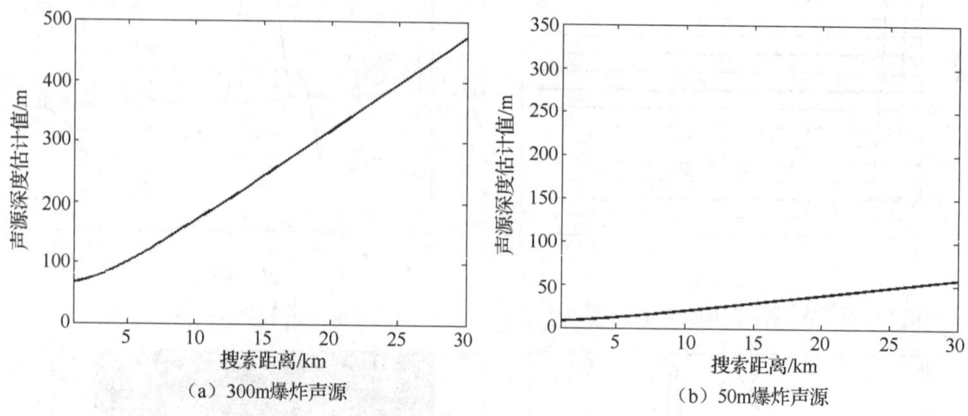

图 8-26　爆炸声源深度估计值随搜索距离的变化曲线

根据 8.3.2 节的分析结果，对于该部分实验用到的深度为 50m 的爆炸声源，其真实声源距离大约为 19km，真实声源深度约为 65m。从图 8-27 中可以看出，该声源恰好出现在 A_2 区域，属于水下目标漏报区域，因此被判定为水面目标。

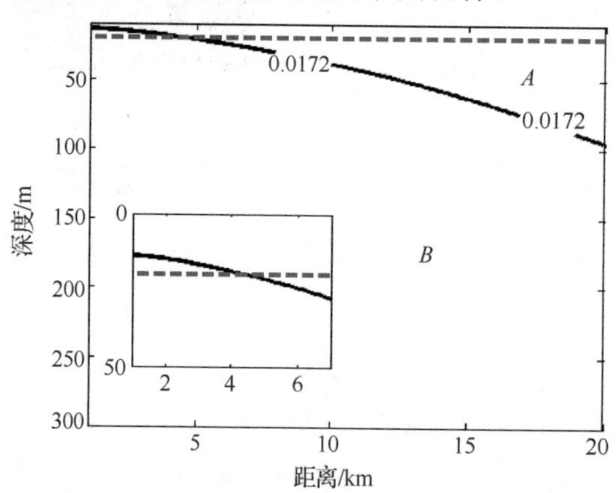

图 8-27　实验海区水面目标判定区域 A 与水下目标判定区域 B 对比结果，红色虚线表示水面、水下目标在 20m 深度的分界线

本章小结

在窄带信号的条件下，多途到达时延难以估计。本章基于多途到达角信息，使用 WSF-MF 方法在可靠声路径环境下估计声源位置。主要特点如下：

（1）WSF-MF 方法不是直接估计多途到达角，而是通过最小化阵列流形张成空间和信号空间的距离，从而在距离-深度平面上形成模糊平面，所得结果直观。WSF-MF 利用了

WSF 方法的噪声抑制性能，因此对噪声的抑制效果明显。

（2）模糊平面没有伪峰，但唯一的峰值会随着信噪比降低和阵元数的减小变得模糊，且深度方向上的分辨率降低较快。因此，声源深度估计对信噪比和阵元数目的要求较高。在低频范畴内，当阵元间距为半波长时，使用 32 元阵可以在信噪比高于 0dB 时获得较好的性能。

（3）WSF-MF 对声速剖面失配不敏感，稳健性较好。在距离方向上，即使失配程度较高，该方法也可以较为准确地估计声源距离。

基于垂直线阵列常规波束形成，本章提出了一种空频域联合的宽带声源定位方法。该方法将声源距离和深度分别估计，得到两个模糊表面，然后将两者相结合，得到一个无量纲的模糊表面，模糊表面的最大值位置对应目标位置估计值。仿真和实验数据验证了方法的有效性，并且定位结果在距离维、深度维上均不存在模糊现象。该方法实际上利用了两种时延信息：接收器之间直达波到达时延差信息及频域波束输出中的 D-SR 时延差信息，前者对应声源距离估计，后者对应声源深度估计。

对于声源距离估计，首先通过常规宽带波束形成方法估计声源信号的直达波到达角，然后在目标位置搜索范围内利用射线模型计算直达波到达角的理论值，估计值和理论值之差最小之处对应目标位置估计值。对于声源深度估计，首先计算频域波束输出的干涉振荡周期，然后利用虚源理论将振荡周期转换为目标深度模糊函数。联合定位方法的一个优势在于，利用垂直线阵列波束形成，充分增强了频域信号的干涉特性，使目标深度估计结果更为稳健。

最后，在联合定位方法基础上，提出了一种稳健的水面、水下目标分类判别方法。根据水面、水下目标的深度变化特点，在目标距离搜索范围内计算最大声源深度估计值，设定检测阈值 Z_0；当未知信号的最大声源深度估计值大于 Z_0 时，即可判别为水下目标。所提分类方法原理简单、易于实施，并且稳健性较好，在深海大深度接收条件下，适用于水下目标自主预警系统。

第 9 章　深海可靠声路径下的干涉条纹特征及其应用

9.1　概　　述

本章的研究对象为可靠声路径环境中的一个条纹现象：声源水平运动，发射宽带信号，将位于临界深度以下的单水听器的接收信号频谱随声源距离的变化画成伪彩图，可以观察到明暗相间的条纹，称为 RAP 干涉条纹。RAP 干涉条纹的建模过程如下：

（1）使用简正波的射线描述方法，揭示了劳埃德镜中明暗波束的形成机理并给出了定量计算该波束深度-距离分布的方法。

（2）距离-频率二维平面内的 RAP 干涉条纹在任一频率处的断面，与该频率的劳埃德镜在接收水听器深度处的干涉结果对应。

（3）综合前两步的结果，得到定量计算 RAP 干涉条纹频率-距离分布的方法。RAP 干涉条纹的分布与声源位置密切相关，对声源深度非常敏感，适用于声源深度的估计。本章提出了两种分别适用于确定性环境和不确定性环境的声源深度分类方法，并用仿真和实验数据进行了验证。

定量描述 RAP 干涉条纹轨迹的关键方法是基于简正波的射线描述方法。利用声场的射线描述方法可以确定声能的传播路径，但是不能估计劳埃德镜中明暗波束的出射角度；声场的简正波可描述为一组加权模态的和，每个模态虽然有等价的出射角，但其在声场中的贡献并不明确，所以波束的轨迹无法通过单个模态的分析给出。本章中，每个波束被理解为一组邻近模态从海面出射，是按斯涅尔定律（Snell's Law）传播形成的。该组模态的出射角是这组模态的中心模态的等价出射角。每组模态的中心模态遵循如下规律：若中心模态的模态函数在声源深度处为波节（幅度为 0），则这组模态对应的波束为相消波束；若为波峰（幅度为局部极值），则对应的为相干波束。然后，通过中心模态的等价出射角就可以得到相应波束的轨迹。

本章 9.2 节分析了劳埃德镜中明暗波束形成的物理机理及其轨迹的计算方法；9.3 节给出了 RAP 干涉条纹的形成过程，并给出了其轨迹的计算方法；9.4 节提出了基于 RAP 干涉条纹的声源深度估计方法；9.5 节利用实验数据验证了深度估计方法。

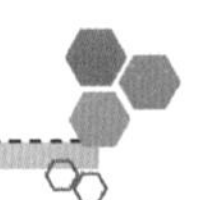

9.2　劳埃德镜的简正波分析

在深海环境中，低纬度海区的深海声道轴一般出现在 1000m 左右深度处，因此其劳埃德波束以向上折射的类抛物线传播。波束的宽度、数量和强度等特性与声源深度和频率密切相关。本节将给出波束形成的物理机理及波束轨迹的计算方法。本节的仿真均采用简正波程序 KRAKEN[198]。

9.2.1　等声速波导环境

首先研究等声速波导环境下的劳埃德镜干涉现象。众所周知，当声源靠近平滑全反射的海面时，如图 9-1 所示的干涉声场正是典型的劳埃德镜干涉现象。声源深度为 100m，频率为 100Hz。劳埃德镜的相干波束的方向为

$$\sin\theta^n = (2n-1)\frac{\pi}{2kz_s}, \qquad n = 1,2,\cdots \tag{9-1}$$

式中，θ^n 为第 n 个相干波束的方向，以水平方向（0°）作为参考方向；z_s 为声源深度，k 为波数。

式（9-1）是基于射线理论推导的，不易于推广到任一声速剖面的环境。在下述分析中，我们将利用简正波理论推导波束的方向，所得出的结论可以容易地推广到任一声速剖面环境。

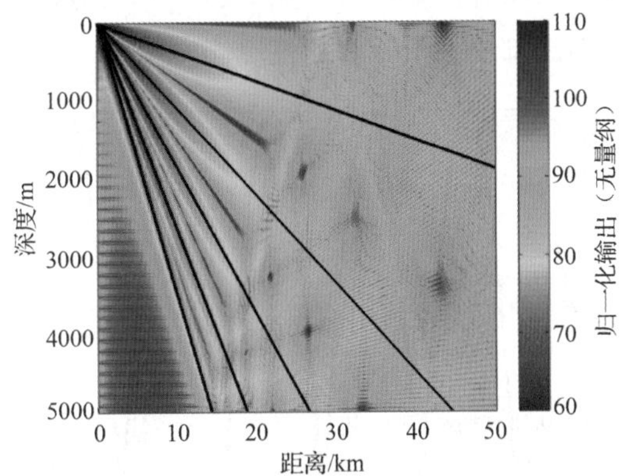

图 9-1　等声速波导环境下的劳埃德镜干涉条纹（声源深度为 100m，频率为 100Hz）

在等声速波导环境下，任一距离处的声场可以表达为模态函数的和：

$$p(r,z) = \frac{i}{2D}\sum_{m=1}^{\infty}\sin(k_{zm}z_s)\sin(k_{zm}z)H_0^{(1)}(k_{rm}r) \tag{9-2}$$

式中，D 为海深，$H_0^{(1)}$ 是一阶汉克尔（Hankel function）函数，k_{zm} 和 k_{rm} 分别为垂直和水平波数。由边界条件可知

$$k_{zm} = \left(m-\frac{1}{2}\right)\frac{\pi}{D}, \qquad m = 1,2,\cdots \tag{9-3}$$

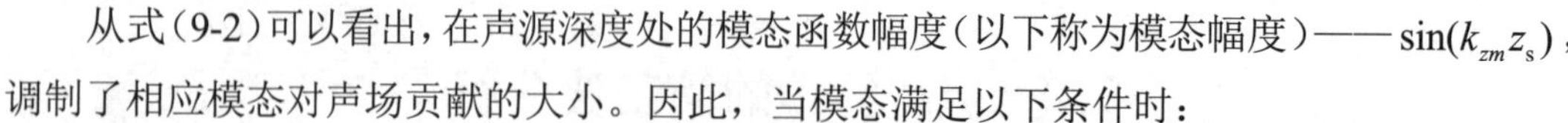

从式(9-2)可以看出，在声源深度处的模态函数幅度（以下称为模态幅度）—— $\sin(k_{zm}z_{\mathrm{s}})$，调制了相应模态对声场贡献的大小。因此，当模态满足以下条件时：

$$k_{zm}z_{\mathrm{s}} \approx n\pi - \frac{\pi}{2} = k_z^n z_{\mathrm{s}}, \quad n = 1, 2, \cdots \tag{9-4}$$

相应模态对声场的贡献较大。一种等价的表述为当垂直波数 k_{zm} 接近 k_z^n 时，相应的模态在声场中的能量较大。在等声速波导环境中，第 m 阶模态的出射角 θ_m 由垂直波数确定：

$$\theta_m = \arctan(k_{zm} / k) \tag{9-5}$$

图 9-1 中的声场所包含的模态幅度随模态等价出射角的变化如图 9-2 所示。模态幅度在 5 个出射角处达到最大值 1。以这 5 个角度为射线的倾斜角（相对于水平方向）所得到的射线如图 9-1 中 5 条实线所示。这 5 条射线正是 5 条相干波束的轨迹。

图 9-3 是等声速波导环境下，相干波束的形成机理分析。图 9-3（a）给出了模态幅度随相速度的变化。图 9-3 中星号和方形分别标示了模态幅度局部最大值和最小值的位置。4 个方形处的相速度和 2 个相速度的上、下界（1500 m/s 和 1600 m/s）将所有模态分为 5 组。若仅单独使用一组模态计算声场，则结果如图 9-3 所示，从图 9-3（b）至图 9-3（f）模态的相速度依次增加。图 9-3 中的黑色实线与图 9-1 的相同。可以看出，一组模态会沿一条几何射线相干叠加；这条射线从海面出发，出射角与模态幅度取得局部极大值的模态的等价出射角相同。也就是说，对于式（9-4）中不同的 n，相应的一组模态将沿不同的几何射线相干叠加，该几何射线正是上文所述的波束的轨迹。同时，一组模态的中心模态的幅度为 0 时，该组模态将沿一条几何射线发生相消叠加，形成相消波束。在下文中，一组模态特指中心模态的幅度为局部最大值或 0 的情况。

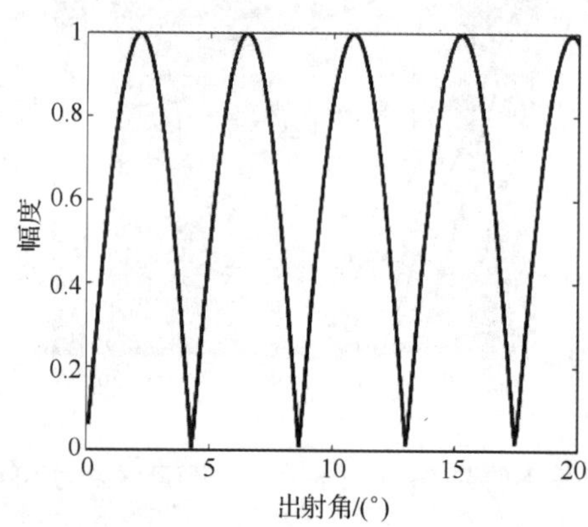

图 9-2　模态幅度随模态等价出射角的变化（声源深度为 100m，频率为 100Hz）

上文从仿真角度给出了劳埃德镜干涉波束及其轨迹与分组模态的关系，下面将从理论角度推导波束轨迹的表达式。在远场条件下，式（9-2）可以近似为

$$p(r,z) = \frac{1}{D}\sum_{m=1}^{\infty}\sqrt{\frac{8\pi}{k_{rm}r}}\sin(k_{zm}z_{\mathrm{s}})[\exp(\mathrm{i}k_{rm}r - \mathrm{i}k_{zm}z) + \exp(\mathrm{i}k_{rm}r + \mathrm{i}k_{zm}z)] \tag{9-6}$$

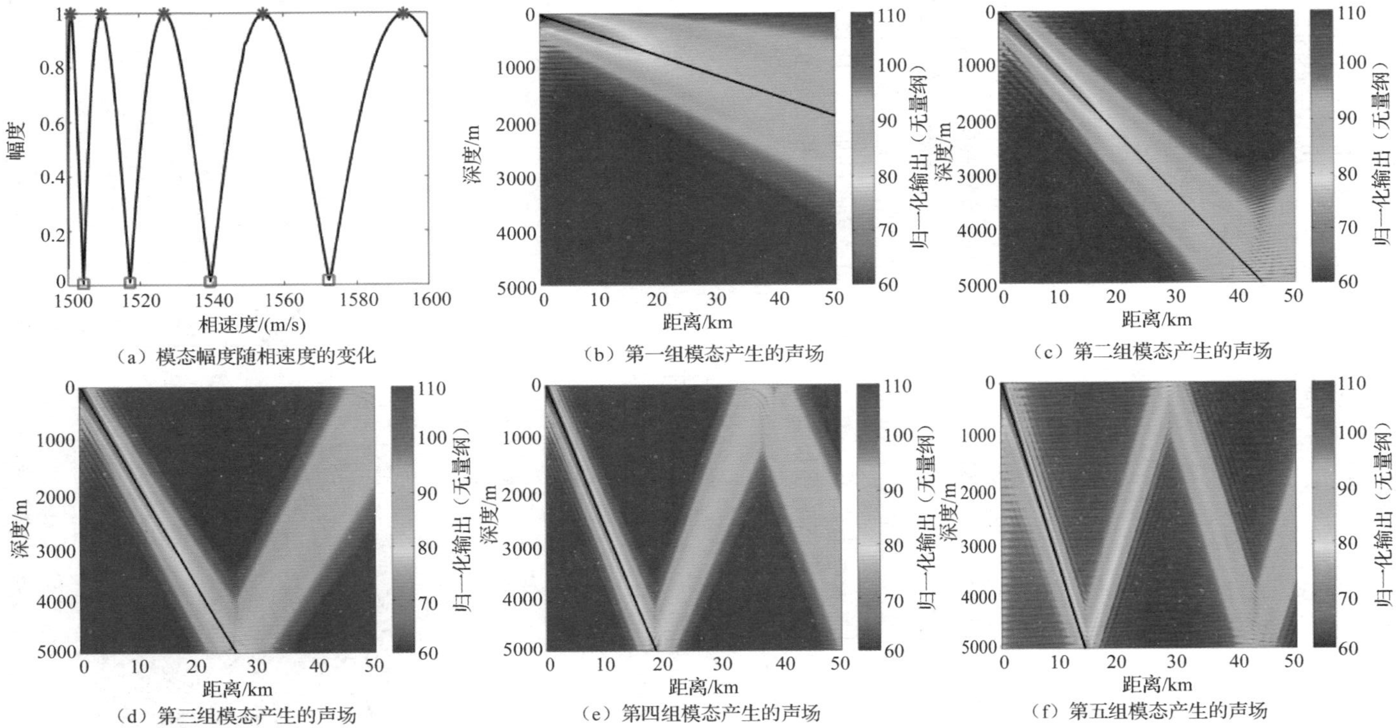

（a）模态幅度随相速度的变化

（b）第一组模态产生的声场

（c）第二组模态产生的声场

（d）第三组模态产生的声场

（e）第四组模态产生的声场

（f）第五组模态产生的声场

5 组模态以模态幅度为 0 的 4 个相速度位置为分界点。

图 9-3　等声速波导环境下，相干波束的形成机理分析

式中，模态被分解为一组向上和向下传播的平面波。根据 Guthrie 和 Tindle[199]提出的模态与射线的等价关系，一组模态的和等价为两条向上和向下传播的有一定宽度的几何射线（Fuzzy ray，以下称为等价声线）。这两条射线从声源出射，出射角为中心模态的等价出射角。因此，不同组的模态在声源处以不同的出射角出射，贡献了声场中不同位置的声能。劳埃德镜中不同出射角的波束正是由不同组模态的叠加形成的。简正波射线说明如图 9-4 所示。形成相干波束的模态的等价声线如图中黑色射线所示（等价声线的宽度无法表示）。等价声线的出射角为中心模态的出射角，对应式（9-4）中的垂直波数 k_z^n。两条等价声线从声源位置处分别向上、下两个方向出射。从图 9-4（a）中可以看出，波束的轨迹在两条等价声线的正中间。下面以式（9-6）为基础，从理论上证明这一结果。

为了得到相干波束的轨迹，考虑等价声线附近任一接收器位置的声场。如图 9-4（b）所示，在声源 S 和接收器 R 之间存在两条特征射线（E-1 和 E-2）。文献[199]指出，声源-接收器之间的特征声线等价于一组相邻模态的相干叠加，该组模态的中心模态的出射角与这条特征声线的出射角相同。因此，接收器 R 处的声场可以被理解为两个小组模态的叠加结果。这两个小组的中心模态的出射角分别为 E-1 和 E-2 的出射角。两个小组模态均为产生相干波束的一组模态的子集。因为 E-1 和 E-2 均为向下传播的射线，所以从式（9-6）可以得出两个小组模态的中心模态的相位分别为 $k_r(\theta_1)r_R + k_z(\theta_1)z$ 和 $k_r(\theta_2)r_R + k_z(\theta_2)z$，两条特征声线的出射角分别为 θ_1 和 θ_2。如果两相位差为 0，即

$$P = [k_r(\theta_1) - k_r(\theta_2)]r_R + [k_z(\theta_1) - k_z(\theta_2)]z \tag{9-7}$$

则两个小组模态的相位相同，将得到最大的相干叠加的幅度。相位差可以通过泰勒级数展开式求解：等声速波导环境下，射线均为直线传播，可以得到

$$\frac{k_r(\theta_1)}{k_z(\theta_1)} = \frac{r_R}{z - z_s} \tag{9-8}$$

$$\frac{k_r(\theta^n)}{k_z(\theta^n)} = \frac{r}{z - z_s} \tag{9-9}$$

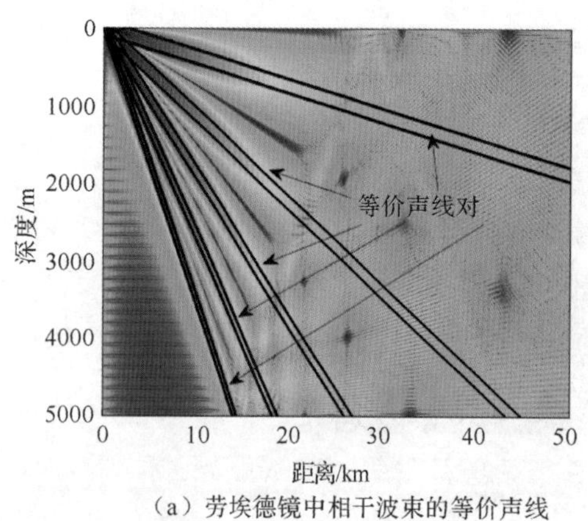

（a）劳埃德镜中相干波束的等价声线

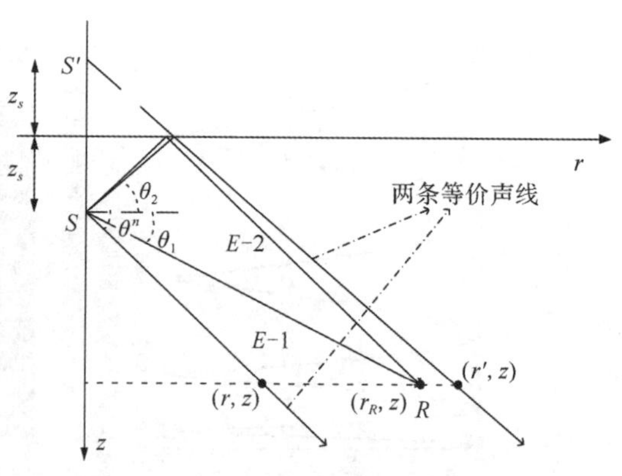

（b）接收器的特征声线与等价声线的几何位置关系

图 9-4　简正波射线说明

用式（9-8）除以式（9-9），并将 $k_z=\sqrt{1-k_r^2}$ 代入两式相除后所得计算式，经过运算可以得到

$$k_r(\theta_1)=\frac{k}{\sqrt{1+\frac{r^2}{r_R^2}\left[\frac{k^2}{k_r^2(\theta^n)}-1\right]}} \tag{9-10}$$

从式（9-10）可以看出，$k_r(\theta_1)$ 是 r_R 和 $k_r(\theta^n)$ 的函数。因此，当 r_R 接近 r 时，$k_r(\theta_1)$ 可以在 $k_r(\theta^n)$ 附近利用泰勒公式展开。一阶近似处理的结果为

$$k_r(\theta_1)=k_r(\theta^n)+\frac{\mathrm{d}k_r(\theta_1)}{\mathrm{d}r_R}\bigg|_{r_R=r}(r_R-r) \tag{9-11}$$

将式（9-10）代入式（9-11）得

$$k_r(\theta_1)=k_r(\theta^n)+\frac{r_R-r}{r}\frac{k_r^3(\theta^n)}{k^2}\left[\frac{k^2}{k_r^2(\theta^n)}-1\right] \tag{9-12}$$

将相同的推导过程应用于 E-2，可得

$$k_r(\theta_2)=k_r(\theta^n)+\frac{r_R-r'}{r'}\frac{k_r^3(\theta^n)}{k^2}\left[\frac{k^2}{k_r^2(\theta^n)}-1\right] \tag{9-13}$$

同样，将 $k_z(\theta_1)$ 和 $k_z(\theta_2)$ 在 $k_z(\theta^n)$ 附近展开，可得

$$k_z(\theta_1)=k_z(\theta^n)-\frac{r_R-r}{r}\frac{k_r^3(\theta^n)}{k^2}\left[\frac{k^2}{k_r^2(\theta^n)}-1\right]\frac{k_r(\theta^n)}{k_z(\theta^n)} \tag{9-14}$$

$$k_z(\theta_2)=k_z(\theta^n)-\frac{r_R-r'}{r'}\frac{k_r^3(\theta^n)}{k^2}\left[\frac{k^2}{k_r^2(\theta^n)}-1\right]\frac{k_r(\theta^n)}{k_z(\theta^n)} \tag{9-15}$$

将式（9-12）～式（9-15）代入式（9-7），可得相位差为

$$P=\frac{k_r^3(\theta^n)}{k^2}\left[\frac{k^2}{k_r^2(\theta^n)}-1\right]\left(\frac{r_R-r}{r}-\frac{r_R-r'}{r'}\right)\left[r_R-\frac{k_r(\theta^n)}{k_z(\theta^n)}z\right] \tag{9-16}$$

令 P 等于 0，可以得到接收器位置的表达式：

$$\frac{r_R}{z}=\frac{k_r(\theta^n)}{k_z(\theta^n)} \tag{9-17}$$

式（9-17）的结果正是两条等价声线的中间位置。将式（9-4）代入式（9-17），波束轨迹的出射角为

$$\sin\theta^n=(2n-1)\frac{\pi}{2kz_s},\qquad n=1,2,\cdots \tag{9-18}$$

式（9-18）和式（9-1）相同，说明了劳埃德镜的简正波解释与射线解释等价。从上述推导中，可以总结出劳埃德镜的简正波解释：

（1）模态函数在声源深度处的幅度 $\varphi_m(z_s)$ 调制了相应的模态对声场的贡献，因此

$$\arg\left[\varphi_m(z_s)\right]=n\pi-\frac{\pi}{2},\qquad n=1,2,\cdots \tag{9-19}$$

决定了一组相干模态的中心模态的水平波数。

（2）一组模态的叠加结果可以等价为两条具有一定宽度的射线（称为等价声线）的和。这两条射线从声源出发，分别向上和向下传播，出射角与式（9-19）中的水平波数对应。

（3）在两条等价声线附近接收器的声场强度与两个小组模态的相位差有关。这两个小组模态均为步骤（2）中所述一组模态的子集。这两个小组模态与直达和海面反射特征声线对应，其中心模态的水平波数不同。当接收器位于两条等价声线中间时，两个小组模态中心模态的相位差为0，因此，声场强度较大。

9.2.2 深海环境

从推导过程来看，劳埃德镜干涉波束的简正波解释比射线解释要复杂很多。但是，前者更容易推广到任一声速剖面条件下的干涉波束解释。Munk 声速剖面[58]反映了深海声速剖面的最基本特征，可以用于研究深海声传播的一般规律。本节使用的 Munk 声速剖面为

$$c(z) = 1500.0[1.0 + 0.00737(\tilde{z} - 1 + \mathrm{e}^{-\tilde{z}})] \tag{9-20}$$

式中，$\tilde{z}$ 代表 $2(z - z_{\mathrm{DSC}})/z_{\mathrm{DSC}}$，$z$ 为深度，z_{DSC} 为深海声道轴深度，其值取为1100m。本节仿真采用的水声环境如图9-5所示，接近水体-沉积层界面处的水体声速为 c_{wb} =1567 m/s，沉积层厚度为50m，海底由沉积层和基底层组成。

图9-6给出了上述水声环境下的一个典型劳埃德镜干涉声场。声源深度为100m，声源频率为200Hz。图9-6中可以看到7条相干波束。模态组产生的声场与劳埃德镜中相干波束的对应关系分析如图9-7所示。模态幅度随模态相速度的变化如图9-7（a）所示，可以看出相速度上、下界及模态幅度零点对应的6个相速度值将模态分为7组，前5组模态产生的声场如图9-7（b）～图9-7（f）所示。可以看出，图9-7（b）～图9-7（f）分别对应图9-6中从上至下的相干波束。这种对应关系说明了在典型深海声速剖面条件下，劳埃德镜的每个相干波束也与一组模态相对应，并且该组模态的中心模态的函数在声源深度处取得极值。因此，上述等声速环境下计算相干波束轨迹的方法可以扩展至典型深海水声条件：

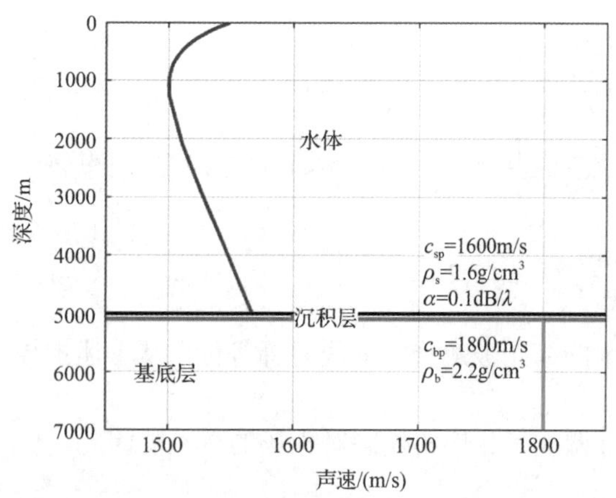

图9-5　仿真采用的水声环境

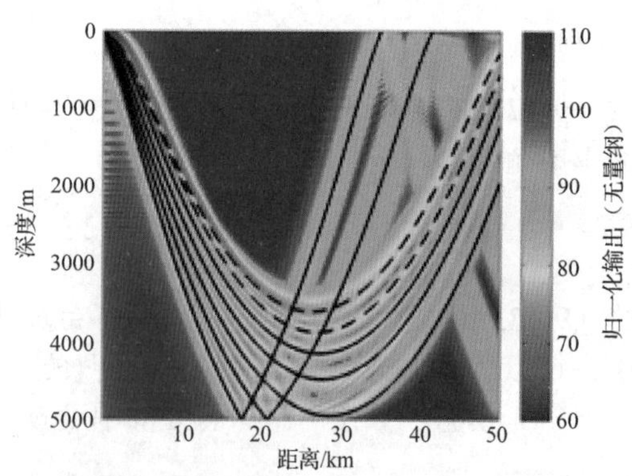

图9-6　典型的劳埃德镜干涉声场
（声源深度为100m，频率为200Hz）

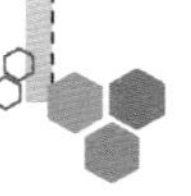

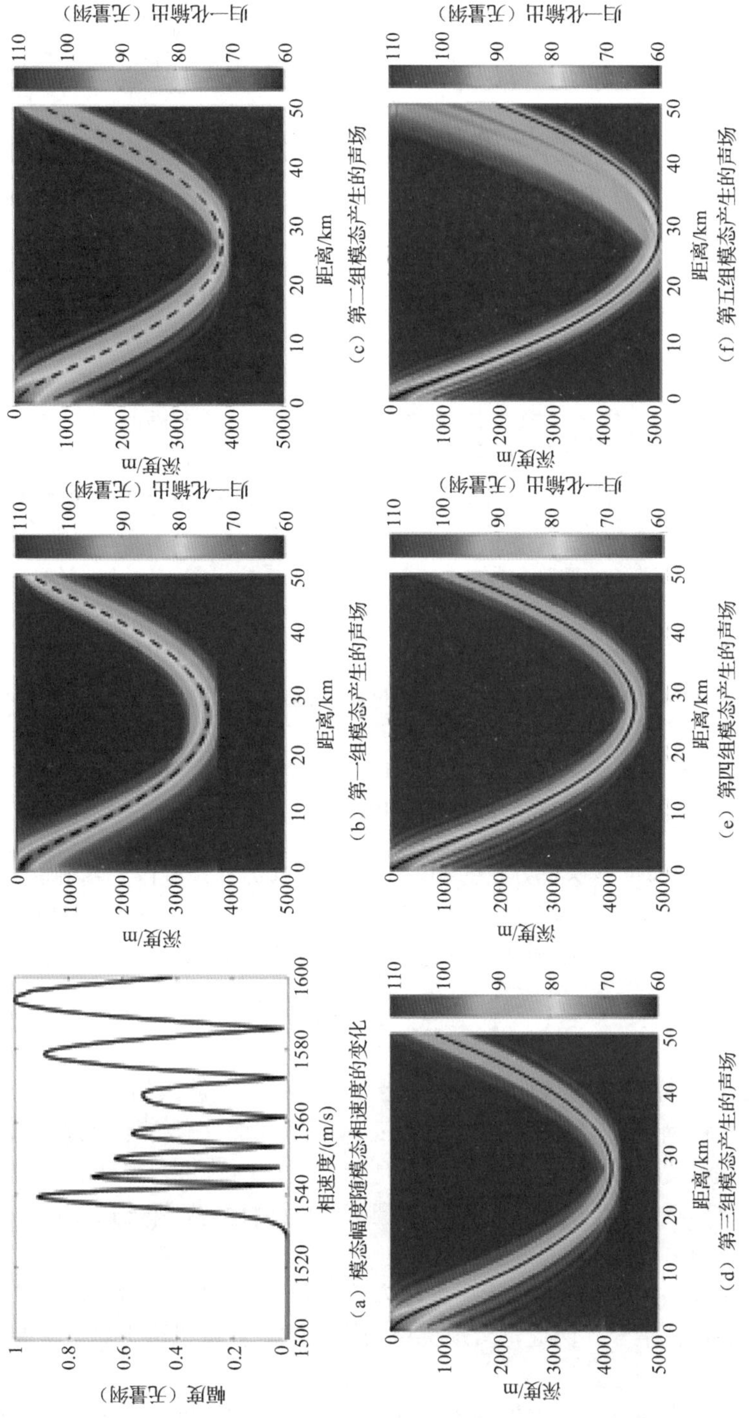

（a）模态幅度随模态相速度的变化

（b）第一组模态产生的声场

（c）第二组模态产生的声场

（d）第三组模态产生的声场

（e）第四组模态产生的声场

（f）第五组模态产生的声场

图（b）～图（f）分别为按相速度由小及大的前 5 组模态产生的声场，每个子图对应图 9-6 中的一个相干波束。

图 9-7　模态组产生的声场与劳埃德镜中相干波束的对应关系分析

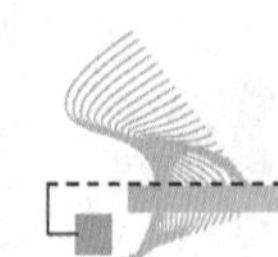

（1）找出满足式（9-19）的水平波数 $k_r(n,f)$ 。在可靠声路径环境下，接收器放置在临界深度以下，对接收器深度处的声场有贡献的模态均为海面反射模态。根据 WKB 理论[58]，模态函数在声源深度处的相位为 $\int_0^{z_s} k_z \mathrm{d}z$ ，即 $\int_0^{z_s}\sqrt{k^2-k_r^2}\mathrm{d}z$ 。因此，式（9-19）可变形为

$$\int_0^{z_s}\sqrt{k^2(z,f)-k_r^2(n,f)}\mathrm{d}z = n\pi-\frac{\pi}{2},\qquad n=1,2,\cdots \tag{9-21}$$

该式可通过迭代算法求解。假设使用平均波数 $\bar{k}(f)$ 代替上式中的 $k(z,f)$ ，则要求 $\bar{k}(f)$ 满足如下关系：

$$\int_0^{z_s}\sqrt{k^2(z,f)-k_r^2(n,f)}\mathrm{d}z-\int_0^{z_s}\sqrt{\bar{k}^2(f)-k_r^2(n,f)}\mathrm{d}z=0 \tag{9-22}$$

经过运算得

$$\int_0^{z_s}\frac{\bar{k}^2(f)-k^2(z,f)}{\sqrt{k^2(z,f)-k_r^2(n,f)}+\sqrt{\bar{k}^2(f)-k_r^2(n,f)}}\mathrm{d}z=0 \tag{9-23}$$

当 $k(z,f)\gg k_r(n,f)$ 时，可以忽略上式积分核中分母随深度的变化，得到 $\bar{k}(f)$ 的表达式：

$$\bar{k}(f)=\sqrt{\frac{\int_0^{z_s}k^2(z,f)\mathrm{d}z}{z_s}} \tag{9-24}$$

但在可靠声路径环境下，$k(z)>k_r(\theta^n)$，上式估计的 $\bar{k}(f)$ 可以用于求解水平波数估计值的初值。将式（9-24）替换式（9-21）中的 $k(z,f)$ ，可得水平波数的估计值：

$$\widehat{k_r}(n,f)=\sqrt{\bar{k}^2(f)-\frac{\left(n\pi-\frac{\pi}{2}\right)^2}{z_s^2}} \tag{9-25}$$

然后，将 $\widehat{k_r}(n,f)$ 作为牛顿迭代方法的初值，代入式（9-21）可得到精确的 $k_r(n,f)$ 。

（2）假设一对从声源出射分别向海面和海底方向传播的射线按照斯涅尔定律传播。这两条射线相对于水平方向的出射角由上述第（1）步得到的水平波数 $k_r(n,f)$ 决定，大小为

$$\theta^n=\arccos\left[\frac{k_r(n,f)}{k(z_s,f)}\right] \tag{9-26}$$

（3）方法（2）中两条射线的中心线即劳埃德镜中相干波束的轨迹。

（4）还有一种确定相干波束轨迹的方法：假设从海面（声源正上方）出射一条射线，该射线的水平波数为 $k_r(n,f)$ ，这条射线正是相干波束的轨迹。方法（3）和方法（4）得到相干波束的轨迹相同，但方法（4）只适用于海面反射模态，即 $k_r(n,f)<k_{sur}$ ，其中 k_{sur} 为海面处的波数，而方法（3）的适应性更广。

图 9-6 和图 9-7 中的黑色实线为由上述方法（3）或方法（4）得到的相干波束的轨迹，其与波束的中心位置重合。因此，劳埃德镜的简正波解释可以用于典型深海环境。这里需要强调以下几点：

（1）由于上述方法基于 WKB 理论，使用时有一个重要的限制条件，即模态的相速度要大于声源与海面之间任意一点的声速；否则，式（9-21）失效。对于临界深度以下的声

场，所有贡献性的模态均满足上述条件。因此，上述方法可以直接应用于估计到达临界深度以下的相干波束的轨迹。这与本节的研究目的相符。但是须指出的是，简正波解释仍适用于临界深度以上的相干波束。如果可以利用其他方法获得满足式（9-19）的水平波数，那么波束的轨迹仍然可以通过上述方法（2）和方法（3）获得。利用图 9-7（a）可以得到最左侧两组模态的中心模态水平波数。基于这两个水平波数，图 9-6 中虚线给出了相应的射线，其与临界深度以上两条相干波数的轨迹吻合。

（2）式（9-25）说明相干波束的数量与声源深度和频率成正比。对于一定的声源频率（$\bar{k}$ 恒定），若声源深度增加 N 倍，则相干波束的数量也近似增加 N 倍。因此，相干波束的数量对声源深度非常敏感，适用于声源深度的估计。

（3）上述方法只适用于近海面声源（声源深度＜500m）。当声源深度较深且频率较高时，由于满足式（9-19）的水平波数的数量较大，相干波束非常密集，将几乎观测不到劳埃德镜干涉现象。尤其是在真实海洋环境下，由于海面波浪随机起伏等原因，更不容易观测到干涉现象。

9.3　干涉条纹分析

9.3.1　中等距离内的 3 种干涉条纹

本节主要研究单水听器在临界深度以下时的干涉条纹。假设水声环境如图 9-5 所示，接收器深度为 4200m，图 9-8 给出了在不同声源深度下，传播损失随频率和声源距离的变化规律。图 9-8（a）～图 9-8（d）的声源深度分别为 15m、50m、150m 和 300m。研究的频率范围主要为低频：50～500Hz；声源距离范围为 5～40km。由于采用简正波模型计算大角度出射声场时，须考虑泄漏模态，计算量较大，因此，图 9-8 采用射线模型计算。图 9-8 中的黑色实线为条纹的轨迹，其计算方法将在下一节中给出。值得注意的是，当距离小于 28km 时，条纹的斜率为正；当距离大于 28km 时，斜率为负。如果一条条纹拐点处的频率小于信号带宽的最大值（图 9-8 中的最大值为 500Hz），那么该条条纹为一条连续的倒“V”形曲线。当声源深度由 15m 增加至 300m 时，倒“V”形条纹变密，数量从 1 条增加至 30 条。这说明了条纹的分布对声源深度非常敏感。须指出的是，除了这种大尺度的条纹，从图 9-8 中还可以观测到小尺度的干涉现象，尤其在图 9-8（a）中的第一条条纹中，可以看到几乎垂直的小尺度条纹。这可能与波导不变量有关，但已超出本书的研究范围。

水体模态引起的倒“V”形干涉条纹的物理机理分析如图 9-10 所示。当声源深度为 100m 时，传播损失随频率和声源距离的变化规律如图 9-9（a）所示。条纹形成的物理机理可以通过式（9-21）、式（9-25）及图 9-9（b）解释。图 9-9（b）给出了当式（9-21）中的 n=6、z_s=100m 时从 250Hz 至 450Hz 不同频率点下的水平波数 $k_r(n,f)$ 对应的相干波束的轨迹，相邻轨迹的频率间隔为 50Hz。式（9-25）说明对于固定的 n 和 z_s，水平波数的近似值 $\widehat{k_r}(n,f)$ 随频

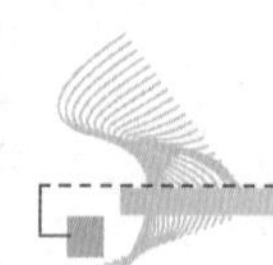

率升高而增加，即波束轨迹的出射角减小。因此，下潜最深的波束轨迹的频率最低，其值为 250Hz，下潜最浅的波束轨迹的频率最高为 450Hz。从图 9-9（b）可以看出，当波束轨迹的出射角较大时，波束轨迹将与临界深度的等深线交叉两次，在两个交叉点之间反转。定义波束轨迹反转前到达临界深度时（第一个交叉点）传播的水平距离为一次距离；翻转后到达临界深度时（第二个交叉点）传播的水平距离为二次距离。可以看出，一次距离随频率的升高而增加，而二次距离随频率的升高而减小。因此，对于固定的 n 和 z_s，一次距离随频率的变化构成了图 9-9（a）中一条倒“V”形曲线的前半部分，而二次距离随频率的变化构成了该条曲线后半部分。当 n=6 时，对应的倒“V”形曲线如图 9-9（a）中白色虚线所示。

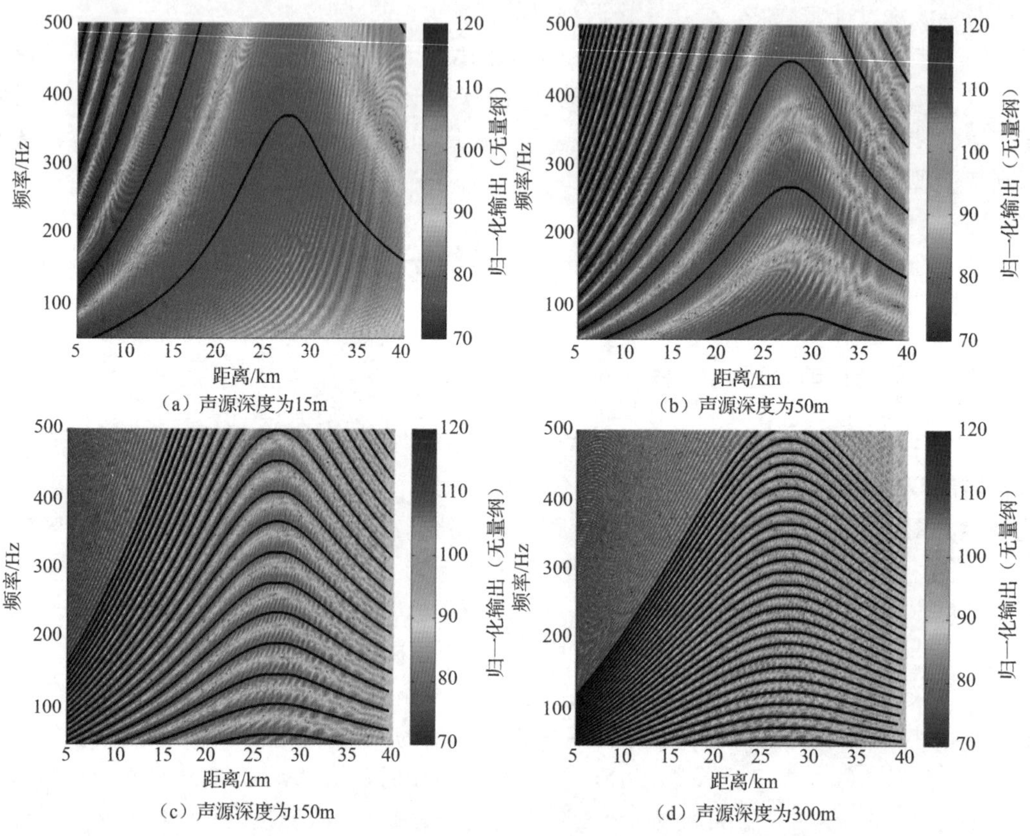

图 9-8　在不同声源深度下，传播损失随频率和声源距离的变化规律

在图 9-9（b）中，250Hz 对应的波束轨迹非常接近海底。如果继续降低频率，那么相应的波束轨迹在海底反射。因此，由水体模态（相对于海底弹射模态，不与海底接触）引起的相干波束的一次距离存在一个下限；相应地，只有当声源距离超过该下限时，接收水听器才能检测到水体模态引起的干涉条纹。在本例中该下限为 19km：当水平距离小于 19km 时，图 9-9（a）中的干涉条纹是由海底弹射模态引起的；只有 19～40km 的干涉条纹是由水体模态产生的。为了观察由海底弹射模态引起的干涉条纹，利用简正波模型计算声场时，设定模态相速度大于水体-沉积层界面处的水体声速为 c_{wb}=1567m/s，只考虑海底反射模态

的条件下，不同声源深度下，传播损失随频率和声源距离的变化规律如图 9-10 所示。仿真设定的上限相速度为 1600m/s。条纹并不连续，19km 附近的缺口将条纹分成两部分。由上一段的分析知，对于固定的 n，频率很低时，条纹由海底弹射模态形成，而超过一个频率点时，该条纹由水体模态形成，导致了图 9-10 中所示的缺口。

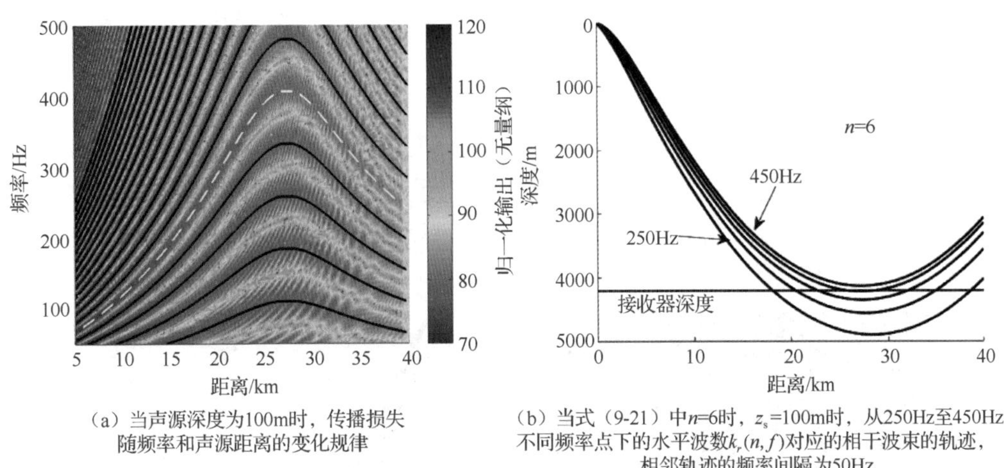

（a）当声源深度为100m时，传播损失随频率和声源距离的变化规律

（b）当式（9-21）中n=6时，z_s=100m时，从250Hz至450Hz不同频率点下的水平波数$k_r(n,f)$对应的相干波束的轨迹，相邻轨迹的频率间隔为50Hz

图 9-9　水体模态引起的倒"V"形干涉条纹的物理机理分析

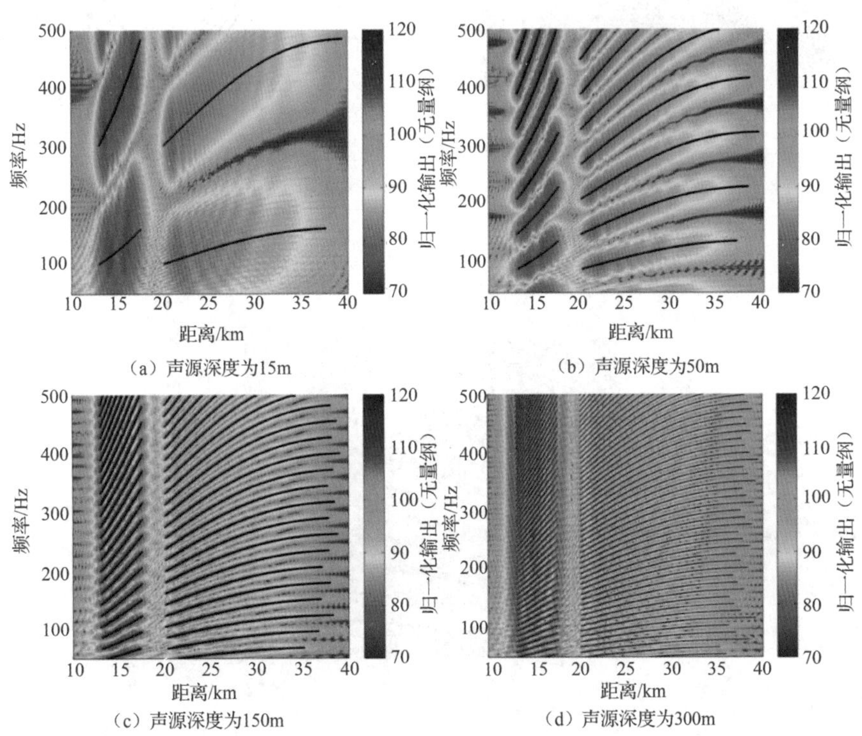

（a）声源深度为15m

（b）声源深度为50m

（c）声源深度为150m

（d）声源深度为300m

图 9-10　只考虑海底反射模态的条件下，不同声源深度下，传播损失随频率和声源距离的变化规律（接收器深度为 4200m）

海底反射模态引起的干涉条纹的物理机理分析如图 9-11 所示。当声源深度为 100m 时，海底反射模态形成的干涉条纹如图 9-11（a）所示。图 9-11（b）是当 n=9 时部分相干波束的轨迹随频率的变化情况。可以看出，与图 9-9（b）不同，对于海底反射的轨迹，一次距离和二次距离均随频率的增加而增加，因此，图 9-10 及图 9-11（a）的所有条纹均呈现正斜率。须指出的是，由于海底弹射模态形成的第二部分条纹的能量较低（海底反射损失较大），因此在图 9-8 中其被水体模态形成的条纹所掩盖。

图 9-12 展示了当声源水平距离从 40km 变化至 70km 时，4200m 深度处的水听器的传播损失。该仿真包括了水体模态和海底反射模态（相速度为 1500～1600m/s）。但是，水体模态形成的相干波束已传播至临界深度以上，该位置处的干涉条纹是由海底弹射模态形成的相干波束经过海底-海面反射形成的，故条纹的斜率为正。

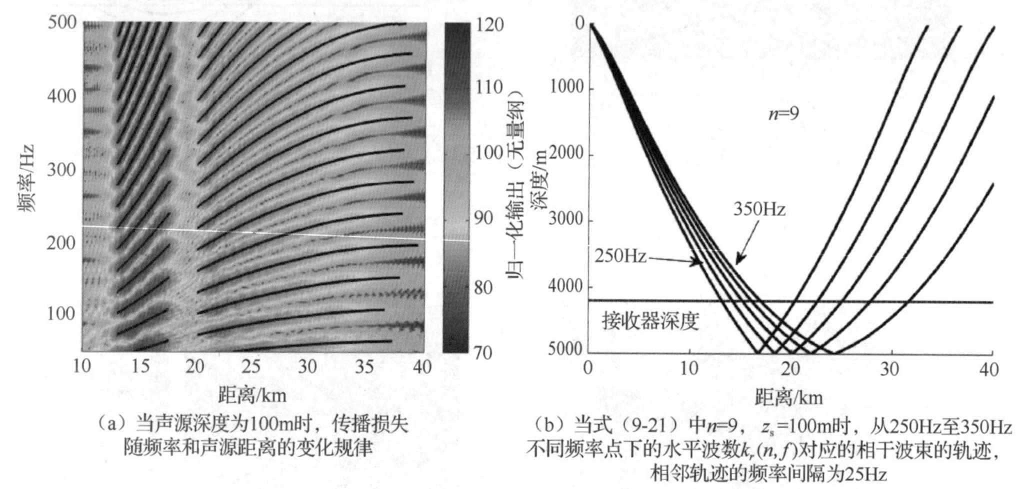

（a）当声源深度为100m时，传播损失随频率和声源距离的变化规律

（b）当式（9-21）中n=9，z_s=100m时，从250Hz至350Hz不同频率点下的水平波数$k_r(n,f)$对应的相干波束的轨迹，相邻轨迹的频率间隔为25Hz

图 9-11　海底反射模态引起的干涉条纹的物理机理分析

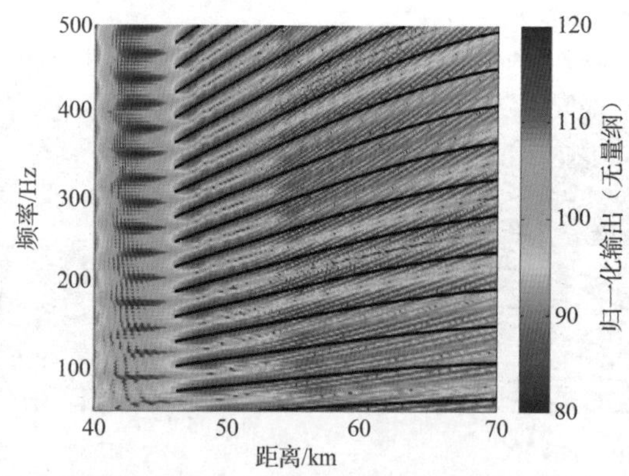

图 9-12　当声源水平距离从 40km 变化至 70km 时，4200m 深度处的水听器的传播损失

9.3.2　干涉条纹轨迹的计算方法

从上节的分析中可以看出，一条干涉条纹是同一序号［式（9-21）中的 n］的波束随频率和传播距离的分布，即第 n 条波束在不同的频率下，到达接收器深度处传播的距离不同。在 9.2 节中，已经给出了计算波束轨迹的方法，由此可以得到计算干涉条纹轨迹的方法：

（1）对于一个确定波束序号 n，利用式（9-21）得到每个频点处的 $k_r(n,f_i)$，$i=1,2,\cdots,M$ 。

（2）利用 9.2 节的方法得到每个频点对应的轨迹，若轨迹与接收器深度交叉，则得到一次距离 $r_1(n,f_i)$ 和二次距离 $r_2(n,f_i)$，并且［$r_1(n,f_i),f_i$］和［$r_2(n,f_i),f_i$］为第 n 条条纹的两个点。

（3）将所有频点处的点连接得到第 n 条干涉条纹的轨迹，n 也成为条纹序号。

（4）循环 n 次，则可以得到所有干涉条纹的轨迹。

上述方法称为条纹轨迹估计（Striation Trace Estimation，STE）方法。水体模态产生的干涉条纹较强，但在有限的带宽内，只可以观测到有限条干涉条纹，即条纹序号 n 存在上限值。通过式（9-25）和斯涅尔定律可以确定该上限。首先用海面处的波数除第 n 条干涉条纹的波数，即式（9-25）。

$$\frac{\widehat{k_r}(n,f)}{k_s(f)}=\sqrt{\left[\frac{\bar{k}(f)}{k_s(f)}\right]^2-\frac{\left(n\pi-\dfrac{\pi}{2}\right)^2}{z_s^2k_s^2(f)}} \tag{9-27}$$

式（9-27）左半部分相当于 $\cos\hat{\theta}_s^n$，其中 $\hat{\theta}_s^n$ 为第 n 条波束在海面处的出射角近似值。将 $\bar{k}(f)=\omega/\bar{c}$ 和 $k_s(f)=\omega/c_s$ 代入式（9-27），经过简单运算得到

$$\frac{\cos\hat{\theta}_s^n}{c_s}=\sqrt{\left(\frac{1}{\bar{c}}\right)^2-\frac{\left(n\pi-\dfrac{\pi}{2}\right)^2}{z_s^2\omega^2}} \tag{9-28}$$

式中，c_s 为海面处的声速。根据斯涅尔定律，式（9-28）左端的值随射线传播保持不变。因此，如果一条射线能达到接收器深度并且不与海底接触，那么需要满足如下关系：

$$\frac{1}{c_{wb}}\leqslant\frac{\cos\hat{\theta}_s^n}{c_s}\leqslant\frac{1}{c_r} \tag{9-29}$$

式中，c_{wb} 和 c_r 分别为水体-海底界面处和接收器深度处的海水声速。将式（9-28）的右半部分代入式（9-29），经过运算可得 n 的取值范围：

$$\frac{z_s\omega_{\min}}{\pi}\sqrt{\frac{1}{\bar{c}^2}-\frac{1}{c_r^2}}+\frac{1}{2}\leqslant n\leqslant\frac{z_s\omega_{\max}}{\pi}\sqrt{\frac{1}{\bar{c}^2}-\frac{1}{c_{wb}^2}}+\frac{1}{2} \tag{9-30}$$

式中，$\omega_{\min}$ 和 $\omega_{\max}$ 分别为频带范围的上、下限。从上式中可以看出，满足条件的条纹序号 n 的数量，即条纹的数量与声源深度呈线性正比关系。这从理论上揭示了图 9-8 中条纹数量与深度的关系。若包含海底反射模态，则计算条纹序号 n 的取值范围时，仅须将 c_{wb} 替换为另一个上限声速（如沉积层声速或基底层声速）。上限声速越大，计算中包含的波束的出射角越大。

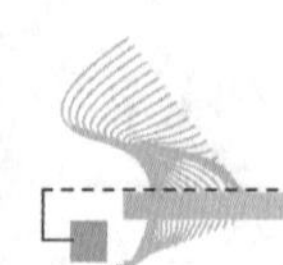

图 9-8～图 9-12 中所有的黑色实线均为利用 STE 方法计算的结果，与仿真的干涉条纹中心位置重合。在图 9-9（a）的条件下，由式（9-30）计算得到的水体模态产生的条纹数量为 10，这与仿真结果相符（28km 后的条纹数量）。值得指出的是，STE 方法是一种高效的方法，其所需计算的射线传播路径的数目与频点数和条纹数量均呈线性关系，计算量非常小。

9.4 深度估计中的应用

假设声源距离已知，或已经通过其他方法估计，如第 8 章中基于阵列的到达角估计。本节提出两种基于干涉条纹的深度估计方法，适用于两种不同情况：

（1）声速剖面已知，并且声源深度固定。在这种情况下，本节提出了一个代价函数，该函数量化不同声源深度下由 STE 方法计算的干涉条纹轨迹与测量得到的干涉条纹的匹配程度，用于估计声源深度。这种方法称为能量条纹匹配算法（Matched Intensity Striation，MIS）。

（2）只存在声速剖面的粗略估计（历史数据），或者声源深度存在起伏。此时，由于环境模型的失配，即使假设的声源深度为真实值，由 STE 方法得到的干涉条纹轨迹也与测量得到的干涉条纹不匹配。因此，需要寻求一种更为稳定的观测量，即条纹的数目。

在一定的带宽内，条纹的数目与相邻条纹的频率间隔成反比。利用二维短时傅里叶变化（2D-FFT）可以粗略估计相邻条纹的频率间隔，然后与不同深度下由 STE 方法估计的频率间隔比较，就可以粗略估计声源深度。这种方法称为频率间隔匹配算法（Matched Frequency Space，MFS）。

9.4.1 MIS 方法

图 9-13 给出了频率为 50～500Hz、距离为 35～40km 处的干涉条纹。声源深度为 100m，接收器深度为 4200m。假设声源深度为 100m 时，由 STE 方法计算得到的干涉条纹轨迹如图 9-13 中的白色实线所示。可以看出，白色实线附近的声能量高，称为声能峰值，而相邻实线中间的位置声能量低，称为声能谷值。将式（9-21）的右半部分替换为 $n\pi$，便可以计算声能谷值的轨迹。当假设的声源深度为 175m 时，干涉条纹轨迹如图 9-13 中的黑色虚线所示，其穿越了声能峰值和谷值。因此，若假设的声源位置与真实声源位置相符，干涉条纹轨迹上的能量和与声能谷值轨迹上的能量和之比应该达到最大值。基于此，提出代价函数：

$$f(z_s^a)=10\log_{10}\left\{\frac{\dfrac{1}{N_1}\sum_{n=n_{\min}}^{n_{\max}}\sum_{(r,f)}I\left[r,f,z_s\left|(r,f)\in T_n^l(z_s^a)\right.\right]}{\dfrac{1}{N_2}\sum_{m=m_{\min}}^{m_{\max}}\sum_{(r,f)}I\left[r,f,z_s\left|(r,f)\in T_m^d(z_s^a)\right.\right]}\right\} \tag{9-31}$$

式中，z_s^a 为假设的声源深度，T_n^l 表示对应 z_s^a 第 n 条亮条纹的轨迹，T_m^d 表示对应 z_s^a 第 m 条暗条纹的轨迹。网格化距离-频率声能量平面后，(r,f) 表示一个网格的中心点。若一条条纹轨迹经过该网格，则称 $(r,f)\in T(z_s^a)$。N_1 和 N_2 分别为对应和的总项数。若假设的声源深度与真实深度相符，则对应亮条纹和暗条纹能量差（单位为 dB 时）的平均值；如果两者

相差较大，那是因为亮条纹和暗条纹的轨迹均穿越声能量平面的亮条纹和暗条纹，所以 $f(z_s^a)$ 接近于 0dB。

考虑在低信噪比情况下该方法的性能。在与图 9-13 相同的仿真环境下，噪声为高斯随机白噪声，接收器处的信噪比设定为-5dB，采用 MIS 方法声源定深结果示例如图 9-14（a）所示。图 9-14 中干涉条纹背景噪声较高，条纹相对于图 9-13 变得模糊，但仍然可以被观测到。假设声源深度范围为 12～300m，由式（9-31）计算得到的 $f(z_s^a)$ 如图 9-14（b）所示。$f(z_s^a)$ 在真实声源处取得最大值，在其他位置的值为 0dB 左右。这里需要强调以下几点：

（1）图 9-14（b）显示 $f(z_s^a)$ 对 z_s^a 非常敏感，说明 MIS 是一种高分辨的方法。

（2）图 9-14（b）峰值的两侧各有一个谷值，分别出现在 96m 和 106m 处。当 z_s^a 偏移真实声源深度一个小值时，对应干涉条纹的近似值整体上移或下移。当偏移量为一个特定值时，由 z_s^a 计算得到的亮条纹的轨迹大致对应实际的暗条纹，并且暗条纹的轨迹大致对应实际的亮条纹。此时得到 $f(z_s^a)$ 的为最小值。

（3）MIS 方法所能估计的声源深度的最小值与声源带宽有关。若声源深度较浅且声源带宽较窄，则在距离-频率声能量平面内仅存在一条亮条纹，几乎观察不到干涉现象。例如，当频率范围为 50～500Hz、声源深度小于 12m 时，观察不到干涉现象。因此，图 9-14（b）中声源深度的搜索下限为 12m。

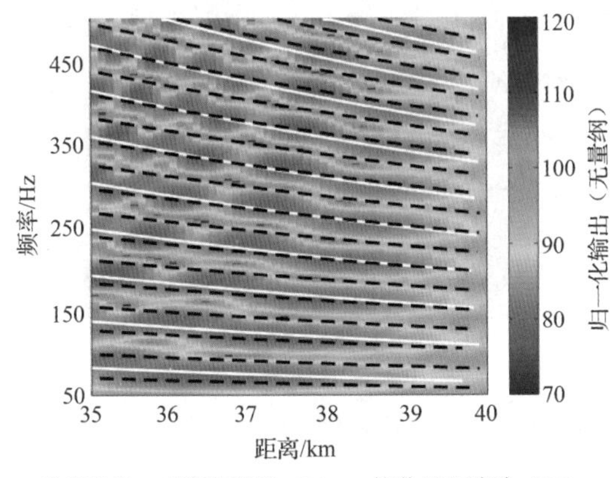

仿真条件：声源深度为 100m，接收器深度为 4200m

图 9-13　频率为 50～500Hz、距离 35～40km 处的干涉条纹

考虑在不同真实声源深度 z_s 条件下 $f(z_s^a)$ 的分布，定义 $f(z_s^a|z_s)$ 为声源深度为 z_s 时 $f(z_s^a)$ 的值，由 MIS 方法得到的代价函数随真实声源深度和假设声源深度的分布如图 9-15 所示。可以看出，主对角线上的强度最大，在其两侧有两条谷值线，这与上述的分析吻合。在下半三角区域存在强度较弱的伪峰值线，但在其两侧不存在谷值线。因此，MIS 方法可以确定唯一的声源深度。伪峰值线的形成是因为条纹的数目与声源深度几乎等比例地同时增加或减小。例如，声源深度降为原深度一半时，条纹数目也基本上降为原来的一半。因此，当真实声源深度约为假设声源深度的 *n*（*n* 为整数）倍时，根据假设声源深度计算的亮/暗条纹轨迹采样不相邻的真实声源下的亮/暗条纹，相邻亮/暗条纹轨迹之间的亮/暗条纹数

量为 $n-1$，此时的亮条纹轨迹和暗条纹轨迹分别覆盖了亮和暗条纹，因此，在 $f(z_s^a|z_s)$ 的分布上形成伪峰。

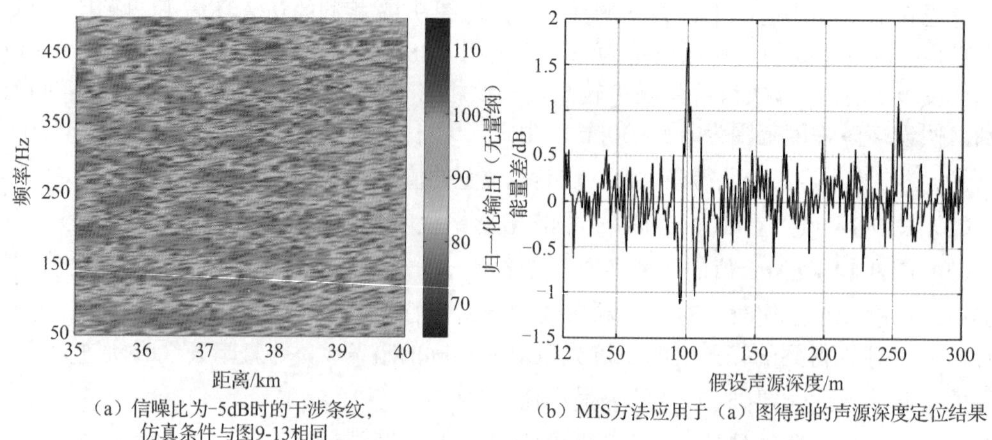

（a）信噪比为-5dB时的干涉条纹，仿真条件与图9-13相同

（b）MIS方法应用于（a）图得到的声源深度定位结果

图 9-14 采用 MIS 方法声源定深度结果示例

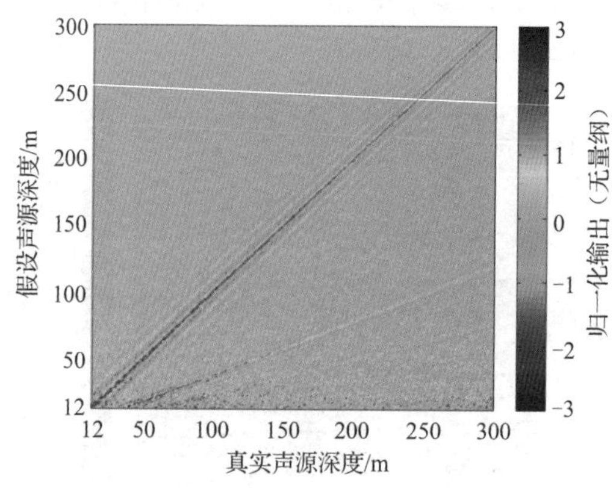

图 9-15 由 MIS 方法得到的代价函数随真实声源深度和假设声源深度的分布

9.4.2 MFS 方法

若不知道准确的声速剖面，则由于环境模型的失配，即使假设的声源深度为真实值，由 STE 方法得到的干涉条纹轨迹也与测量得到的干涉条纹不匹配，使得由 MIS 方法得到的结果误差较大，甚至失效。已有研究表明声速剖面的时空变化主要集中在上层水体[193]。由式（9-30）可以得出亮条纹的数目与接收器深度处的声速 c_r 以及海面至声源深度处的平均声速 $\bar{c}$ 有关。声速剖面的变化对 c_r 几乎没有影响，但对 $\bar{c}$ 有一定的影响。从式（9-30）可以看出条纹数目与 $\sqrt{c_r-\bar{c}}$ 和 $\sqrt{c_{wb}-\bar{c}}$ 线性相关，因此，条纹数目的误差与 $\bar{c}$ 的误差是成正比的。这种性质说明，当声速剖面存在误差时，由条纹数目估计的声源深度与真实声源深度的误差是可控的。通俗地说，当声速剖面误差不大时，估计深度在真实深度附近。

图 9-16 给出了在不同声源深度下，条纹数目随海面至声源深度处平均声速（$\bar{c}$）的变化。c_{r} 的值和 c_{wb} 的值分别为 1551m/s 和 1567 m/s。可以看出，声源深度的影响远远大于 $\bar{c}$ 误差的影响。例如，真实声源深度为 100m，真实平均声速 $\bar{c}$ 为 1540m/s，而假设声源深度为 100m，假设的声速剖面下的平均声速为 1530m/s 时，条纹数目相差 1；而当假设的声源深度为 150m 时，即使平均声速的误差为 0m/s，条纹数目仍然相差 6。因此，利用条纹数目可以给出声源深度的稳健估计。但由于条纹数目的变化是离散的，所以基于条纹数目的方法只能粗略估计深度。

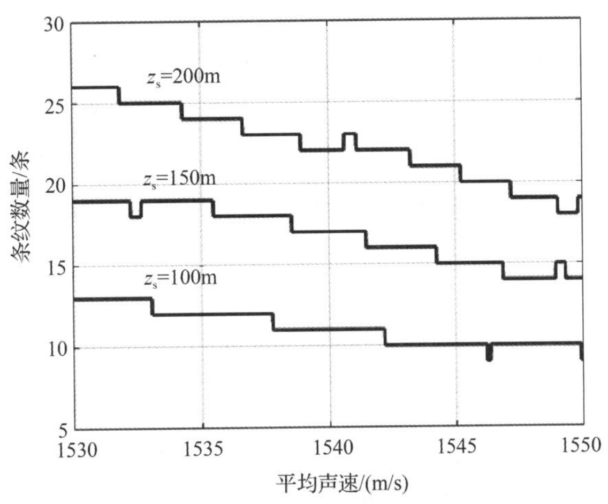

图 9-16　在不同声源深度下，条纹数目随海面至声源深度处平均声速 $\bar{c}$ 的变化

在声速剖面不确定的情况下，声源深度可以通过比较由 STE 方法计算的条纹数目与测量得到的条纹数目得到。但是，条纹数目需要人工分辨，不容易实现自动目标定深。注意到条纹数目越多，则相邻条纹之间的频率间隔越小，因此可以通过二维傅里叶变换估计频率间隔。定义距离-频率声能量 $I(r,f)$的二维傅里叶变换为 $I_{2\mathrm{DF}}(k_r,k_f)$：

$$I_{2\mathrm{DF}}\left(k_r,k_f\right)=\left|\iint I(r,f)\mathrm{e}^{-\mathrm{j}(k_r r+k_f f)}\mathrm{d}r\mathrm{d}f\right| \tag{9-32}$$

式中，k_r 和 k_f 分别为 $I(r,f)$平面的距离波数和频率波数。假设 $I_{2\mathrm{DF}}(k_r,k_f)$ 平面上的最大值对应的网格点为$[k_r^{\max}(z_{\mathrm{s}}),k_f^{\max}(z_{\mathrm{s}})]$，则条纹频率间隔的测量值 $\Delta f(z_{\mathrm{s}})$ 为

$$\Delta f(z_s)=\frac{1}{k_f^{\max}(z_{\mathrm{s}})} \tag{9-33}$$

对于 STE 方法计算得到的条纹轨迹，若实现频率间隔的估计，可将亮条纹轨迹附近的点设定为 1，暗条纹轨迹附近的点设定为-1，从而得到近似的“声能量图”，用于得到模型计算的频率间隔，称为拷贝频率间隔。

从图 9-13 可以看出，频率间隔随声源距离的变化而变化，但是变化速度较慢。因此，在距离范围较窄时，所得到的频率间隔是该段距离内的近似值和平均值。匹配测量频率间隔和拷贝频率间隔的代价函数为

$$g(z_{\mathrm{s}}^{\mathrm{a}}|z_{\mathrm{s}})=-\left|k_f^{\max}(z_s)-k_f^{\max}(z_{\mathrm{s}}^{\mathrm{a}})\right| \tag{9-34}$$

式中，$k_f^{\max}(z_s)$ 和 $k_f^{\max}(z_s^a)$ 分别为测量频率波数和拷贝频率波数。MFS 方法用于声源定位的原理如图 9-17 所示。图 9-17（a）为图 9-13（a）的二维傅里叶变换，$[k_r^{\max}(z_s),k_f^{\max}(z_s)]$ 如图 9-17 中的五角星所示，相应的 $\Delta f(z_s)$ 为 50Hz。图 9-17（b）为由条纹轨迹得到的“声能量图”的二维傅里叶变换，相应的 $\Delta f(z_s^a)$ 也为 50Hz。图 9-18 为由 MFS 方法得到的代价函数随真实声源深度和假设声源深度的分布，即 $g(z_s^a|z_s)$ 依真实声源深度和假设声源深度的分布。由于带宽为 450Hz，所以频率波数的分辨率为 1/450（1/Hz），即 0.0022（1/Hz）。图 9-18 为由 MFS 方法得到的代价函数随真实声源深度和假设声源深度的分布，呈现了由测量值不连续导致的阶梯效应。因此，声源深度的估计值会偏离声源深度的真实值，但是误差较小。图 9-18 说明了随着假设声源单调偏离真实值，由式（9-34）计算得到的代价函数也逐渐单调减小，说明 MFS 方法不是一种高分辨方法。这主要因为 $k_f^{\max}(z_s^a)$ 是随 z_s^a 单调地变化的，所以 MFS 方法的代价函数也随 z_s^a 偏离 z_s 单调地变化。因此，MFS 是一种稳健的目标定位方法。

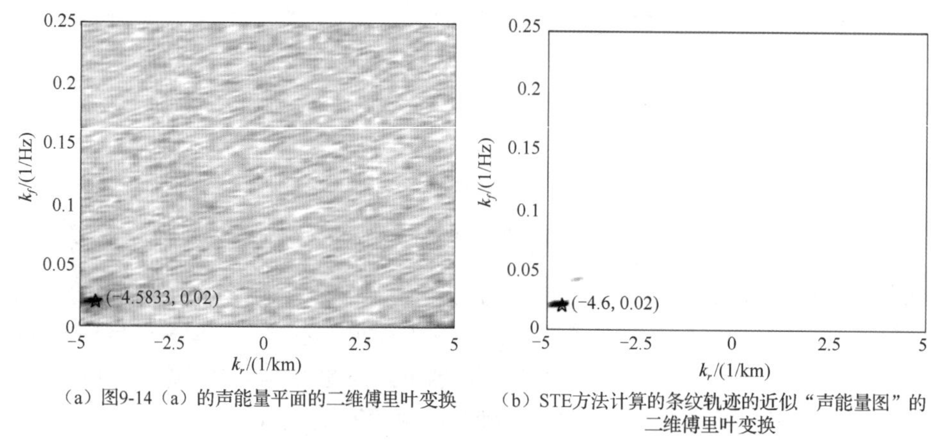

（a）图9-14（a）的声能量平面的二维傅里叶变换　（b）STE方法计算的条纹轨迹的近似“声能量图”的二维傅里叶变换

图 9-17　MFS 方法用于声源定位的原理

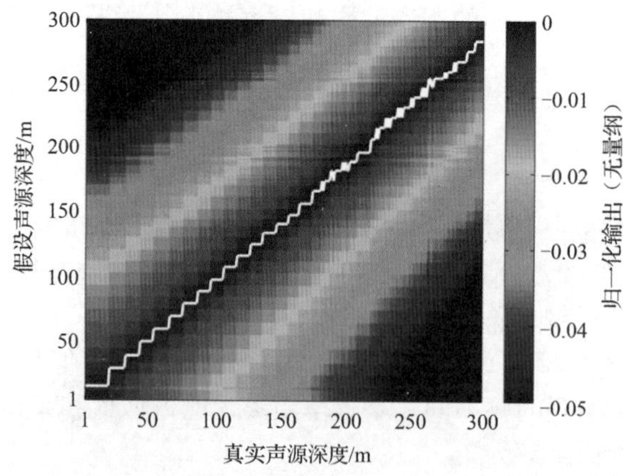

图 9-18　由 MFS 方法得到的代价函数随真实声源深度和假设声源深度的分布

在实际海洋环境中，混合层的时空变化是引起声速剖面不确定性的一个重要原因。当声源位于等温层内时，若假设的声速剖面不存在等温层，则由 STE 方法计算的干涉条纹轨迹将与实际的干涉条纹严重不符。这时，MIS 方法是不适用的。作为 MFS 方法稳健性的检验（见图 9-19），使用图 9-5 所示的环境计算干涉条纹轨迹，而使用图 9-19（a）所示的声速剖面仿真接收信号的干涉条纹。该环境包含了一个 80m 深的等温层。图 9-19（b）为 $g(z_s^a|z_s)$ 的分布，几乎与图 9-18 相同，这从一个侧面说明了 MFS 方法的稳健性。

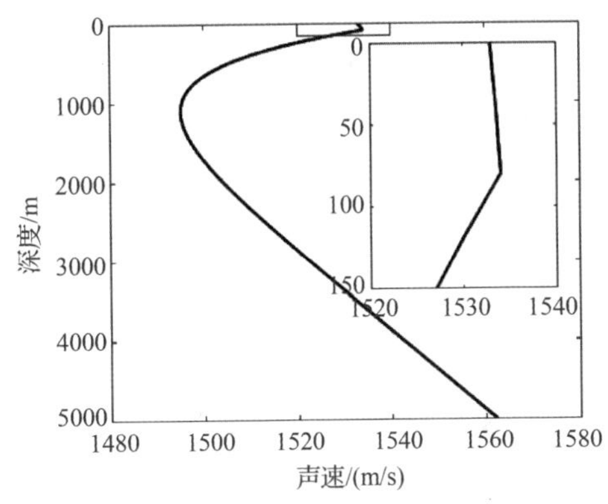

（a）仿真接收信号干涉条纹的声速剖面，干涉条纹轨迹的计算使用图 9-5 所示的环境

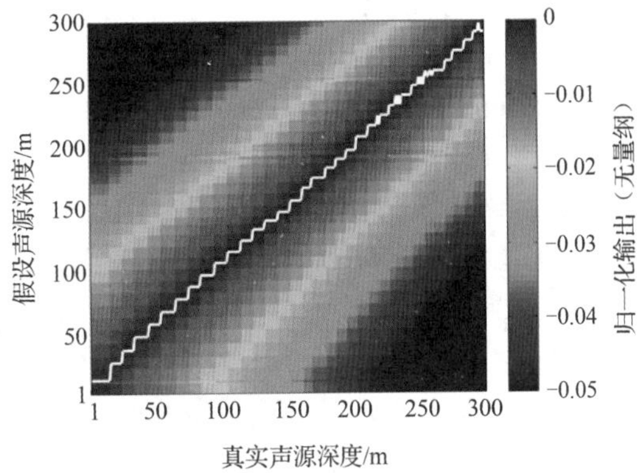

（b）在该失配环境下，由 MFS 方法得到的代价函数随真实声源深度和假设声源深度的分布

图 9-19　MFS 方法稳健性检验

9.4.3　MIS 方法和 MFS 方法的性能分析

上述分析中已经阐述了 MIS 方法和 MFS 方法的特性，本节对比总结这两种方法的优缺点。MIS 方法是一种高分辨方法，但需要精确的声速剖面信息和声源距离信息；而 MFS 方法的分辨率较低，但由于其使用条纹频率间隔信息，声速剖面和声源距离的失配被近似线性地反映在声源深度误差上，因此该方法可以稳健的估计声源深度。就所需信噪比而言，由于 MIS 方法基于亮条纹和暗条纹的平均能量差，因此在较低信噪比下（如−10dB）是失效的；而 MFS 方法基于二维傅里叶变换，可以在更低的信噪比情况下工作，仿真结果表明当信噪比高于−15dB 时，MFS 方法有效。此外，由于 MFS 方法存在阶梯效应，因此 MFS 方法只能实现声源深度的粗略估计。

上述分析中均假设声源距离已知。但在单水听器情况下，很难直接估计声源距离，此时可以利用干涉条纹随声源距离变化的拐点。首先，如图 9-8 所示的倒“V”形干涉条纹的顶点。对于固定的接收器深度和声速剖面，倒“V”形的顶点出现的距离基本固定。图 9-8 所示的顶点位置约为 28km。再次，在可靠声路径边缘的两侧，干涉条纹斜率的符号是相反的。在图 9-9（a）和图 9-12 的仿真中，可靠声路径的边缘距离约为 42km，当声源距离超过 42km 时，图 9-12 的条纹斜率为正，而当声源距离小于 42km，图 9-9（a）的条纹斜率为负。因此，当声源从中等距离进入可靠声路径范围时，条纹斜率会发生显著变化。可

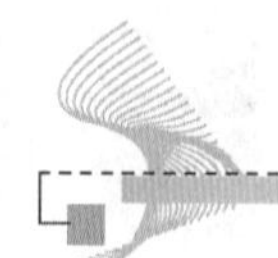

以通过这种变化，确定声源进入可靠声路径范围，并且知道声源此时的距离。利用上述两个拐点及其距离，结合在两个拐点之间接收到的干涉条纹，利用 MFS 方法可以简单地估计声源深度。

9.5 海上实验数据验证

2013 年 7 月，本课题组参与了在西太平洋某海域组织的一次深海实验。实验位置的海底较平，海深为 5270m。本课题组自主研发的一个深海水听器以锚底方式布放，水听器深度约为 5050m。除了 800～900Hz 的伪随机信号，本实验还使用了气枪声源。使用温深传感器测量的气枪拖曳深度约为 11m，每 200s 发射一次信号。拖曳速度约为 1.5m/s，因此声场采样的距离间隔约 300m。声源在 6.16km 处发射第一个信号，在 20km 处发射最后一个信号。当实验船返回阵列位置时，投放了预设爆炸深度为 200m、质量为 1kg TNT 当量的爆炸声源。两个爆炸声源的距离间隔约为 1.9km。接收信号的波形及其时频分析如图 9-20 所示。图 9-20（a）为接收到的 6.5km 处的气枪声源信号，图 9-20（b）为接收到的 16.8km 处的爆炸声源信号。由于气枪声源的声源级远远低于爆炸声源，因此气枪信号的时频图背景噪声较大。此外，气枪声源信号能量主要集中在 0～1kHz，而爆炸声源信号的频谱更宽。

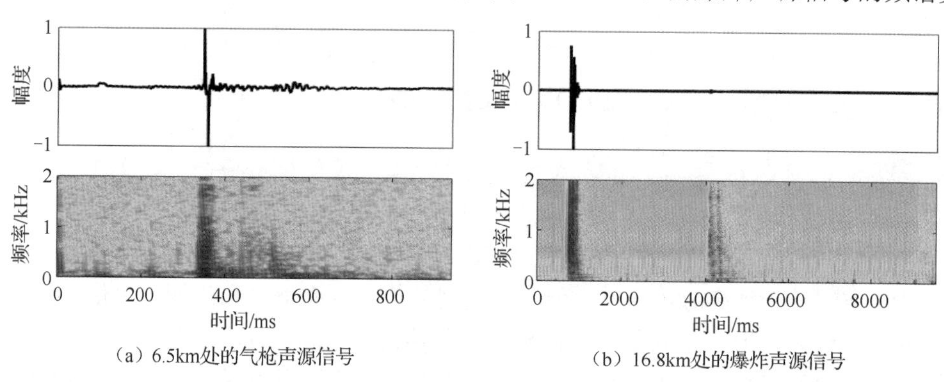

（a）6.5km处的气枪声源信号　　（b）16.8km处的爆炸声源信号

图 9-20　接收信号的波形及其时频分析

对于每个气枪信号，选取一个合适的时间窗，使得在该时间窗包含了直达波、海面反射波、海底反射波以及海面-海底反射波。同时时间窗要尽量短，避免引入更多的噪声能量，使条纹模糊。实际中，后两个多途到达信号由于能量较弱，很难分辨，因此，取时间窗宽度恒定为 0.3s，起始位置为直达波信号的开始时间。然后，使用快速傅里叶变换获得信号的能量谱。由于信号总能量随声源距离的增加而减小，因此每个能量谱都用其最大值做了归一化处理。图 9-21 为干涉条纹模型及 STE 方法的实验验证，该图中干涉条纹较明显。

图 9-22 是采用 STE 方法计算条纹数目的实验验证。采用相同的方法提取了爆炸声源信号的能量谱随声源距离的变化，但是采用了全局归一化方法，即使用了所有信号频谱中最大的能量归一化，结果如图 9-22（a）所示。对照每个爆炸声源信号的能量谱，可以观察到能量随频率的周期性变化，即条纹的频率间隔清晰可见。但是，从该图中无法观测到

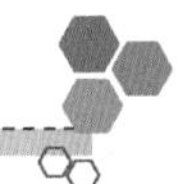

完整的干涉条纹。这主要是由于爆炸声源的设定爆炸深度为 200m，但是在实际使用时，该深度允许的起伏为 10%，即深度的误差为±10m。在前述分析中已指出，当声源深度偏离预设位置且幅度较小时，干涉条纹相应沿频率方向整体向上或向下移动。当声源深度浮动时，每个爆炸声源信号对应的条纹区间发生了随机的沿频率的移动，因此，图 9-22（a）无法观测到连续的条纹。此外，声速剖面的起伏、声场距离采样稀疏（1.9km）也是条纹不连续的原因。

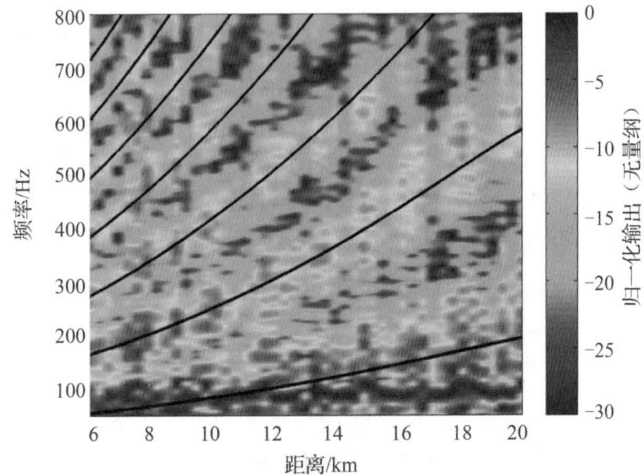

气枪声源信号的能谱随距离变化，黑色实线为采用 STE 方法得到的干涉条纹轨迹。

图 9-21　干涉条纹模型及 STE 方法的实验验证

图 9-22（b）给出了图 9-22（a）中条纹数量随声源距离的变化，可以看出近距离内，条纹数量随声源距离的增加逐渐减小，至 27km 后，条纹数量呈现缓慢的增加。由前述的仿真分析知，条纹数量在倒“V”形条纹顶点处达到最小值，因此在实验环境中，该顶点

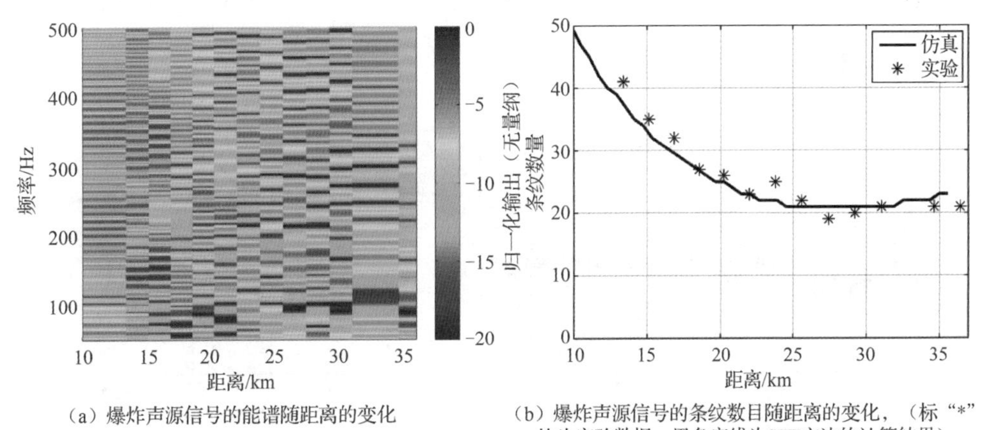

（a）爆炸声源信号的能谱随距离的变化

（b）爆炸声源信号的条纹数目随距离的变化，（标“*”的为实验数据，黑色实线为STE方法的计算结果）

图 9-22　采用 STE 方法计算条纹数目的实验验证

的距离在 27km 左右。由 STE 方法计算得到的条纹数量随声源距离的变化如图 9-22 的黑色实线所示。实验数据得到的条纹数目在黑色实线上下起伏，说明了本章干涉条纹模型及 STE 方法的正确性。当声源距离超过 35.5km 时，没有由水体模态产生的干涉条纹，因此黑色实线在此距离处终止。相应地，在 36.44km 处的接收信号的能量谱相对于其他信号低 5dB 左右。

9.5.1 采用 MIS 方法估计气枪声源深度

在图 9-22（a）中，当气枪声源从 6km 变化至 20km 时，相应的亮条纹数目从 7 条变为 2 条。因此，若要使用 MFS 方法估计声源深度，要求声源距离区间较窄，以保证条纹数目变化较小。例如，声源在 11～14km 之间，条纹数由 4 条变为 3 条。但是由于气枪声源信号的信噪比较低，若声源距离区间较窄，则信号距离累积增益较小，不利于声源定深。此外，MFS 方法存在阶梯效应，分辨率较低，对于近海面声源，由 MFS 方法所得结果的百分比误差（绝对误差与真实声源深度的比值）较大，因此不适用于估计近海面声源的深度。对于条纹数较少的情况，并且声速剖面已知的条件下，本节采用 MIS 方法。

由 MIS 方法估计的结果如图 9-23（a）所示，估计的气枪深度为 11.7m，与温深传感器测量的深度非常接近。当声源深度为 11.7m，由 STE 方法计算得到的条纹轨迹如图 9-22（a）中的黑色实线所示，其与亮条纹的位置相符。但是，在一些距离-频率网格点上，条纹轨迹并不在亮条纹的中心位置，如频率为 400～550Hz 的第二条条纹轨迹。这与声速剖面失配、声源深度起伏等原因有关。此外，在图 9-23（a）峰值的两侧观测到了两个谷值，这与 9.4.1 节的仿真结果相符；当假设的声源深度大于真实声源深度时，由 MIS 方法建立的目标函数接近 0dB，而当声源深度小于真实声源深度时，目标函数起伏较大。这主要是因为真实声源深度较浅，条纹稀疏，当假设的声源深度较深，条纹轨迹密集，无论亮条纹轨迹或暗条纹轨迹上的能量和均为声能量平面的均值；而当假设的声源深度较浅，条纹轨迹非常稀疏，亮条纹轨迹或暗条纹轨迹上的能量均随假设的声源深度剧烈起伏，因此两者的能量差起伏较大。

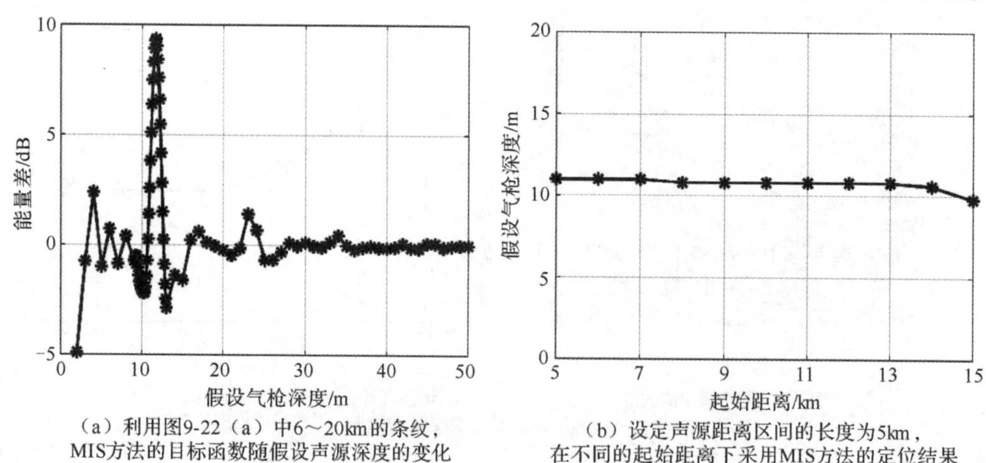

（a）利用图9-22（a）中6～20km的条纹，MIS方法的目标函数随假设声源深度的变化

（b）设定声源距离区间的长度为5km，在不同的起始距离下采用MIS方法的定位结果

图 9-23 采用 MIS 方法估计的气枪声源深度

对于声源距离区间较短的情况，MIS 方法依然是有效的。设定距离区间的长度为 5km，在不同的起始距离下，MIS 方法的定深结果如图 9-23（b）所示。当起始距离小于 14km 时，定深结果均为 11m 左右，当起始距离为 15km 时，定深结果为 9.8m，误差相对较大。这主要是因为在图 9-22（a）中，15～20km 的声能量图仅有两条较宽的亮条纹，使得 MIS 方法的目标函数对 z_s 附近的 z_s^a 的变化不敏感，导致定深结果易受噪声影响，定深误差可能较大。

9.5.2　采用 MFS 方法估计爆炸声源深度

图 9-22（a）没有完整的干涉条纹，因此无法使用 MIS 方法，但可以使用 MFS 方法估计声源深度。利用 25～30km 声能量图，图 9-24（a）给出了 MFS 方法目标函数随假设声源深度的变化。目标函数在 200m 附近取得最大值，但存在明显的阶梯效应，使得声源深度的估计值存在一定的不确定性。由于爆炸声源信噪比较高，对于每个独立的爆炸声源信号，均可以估计出相应距离处的条纹数目，从而得到声源深度。这种情况下，式（9-32）中的二维傅里叶变换简化为一维傅里叶变换。估计的声源深度随声源距离的变化如图 9-24（b）所示。深度估计值在 200m 上下起伏，集中在 190～210m 区间，这与爆炸声源实际爆炸深度 10%的误差（设定深度 200m，误差±10m）相符。须强调的是，在低信噪比条件下，短距离区间内的条纹可能不明显。此时，须利用距离累积增益，才能估计声源深度。

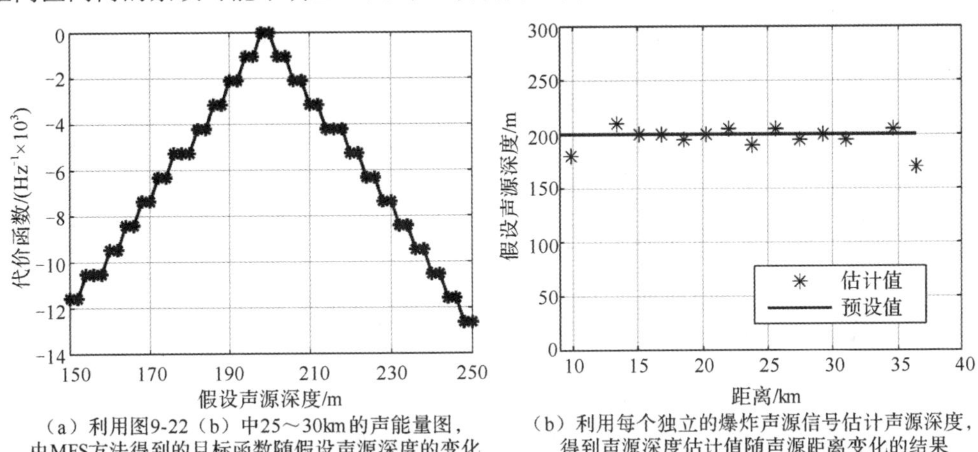

（a）利用图9-22（b）中25～30km的声能量图，由MFS方法得到的目标函数随假设声源深度的变化

（b）利用每个独立的爆炸声源信号估计声源深度，得到声源深度估计值随声源距离变化的结果

图 9-24　采用 MFS 方法估计的爆炸声源深度

本 章 小 结

本章主要分析了可靠声路径下的距离-频率干涉条纹，包括其形成的物理机理及其在声源深度估计方面的应用。本章主要内容总结如下：

（1）在恒定声源深度下，干涉条纹是由劳埃德镜的相干波束和相消波束传播至固定接收水听器所在深度时依频率变化而形成的。但是无论从射线模型和简正波模型，均无法得

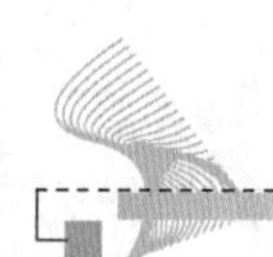

到深海声速剖面下的波束距离-深度分布。因此，本章首先结合这两种模型，利用简正波的射线描述方法，从理论上揭示和证明了声速恒定环境下劳埃德镜中明（相干）暗（相消）波束的形成机理，并给出了定量计算波束轨迹（波束距离-深度分布）的方法。然后，将这种方法扩展至一般深海声速剖面情况。最后，通过计算恒定接收器深度下波束轨迹依声源距离和频率的分布，得到条纹轨迹。本章称估计条纹轨迹的方法为 STE 方法。

（2）通过仿真和实验数据验证了 STE 方法估计条纹轨迹的有效性。STE 方法可以估计由水体模态产生的倒“V”形条纹轨迹，也可以用于估计由海底弹射模态产生的斜率恒正的条纹轨迹，以及可靠声路径之外的条纹轨迹，适应性广。

（3）基于 STE 方法，提出了两种声源深度估计方法。MIS 方法的代价函数量化了由 STE 方法计算的干涉条纹轨迹与测量的干涉条纹的匹配程度，用于精确地估计声源深度。MIS 方法要求已知声速剖面，并且声源深度固定。MFS 方法基于条纹数目的匹配，稳健性高，适用于环境失配、声源深度起伏等条件。第一种方法使用一次深海实验中的气枪声源信号验证，第二种方法使用该实验中的爆炸声源信号验证。

第 10 章　阵列流形失配条件下的水平线阵列测向方法

10.1　概　述

现代声呐系统逐渐趋向于工作在低频段，从而不断提高探测距离，此时，若要获得较好的空间分辨能力，须使用孔径较大的阵列，这在实际中通常意味着面临更大的系统复杂度和更高的设备成本。被动合成孔径（Passive Synthetic Aperture，PSA）方法的出现，使在不改变拖曳阵列参数的情况下增加其有效孔径成为可能。PSA 方法利用信号在时间和空间上的相关性以及阵列的运动信息或者位置信息构造一个较大的虚拟阵列，从而获得更高的方位分辨率。结合基于稀疏性的 DOA 估计方法，PSA 的性能可以得到进一步提高。然而，经典的被动合成孔径方法对阵列运动信息误差较为敏感，由于虚拟阵列也可以看作具有多个相同的子阵，子阵阵间由于存在运动信息误差导致虚拟阵列的相位出现误差。

此外，随着大深度自主航行器的发展，海底锚系水平线阵列的长期运作和维护不再是难题，借助可靠声路径，其稳健探测距离可达 30km。但是，水平线阵列在实际应用中都会出现一种由水声传播物理特性引起的测向误差。目前，有关研究主要针对拖曳水平线阵列，缺少有关海底水平线阵列测向误差的理论及应用分析。

本章首先对常见被动合成孔径方法进行回顾，并在此基础上提出了一种基于压缩感知的被动合成孔径方法；针对子阵阵间相位误差问题，提出了一种含有子阵位移误差时的直线阵列稀疏贝叶斯 DOA 方法；针对 PSA 中重叠相关器在多目标情况下对运动信息误差敏感的情况，使用基于稀疏贝叶斯的直线阵列 PSA 方法进行 DOA 估计。

其次，通过声场建模，在深海大深度接收条件下，仿真分析水平线阵列测向误差的基本变化规律，并利用简正波理论和射线方法对其进行解释。最后，在可靠声路径探测范围内，提出了一种稳健的测向误差修正方法，研究结果对于海底水平线阵列的测向应用具有重要的理论和工程应用价值。

10.2　基于稀疏性的被动合成孔径定位与子阵处理方法

10.2.1　运动直线阵列被动合成孔径（PSA）定位原理介绍

常见的运动直线阵列被动合成孔径方法有 Yen 和 Carey 提出的被动合成孔径方法[200]、

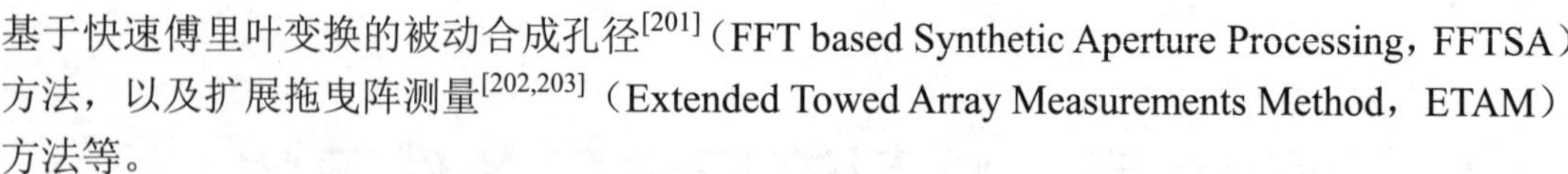

基于快速傅里叶变换的被动合成孔径[201]（FFT based Synthetic Aperture Processing，FFTSA）方法，以及扩展拖曳阵测量[202,203]（Extended Towed Array Measurements Method，ETAM）方法等。

假设一个阵元间距为 d 的 N 元均匀水平线阵列以速度 v（远离）作直线运动，目标信号为窄带信号，中心频率为 f_0，幅度为 A，目标信号入射到阵列的角度为 θ。若目标的运动速度在此角度的分量可以忽略，则接收到的信号频率为

$$f = f_0(1+v\sin\theta/c) \tag{10-1}$$

式中，c 为海水中的声速（假设为常数）。阵列中第 n 个阵元在 t_i 时刻接收到的信号可以表示为

$$x_n(t_i) = A\exp\left[\mathrm{j}2\pi f_0\left(t_i - \frac{vt_i}{c}\sin\theta - \frac{(n-1)d}{c}\sin\theta\right)\right] + \xi_n(t_i) \tag{10-2}$$

式中，$\xi_n(t_i)$ 表示第 n 个阵元在 t_i 时刻接收的噪声。第 n 个阵元在 $t_i+\tau$ 时刻接收到的信号可以表示为

$$x_n(t_i+\tau) = \exp(\mathrm{j}2\pi f\tau)A\exp\left[\mathrm{j}2\pi f_0\left(t_i - \frac{vt_i}{c}\sin\theta - \frac{v\tau}{c}\sin\theta - \frac{(n-1)d}{c}\sin\theta\right)\right] + \xi_n(t_i+\tau) \tag{10-3}$$

第 $n+p$ 个阵元在 t_i 时刻接收到的信号可以表示为

$$x_{n+p}(t_i) = A\exp\left[\mathrm{j}2\pi f_0\left(t_i - \frac{vt_i}{c}\sin\theta - \frac{(n+p-1)d}{c}\sin\theta\right)\right] + \xi_{n+p}(t_i) \tag{10-4}$$

假设 $v\tau = pd$，则有

$$x_n(t_i+\tau) = \exp(\mathrm{j}2\pi f_0\tau)\cdot x_{n+p}(t_i) \tag{10-5}$$

1. Yen 和 Carey 提出的被动合成孔径方法

在 t_i 时刻，阵列的波束输出函数为

$$b(f_0,\theta)_0 = \sum_{n=1}^{N} X_n(f)\exp\left[\mathrm{j}2\pi f\frac{d(n-1)}{c}\sin\theta\right] \tag{10-6}$$

式中，$f = f_0(1+v\sin\theta/c)$，$X_n(f) = \sum_{i=1}^{K} x_n(t_i+\tau)\exp(\mathrm{j}2\pi f t_i)$ 是 $x_n(t_0)$ 的离散时间傅里叶变换。在 $t_i+\tau$ 时刻，阵列的波束输出函数为

$$b(f_0,\theta)_\tau = \sum_{n=1}^{N}\left[\sum_{i=1}^{K} x_n(t_i+\tau)\exp(-\mathrm{j}2\pi f_0 t_i)\right]\exp\left[\mathrm{j}2\pi f_0\frac{d(n-1)}{c}\sin\theta\right] \tag{10-7}$$

由式（10-4）和式（10-6），可得

$$b(f_0,\theta)_\tau = b(f_0,\theta)_0\exp\left[\mathrm{j}2\pi f_0\left(\tau - \frac{v\tau}{c}\sin\theta\right)\right] \tag{10-8}$$

对根据连续测量数据得到的波束输出函数进行相位补偿并求和，可以得到合成孔径后的波束输出函数：

$$B(f_0,\theta)_M=\sum_{m=1}^{M}b(f_0,\theta)_{m*\tau}\ \exp(-\mathrm{j}\phi_m) \tag{10-9}$$

式中，$\phi_m=2\pi f_0(1+v\sin\theta/c)m*\tau$。对于相位补偿项$\phi_m$，需要知道相对速度$v$的先验信息。

2. FFTSA 方法

对M次连续测量得到的波束输出函数进行如下处理：

$$B(f,\theta_{\mathrm{s}})_{M*\tau}=\sum_{m=1}^{M}b(f_0,\theta_{\mathrm{s}})_{m*\tau}\exp(-\mathrm{j}2\pi fm\tau) \tag{10-10}$$

式中，$f=f_0(1+v_{\mathrm{s}}\sin\theta_{\mathrm{s}}/c)$由$f_0,v_{\mathrm{s}}$和$\theta_{\mathrm{s}}$决定。由式（10-8）和式（10-10）可得

$$B(f_{\mathrm{s}},\theta_{\mathrm{s}})_{M*\tau}=b(f_0,\theta_{\mathrm{s}})\sum_{m=1}^{M}\exp[\mathrm{j}2\pi f_0(1-v\sin\theta/c)m\tau]\exp(-\mathrm{j}2\pi f_{\mathrm{s}}m\tau) \tag{10-11}$$

其对应的功率输出函数为

$$\begin{aligned}P(f_{\mathrm{s}},\theta_{\mathrm{s}})&=B(f_{\mathrm{s}},\theta_{\mathrm{s}})_{M*\tau}B(f_{\mathrm{s}},\theta_{\mathrm{s}})^{*}_{M*\tau}\\&=\left\{\frac{\sin\left[N\dfrac{\pi d}{\lambda}(\sin\theta_{\mathrm{s}}-\sin\theta)\right]}{\sin\left[\dfrac{\pi d}{\lambda}(\sin\theta_{\mathrm{s}}-\sin\theta)\right]}\cdot\frac{\sin\left[M\dfrac{\pi v\tau}{\lambda}(\sin\theta_{\mathrm{s}}-\sin\theta)\right]}{\sin\left[\dfrac{\pi v\tau}{\lambda}(\sin\theta_{\mathrm{s}}-\sin\theta)\right]}\right\}^2\end{aligned} \tag{10-12}$$

因此，当f_{s}和θ_{s}扫描到真实的f和θ时，$P(f_{\mathrm{s}},\theta_{\mathrm{s}})$取得最大值。FFTSA 方法通过傅里叶变换对不同位置的波束输出进行相干叠加，无须相对速度的先验信息，但当真实参数不在离散扫描参数中时，由 FFTSA 方法估计的参数将会出现偏差。

3. ETAM 方法

ETAM 方法通过一个相位校正因子将连续运动线阵列接收到的信号进行组合，从而扩展阵列的有效孔径，图 10-1 是 ETAM 方法示意。

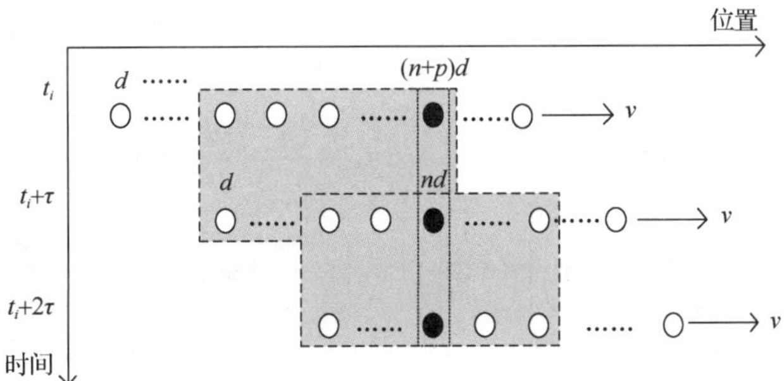

图 10-1　ETAM 方法示意

ETAM 方法使两次连续测量之间有$(N-p)$个阵元位置重叠，若$v\tau=pd$，则每对重叠阵元间接收信号的相位差为$\exp(\mathrm{j}2\pi f\tau)$。每对重叠阵元间的相位差的幅角可以使用如下公式表示：

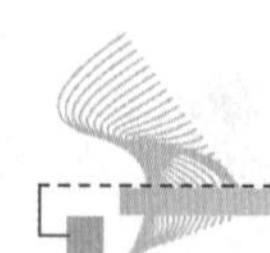

$$\Psi = \frac{1}{N-p}\sum_{n=1}^{N-p}\Psi_n \tag{10-13}$$

式中，$\Psi_n = \arg[x_{n+p}(t_i)x_n^*(t_i+\tau)] = -2\pi f_0\tau$。使用$\Psi$对扩展阵元部分接收到的信号进行校正，则合成孔径信号$\tilde{x}_n(t_i)$可以表示为

$$\tilde{x}_n(t_i) = \begin{cases} x_n(t_i), & n = 1,\cdots,N \\ x_{n+p}(t_i+\tau)\cdot\exp(\mathrm{j}\Psi), & n = N+1,\cdots,N+p \end{cases} \tag{10-14}$$

此时，阵列的孔径比原始孔径增加了pd。

假设整个测量过程中线阵列共进行j次扩展，每次增加的孔径为$p_j d$，若$v\tau_j = p_j d$，第j次扩展后较前次测量的相位修正因子为Ψ^j，则第j次扩展测量相对于第一次测量的相位修正因子为$\bar{\Psi}_j = \sum_{m=1}^{j}\Psi^m$，此时的孔径为$\bar{D} = (N-1)d + \sum_{m=1}^{j}p_j d$，合成孔径信号可以视为具有$J$+1个子阵（子阵编号从0到$J$）的直线阵列同步接收的信号。令$p_0 = 0$及$\bar{\Psi}_0 = 0$，第$j$个子阵接收的信号可以表示为

$$\tilde{x}_{j,n+p_j}(t_i) = x_{n+p_j}(t_i+\tau_j)\cdot\exp(\mathrm{j}\bar{\Psi}_j) \qquad n = p_j+1,\cdots,N \tag{10-15}$$

式中，$\tilde{x}_{j,q}$代表第j个子阵中的第q个阵元。

10.2.2　子阵位移误差对 PSA 方法的影响

Yen 和 Carey 提出的被动合成孔径方法及 FFTSA 方法均用于波束域的孔径合成，而 ETAM 方法则是在时域或者频域进行孔径合成。ETAM 方法的信噪比门限比前面两种方法低，为−8dB/Hz。因此，ETAM 方法在实际中得到了大量应用。下面考虑通过 ETAM 方法在两次连续测量中阵元未精确重叠的情况，此时可以等效为子阵位移出现误差。

1. 单个目标时

假设两次连续测量中阵元未重叠，此时，$v\tau' \neq pd$；再假设$v\tau' = p(d+\delta)$，则此时第n个阵元接收到的信号可以表示为（纯信号情况下）

$$\begin{aligned} x_n(t_i+\tau') &= A\exp\left[\mathrm{j}2\pi f_0\left(t_i+\tau'-\frac{vt_i}{c}\sin\theta-\frac{v\tau'}{c}\sin\theta-\frac{(n-1)d}{c}\sin\theta\right)\right] \\ &= \exp\left[\mathrm{j}2\pi f_0\left(\tau'-\frac{p\delta}{c}\sin\theta\right)\right]A\exp\left[\mathrm{j}2\pi f_0\left(t_i-\frac{vt_i}{c}\sin\theta-\frac{(n-1+p)d}{c}\sin\theta\right)\right] \end{aligned} \tag{10-16}$$

此时，式（10-15）可变为

$$x_n(t_i+\tau') = \exp\left[\mathrm{j}2\pi f_0\left(\tau'-\frac{p\delta}{c}\sin\theta\right)\right]\cdot x_{n+p}(t_i) \tag{10-17}$$

$$\Psi_n = \arg[x_{n+p}(t_i)x_n^*(t_i+\tau')] = -2\pi f_0\left(\tau'-\frac{p\delta}{c}\sin\theta\right) \tag{10-18}$$

按照式（10-14）中的相位校正方法进行校正，仍可得到扩展的孔径。

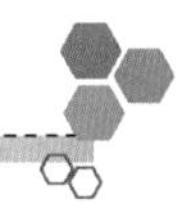

2. 多个目标时

假设两个目标的入射角分别为 θ_1 和 θ_2，接收到信号可以分解为 $x_n(t_i)=x_n^{\theta_1}(t_i)+x_n^{\theta_2}(t_i)$，此时的相位校正因子为

$$\begin{aligned}\Psi_n &= \arg[x_{n+p}(t_i)x_n^*(t_i+\tau')] \\ &= \arg[x_{n+p}^{\theta_1}(t_i)x_{n+p}^{\theta_1\,*}(t_i+\tau')+x_{n+p}^{\theta_1}(t_i)x_{n+p}^{\theta_2\,*}(t_i+\tau')+ \\ &\quad x_{n+p}^{\theta_2}(t_i)x_{n+p}^{\theta_1\,*}(t_i+\tau')+x_{n+p}^{\theta_2}(t_i)x_{n+p}^{\theta_2\,*}(t_i+\tau')]\end{aligned} \tag{10-19}$$

$x_{n+p}^{\theta_2}(t_i)x_{n+p}^{\theta_1\,*}(t_i+\tau')+x_{n+p}^{\theta_2}(t_i)x_{n+p}^{\theta_2\,*}(t_i+\tau')$ 的出现使相位校正因子出现误差，若此时再使用互相关得到的相位校正因子来进行校正，将影响后续波束形成结果。

对子阵误差对被动合成孔径方位估计结果的影响进行仿真：假设一个阵元间距 d=0.8m 的 16 元水平线阵列以 3m/s 的相对速度远离被测声源，海水声速为 1430m/s，阵列采样频率为 25kHz。对阵列进行 4 次扩展，每次重叠的阵元数均为 8 个。声源发射信号频率为 323Hz，输入信噪比为 20dB。

（1）单声源在入射角度为−30° 且相对速度无误差时的定位结果如图 10-2 所示。

（2）单声源在入射角度为−30° 且相对速度误差为 20%时的定位结果如图 10-3 所示。

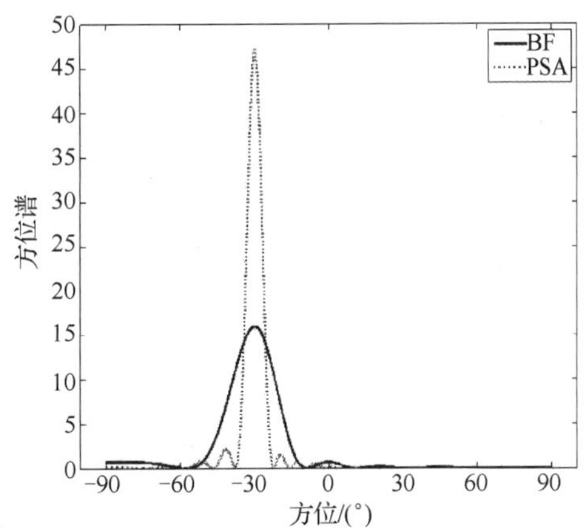

图 10-2　单声源在入射角度为−30° 且相对速度无误差时的定位结果

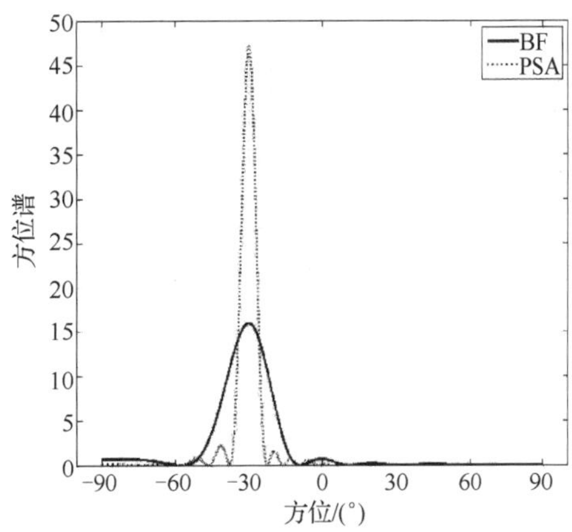

图 10-3　单声源在入射角度为−30° 且相对速度误差为 20%时的定位结果

（3）双声源在入射角度分别为−30° 和 60° 且相对速度无误差时的定位结果如图 10-4 所示。

（4）双声源在入射角度分别为−30° 和 60° 且相对速度误差为 10%时的定位结果如图 10-5 所示。

从仿真结果中可以看出，只有单目标时，采用 ETAM 方法可以在相对速度出现误差的情况下工作，真实的相位校正因子可以直接从数据中得到，阵元位置不重叠时仍可准确地进行 DOA 估计。在多目标时，若相对速度无误差，则 ETAM 方法有效；若相对速度存在误差，则此时的 DOA 结果甚至会差于单阵常规波束形成的 DOA 结果，阵列扩展不但没有带来好处，反而增加了定位误差。

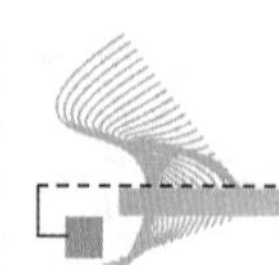

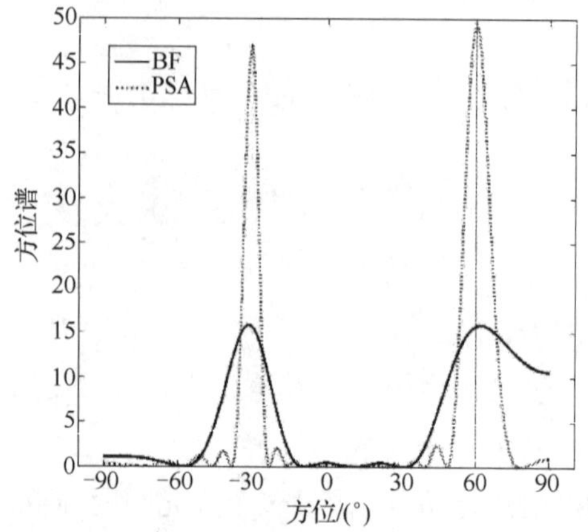

图 10-4　双声源在入射角度分别为-30° 和 60° 且相对速度无误差时的定位结果

图 10-5　双声源在入射角度分别为-30° 和 60° 且相对速度误差为 10%时的定位结果

10.2.3　含有子阵位移误差时的直线阵列稀疏贝叶斯 DOA 估计方法

1. 含有子阵位移误差时的最大似然估计方法

具有多子阵的直线阵列（简称线阵）已经被广泛地应用于波束形成及目标方位估计等领域。尽管子阵内部的阵元位置可以做到相当精确，但子阵阵间的位移误差的存在还是会使方位估计的准确度大大降低。实际上，许多目标信号频率较低，阵列孔径、阵元数受到现场环境以及系统复杂程度约束等因素限制不能做得较大。因此，若使用经典的 CBF 进行波达方位估计得不到较高的空间分辨率。许多高分辨方法如 MUSIC 方法、旋转不变子空间方法等可以在阵列参数不变的情况提高阵列的空间分辨率，但其对阵列流形的误差很敏感，并且在低信噪比、少快拍数、声源相干情况出现时，高分辨算法的性能将会大为退化。本节将子阵阵间的位移误差引入稀疏贝叶斯模型，实现对子阵位移误差和波达方位的同时估计。

假设在远场平面波下，N 个角频率为 ω 的声源信号入射到具有 P 个子阵的线阵上。假设每个子阵内部有 M_p 个阵元，整个阵列的阵元数为 $M=\sum_{p=1}^{P}M_p$ 。子阵内的阵元位置精确已知，第 p 个子阵的模型可以表示为

$$\boldsymbol{x}_p(t)=\boldsymbol{A}_p\boldsymbol{s}(t)+\boldsymbol{e}_p(t) \tag{10-20}$$

式中，$\boldsymbol{A}_p=[\boldsymbol{a}_p(\theta_1),\boldsymbol{a}_p(\theta_2),\cdots,\boldsymbol{a}_p(\theta_N)]$ 是子阵阵列流形矩阵；θ_n 是第 n 个来波的方位；$\boldsymbol{a}_p(\theta_n)=\{1,\exp[-\mathrm{j}\omega d\cos(\theta_n)/c],\cdots,\exp[-\mathrm{j}\omega(M-1)d\cos(\theta_n)/c]\}^{\mathrm{T}}$ 是第 p 个子阵 θ_n 方向对应的阵列流形向量，c 为声速；$\boldsymbol{s}(t)=[s_1(t),s_2(t),\cdots,s_N(t)]^{\mathrm{T}}$ 表示 t 时刻对应的信号波形；$\boldsymbol{e}_p(t)=[e_1(t),e_2(t),\cdots,e_M(t)]^{\mathrm{T}}$ 代表 t 时刻第 p 个子阵对应的噪声。通常情况下，$N<\sum_{p=1}^{P}M_p$ ，来波在空域具有稀疏性。假设 r_p 是第 p 个子阵的第一个阵元到第一个子阵的第一个阵元的距离，全阵的阵列流形可以表示为

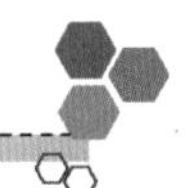

$$\boldsymbol{a}_{\mathrm{w}}(\theta)=\boldsymbol{V}(\theta)\boldsymbol{h}(\theta) \tag{10-21}$$

式中，$\boldsymbol{V}(\theta)=\begin{bmatrix}\boldsymbol{a}_1(\theta) & 0 & \dots & 0\\ 0 & \boldsymbol{a}_2(\theta) & \dots & 0\\ \vdots & \vdots & \ddots & \vdots \\ 0 & 0 & \dots & \boldsymbol{a}_P(\theta)\end{bmatrix}$，$\boldsymbol{h}(\theta,\boldsymbol{r})=[1,\mathrm{e}^{-\mathrm{j}k(\theta)r_2},\mathrm{e}^{-\mathrm{j}k(\theta)r_3},\cdots,\mathrm{e}^{-\mathrm{j}k(\theta)r_P}]^{\mathrm{T}}$，波数 $k=\omega/c$，子阵相对位置向量 $\boldsymbol{r}=[0,r_2,r_3,\cdots,r_P]^{\mathrm{T}}$。尽管 $\boldsymbol{a}_p(\theta)$ 精确已知，实际测量的子阵相对位置向量 $\tilde{\boldsymbol{r}}$ 一般不等于预先设置的 $\boldsymbol{r}$。所以真实的全阵阵列流形向量 $\tilde{\boldsymbol{a}}_{\mathrm{w}}(\theta)$ 与预置阵列流形向量 $\boldsymbol{a}_{\mathrm{w}}(\theta)$ 间会存在偏差。

失配后的 $\boldsymbol{h}(\theta,\tilde{\boldsymbol{r}})$ 与预置的 $\boldsymbol{h}(\theta,\boldsymbol{r})$ 不是线性关系，假设 $\boldsymbol{\beta}=[0,\beta_2,\cdots,\beta_P]^{\mathrm{T}}\in R^P$ 是位移误差向量，$\beta_p=\tilde{r}_p-r_p$。在 $|\beta_p|$ 较小的情况下，对 $\boldsymbol{h}(\theta,\tilde{\boldsymbol{r}})=[1,\mathrm{e}^{-\mathrm{j}k(\theta)r_2},\mathrm{e}^{-\mathrm{j}k(\theta)r_3},\cdots,\mathrm{e}^{-\mathrm{j}k(\theta)r_P}]^{\mathrm{T}}$ 在 $\boldsymbol{r}$ 处进行一阶泰勒展开，可以得到

$$\boldsymbol{h}(\theta,\tilde{\boldsymbol{r}})\approx\begin{bmatrix}\mathrm{e}^{-\mathrm{j}k(\theta)r_1}\\ \mathrm{e}^{-\mathrm{j}k(\theta)r_2}\\ \vdots\\ \mathrm{e}^{-\mathrm{j}k(\theta)r_P}\end{bmatrix}+\begin{bmatrix}-\mathrm{j}k(\tilde{r}_1-r_1)\mathrm{e}^{-\mathrm{j}k(\theta)r_1}\\ -\mathrm{j}k(\tilde{r}_2-r_2)\mathrm{e}^{-\mathrm{j}k(\theta)r_2}\\ \vdots\\ -\mathrm{j}k(\tilde{r}_P-r_P)\mathrm{e}^{-\mathrm{j}k(\theta)r_P}\end{bmatrix}=\boldsymbol{h}(\theta,\boldsymbol{r})-\mathrm{j}k\mathrm{diag}(\boldsymbol{\beta})\boldsymbol{h}(\theta,\boldsymbol{r}) \tag{10-22}$$

令 $\boldsymbol{v}_p(\theta)$ 代表 $\boldsymbol{V}(\theta)$ 的第 p 列，$\boldsymbol{V}_p(\theta)=[\underbrace{\boldsymbol{0},\cdots,}_{1,\dots,p-1}\underbrace{\boldsymbol{v}_p}_{p},\boldsymbol{0},\cdots,\boldsymbol{0}]$ 是第 p 列为 $\boldsymbol{v}_p(\theta)$ 其余列为零向量的矩阵，因此

$$\boldsymbol{a}_{\mathrm{w}}(\theta,\tilde{\boldsymbol{r}})\approx\boldsymbol{a}_{\mathrm{w}}(\theta,\boldsymbol{r})-\mathrm{j}k[\sum_{p=1}^{P}\beta_p\boldsymbol{V}_p(\theta)\boldsymbol{h}(\theta,\boldsymbol{r})] \tag{10-23}$$

则沿 N 个方位扫描时，全阵的阵列流形矩阵为

$$\begin{aligned}\boldsymbol{A}_1&=[\boldsymbol{a}_{\mathrm{w}}(\theta_1,\tilde{\boldsymbol{r}}),\cdots,\boldsymbol{a}_{\mathrm{w}}(\theta_N,\tilde{\boldsymbol{r}})]\approx[\boldsymbol{a}_{\mathrm{w}}(\theta_1,\boldsymbol{r}),\cdots,\boldsymbol{a}_{\mathrm{w}}(\theta_N,\boldsymbol{r})]-\\&\quad\mathrm{j}k\beta_1[\boldsymbol{V}_1(\theta_1)\boldsymbol{h}(\theta_1,\boldsymbol{r}),\cdots,\boldsymbol{V}_1(\theta_N)\boldsymbol{h}(\theta_N,\boldsymbol{r})]-\\&\quad\mathrm{j}k\beta_2[\boldsymbol{V}_2(\theta_1)\boldsymbol{h}(\theta_1,\boldsymbol{r}),\cdots,\boldsymbol{V}_2(\theta_N)\boldsymbol{h}(\theta_N,\boldsymbol{r})]-\\&\quad\cdots-\mathrm{j}k\beta_P[\boldsymbol{V}_P(\theta_1)\boldsymbol{h}(\theta_1,\boldsymbol{r}),\cdots,\boldsymbol{V}_P(\theta_N)\boldsymbol{h}(\theta_N,\boldsymbol{r})]\\&=\boldsymbol{A}_{\mathrm{w}}+\sum_{p=1}^{P}\beta_p\boldsymbol{B}_p\end{aligned} \tag{10-24}$$

式中，$\boldsymbol{A}_{\mathrm{w}}=[\boldsymbol{a}_{\mathrm{w}}(\theta_1),\cdots,\boldsymbol{a}_{\mathrm{w}}(\theta_N)]$ 为无子阵阵间位移误差时全阵阵列流形矩阵，$\boldsymbol{B}_p=-\mathrm{j}k[\boldsymbol{V}_p(\theta_1)\boldsymbol{h}(\theta_1,\boldsymbol{r}),\cdots,\boldsymbol{V}_p(\theta_N)\boldsymbol{h}(\theta_N,\boldsymbol{r})]$，$\beta_p\boldsymbol{B}_p$ 是由于第 p 个子阵位移误差引起的全阵阵列流形矩阵误差的一阶逼近。令 $\boldsymbol{\Phi}(\boldsymbol{\beta})=\boldsymbol{A}_{\mathrm{w}}+\sum_{p=1}^{P}\beta_p\boldsymbol{B}_p$，因此，全阵的阵列模型可以写为

$$\begin{aligned}\boldsymbol{x}(t)&=\boldsymbol{A}_1\boldsymbol{s}(t)+\boldsymbol{e}(t)\\&=(\boldsymbol{A}_{\mathrm{w}}+\sum_{p=1}^{P}\beta_p\boldsymbol{B}_p)\boldsymbol{s}(t)+\boldsymbol{e}(t)\\&=\boldsymbol{\Phi}(\boldsymbol{\beta})\boldsymbol{s}(t)+\boldsymbol{e}(t)\end{aligned} \tag{10-25}$$

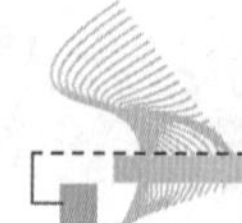

在多快拍情况下，

$$X = \boldsymbol{\Phi}(\boldsymbol{\beta},\boldsymbol{\theta})\boldsymbol{S}+\boldsymbol{E} \tag{10-26}$$

式中，$\boldsymbol{X}=[\boldsymbol{x}(1),\boldsymbol{x}(2),\cdots,\boldsymbol{x}(T)]$，$\boldsymbol{S}=[\boldsymbol{s}(1),\boldsymbol{s}(2),\cdots,\boldsymbol{s}(T)]$，$\boldsymbol{E}=[\boldsymbol{e}(1),\boldsymbol{e}(2),\cdots,\boldsymbol{e}(T)]$，$\boldsymbol{\theta}=[\theta_1,\theta_2,\cdots,\theta_N]^{\mathrm{T}}$，$T$ 是快拍数。从式（10-24）中可以看出，在一阶逼近情况下，真实的阵列流形矩阵 $\boldsymbol{A}_1$ 与位移误差向量 $\boldsymbol{\beta}$ 呈仿射关系。

假设每个阵元的噪声独立且满足均值为 0 方差为 $\sigma^2=\alpha_0^{-1}$ 的复高斯分布（均匀噪声），则多快拍观测值的似然函数为

$$\begin{aligned}p(\boldsymbol{X}|\boldsymbol{S},\boldsymbol{\beta},\boldsymbol{\theta},\alpha_0)&=\prod_{t=1}^{T}\mathcal{CN}[\boldsymbol{x}(t)\boldsymbol{\Phi}(\boldsymbol{\beta})\boldsymbol{s}(t),\alpha_0^{-1}\boldsymbol{I}]\\&=\prod_{t=1}^{T}\frac{1}{\pi^M\det(\alpha_0^{-1}\boldsymbol{I})}\exp[-\alpha_0\|\boldsymbol{x}(t)-\boldsymbol{\Phi}(\boldsymbol{\beta})\boldsymbol{s}(t)\|_2^2]\end{aligned} \tag{10-27}$$

在对数似然函数为

$$L(\boldsymbol{S},\boldsymbol{\beta},\boldsymbol{\theta},\alpha_0)=C+MT\log(\alpha_0)-\sum_{t=1}^{T}\alpha_0\|\boldsymbol{x}(t)-\boldsymbol{\Phi}(\boldsymbol{\beta})\boldsymbol{s}(t)\|_2^2 \tag{10-28}$$

固定 $\boldsymbol{\beta},\boldsymbol{\theta},\alpha_0$，对 $\boldsymbol{s}(t)$ 求偏导数并令其为零，可以得到

$$\frac{\partial L[\boldsymbol{s}(t),\boldsymbol{\beta},\boldsymbol{\theta},\alpha_0]}{\partial\boldsymbol{s}(t)}=-2\alpha_0\boldsymbol{\Phi}^{\mathrm{H}}(\boldsymbol{\beta})[\boldsymbol{\Phi}(\boldsymbol{\beta})\boldsymbol{s}(t)-\boldsymbol{x}(t)]=0 \tag{10-29}$$

因此 $\boldsymbol{s}(t)$ 的最大似然估计函数为

$$\mathcal{L}[\boldsymbol{s}(t)\boldsymbol{\theta},\boldsymbol{\beta}]=(\boldsymbol{\Phi}^{\mathrm{H}}\boldsymbol{\Phi})^{-1}\boldsymbol{\Phi}^{\mathrm{H}}\boldsymbol{x}(t) \tag{10-30}$$

令 $\boldsymbol{P}_{\boldsymbol{\Phi}(\boldsymbol{\theta})}=\boldsymbol{\Phi}(\boldsymbol{\theta})[\boldsymbol{\Phi}^{\mathrm{H}}(\boldsymbol{\theta})\boldsymbol{\Phi}(\boldsymbol{\theta})]^{-1}\boldsymbol{\Phi}(\boldsymbol{\theta})$ 为到 $\boldsymbol{\Phi}(\boldsymbol{\theta})$ 列空间的投影矩阵，固定 $\boldsymbol{\beta},\alpha_0,\boldsymbol{s}(t)$ 的值，$\boldsymbol{\theta}$ 的最大似然估计函数为

$$\begin{aligned}\mathcal{L}\left[\boldsymbol{\theta}|\boldsymbol{\beta},\boldsymbol{s}(t)\right]&=\arg\min_{\boldsymbol{\theta}}\sum_{t=1}^{T}\|\boldsymbol{x}(t)-\boldsymbol{P}_{\boldsymbol{\Phi}(\boldsymbol{\theta})}\boldsymbol{x}(t)\|_2^2\\&=\arg\min_{\boldsymbol{\theta}}\mathrm{tr}[(I-\boldsymbol{P}_{\boldsymbol{\Phi}(\boldsymbol{\theta})})\hat{\boldsymbol{R}}]\end{aligned} \tag{10-31}$$

式中，$\hat{\boldsymbol{R}}=\frac{1}{T}\sum_{t=1}^{T}\boldsymbol{x}(t)\boldsymbol{x}^{\mathrm{H}}(t)$ 为采样协方差矩阵。固定 $\boldsymbol{s}(t),\boldsymbol{\theta}$ 的值，对 $\boldsymbol{\beta}$ 求偏导数并令其为零，等价于对 $L_1(\boldsymbol{\beta})$ 求偏导数并令其为零：

$$\begin{aligned}L_1(\boldsymbol{\beta})&=-\sum_{t=1}^{T}\|\boldsymbol{x}(t)-\boldsymbol{\Phi}(\boldsymbol{\beta})\boldsymbol{s}(t)\|_2^2=-\sum_{t=1}^{T}\left\|\boldsymbol{x}(t)-(\boldsymbol{A}_{\mathrm{w}}+\sum_{p=1}^{P}\beta_p\boldsymbol{B}_p)\boldsymbol{s}(t)\right\|_2^2\\&=-\left\{\sum_{t=1}^{T}\left[\|\boldsymbol{A}_{\mathrm{w}}\boldsymbol{s}(t)-\boldsymbol{x}(t)\|_2^2\right]+\sum_{t=1}^{T}\left(\sum_{p=1}^{P}\beta_p\boldsymbol{s}^{\mathrm{H}}(t)\boldsymbol{B}_p^{\mathrm{H}}\left[\boldsymbol{A}_{\mathrm{w}}\boldsymbol{s}(t)-\boldsymbol{x}(t)\right]+\right.\right.\\&\left.\sum_{p=1}^{P}\beta_p\left[\boldsymbol{A}_{\mathrm{w}}\boldsymbol{s}(t)-\boldsymbol{x}(t)\right]^{\mathrm{H}}\boldsymbol{B}_p\boldsymbol{s}(t)\right)+\\&\left.\sum_{t=1}^{T}\boldsymbol{s}^{\mathrm{H}}(t)\left(\sum_{i=1}^{P}\sum_{j=1}^{P}\beta_i\beta_j\boldsymbol{B}_i^{\mathrm{H}}\boldsymbol{B}_j\right)\boldsymbol{s}(t)\right\}\end{aligned} \tag{10-32}$$

上式中最后一项为

$$f_1(\boldsymbol{\beta})=\sum_{t=1}^{T}[\boldsymbol{s}^{\mathrm{H}}(t)(\sum_{i=1}^{P}\sum_{j=1}^{P}\beta_i\beta_j\boldsymbol{B}_i^{\mathrm{H}}\boldsymbol{B}_j)\boldsymbol{s}(t)] \tag{10-33}$$

$$\begin{aligned}\frac{\partial f_1(\boldsymbol{\beta})}{\beta_p}&=\sum_{t=1}^{T}\left[\boldsymbol{s}^{\mathrm{H}}(t)\boldsymbol{B}_p\left(\sum_{i=1}^{P}\boldsymbol{B}_i\boldsymbol{s}(t)\beta_i\right)+\left(\sum_{i=1}^{P}\boldsymbol{s}^{\mathrm{H}}(t)\boldsymbol{B}_i^{\mathrm{H}}\beta_i\right)\boldsymbol{B}_p\boldsymbol{s}(t)\right]\\&=2\sum_{t=1}^{T}\mathrm{Re}[\boldsymbol{s}^{\mathrm{H}}(t)\boldsymbol{B}_p^{\mathrm{H}}\boldsymbol{C}(t)\boldsymbol{\beta}]\end{aligned} \tag{10-34}$$

式中，$\boldsymbol{C}(t)=[\boldsymbol{B}_1\boldsymbol{s}(t),\boldsymbol{B}_2\boldsymbol{s}(t),\cdots,\boldsymbol{B}_P\boldsymbol{s}(t)]$。

对 $L_1(\boldsymbol{\beta})$ 中每个分量求偏导，即

$$\begin{aligned}\frac{\partial L_1(\beta_p)}{\partial\beta_p}&=2\sum_{t=1}^{T}\mathrm{Re}\left\{\boldsymbol{s}^{\mathrm{H}}(t)\boldsymbol{B}_p^{\mathrm{H}}[\boldsymbol{A}_{\mathrm{w}}\boldsymbol{s}(t)-\boldsymbol{x}(t)]\right\}+2\,\mathrm{Re}\left[\boldsymbol{s}^{\mathrm{H}}(t)\boldsymbol{B}_p^{\mathrm{H}}\boldsymbol{C}(t)\boldsymbol{\beta}\right]\\&=2\sum_{t=1}^{T}\mathrm{Re}\left\{\boldsymbol{s}^{\mathrm{H}}(t)\boldsymbol{B}_p^{\mathrm{H}}[\boldsymbol{A}_{\mathrm{w}}\boldsymbol{s}(t)-\boldsymbol{x}(t)+\boldsymbol{C}(t)\boldsymbol{\beta}]\right\}\end{aligned} \tag{10-35}$$

因此，

$$\frac{\partial L_1(\boldsymbol{\beta})}{\partial\boldsymbol{\beta}}=2\,\mathrm{Re}\sum_{t=1}^{T}\begin{Bmatrix}\boldsymbol{s}^{\mathrm{H}}(t)\boldsymbol{B}_1^{\mathrm{H}}[\boldsymbol{A}_{\mathrm{w}}\boldsymbol{s}(t)-\boldsymbol{x}(t)+\boldsymbol{C}(t)\boldsymbol{\beta}]\\\boldsymbol{s}^{\mathrm{H}}(t)\boldsymbol{B}_2^{\mathrm{H}}[\boldsymbol{A}_{\mathrm{w}}\boldsymbol{s}(t)-\boldsymbol{x}(t)+\boldsymbol{C}(t)\boldsymbol{\beta}]\\\vdots\\\boldsymbol{s}^{\mathrm{H}}(t)\boldsymbol{B}_P^{\mathrm{H}}[\boldsymbol{A}_{\mathrm{w}}\boldsymbol{s}(t)-\boldsymbol{x}(t)+\boldsymbol{C}(t)\boldsymbol{\beta}]\end{Bmatrix} \tag{10-36}$$

令 $f_2(\boldsymbol{\beta})=\begin{Bmatrix}\sum_{t=1}^{T}\boldsymbol{s}^{\mathrm{H}}(t)\boldsymbol{B}_1^{\mathrm{H}}[\boldsymbol{A}_{\mathrm{w}}\boldsymbol{s}(t)-\boldsymbol{x}(t)]+\sum_{t=1}^{T}\boldsymbol{s}^{\mathrm{H}}(t)\boldsymbol{B}_1^{\mathrm{H}}\boldsymbol{C}(t)\boldsymbol{\beta}\\\sum_{t=1}^{T}\boldsymbol{s}^{\mathrm{H}}(t)\boldsymbol{B}_2^{\mathrm{H}}[\boldsymbol{A}_{\mathrm{w}}\boldsymbol{s}(t)-\boldsymbol{x}(t)]+\sum_{t=1}^{T}\boldsymbol{s}^{\mathrm{H}}(t)\boldsymbol{B}_2^{\mathrm{H}}\boldsymbol{C}(t)\boldsymbol{\beta}\\\vdots\\\sum_{t=1}^{T}\boldsymbol{s}^{\mathrm{H}}(t)\boldsymbol{B}_P^{\mathrm{H}}[\boldsymbol{A}_{\mathrm{w}}\boldsymbol{s}(t)-\boldsymbol{x}(t)]+\sum_{t=1}^{T}\boldsymbol{s}^{\mathrm{H}}(t)\boldsymbol{B}_P^{\mathrm{H}}\boldsymbol{C}(t)\boldsymbol{\beta}\end{Bmatrix}$，化简之后可得

$$f_2(\boldsymbol{\beta})=\underbrace{\begin{Bmatrix}\sum_{t=1}^{T}\boldsymbol{s}^{\mathrm{H}}(t)\boldsymbol{B}_1^{\mathrm{H}}[\boldsymbol{A}_{\mathrm{w}}\boldsymbol{s}(t)-\boldsymbol{x}(t)]\\\sum_{t=1}^{T}\boldsymbol{s}^{\mathrm{H}}(t)\boldsymbol{B}_2^{\mathrm{H}}[\boldsymbol{A}_{\mathrm{w}}\boldsymbol{s}(t)-\boldsymbol{x}(t)]\\\vdots\\\sum_{t=1}^{T}\boldsymbol{s}^{\mathrm{H}}(t)\boldsymbol{B}_P^{\mathrm{H}}[\boldsymbol{A}_{\mathrm{w}}\boldsymbol{s}(t)-\boldsymbol{x}(t)]\end{Bmatrix}}_{\boldsymbol{u}}+\underbrace{\begin{bmatrix}\sum_{t=1}^{T}\boldsymbol{s}^{\mathrm{H}}(t)\boldsymbol{B}_1^{\mathrm{H}}\boldsymbol{C}(t)\\\sum_{t=1}^{T}\boldsymbol{s}^{\mathrm{H}}(t)\boldsymbol{B}_2^{\mathrm{H}}\boldsymbol{C}(t)\\\vdots\\\sum_{t=1}^{T}\boldsymbol{s}^{\mathrm{H}}(t)\boldsymbol{B}_P^{\mathrm{H}}\boldsymbol{C}(t)\end{bmatrix}}_{\boldsymbol{G}}\boldsymbol{\beta}=\boldsymbol{u}+\boldsymbol{G}\boldsymbol{\beta} \tag{10-37}$$

因为 $\boldsymbol{G}$ 是 M 行 P 列的矩阵且 $M>P$，则 $f_2(\boldsymbol{\beta})=\boldsymbol{0}$ 的解为

$$\hat{\boldsymbol{\beta}}=-(\boldsymbol{G}^{\mathrm{H}}\boldsymbol{G})^{-1}\boldsymbol{G}^{\mathrm{H}}\boldsymbol{u} \tag{10-38}$$

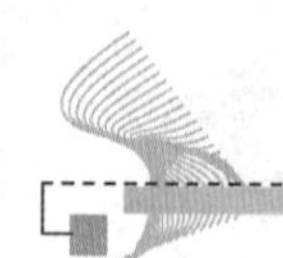

由于满足 $f_2(\boldsymbol{\beta})=\mathbf{0}$ 的解同时也满足 $\dfrac{\partial L_1(\boldsymbol{\beta})}{\partial \boldsymbol{\beta}}=0$，所以 $\boldsymbol{\beta}$ 的最大似然估计值为

$$\mathcal{L}(\boldsymbol{\beta}|\boldsymbol{S},\boldsymbol{\theta})=-(\boldsymbol{G}^{\mathrm{H}}\boldsymbol{G})^{-1}\boldsymbol{G}^{\mathrm{H}}\boldsymbol{u} \tag{10-39}$$

进行最大似然估计时须要预先知道信号的个数 N，此外，由于 $\mathcal{L}(\boldsymbol{\theta}|\boldsymbol{\beta},\boldsymbol{s}(t))$ 是多维、非线性的，须对 N 维参数空间进行多维搜索，计算量较大；若采用牛顿迭代算法来计算 $\mathcal{L}(\boldsymbol{\theta}|\boldsymbol{\beta},\boldsymbol{s}(t))$，则须要给出很接近于真实值的初始参数，否则，搜索方法可能收敛到局部最小值。为了对位移失配量和目标真实方位进行估计，Weiss 和 Friedlander 提出了一种基于最大似然估计阵列自校正的方法[204,205]，该方法对目标方位和位移失配量进行分块交替优化迭代。同样地，利用位移失配量较小这一假设，对每个阵元的失配量在真实位置处进行一阶泰勒公式展开。该方法可以很容易地拓展到子阵位移误差情况下 $\boldsymbol{\theta}$ 和 $\boldsymbol{\beta}$ 的最大似然估计中，具体方法如下：

初始化 $\hat{\boldsymbol{\beta}}=\mathbf{0}$，$\hat{\boldsymbol{\theta}}=\hat{\boldsymbol{\theta}}_0$，其中 $\hat{\boldsymbol{\theta}}_0$ 由 Bartlett 波束形成器中对应能量最大的 N 个方向得到。

对于 $\boldsymbol{\theta}$ 向量，令 n=1，采用如下迭代获得 $\hat{\boldsymbol{\theta}}$：

（1）使用预置的阵列流形矩阵或者上一步计算得到的 $\hat{\boldsymbol{\beta}}$ 构建 $\boldsymbol{\Phi}$。

（2）根据式（10-30）计算 $\hat{\boldsymbol{s}}(t)$。

（3）按照式 $\boldsymbol{x}^n(t)=\boldsymbol{x}(t)-\boldsymbol{\Phi}\hat{\boldsymbol{s}}^n$ 计算 $\boldsymbol{x}^n(t)$，式中，$\hat{\boldsymbol{s}}^n$ 为将 $\hat{\boldsymbol{s}}$ 中第 n 个分量置零后的向量。

（4）按照式 $\hat{\theta}_n=\arg\max\limits_{\theta_n}\dfrac{1}{M}\sum\limits_{t=1}^{T}\left\|\hat{\boldsymbol{x}}^n(t)^{\mathrm{H}}\left\{\boldsymbol{a}_{\mathrm{w}}(\theta,\boldsymbol{r})-\mathrm{j}k\left[\sum\limits_{p=1}^{P}\beta_p V_p(\theta_n)\boldsymbol{h}(\theta_n,\boldsymbol{r})\right]\right\}\right\|_2^2$ 计算 $\hat{\theta}_n$。

（5）检查代价函数 Q 是否收敛，若不收敛，则令 $n=n+1$（若 $n>N$，则令 $n=1$）并跳至步骤（1）；若收敛，则进行 $\boldsymbol{\beta}$ 向量迭代。代价函数为

$$Q=\sum_{t=1}^{T}\left\|\boldsymbol{x}^n(t)-\left\{\boldsymbol{a}_{\mathrm{w}}(\theta,\boldsymbol{r})-\mathrm{j}k\left[\sum_{p=1}^{P}\beta_p V_p(\theta_n)\boldsymbol{h}(\theta_n,\boldsymbol{r})\right]\right\}\hat{\boldsymbol{s}}^n\right\|_2^2$$

对于 $\boldsymbol{\beta}$ 向量，使用如下迭代获得 $\hat{\boldsymbol{\beta}}$：

（1）$\boldsymbol{\theta}$ 向量计算得到的 $\{\hat{\theta}_n\}_{n=1}^{N}$ 构建 $\boldsymbol{\Phi}$。

（2）根据式（10-30）计算 $\hat{\boldsymbol{s}}(t)$。

（3）根据式（10-39）计算 $\hat{\boldsymbol{\beta}}$。

（4）由 $\hat{\boldsymbol{\beta}}$ 更新 $\boldsymbol{\Phi}$。

（5）检查代价函数 Q 是否收敛，若不收敛，则跳至步骤（2），代价函数为

$$Q=\sum_{t=1}^{T}\left\|\boldsymbol{x}^n(t)-\left\{\boldsymbol{a}_{\mathrm{w}}(\theta,\boldsymbol{r})-\mathrm{j}k\left[\sum_{p=1}^{P}\beta_p V_p(\theta_n)\boldsymbol{h}(\theta_n,\boldsymbol{r})\right]\right\}\hat{\boldsymbol{s}}^n\right\|_2^2$$

交替进行 $\boldsymbol{\theta}$ 向量和 $\boldsymbol{\beta}$ 向量的迭代，直到代价函数 Q 收敛，得到 $\hat{\boldsymbol{\theta}}$ 和 $\hat{\boldsymbol{\beta}}$。

须注意的是，该方法仍须知道信号数量和较精确的初始条件，否则可能收敛到局部最优值。使用块交替优化迭代方法求取 $\hat{\boldsymbol{\beta}}$ 和 $\hat{\boldsymbol{\theta}}$ 时，不需要对噪声功率 σ^2 进行估计。

2. 基于稀疏贝叶斯的 DOA 估计方法

考虑信号数量未知的情况下，更改阵列模型为

$$X=\bar{\boldsymbol{\Phi}}(\boldsymbol{\beta},\bar{\boldsymbol{\theta}})\bar{\boldsymbol{S}}+\boldsymbol{E} \tag{10-40}$$

式中，

$$\begin{aligned}\bar{\boldsymbol{\Phi}}&=\bar{\boldsymbol{A}}_{\mathrm{w}}+\sum_{p=1}^{P}\beta_p\bar{\boldsymbol{B}}_p\\&=[\boldsymbol{a}_{\mathrm{w}}(\bar{\theta}_1),\cdots,\boldsymbol{a}_{\mathrm{w}}(\bar{\theta}_L)]-\mathrm{j}k\sum_{p=1}^{P}\beta_p[\boldsymbol{V}_p(\bar{\theta}_1)\boldsymbol{h}(\bar{\theta}_1,\boldsymbol{r}),\cdots,\boldsymbol{V}_p(\bar{\theta}_L)\boldsymbol{h}(\bar{\theta}_L,\boldsymbol{r})]\end{aligned} \tag{10-41}$$

$\bar{\boldsymbol{\theta}}=[\bar{\theta}_1,\cdots,\bar{\theta}_L]^{\mathrm{T}}$ 为方位扫描网格，$\bar{\boldsymbol{S}}=[\bar{\boldsymbol{s}}(1),\bar{\boldsymbol{s}}(2),\cdots,\bar{\boldsymbol{s}}(T)]$，$\bar{\boldsymbol{s}}(t)=[\bar{s}_1(t),\cdots,\bar{s}_L(t)]^{\mathrm{T}}$ 为代表所有扫描方向的信号，$L>M>N$。此时，$\boldsymbol{\Phi}$ 的列数远大于行数，式（10-40）有无穷个解，可以使用 l_1 范数约束的方法来求得式（10-40）的稀疏解，但由于 l_1 范数约束方法中参数 λ 的取值与噪声功率 $\sigma^2=\alpha^{-1}$ 有关，当阵列流形矩阵存在误差时，常规方法对噪声能量进行估计误差很大。

由于 $L>M>N$，信号在空域具有稀疏性，其具体表现为信号能量 $\boldsymbol{\alpha}$ 中只有少数分量较大。通过假设 $\boldsymbol{\alpha}$ 服从某个促稀疏性的分布，可以将稀疏先验引入阵列模型。令 $E[|\bar{s}_i(t)|^2]=\sigma_i^2$，假设超参数 α_0 服从以下分布：

$$p(\alpha_0\mid a,b)=\mathrm{Gamma}(\alpha_0|a,b)=\Gamma(\mathrm{a})^{-1}b^a\alpha_0^{a-1}\mathrm{e}^{-b\alpha_0} \tag{10-42}$$

式中，$\Gamma(a)$ 代表 Γ 函数，$\mathrm{Gamma}(\alpha_0|a,b)$ 表示变量为 α_0，参数为 a 和 b 的 Γ 分布。假设不同快拍之间的数据相互独立，参考稀疏贝叶斯理论[206]，对 $\boldsymbol{s}(t)$ 进行分层建模。假设信源 $\boldsymbol{s}(t)$ 服从均值为 0，协方差矩阵为 $\boldsymbol{\Lambda}^{-1}$ 的复高斯分布，$\boldsymbol{S}$ 具有联合稀疏性，即

$$p(\bar{\boldsymbol{S}}\mid\boldsymbol{\alpha})=\prod_{t=1}^{T}\mathcal{CN}[\bar{\boldsymbol{s}}(t)\mid 0,\boldsymbol{\Lambda}^{-1}] \tag{10-43}$$

式中，

$$\boldsymbol{\Lambda}=\begin{bmatrix}\alpha_1&0&\cdots&0\\0&\alpha_2&\cdots&0\\\vdots&\vdots&\ddots&\vdots\\0&0&0&\alpha_L\end{bmatrix} \tag{10-44}$$

参数 $\boldsymbol{\alpha}=[\alpha_1,\alpha_2,\cdots,\alpha_L]$ 服从以下分布：

$$p(\boldsymbol{\alpha}\mid c,d)=\prod_{l=1}^{L}\mathrm{Gamma}(\alpha_l\mid c,d)a \tag{10-45}$$

根据贝叶斯公式，未知参数的后验概率为

$$p(\bar{\boldsymbol{S}},\boldsymbol{\beta},\bar{\boldsymbol{\theta}},\alpha_0,\boldsymbol{\alpha}|\boldsymbol{X})=\frac{p(\bar{\boldsymbol{S}},\boldsymbol{\beta},\bar{\boldsymbol{\theta}},\alpha_0,\boldsymbol{\alpha})p(\boldsymbol{X}|\bar{\boldsymbol{S}},\boldsymbol{\beta},\bar{\boldsymbol{\theta}},\alpha_0,\boldsymbol{\alpha})}{p(\boldsymbol{X})} \tag{10-46}$$

式中，$p(\bar{\boldsymbol{S}},\boldsymbol{\beta},\bar{\boldsymbol{\theta}},\alpha_0,\boldsymbol{\alpha})$ 为参数的先验信息，$p(\boldsymbol{X}|\bar{\boldsymbol{S}},\boldsymbol{\beta},\bar{\boldsymbol{\theta}},\alpha_0,\boldsymbol{\alpha})$ 为参数的似然函数。由于 $p(\boldsymbol{X})$ 不能直接计算得到，因此把式（10-46）改写为

$$p(\bar{\boldsymbol{S}},\boldsymbol{\beta},\bar{\boldsymbol{\theta}},\alpha_0,\boldsymbol{\alpha}|\boldsymbol{X})=p(\alpha_0,\boldsymbol{\alpha},\boldsymbol{\beta},\bar{\boldsymbol{\theta}}|\boldsymbol{X})p(\bar{\boldsymbol{S}}|\alpha_0,\boldsymbol{\alpha},\boldsymbol{X},\boldsymbol{\beta},\bar{\boldsymbol{\theta}}) \tag{10-47}$$

上式等号右边第二项有以下关系式：

$$p(\bar{\boldsymbol{S}}|\alpha_0,\boldsymbol{\alpha},\boldsymbol{X},\boldsymbol{\beta},\bar{\boldsymbol{\theta}})=\frac{p(\bar{\boldsymbol{S}}\,|\,\boldsymbol{\alpha},\boldsymbol{\beta},\bar{\boldsymbol{\theta}})p(\boldsymbol{X}\,|\,\bar{\boldsymbol{S}},\boldsymbol{\beta},\bar{\boldsymbol{\theta}},\alpha_0)}{p(\boldsymbol{X}\,|\,\alpha_0,\boldsymbol{\alpha})} \tag{10-48}$$

因此，$p(\bar{\boldsymbol{S}}|\alpha_0,\boldsymbol{\alpha},\boldsymbol{X},\boldsymbol{\beta},\bar{\boldsymbol{\theta}})p(\boldsymbol{X}\,|\,\alpha_0,\boldsymbol{\alpha})=p(\bar{\boldsymbol{S}}\,|\,\boldsymbol{\alpha},\boldsymbol{\beta},\bar{\boldsymbol{\theta}})p(\boldsymbol{X}\,|\,\bar{\boldsymbol{S}},\boldsymbol{\beta},\bar{\boldsymbol{\theta}},\alpha_0)$ [206]，将等式右边 $\bar{\boldsymbol{S}}$ 项按照高斯分布进行补充，合并公式并配平方，得到参数的后验概率分布 $p(\bar{\boldsymbol{S}}|\alpha_0,\boldsymbol{\alpha},\boldsymbol{X},\boldsymbol{\beta})=\prod_{t=1}^{T}\mathcal{CN}[\boldsymbol{s}(t)\,|\,\boldsymbol{\mu}(t),\boldsymbol{\Sigma}]$，式中，

$$\boldsymbol{\mu}(t)=\alpha_0\boldsymbol{\Sigma}\boldsymbol{\Phi}^{\mathrm{H}}(\boldsymbol{\beta})\boldsymbol{x}(t) \tag{10-49}$$

$$\boldsymbol{\Sigma}=[\alpha_0\boldsymbol{\Phi}^{\mathrm{H}}(\boldsymbol{\beta})\boldsymbol{\Phi}(\boldsymbol{\beta})+\boldsymbol{\Lambda}^{-1}]^{-1} \tag{10-50}$$

余下项为 $p(\boldsymbol{X}\,|\,\alpha_0,\boldsymbol{\alpha})=\prod_{t=1}^{T}\mathcal{CN}[\boldsymbol{x}(t)\,|\,0,\boldsymbol{\Sigma}^{-1}]$。主要参数估计值可以由最大后验估计值 $p(\alpha_0,\boldsymbol{\alpha},\boldsymbol{\beta}\,|\,\boldsymbol{X})$ 得到，将 $\boldsymbol{X}$ 视为常数，最大化 $p(\alpha_0,\boldsymbol{\alpha},\boldsymbol{\beta}\,|\,\boldsymbol{X})$ 等价于最大化 $p(\boldsymbol{X},\alpha_0,\boldsymbol{\alpha},\boldsymbol{\beta})$。最大化 $p(\boldsymbol{X},\alpha_0,\boldsymbol{\alpha},\boldsymbol{\beta})$ 时可以使用 EM 方法，将 $\boldsymbol{X}$ 视作隐含变量，通过最大化条件期望函数 $E_{\boldsymbol{S}|\boldsymbol{X},\boldsymbol{\beta},\alpha_0,\boldsymbol{\alpha}}[\log p(\boldsymbol{X},\boldsymbol{S},\alpha_0,\boldsymbol{\alpha},\boldsymbol{\beta})]$ 来实现。由分层贝叶斯模型：

$$p(\boldsymbol{X},\boldsymbol{S},\alpha_0,\boldsymbol{\alpha},\boldsymbol{\beta})=p(\boldsymbol{X}\,|\,\boldsymbol{S},\alpha_0,\boldsymbol{\beta})p(\boldsymbol{S}\,|\,\boldsymbol{\alpha})p(\boldsymbol{\alpha})p(\alpha_0)p(\boldsymbol{\beta}) \tag{10-51}$$

条件期望

$$E_{\boldsymbol{S}|\boldsymbol{X},\boldsymbol{\beta},\alpha_0,\boldsymbol{\alpha}}[\log p(\boldsymbol{X},\boldsymbol{S},\alpha_0,\boldsymbol{\alpha},\boldsymbol{\beta})]=E_{\boldsymbol{S}|\boldsymbol{X},\boldsymbol{\beta},\alpha_0,\boldsymbol{\alpha}}\{\log[p(\boldsymbol{X}\,|\,\boldsymbol{S},\alpha_0,\boldsymbol{\beta})p(\boldsymbol{S}\,|\,\boldsymbol{\alpha})p(\boldsymbol{\alpha})p(\alpha_0)p(\boldsymbol{\beta})]\} \tag{10-52}$$

忽略和 $\boldsymbol{\alpha}$ 无关的项，最大化 $E_{\boldsymbol{S}|\boldsymbol{X},\boldsymbol{\beta},\alpha_0,\boldsymbol{\alpha}}\{\log[p(\boldsymbol{S}\,|\,\boldsymbol{\alpha})p(\boldsymbol{\alpha})]\}$，得

$$\alpha_i^{\mathrm{new}}=\frac{T+a-1}{b+(\boldsymbol{H}\boldsymbol{H}^{\mathrm{H}})_{ii}+T\boldsymbol{\Sigma}_{ii}} \tag{10-53}$$

忽略和 α_0 无关的项，最大化 $E_{\boldsymbol{S}|\boldsymbol{X},\boldsymbol{\beta},\alpha_0,\boldsymbol{\alpha}}\{\log[p(\boldsymbol{X}\,|\,\boldsymbol{S},\alpha_0,\boldsymbol{\beta})p(\alpha_0)]\}$，得

$$(\sigma^2)^{\mathrm{new}}=\frac{\|\boldsymbol{X}-\boldsymbol{\Phi}(\boldsymbol{\beta})\boldsymbol{H}\|_{\mathrm{F}}^2+T(\sigma^2)^{\mathrm{old}}\sum_{i=1}^{N}\gamma_i+d}{TM+c-1} \tag{10-54}$$

式中，$\boldsymbol{H}=[\boldsymbol{\mu}(1),\boldsymbol{\mu}(2),\cdots,\boldsymbol{\mu}(T)]$，$\boldsymbol{\Sigma}_{ii}$ 是 $\boldsymbol{\Sigma}$ 的第 i 个对角元素，$\gamma_i=1-\alpha_i\boldsymbol{\Sigma}_{ii}$。忽略和 $\boldsymbol{\beta}$ 无关的项，最大化 $E_{\boldsymbol{S}|\boldsymbol{X},\boldsymbol{\beta},\boldsymbol{\alpha},\alpha_0}\{\log[p(\boldsymbol{X}\,|\,\boldsymbol{S},\boldsymbol{\beta},\alpha_0)p(\boldsymbol{\beta})]\}$，由于不具有 $\boldsymbol{\beta}$ 的先验信息，可以认为 $\boldsymbol{\beta}$ 服从均匀分布，最大化 $E_{\boldsymbol{S}|\boldsymbol{X},\boldsymbol{\beta},\boldsymbol{\alpha},\alpha_0}\{\log[p(\boldsymbol{X}\,|\,\boldsymbol{S},\boldsymbol{\beta},\alpha_0)p(\boldsymbol{\beta})]\}$ 等价于最大化 $E_{\boldsymbol{S}|\boldsymbol{X},\boldsymbol{\beta},\alpha_0,\boldsymbol{\alpha}}\{\log[p(\boldsymbol{X}\,|\,\boldsymbol{S},\alpha_0,\boldsymbol{\beta})]\}$。去掉与 $\boldsymbol{\beta}$ 无关项并化简，这一过程等价于最小化：

$$\begin{aligned}\boldsymbol{f}(\boldsymbol{\beta})&=E_{\boldsymbol{S}|\boldsymbol{X},\boldsymbol{\beta},\alpha_0}\left(\frac{1}{T}\sum_{t=1}^{T}\|\boldsymbol{x}(t)-\boldsymbol{\Phi}(\boldsymbol{\beta})\boldsymbol{s}(t)\|_2^2\right)\\&=\frac{1}{T}\sum_{t=1}^{T}\|\boldsymbol{x}(t)-\boldsymbol{\Phi}(\boldsymbol{\beta})\boldsymbol{\mu}(t)\|_2^2+\mathrm{Tr}\left[\boldsymbol{\Phi}(\boldsymbol{\beta})\boldsymbol{\Sigma}\boldsymbol{\Phi}^{\mathrm{H}}(\boldsymbol{\beta})\right]\end{aligned} \tag{10-55}$$

对式（10-55）中第一项求导（对 $\boldsymbol{\beta}$ 求导），可得

$$\frac{\partial\left[\frac{1}{T}\sum_{t=1}^{T}\left\|\boldsymbol{x}(t)-\boldsymbol{\Phi}(\boldsymbol{\beta})\boldsymbol{\mu}(t)\right\|_2^2\right]}{\partial\boldsymbol{\beta}}=2\,\mathrm{Re}[\boldsymbol{u}'+\boldsymbol{G}\boldsymbol{\beta}] \tag{10-56}$$

式中，$\boldsymbol{u}'=\begin{Bmatrix}\sum_{t=1}^{T}\boldsymbol{s}^{\mathrm{H}}(t)\boldsymbol{B}_1^{\mathrm{H}}\left[\boldsymbol{A}_{\mathrm{w}}\boldsymbol{\mu}(t)-\boldsymbol{x}(t)\right]\\ \sum_{t=1}^{T}\boldsymbol{s}^{\mathrm{H}}(t)\boldsymbol{B}_2^{\mathrm{H}}\left[\boldsymbol{A}_{\mathrm{w}}\boldsymbol{\mu}(t)-\boldsymbol{x}(t)\right]\\ \vdots\\ \sum_{t=1}^{T}\boldsymbol{s}^{\mathrm{H}}(t)\boldsymbol{B}_P^{\mathrm{H}}\left[\boldsymbol{A}_{\mathrm{w}}\boldsymbol{\mu}(t)-\boldsymbol{x}(t)\right]\end{Bmatrix}$。对式（10-55）中第二项求导（对 $\boldsymbol{\beta}$），可得

$$\frac{\partial\mathrm{Tr}(\boldsymbol{\Phi}(\boldsymbol{\beta})\boldsymbol{\Sigma}\boldsymbol{\Phi}^{\mathrm{H}}(\boldsymbol{\beta}))}{\partial\boldsymbol{\beta}}=2\,\mathrm{Re}[\boldsymbol{v}+\boldsymbol{Q}\boldsymbol{\beta}] \tag{10-57}$$

式中，$\boldsymbol{v}=\begin{bmatrix}\mathrm{Tr}(\bar{\boldsymbol{A}}_{\mathrm{W}}\boldsymbol{\Sigma}\bar{\boldsymbol{B}}_1^{\mathrm{H}})\\ \mathrm{Tr}(\bar{\boldsymbol{A}}_{\mathrm{W}}\boldsymbol{\Sigma}\bar{\boldsymbol{B}}_2^{\mathrm{H}})\\ \vdots\\ \mathrm{Tr}(\bar{\boldsymbol{A}}_{\mathrm{W}}\boldsymbol{\Sigma}\bar{\boldsymbol{B}}_P^{\mathrm{H}})\end{bmatrix}$，$\boldsymbol{Q}=\begin{bmatrix}\mathrm{Tr}(\bar{\boldsymbol{B}}_1\boldsymbol{\Sigma}\bar{\boldsymbol{B}}_1^{\mathrm{H}}) & \mathrm{Tr}(\bar{\boldsymbol{B}}_2\boldsymbol{\Sigma}\bar{\boldsymbol{B}}_1^{\mathrm{H}}) & \cdots & \mathrm{Tr}(\bar{\boldsymbol{B}}_P\boldsymbol{\Sigma}\bar{\boldsymbol{B}}_1^{\mathrm{H}})\\ \mathrm{Tr}(\bar{\boldsymbol{B}}_1\boldsymbol{\Sigma}\bar{\boldsymbol{B}}_2^{\mathrm{H}}) & \mathrm{Tr}(\bar{\boldsymbol{B}}_2\boldsymbol{\Sigma}\bar{\boldsymbol{B}}_2^{\mathrm{H}}) & \cdots & \mathrm{Tr}(\bar{\boldsymbol{B}}_P\boldsymbol{\Sigma}\bar{\boldsymbol{B}}_2^{\mathrm{H}})\\ \vdots & \vdots & & \vdots\\ \mathrm{Tr}(\bar{\boldsymbol{B}}_1\boldsymbol{\Sigma}\bar{\boldsymbol{B}}_P^{\mathrm{H}}) & \mathrm{Tr}(\bar{\boldsymbol{B}}_2\boldsymbol{\Sigma}\bar{\boldsymbol{B}}_P^{\mathrm{H}}) & \cdots & \mathrm{Tr}(\bar{\boldsymbol{B}}_P\boldsymbol{\Sigma}\bar{\boldsymbol{B}}_P^{\mathrm{H}})\end{bmatrix}$

所以

$$\hat{\boldsymbol{\beta}}=(\boldsymbol{T}^{\mathrm{H}}\boldsymbol{T})^{-1}\boldsymbol{T}^{\mathrm{H}}(\boldsymbol{v}+\boldsymbol{u}') \tag{10-58}$$

式中，$\boldsymbol{T}=\boldsymbol{G}+\boldsymbol{Q}$。

整个迭代过程可以总结如下：对 $\alpha_0,\boldsymbol{\alpha},\boldsymbol{\beta}$ 赋予初值，使用式（10-49）和式（10-50）更新 $\boldsymbol{\mu}$ 和 $\boldsymbol{\Sigma}$，然后使用式（10-53）、式（10-54）和式（10-58）更新 $\alpha_0,\boldsymbol{\alpha},\boldsymbol{\beta}$。重复以上过程，直到收敛迭代完成后的 $\alpha_0,\boldsymbol{\alpha},\boldsymbol{\beta}$ 分别包含了噪声能量、特定方位的信号能量和每个虚拟子阵的位移误差信息，此方法称为基于子阵位移失配模型的直线阵列稀疏贝叶斯波达方位估计方法，以下简称 SBI 方法。

在多快拍情况下，计算复杂度随快拍数的增加而增大。为了在降低计算复杂度，并减小噪声带来的影响，对观测向量 $\boldsymbol{X}$ 进行奇异值分解。

$$\boldsymbol{X}=\boldsymbol{U}\boldsymbol{Y}\boldsymbol{V}^{\mathrm{H}} \tag{10-59}$$

$$\boldsymbol{V}=[\boldsymbol{V}_1\ \boldsymbol{V}_2] \tag{10-60}$$

式中，$\boldsymbol{U}$ 为左奇异矩阵，$\boldsymbol{Y}$ 为奇异值矩阵，$\boldsymbol{V}$ 为右奇异矩阵，$\boldsymbol{V}_1\in C^{T\times K}$ 是 $\boldsymbol{V}$ 中 K 个较大的奇异值对应的矩阵，$\boldsymbol{V}_2\in C^{T\times(T-K)}$ 是 $\boldsymbol{V}$ 的其余 T–K 个奇异值对应的矩阵。构造截短后的数据向量 $\boldsymbol{X}_{\mathrm{SV}}=\boldsymbol{X}\boldsymbol{V}_1$，令 $\boldsymbol{S}_{\mathrm{SV}}=\boldsymbol{S}\boldsymbol{V}_1,\boldsymbol{E}_{\mathrm{SV}}=\boldsymbol{E}\boldsymbol{V}_1$，有

$$\boldsymbol{X}_{\mathrm{SV}}=\boldsymbol{\Phi}(\boldsymbol{\beta})\boldsymbol{S}_{\mathrm{SV}}+\boldsymbol{E}_{\mathrm{SV}} \tag{10-61}$$

使用快拍压缩之后的 $\boldsymbol{X}_{\mathrm{SV}},\boldsymbol{S}_{\mathrm{SV}}$ 和 $\boldsymbol{E}_{\mathrm{SV}}$ 替代原始的 $\boldsymbol{X}$，$\boldsymbol{S}$ 和 $\boldsymbol{E}$ 可以在降低噪声影响的同时有效地减少计算时间。

对上述过程进行数值仿真，假设 $K=2$ 个中心频率均为 250Hz 的远场窄带信号入射到

$M=4$ 元均匀线阵上，入射角度 θ_1 和 θ_2 分别为 $60°$ 和 $65°$，线阵阵元间距为 0.68m。$P=3$ 个虚拟子阵预设位移分别距离初始位置 0m、3.4m 和 6.8m，子阵位移误差 β_1、β_2 和 β_3 分别为 0m、0.11m 和 0.2m，含有子阵位移误差时的阵列扩展示意如图 10-6 所示。每个位置阵列采集的快拍数为 200。两个 Γ 分布的参数分别设为 $a=b=1\times10^{-4}$，$c=1$，$d=0.01$；超参数的迭代初始值分别为

$$\sigma^2=\frac{100}{\dfrac{1}{K}\sum_{t=1}^{K}\mathrm{Var}(\boldsymbol{X}_{\mathrm{SV}})_t},\quad \boldsymbol{\alpha}=\frac{1}{KM}\sum_{t=1}^{K}\left|\boldsymbol{A}^{\mathrm{H}}(\boldsymbol{X}_{\mathrm{SV}})_t\right|$$

每个信噪比下仿真 R=200 次。波达方位均方根误差计算公式为

$$\mathrm{RMSE}_{\theta}=\sqrt{\frac{1}{RK}\sum_{i=1}^{R}\sum_{k=1}^{K}(\theta_k-\hat{\theta}_k^i)^2}$$

位移误差均方根误差计算公式为

$$\mathrm{RMSE}_{\beta}=\sqrt{\frac{1}{RP}\sum_{i=1}^{R}\sum_{p=1}^{P}(\beta_p-\hat{\beta}_p^i)^2}$$

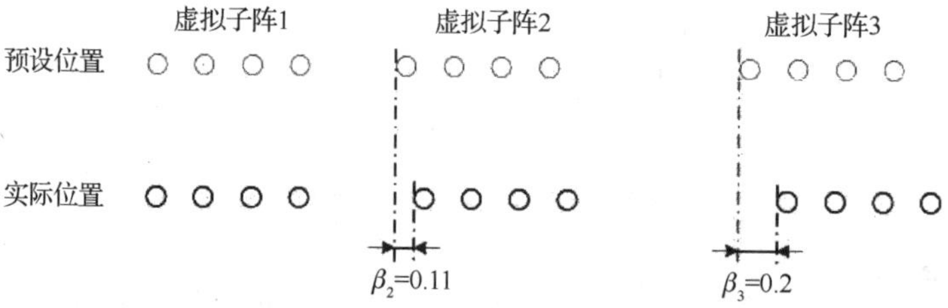

图 10-6　含有子阵位移误差时的阵列扩展示意

图 10-7 为位移误差估计值的均方根误差随信噪比的变化，它显示了不同信噪比条件下，使用 SBI 方法估计的 $\boldsymbol{\beta}$ 值分量的均方根误差。由于假设第一个虚拟子阵无位移误差（$\beta_1=\hat{\beta}_1=0$），故只显示了 β_2 和 β_3。可以看出，位移误差估计量的均方根误差随信噪比的增加而减小。图 10-8 为方位估计值的均方根误差随信噪比的变化，它显示了不同信噪比条件下，使用 MUSIC 方法与 SBI 方法估计波达方位的均方根误差。MUSIC 方法得到的均方根误差稳定在 1° 附近；而 SBI 方法得到的均方根误差均随信噪比的增加而减小，且均小于 1°，性能较 MUSIC 方法有较大提高。图 10-9 是信噪比为 0dB 时，由常规波束形成、MUSIC 方法以及 SBI 方法得到的定位结果。通过比较可以看出，SBI 方法不仅能够得到准确的方位估计值，还具有比其他方法更高的角度分辨率。

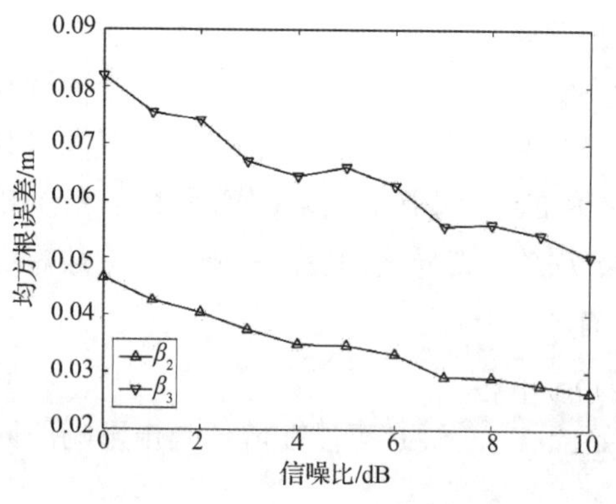

图 10-7　位移误差估计值的均方根误差随信噪比的变化

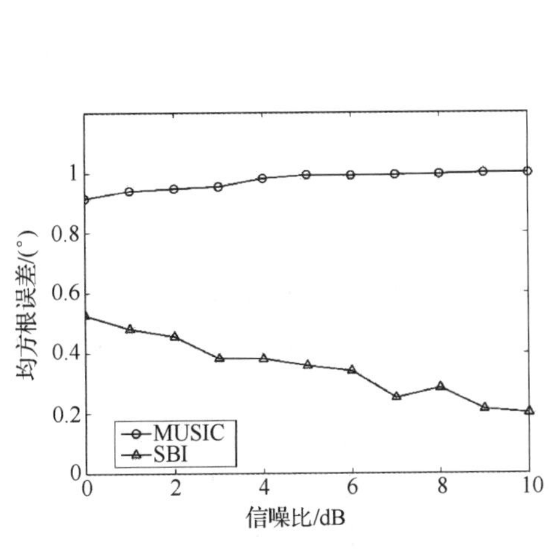

图 10-8　方位估计值的均方根误差随信噪比的变化

图 10-9　信噪比为 0dB 时，由常规波束形成、MUSIC 方法以及 SBI 方法得到的定位结果

10.2.4　基于稀疏贝叶斯的直线阵列 PSA

假设使用 ETAM 方法对两个相干目标进行测向，则相位校正因子为

$$\begin{aligned}&x_{n+p}^{\theta_1}(t_i)x_{n+p}^{\theta_1}{}^*(t_i+\tau')+x_{n+p}^{\theta_1}(t_i)x_{n+p}^{\theta_2}{}^*(t_i+\tau')+x_{n+p}^{\theta_2}(t_i)x_{n+p}^{\theta_1}{}^*(t_i+\tau')+x_{n+p}^{\theta_2}(t_i)x_{n+p}^{\theta_2}{}^*(t_i+\tau')\\&=A^2\left\{\exp\left[-\mathrm{j}2\pi f_0\left(\tau'-\frac{p\delta}{c}\sin\theta_1\right)\right]+\exp\left[-\mathrm{j}2\pi f_0\left(\tau'-\frac{p\delta}{c}\sin\theta_2\right)\right]+\varDelta\right\}\end{aligned}\tag{10-62}$$

式中，

$$\varDelta=\varDelta_1+\varDelta_2\tag{10-63}$$

$$\varDelta_1=\exp\left[-\mathrm{j}2\pi f_0\left(\tau'-\frac{p\delta}{c}\sin\theta_1\right)\right]\exp\left\{-\mathrm{j}2\pi f_0\left[-\frac{vt_i}{c}(\sin\theta_1-\sin\theta_2)-\frac{(n-1+p)d}{c}(\sin\theta_1-\sin\theta_2)\right]\right\}$$

$$\varDelta_2=\exp\left[-\mathrm{j}2\pi f_0\left(\tau'-\frac{p\delta}{c}\sin\theta_2\right)\right]\exp\left\{-\mathrm{j}2\pi f_0\left[-\frac{vt_i}{c}(\sin\theta_2-\sin\theta_1)-\frac{(n-1+p)d}{c}(\sin\theta_2-\sin\theta_1)\right]\right\}$$

当 $\delta=0$ 时，

$$\begin{aligned}\varDelta&=\exp(-\mathrm{j}2\pi f_0\tau')[\exp(-\mathrm{j}2\pi f_0\xi)+\exp(\mathrm{j}2\pi f_0\xi)]\\&=2\cos(2\pi f_0\xi)\cdot\exp(-\mathrm{j}2\pi f_0\tau')\end{aligned}\tag{10-64}$$

式中，$\xi=-\frac{vt_i}{c}(\sin\theta_2-\sin\theta_1)-\frac{(n-1+p)d}{c}(\sin\theta_2-\sin\theta_1)$，此时，相位校正因子为

$$\begin{aligned}&x_{n+p}^{\theta_1}(t_i)x_{n+p}^{\theta_1}{}^*(t_i+\tau')+x_{n+p}^{\theta_1}(t_i)x_{n+p}^{\theta_2}{}^*(t_i+\tau')+x_{n+p}^{\theta_2}(t_i)x_{n+p}^{\theta_1}{}^*(t_i+\tau')+x_{n+p}^{\theta_2}(t_i)x_{n+p}^{\theta_2}{}^*(t_i+\tau')\\&=A^2\left\{[2+\cos(2\pi f_0\xi)]\exp(-\mathrm{j}2\pi f_0(\tau')\right\}\end{aligned}\tag{10-65}$$

使用式（10-65）即可准确地校正阵列在不同位置所采集数据的相位，构造出较大的虚拟孔径。

当 $\delta\neq0$ 时，相位校正因子中的 $\varDelta$ 将会对阵列的 DOA 产生干扰，使定位结果偏离准确

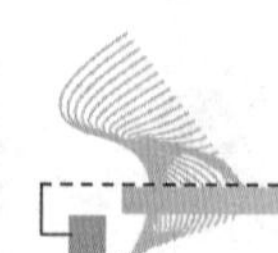

值。相位校正因子是一个幅度为 1 的复数，因此可以写为如下形式：

$$\exp(\mathrm{j}\Phi)=\exp(\mathrm{j}\Phi_0)\exp(\mathrm{j}\Phi_\Delta) \tag{10-66}$$

式中，Φ_Δ 是由 Δ 导致的误差项。令 $\exp(\mathrm{j}\Phi_\Delta)=\exp(\mathrm{j}k\beta_\Delta)$，将 Φ_Δ 视为子阵位移误差引起的相位误差，可以利用子阵位移误差情况下基于的稀疏贝叶斯的 DOA 来进行方位估计。

1. 仿真分析

假设一个阵元间距 d=0.8m 的 16 元水平拖曳线阵远离被测声源，相对速度 v 的均值为 3m/s。海水中的声速为 1430m/s，阵列采样频率为 25kHz。对阵列进行扩展，每次重叠的阵元数均为 8 个。声源发射信号频率为 323Hz，入射方位角为 50°和−50°。分别多次仿真基于被动合成孔径方法得到的 DOA 估计值，以及基于子阵失配模型的稀疏贝叶斯得到的 DOA 估计值的均方根误差随相对速度扰动标准差、信噪比以及快拍数的变化，每种情况的仿真次数均为 200 次，阵列扩展次数均为 2 次。图 10-10 为使用 PSA 方法和 PSA-SBI 方法得到的 DOA 估计值的均方根误差随相对速度扰动标准差的关系曲线，仿真信噪比为 20dB，快拍数为 100。图 10-11 为使用 PSA 方法和 PSA-SBI 方法得到的 DOA 估计值的均方根误差与信噪比的关系曲线，仿真快拍数为 100，相对速度标准差为 0.3。图 10-12 为使用 PSA 方法和 PSA-SBI 方法得到的 DOA 估计值的均方根误差随快拍数变化的曲线，仿真信噪比为 20dB，相对速度标准差为 0.3。3 种情况下由 PSA-SBI 方法定位结果的均方根误差均小于由 PSA 方法所得的误差，这说明 PSA-SBI 方法在一定程度上减小了因相位校正因子误差引起的定位误差。

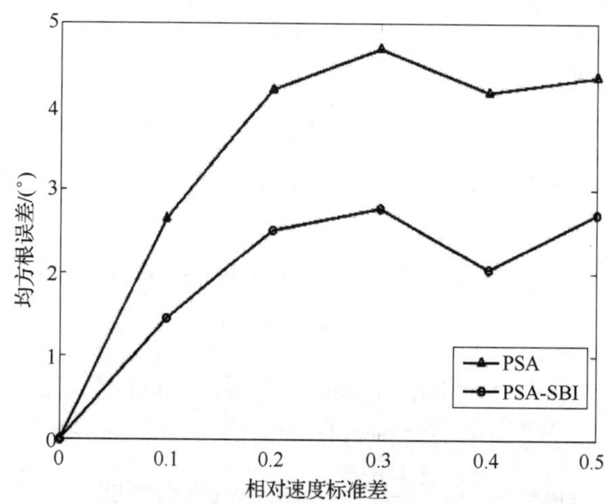

图 10-10 使用 PSA 方法和 PSA-SBI 方法得到的 DOA 估计值的均方根误差与信噪比的关系曲线

2. 实验数据分析

使用消声水池中 6 元水平均匀直线阵采集的数据进行实验验证。水平线阵列的阵元间距 d=0.12m，阵列采样频率为 50kHz，以设定的速度 v=0.182m/s 的速度匀速移动。在距离水平线阵列 10m 处设置两个声源，两个声源均发射 6250Hz 单频信号，信号到达阵列中心

的角度分别为 24° 和 33° 。由于 MUSIC 方法在相干声源情况下出现性能退化，使用基于 l_1 范数正则化方法的被动合成孔径（以下简称 l_1-PSA 方法）和 PSA-SBI 方法进行对比验证，每次构造 3 个阵元重叠，使用余下 3 个阵元数据构造扩展孔径，实验中均使用时域单快拍进行方位估计。

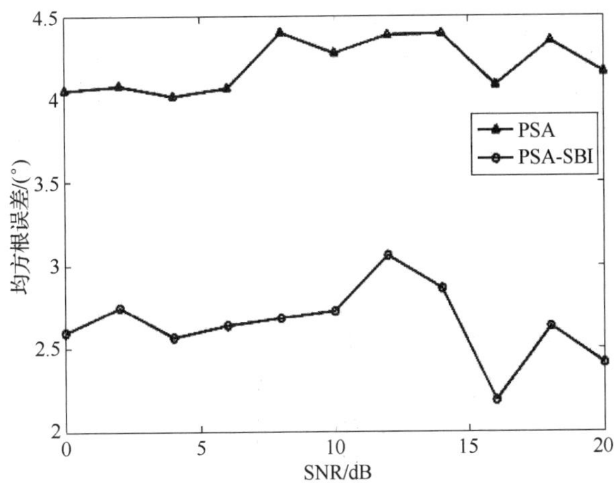

图 10-11　使用 PSA 方法和 PSA-SBI 方法得到的 DOA 估计值的均方根误差与信噪比的关系曲线

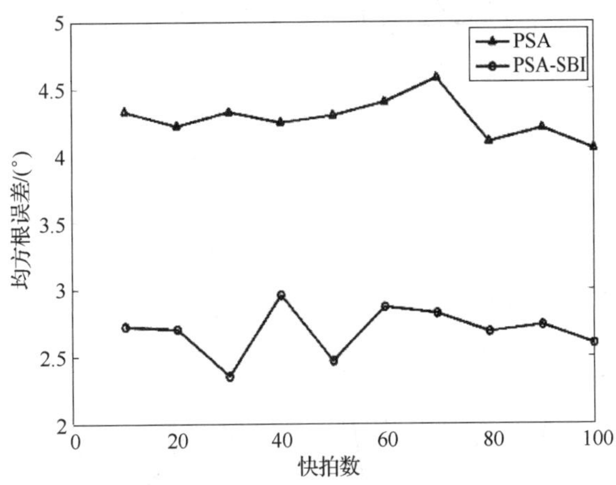

图 10-12　使用 PSA 方法和 PSA-SBI 方法得到的 DOA 估计值的均方根误差随快拍数变化的曲线

当 ETAM 方法中的阵列移动速度参数为设定速度且阵列扩展次数为 3～5 次时，使用 PSA 方法、l_1-PSA 方法和 PSA-SBI 方法得到的方位估计结果如图 10-13（a）～图 10-13（c）所示。随着阵列扩展次数的增加，虚拟孔径增大，PSA 方法的分辨率逐渐提高，当扩展次数为 3 次时，PSA 方法在真实目标方位附近形成了两个较为明显的峰值；PSA 方法和 l_1-PSA 方法得到的方位估计结果均存在误差，这可能是由于阵列在运动中实际速度与设定速度存在误差导致的；PSA-SBI 方法在 3 种情况下均得到了正确的方位估计，这是由于 PSA-SBI 方法具有子阵位移误差校正能力，能够减轻速度误差对方位估计结果产生的影响。

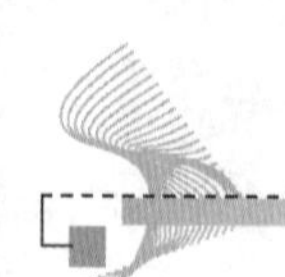

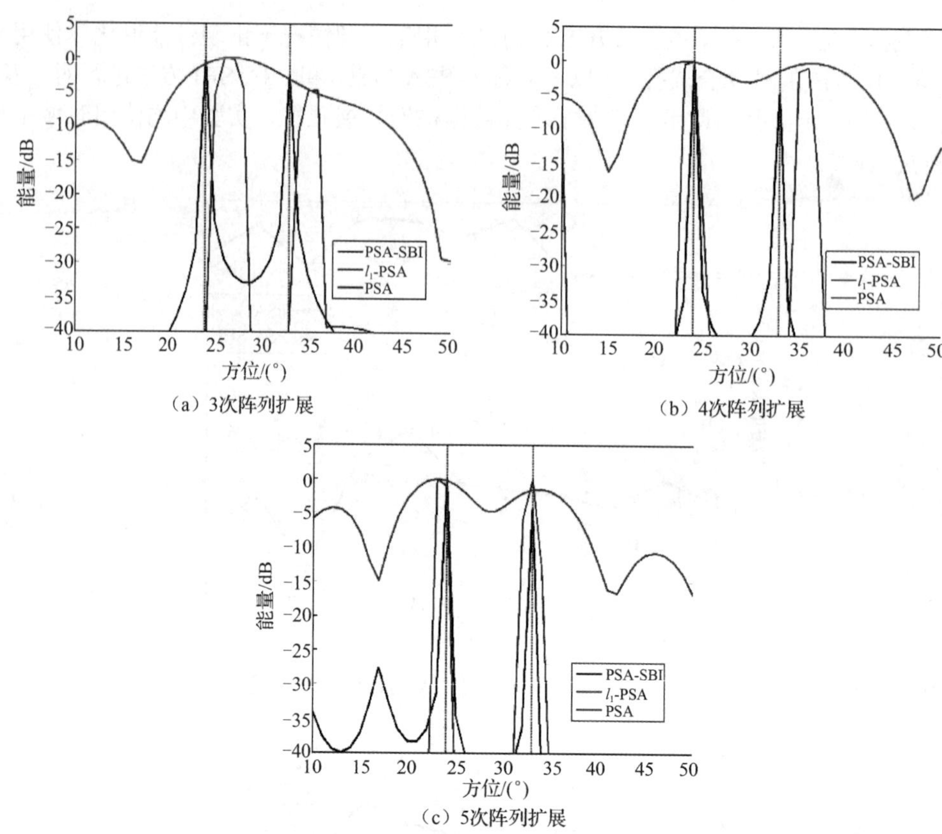

（a）3次阵列扩展

（b）4次阵列扩展

（c）5次阵列扩展

图 10-13　预设速度时，使用 PSA 方法、l_1-PSA 方法和 PSA-SBI 方法得到的方位估计结果

当 ETAM 方法中的阵列移动速度参数与设定速度失配且阵列扩展次数为 3～5 次时，使用 l_1-PSA 方法和 PSA-SBI 方法得到的方位估计值平方根误差与速度相对误差的关系如图 10-14 所示。随着阵列扩展次数的增加和速度相对误差的减小，两种方位估计值的

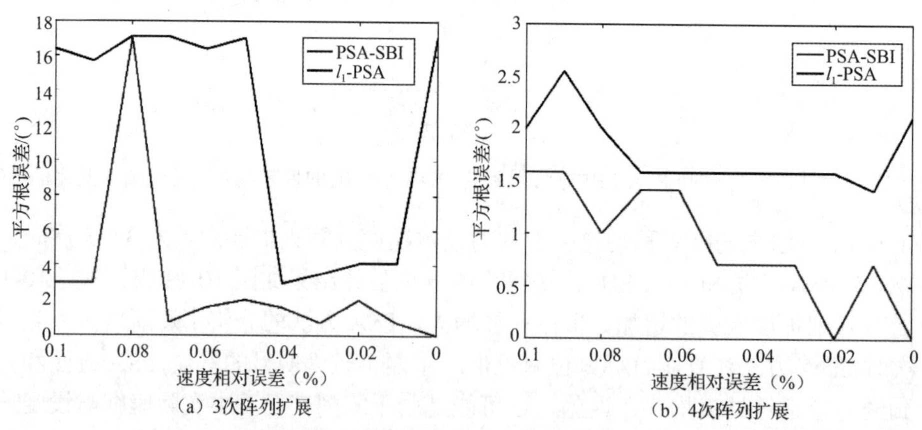

（a）3次阵列扩展

（b）4次阵列扩展

图 10-14　在不同速度相对误差情况下，使用 l_1-PSA 方法和 PSA-SBI 方法得到的方位估计值平方根误差与速度相对误差的关系

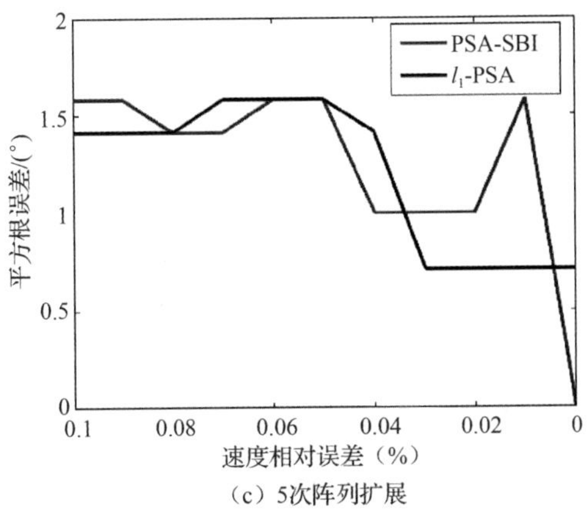

（c）5次阵列扩展

图 10-14　在不同速度相对误差情况下，使用 l_1-PSA 方法和 PSA-SBI 方法得到的方位估计值平方根误差与速度相对误差的关系（续）

平方根误差逐渐减小；扩展次数为 3 次和 4 次时，相同速度相对误差下 PSA-SBI 方法的定位精度高于 l_1-PSA 方法；扩展次数为 5 次时，在某些速度下 PSA-SBI 方法的定位误差会高于 l_1-PSA 方法，但 PSA-SBI 方法在预设速度下均能得到精确的方位估计值。

10.3　海底水平线阵列测向误差分析及误差修正方法研究

10.3.1　测向误差的物理成因

1. 有关问题描述

为引出问题和定义相关变量，考虑一种典型测向误差情形。在典型深海仿真环境下，假设声源为一个点声源，声源深度为 200m，辐射 150Hz 单频信号，海底水平线阵列为一个总长 200m 的均匀线阵，阵元数 51 个，阵元间距 4m。水平线阵列布放深度为 4950m，声源距离为 15km，声源距离定义为水平线阵列第 1 号阵元与声源的水平距离。声源位于接收阵的端射方向，即声源方向 θ_0=0°，声源-接收器几何位置俯视图如图 10-15 所示。

利用声场软件 KRAKENC 仿真水平线阵列接收的数据，图 10-16 是水平线阵列对 θ_0=0° 信号的阵列输出方向分布，图 10-16 中的方向定义与图 10-15 中的方向一致。可以看出，最大阵输出方向偏离 0°，同时，由于线阵不能区分左右舷，所以目标方向估计结果以线阵为轴对称。将方向响应最大值方向与声源真实方向之差定义为方向估计误差 $\overline{\theta}$，其绝对值大小记为 $\Delta\theta$，即 $\Delta\theta=|\overline{\theta}|$。因为左右舷模糊问题，所以进行约定误差分析时只考虑与信号同舷侧的阵列输出结果。在图 10-16 中，$\overline{\theta}$=14.2°，$\Delta\theta$=14.2°。

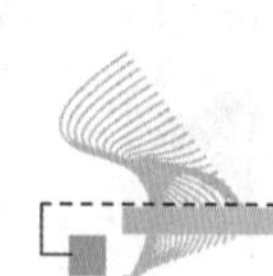

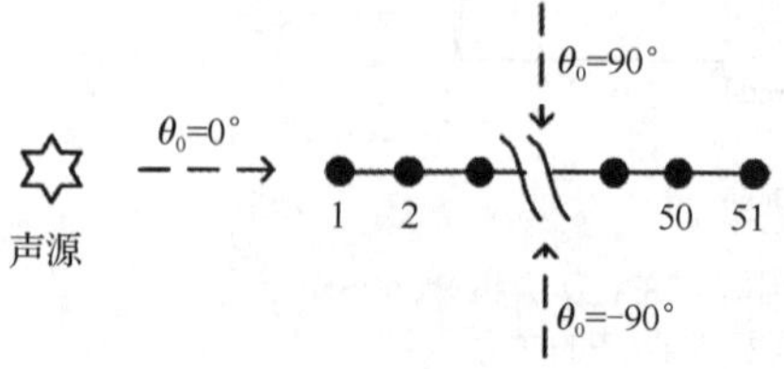

图 10-15 声源-接收器几何位置俯视图

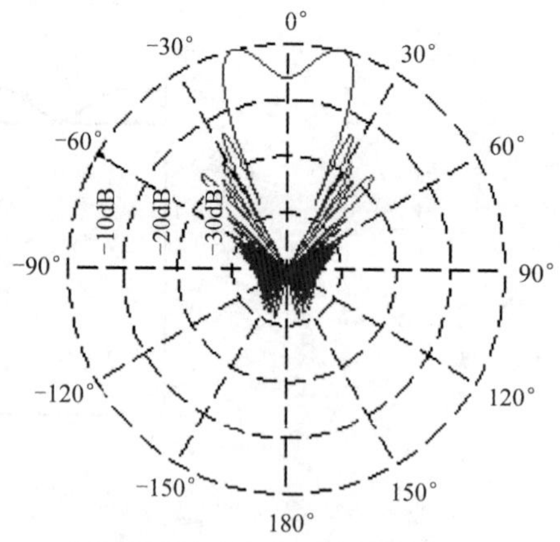

声源深度为 200m，频率为 150Hz，
接收器深度为 4950m，声源距离为 15km

图 10-16 水平线阵列对θ_0=0° 方向信号的阵列输出方向分布

2. 基于简正波理论的物理解释

根据简正波理论，在水平不变海洋波导环境下，单位强度简谐点声源激发的远场声压场可以表示为各阶简正波模态的加权求和，即

$$p(r,z_{\mathrm{r}})=\frac{\mathrm{i}}{\rho(z_{\mathrm{s}})\sqrt{8\pi r}}\mathrm{e}^{-\mathrm{i}\pi/4}\sum_{m=1}^{M}\Psi_m(z_{\mathrm{s}})\Psi_m(z_{\mathrm{r}})\frac{\mathrm{e}^{\mathrm{i}k_{rm}r}}{\sqrt{k_{rm}}} \tag{10-67}$$

水平线阵列接收到的θ_0方向的信号表示为

$$\boldsymbol{x}(\theta_0)=\left[p(r_1,z_{\mathrm{r}}),p(r_2,z_{\mathrm{r}}),\cdots,p(r_N,z_{\mathrm{r}})\right]^{\mathrm{T}} \tag{10-68}$$

式中，$r_1,r_2,\cdots,r_N$ 表示各个水听器与声源的水平距离，z_{r}是接收器深度，上角标 T 表示转置。

在窄带近似条件下，对所有水听器的接收信号进行复加权求和，即

$$\begin{aligned}\boldsymbol{y}(\theta)&=\boldsymbol{w}(\theta)^{\mathrm{H}}\boldsymbol{x}(\theta_0)\\&=\frac{\mathrm{i}}{\rho(z_{\mathrm{s}})\sqrt{8\pi}}\mathrm{e}^{-\mathrm{i}\pi/4}\times\boldsymbol{w}(\theta)^{\mathrm{H}}\begin{bmatrix}\sum_{m=1}^{M}\Psi_m(z_{\mathrm{s}})\Psi_m(z_{\mathrm{r}})\frac{\mathrm{e}^{\mathrm{i}k_{rm}r_1}}{\sqrt{k_{rm}r_1}}\\\sum_{m=1}^{M}\Psi_m(z_{\mathrm{s}})\Psi_m(z_{\mathrm{r}})\frac{\mathrm{e}^{\mathrm{i}k_{rm}r_2}}{\sqrt{k_{rm}r_2}}\\\vdots\\\sum_{m=1}^{M}\Psi_m(z_{\mathrm{s}})\Psi_m(z_{\mathrm{r}})\frac{\mathrm{e}^{\mathrm{i}k_{rm}r_N}}{\sqrt{k_{rm}r_N}}\end{bmatrix}\end{aligned} \tag{10-69}$$

式中，$\boldsymbol{w}(\theta)$为复加权向量，上角标 H 表示共轭转置。以第 1 号阵元为参考，常规波束形成器的加权向量表示为

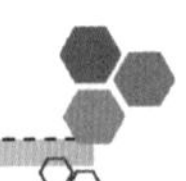

$$\boldsymbol{w}(\theta)=\left[1,\mathrm{e}^{\mathrm{i}kd\cos\theta},\mathrm{e}^{\mathrm{i}2kd\cos\theta},\cdots,\mathrm{e}^{\mathrm{i}(N-1)kd\cos\theta}\right]^{\mathrm{T}} \tag{10-70}$$

式中，θ 是波束指向角，波数 $k=2\pi f/c$，c 是参考声速，d 是水听器间距。

引入符号：

$$\nabla_m=\left[\frac{\mathrm{e}^{\mathrm{i}k_{rm}r_1}}{\sqrt{r_1}},\frac{\mathrm{e}^{\mathrm{i}k_{rm}r_2}}{\sqrt{r_2}},\frac{\mathrm{e}^{\mathrm{i}k_{rm}r_3}}{\sqrt{r_3}},\cdots,\frac{\mathrm{e}^{\mathrm{i}k_{rm}r_N}}{\sqrt{r_N}}\right]^{\mathrm{T}} \tag{10-71}$$

则式（10-69）可改写为

$$\begin{aligned}\boldsymbol{y}=&\frac{\mathrm{i}}{\rho(z_{\mathrm{s}})\sqrt{8\pi}}\mathrm{e}^{-\mathrm{i}\pi/4}\times\\&\left[\frac{1}{\sqrt{k_{r1}}}\Psi_1(z_{\mathrm{s}})\Psi_1(z_{\mathrm{r}})\boldsymbol{w}(\theta)^{\mathrm{H}}\cdot\nabla_1+\frac{1}{\sqrt{k_{r2}}}\Psi_2(z_{\mathrm{s}})\Psi_2(z_{\mathrm{r}})\boldsymbol{w}(\theta)^{\mathrm{H}}\cdot\nabla_2+\cdots+\right.\\&\left.\frac{1}{\sqrt{k_{rM}}}\Psi_M(z_{\mathrm{s}})\Psi_M(z_{\mathrm{r}})\boldsymbol{w}(\theta)^{\mathrm{H}}\cdot\nabla_M\right]\end{aligned} \tag{10-72}$$

为便于进行解析计算，设在远场条件下有

$$r_n=r_1+(n-1)d\cos\theta_0,\ n=1,2,\cdots,N \tag{10-73}$$

则式（10-71）可进一步改写为

$$\nabla_m=\frac{\mathrm{e}^{\mathrm{i}k_{rm}r_1}}{\sqrt{r_1}}\left[1,\frac{\mathrm{e}^{\mathrm{i}k_{rm}d\cos\theta_0}}{\sqrt{1+d\cos\theta_0/r_1}},\frac{\mathrm{e}^{\mathrm{i}k_{rm}2d\cos\theta_0}}{\sqrt{1+2d\cos\theta_0/r_1}},\cdots,\frac{\mathrm{e}^{\mathrm{i}k_{rm}(N-1)d\cos\theta_0}}{\sqrt{1+(N-1)d\cos\theta_0/r_1}}\right]^{\mathrm{T}} \tag{10-74}$$

再引入符号：

$$\varDelta_m(\theta_0)=\left[1,\frac{\mathrm{e}^{\mathrm{i}k_{rm}d\cos\theta_0}}{\sqrt{1+d\cos\theta_0/r_1}},\frac{\mathrm{e}^{\mathrm{i}k_{rm}2d\cos\theta_0}}{\sqrt{1+2d\cos\theta_0/r_1}},\cdots,\frac{\mathrm{e}^{\mathrm{i}k_{rm}(N-1)d\cos\theta_0}}{\sqrt{1+(N-1)d\cos\theta_0/r_1}}\right]^{\mathrm{T}} \tag{10-75}$$

则式（10-72）表示为

$$\boldsymbol{y}=\Gamma_1\cdot\boldsymbol{w}(\theta)^{\mathrm{H}}\varDelta_1(\theta_0)+\Gamma_2\cdot\boldsymbol{w}(\theta)^{\mathrm{H}}\varDelta_2(\theta_0)+\cdots+\Gamma_M\cdot\boldsymbol{w}(\theta)^{\mathrm{H}}\varDelta_M(\theta_0) \tag{10-76}$$

式中，Γ_m 表示第 m 阶模态在水平距离 r_1 处的模态幅度响应，表示为

$$\Gamma_m=\frac{\mathrm{i}\mathrm{e}^{-\mathrm{i}\pi/4}\cdot\mathrm{e}^{\mathrm{i}k_{rm}r_1}}{\rho(z_{\mathrm{s}})\sqrt{8\pi k_{rm}r_1}}\Psi_m(z_{\mathrm{s}})\Psi_m(z_{\mathrm{r}}) \tag{10-77}$$

若考虑远场情形，则有 $r_1>>d$，于是

$$\varDelta_m(\theta_0)\cong\left[1,\mathrm{e}^{\mathrm{i}k_{rm}d\cos\theta_0},\mathrm{e}^{\mathrm{i}k_{rm}2d\cos\theta_0},\cdots,\mathrm{e}^{\mathrm{i}k_{rm}(N-1)d\cos\theta_0}\right]^{\mathrm{T}} \tag{10-78}$$

可以看出，$\varDelta_m(\theta_0)$ 与常规波束形成器权值向量 $\boldsymbol{w}(\theta)$ 有类似的表示形式，主要区别在于声场中的波数 k_{rm} 除了与频率有关，还与模态阶数有关。

定义第 m 阶模态的模态方向响应：

$$\Upsilon_m(\theta)=\boldsymbol{w}(\theta)^{\mathrm{H}}\varDelta_m(\theta_0) \tag{10-79}$$

最后，水平线阵列对海洋波导中远场单频点源的阵列输出可以近似地表示为

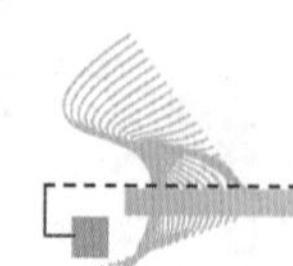

$$y(\theta) \cong \Gamma_1 \cdot \Upsilon_1(\theta) + \Gamma_2 \cdot \Upsilon_2(\theta) + \cdots + \Gamma_m \cdot \Upsilon_m(\theta) \tag{10-80}$$

由此可见，水平线阵列对远场单频点源信号的接收响应可以表示为各阶模态幅度响应Γ_m与其对应的模态方向响应$\Upsilon_m(\theta)$的乘积之和。式（10-80）即基于简正波理论的水平线阵列对远场单频点源信号的常规波束输出近似表达式。从公式推导中可以看出，方向估计误差的根源可以归结为常规波束形成器权值向量$\boldsymbol{w}(\theta)$与声场中表征接收信号向量的$\boldsymbol{\Delta}_m(\theta_0)$之间的不匹配，即式（10-70）与式（10-78）之间的不匹配。具体地说，海洋波导条件下水平线阵列接收到的远场单频点源信号已不再是理论意义上平面波，接收到的信号方向与模态阶数有关。信号方向估计时，式（10-70）只能与部分模态结构相匹配，而当与对接收信号有主要贡献的模态不匹配时，便会出现方向估计误差。

在仿真环境下，150Hz 单频点源能够激发 994 阶模态（包括波数 k_{rm} 为复数的高阶模态）。根据式（10-77），图 10-17 给出了声源深度为 200m、接收器深度为 4950m、声源距离为 15km 时归一化模态幅度响应Γ_m。从图 10-17 中可以看出，低阶模态对该接收位置处的声场贡献极小，对接收声场有主要贡献的模态阶数要大于 200 阶。从信号方向估计角度出发，实际上只有归一化模态幅度响应在 0dB 附近的少数模态对该接收位置处的声场起决定作用。此外，随着模态阶数的继续增大，模态幅度响应开始振荡减小，这意味着高阶模态对声场的贡献随着模态阶数的增大开始逐渐减小。

根据式（10-79），当信号方向θ_0=0° 时，归一化模态方向响应$\Upsilon_m(\theta)$如图 10-18 所示。从图 10-18 中可以看出，随着模态阶数的增大模态方向响应最大值方向逐渐偏离 0° 方向，这是因为随着模态阶数的增大模态相速度逐渐增大，$\boldsymbol{\Delta}_m(\theta_0)$与常规波束形成器的权值向量$\boldsymbol{w}(\theta)$之间的差异也越来越大。具体地说，就是令常规波束形成器中的参考声速为接收器深度处的声速，本例中 c=1538m/s；而 150Hz 单频点源激发的模态，其相速度可以从 1482m/s 增大到 20000m/s。因此，高阶模态对应的方向响应最大值方向与声源方向的差异越来越大。

综上所述，根据式（10-80）计算得到的阵列输出最大值方向将会偏离 0° 方向。

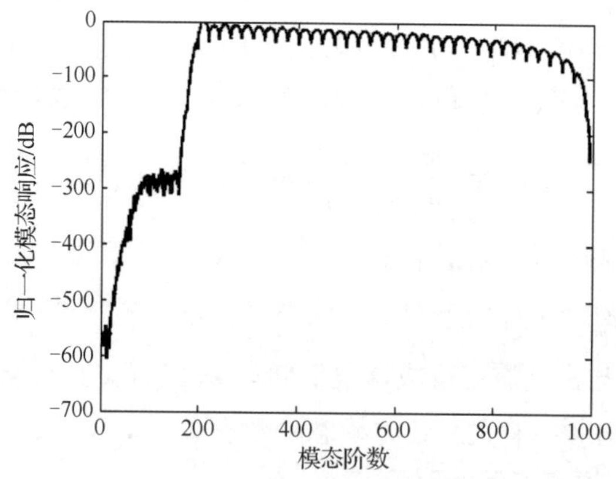

声源深度为 200m，频率为 150Hz，接收器深度为 4950m，声源距离为 15km

图 10-17　归一化模态幅度响应 Γ_m

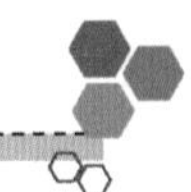

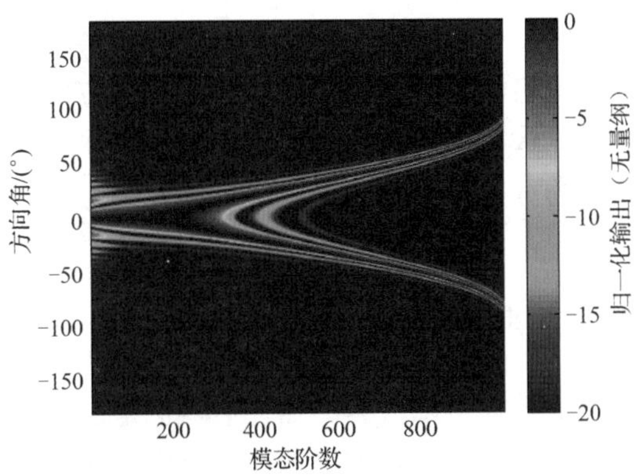

图 10-18　当信号方向 θ_0=0° 时，归一化模态方向响应 $Y_m(\theta)$

3. 基于射线理论的物理解释

从射线声学角度描述方向估计误差更为直观，声线的传播轨迹、到达时间、到达幅度以及到达掠射角决定了声场的分布规律。

图 10-19 给出了从声源到水平线阵列接收位置处的特征声线轨迹及其对应的到达时间和幅度。从图 10-19（a）中可以看出，到达接收阵的特征声线主要是直达声线、海面反射声线、海底反射声线和海面-海底反射声线。在垂直面内，直达声线和海面反射声线是从水平线阵列的上方入射到基阵，而海底反射声线和海面-海底反射声线是从水平线阵列的下方入射到基阵。从图 10-19（b）中可以看出，接收位置处的声场主要由直达声线和海面反射声线贡献，而海底反射类声线到达幅度相对较弱，对声场影响相对较小。

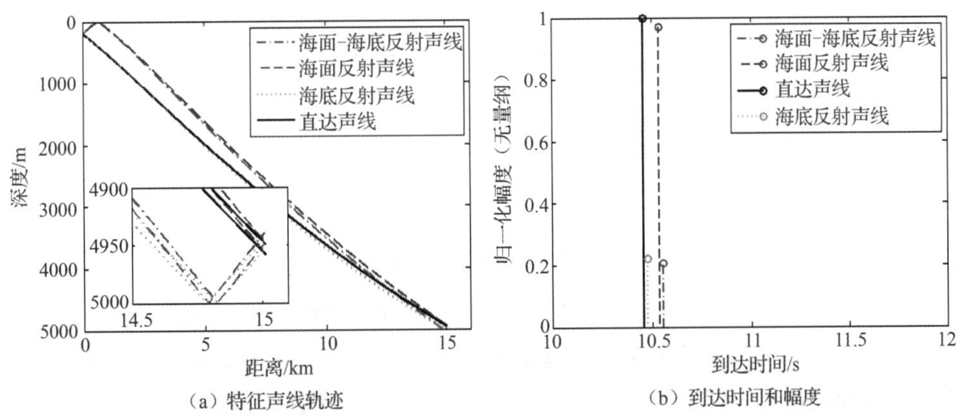

图 10-19　从声源到水平线阵列接收位置处的特征声线轨迹及对应的到达时间和幅度

由于估计水平线阵列目标方向时不能区分信号水平到达角和垂直到达角，所以常规波束形成目标方向估计结果是水平面内（俯视角度）信号到达角和垂直面内（侧视角度）信号到达角联合作用的结果。本例中，水平面内信号到达角是 0°，而根据 BELLHOP 模型计算结果，在垂直面内，直达声线和海面反射声线的到达角分别是 13.3° 和 15.1°，两者的平

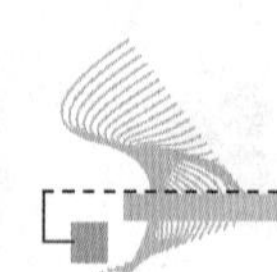

均到达角是 14.2°。所以本例中，目标方向估计最大值方向实际上由垂直面内对声场有主要贡献的特征声线到达角所决定。可以看出，图 10-16 中的方向估计结果与直达声线和海面反射声线的平均到达角相一致。由此可以总结得出，对于水平线阵列端射方向入射的声源信号，到达接收阵的对声场有主要贡献的声线掠射角越小，水平线阵列常规波束形成目标方向估计误差也越小。

10.3.2 测向误差随声源距离和声源方向变化规律研究

信号频率的改变理论上不影响声源方向的估计值，但是由于不同频率激发的模态数不同，对接收声场有主要贡献的模态也会随频率的改变发生变化。在声场仿真中，某些频率下的方向估计值可能由于建模误差出现微小的扰动。因此，在仿真中我们假设声源为宽带点源，利用宽带波束形成方法消除这种模型误差扰动。

1. 仿真条件

仿真环境参数如图 10-20 所示，海深为 5000m，典型深海 Munk 声速剖面，声道轴深度为 1200m，声道轴声速为 1482m/s，临界深度为 4430m。海表面的声速为 1530m/s，海底的声速为 1540m/s。海底建模为均匀无限半空间，声速为 1500m/s，密度为 1500kg/m^3，衰减系数为 0.14dB/λ。

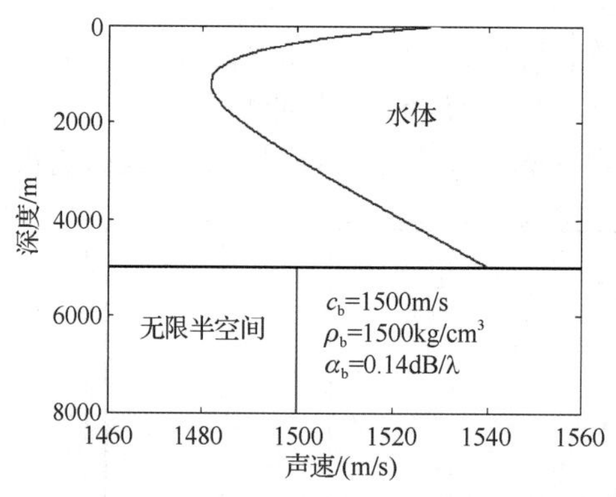

图 10-20　仿真环境参数

声源深度为 200m，频间非相干宽带处理频率为 100～150Hz，共 11 个频点。接收阵为 51 个阵元的均匀水平线阵列，阵元间隔 4m。水平线阵列布放于海底，接收器深度为 5000m，声源距离从 1km 变化到 180km，声源信号从 0°～±180° 方向入射到水平线阵列。

2. 仿真结果

水平线阵列接收的数据利用简正波声场软件 KRAKENC 计算生成。然后利用常规宽带波束形成方法计算阵输出方向分布图，最后计算方向估计误差 $\overline{\theta}$ 和 $\Delta\theta$。

图 10-21 给出了 $\overline{\theta}$ 在极坐标下随声源距离和声源方向变化的规律。声源距离从 1km 变

化到 180km，伪彩图中心位置对应声源距离 1km，伪彩图的边缘位置对应 180km。0°、±90° 和±180° 分别表示信号入射方向，色标单位为度。可以看出，当声源方向在 0°～90°（或 −90°～−180°）之间时，$\bar{\theta}$ 大于 0°，说明方向估计值大于方向真实值；而当声源方向在 90°～180°（或 0°～−90°）之间时，$\bar{\theta}$ 小于 0°，说明方向估计值小于方向真实值。可以看出，无论信号从哪个方向入射到水平线阵列，估计得到的声源方向始终偏向水平线阵列的正横方向。

图 10-22 给出了 $\Delta\theta$ 在极坐标下随声源距离和声源方向变化的情况，有关定义与图 10-21 一致。可以看出，$\Delta\theta$ 随声源距离和声源方向的变化而变化，当声源距离不变时，信号从水平线阵列端射方向入射时，$\Delta\theta$ 达到最大值；信号从水平线阵列正横方向入射时，$\Delta\theta$ 达到最小值，甚至减小为零。

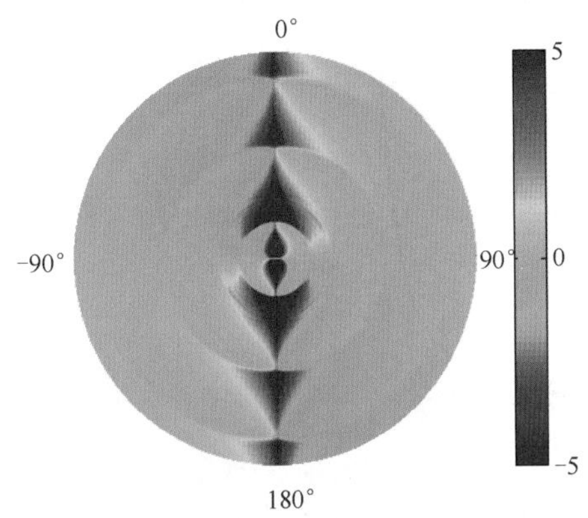

图 10-21　$\bar{\theta}$ 在极坐标下随声源距离和声源方向变化的规律（声源深度为 200m，接收器深度为 5000m）

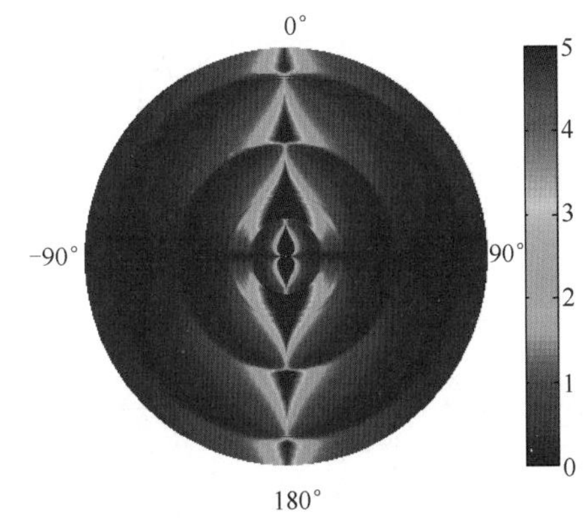

图 10-22　$\Delta\theta$ 在极坐标下随声源距离和声源方向变化的情况（声源深度为 200m，接收器深度为 5000m）

为进一步分析 $\Delta\theta$ 随声源距离变化的规律，图 10-23(a)给出了信号 0° 方向入射时 $\Delta\theta$ 随距离变化的曲线。可以看出，当声源距离从 1km 增大到 31km 时，$\Delta\theta$ 从 78.4° 逐渐减小到 2.9°。在 32km 处 $\Delta\theta$ 跃变到 21.1°，随后 $\Delta\theta$ 随距离的增大逐渐减小。在 100km 和 160km 附近 $\Delta\theta$ 再次达到极大值，随后随距离的增大逐渐减小。图 10-23（b）给出了信号从 20° 方向入射时 $\Delta\theta$ 随距离变化的曲线。可以看出，声源方向的改变只是影响了 $\Delta\theta$ 的大小，并没有改变 $\Delta\theta$ 随距离变化的基本规律。

为进一步分析 $\Delta\theta$ 随声源方向变化的规律，图 10-24 给出了接收距离为 20km 时，$\Delta\theta$ 随信号入射角变化的曲线。可以看出，信号 0° 和 180° 方向入射时，$\Delta\theta$ 最大，$\Delta\theta$=9°；信号从 90° 方向入射时，$\Delta\theta$ 最小，$\Delta\theta$=0°。当信号入射角从 0° 增大到 90° 时，$\Delta\theta$ 从 9° 呈非线性地减小到 0°；当信号入射角从 90° 增大到 180° 时，$\Delta\theta$ 又从 0° 呈非线性地增大到 9°。

综上所述，在典型深海仿真环境下，海底水平线阵列对近海面声源的方向估计误差遵循以下两点基本变化规律：

（1）方向估计误差是声源距离和声源方向的函数，在水平线阵列的端射方向，方向估计误差随声源距离的变化而剧烈变化；在水平线阵列的正横方向，方向估计误差始终为零。

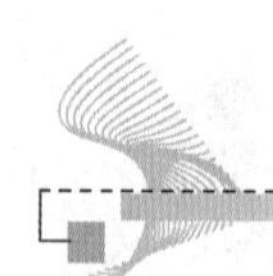

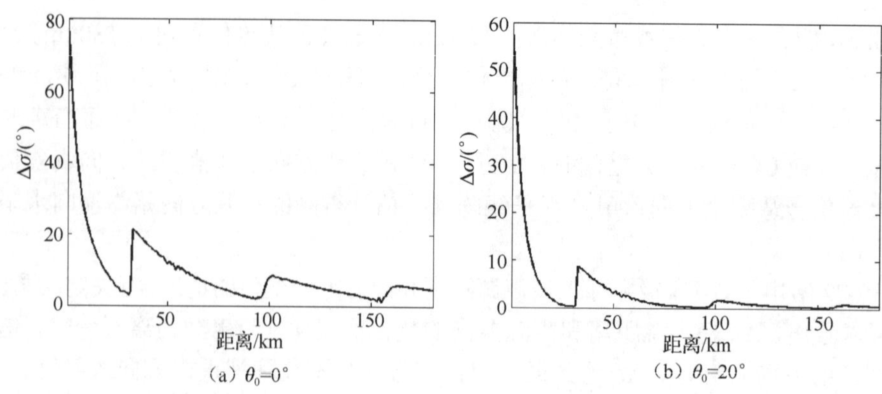

（a）θ_0=0°　　（b）θ_0=20°

图 10-23　在不同声源方向下 $\Delta\theta$ 随距离变化的规律

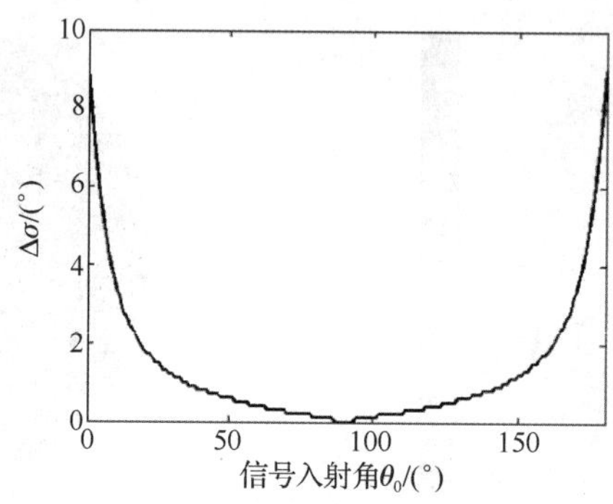

图 10-24　在接收距离为 20km 时，$\Delta\theta$ 随信号入射角变化的规律

（2）方向估计误差随信号入射角呈非线性变化，估计得到的声源方向始终偏向水平线阵列的正横方向。

下面分别利用简正波理论和射线理论解释上述变化规律。

首先利用射线理论解释。图 10-25 给出了由射线模型软件 BELLHOP 计算得到的（声源深度 200m 时，-20°～+20° 范围内）声线束分布情况。黑色实线表示 180km 范围内未经海面-海底反射的反转声线，蓝色虚线表示海面反射声线，红色虚线表示海面-海底反射声线。可以看出，海底附近的声场主要是由大出射角的海底-海面反射声线和海面反射声线贡献。其中，海面反射声线的作用范围有限，主要集中在 30km、90km 和 150km 的海底附近。下文把对声场有主要作用的声线统称为贡献声线。在小于 31km 范围内，随着声源距离的增大，贡献声线的水平掠射角逐渐减小。因此，在图 10-23 中，$\Delta\theta$ 在 31km 以内随声源距离的增大逐渐减小。当距离为 32km 时，贡献声线成为大掠射角的海底-海面反射声线，因此 $\Delta\theta$ 跃变并增大。随后，贡献声线的掠射角逐渐减小，$\Delta\theta$ 也随距离的增大而逐渐减小。在 100km 时，贡献声线的转变使得 $\Delta\theta$ 再次跃变。理论上，在 160km 附近还会有一次 $\Delta\theta$ 跃变，但是由于随着距离的增大声线发散明显（对应近海面附近的汇聚区变宽），所以 $\Delta\theta$ 变化也不再显著。

综上所述，对于水平线阵列端射方向入射的声信号，贡献声线的水平掠射角越小，$\Delta\theta$ 也越小。

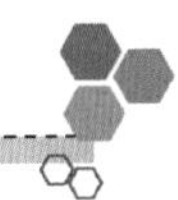

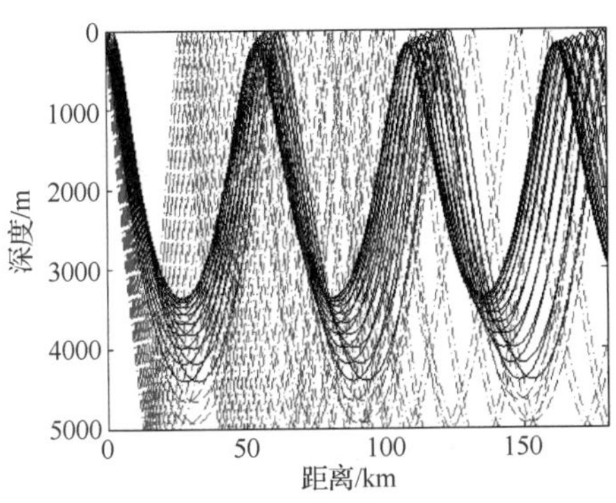

图 10-25　由射线模型软件 BELLHOP 计算得到的当声源深度为 200m 时声线束分布情况

当信号从其他方向入射到水平线阵列时，估计得到的信号到达角由垂直面内的到达掠射角和水平面内的信号方向角共同决定。此时，声源方向估计值是两种角度综合作用的结果。例如，当信号入射角θ_0=90°时，无论贡献声线的到达掠射角如何变化，其在水平面内的方向角恒等于 90°。因此，在水平线阵列的正横方向，$\Delta\theta$始终为零。

然后，利用简正波理论解释。图 10-26 给出了可靠声路径探测范围内 4 种不同接收距离时，归一化模态幅度响应$\varGamma_m$对比图。可以看出，声源距离越小，高阶模态的贡献越大。根据前面的分析，模态阶数越高，对应的$\Delta\theta$也越大。因此，声源距离越近，$\Delta\theta$越大。当信号从其他方向入射到水平线阵列时，利用常规波束形成器计算得到的第 m 阶模态的到达角满足[207]

$$\cos\theta_{\text{est}} = \cos\theta_0 \cos\varphi_m \tag{10-81}$$

式中，θ_{est}为声源方向估计值；φ_m为第 m 阶模态垂直到达角。

由于$\cos\varphi_m < 1$，所以当$0° < \theta_0 < 90°$时，$\theta_{\text{est}} > \theta_0$；当$90° < \theta_0 < 180°$时，$\theta_{\text{est}} < \theta_0$。因此，估计得到的声源方向$\theta_{\text{est}}$始终偏向于水平线阵列的正横方向。当$\theta_0$=90°时，$\cos\theta_0$=0。因此，无论贡献模态垂直到达角如何变化，$\theta_{\text{est}}$恒等于 90°，即不存在方向估计误差。

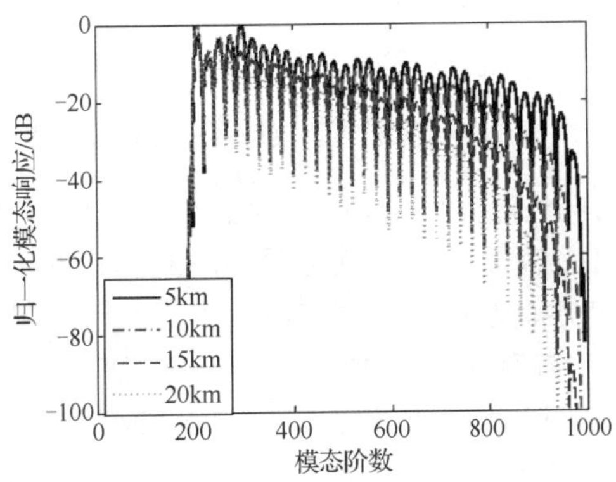

图 10-26　归一化模态幅度响应$\varGamma_m$对比图

（声源深度为 200m，频率为 150Hz，接收器深度为 4950m）

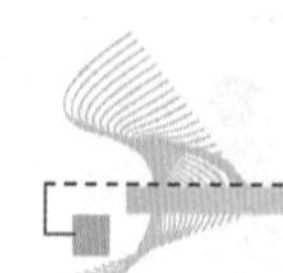

3. 参数变化对方向估计误差的影响

通过前面的仿真结果可以看出，虽然声源方向的改变会影响方向估计误差的大小，但是不会改变方向估计误差随距离的基本变化规律。因此，在讨论仿真参数变化对方向估计误差的影响时，我们集中讨论θ_0=0° 时的情形。

根据前面的物理成因分析，当信号从水平线阵列的端射方向入射时，到达水平线阵列的贡献声线的掠射角大小决定了方向估计误差的基本变化规律。根据斯涅尔折射定律，声线总是折向声速小的地方，在距离无关海洋环境下，声线分布由声源深度和海深共同决定。因此，本节主要考虑声源深度和海深变化对方向估计误差的影响。

1）声源深度的影响

假设我们感兴趣的声源深度不大于 400m，其余仿真参数不变，本小节以声源深度 50m 和 400m 为例讨论分析声源深度变化对方向估计误差的影响。

不同声源深度时声线束分布情况如图 10-27 所示。对比图 10-25（a）和图 10-25（b）可以看出，声源深度的改变主要影响反转声线和海面反射声线的反转深度。此外，声源位置越深，反转声线和海面反射声线的覆盖范围也越大。但是，对于海底附近的接收声场来讲，声源深度的改变几乎不影响声场随距离的分布规律。

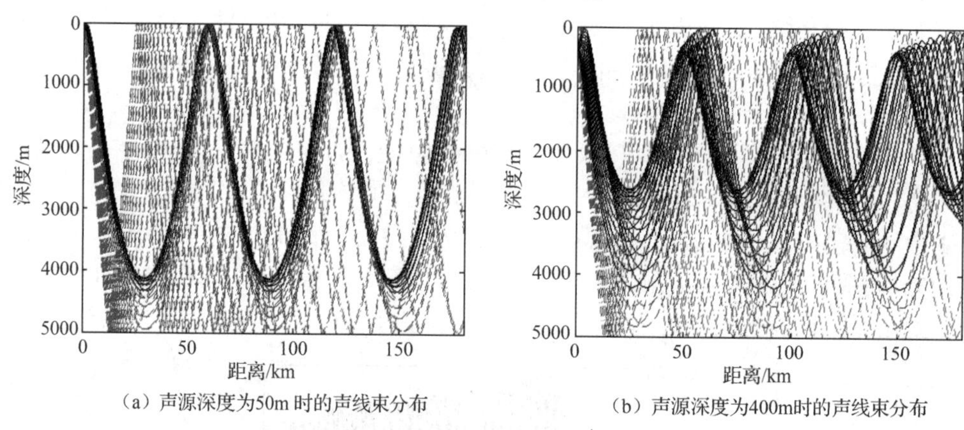

（a）声源深度为50m 时的声线束分布　　（b）声源深度为400m时的声线束分布

图 10-27　不同声源深度时声线束分布情况

图 10-28 给出了不同声源深度时 $\Delta\theta$ 随距离变化的曲线。可以看出，声源深度的改变几乎不影响 $\Delta\theta$ 随距离的变化规律。此外，联合图 10-23（a）还可以看出，在声源距离达到 31km 之前，不同声源深度处的 $\Delta\theta$ 变化差异不大，并且声源距离越近，差异越小，这是因为到达接收阵的直达声线和海面反射声线的平均到达角几乎不受声源深度改变的影响。因此，常规波束形成最大值响应方向也几乎不受声源深度改变的影响。

2）海深的影响

在声道轴以深区域，声速可以近似为深度的线性函数。海深的改变将深海环境分成两种情况：完全深海信道环境和不完全深海信道环境。在完全深海信道环境下，由近海面声源位置出射的声线中一定包含不与海底-海面接触的反转声线。而在不完全深海信道环境

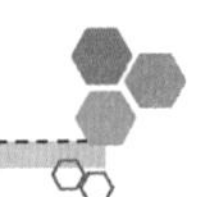

下，由声源位置出射的声线中是否存在不与海底-海面接触的反转声线取决于声源深度。只有当声道轴以深区域存在一个与声源深度相对应的共轭深度时，才会存在反转声线。

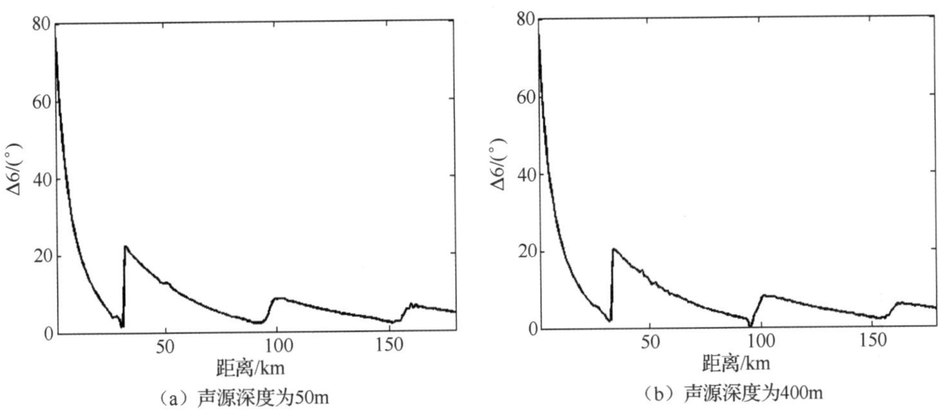

（a）声源深度为50m　　（b）声源深度为400m

图 10-28　不同声源深度时的 $\Delta\theta$ 随距离变化的曲线

其余仿真参数不变，本小节以海深 3000m 和 6000m 为例讨论分析海深变化对方向估计误差的影响。

海深 3000m 时为不完全深海信道，当声源深度大于 290m 时不存在反转声线。图 10-29 给出了声源深度为 200m 和 400m 时，-10°～+10° 范围内的声线束分布情况，其中绿色点线表示海底反射声线。从图 10-29（a）中可以看出，海底附近的声场主要由海底反射声线和海底-海面反射声线贡献。同时，海底反射声线在海面附近的反转距离周期（或在海底附近的反转距离周期）变短，并且声线严重发散。因此，海面附近的汇聚区效应不再明显，海底附近的声场分布在远距离处也不再具有明显的振荡变化。当声源深度为 400m 时，反转声线出现，如图 10-29（b）中的黑色实线所示。此时，反转声线会在近海面附近汇集，汇集区声传播现象明显。

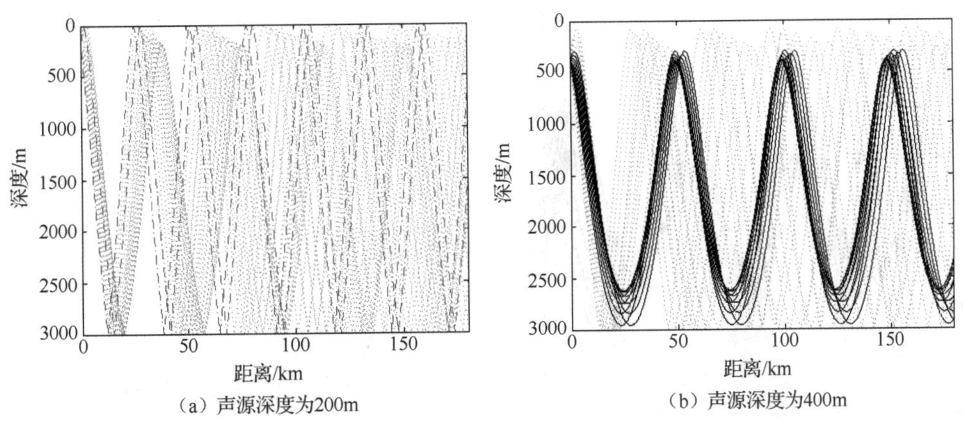

（a）声源深度为200m　　（b）声源深度为400m

图 10-29　海深为 3000m 时的声线束分布情况

图 10-30 给出了对应图 10-29 不同声源深度时 $\Delta\theta$ 随距离变化的曲线。可以看出，无论 200m 的声源深度还是 400m 的声源深度，在近距离处 $\Delta\theta$ 随距离的变化规律与图 10-23 和图 10-28 基本一致。这说明在可靠声路径探测范围内，$\Delta\theta$ 几乎不受声源深度和海深变化的影响，这种稳定性为后续的误差修正提供了可能。当声源距离大于 40km 时，$\Delta\theta$ 不再具有明显的距离依赖性，$\Delta\theta$ 稳定在 7° 附近。这是因为对海底附近声场有主要作用的贡献声线，无论是反转声线还是海底反射声线，都是小掠射角声线。因此，$\Delta\theta$ 不会因为贡献声线的不同而出现明显的跃变现象。

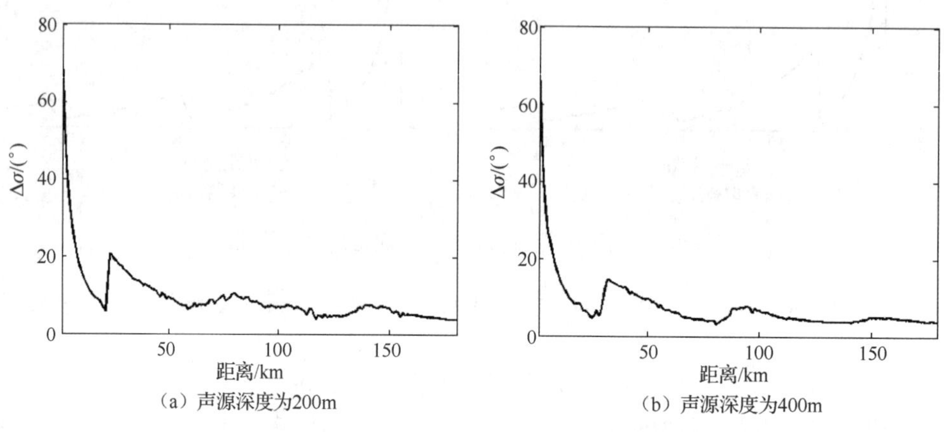

图 10-30　不同声源深度时 $\Delta\theta$ 随距离变化的曲线

海深 6000m 时为完全深海信道，声源深度为 200m 时，−20°～+20° 范围内的声线束分布如图 10-31 所示。与图 10-25 相比可以看出，海深的变化并不影响反转声线的分布规律，只是有更多的海底-海面反射声线变成了海面反射声线。重要的是，对海底附近声场有作用的贡献声线并没有发生本质的变化。图 10-32 给出了 $\Delta\theta$ 随距离变化的曲线，与图 10-23（a）相比可以看出，$\Delta\theta$ 随距离变化的规律没有发生本质的变化，并且在可靠声路径探测范围内，$\Delta\theta$ 近乎完全一致。因此，在完全深海信道环境下，海深的改变几乎不影响方向估计误差的基本变化规律。

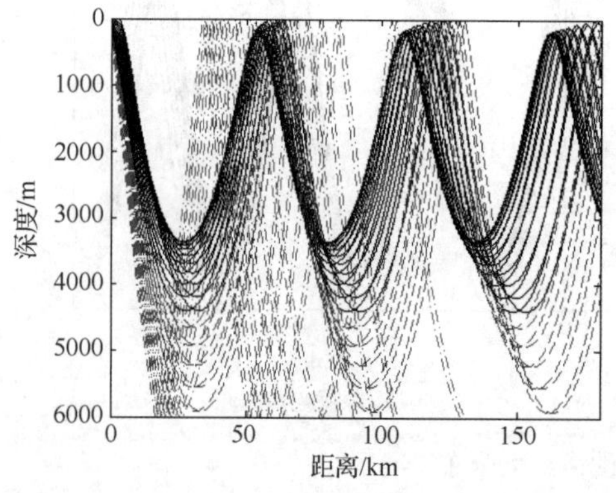

图 10-31　−20°～+20° 范围内的声线束分布

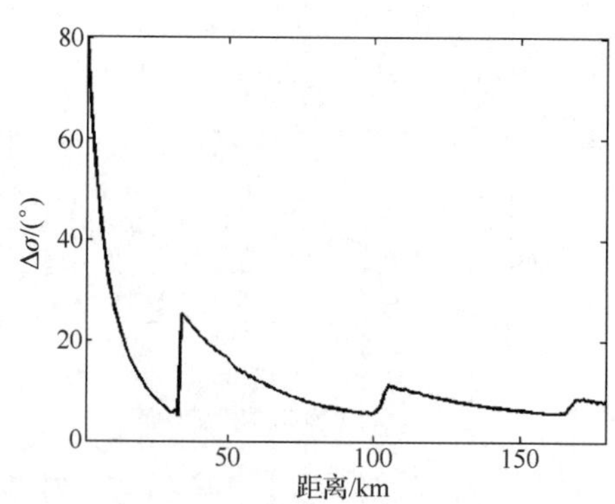

图 10-32　$\Delta\theta$ 随距离变化的曲线

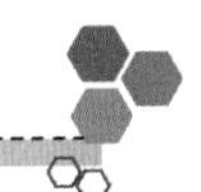

本节以 0° 方向入射信号为出发点，讨论了声源深度和海深变化对方向估计误差的影响。根据仿真结果可以得出结论：无论何种信道环境，在可靠声路径探测范围内，方向估计误差几乎不会因为海深和声源深度的改变而改变，方向估计误差是一种可预测的稳定性变化。

10.3.3　测向误差修正方法

1. 前提条件

为实现水下目标的准确测向，首先须修正由水声物理传播特性引起的方向估计误差。通过前面的分析，在可靠声路径探测范围内，方向估计误差随声源距离的增大而逐渐减小，并且变化规律几乎不受海深变化和声源深度变化的影响。因此，可以通过声场建模，修正由水声物理传播特性引起的方向估计误差。

由于声源方向估计误差是声源距离和声源方向的函数，为了修正误差，须同步估计声源距离。目前适用于单水听器或者水平线阵列的声源距离估计方法有很多种，本节不做具体讨论。

2. 修正流程

方向估计误差的修正过程主要包括获取环境参数、计算方向估计误差$\overline{\theta}$、计算声源距离估计值 r_{est}、计算声源方向估计值θ_{est}和修正值五部分。图 10-33 是方向估计误差修正流程图。

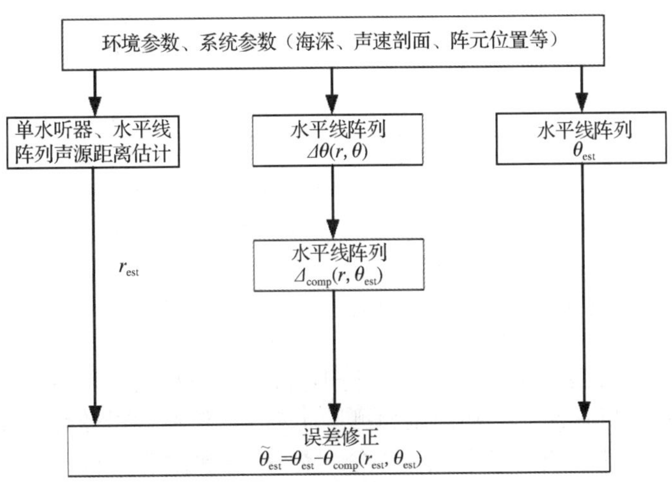

图 10-33　方向估计误差修正流程图

具体实现过程如下：

（1）获取水平线阵列布放海区的海洋环境参数以及水平线阵列系统参数，包括海深、声速剖面、底质声学参数、阵元位置等。

（2）根据实际海洋环境参数，利用声场软件 KRAKENC 仿真水平线阵列接收数据，计算由水声传播物理特性引起的方向估计误差 $\Delta\theta$，$\Delta\theta$ 是声源距离 r 和声源方向 θ 的函数，记为 $\Delta\theta$（r,θ）。然后，根据方向估计误差的定义，将 $\Delta\theta$（r,θ）转换为声源距离 r 和声源方向估计值 θ_{est} 的函数，记为 θ_{comp}（r,θ_{est}）。例如，对于图 10-24 给出的 $\Delta\theta$ 变化曲线，转换为 θ_{comp}（r,θ_{est}）后的声源方向估计值 θ_{est} 变化的规律如图 10-34 所示。可以看出，当声源距离为 20km 时，对于任一声源方向估计值 θ_{est}，可以得到唯一的方向估计误差修正量 θ_{comp}。

（3）针对实验数据，利用常规波束形成方法得到声源方向估计值 θ_{est}。

（4）利用单水听器或者水平线阵列，结合已有的声源定位方法，得到声源距离估计值，记为 r_{est}。

（5）声源方向修正方程表示为 $\tilde{\theta}_{\mathrm{est}}=\theta_{\mathrm{est}}-\theta_{\mathrm{comp}}\left(r_{\mathrm{est}},\theta_{\mathrm{est}}\right)$，$\tilde{\theta}_{\mathrm{est}}$ 为误差修正后的方向估计值。

综上所述，本文提出的方向估计误差修正方法须要声场模型辅助，但是在典型深海仿真环境下，在可靠声路径探测范围内，方向估计误差随声源距离和声源方向是一种稳定性的变化规律，所以利用模型计算得到的方向估计误差修正量 θ_{comp} 较准确。此外，计算声源方向估计值 θ_{est} 的同时，须同步估计声源距离 r_{est}。因此，必须考虑声源距离估计误差对测向误差修正结果的影响，将在下一节具体讨论。

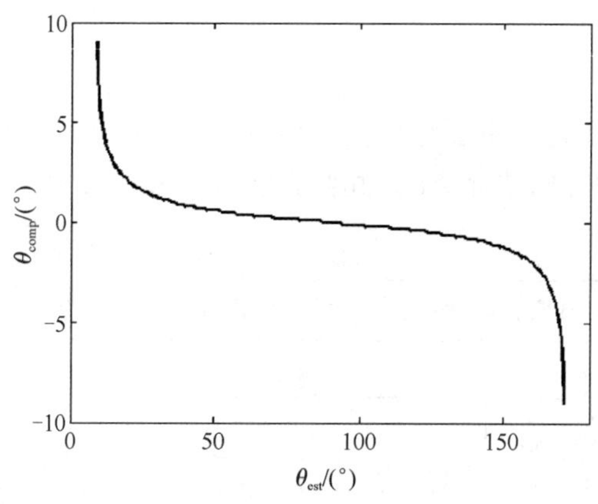

图 10-34　当声源距离 r=20km 时，θ_{comp} 随声源方向估计值 θ_{est} 变化的规律

3. 声源距离估计误差对修正结果的影响

在前一节讨论的方向估计误差修正方法中，除声源距离估计误差会影响方向估计误差修正精度以外，在实际应用中，声速剖面测量误差、海深测量误差等因素也会对方向估计误差修正精度有所影响，但在本章暂不考虑。本小节主要讨论声源距离估计误差对水平线阵列方向估计误差修正结果的影响。

把修正后的声源方向估计值 $\tilde{\theta}_{\mathrm{est}}$ 与声源方向真实值 θ_0 之差的绝对值定义为修正余差，记为 θ_{bias}，声源距离估计误差记为 Δr。修正余差 θ_{bias} 同样与声源方向有关，根据前面的讨论分析可知，当声源距离估计误差不变时，修正余差 θ_{bias} 会在水平线阵列的端射方向最大；

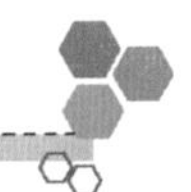

在正横方向由于不存在方向估计误差，所以修正余差θ_{bias}同样为零。这里只考虑修正余差θ_{bias}最大时的情形，即声源从 0° 方向入射时，修正余差θ_{bias}随声源距离和声源距离估计误差的基本变化规律。

假设声源距离估计误差在 100m～2000m 之间变化，图 10-35 给出了修正余差θ_{bias}随声源距离及距离估计误差的变化伪彩图。可以看出，当声源距离不变时，声源距离估计误差越大，修正余差θ_{bias}也越大；当声源距离估计误差不变时，声源越近，修正余差θ_{bias}越大。同时还可以看出，当声源距离估计误差小于 200m 时，修正余差θ_{bias}控制在 1° 以内，若声源信号从水平线阵列非端射方向入射时，修正余差θ_{bias}则会更小。

假设声源方向为 0°，声源距离估计误差为 500m，根据前一节提出的方向估计误差修正方法，图 10-36 给出了 $\Delta\theta$ 修正前与修正后的对比结果。可以看出，测向误差修正后，$\Delta\theta$ 明显减小，尤其是在可靠声路径探测范围内，声源方向估计误差得到了良好的修正。

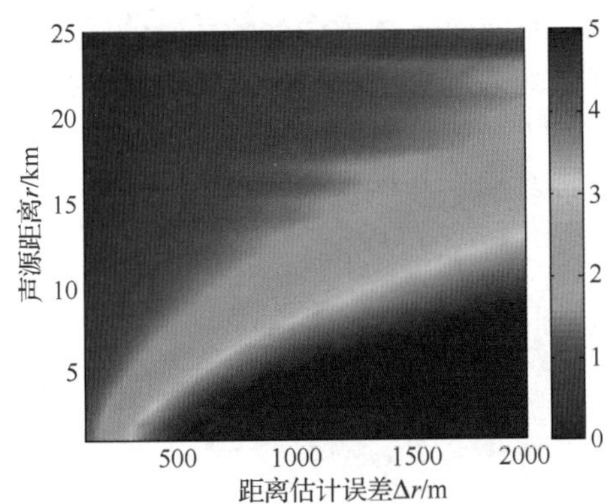

图 10-35　修正余差θ_{bias}随声源距离和声源距离估计误差变化伪彩图

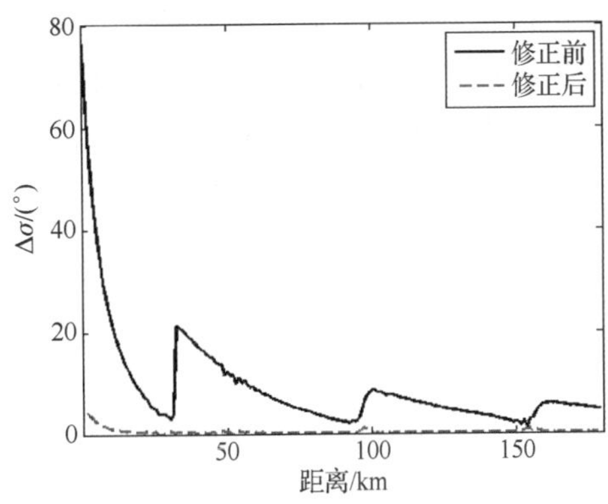

图 10-36　$\Delta\theta$ 修正前与修正后的对比结果（声源距离估计误差 Δr=500m，声源方向θ_0=0°）

本 章 小 结

本章首先回顾了几种运动直线阵列被动合成孔径方法，研究了子阵位移误差对被动合成孔径定位结果的影响：在多目标时，若相对速度存在误差，则此时的 DOA 估计结果会受到很大的影响，甚至会差于单阵常规波束形成的 DOA 估计结果。本章还提出了一种基于稀疏重构的被动合成孔径方法，与经典的被动合成孔径方法相比，该方法利用一个固定传感器进行相位校正，因此不需要阵列移动速度的先验信息；实验结果表明此方法适用于相干声源定位，且比 CBF 方法、l_1 范数正则化方法、PSA 方法具有更高的定位精度。针对含有子阵位移误差时的直线阵列 DOA 问题，提出了一种基于子阵位移失配模型的直线阵列稀疏贝叶斯 DOA 估计方法，通过将各虚拟子阵阵间位移误差作为参数引入稀疏贝叶斯模型，可以同时得到子阵阵间位移误差和波达方位的估计值；由于 PSA 速度失配引起的相位误差可以部分分解为子阵阵间位移误差引起的失配，利用子阵位移误差情况下的稀疏贝叶斯 DOA 模型来进行多声源情况下被动合成孔径方位估计，仿真和水池水平线阵列被动合成孔径实验结果表明，在阵列移动速度为预设速度时，PSA-SBI 方法能够估计出准确的来波方位；在阵列移动速度与预设速度失配时，PSA-SBI 方法相对 PSA 方法和 l_1-PSA 方法而言有更小的方位估计误差。

此外，本章还研究了深海大深度水平线阵列测向误差的基本变化规律及测向误差修正方法，研究结果为未来深海大深度水平线阵列的应用提供了有益参考。首先，基于简正波理论，经过推导给出了基于常规波束形成器的阵列输出表达式。然后，从水声物理场角度，利用简正波理论和射线理论分析了水平线阵列测向误差的形成原因。从射线理论角度，阐明测向误差是由水声信号的非理想平面波传播，以及水平线阵列不能区分水平面和垂直面内的声源信号到达角共同引起的；重点讨论和分析了不同声源-接收器几何位置关系时，方向估计误差随声源距离和声源方向的基本变化规律，根据仿真结果可以得出结论：在可靠声路径探测范围内，方向估计误差随声源距离和声源方向有规律变化，并且几乎不受声源深度变化和海深变化的影响。最后，借助声场模型，提出了一种方向估计误差修正方法，并讨论分析了声源距离估计误差对方向估计误差修正结果的影响，研究发现，声源距离估计误差对声源方向估计误差的修正精度影响较小。综上所述，在可靠声路径探测范围内，由水声传播物理特性引起的水平线阵列测向误差可以得到有效修正。

参 考 文 献

[1] 杨坤德. 水声阵列信号的匹配场处理[D]. 西安: 西北工业大学, 2008.

[2] Baggeroer A B , Kuperman W A , Mikhalevsky P N . An overview of matched field methods in ocean acoustics[J]. IEEE Journal of Oceanic Engineering, 1993, 18(4): 401-424.

[3] Yang K , Ma Y, Sun C, et al. Multistep matched-field inversion for broad-band data from ASIAEX2001[J]. IEEE Journal of Oceanic Engineering, 2004, 29(4): 964-972.

[4] Garrett C A, Munk W. Internal waves in the ocean[J]. Annual Review of Fluid Mechanics, 1979, 11(1): 339-369.

[5] Dozier L B, Tappert F D. Statistics of normal mode amplitudes in a random ocean. I. Theory[J]. Journal of the Acoustical Society of America, 1978, 63(2): 353-365.

[6] Dozier L B, Tappert F D. Statistics of normal mode amplitudes in a random ocean. II. Computations[J]. Journal of the Acoustical Society of America, 1978, 64(2): 533-547.

[7] Creamer D B. Scintillating shallow-water waveguides[J]. Journal of the Acoustical Society of America, 1996, 99(5): 2825-2838.

[8] Colosi J A, Brown M G. Efficient numerical simulation of stochastic internal-wave-induced sound-speed perturbation fields[J]. Journal of the Acoustical Society of America, 1998, 103(4): 2232-2235.

[9] Colosi J A, Chandrayadula T K, Voronovich A G, et al. Coupled mode transport theory for sound transmission through an ocean with random sound speed perturbations: coherence in deep water environments[J]. Journal of the Acoustical Society of America, 2013, 134(4): 3119-3133.

[10] Colosi J A, Morozov A K. Statistics of normal mode amplitudes in an ocean with random sound-speed perturbations: Cross-mode coherence and mean intensity[J]. Journal of the Acoustical Society of America, 2009, 126(3): 1026-1035.

[11] Virovlyansky A L. Ray-based description of mode coupling by sound speed fluctuations in the ocean[J]. Journal of the Acoustical Society of America, 2015, 137(4): 2137-2147.

[12] Virovlyansky A L, Kurin V V, Pronchatov-rubtsov N V, et al. Fresnel zones for modes[J]. Journal of the Acoustical Society of America, 1997, 101(1): 163-173.

[13] Moskovitz B, D'spain G, Hildebrand J, et al. Statistical properties of deep ocean noise[J]. Journal of the Acoustical Society of America, 2010, 127(3): 1783-1783.

[14] Walkinshaw H M. Statistics of very deep ocean noise[J]. Journal of the Acoustical Society of America, 1997, 102(5): 3194-3194.

[15] Dzieciuch M, Worcester P. Deep ocean noise measurements in the Philippine Sea[J]. Journal of the Acoustical Society of America, 2010, 127(3): 1784-1784.

[16] Chapman N R, Price A. Low frequency deep ocean ambient noise trend in the Northeast Pacific Ocean[J]. Journal of the Acoustical Society of America, 2011, 129(5): EL161-EL165.

[17] Chapman R, Price A. Trends in low-frequency deep ocean ambient noise levels: new results from old data[J]. Journal of the Acoustical Society of America, 2010, 127(3): 1782-1782.

[18] Mcdonald M A, Hildebrand J A, Wiggins S M. Increases in deep ocean ambient noise in the Northeast Pacific west of San Nicolas Island, California[J]. Journal of the Acoustical Society of America, 2006, 120(2): 711-718.

[19] Gaul R D, Knobles D P, Shooter J A, et al. Ambient noise analysis of deep-ocean measurements in the Northeast Pacific[J]. IEEE Journal of Oceanic Engineering, 2007, 32(2): 497-512.

[20] Cavanagh R C, Renner W W. Vertical directionality and depth dependence of averaged acoustic signals and noise[J]. Journal of the Acoustical Society of America, 1980, 68(5): 1467-1474.

[21] Booth N O, Judd R, Bucker H. Measurement of vertical noise directionality with a mixed-polarity vertical array[J]. IEEE Journal of Oceanic Engineering, 2003, 28(3): 537-543.

[22] Carey W M, Evans R B, Davis J A, et al. Deep-ocean vertical noise directionality[J]. IEEE Journal of Oceanic Engineering, 1990, 15(4): 324-334.

[23] Vonwinkle W A. Vertical directionality of deep-ocean noise[J]. Journal of the Acoustical Society of America, 1963, 35(11): 1884-1885.

[24] Wage K E, Farrokhrooz M, Dzieciuch M A, et al. Analysis of the vertical structure of deep ocean noise using measurements from the SPICEX and Phililippine Sea experiments[J]. Journal of the Acoustical Society of America, 2013, 133(5): 3397-3397.

[25] Yang K, Xiao P, Li X. The depth dependence and vertical directivity of shipping noise in deep ocean trenches[C]. IEEE. Oceans, 2014: 1-4.

[26] 黎雪刚, 杨坤德, 马远良. 深海海沟航船噪声数值建模与特性分析[J]. 声学技术, 2013, S1: 83-84.

[27] Dicus R L. Preliminary investigations of the ocean bottom impulse response at low frequencies[J]. Journal of the Acoustical Society of America 58: S1, S30-S30.

[28] Santaniello S R , Dinapoli F R , Dullea R K , et al. Studies on the interaction of low-frequency acoustic signals with the ocean bottom[J]. Geophysics, 1979, 44(12): 1922-1940.

[29] Stickler, D. C . Negative bottom loss, critical-angle shift, and the interpretation of the bottom reflection coefficient[J]. Journal of the Acoustical Society of America, 1977, 61(3): 707-710.

[30] Christensen R E, Frank J A, Geddes W H. Low-frequency propagation via shallow refracted paths through deep ocean unconsolidated sediments[J]. Journal of the Acoustical Society of America, 1975, 57(6): 1421-1426.

[31] Pichon X L, Ewing J, Houtz R E. Deep-sea sediment velocity determination made while reflection profiling[J]. Journal of Geophysical Research, 1968, 73(8): 2597-2614.

[32] Chapman N R, Barrodale I, Zala C. Measurement of sound-speed gradients in deep-ocean sediments using l_1 deconvolution techniques[J]. IEEE Journal of Oceanic Engineering, 1984, 9(1): 26-30.

[33] Chapman N R, Levy S, Stinson K, et al. Inversion of sound-speed and density profiles in deep ocean sediments[J]. Journal of the Acoustical Society of America, 1986, 79(5): 1441-1456.

[34] Chapman N R. Modeling ocean-bottom reflection loss measurements with the plane-wave reflection coefficient[J]. Journal of the Acoustical Society of America, 1983, 73(5): 1601-1607.

[35] 朱柏贤. 深海沉积物声速对信号时频特性的影响[J]. 海洋学报, 1983, 5: 553-560.

[36] 翁晋宝, 李风华. 近距离声场反演深海沉积层声学参数方法研究[C]. 中国科学院声学研究所纪念建所 50 周年暨学术交流会. 2014: 12-15.

[37] Dettmer J, Dosso S E, Holland C W. Full wave-field reflection coefficient inversion[J]. Journal of the Acoustical Society of America, 2007, 122(6): 3327-3337.

[38] Dosso S E, Holland C W. Geoacoustic uncertainties from viscoelastic inversion of seabed reflection data[J]. IEEE Journal of Oceanic Engineering, 2006, 31(3): 657-671.

[39] 邱海宾, 杨坤德, 段睿. 采用拖曳线阵列的海洋声学参数联合反演方法研究[J]. 声学学报, 2011, 4: 396-404.

[40] 杨坤德, 马远良. 利用海底反射信号进行地声参数反演的方法[J]. 物理学报，2009, 58(3): 1798-1805.

[41] 黎雪刚, 杨坤德. 采用拖曳倾斜线阵列提取海底反射损失的方法[C]. 中国声学学会 2009 年青年学术会议论文集，F, 2009, pp. 57-58.

[42] Chen T, Ratilal P, Makris N. Mean, variance, and temporal coherence of the 3D field forward propagated through random internal waves in deep-ocean waveguides[J]. Journal of the Acoustical Society of America, 2006, 119(5): 3344-3344.

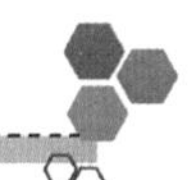

[43] Duda T F, Lin Y-T, Reeder D B. Observationally constrained modeling of sound in curved ocean internal waves: Examination of deep ducting and surface ducting at short range[J]. Journal of the Acoustical Society of America, 2011, 130(3): 1173-1187.

[44] Godin O A, Voronovich A G, Zavorotny V U. Random horizontal refraction at long-range sound propagation in the ocean[J]. Journal of the Acoustical Society of America, 2004, 116(4): 2535-2535.

[45] Ratilal P, Chen T, Makris N. Statistics of the forward field propagated through three-dimensional random internal waves in an ocean waveguide[J]. Journal of the Acoustical Society of America, 2009, 126(4): 2172-2172.

[46] Ehret L L, Chiu C S. Coupled-mode propagation through the transition zone between the Antarctic circumpolar current and the Pacific deep ocean[J]. Journal of the Acoustical Society of America ,1990, 88(S1), S93-S93.

[47] Heaney K D, Campbell R L. Three-dimensional propagation in the open ocean: observations and modeling[J]. Journal of the Acoustical Society of America, 2015, 137(4): 2389-2389.

[48] Makris N, Ratilal P, Chen T. Multiple forward scattering through an ocean waveguide with 3D random inhomogeneities[J]. The Journal of the Acoustical Society of America, 2008, 123(5): 3941-3941.

[49] Godin O A. Three-dimensional acoustic effects due to ocean currents[J]. Journal of the Acoustical Society of America, 1998, 103(5): 2990-2990.

[50] Godin O A. Travel time bias in 2D modeling of 3D sound propagation[J]. Journal of the Acoustical Society of America, 2000, 107(5): 2808-2808.

[51] Udovydchenkov I A, Stephen R A, DUDA T F, et al. Three-dimensional numerical modeling of sound propagation and scattering in the deep ocean with elastic (shear) bottoms[J]. Journal of the Acoustical Society of America, 2012, 132(3): 1973-1973.

[52] Ebbeson G R, Turner R G. Sound propagation over Dickins Seamount in the Northeast Pacific Ocean[J]. Journal of the Acoustical Society of America, 1983, 73(1): 143-152.

[53] 李文，李整林，南明星．深海海底山对声传播的影响[C]．2014 年中国声学学会全国声学学术会议论文集，2014, 33(S2): 100-102.

[54] Stephen R A, Thompson B S, Udovydchenkov I A, et al. Deep seafloor arrivals in long range ocean acoustic propagation[J]. Journal of the Acoustical Society of America, 2013, 134(4): 3307-3317.

[55] Duan R, Yang K D, Ma Y L, et al. A study of the mixed layer of the South China Sea based on the multiple linear regression[J]. Acta Oceanol Sin, 2012, 31(6): 19-31.

[56] Porter M B, Piacsek S, Henderson L, et al. Surface duct propagation and the ocean mixed layer[M]. Robinson A, Lee D. Oceanography and Acoustics Prediction and Propagation Models. New York: 1993: 50-79.

[57] Rui D, Kun D Y, Yuan L M. Investigation of long-range sound propagation in surface ducts[J]. Chinese Physics B, 2013, 22(12): 124301-1-124301-11.

[58] Jensen F B, Kuperman W A, Porter M B, et al. Computational Ocean Acoustics(2nd edition)[M]. New York: Springer-Verlag, 2011.

[59] Baker W F. New formula for calculating acoustic propagation loss in a surface duct in the sea[J]. Journal of the Acoustical Society of America, 1975, 57: 1198-1200.

[60] Schulkin M. Surface coupled losses in surface sound channels[J]. Journal of the Acoustical Society of America, 1968, 44: 1152-1154.

[61] Walkinshaw H M. The structure of simple and composite convergence zones[J]. Journal of the Acoustical Society of America, 1979, 66(S1): S77-S77.

[62] Bongiovanni K P, Siegmann W L, Ko D S. Convergence zone feature dependence on ocean temperature structure[J]. Journal of the Acoustical Society of America, 1996, 100(5): 3033-3041.

[63] Bongiovanni K P, Siegmann W L, Ko D S. Parametric models for acoustic convergence zone variations[J]. Journal of

the Acoustical Society of America, 1992, 92(4): 2350-2350.

[64] 孙磊, 高飞, 潘长明, 等. 基于 Argo 资料的深海温跃层对水声传播的影响分析与仿真[J]. 声学技术, 2014, 33(2): 113-118.

[65] 王一帆. 深海声速剖面结构变化引起的会聚区偏移特性分析[J]. 科技传播, 2013, 22: 147-149.

[66] 张旭, 张永刚, 董楠, 等. 声跃层结构变化对深海汇聚区声传播的影响[J]. 应用海洋学学报, 2011, 30(1): 114-121.

[67] 李玉阳, 笪良龙, 晋朝勃, 等. 海洋锋对深海汇聚区特征影响研究[C]. 2010 年全国声学学术会议, 2010, 29(6): 78-79.

[68] Urick R J, Lund G R. Coherence of convergence zone sound[J]. Journal of the Acoustical Society of America, 1968, 43(4): 723-729.

[69] Hauck W S. Autocorrelation processing in convergence zones[J]. Journal of the Acoustical Society of America, 1985, 77(S1): S71-S72.

[70] Arvelo J I, Yuan J R, Bao X L, et al. Contribution of bottom-refracted sound to oceanic sound propagation[J]. Journal of the Acoustical Society of America, 1992, 92(4): 2302-2302.

[71] Baus T A, Chang W. Modeling of echoes from elastic spherical and cylindrical shells in a convergence zone[J]. Journal of the Acoustical Society of America, 1992, 92(4): 2337-2338.

[72] 龚敏, 肖金泉, 王孟新, 等. 南海深海声道中反转点汇聚区的实验研究[J]. 声学学报, 1987(6): 3-9.

[73] Coulouvrat F. Sonic boom in the shadow zone: a geometrical theory of diffraction[J]. Journal of the Acoustical Society of America, 2002, 111(1): 499-508.

[74] Tolstoy I. Energy transmission into shadow zone by rough surface boundary wave[J]. Journal of the Acoustical Society of America, 1981, 69(5): 1290-1298.

[75] Van uffelen L, Worcester P, Dzieciuch M. Absolute intensities of acoustic shadow zone arrivals[J]. Journal of the Acoustical Society of America, 2008, 123(5): 3464-3464.

[76] Virovlyansky A L, Kazarova A Y, Lyubavin L Y. Ray-based description of shadow zone arrivals[J]. Journal of the Acoustical Society of America, 2011, 129(5): 2851-2862.

[77] Munk W. Scattering into the shadow zone[J]. Journal of the Acoustical Society of America, 2001, 109(5): 2386-2386.

[78] Udovydchenkov I A, Stephen R A, Duda T F, et al. Bottom interacting sound at 50 km range in a deep ocean environment[J]. Journal of the Acoustical Society of America, 2012, 132(4): 2224-2231.

[79] Labianca F M. Normal modes, virtual modes, and alternative representations in the theory of surface-duct sound propagation[J]. Journal of the Acoustical Society of America, 1973, 53: 1137-1147.

[80] Murphy E L, Davis J A. Modified ray theory for bounded media[J]. Journal of the Acoustical Society of America, 1974, 56: 1747-1760.

[81] Porter M B, Jensen F B. Anomalous parabolic equation results for propagation in leaky surface ducts[J]. Journal of the Acoustical Society of America, 1993, 94: 1510-1516.

[82] Thompson S R. Sound propagation considerations for a deep-ocean acoustic network[D]. Monterey, California: Naval Postgraduate School, 2009:1-81.

[83] Worcester P F, Andrew R K, Baggeroer A B, et al. Acoustic propagation and ambient noise in the Philippine Sea: The 2009 and 2010-2011 Philippine Sea experiments[J]. Journal of the Acoustical Society of America, 2010, 128(4): 2385-2385.

[84] Dzieciuch M A, Worcester P F, Colosi J A. Time coherence of acoustic arrivals during the Philippine Sea09 experiment[J]. Journal of the Acoustical Society of America, 2010, 128(4): 2385-2385.

[85] Baggeroer A B, Scheer E K, Heaney K, et al. Reliable acoustic path and convergence zone bottom interaction in the Philippine Sea 09 Experiment[J]. Journal of the Acoustical Society of America, 2010, 128(4): 2385-2385.

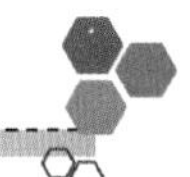

[86] Barclay D R, Buckingham M J. Depth dependence of wind-driven, broadband ambient noise in the Philippine Sea[J]. Journal of the Acoustical Society of America, 2013, 133(1): 62-71.

[87] Colosi J, Chandrayadula T, Fischer J, et al. The effects of internal tides on acoustic phase and amplitude statistics in the Philippine Sea[J]. Proceedings of Meetings on Acoustics, 2013, 19(1): 070023.

[88] Baxa B M , D'Spain G L , Worcester P F , et al. Comparison of statistics of controlled source tones and single ship noise in the deep ocean[J]. Journal of the Acoustical Society of America, 2013, 133(5): 3346-3346.

[89] Freeman S E, Apos, Spain G L, et al. Estimating the horizontal and vertical direction-of-arrival of water-borne seismic signals in the northern Philippine Sea[J]. Journal of the Acoustical Society of America, 2013, 134(4): 3282-3298.

[90] Worcester P F, Dzieciuch M A, Mercer J A, et al. The North Pacific Acoustic Laboratory deep-water acoustic propagation experiments in the Philippine Sea[J]. Journal of the Acoustical Society of America, 2013, 134(4): 3359-3375.

[91] 杨坤德, 马远良. 采用邻域近似算法估计环境参数不确定性[J]. 声学学报, 2008, 33(1): 41-50.

[92] 杨坤德, 马远良, 张忠兵, 等. 不确定环境下的稳健自适应匹配场处理研究[J]. 声学学报, 2006, 3: 255-262.

[93] 杨坤德, 马远良. 基于扇区特征向量约束的稳健自适应匹配场处理器[J]. 声学学报, 2006, 31(5): 399-409.

[94] 杨坤德, 马远良, 邹士新, 等. 基于环境扰动的线性匹配场处理方法[J]. 声学学报, 2006, 6: 496-505.

[95] 杨坤德, 马远良, 邹士新. 匹配场噪声抑制—— 一种波束域方法[J]. 压电与声光, 2006, 1: 102-105.

[96] Schmidt H, Baggeroer A, Kuperman W, et al. Environmentally tolerant beamforming for high-resolution matched field processing: Deterministic mismatch[J]. Journal of the Acoustical Society of America, 1990, 88(4): 1851-1862.

[97] Shang E C, Wang Y Y. Environmental mismatching effects on source localization processing in mode space[J]. Journal of the Acoustical Society of America, 1991, 89(5): 2285-2290.

[98] Shorey J, Nolte L, Krolik J. Computationally efficient Monte Carlo estimation algorithms for matched field processing in uncertain ocean environments[J]. Journal of Computational Acoustics, 1994, 2(03): 285-314.

[99] Krolik J L. Matched-field minimum variance beamforming in a random ocean channel[J]. Journal of the Acoustical Society of America, 1992, 92(3): 1408-1419.

[100] Richardson A, Nolte L. A posteriori probability source localization in an uncertain sound speed, deep ocean environment[J]. Journal of the Acoustical Society of America, 1991, 89(5): 2280-2284.

[101] Zhang T, Yang k, Ma Y. Matched-field localization using a virtual time-reversal processing method in shallow water[J]. Chinese Science Bulletin, 2011, 56(8): 743-748.

[102] 张同伟, 杨坤德. 一种水平变化波导中匹配场定位的虚拟时反实现方法[J]. 物理学报, 2014, 63(21): 214303-1-214303-8.

[103] Yang K, Zhang T, Ma Y. Matched-field processing using time-reversal concept in a range-dependent environment[J]. Journal of the Acoustical Society of America, 2012, 131(4): 3239-3239.

[104] Zurk L M, Tracey B H. Depth-shifting of shallow water guide source observations[J]. Journal of the Acoustical Society of America, 2005, 118(4): 2224-2233.

[105] Yang T. Effectiveness of mode filtering: A comparison of matched-field and matched-mode processing[J]. Journal of the Acoustical Society of America, 1990, 87: 2072-2084.

[106] Yang T. A method of range and depth estimation by modal decomposition[J]. Journal of the Acoustical Society of America, 1987, 82(5): 1736-1745.

[107] 肖鹏, 杨坤德. 模态滤波匹配定位方法研究[J]. 声学技术, 2013,32(6): 1-2.

[108] Lin Y-T, Newhall A E, Lynch J F. Low-frequency broadband sound source localization using an adaptive normal mode back-propagation approach in a shallow-water ocean[J]. Journal of the Acoustical Society of America, 2012, 131(2): 1798-1813.

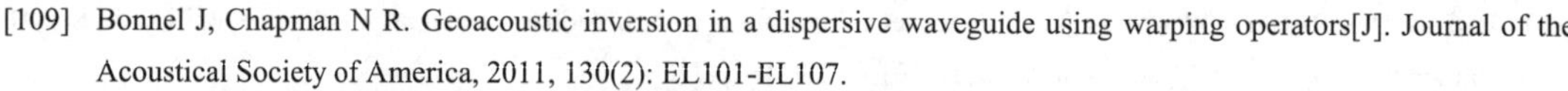

[109] Bonnel J, Chapman N R. Geoacoustic inversion in a dispersive waveguide using warping operators[J]. Journal of the Acoustical Society of America, 2011, 130(2): EL101-EL107.

[110] Potty G R, Miller J H, WilsoN P S, et al. Geoacoustic inversion using combustive sound source signals[J]. Journal of the Acoustical Society of America, 2008, 124(3): EL146-EL150.

[111] Bonnel J, Gervaise C, Roux P, et al. Modal depth function estimation using time-frequency analysis[J]. Journal of the Acoustical Society of America, 2011, 130: 61-71.

[112] Kuperman W, D'spain G, Heaney K. Long range source localization from single hydrophone spectrograms[J]. Journal of the Acoustical Society of America, 2001, 109(5): 1935-1943.

[113] Udovydchenkov I A, Brown M G, Duda T F, et al. Weakly dispersive modal pulse propagation in the North Pacific Ocean[J]. Journal of the Acoustical Society of America, 2013, 134(4): 3386-3394.

[114] Nosal E M, Frazer L N. Track of a sperm whale from delays between direct and surface-reflected clicks[J]. Applied Acoustics, 2006, 67(11): 1187-1201.

[115] Tiemann C O, Thode A M, Straley J, et al. Three-dimensional localization of sperm whales using a single hydrophone[J]. Journal of the Acoustical Society of America, 2006, 120(4): 2355-2365.

[116] Mouy X, Hannay D, Zykov M, et al. Tracking of Pacific walruses in the Chukchi Sea using a single hydrophone[J]. Journal of the Acoustical Society of America, 2012, 131: 1349-1358.

[117] 张同伟，杨坤德，马远良，等. 一种基于单水听器宽带信号自相关函数的水下目标定位稳健方法[J]. 物理学报，2015, 64(2): 276-282.

[118] Skarsoulis E, Kalogerakis M. Ray-theoretic localization of an impulsive source in a stratified ocean using two hydrophones[J]. Journal of the Acoustical Society of America, 2005, 118(5): 2934-2943.

[119] Mathias D, Thode A M, Straley J, et al. Acoustic tracking of sperm whales in the Gulf of Alaska using a two-element vertical array and tags[J]. Journal of the Acoustical Society of America, 2013, 134(3): 2446-2461.

[120] Thode A M, Kuperman W, D'spain G, et al. Localization using Bartlett matched-field processor sidelobes[J]. Journal of the Acoustical Society of America, 2000, 107: 278-286.

[121] Gervaise C, Kinda B G, BonneL J, et al. Passive geoacoustic inversion with a single hydrophone using broadband ship noise[J]. Journal of the Acoustical Society of America, 2012, 131(3): 1999-2010.

[122] Cockrell K L, Schmidt H. Robust passive range estimation using the waveguide invariant[J]. Journal of the Acoustical Society of America, 2010, 127: 2780-2789.

[123] 黄冠钦，杨坤德. 一种波导不变量的被动定位方法[J]. 鱼雷技术，2013, 04: 268-271.

[124] Julien Bonnel, Barbara Nicolas, Jerome Mars, et al. Source localisation in deepwater using waveguide invariant distribution. 10th European Conference on Underwater Acoustics, Istanbul, Turkey: 2010, hal-00599607:1-6.

[125] Westwood E K. Broadband matched-field source localization[J]. Journal of the Acoustical Society of America, 1992, 91(5): 2777-2789.

[126] Heaney K D, Campbell R C, Baggeroer A B, et al. Matched field localization and environmental inversion from deep-water vertical line array measurements[J]. Journal of the Acoustical Society of America, 2010, 128(4): 2386-2386.

[127] Duan R, Yang K, Ma Y, et al. Research on reliable acoustic path: physical properties and a source localization method[J]. Chinese Physics B, 2012, 21(12): 124301-1-124301-14.

[128] Mccargar R, Zurk L M. Depth-based signal separation with vertical line arrays in the deep ocean[J]. Journal of the Acoustical Society of America, 2013, 133(4): EL320-EL325.

[129] Etter P C. Underwater acoustic modeling and simulation[M]. Florida: CRC Press, 2013: 1-40.

[130] Pekeris C L. Theory of propagation of explosive sound in shallow water[J]. Journal of the Acoustical Society of America, 1945, 27(1): 48-54.

[131] Hardin R H, Tappert F D. Application of the split-step Fourier method to the numerical solution of nonlinear and variable coefficient wave equations[J]. Siam Review, 1973, 15(1): 423-423.

[132] Collins M D. A split-step Padé solution for the parabolic equation method[J]. Journal of the Acoustical Society of America, 1993, 93(4): 1736-1742.

[133] Baggeroer A B, Kuperman W, Schmidt H. Matched field processing: Source localization in correlated noise as an optimum parameter estimation problem[J]. Journal of the Acoustical Society of America, 1988, 83(2): 571-587.

[134] Taroudakis M I, Markaki M G. Bottom geoacoustic inversion by" broadband" matched-field processing[J]. Journal of Computational Acoustics, 1998, 6(01n02): 167-183.

[135] Malioutov D, Cetin M, Willsky A S. A sparse signal reconstruction perspective for source localization with sensor arrays[J]. IEEE transactions on signal processing, 2005, 53(8): 3010-3022.

[136] Chen S S, Donoho D L, Saunders M A. Atomic decomposition by basis pursuit[J]. SIAM Review, 2001, 43(1): 129-159.

[137] Steffens C, Pesavento M, Pfetsch M. A compact formulation for the ℓ2,1 mixed-norm minimization problem[J]. IEEE Transactions on Signal Processing, 2018: 4730-4734.

[138] Gallier J. The Schur complement and symmetric positive semidefinite (and definite) matrices[J]. Penn Engineering, 2010: 1-12.

[139] Zheng J, Kaveh M. Sparse spatial spectral estimation: a covariance fitting algorithm, performance and regularization[J]. IEEE Trans Signal Processing, 2013, 61(11): 2767-2777.

[140] Kuperman W, Hodgkiss W S, Song H C, et al. Phase conjugation in the ocean: experimental demonstration of an acoustic time-reversal mirror[J]. Journal of the Acoustical Society of America, 1998, 103(1): 25-40.

[141] Zhang T W, Yang K D, Ma Y L. The focusing performance with a horizontal time-reversal array at different depths in shallow water[J]. Chinese Physics B, 2010, 19(12): 124301.

[142] Porter M: Italy, Technical Report SM-245, 1991.

[143] 鄢社锋, 马远良. 匹配场噪声抑制: 广义空域滤波方法[J]. 科学通报, 2004, 49(18): 1909-1912.

[144] Gingras D F, Gerstoft P. Inversion for geometric and geoacoustic parameters in shallow water: experimental results[J]. Journal of the Acoustical Society of America, 1995, 97(6): 3589-3598.

[145] Gerstoft P, Gingras D F. Parameter estimation using multifrequency range-dependent acoustic data in shallow water[J]. Journal of the Acoustical Society of America, 1996, 99(5): 2839-2850.

[146] 孙枕戈. 基于声线理论信道模型的匹配被动定位[D]. 西安: 西北工业大学, 1995.

[147] 孙枕戈, 马远良. 基于声线理论的水声被动定位原理[J]. 声学学报, 1996, 5: 824-831.

[148] 沈远海. 浅海声速剖面反演与匹配场定位技术研究[D]. 西安: 西北工业大学, 1999.

[149] 张忠兵. 浅海声速剖面反演研究[D]. 西安: 西北工业大学, 2002.

[150] 刘宗伟. 不确定海洋环境中目标检测与定位方法研究[D]. 西安: 西北工业大学, 2013.

[151] 胡广书. 数字信号处理: 理论, 算法与实现[M]. 北京: 清华大学出版社，2003.

[152] Voltz P I T L. A time-domain backpropagating ray technique for source localization[D], 1994.

[153] 鄢社锋, 马远良. 单通道带通信号的复基带盲解卷积算法[J]. 电子与信息学报, 2004, 26(5): 702-708.

[154] Schmidt H A B, Kuperman W. Environmentally tolerant beamforming for high-resolution matched field processing: Deterministic mismatch[J]. Journal of the Acoustical Society of America, 1990, 88(4): 1851-1862.

[155] Seong W S H B, Robust. Robust matched field-processing algorithm based on feature extraction[J]. IEEE J Ocean Eng, 2002, 27(3): 642-652.

[156] Chandler H C F, Smith G. Sector-focused processing for stabilized resolution of multiple acoustic sources[J]. Journal of the Acoustical Society of America, 1995, 97(4): 2159-2172.

[157] Jiang Y M N R C, Gerstoft P. Short range travel time geoacoustic inversion with vertical line array[J]. Journal of the Acoustical Society of America, 2008, 124(3): EL135-EL140.

[158] Jiang Y M N R C, Yang K. Estimating marine sediment attenuation at low frequency with a vertical line array[J]. Journal of the Acoustical Society of America, 2009, 125(4): EL158-EL163.

[159] Thomassin M, Bastogne T, Richard A, et al. Generalization of a correlation method for time-delay estimation with application to a river reach[J]. IFAC Proceedings Volumes, 2006, 39(1): 891-896.

[160] 孙超. 水下多传感器阵列信号处理[M]. 西安: 西北工业大学出版社, 2007.

[161] Grachev G, Wood J. Theory of acoustic field invariants in layered waveguides[J]. Acoustical physics, 1993, 39(1): 33-35.

[162] Gao D Z, Wang N, Wang H Z. A dedispersion transform for sound propagation in shallow water waveguide[J]. Journal of Computational Acoustics, 2010, 18(03): 245-257.

[163] 王宁高, 王好忠. 频散、声场干涉结构、波导不变量与消频散变换[J]. 哈尔滨工程大学学报, 2010, 31(7): 825-831.

[164] 李焜, 方世良, 安良. 基于频散特征的单水听器模式特征提取及距离深度估计研究[J]. 物理学报, 2013, 62(9): 293-302.

[165] Epstein E S. Stochastic dynamic prediction[J]. Tellus, 1969, 21(6): 739-759.

[166] Tran J M Q, Hodgkiss W S. Matched-field processing of 200-Hz continuous wave (cw) signals[J]. Journal of the Acoustical Society of America, 1991, 89(2): 745-755.

[167] Duan R, Yang K, Ma Y. Narrowband source localisation in the deep ocean using a near-surface array[J]. Acoustics Australia, 2014, 36-42.

[168] Kniffin G P, Boyle J K, Zurk L M, et al. Performance metrics for depth-based signal separation using deep vertical line arrays[J]. Journal of the Acoustical Society of America, 2016, 139(1): 418-425.

[169] Duan R, Yang K, Ma Y, et al. Moving source localization with a single hydrophone using multipath time delays in the deep ocean[J]. Journal of the Acoustical Society of America, 2014, 136(2): EL159-EL165.

[170] Benjamin R D. Clutter depth discrimination using the wavenumber spectrum[J]. Journal of the Acoustical Society of America, 2014, 135(1): EL1-EL7.

[171] Voltz P, Lu I T. A time-domain backpropagating ray technique for source localization[J]. Journal of the Acoustical Society of America, 1994, 95(2): 805-812.

[172] Yang T. Source depth estimation based on synthetic aperture beamfoming for a moving source[J]. Journal of the Acoustical Society of America, 2015, 138(3): 1678-1686.

[173] Porter M B, Bucker H P. Gaussian beam tracing for computing ocean acoustic fields[J]. Journal of the Acoustical Society of America, 1987, 82(4): 1349-1359.

[174] Chapman N R. Measurement of the waveform parameters of shallow explosive charges[J]. Journal of the Acoustical Society of America, 1985, 78(2): 672-681.

[175] Rakotonarivo S T, Kuperman W A. Model-independent range localization of a moving source in shallow water[J]. Journal of the Acoustical Society of America, 2012, 132(4): 2218-2223.

[176] Li Z, Zurk L M, Ma B. Vertical arrival structure of shipping noise in deep water channels[J]. OCEANS 2010 MTS/IEEE SEATTLE, Seattle, WA, 2010: 1-8.

[177] 段睿. 深海环境水声传播及声源定位方法研究[D]. 西安: 西北工业大学, 2016.

[178] Nørgaard M, Poulsen N K, Ravn O. New developments in state estimation for nonlinear systems[J]. Automatica, 2000, 36(11): 1627-1638.

[179] Gong Z, Tran D D, Ratilal P. Comparing passive source localization and tracking approaches with a towed horizontal receiver array in an ocean waveguide[J]. Journal of the Acoustical Society of America, 2013, 134(5): 3705-3720.

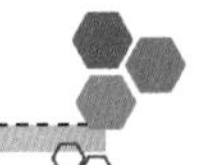

[180] Lehmann E A. Particle filtering approach to adaptive time-delay estimation[J]. Toulouse: 2006 IEEE International Conference on Acoustics Speech and Signal Processing Proceedings, 2006: IV-IV.

[181] MIchalopoulou Z H, Jain R. Particle filtering for arrival time tracking in space and source localization[J]. Journal of the Acoustical Society of America, 2012, 132(5): 3041-3052.

[182] Ward D B, Lehmann E A, Williamson R C. Particle filtering algorithms for tracking an acoustic source in a reverberant environment[J]. IEEE Transactions on Speech and Audio Processing, 2003, 11(6): 826-836.

[183] Brune J . Transient localization in shallow water environments[J]. Journal of Cheminformatics, 1998, 5(1):40-40.

[184] Zhang T W, Yang K D, Ma Y L, et al. A robust localization method for source localization based on the auto-correlation function of wide-band signal[J]. Acta Physica Sinica, 2015, 64(2): 24303-24303.

[185] 王燕, 邹男, 付进, 等. 基于倒谱分析的单水听器目标运动参数估计[J]. 物理学报, 2014, 63(3): 034302-1-034302-12.

[186] Brockwell P J D R A. Introduction to tim e series and forecasting[D], 2006.

[187] D H L. Checking the independence of two covariance-stationary time series: a univariate residual cross-correlation approach[J]. Journal of the American Statistical Association, 1976, 71(354): 378-385.

[188] 高晋占. 微弱信号检测[M]. 北京: 清华大学出版社, 2004.

[189] Schelter B, Winterhalder M, Timmer J. Handbook of time series analysis: recent theoretical developments and applications[M]. John Wiley & Sons, 2006.

[190] Mallat S G, Zhang Z. Matching pursuits with time-frequency dictionaries[J]. IEEE Transactions on signal processing, 1993, 41(12): 3397-3415.

[191] Pati Y C, Rezaiifar R, Krishnaprasad P S. Orthogonal matching pursuit: recursive function approximation with applications to wavelet decomposition[C]. Proceedings of 27th Asilomar Conference on Signals, Systems and Computers, 1993,1: 40-44.

[192] Stéphenne A, Champagne B. A new cepstral prefiltering technique for estimating time delay under reverberant conditions[J]. Signal Processing, 1997, 59(3): 253-266.

[193] Tolstoy A. Sensitivity of matched field processing to sound-speed profile mismatch for vertical arrays in a deep water Pacific environment[J]. Journal of the Acoustical Society of America, 1989, 85: 2394-2404.

[194] Zhong B Z, Yuan L M, Kunde Y, et al. Inversion for sound speed profile in shallow water using matched-beam processing[J]. Chinese Journal of Acoustics, 2004, 23(3): 259-267.

[195] Carton J A, Chepurin G, CAO X, et al. A simple ocean data assimilation analysis of the global upper ocean 1950-95. Part I: Methodology[J]. Journal of Physical Oceanorgraphy, 2000, 30: 294-309.

[196] 鄢社锋, 马远良. 传感器阵列波束优化设计及应用[M]. 北京: 科学出版社, 2009.

[197] 夏麾军, 马远良, 刘亚雄. 复杂噪声场下对角减载技术的原理及应用[J]. 物理学报, 2017, 66(1): 152-161.

[198] B P M. DTIC Document[D], 1992.

[199] Guthrie K, Tindle C. Ray effects in the normal mode approach to underwater acoustics[J]. Journal of Sound and Vibration, 1976, 47(3): 403-413.

[200] Yen N C, Carey W. Application of synthetic-aperture processing to towed-array data[J]. Journal of the Acoustical Society of America, 1989, 86(2): 754-765.

[201] Stergiopoulos S, Urban H. A new passive synthetic aperture technique for towed arrays[J]. IEEE Journal of Oceanic Engineering, 1992, 17(1): 16-25.

[202] Stergiopoulos S, Sullivan E J. Extended towed array processing by an overlap correlator[J]. Journal of the Acoustical

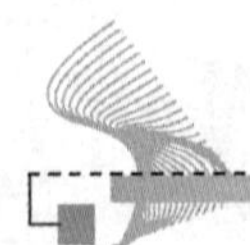

Society of America, 1989, 86(1): 158-171.

[203] Kim S, Youn D H, Lee C. Temporal domain processing for a synthetic aperture array[J]. IEEE Journal of oceanic engineering, 2002, 27(2): 322-327.

[204] Rockah Y, Schultheiss P. Array shape calibration using sources in unknown locations-Part I: Far-field sources[J]. IEEE Transactions on Acoustics, Speech, and Signal Processing, 1987, 35(3): 286-299.

[205] Ziskind I, Wax M. Maximum likelihood localization of multiple sources by alternating projection[J]. IEEE Transactions on Acoustics, Speech, and Signal Processing, 1988, 36(10): 1553-1560.

[206] Tipping M E. Sparse Bayesian learning and the relevance vector machine[J]. Journal of machine learning research, 2001, 1(Jun): 211-244.

[207] Yang T C. Beam intensity striations and applications[J]. Journal of the Acoustical Society of America, 2003, 113(3): 1342-1352.